Excel图表应用大全（基础卷）

99%的人不知道的技能

羊依军 许薇 胡玉婷◎编著

内 容 提 要

本书主要讲解Excel图表的应用，包括图表的应用范围、图表的常用类型、图表的创建、图表的修改、图表的美化、构建模型与系统，以及图表处理中常见问题和规避方法。书中精选了常用领域中的图表应用案例，能够让读者快速掌握图表的创建、修改和美化等操作，并举一反三熟练应用于工作中。

本书以服务零基础读者为宗旨，按从易到难的学习流程为主线，以故事为切入点进行导入，循序渐进。书中的内容融合"大咖"多年积累的Excel图表设计经验和高级技巧，并运用大量实际工作案例帮助读者打破固化思维，每个案例辅以思维导图，并在完成后以图表分析来进行总结，使读者能够将案例运用于实际，成为数据分析报告的制作高手。

本书面向工作及学习中常用Excel的人员，不仅适合初学者使用，也适合有一定Excel图表基础并想快速提升技能的读者学习使用，还可以作为计算机办公培训班高级版的教材。

图书在版编目（CIP）数据

Excel图表应用大全（基础卷）/ 羊依军，许薇，胡玉婷 编著. — 北京：北京大学出版社，2020.10
ISBN 978-7-301-31561-3

Ⅰ. ①E… Ⅱ. ①羊… ②许… ③胡… Ⅲ. ①表处理软件 Ⅳ. ①TP391.13

中国版本图书馆CIP数据核字(2020)第156494号

书　　名	Excel图表应用大全（基础卷） Excel TUBIAO YINGYONG DAQUAN（JICHU JUAN）
著作责任者	羊依军 许薇 胡玉婷 编著
责 任 编 辑	张云静 刘云
标 准 书 号	978-7-301-31561-3
出 版 发 行	北京大学出版社
地　　址	北京市海淀区成府路 205 号 100871
网　　址	http://www.pup.cn 新浪微博：@ 北京大学出版社
电 子 信 箱	pup7@pup.cn
电　　话	邮购部 010-62752015 发行部 010-62750672 编辑部 010-62570390
印 刷 者	北京宏伟双华印刷有限公司
经 销 者	新华书店
	787 毫米 ×1092 毫米 16 开本 28 印张 753 千字
	2020 年 10 月第 1 版 2020 年 10 月第 1 次印刷
印　　数	1-4000 册
定　　价	128.00 元

前 言

PREFACE

01 为什么写这本书

通过对数百名图表使用者和学习者的调查发现，大家学习图表最期望解决以下6个问题。

如果有一本 Excel 图表的书，您期望获得：
■选用什么图表来表达数据逻辑关系？
■如何建立数据分析模型和系统，以提高效率？
■怎样构建数据源，画出自己想要的图？
■如何从案例中拓展视野？
■怎样使用图表和按钮实现动态效果？
■怎样画图表？

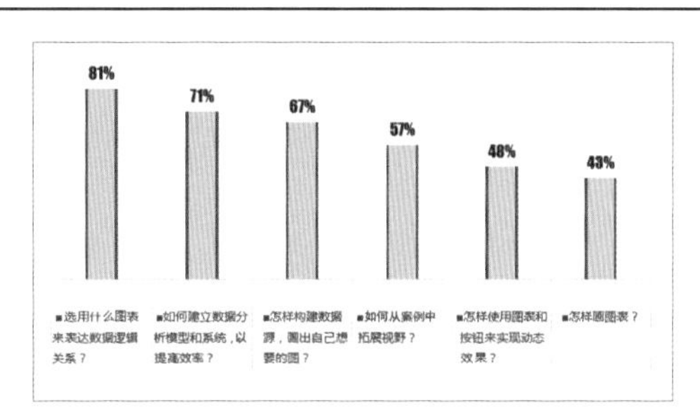

本书将对这些问题逐一做出解答，通过学习可轻松找到解决上述问题的方法。

02 本书适合谁看

■ 职场小白及零基础的学生。

■ 经常使用图表，并渴望提升能力的职场人。

■ 有图表基础，但不知道如何选图及画出个性图表的人。

■ 图表功底不错，想进一步学习建模来提高效率的人。

■ 缺乏灵感，希望学习更多应用案例的图表使用者。

03 本书的层次结构

本书注重实用性，紧抓读者痛点，解决制作图表中的困惑，突破传统思维，使每一张图表的产生都有理有据。

主要内容层次结构	说 明	亮点评级
图表准备	成为图表高手的基础准备工作，包括图表准备、函数准备、数据准备	★★★★
常用图表做法	通过常用图表了解图表的基础知识，包括了解图表、标签、坐标的调整、美化等技巧	★★★★★
如何选图	通过维度和相关性选图（DR 原则），画出自己想要的、合适的图（独家首发）	★★★★★
数据构建	利用 I Can Do 原则，通过数据源的构建，画出自己想要的图（独家首发）	★★★★★
常用技巧	制作图表时要避免的问题和锦上添花的技巧，让图表更形象、更具体、更生动（经验汇总）	★★★★★

04 本书的特色

作者将数据分析及企业内部培训近20年的经验进行提炼，形成在数据分析领域独到的见解，用以帮助读者轻松解决学习中的痛点。

■ 故事真实：包含大量根据不同行业的实际案例改编的故事，且案例专业、实用。

■ 内容全面：囊括各类常见图表的使用原则及制作方法，并在主要章节末辅以实战练习。

■ 分析独到：先介绍原始数据并构建数据源，再讲解操作过程，最后分析案例，案例讲解采用大步骤+小步骤的形式，方便读者阅读。

■ 独创原则：掌握作者独创的“1+0+UP”方法、“DR”原则和“I Can Do”原则，选图不再是难题。

■ 简单易学：重点内容用其他颜色突出，可帮助读者快速查看重点，轻松学会。

■ 随时学习：采用二维码视频教学。通过扫描视频二维码，可随时观看视频讲解。

05 图表的艺术之美

Excel图表在很多人眼里只是一个统计的工具。然而，Excel图表不仅是一门学问，也是一门艺术。

在工作中常会分析如下左图所示的汇总数据，看到这样密密麻麻的数字，很多人会感觉“头大”了不少。的确，这样的数据表格很难从中发现存在的问题。这时，绘制一张直观形象的图表，就会比简单地汇总罗列出所有数据要明智得多，效果如下右图所示。

单位：万元

项目	第1年	第2年	第3年	第4年	第5年
材料成本	500	400	350	320	280
动能成本	100	100	100	100	100
设备折旧	80	80	80	80	80
人工成本	150	160	180	200	220
期间费用	60	60	60	60	60

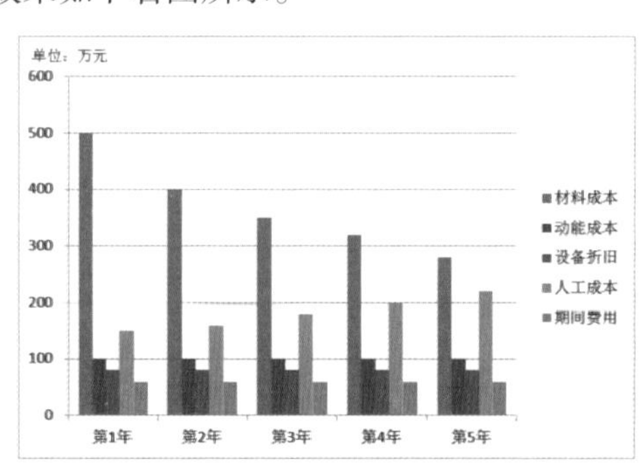

使用Excel默认图表类型制作出来的簇状柱形图图表，有时也存在很多问题，如忽略数据之间的关系。因为只有每年的单项成本，而忽略了总成本之间的对比关系，图表看起来还是不够直观。如果在图表使用基础上改用堆积柱形图，那效果就不一样了，修改后的效果如下图所示。

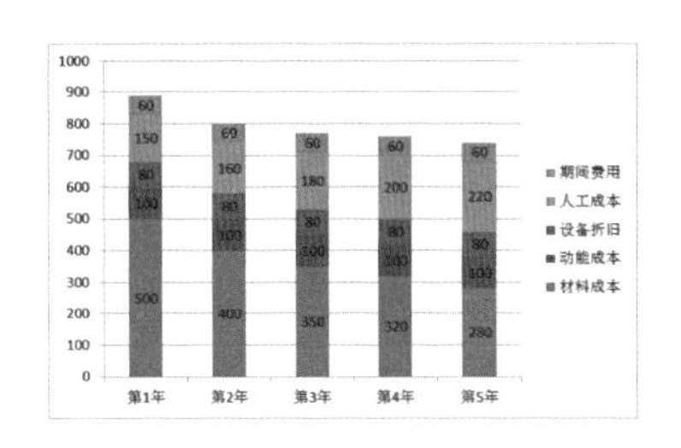

在上图中，已经能直观地看出每年成本的对比情况了，那么还能进一步美化吗？可通过增加系列线来帮助理解数据对比的效果，这样的图表可准确表达出成本的对比情况，增加系列线后的效果如下左图所示。

如果追求精益求精，还可对上图再做进一步的美化和改进。绘制图表的目的是帮助受众理解和发现问题、做出决策。从这个目的出发，可将成本高的项目设置成鲜艳色，成本低的项目设置成黑灰色，以便区别，效果如下右图所示。

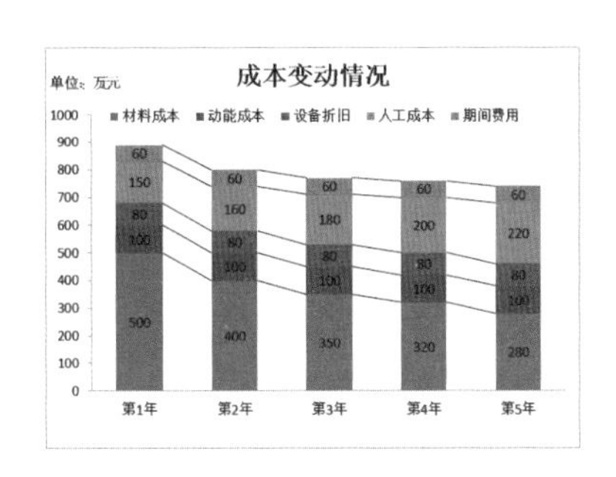

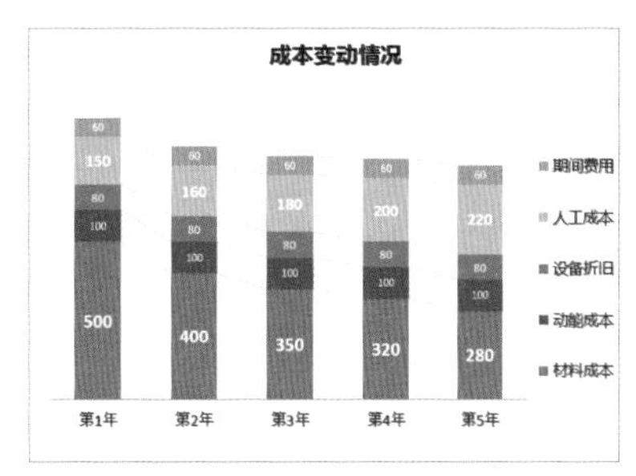

在上面的基础上还可对数据源进行构建，增加“总成本”，如下左图所示，这样图表中也可以展现每年的总成本，以方便管理者获得更多信息，如下右图所示。

单位：万元

项目	第1年	第2年	第3年	第4年	第5年
材料成本	500	400	350	320	280
动能成本	100	100	100	100	100
设备折旧	80	80	80	80	80
人工成本	150	160	180	200	220
期间费用	60	60	60	60	60
总成本	890	800	770	760	740

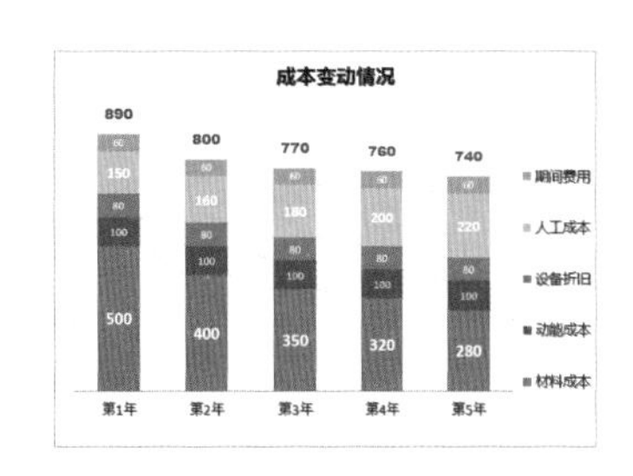

最终完成的图表与最初的图表相比已经清晰直观了很多，最终的图表不仅重点突出了关键信息，而且简洁、美观。让人不得不感慨，图表也会拥有艺术之美。

06 服务与支持

1. 附赠资源

除了同步教学视频，以及素材源文件和结果文件，还赠送以下资源辅助读者学习。

“Excel函数查询手册”“200个Office常用技巧汇总”“手机办公10招就够”“微信高手技巧随身查”“QQ高手技巧随身查”“高效人士效率倍增手册”电子书、1000个Office常用模板、10招精通超级时间整理术教学视频、五分钟教你学会番茄工作法教学视频等。

以上资源已上传到百度网盘，供读者下载。请读者关注封底“博雅读书社”微信公众号，找到“资源下载”栏目，根据提示获取。

2. 技术支持

■ 读者交流QQ群：423316193（办公应用学习交流群），或扫描右侧二维码直接加入QQ群。在QQ群中不仅有作者答疑，还会不定期开展课程视频分享活动。

■ 发送E-mail到读者信箱：march98@163.com。

07 学员收获

“我学会近300个常用图表的制作方法，不仅学会了美化技巧，还知道如何规避误区；不仅学到了基础方法，还通过变通案例拓展了思维，获得了很多灵感。”

——某合资汽车制造企业财务主管 张芸

“通过维度和相关性选图，并根据不一样的、直观的图谱和数据谱，让我选图时不再茫然。”

——某电子电器有限公司生产主管 张云飞

“掌握老师的‘I can do’原则构建数据源，终于可以画出自己想要的图了。我学到的不是技巧本身，而是一种图表技能，更是一种思维模式。”

——某国企HR 张逸凡

“跟着老师学习，你将学会如何构建模型和分析系统，实现数据可视化，提高工作效率，提示管理效能，为实现自我价值助力。我就是这样的受益者。”

——某机械制造行业部门经理 薛林

08 感谢

我一直梦想能出一本关于图表的实用书，感谢长征哥和左琨，一直给我鼓励并提供本次机会，从而使这本书出现在大家面前，让我的梦想得以实现。

感谢出版社的编辑老师们，在编写过程中得到了长征哥和奎奎的悉心指导和帮助，在此表示诚挚的谢意。

感谢参与图表相关调查问卷的学员们，调查结果帮助我构思了本书的侧重点。

感谢我的爱人，正是有你一直默默地支持，我才可以无忧追寻和实现梦想。

此外，参与本书写作的还有许薇、胡玉婷两位女士，感谢她们的辛苦付出。

最后，感谢读者朋友们，谢谢你们的信任。因时间仓促，本书难免存在疏漏之处，还请各位读者朋友见谅，多提宝贵意见。

编 者

目 录

CONTENTS

第1章

数据可视化的好处

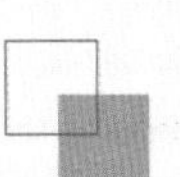

小汤是北京某公司的人事专员，负责公司的人员级别和薪酬结构的管理。每年升职加薪前，小汤都需要整理人员级别和薪酬结构数据，如下图表格所示。

单位：万元

项目	员工	班长	科长	部长	副总	总经理
年薪-max	8	10	12	22	30	45
年薪-min	5	7	8	14	18	25
平均	6.5	8.5	10	18	24	35

今年新来的人事主管指出这样的表格效果不够直观，希望小汤能够改进。

小汤收到反馈后，决定将表格改为可视化图表。他使用堆积柱形图和折线图的组合，制作出来下图所示的图表。

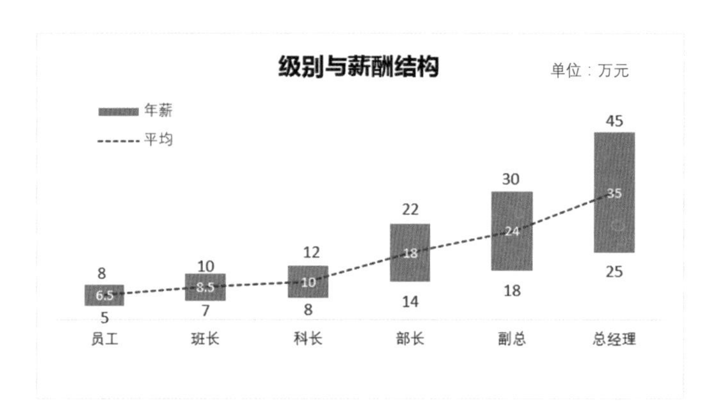

从可视化图表中，不仅能体现出每个级别的最高/最低/平均薪酬，还能看出薪酬的阶梯变化。

当小汤将逻辑清晰的可视化报告交给主管时，获得了表扬。小汤开始不断学习Excel图表的相关知识，成了公司中的图表专家，大家做报告有什么需求和想法都会请教他。

本章案例效果展示：

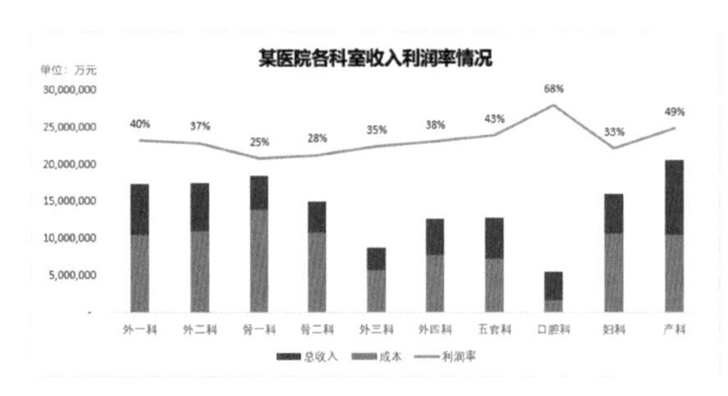

将杂乱数据整理为可视化报告实现

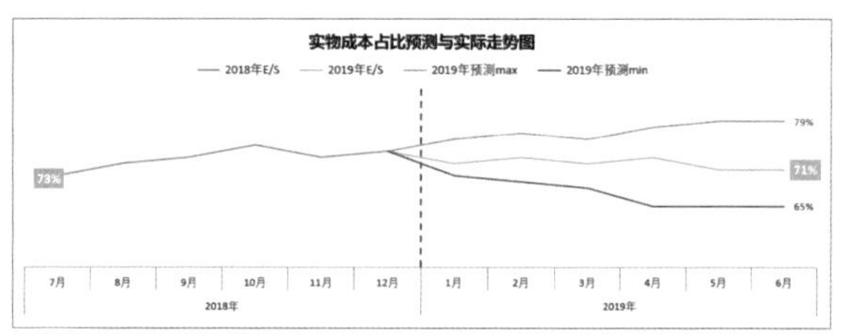

通过数据可视化实现预测走势与实际走势的差别

1.1 数据可视化的4要素

在企业发展过程中，生产、制造、销售等部门的各类数据在数量和维度层次上会成倍增加，这些被记录的海量真实数据，如果不能被有效利用就无法为企业决策提供依据，那么这些数据就是一堆“废物数据”。如何通过对数据的汇总、抽取、加工，从中甄别出有效信息并改变传统的文字和表格模式，让企业决策者快速获取信息呢？

答案就是数据可视化，通过综合利用各种图表类型，清晰、直观地展示数据，让企业决策者快速获取有效数据，为企业的发展方向和重要决策提供科学依据。

做好数据可视化，图表就需要满足简洁化、直观化、结构化和逻辑化这4点要求。

简洁化要求图表有合理的“数据墨水比”，删掉多余元素，让每个图表元素的存在都有意义。图表越简洁越容易被接受。如下左图的图表中数据差异较大，网格线并不能起到辅助理解数据的作用，还会混淆视线。删除网格线后整张图表变得更加清晰，效果如下右图所示。

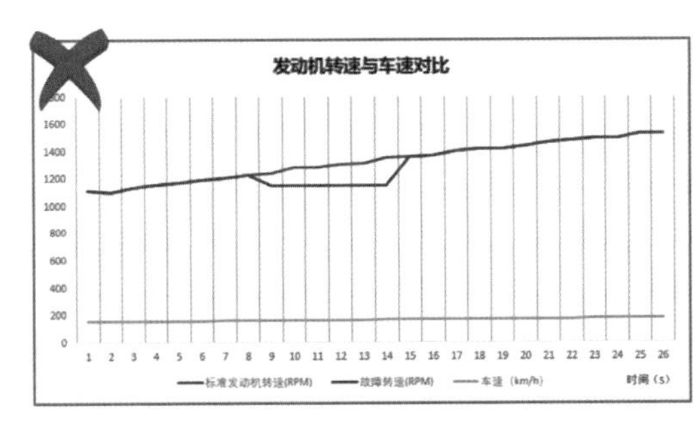

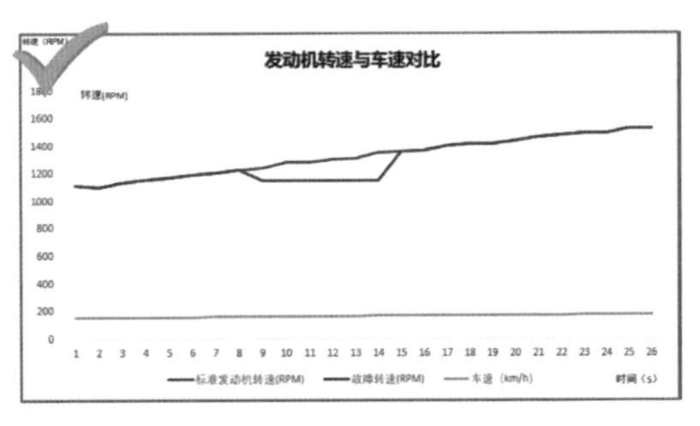

直观化要求图表中没有多余的数据，用最直观的形式把核心数据表达出来。如下左图中把原数据全部显示出来像一团乱麻，这样的数据让人提不起继续阅读的兴趣。这时使用动态图表，在图表中添加下拉菜单，选择不同月份，即可显示出对应月份的数据，这样会更直观。

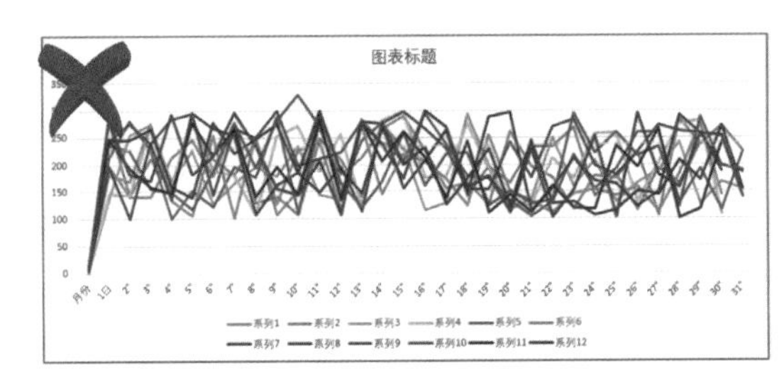

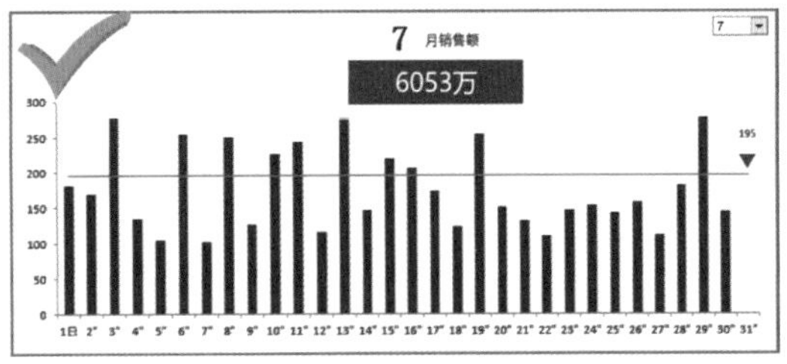

结构化要求图表结构布局合理有层次，选择合适的图表类型，并且突出重点数据才是关键。下左图使用簇状条形图，数据挤在一起，无法清楚地表达重点，并且利润率为小于1的百分数，在图表中根本看不到。而下右图则使用堆积柱形图+折线图的形式，直观形象，结构工整，能清晰地展示出总收入、成本及利润率的对比情况。

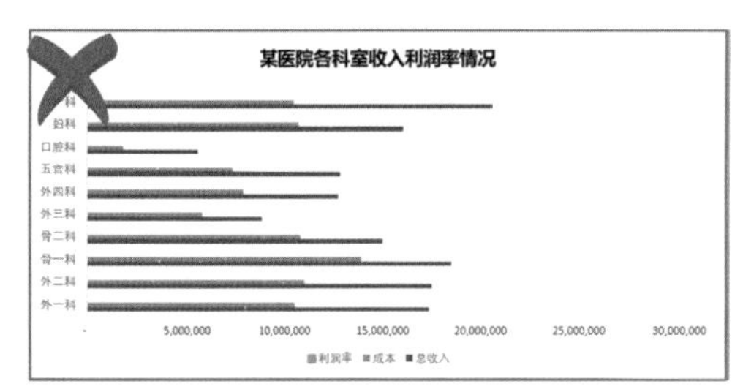

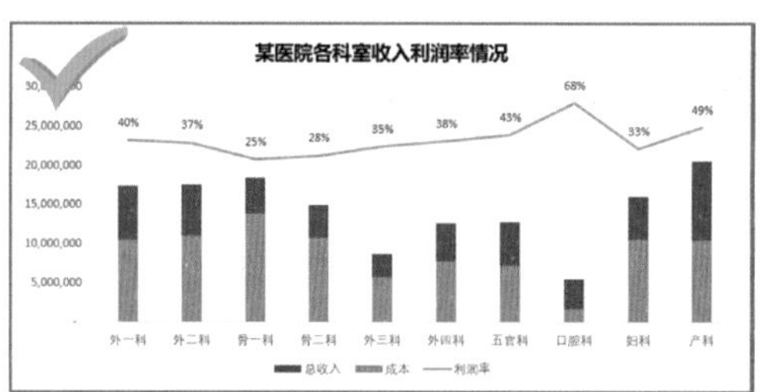

逻辑化要求图表符合人的思维逻辑，图表的目的是为了良好的沟通，解决实际问题，如果制作的图表没有清晰的逻辑，就无法准确反映要表达的想法或客观数据，甚至会误导看图表者对数据的认识。在展示库存、半成品及成品的关系时，库存量=半成品数量+成品数量。如下左图中仅展示各种量的具体数值，而下右图中则使用清晰的逻辑结构展示出总库存与半成品、成品之间的关系，以及半成品和成品之间的关系。

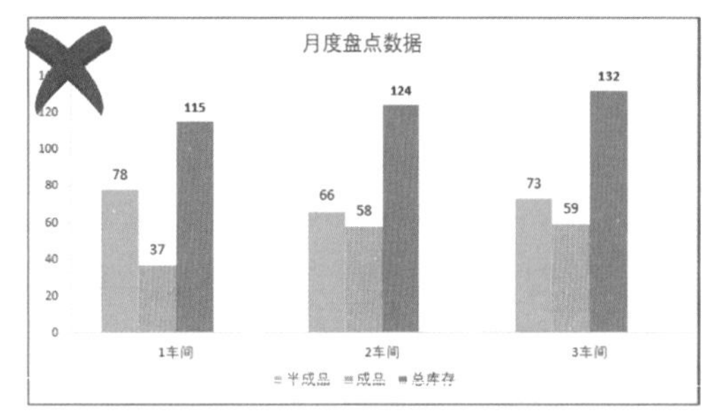

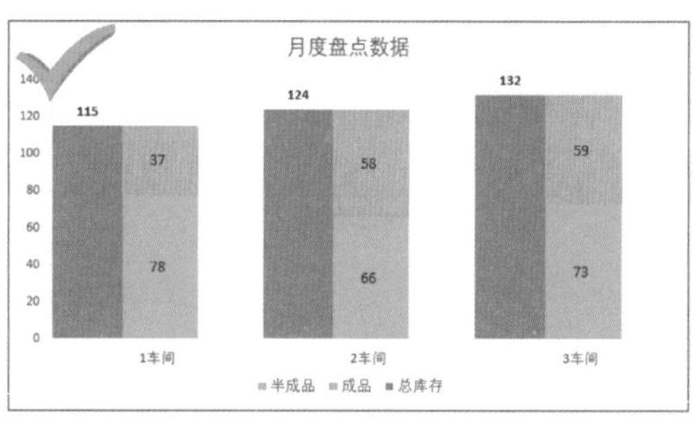

那么数据可视化的好处是什么呢？对自己来讲能够提升工作效率、展现自己的能力，还能升职加薪，如下左图所示。对他人来讲看起来更直观，更加方便，如下右图所示。

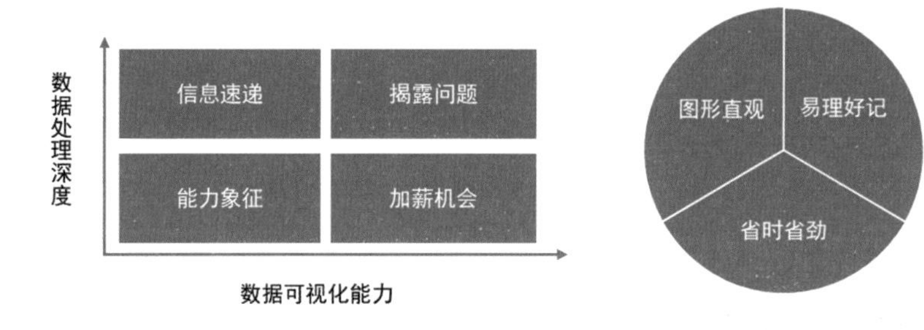

1.2 用简洁化的数据把握商机

在大数据时代，只有挖掘数据价值用数据讲事实，为企业提供科学的决策，才能把握商机，进而运筹帷幄、决胜千里。

1.2.1 故事1——金店会计小王的加薪之路

小王是浙江某金店的会计人员，最近，金店新来的领导让他汇总近期钻石、彩金、硬金的销售情况。小王经过调查分析，按照以往的经验整理出一张表格，如下图所示。

钻石、彩金、硬金汇总

分类	总件数	总金额（元）	其中：兑换件数	其中：兑换金额	其中：纯销售件数	其中：纯销售金额
钻石	3,795	26,212,285	1,740	15,877,590	2,055	10,334,695
彩金	6,850	10,502,330	2,040	3,441,715	4,810	7,060,615
硬金	8,020	8,731,670	1,795	2,482,310	6,230	6,249,360
合计	18,665	45,446,285	5,575	21,801,615	13,095	23,644,670

新领导扫了一眼小王整理的表格，说了一句："回去改改。"

返回岗位，小王心想，是不是数据算错了？然后又仔细核对了一遍各项数据，并没有发现问题。

那么问题出在哪儿呢？小王百思不得其解，决定与同事探讨，于是就将遇到的问题讲给了办公室的同事听。

小马说："之前就是这么整理数据的，前领导都说没问题，这是新官上任三把火吗？"

小刘说："我也核对了一遍，数据的确没有错误。"

小冯说："莫非是表格太简单了？没有领导想要的数据？"

小徐想了想说："会不会是新领导不想看表格啊？"

小马又说："不要表格，还怎么汇报销售情况啊。"

……

在同事的讨论声中，小王突然想起，在新领导上任的会议中，这位新领导说过一句话："我希望看到清晰、直观、有效的数据，而不是用堆砌数据制成的表格！"

小王想问题一定是出在这里，可不用表格展示数据，又该怎么做呢？最直观的形式莫过于用图表了，小王凭借着刚入门的Excel知识，把上面表格中的数据制作成两张图表，如下图所示，怀着忐忑不安的心情给领导送了过去。

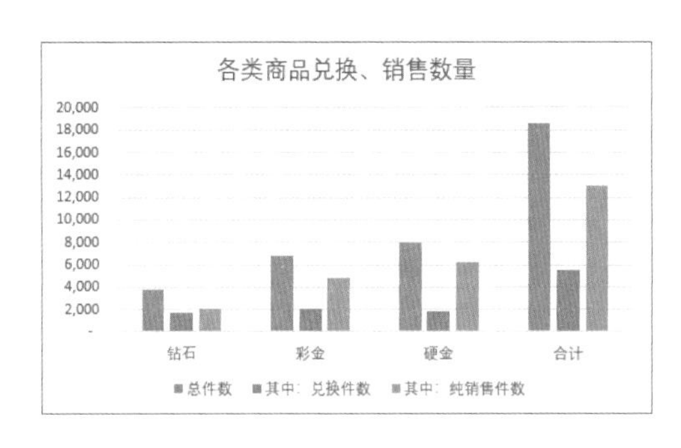

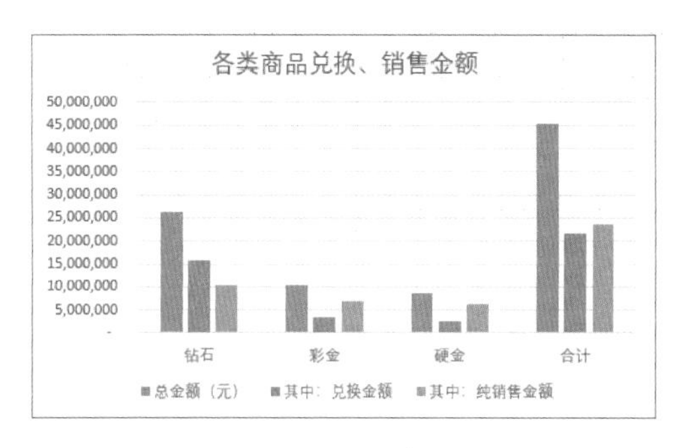

这次，新领导接过小王拿过来的数据，看了一眼，皱着眉头说道："我当前比较关心金额，回去再改改。"

领导关心金额！小王茅塞顿开从这句话中找到了领导关注的重点，原来如此。与金额有联系的，莫过于钻石、彩金、硬金各自的总金额，还有兑换所占的金额及纯销售的金额了。

如果要展示总金额最好用饼图，它可以显示各自的占比情况，然后再加上具体值，嗯，就这么干。这些数据表格中已经有了，于是，小王使用数据表中第1列和第3列的前4行很快就制作出了一张饼图，效果如下图所示。这样不仅清晰展示了各自的销售占比情况，还显示出了具体的金额。

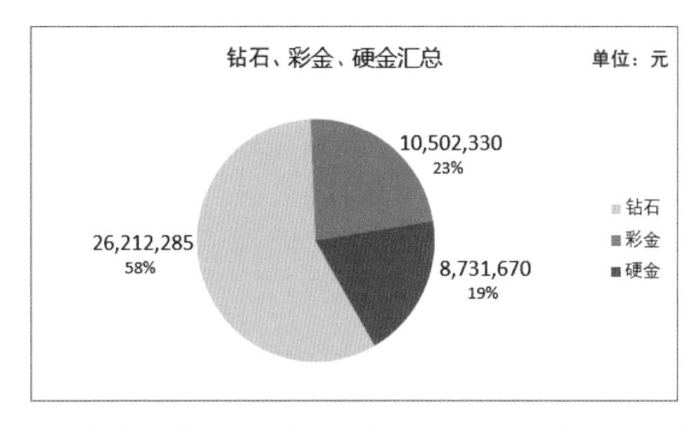

只有一个图表是不是显得有些单调呢？兑换所占的金额及纯销售的金额该如何怎样展示呢？

上面的数据中包含了各自兑换金额及纯销售金额的具体数据，但兑换金额和纯销售金额是两个条件，无法用饼图展示，经过一番思考，小王决定根据上面的数据，重新设计一个表格出来。

于是，小王在新表中计算出兑换金额和纯销售金额的占比，然后用新表制作一个堆积柱形图，如下图所示。这样不仅能直观看出兑换金额和纯销售金额的占比，还能够对比出同一类商品兑换金额和纯销售金额之间的差异。

分类	兑换金额	纯销售金额
钻石	61%	39%
彩金	33%	67%
硬金	28%	72%

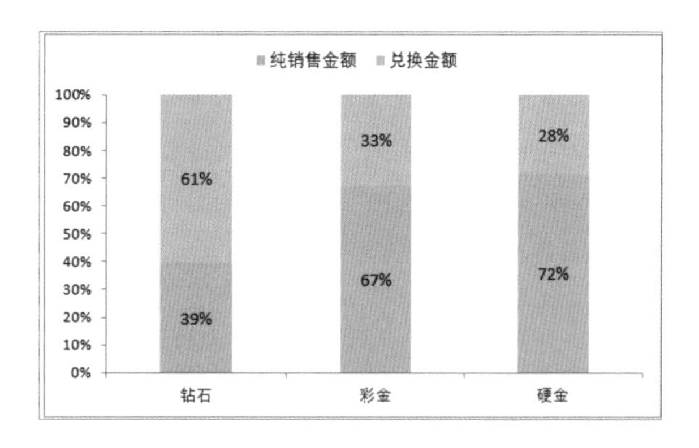

制作完成，小王确认无误后，再次把整理的销售数据拿给了新领导。

领导看了后说："放这里吧，你先出去工作。"

不知道新领导是否对自己的工作成果满意，小王怀着紧张的心情结束了一天的工作。临近下班时间，新领导开了个临时会议，会议快结束时，新领导表示让小王负责以后的数据统计工作，并且从本月开始，工资提升10%！

这算不算是意外的大惊喜呢？！

后来，这位领导把握住了每一次商机，金店也在其带领下不断壮大，并发展为集团企业，而小王已成为该集团的财务总监，每每想起这件事，他总是感慨万千。现在，使用数据可视化分析数据已成为小王对下属的要求。

1.2.2 故事2——卖手机的小李是如何成为销售冠军的

小李是上海某手机卖场的销售经理，负责几款手机的销售工作。由于手机销售竞争激烈，小李经常组织销售人员召开总结会议，分析问题、总结经验，以增加手机销量，但效果并不理想。

在一次会议中销售人员提出一个问题：客户经常询问手机的续航能力，并希望介绍几款续航能力强的手机，但我却不知道怎样答复客户。

这个话题引来了几名销售人员疯狂地吐槽。

小孙说："是啊，我也经常被问到这个问题，都不知道怎么回答。"

小马说："我也遇到过，只能凭借经验估算时间，应该也不准确。"

小刘说："我也遇到过，结果不但这单生意没做成，还影响了为其他客户服务。"

小孙又说："问这种问题的都是一些爱玩、时尚的年轻人。"

……

小李意识到这的确是一个影响销量的问题，大多数客户仅仅是有购买欲望，并不是急需入手一部手机，只有留住这类客户才是提升销量的途径。

于是，小李对比手机厂家说明书中的数据，汇总了10款常用手机的续航时间，并专门开会向销售人员进行了介绍。

刚开始效果不错，手机销售量有所提高，但后来有很多客户反映续航能力并没有达到预期的效果。

客户就是上帝，小李组织销售人员对客户进行调研，结果发现，不同人使用手机的目的有差异，有些人喜欢聊天、有些是为了打游戏，还有看视频、听音乐等。

根据调研，小李决定自己测试热销的这10款手机的续航能力。他组织销售人员将手机充满电，然后玩游戏1小时，看视频1小时，听音乐1小时，聊微信1小时，并各自记录手机的耗电情况及最终剩余电量，结果如下图表格所示。

手机续航能力

待机4小时后

品牌	游戏	视频	音乐	微信	剩余电量
手机1	20	15	6	3	56
手机2	21	16	5	2	56
手机3	20	19	6	3	52
手机4	21	20	7	3	49
手机5	25	19	8	2	46
手机6	23	20	9	2	46
手机7	24	20	7	4	45
手机8	25	19	9	3	44
手机9	23	20	8	5	44
手机10	24	19	10	5	42

小李将这张表打印出来供客户参考，但很多客户反映看不明白，需要频繁地询问工作人员，不仅占用销售人员大量的时间，还影响其他客户选购手机。

小李只好向从事数据处理的朋友求助，朋友建议他将表转换成直观的图表。于是在朋友的帮助下，小李将上图中的表制作成了一张堆积条形图，如下图所示，然后打印并粘贴在柜台上。

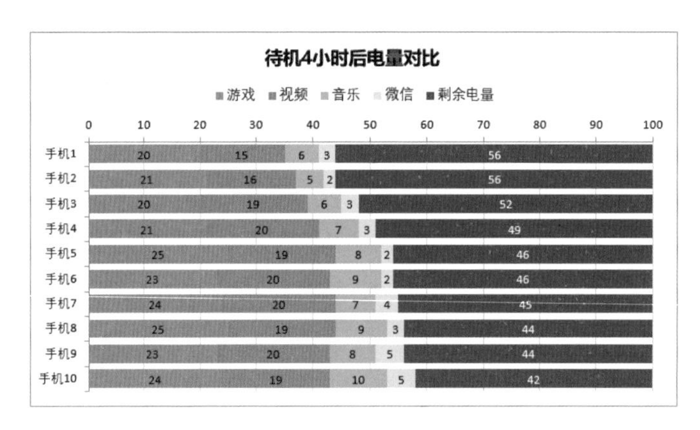

没想到效果非常好，客户不但能看懂数据，还节省了销售人员解释的时间，使手机成交量不断攀升，小李负责的手机销量在当月拿到了销售冠军。

1.2.3 故事3——汽车4S店员工小孙的意外收获

小孙是天津某汽车4S店的一名普通维修员，入职时间不久，但平时爱钻研，动手能力强。

小孙的师傅是一位经验丰富的发动机维修员，可以通过听发动机的声音判断出是否有问题。跟着师傅学习的过程中，他发现师傅能力虽然强，但偶尔判断也会有差错。而且维修需要大量的经验，因此学习过程比较慢。有什么办法让学习更科学、更高效呢?

小孙在平时工作中需要经常试车，主要就是测试在不同挡位、不同速度下的车辆性能，每天都重复着同样的工作。有一天，小孙突然想到，不同车型在不同挡位、不同车速下，发动机的转速是固定的，如果做一张表格分别记录发动机的标准转速，故障车辆的对应转速，如果数据不同则说明有问题。

有想法就立马付诸行动，小孙选取了一款热销车型，通过试验记录下不同挡位、不同车速下发动机的标准转速。小孙又对一辆送检的故障车，测试了不同挡位、不同车速下发动机的转速，如下表所示。

时间(S)	车速(km/h)	标准发动机转速(RPM)	故障转速(RPM)
1	154	1116	1116
2	154	1104	1104
3	156	1134	1134
4	157	1158	1158
5	157	1168	1168
6	158	1192	1192
7	159	1208	1208
8	160	1224	1224
9	161	1244	1000
10	162	1282	1000
11	163	1283	1000
12	164	1305	1000
13	164	1314	1000
14	166	1352	1000
15	166	1361	1361
16	167	1368	1368
17	168	1400	1400
18	169	1416	1416
19	170	1419	1419
20	170	1440	1440
21	172	1466	1466
22	172	1478	1478
23	173	1490	1490
24	173	1495	1490
25	174	1525	1525
26	175	1528	1527

通过两列数据的对比，小孙发现第10~15行的故障数据与标准转速不同。于是推测出发动机存在故障。

小孙通过对多辆故障车的检验，确认该方法的确可行。但在使用中发现存在同车速下不能快速判断标准与故障问题，如果数据多时，就会更麻烦。

小孙经过翻阅资料，决定用折线图的形式展示数据，如下图所示。该图表的效果更直观，可很轻松地发现问题。

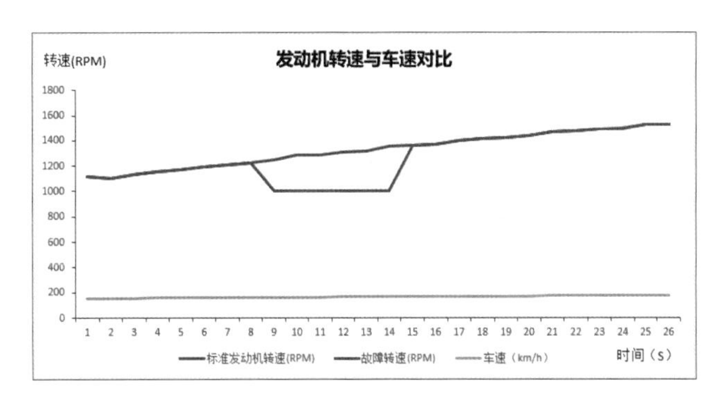

小孙的方法获得了公司的认可，将不同车型的发动机标准转速都转换为数据，提高了检修发动机的效率并为客户节约了大量的时间。经过客户的口碑相传，小孙所在的4S店生意越来越好，小孙也因为提出的故障判断方案受到了公司的嘉奖。

1.3 用直观化的数据提升个人能力

数据可视化能够呈现严密的逻辑思维，是发现、分析、解决问题的一把钥匙，使用数据可视化方式已经成为数据处理的主流。

1.3.1 故事1——贸易公司销售员成长记

小张在上海某贸易公司从事销售工作。小张每个月都要向销售总监汇报销售情况。这份数据中包含每年的销售数据，以及2019年还未达到销售计划的缺口数据。刚工作时，小张把做好的数据表格交给销售总监，如下图所示，但总监不是很满意。

单位：万元

	2014年	2015年	2016年	2017年	2018年	2019年缺口
进口	100	120	160	180	150	30
出口	50	55	80	100	80	50

小张担心是自己的数据没有整理正确和完整，于是再三检查确保数据都是正确的。小张不知道怎么办才好，于是向前辈老李请教，老李看了小张的报告后，给他支了个招："你啊，在表格前面添加一个图表。图表的效果直观，领导也喜欢，将表格里的数据附在后面就可以了。"

小张听完恍然大悟。他使用堆积柱形图制作了当月的报告图表，进出口的数据及销售缺口的数据一目了然，效果如下图所示。

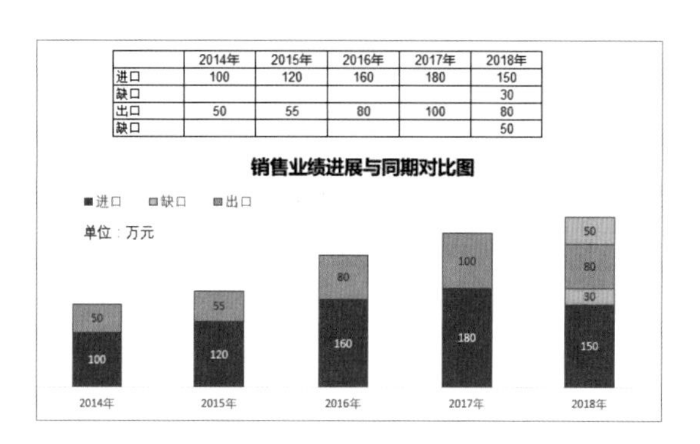

这份报告交上去后，销售总监非常满意，罕见地夸奖了小张。从那以后，小张继续学习Excel可视化图表功能的相关知识，制作图表的水平也越来越高。很多同事在遇到图表问题时，都会向他请教呢。

1.3.2 故事2——催款专员是如何提升能力的

小李在北京某单位从事催款工作。每年年末，他都需要将经销商的欠款和年初进行对比，由此向领导汇报催款工作的业绩。

年末与年初欠款对比的数据，如下图表格所示。

单位：万元

年初欠款	年末欠款	欠款减少
469.7	316.4	153.3

小李是个很爱动脑子的人，他觉得报告中只有这样的数据表格效果不够直观。于是，他开始学习Excel的可视化表格，试图改善报告的可读性。小李尝试了饼图、柱形图，但都无法达到直观、准确的效果。于是，小李报了Excel培训班，经过一段时间的学习和练习后，他找到了一个能够准确表达数据含义的图表。小李使用堆积柱形图完善了年末与年初欠款对比的报告，效果如下图所示。

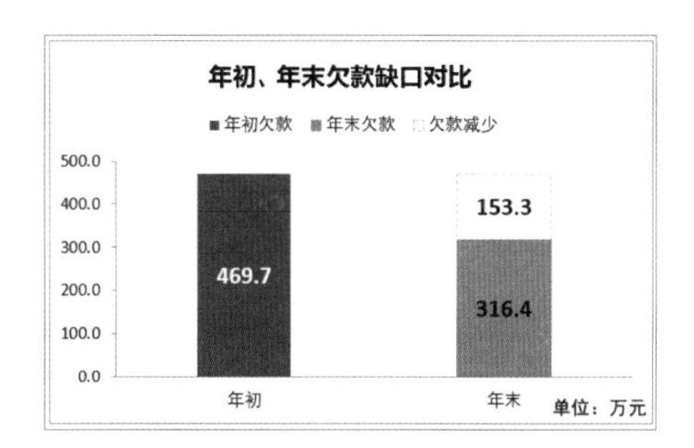

这样的可视化图表更直观，数据一目了然。领导看到这样的报告后，对小李赞许有加，还让其他同事做报告时多向小李学习呢。

1.4 用结构化的数据把握晋升机会

将数据可视化，并加以归纳和整理，使其条理清晰，把一份结构化的数据可视化分析报告提交至领导手中，才能把握晋升的好机会。

1.4.1 故事1——自荐成功的医院普通财务人员

小冯是湖南某医院从业多年的财务人员，虽然业务能力较强，但一直没有晋升的机会。在多年的工作中，小冯发现很多同事整理的报告都是一些简单的表格，并且对部分数据表的处理也不恰当。小冯不甘心一直做一名普通的财务人员，于是精心整理了一份财务报告找到副院长，打算毛遂自荐。

小冯说：“院长，我在医院兢兢业业地工作10年了，希望能有机会提干。”

院长道：“小冯啊，在咱们医院的财务部门，你的资历和业务能力算是拔尖的，但财务部门的领导岗位毕竟有限啊。”

小冯不甘地说道："我发现很多同事整理的报告都是一些简单的表格，有些处理得也不恰当。我熟悉医院的财务系统，擅长数据的处理和分析，我想尝试一下。"

院长接过小冯的报告看了一眼，说道："我相信你有这方面的能力，但要做出业绩证明你比其他人更优秀才行！"

小冯说："只要给我个机会就可以。"

院长道："过一段时间要召开全院大会，你准备一份财务分析报告，只要能在评选中胜出，并让参会的各位领导满意，你提升的事就有机会。"

回到工作岗位，小冯就开始着手准备财务报告的事情，看着之前提交给院长的表格，如下图所示，小冯心想：虽然列出不同科室的总收入、成本、利润及利润率等数据，但还是存在不少问题的。

（1）不直观。不能直观看到成本与收入的关系，科室间横向对比也不明显。

（2）数据多。分析起来比较难。

单位：万元

项目	总收入	成本	利润	利润率
外一科	17,360,727	10,490,822	6,869,905	40%
外二科	17,525,646	10,996,788	6,528,858	37%
骨一科	18,518,891	13,878,847	4,640,044	25%
骨二科	14,965,980	10,788,359	4,177,621	28%
外三科	8,812,306	5,763,270	3,049,036	35%
外四科	12,726,215	7,829,261	4,896,954	38%
五官科	12,847,004	7,282,841	5,564,164	43%
口腔科	5,558,639	1,779,434	3,779,205	68%
妇科	16,008,120	10,722,214	5,285,906	33%
产科	20,581,192	10,465,125	10,116,067	49%

有什么办法能让这些数据更直观呢？小冯想了很久，也没有找到答案，最后小冯求助于曾帮助自己整理表格的朋友，朋友建议小冯将表格数据整理成图表的形式，将表格数据可视化，这样就得到了如下图所示的图表。

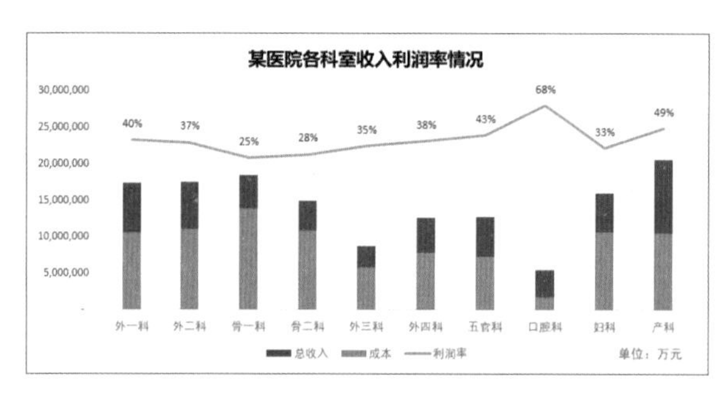

小冯感觉效果很好，数据一目了然，于是又从完善数据开始制作可视化的图表，经过一周的时间重新整理了一份财务分析报告。

结果可想而知，小冯的财务报告不仅在部门评选中脱颖而出，还在大会上得到各级领导的认可，小冯也顺利地提干了。

1.4.2 故事2——公司财务人员提干记

小武是河北某家公司的一名财务人员，有5年工作经验，且年富力强，非常努力。他希望能在财务岗位有进一步的发展，但苦于没有机会向领导展现自己的能力。

小武将自己的烦恼和朋友倾诉后，朋友问他："你平常有没有和领导接触的机会？"

小武说："只有提交一些表格时会有接触。"

朋友笑笑说："那你就要抓住这样的机会啊。"

小武回去后，找出手头的表格数据，这是一份每半年提交一次的材料边际贡献率对比数据，如下图表格所示。

项目	2019年						2020年					
	1月	2月	3月	4月	5月	6月	1月	2月	3月	4月	5月	6月
2019MMP%	30%	35%	32%	36%	36%	35%						
2020MMP%							42%	46%	43%	44%	46%	47%
平均MMP	36%	36%	36%	36%	36%	36%	45%	45%	45%	45%	45%	45%

以前他都是整理好同期对比数据，交给领导就完事了。这次，他想抓住提干的机会，想到了使用可视化图表的方法，使用簇状柱形图和折线图的组合，制作的图表效果如下图所示。

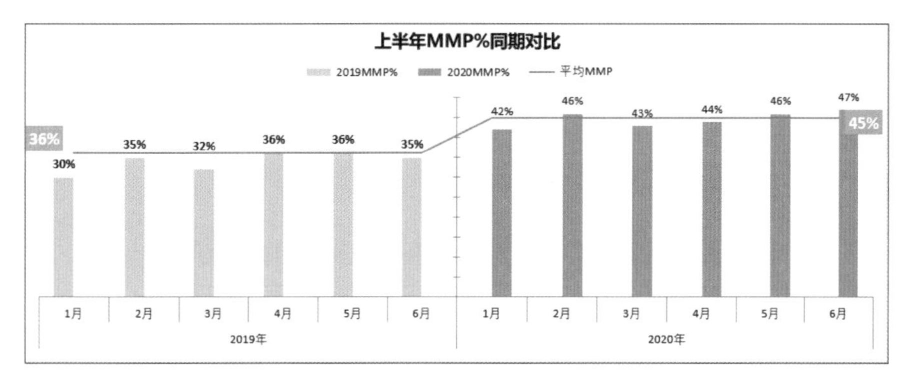

图表将2019年和2020年每个月份的数据、平均值都直观地、有结构地呈现出来了，领导看报告时不用再在一堆数字里算来算去了。经过这次报告的改善，领导对小武刮目相看。

小武因此信心大增继续对其他报表进行改善。如下图所示，是实物成本占销售收入比的预测和实际数据。

项目	2018年						2019年					
	7月	8月	9月	10月	11月	12月	1月	2月	3月	4月	5月	6月
2018年E/S	70%	72%	73%	75%	73%	74%						
2019年预测max						74%	76%	77%	76%	78%	79%	79%
2019年E/S						74%	72%	73%	72%	73%	71%	71%
2019年预测min						74%	70%	69%	68%	65%	65%	65%

表格中有第二年的预测值（Max值和Min值）和实际值。小武将这样的数据制作成可视化的折线图，效果如下图所示。

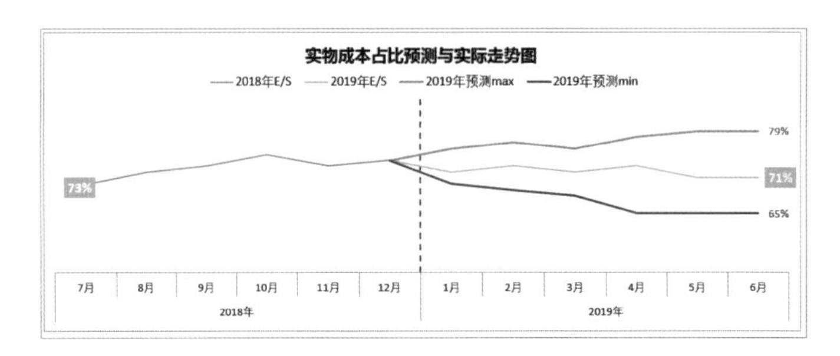

在可视化图表中，实际的实物成本占比是否在预测范围内，可一目了然。经过这样的改善后，小武制作的报告不仅有数据，还有可视化表格。因此领导开始注意到小武的能力，很快就给小武升职加薪了。

1.4.3 故事3——工厂采购人员通过数据可视化晋升采购主管

小卞是河南一家工厂的采购人员。他希望能在采购岗位上得到晋升，于是，鼓起勇气向领导表达了自己的意愿。领导肯定了他的工作能力和要求进步的思想，同时也希望他在工作中能更多考虑一些细节，做出一些改变。

小卞仔细思考后，决定从做报告着手进行改变。小卞每月都要制作原材料价格变动表，提交给领导进行分析。

原材料价格变动数据如下表所示。

单位：元

日期	2020年1月	2020年2月	2020年3月	2020年4月	2020年5月
40MnBH	4356	4202	4205	4295	4321
环比		-154	3	90	26

除了这样的数据表格，小卞在报告中还会做一个柱形图体现每个月的原材料价格。

以前小卞提交这样的报告，从来没想过有什么不妥。可现在，他站在领导角度重新审视报告时，意识到虽然柱形图显示了价格，但无法直观体现价格变动多少的问题。于是，他将柱形图改为柱形图和带直线的散点图的组合，效果如下图所示。

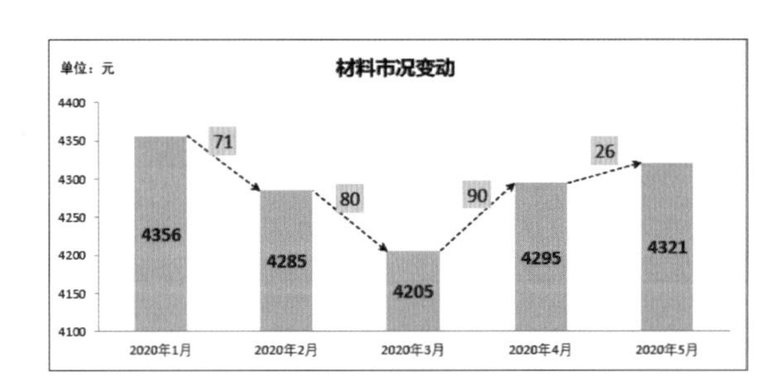

图表中每个月的原材料价格、相比上个月的价格变动等信息都有，内容结构清晰、一目了然。

小卞只对图表细节进行了改善，可视化报告的效果却十分显著。后来，小卞又对自己经手的其他报告都做了类似的改善。经过一段时间后，领导终于提拔了小卞为采购主管。

1.5 用逻辑化的数据脱颖而出

一份逻辑思维缜密的报告，是发现、分析、解决问题的一把钥匙。在激烈的竞争中你可以借助逻辑化的可视化分析报告脱颖而出。

1.5.1 故事1——仓库管理员变身厂里的“红人”

小刘是湖北某厂的专业仓库管理员，每月需要盘点仓库的产品总库存数量，其中包含不同车间的成品数量和半成品数量，小刘每次都是用表格的形式统计，如下图所示。

单位：个

	1车间	2车间	3车间
总库存	115	124	132
半成品	78	66	73
成品	37	58	59

时间久了小刘意识到表格的形式不够直观，领导看一遍印象不深刻。于是，他想改变一下表格的展示形式。

小刘下班后就上网搜资料，功夫不负有心人，他很快就找到比表格更直观的展示方法——数据可视化。

在接下来的一段时间，小刘终于学会了常用图表的制作，又经过大半个月的不断试验和反复修改，终于找到了通过簇状柱形图和堆积柱形图组合图表的形式展示数据的方法，效果如下图所示。

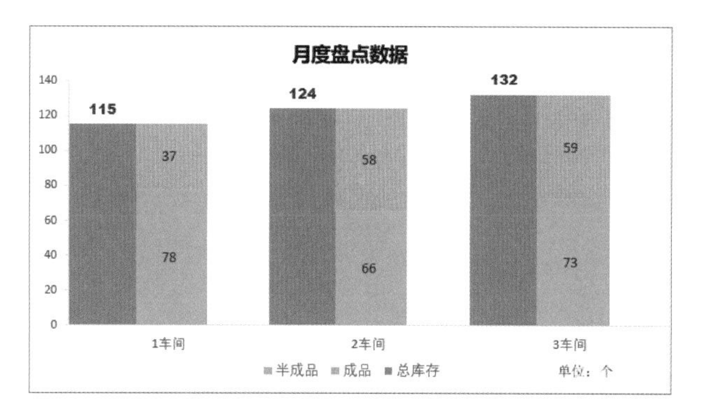

在这个月的工作汇报中，小刘就将图表添加到报告中。果然，领导评价小刘的报告不仅看起来简单、清晰，印象还深刻。

在工作总结会议中，领导又表扬了小刘的创新和开拓精神，同时号召其他员工向小刘学习。

当月，小刘不仅获得了厂里的创新奖金，还成为了领导身边的“红人”。

1.5.2 故事2——出类拔萃的项目经理

老施是山东某厂的项目经理主要负责PSD项目。最近，工厂效益不乐观，领导要求每个项目严格控制成本，并按月报告成本控制情况。

老施决定从采购、研发和制造3个方面来控制管理成本，即设定降低成本目标，并每月对实际情况进行采集汇总。老施和其他项目经理一样制作了一份数据报告，如下表所示。

单位：个

项目	采购	研发	制造
目标	200	616	160
已达成	100	260	60
推进中	50	180	70

老施很爱琢磨，他发现光有数据还不够。他想直观地、有逻辑地向领导说明自己项目中控制成本的效果。于是，他使用堆积柱形图制作了可视化图表，效果如下图所示。

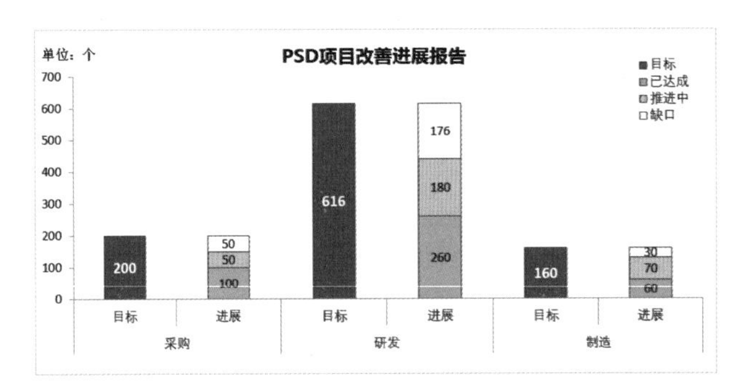

可视化图表分为采购、研发、制造3个方面，分别展示了先目标后进展的对比数据，同时还展示了实际进展中不同状态的数据。

这个报告数据准确、逻辑清晰、简洁直观，很快就在所有项目的报告中脱颖而出。领导看后非常满意，并要求其他项目也按老施这个模板制作。

第2章

图表设计的八大误区与解决方案

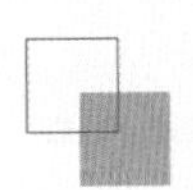

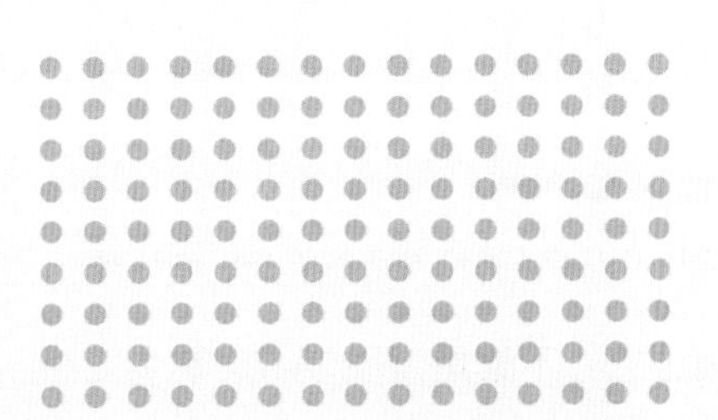

图表是画出来给别人看的，需要在有限的空间和时间内将关键信息传递给受众，以帮助理解达到支持决策的目的。好图表的标准及图表常见问题如下图所示。

图表的目的	需要做到	问题内容	问题
画出来是给人看的	美观协调	不美观、不协调、太单调	不美观
传递信息	突出重点、关键信息、有主题思想	信息多、太杂乱、不聚焦	不聚焦
帮助理解	直观、一目了然、很快能找出差异和发现问题	不直观、不简洁、无逻辑	不直观
支持决策	给出建议或意见	没想法、没办法、没意义	无价值

要想制作出令人满意的图表来，就要走出图表设计的误区，避免出现上图中提到的问题。本章将结合例子介绍图表设计的八大误区及解决方案。

通过图表设计将数据可视化，可帮助企业的决策者和管理者更直观、更方便地获取有效信息，从而做出对企业有利的决策。因此，在企业活动中，可视化图表的作用不言而喻是很重要的。

然而，在实际工作中，人们常对图表设计存在一些误区。

“不管数据有什么逻辑先做图再说。”

“任何数据都可以直接拿来做图，不需要对原始数据进行整理和加工。”

“使用Excel的默认图表就好了。”

“我想将所有数据都放在一张图上展示。”

“选择什么图表类型我不管，反正做成图就行了。”

“图表就要做得‘高大上’啊。”

……

这些误区会导致绘制出来的图表存在各种各样的问题。常见的问题有以下4种。

问题一：不美观。图表不美观主要指图表存在不美观、不协调、太单调的问题。如下左图所示的折线图虽然能清楚表达出销售额的走势情况，但只有一根线条显得很单调。而同样一组数据，如下右图所示不仅表达了销售额走势情况的中心思想，而且避免了图形单调的问题，看起来更加美观。

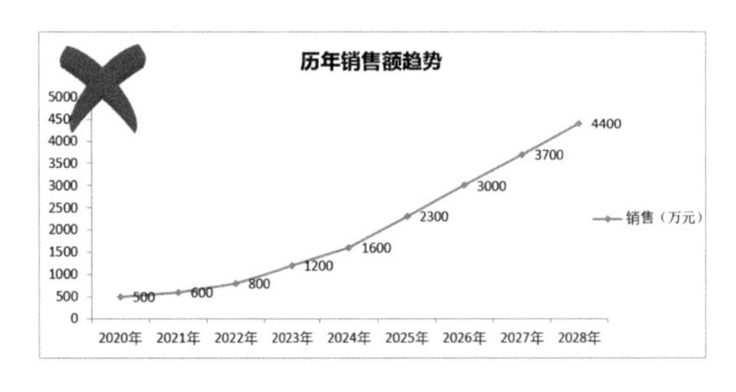

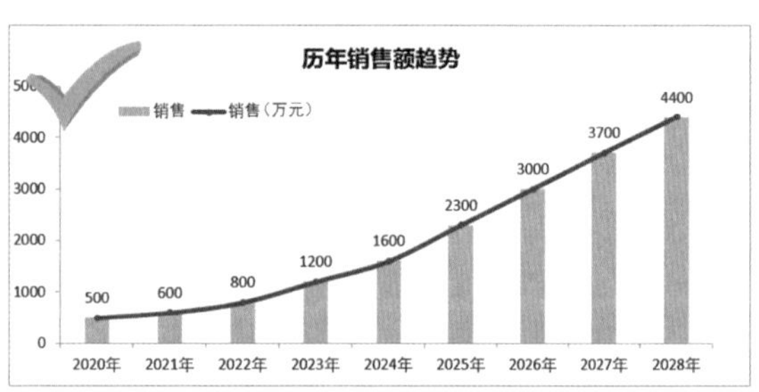

问题二：不聚焦。图表不聚焦主要指一张图表上信息太多、太杂乱，表达不出主题。如下左图所示的图表中，所有产品、所有月份的数据都放在上面，尽管数据很全面，却表达不出重点。而同样一组数据，如下右图所示的图表将重点聚焦在按月份汇总的销售变化情况上，避免了信息杂乱、主题不聚焦的问题。

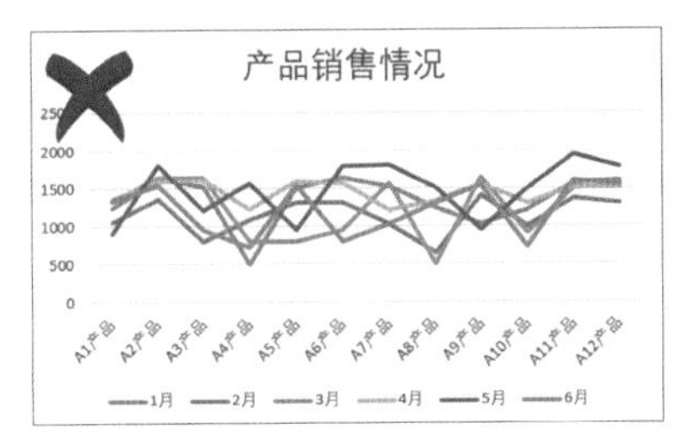

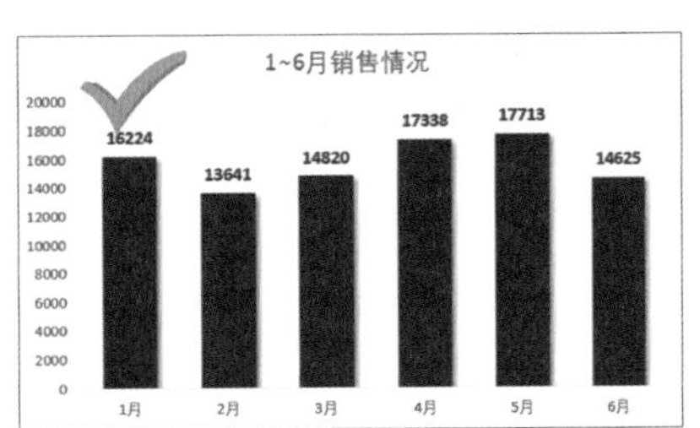

问题三：不直观。图表不直观主要指图表存在不直观、不简洁、没有逻辑的问题。如下左图所示的图表，要表达利润目标和完成情况之间的差异对比，但图表效果却差强人意，让人难以理解。如下右图所示的图表则非常直观、简洁明了，让人一看就能理解实际和目标之间的差异情况。

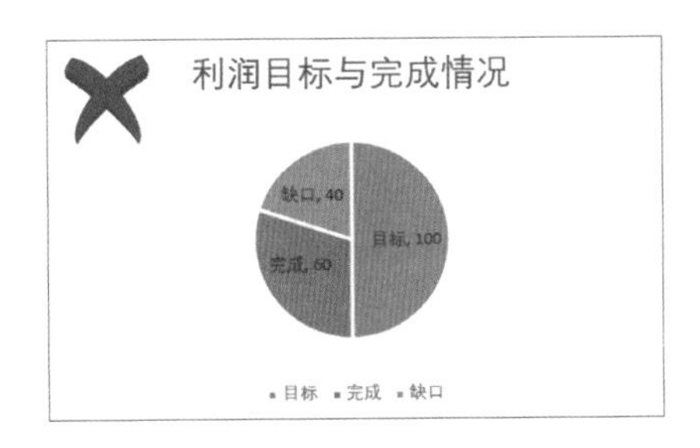

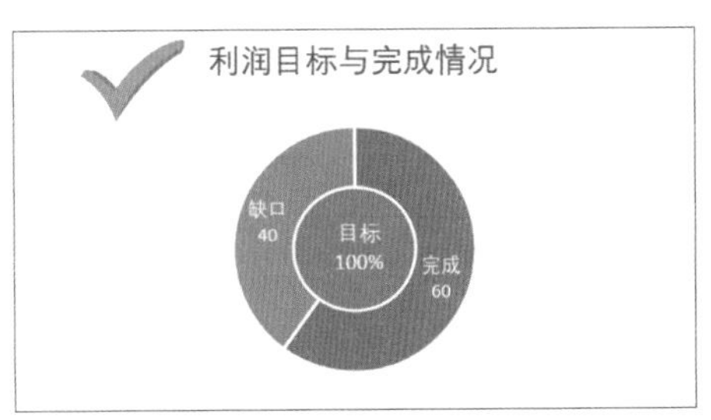

问题四：无价值。制作图表的目的在于帮助找出问题、分析问题、支持决策。如果图表设计不能达到这样的目的，即便不存在前面提到的不美观、不聚焦、不直观等问题，做出来的图表也是没有价值的。如下左图所示的折线图按照月份分析办公室用纸量的变化，无法找出用纸成本的问题所在，而下右图所示的柱形图按照部门展现用纸量的情况，从而帮助行政人员找到用纸最多的部门以便进一步地了解问题和解决用纸成本过高的问题。

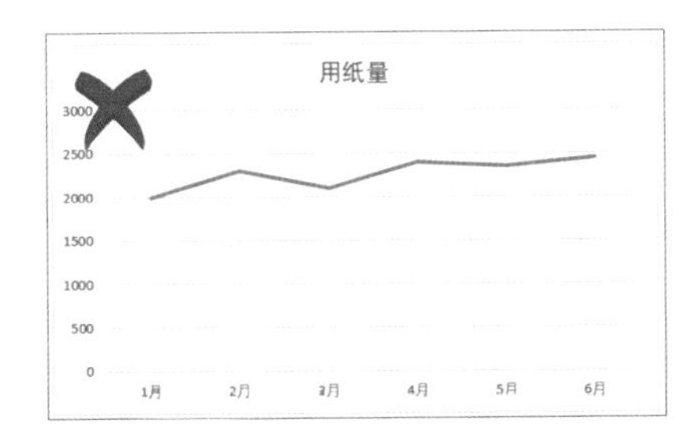

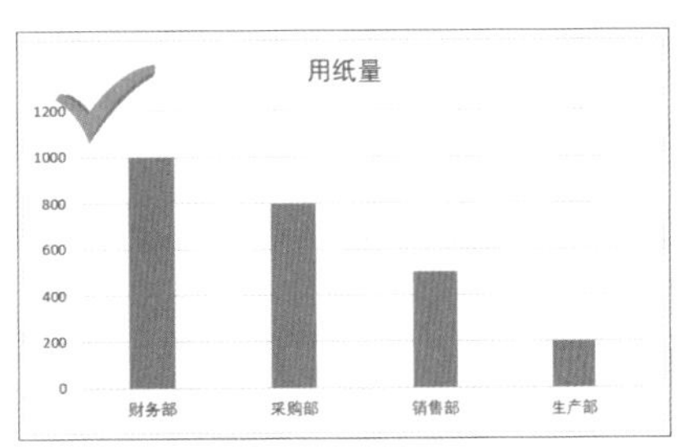

本章案例效果展示：

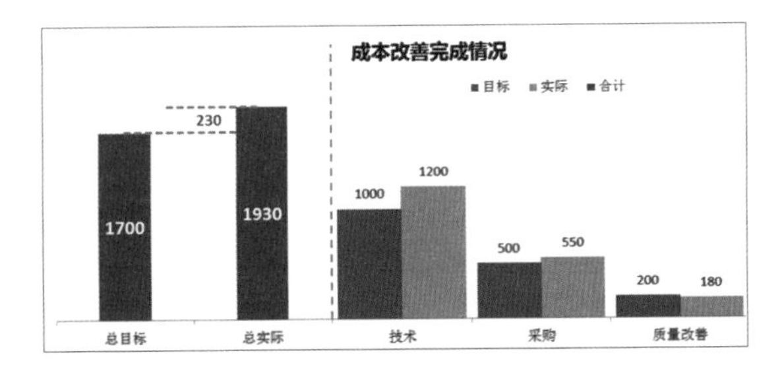

使用柱线复合图能清晰表达成本改善完成情况

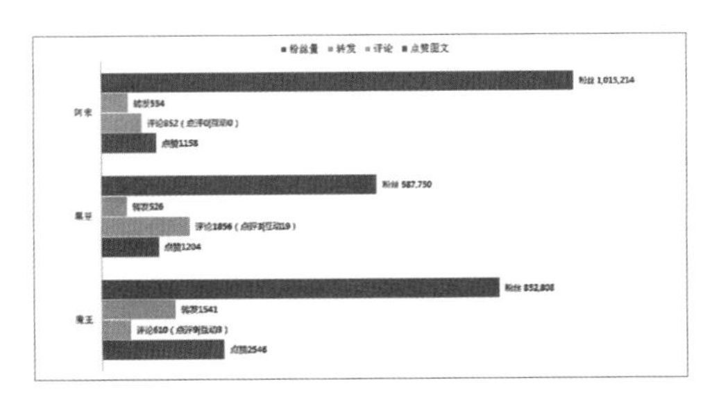

使用条形图能清晰表达粉丝互动情况

2.1 图形饱满度不够——适当修饰很有必要

小王是某公司的销售部门助理，年末他要做一份关于销售情况的汇报。销售额的数据如下表所示。

年份	2011年	2012年	2013年	2014年	2015年	2016年	2017年	2018年	2019年
销售(万元)	500	600	800	1200	1600	2300	3000	3700	4400

小王觉得图比表格更直观，于是他使用折线图做了一个图表，效果如下图所示。

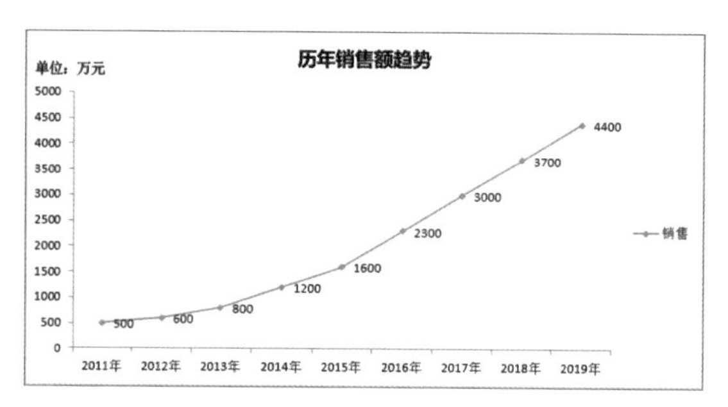

图表问题：这个折线图图表，尽管表现出了历年销售额的变化情况，但只使用一条折线线条，使图形显得很单调，不够美观，放在PPT中也会感觉图形的饱满度不够。可见小王的图表设计功底不够扎实。

解决方案：该案例中的数据源是一维数据，本身就比较单一。如何根据单一的数据制作出美观的图表呢？可在折线图的基础上添加辅助图像进行适当修饰，以提高图形的饱满度。将单一的折线图改为折线图和面积图的组合，或折线图和柱形图的组合，在视觉上就会显得比较饱满，且更加美观，效果如下图所示。

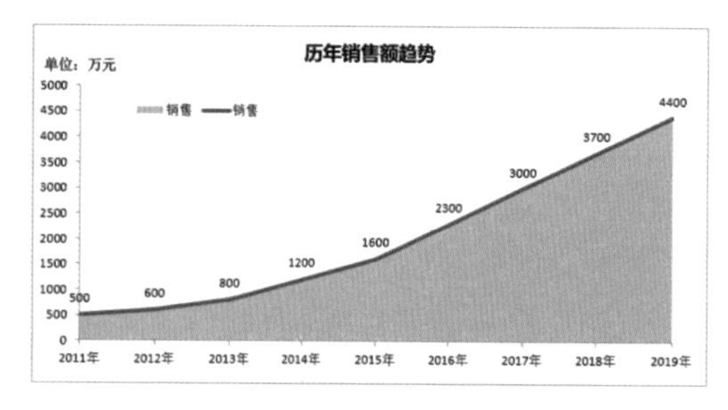

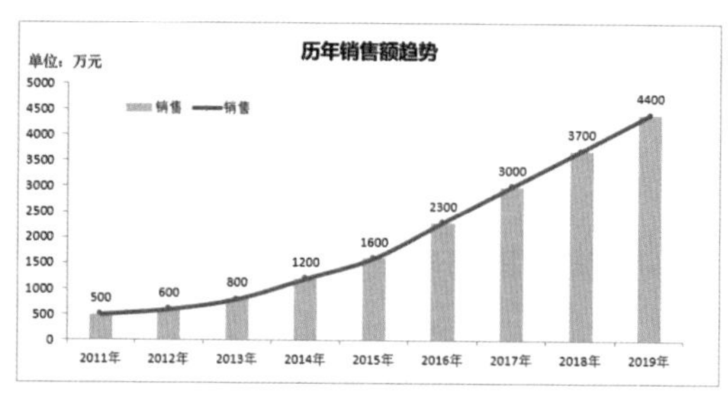

2.2 数据缺乏逻辑关系——考虑数据逻辑关系很有必要

小张是某公司的财务人员，他要做一份收益情况的汇报。销售额、各项成本费用和利润的数据如下图表格所示。

单位：万元

项目	1月	2月	3月	4月	5月	6月	7月	8月	9月	10月	11月	12月
销售额	1606	1601	1523	1571	1515	1630	1579	1508	1516	1597	1624	1644
变动成本	514	521	639	534	616	512	546	614	607	596	636	596
固定成本	400	405	439	406	450	412	407	442	425	440	412	439
期间费用	138	144	160	141	158	166	136	145	135	141	151	140
利润	554	531	285	490	291	540	490	307	349	420	425	469

小张在汇报中使用柱形图做了一个图表，效果如下图所示。

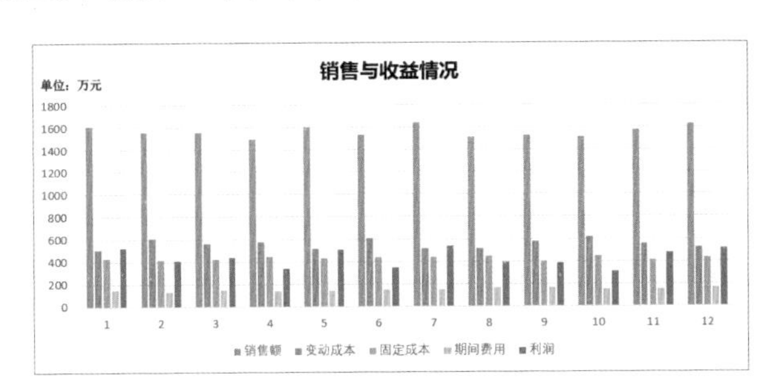

图表问题：这个柱形图图表看起来很不直观，不知道它想表达什么。由于数据源的维度较多，直接采用默认的柱形图，会发现图形中的内容很多，无法直观地知道重点信息。小张在做图时没有理解数据之间的关联性和逻辑性，而是直接套用Excel的默认图，做出来的图当然有问题。

解决方案：考虑数据的逻辑关系，进行图形的变通组合。这个案例虽然数据较多，维度也多，但仔细研究可发现数据之间是有逻辑关系的，即“销售额”等于“变动成本”、“固定成本”、“期间费用”和“利润”之和。制作图表时就要考虑如何体现它们之间的这种逻辑关系。将柱形图改为堆积面积图和折线图的组合，可从图表中直观看出：销售额=（固定+变动）成本+期间费用+利润。效果如下左图所示。

或者使用堆积柱形图和折线图的组合，也可得到类似效果，如下右图所示。

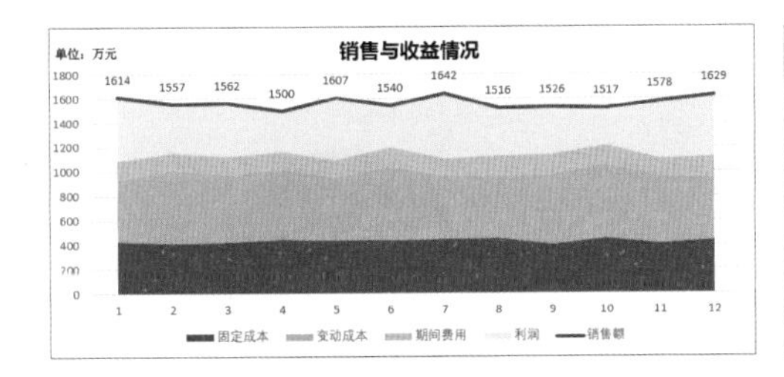

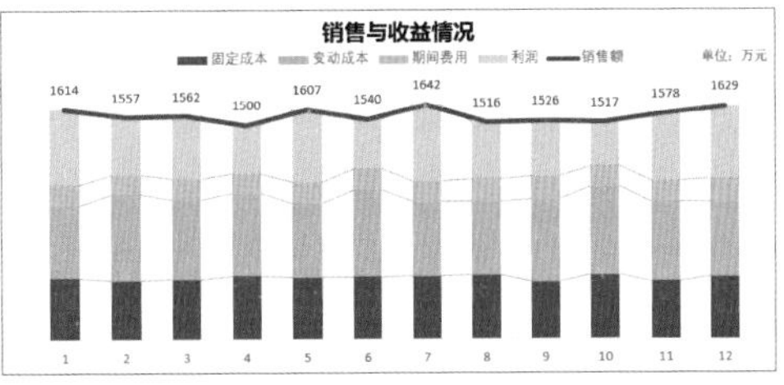

考虑数据的逻辑关系后变通组合制作出来的图表效果既直观又美观。在这样的图表上，不仅销售和收益的情况一目了然，而且销售额和其他成本、利润的关系也表示得清清楚楚。

2.3 误把数据源当成图表的数据源——构建数据源

小李是某公司的总经理助理，最近他要向总经理汇报工作利润目标的完成情况，其中目标、完成和缺口数据如下图所示。

单位：万元

目标	完成	缺口
100	60	40

小李根据这些数据先使用柱形图做了一个图表，效果如下图所示。

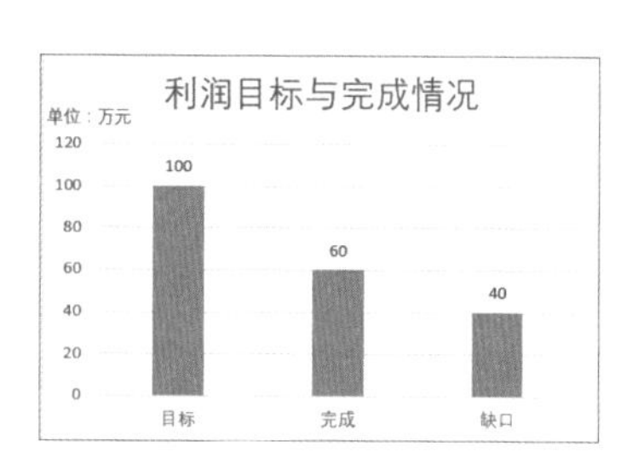

他感觉图形不够直观。于是他又尝试使用饼图制作图表，如下图所示。可结果也令人不满意，看着很别扭，怎么也表达不出自己想要的效果。

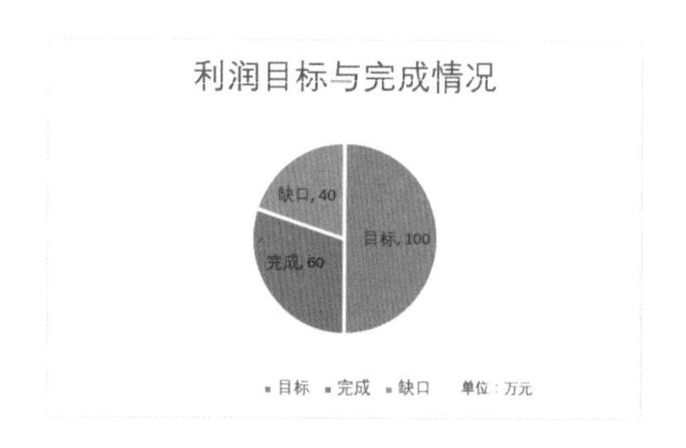

图表问题：不论是小李制作的柱形图，还是饼图，都无法形象地表达实际情况和目标之间的差异情况。问题并非图表本身，而是小李误把原始数据当成图表的数据源了。

解决方案：当无法根据原始数据制作出合适图表时，就需要对原始数据进行重新构建，然后再作为图表的数据源使用。将原始数据重新构建后如下图所示。

单位：万元

	目标	完成情况
目标	100	
完成		60
缺口		40

根据重新构建的数据源，使用堆积柱形图制作出的图表如下图所示，可以一目了然地看出利润目标与完成情况，以及缺口数字。

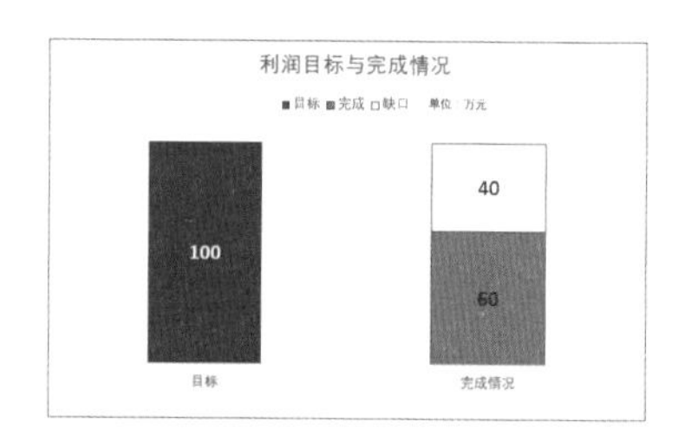

还可以将原始数据重新构建如下图所示，并使用圆环图图表，一样可以得到很好的效果。

单位：万元

	目标	完成	缺口
目标	100		
完成情况		60	40

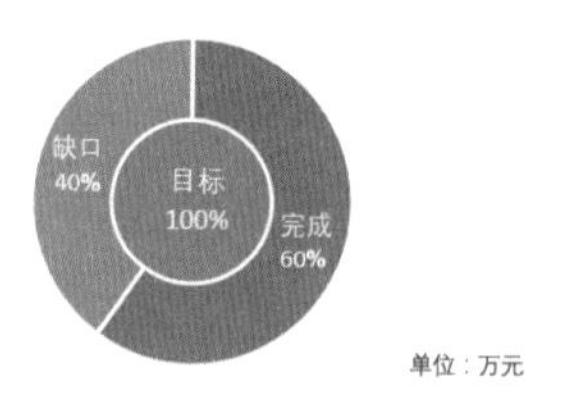

2.4 弄对数据选错图——根据相关性选图

小孙是某公司的HR工作人员，负责公司人员变动情况的汇报工作。年初、年末人数和中间进出人数的数据如下图表格所示。

年初人数	提前退休	定向培养	歇工	离职	新招学生	年末人数
1652	-50	-120	-15	-60	200	1607

小孙在汇报中使用柱形图制作了图表，效果如下图所示。

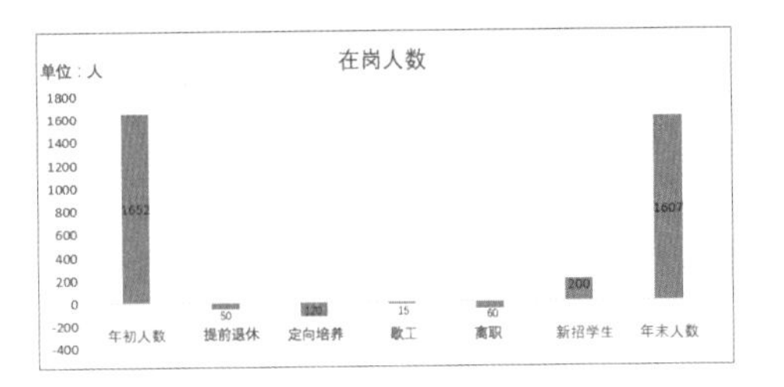

图表问题：这个柱形图图表，既不直观，也不美观。从数据源可以看出数据之间存在较强的逻辑关系，即年末人数=年初人数－提前退休－定向培养－歇工－离职+新招学生。但从上面图表却无法看出这层逻辑关系。原因在于，小李虽然弄对了数据源却没有选对图表，只是直接套用默认的图表，所以导致图表的效果差强人意。

解决方案：根据数据的相关性，选择合适的图表类型。采用堆积柱形图和折线图的组合，效果如下图所示。在该图上可以直观地看出数据之间的逻辑关系，即年初人数经过提前退休、定向培养、歇工、离职的，人数减少，以及新招学生人数的增加，最终得到了年末人数。

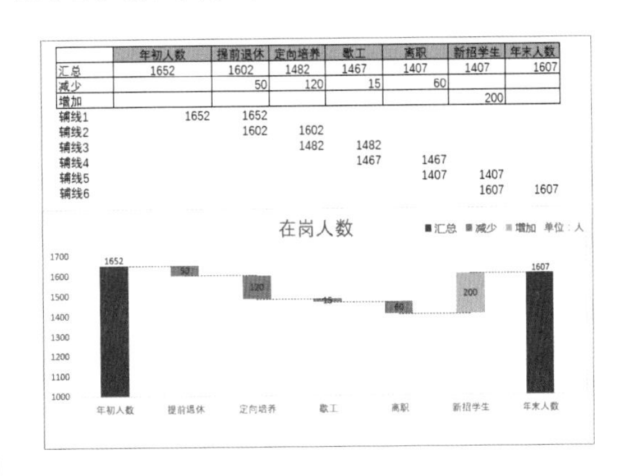

	年初人数	提前退休	定向培养	歇工	离职	新招学生	年末人数
汇总	1652	1602	1482	1467	1407	1407	1607
减少		50	120	15	60		
增加						200	
辅线1	1652	1652					
辅线2		1602	1602				
辅线3			1482	1482			
辅线4				1467	1467		
辅线5					1407	1407	
辅线6						1607	1607

2.5 只会套用默认图——需要换种思路

小陆是某市场调查公司的调查员，最近他需要对某项调查结果进行汇总报告。该调查结果数据如下图中的表格所示。

单位：人

	简写	非常不同意	不同意	一般	同意	非常同意
参保政策的制定应考虑参保人的实际需要	A1	10	10	22	138	147
经济困难的参保人应该享受更优惠的政策待遇	A2	10	10	10	149	148
您认为社会保障应该满足您的基本生活需求	A3	37	23	86	113	68
您认为社会保障制度的存在是有必要的	A4	10	54	72	143	48
政策信息权威、公开、清楚、充分	A5	41	99	134	31	22
参保政策宣传力度较好	A6	19	73	76	103	17
公众能够发挥监督作用	A7	78	104	87	37	21
社保部门服务态度积极让人满意	A8	20	77	146	69	15
社保工作人员对每个人都能提供同等的服务	A9	17	41	111	109	49
参保争议时常发生	A10	15	40	119	93	60
您有过因为对社保服务不满意而要投诉的想法	A11	93	89	27	41	77
公众普遍对社保的评价不高	A12	166	54	73	21	13
您身边的亲人或朋友曾向您抱怨过社保服务	A13	110	93	76	29	19
您愿意继续参加社会保险	A14	10	21	29	227	40
办理养老、医疗、低保等社会保障部门是值得信赖的	A15	11	15	28	63	210
您愿意支持社会保障制度的开展	A16	10	10	39	187	81
您对社会保障的未来发展充满信心	A17	11	10	87	129	90

小陆分别使用Excel默认的折线图和圆环图制作了图表，效果如下图所示。

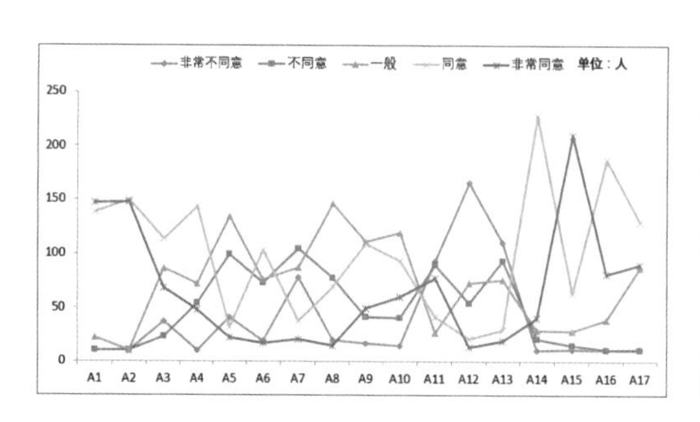

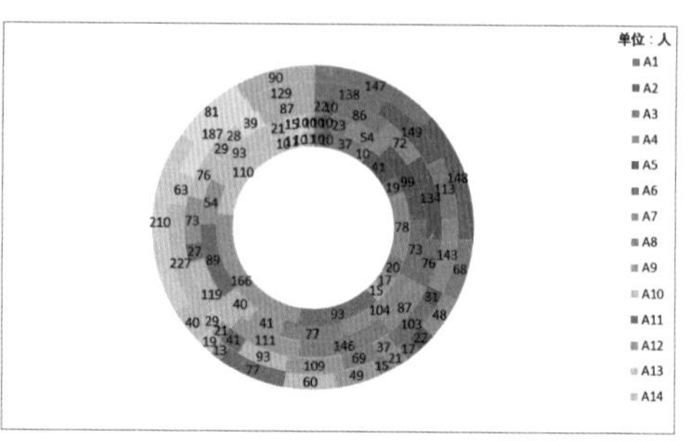

图表问题：不管是使用折线图，还是环形图，因为数据和颜色都很多，所以看起来很杂乱且没有逻辑，让人不知道图表想表达什么中心思想。从数据源可以看出，这是一份多维度、多序列的调查问卷数据。调查的问题非常多，且各调查问题又相互独立存在，没有相关性。对于这样的数据，如果只是套用默认图表就会出现图不达意的情况。

解决方案：对数据源进行重新观察，认识到不能简单地套用默认图表，而需要转换一种思路。直接在表格中添加数据表条件格式，即可直观看出各项调查问题的结果情况。效果如下图所示。

	简写	非常不同意	不同意	一般	同意	非常同意
参保政策的制定应考虑参保人的实际需要	A1	10	10	22	138	147
经济困难的参保人应该享受更优惠的政策待遇	A2	10	10	10	149	148
您认为社会保障应该满足您的基本生活需求	A3	37	23	86	113	68
您认为社会保障制度的存在是有必要的	A4	10	54	72	143	48
政策信息权威、公开、清楚、充分	A5	41	99	134	31	22
参保政策宣传力度较好	A6	19	73	76	103	17
公众能够发挥监督作用	A7	78	104	87	37	21
社保部门服务态度积极让人满意	A8	20	77	146	69	15
社保工作人员对每个人都能提供同等的服务	A9	17	41	111	109	49
参保争议时常发生	A10	15	40	119	93	60
您有过因为对社保服务不满意而要投诉的想法	A11	93	89	27	41	77
公众普遍对社保的评价不高	A12	166	54	73	21	13
您身边的亲人或朋友曾向您抱怨过社保服务	A13	110	93	76	29	19
您愿意继续参加社会保险	A14	10	21	29	227	40
办理养老、医疗、低保等社会保障部门是值得信赖的	A15	11	15	28	63	210
您愿意支持社会保障制度的开展	A16	10	10	39	187	81
您对社会保障的未来发展充满信心	A17	11	10	87	129	90

或者使用气泡图制作图表，也可达到直观的效果。如“非常同意”一行中，用大气泡表示“非常同意”该问题的人多，反之亦然。效果如下图所示。

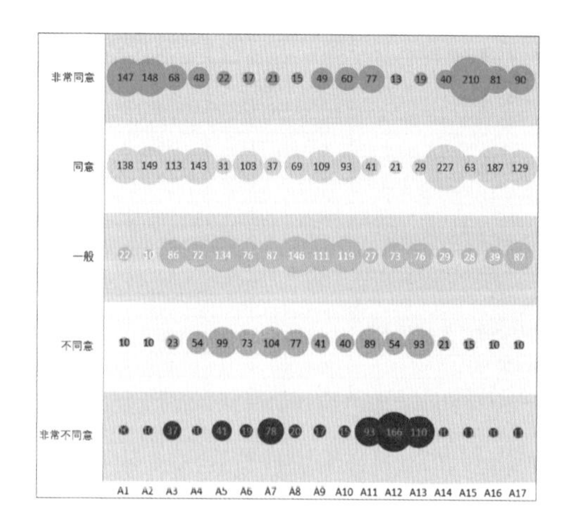

2.6 别眉毛胡子一把抓——要抓住重点

小钱是某公司的销售人员，他需要定期向领导汇报产品的销售情况。今年1~6月各产品的销售数据如下图中的表格所示。

单位：万元

项目	1月	2月	3月	4月	5月	6月
A1产品	1239	1047	1328	1349	900	1331
A2产品	1630	1359	1642	1592	1804	1540
A3产品	1530	800	1643	1618	1200	950
A4产品	500	1091	800	1214	1572	725
A5产品	1513	1309	800	1591	950	1534
A6产品	1644	1317	950	1571	1796	800
A7产品	1526	1025	1567	1200	1814	1025
A8产品	1242	650	500	1328	1506	1293
A9产品	1025	1397	1647	1556	950	1543
A10产品	1206	991	900	1302	1499	725
A11产品	1566	1363	1500	1515	1940	1601
A12产品	1603	1292	1543	1502	1782	1558

小钱根据上面的数据，分别使用柱形图和折线图制作了图表，效果如下图所示。

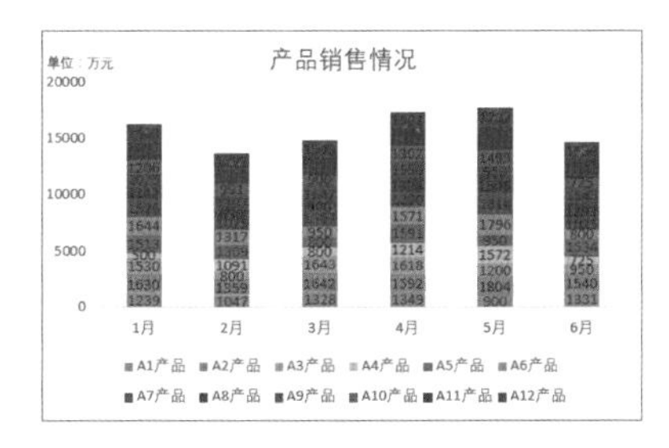

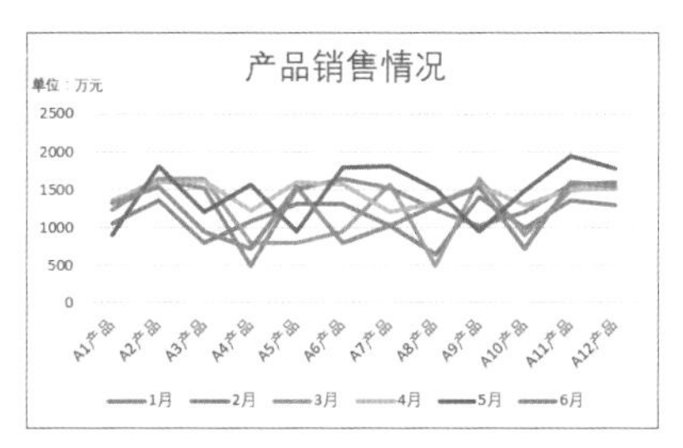

图表问题：小钱制作的图表颜色和标签都太多，看起来过于杂乱。虽然每个产品的销售数据都被展示出来，看似信息量很多，但无法让领导直观了解关键信息和主题思想。小钱的问题出在眉毛胡子一把抓，想把所有信息都放进一张图中，这是不现实的。

解决方案：抓住重点和关键信息，只展示需要汇总的结果。从月份、产品占比两个维度展示汇总数据，不采用全部明细数据都展示的方式，这样图表清晰且能表达重点信息。将原始数据分别按照月份、产品进行汇总合计，图表效果如下图所示。

项目	1月	2月	3月	4月	5月	6月	合计(元)
A1产品	1239	1047	1328	1349	900	1331	7194
A2产品	1630	1359	1642	1592	1804	1540	9567
A3产品	1530	800	1643	1618	1200	950	7741
A4产品	500	1091	800	1214	1572	725	5902
A5产品	1513	1309	800	1591	950	1534	7697
A6产品	1644	1317	950	1571	1796	800	8078
A7产品	1526	1025	1567	1200	1814	1025	8157
A8产品	1242	650	500	1328	1506	1293	6519
A9产品	1025	1397	1647	1556	950	1543	8118
A10产品	1206	991	900	1302	1499	725	6623
A11产品	1566	1363	1500	1515	1940	1601	9485
A12产品	1603	1292	1543	1502	1782	1558	9280
合计	16224	13641	14820	17338	17713	14625	94361

使用柱形图制作每月的销售情况图表，可直观看出哪个月份的销售额最高，哪个月份的销售额最低。图表效果如下图所示。

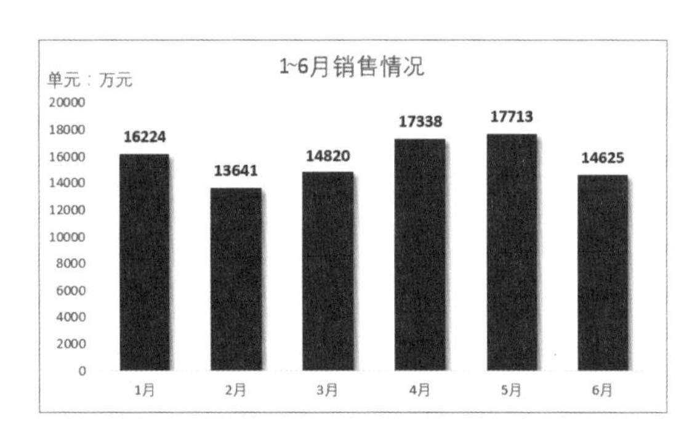

使用饼图展示1~6月各产品的销售占比情况，可非常直观地看出，哪些产品卖得好，哪些产品卖的差，效果如下图所示。

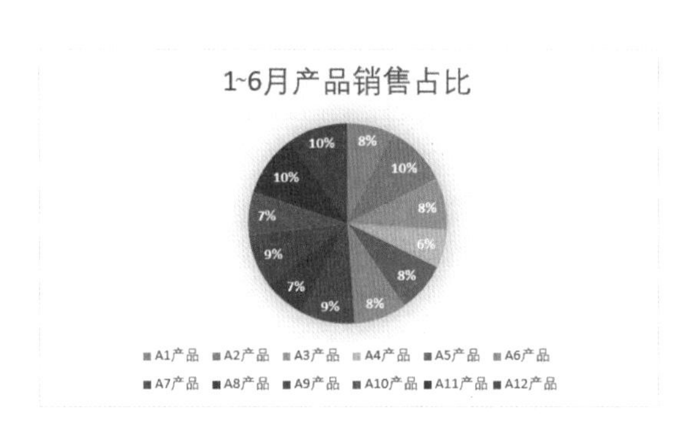

2.7 选对图形用错色——图表也讲究配色

小赵从事某工厂的人力资源工作，负责制作员工的工资报表。在7月月初他需要汇报上半年员工工资预算和实发的对比情况。工资预算和实发工资数据如下图所示。

单位：万元

项目	1月	2月	3月	4月	5月	6月
工资预算	1239	1047	1328	1349	900	1331
实发工资	1630	1359	1642	1592	1804	1540

小赵在汇报中使用柱形图制作了图表，效果如下图所示。

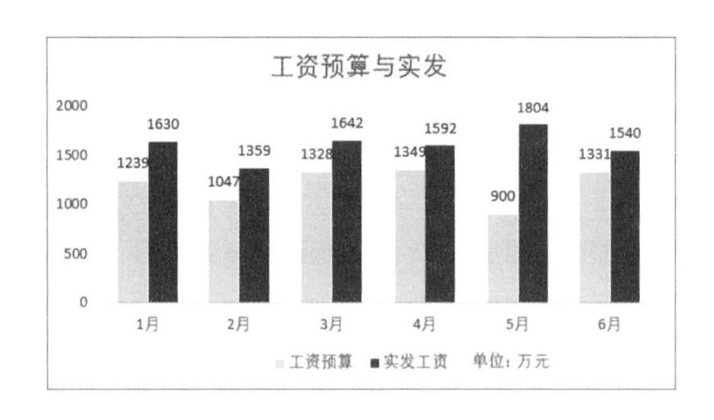

图表问题：数据源比较简单，使用柱形图制作也没有问题。但这个柱形图采用的配色的饱和度较高，非常刺眼，尤其是使用PPT投影展示时，这样的效果让受众很不舒服。即便选对图形，但配色不好，制作出来的图表也不够美观。

解决方案：制作图表时，应使用相对柔和一些的颜色，也可以根据企业LOGO或PPT模板配色选择一种或几种颜色。效果如下图所示。

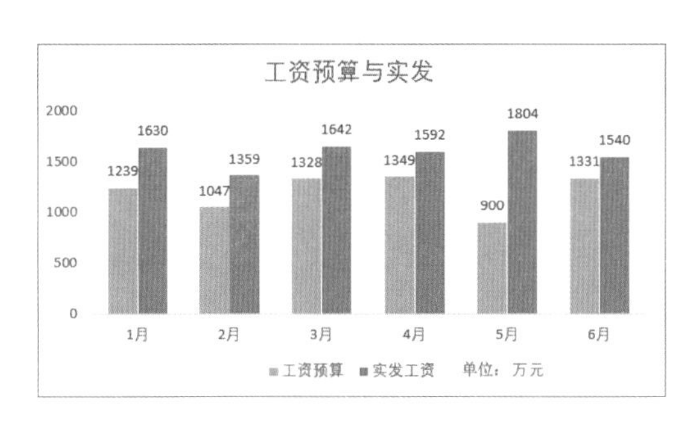

2.8 苛求形式忽略实质——简洁、直观就好

小常在某公司市场部工作，他在做产品市场占有率分析时，制作了几张漂亮的图表。效果如下图所示。

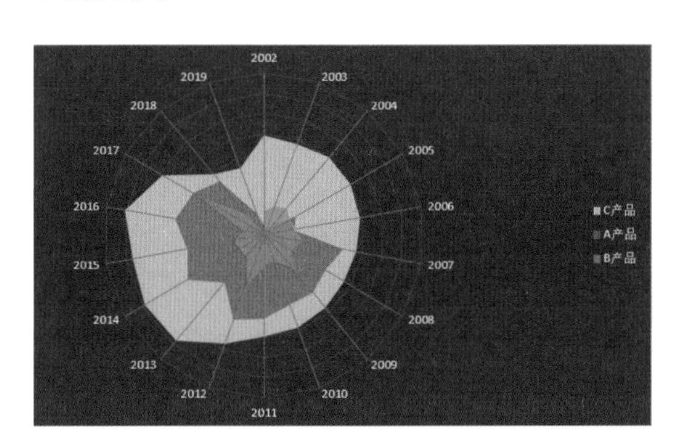

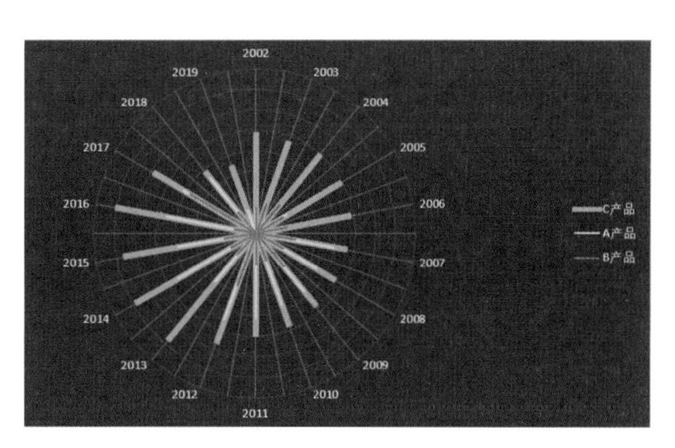

图表问题：这些图表乍看起来很漂亮，但仔细看就能发现它们存在一个问题，就是无法看出它们想要表达的是什么。一味追求形式，而忽视了图表应该表达的实质内容，这就是本末倒置。制作图表的目的是传递信息、帮助理解和支持决策，所以制作图表时，切记不要一味追求美观，而忘记图表应能够正确地、有逻辑地表达关键信息，否则图表也是没有价值的。

解决方案：使用折线图制作图表，这样的图表可清晰地表达出产品的变化趋势，图表效果如下图所示。

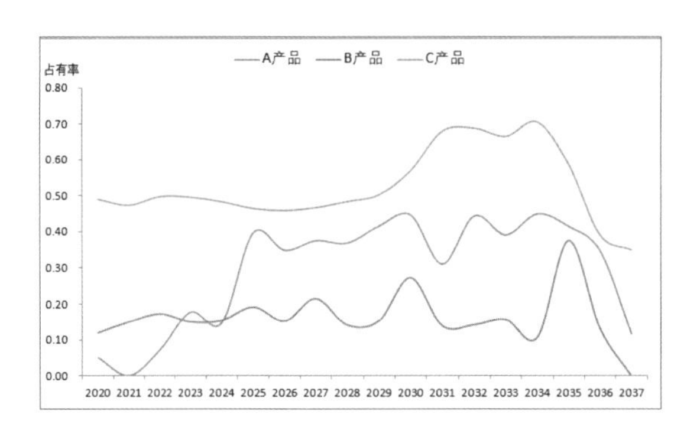

使用面积图和折线图的组合，效果同样简洁直观。既能看出每个产品的变化趋势，又能看出不同产品之间的对比情况，效果比折线图更好。图表效果如下图所示。

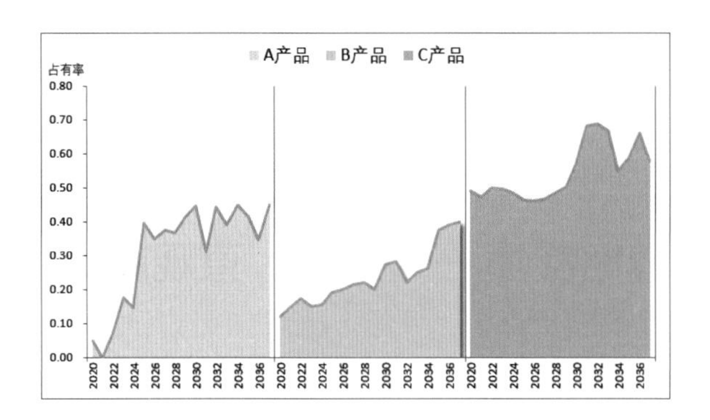

当然，这里只是对常见的图表误区进行了归纳和总结，总之，图表需要在有限的空间和时间内将关键信息传递给受众，以帮助理解意图，支撑决策！

第3章

成为图表高手的技术准备

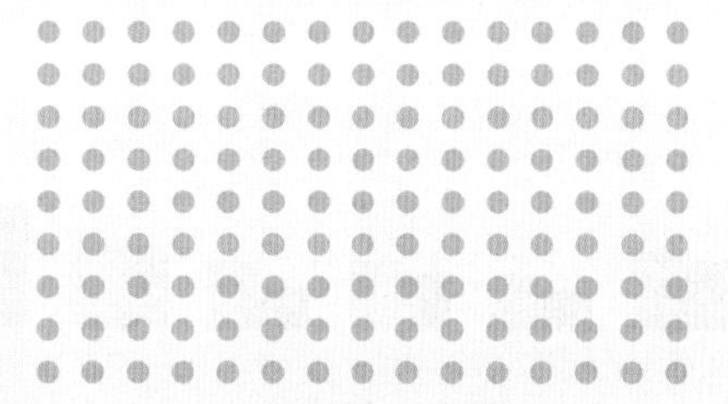

人事小郭经常要做PPT报告，其中少不了图表。他发现柱形图最常用，效果也最好，但如果整个报告里都用这一种图表，就又显得太单调了。

如下图所示的柱形图单看效果也可以，但如果整个报告里都是这样的图，恐怕会引起大家的审美疲劳。

项目	1月	2月	3月	4月	5月	6月
目标	8	3	7	3	9	8
实际	6	4	5	5	7	11

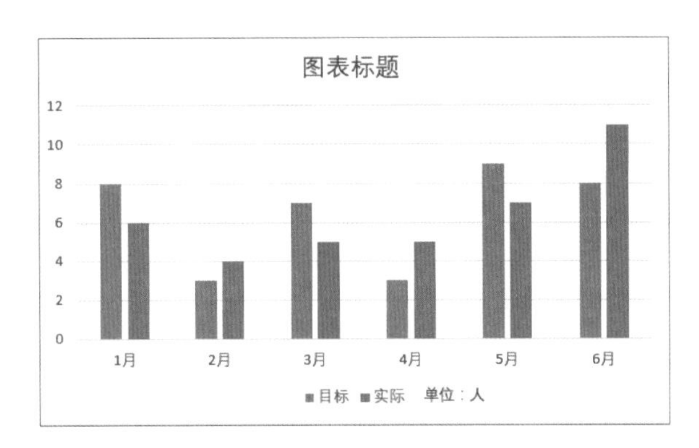

于是，小郭找来图表方面的资料进行学习，决心提高自己的图表制作水平。最终，他利用学习到的图表技术，把柱形图做出了新意，如下图所示。

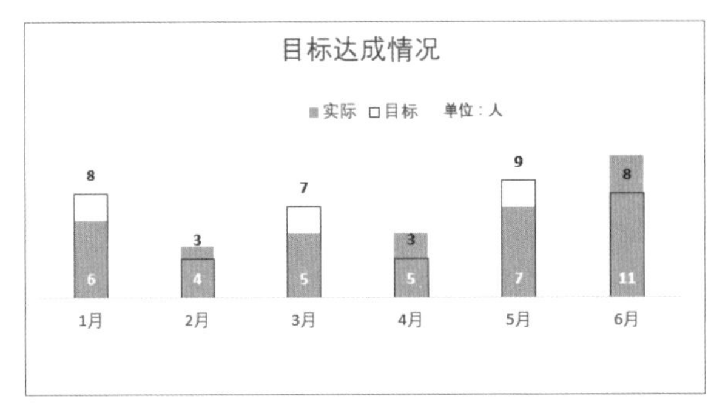

本章案例效果展示：

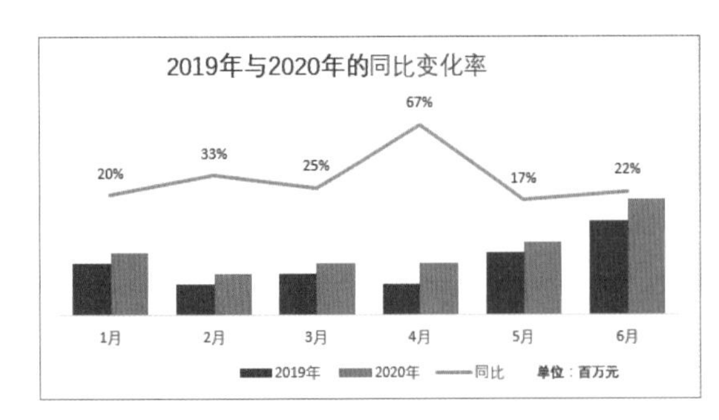

使用柱线复合图展示两年的同比变化率

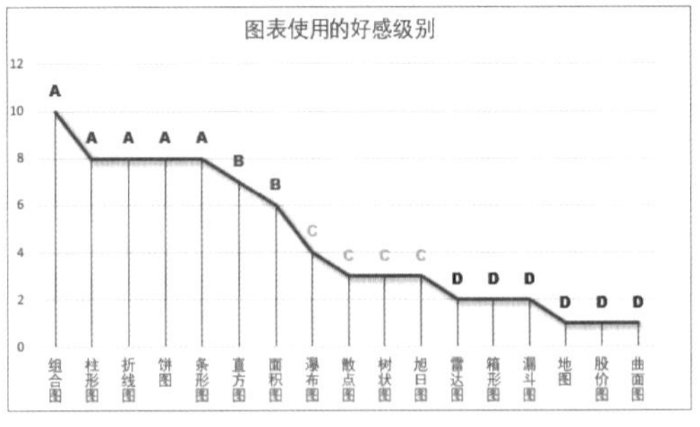

使用折线图展示各类图表使用的好感级别

3.1 图表元素

在制作图表的源数据中，数据被呈现在图表中会有“系列”和“类别”之分，以下图为例，通常把表格的一行数据称为“一个系列”，把一列数据称为“一个类别”，这是一个规范的二维源数据表格。但当图表的行列切换后，那么之前的系列和类别称呼就会互换。

	类别1	类别2	类别3	类别4	类别5
系列1	5	3	4	3	6
系列2	6	4	5	5	7

在Excel图表中类别和系列的作用是什么？两者有什么关系呢？

（1）类别：可以理解为是Excel图表中的水平轴表示的对象，类别名称就是轴标签，可以理解为横坐标标签。

（2）系列：可以理解为数据的组数，一组数据就是一个系列，数据的大小决定垂直轴方向的高度。以柱形图为例，两个系列就有两类柱子，柱子的高度是在垂直轴中体现出来的。

（3）类别与系列的关系：在创建图表后，可以通过单击【切换行/列】按钮来实现类别和系列的互换。

将上图表格中的数据通过簇状柱形图图表的形式可视化，得到如下图所示的图表。图表由图表标题、图例、图表区、绘图区、垂直（值）轴、水平（类别）轴等组成。

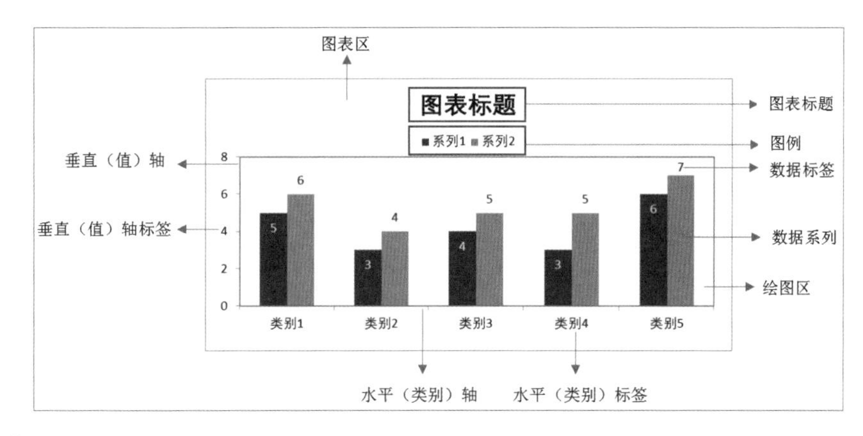

1. 图表区

整张图表及图表中的数据称为图表区。可将它理解为绘制图表的画布，用于放置各类图表信息。在图表区中将鼠标指针停留在图表元素上方，Excel就会显示该元素的名称，从而方便用户查找图表元素。

2. 绘图区

绘图区主要显示数据表中的数据，数据会随着源数据的更新而自动更新。此外，绘图区还可以显示网格线、趋势线、数据标签的相关元素。选择绘图区后，可以调整绘图区域的大小。

3. 图表标题

创建图表完成后会自动创建标题文本框，在图表标题文本框中可以输入图表标题（该图表的名称，或由图表得出的总结性结论），便于用户快速获取图表要表达的信息。

4. 坐标轴（坐标轴名称）

坐标轴包括垂直（值）轴和水平（类别）轴，垂直轴用于显示系列，而水平轴用于显示类别。创建图表后，Excel会根据源数据的大小自动确定图表坐标轴中刻度值，当然也可以自定义刻度来满足做图需要。当图表中数值涵盖的范围较大时，可以将垂直坐标轴改为对数刻度。

5. 图例

图例用方框表示，以不同的颜色或图案来表示图表中的数据系列。创建图表后，图例以默认的颜色来显示图表中的数据系列。图例的位置可以在图表的顶部、底部、左侧或右侧。

6. 数据系列

数据系列是指源数据中的系列，不同类别中包含多少个系列，图表就包含多少种数据系列。

7. 数据标签

数据标签是指数据系列所代表的值。如果要快速看出图表某系列表示的值，就可以为图表系列添加数据标签。在数据标签中可以显示系列名称、类别名称和值等。

8. 其他图表元素

除了上面介绍的图表元素，图表还包含趋势线、网格线、数据表、误差线、线条、涨（跌）柱线等元素。

（1）趋势线：趋势线表示数据系列的发展趋势，主要用来进行预测和分析。

（2）网格线：网格线是坐标轴上刻度线的延伸，并可穿过绘图区，便于用户查看数据，包含垂直网格线和水平网格线。

（3）数据表：数据表与源数据表格相同，是指将源数据以表格的形式添加至图表中，这样在观察Excel图表时就能直接看到具体数据。

（4）误差线：误差线用于显示与数据系列中每个数据标记相关的可能误差量。默认误差值是5%，用户可以根据需要设置误差值大小。

（5）线条：线条既可以在折线图图表中垂直连接数据点与水平轴，也可在多条折线图中连接最高点与最低点。

（6）涨（跌）柱线：涨（跌）柱线用于表示两个变量之间的相关性，常用在折线图中。

3.2 常用图表类型

Excel 2019提供了16类图表类型，以及组合图图表，如下图所示，本节将介绍常用的12种图表类型。

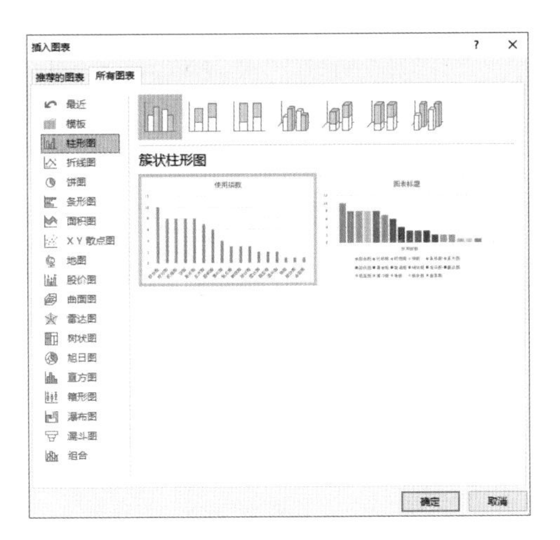

在企业中常用的图表类型是组合图，一些简单的数据也可以单纯使用柱形图、折线图、饼图等来展示。常用的图表类型如下图所示。

图表类型	使用指数
组合图	10
柱形图	8
折线图	8
饼图	8
条形图	8
直方图	7
面积图	6
瀑布图	4
散点图	3
树状图	3
旭日图	3
雷达图	2
箱形图	2
漏斗图	2
地图	1
股价图	1
曲面图	1

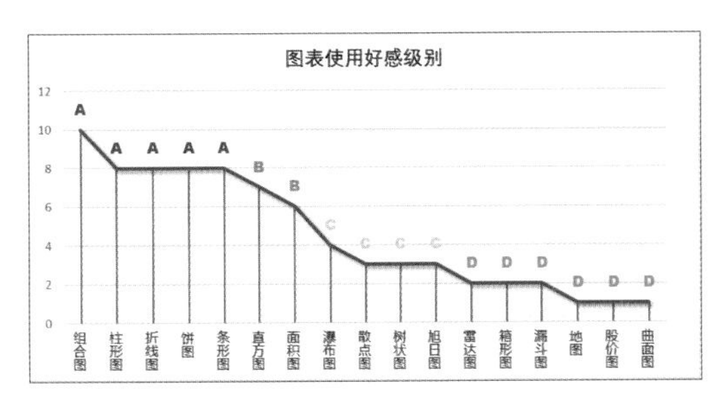

1. 组合图——多元化展示数据

如果单一的图表类型无法满足数据的多元化展示，就可以使用组合图，如右上图所示。常用的组合图类型有簇状柱形图+折线图、簇状柱形图+堆积柱形图、折线图+面积图、饼图+堆积柱形图等。

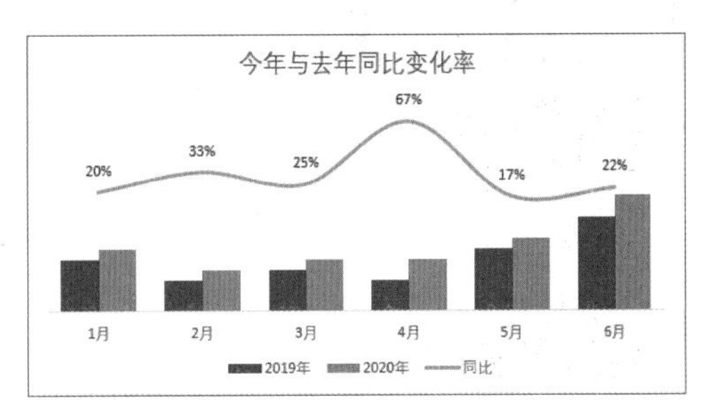

2. 柱形图——显示垂直条的差别对比

柱形图是用垂直条来表示物品数据在不同时期的差别，或者相同时期内不同数据的差别，因此它具有对比明显、数据清晰直观的特点，多用于强调数据随时间变化，如下图所示。

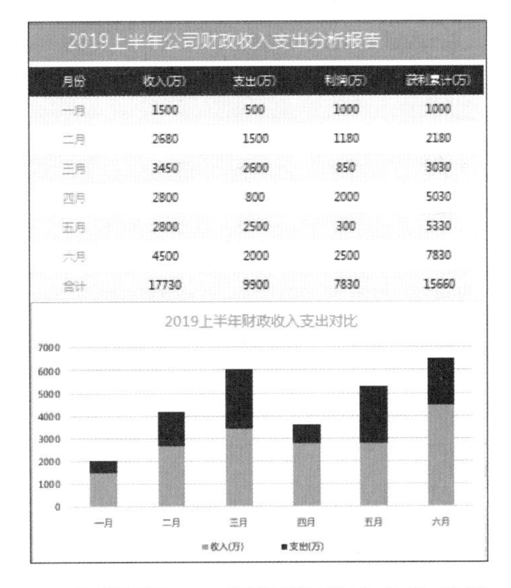
2019上半年公司财政收入支出分析报告

月份	收入(万)	支出(万)	利润(万)	获利累计(万)
一月	1500	500	1000	1000
二月	2680	1500	1180	2180
三月	3450	2600	850	3030
四月	2800	800	2000	5030
五月	2800	2500	300	5330
六月	4500	2000	2500	7830
合计	17730	9900	7830	15660

3. 折线图——显示数据的变化趋势

折线图一般用来显示数据随时间变化的趋势，如在一段时间内数据是呈现增长趋势或下降趋势，都可以用折线图清晰明了地显示出来。折线图可以显示随时间变化的连续数据，因此非常适用于显示在相等时间间隔下数据的变化趋势，如下图所示。

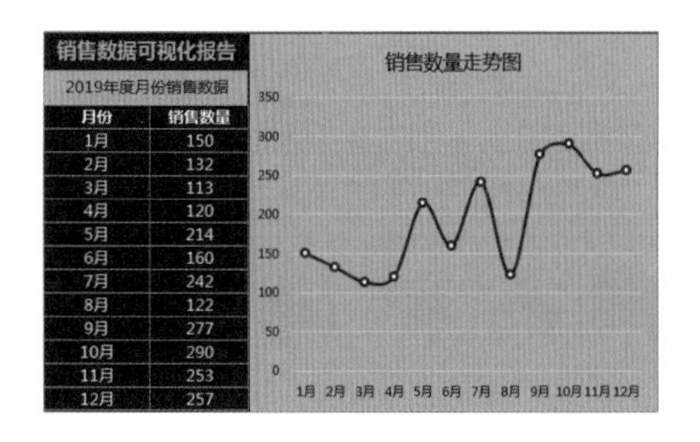

销售数据可视化报告	
2019年度月份销售数据	
月份	销售数量
1月	150
2月	132
3月	113
4月	120
5月	214
6月	160
7月	242
8月	122
9月	277
10月	290
11月	253
12月	257

4. 饼图——显示各项数据所占的百分比

饼图用于对比各个数据所占总体的百分比，整个饼代表所有数据之和，其中每一块就是某个单项数据，如下图所示。

2019年销量对比表		
地区	销售额/万	占比
华东	265	18%
华北	220	15%
华东	365	25%
中南	254	17%
西南	167	11%
西北	186	13%

2019年不同地区销量对比

西北 13%　华东 18%　西南 12%　华北 15%　中南 17%　华东 25%

5. 条形图——显示各类型数据间的差别

条形图用水平条来表示各项数据，虽然看起来和柱形图类似，但条形图更倾向于表示各项数据类型间的差异。使用水平条来弱化时间的变化，以突出强调数据之间的比较，如下图所示。

2019上半年公司财政收入支出分析报告			
月份	收入(万)	支出(万)	利润(万)
一月	1500	500	1000
二月	3200	3500	-300
三月	3500	2800	700
四月	3100	560	2540
五月	2800	2900	-100
六月	4500	2000	2500
合计	18600	12260	6340

6. 直方图——显示数据型数据

直方图一般用横轴表示数据类型，用纵轴表示数据分布情况，面积表示各组的频数，用于展示数据，如下图所示。

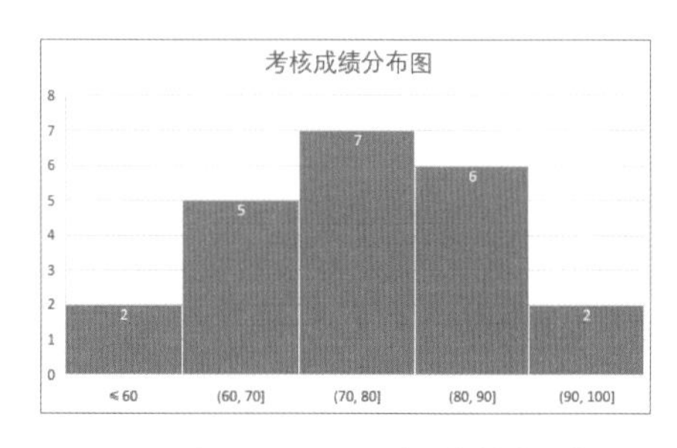

7. 面积图——显示变动的幅度

面积图直接使用大块面积表示数据，可突出随时间变化的数值变化量，用于显示一段时间内数值的变化幅度，同时也可以看出整体的变化，如下图所示。

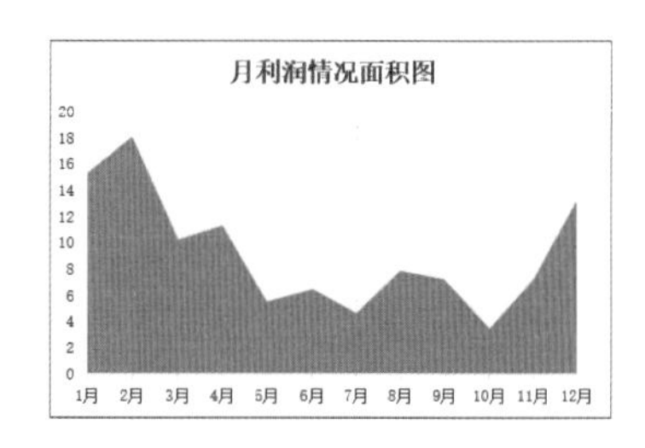

8. 瀑布图——显示数值的演变

瀑布图适用于表达相邻数据之间的增减变化关系，如下图所示。

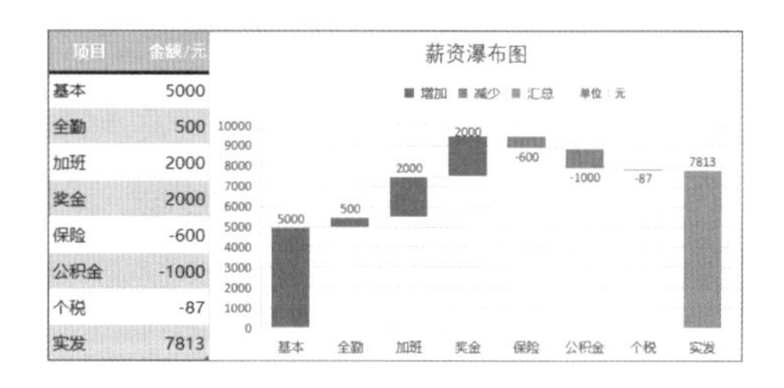

项目	金额/元
基本	5000
全勤	500
加班	2000
奖金	2000
保险	-600
公积金	-1000
个税	-87
实发	7813

9. 散点图——显示不同点间的数值变化关系

（X Y）散点图用来显示值集之间的关系，

通常用于表示不均匀时间段内数据的变化，此外，散点图的重要作用是能够快速精准地绘制出函数曲线，并可用于相关性的分析，如下图所示。

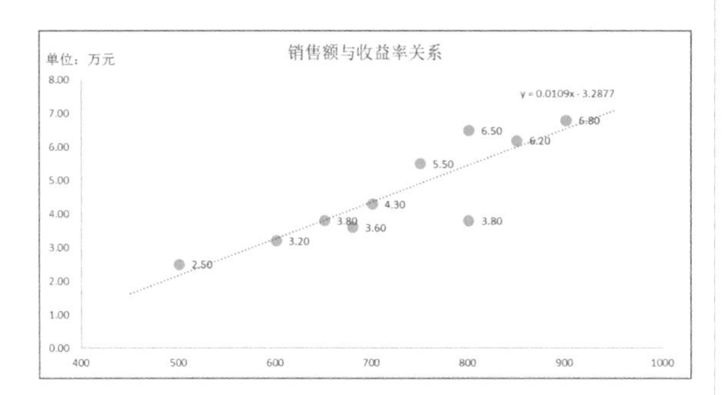

10. 树状图——矩形显示数据所占比例

树状图侧重于数据的分析与展示，使用矩形显示层次级别中的比例，如下图所示。

店铺	电器	数量	价格/元
郑东店	冰箱	152	8500
郑东店	洗衣机	146	4300
郑东店	空调	203	9000
郑东店	电视	132	4500
郑东店	电脑	185	5000
郑东店	手机	350	3400
CBD店	冰箱	132	9000
CBD店	洗衣机	125	4000
CBD店	空调	200	7000
CBD店	电视	135	6000
CBD店	电脑	180	4500
CBD店	手机	300	2800

11. 旭日图——用环形显示数据关系

旭日图可以清晰表达层次结构中不同级别的值和其所占的比值，以及各个层次之间的归属关系，如下图所示。

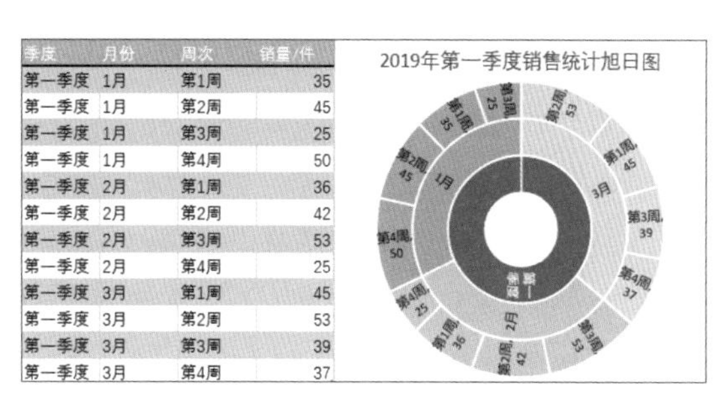

季度	月份	周次	销量/件
第一季度	1月	第1周	35
第一季度	1月	第2周	45
第一季度	1月	第3周	25
第一季度	1月	第4周	50
第一季度	2月	第1周	36
第一季度	2月	第2周	42
第一季度	2月	第3周	53
第一季度	2月	第4周	25
第一季度	3月	第1周	45
第一季度	3月	第2周	53
第一季度	3月	第3周	39
第一季度	3月	第4周	37

12. 雷达图——显示相对于中心点的值

雷达图的每个数据都有自己的坐标轴，以显示数据相对于中心点的波动值。它能显示独立数据之间，以及某个特定整体体系之间的关系，如下图所示。

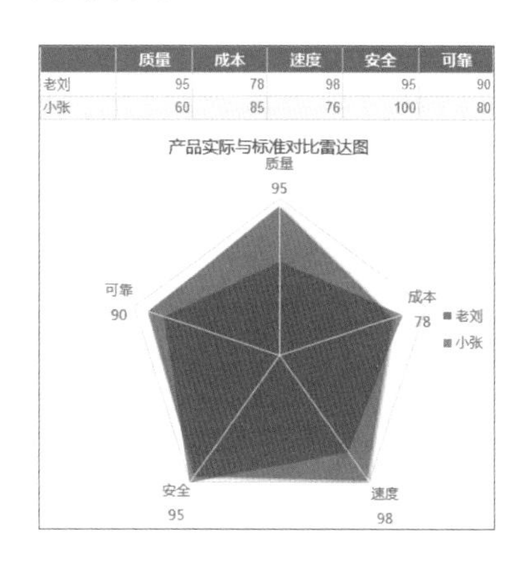

	质量	成本	速度	安全	可靠
老刘	95	78	98	95	90
小张	60	85	76	100	80

3.3 图表绘制基础

创建图表及设置图表元素的操作是制作图表的基础，也是成为图表高手的必备技能。本书将通过实例图表的制作，讲解图表绘制的基本方法、标签设置、文本设置、美化、网格线、次坐标等基本技巧和图表功能。

3.3.1 绘制图表的基本方法

绘制图表时，不仅可以使用系统推荐的图表绘制图表，还可以根据实际需要选择并绘制合适的图表，下面就介绍几种在产品销售统计分析中绘制图表的方法。

1. 使用系统推荐的图表

Excel 2019会根据数据为用户推荐图表，并显示图表的预览，用户只需要选择一种图表类型就可以完成图表的创建。

选择数据区域，选择【插入】→【图表】→【推荐的图表】选项，打开【插入图表】对话框，选择【推荐的图表】选项卡，在左侧的列表中就可以看到系统推荐的图表类型。选择需要的图表类型，单击【确定】按钮即可，如下图所示。

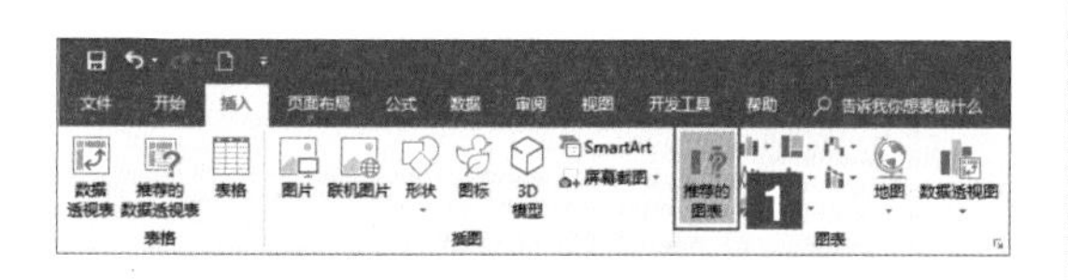

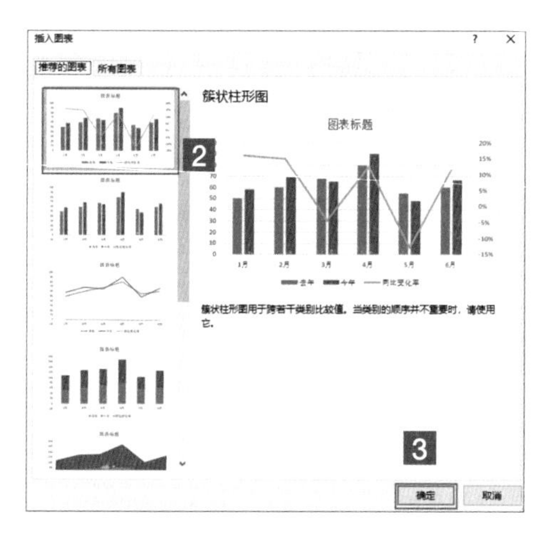

2. 使用功能区创建图表

在Excel 2019的功能区中将图表类型集中显示在【插入】选项卡下的【图表】选项组中，可方便用户快速创建图表，选择数据区域，在【插入】选项卡下的【图表】选项组中选择相应的图表类型即可，如下图所示。

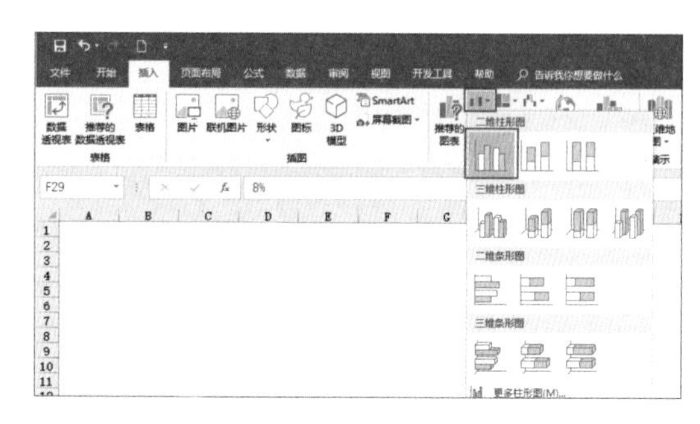

3. 使用图表向导创建图表

使用图表向导也可以创建图表，选择数据区域的任意一个单元格。选择【插入】→【图表】→【查看所有图表】选项，在弹出的【插入图表】对话框中选择【所有图表】选项卡，在左侧的列表中选择一种图表类型，在右侧选择一种具体的图表，单击【确定】按钮，如下图所示。

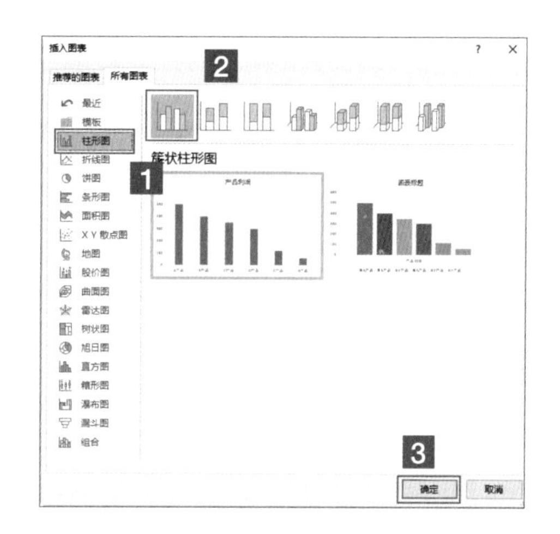

3.3.2 网格线与图形填充让图表充满韵味

网格线起到辅助看图表的作用，合理地设置网格线可使图表看起来更清晰直观，更易读懂。而设置数据系列图形的填充可以使图表看起来更有韵味。

案例名称	产品销量图表
素材文件	素材 \ch03\3.3.2.xlsx
结果文件	结果 \ch03\3.3.2.xlsx

销 售　范例3-1 产品销量图表

本案例主要通过制作商品销量簇状柱形图图表介绍设置网格线、数据系列格式的相关操作。

思维导图

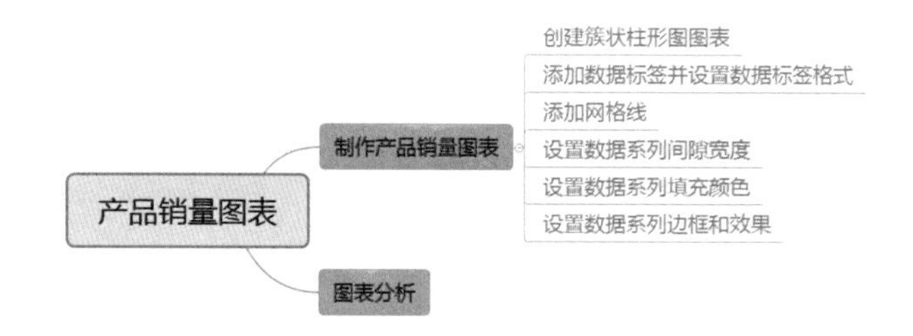

打开“素材\ch03\3.3.2.xlsx”文件，这里的源数据是一维数据，结构比较简单，第1行是销售的产品名称，第2行是各类产品的销售数量，如下图表格所示。

名称	A产品	B产品	C产品	D产品	E产品	F产品
产品销量(件)	500	400	350	300	120	60

对上图表格数据使用簇状柱形图或折线图进行展示，制作完成的产品销量图表如下图所示。

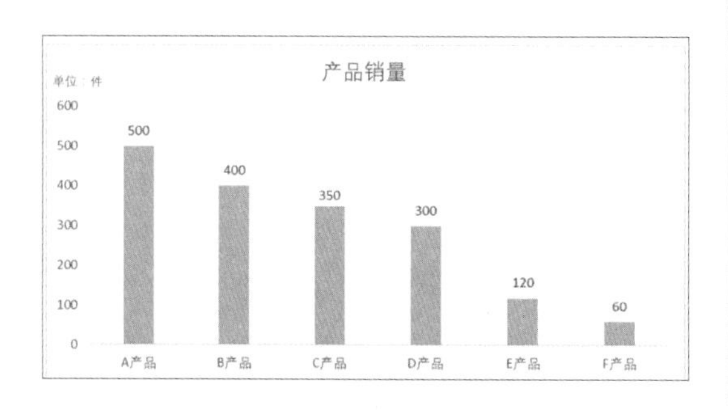

操作步骤

第一步 创建柱形图图表

❶ 选中C3:I4单元格区域，选择【插入】→【图表】→【簇状柱形图】→【二维柱形图】选项，如下图所示。

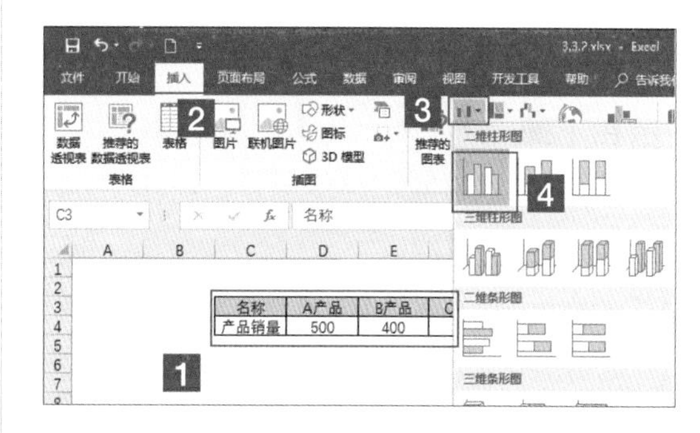

❷ 完成簇状柱形图图表的创建，效果如下图所示。

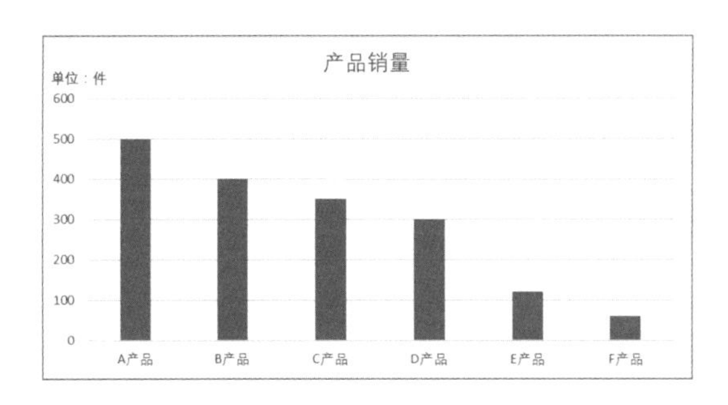

> **Tips** 在设置图表元素格式时，经常需要使用设置图表元素的窗格，双击任意图表元素或者在图表工具中选择【格式】→【当前所选内容】→【设置所选内容格式】选项打开【设置图表区格式】窗格，也可以双击数据系列打开【设置数据系列格式】窗格，如下图所示。

第二步 添加数据标签并设置数据标签格式

❶ 添加数据标签。在任一数据系列上右击，在弹出的菜单中选择【添加数据标签】选项，即可在数据系列上方添加数据标签，如下图所示。

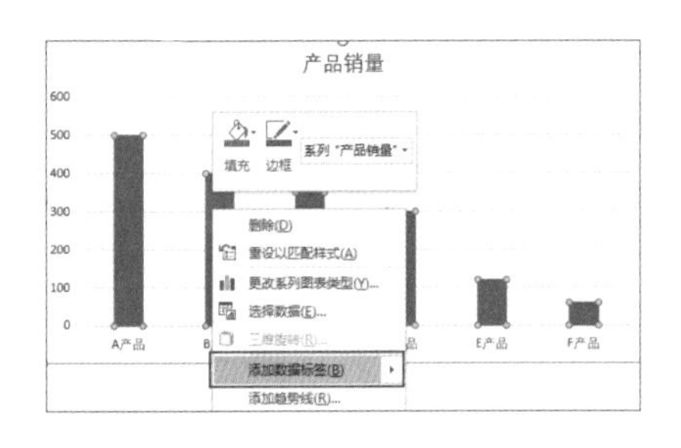

> **Tips** 此外，还有两种方法可以为数据系列添加数据标签。
>
> 方法一：选择图表，单击右侧的【图表元素】按钮，在弹出的菜单中选中【数据标签】复选框，如右上图所示。

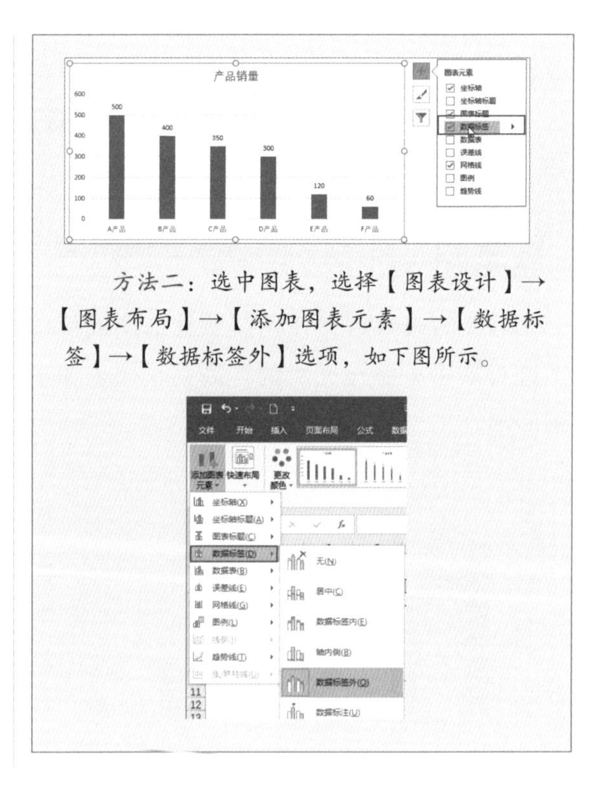

方法二：选中图表，选择【图表设计】→【图表布局】→【添加图表元素】→【数据标签】→【数据标签外】选项，如下图所示。

❷ 更改数据标签位置。默认添加的数据标签显示在数据系列外，如果要更改数据标签的位置，可以选择数据标签，右击后在弹出的【设置数据标签格式】窗格中选择【标签选项】→【标签位置】→【轴内侧】选项即可，如下图所示。

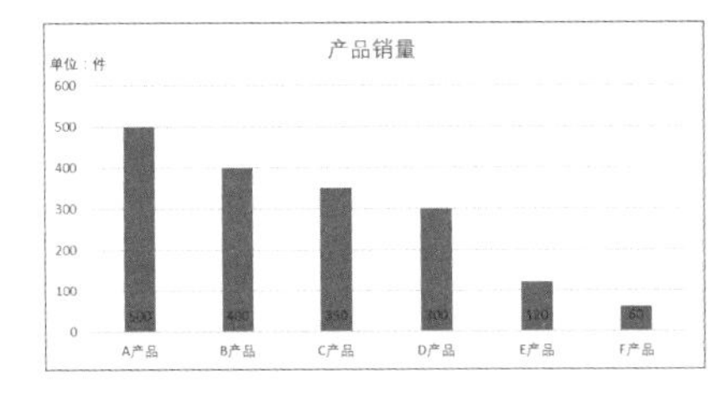

❸ 设置文本格式。选择图表后在右边的【文本选项】选项中，可以设置数据标签的文本填充与文本轮廓、文字效果及数据标签文本框的样式，如下图所示。

Tips 在【开始】选项卡下的【字体】选项组中也可以设置数据标签的字体、字号、填充颜色等文字效果。

第三步 **设置网格线**

❶ 默认的网格线是0.75磅的实线，选择网格线，在【设置主要网格线格式】窗格中可以设置网格线的颜色、宽度、线型等，如下图所示。

❷ 不需要网格线时，可选中网格线按【Delete】键进行删除。删除网格线的效果如下图所示。

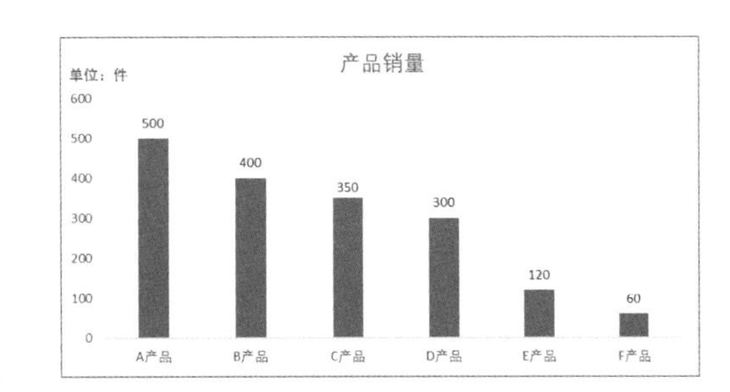

第四步 **设置数据系列间隙宽度**

数据系列间隙宽度是指两个相邻数据系列之间空白间隔的宽度，可通过改变数据系列间宽度数值来调整。选择数据系列，在【设置数据系列格式】窗格中的【系列选项】下的【间隙宽度】微调框中设置宽度值即可，其值为“0%~500%”，如下左图所示。将【间隙宽度】设置为“0%”后的效果如下右图所示，可以看到相邻数据系列间没有间隙。

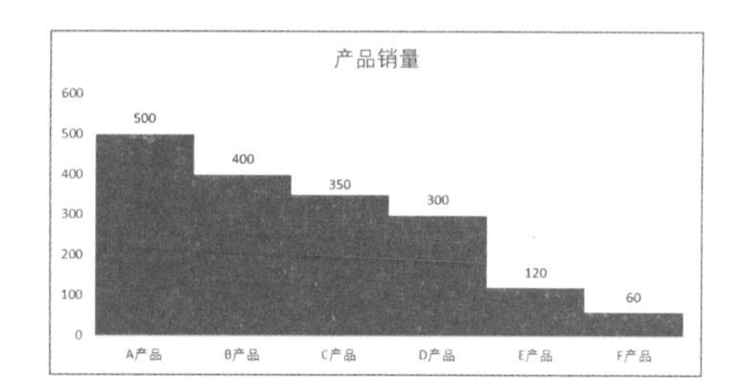

Tips 【系列重叠】是同一类别中不同数据系列间的重叠值，其值介于“-100%~100%”，当【系列重叠】值为“100%”时，两个数据系列重叠。

第五步 设置数据系列填充颜色

设置数据系列填充颜色有3种方法。

方法一：选择数据系列并右击，在弹出的快捷工具栏中单击【填充】按钮，并在颜色面板中选择要填充的颜色，如下左图所示。设置数据系列颜色后的效果如下右图所示。

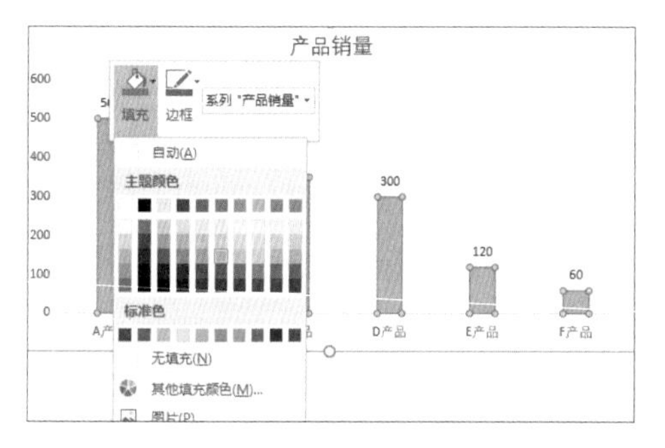

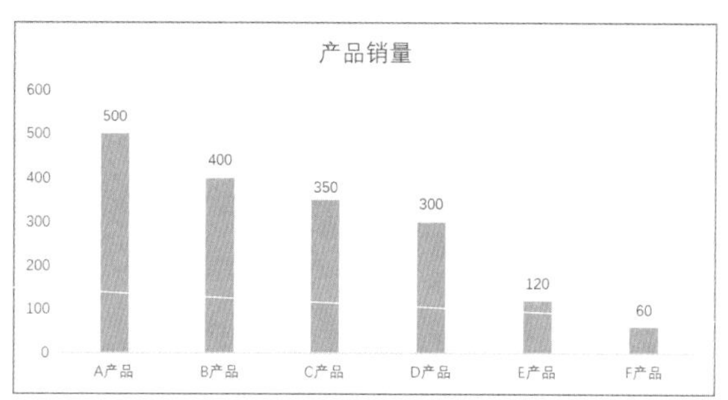

方法二：选择数据系列，在【设置数据系列格式】窗格中的【填充】选项中选中【纯色填充】单选按钮，并在【颜色】面板中选择一种填充颜色，如下图所示。

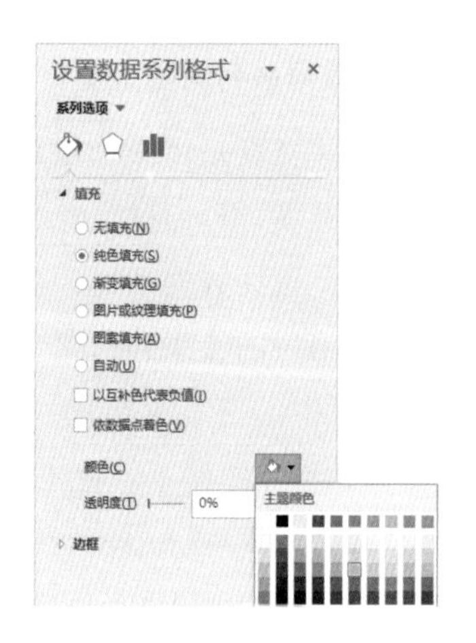

方法三：选择数据系列，在【格式】选项卡下的【形状样式】选项组中单击【形状填充】按钮，在弹出的下拉列表中选择一种填充颜色即可，如下图所示。

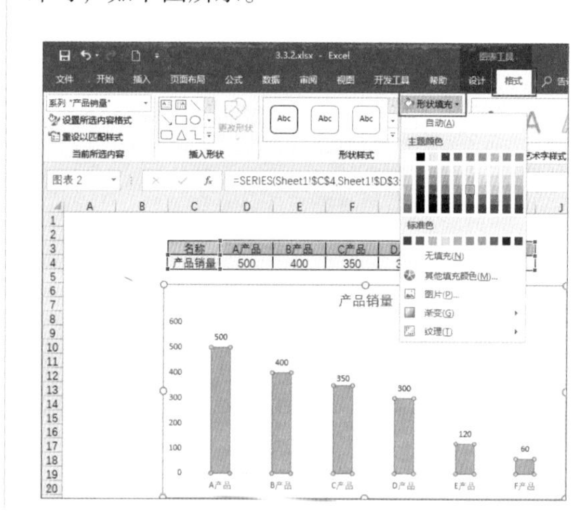

> **Tips** 如果要为某个数据系列单独设置填充颜色，可以先选择数据系列，再单击要设置填充颜色的数据系列，使用上面介绍的3种方法设置颜色即可。

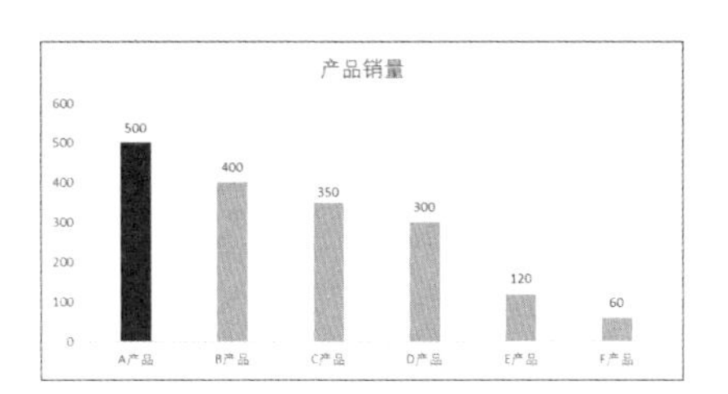

除了纯色填充，还可以设置数据系列为无填充、渐变填充、图片或纹理填充、图案填充等。

第六步 设置数据系列边框和效果

❶ 设置边框。设置边框与设置填充方法类似，包括无线条、实线、渐变线和自动4种类型，如右栏左图所示。

❷ 设置效果。在【设置数据系列格式】窗格中也可设置阴影、发光、柔化边缘和三维格式等效果，如下右图所示。

【图表分析】

- 在PPT中使用图表时，可以通过设置数据进行填充，使其与PPT背景风格搭配。
- 在正式的商务报告中，尽量不设置阴影、发光、柔化边缘和三维格式等效果，如果要设置应保持图表风格一致。
- 网格线如果干扰用户查看图表效果，可将网格线删除。

3.3.3 次坐标与标签格式相互辉映

当制作组合图表或两个系列值之间大小差距过大时，系列值小的系列会显示不出来，这时就可以通过设置次坐标将其在图表中清晰地展现出来。

案例名称	同比变化图表
素材文件	素材 \ch03\3.3.3.xlsx
结果文件	素材 \ch03\3.3.3.xlsx

范例3-2 同比变化图表

本案例主要通过制作簇状柱形图和折线图的组合图表，介绍设置图例位置、次坐标、坐标轴、标签格式、修改图表标题及重叠的相关操作。

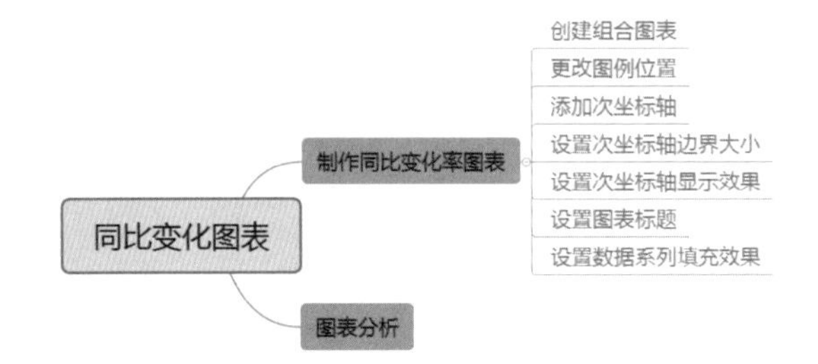

打开“素材\ch03\3.3.3.xlsx”文件，可以看到数据源如下图表格所示。这里的源数据是一个标准的三维数据，包含2019年、2020年和同比3个系列。它主要用于对比2020年和2019年的同比变化情况，在企业和工作中应用较广泛。

单位：百万元

项目	1月	2月	3月	4月	5月	6月
2019年	5	3	4	3	6	9
2020年	6	4	5	5	7	11
同比	20%	33%	25%	67%	17%	22%

同比的系列值比较小，可通过次坐标对同比的情况进行展示，制作完成的2019年与2020年同比变化率图表如下图所示。

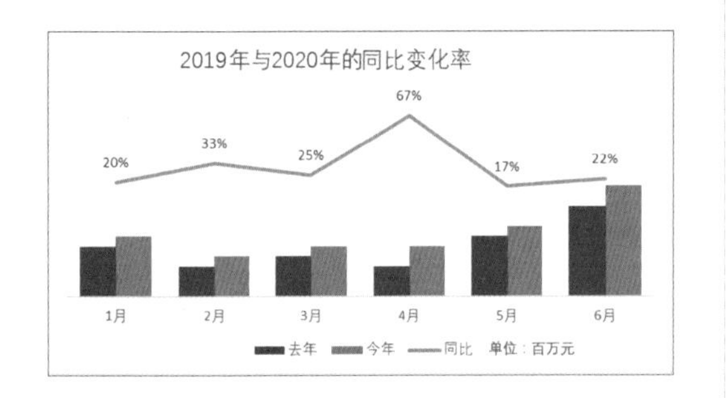

第一步 创建组合图表

❶ 选中C2:I5单元格区域，选择【插入】→【图表】→【插入组合图】→【簇状柱形图-折线图】选项，如下图所示。

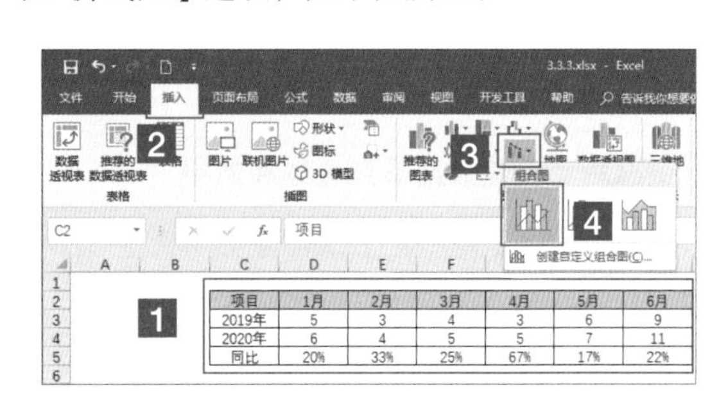

❷ 执行上述操作后，即可插入簇状柱形图-折线图的组合图表，效果如下图所示。

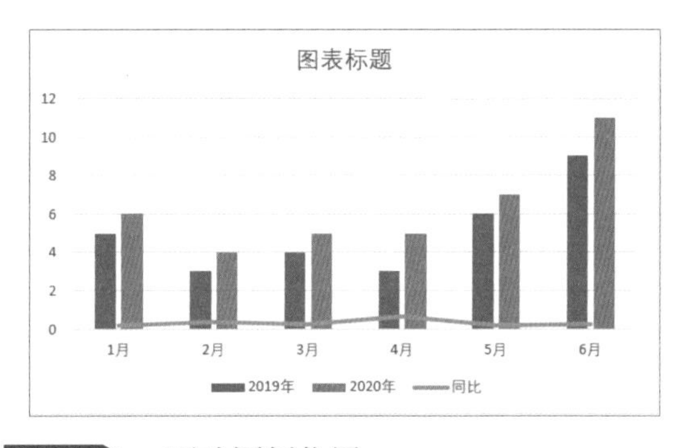

第二步 更改图例位置

创建图表后，图例默认显示在图表下方。选择图例后，在【设置图例格式】窗格的【图例选项】下选中【靠上】、【靠下】、【靠左】、【靠右】或【右上】单选按钮即可更改图例的位置，如下图所示。

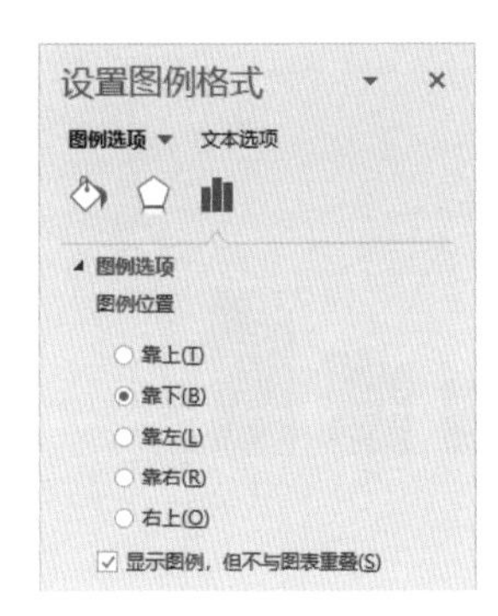

Tips 选择图例框，并将鼠标光标放置在图例框上。当鼠标光标变为✣形状时，按住鼠标左键并拖曳，可将图例放置在图表区的任意位置。

此外，选择图例后，选择【图表设计】→【添加图表元素】→【图例】选项，在弹出的子菜单中选择图例需要显示的位置即可，如下图所示。

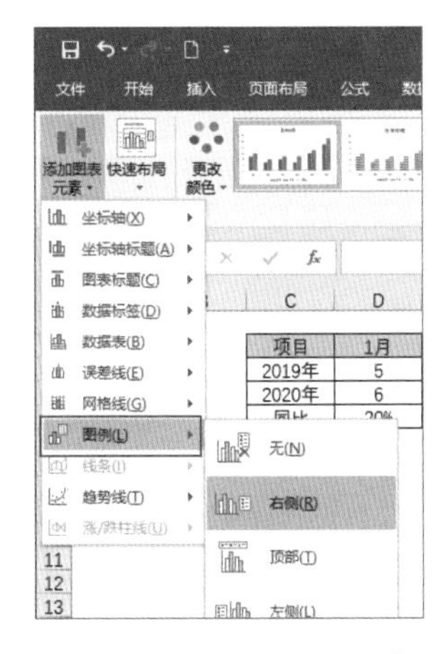

将图例显示在图表右侧的效果，如下图所示。

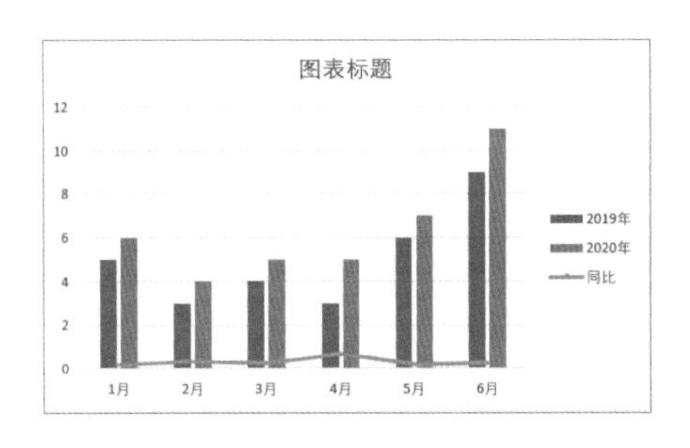

第三步 **添加次坐标轴**

由于柱形图和折线的数值差异比较大，导致图形不美观，可以采用双坐标的形式来表示组合图表。选择“同比”数据系列，在【设置数据系列格式】窗格中的【系列选项】中选中【次坐标轴】单选按钮，如下图所示。即可将折线系列显示在次坐标轴上。

第四步 **设置次坐标轴边界值的大小**

添加次坐标轴后，折线和柱形图会交织在一起显得比较凌乱，这时可以通过设置坐标轴边界值的大小将折线和柱形图分开显示。即增加主坐标垂直轴边界的最大值，或减小次坐标垂直轴边界的最小值，也可以根据需要同时增加主坐标垂直轴边界的最大值，并减小次坐标垂直轴边界的最小值。

❶ 选择垂直轴的坐标轴，在【设置坐标轴格式】窗格的【坐标轴选项】下，设置【边界】的【最大值】为“20.0”，如下左图所示。设置后的效果如下右图所示。

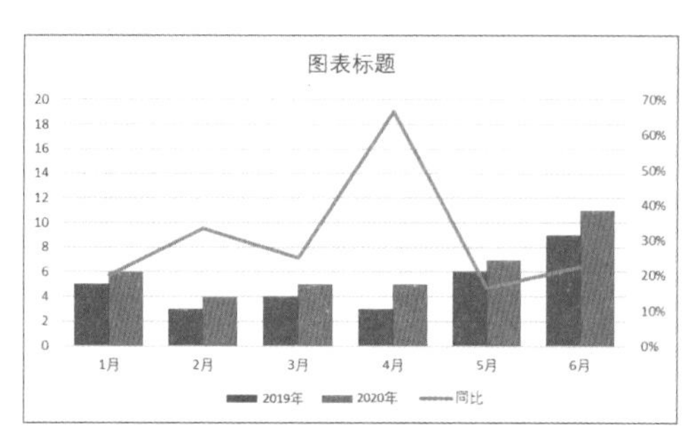

❷ 此时，折线与柱形图仍有重叠部分，可以适当减小次坐标轴的垂直轴的边界最小值。选择次坐标轴的垂直轴，在【设置坐标轴格式】窗格的【坐标轴选项】下，设置【边界】的【最小值】为“-0.6”，如下左图所示。然后将网格线删除，并在折线上添加数据标签，设置坐标轴值大小后的图表效果如下右图所示。

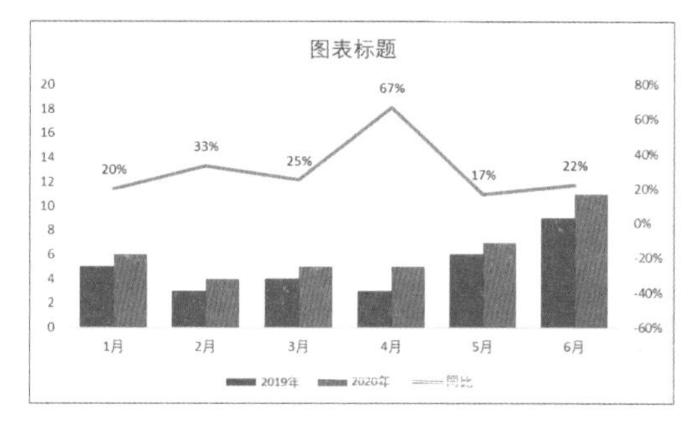

第五步 设置坐标轴显示效果

如果不需要显示次坐标，可以通过设置坐标轴的显示效果将其隐藏。需要注意的是，如果图表中添加了主坐标和次坐标，次坐标是不能直接删除的，否则Excel会认为图表中只有一个坐标轴，所有的值都会显示在剩余的坐标轴中。

❶ 选中垂直轴的坐标轴，在【设置坐标轴格式】窗格的【标签】下设置【标签位置】为“无”，如右上左图所示。如果坐标轴中显示了竖线，然后在【填充与线条】选项下的【线条】中选中【无线条】单选按钮，如右上右图所示。

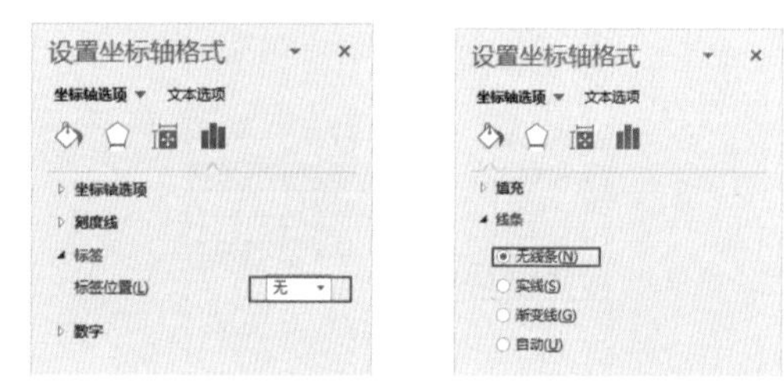

❷ 使用同样的方法设置主坐标轴的垂直轴的隐藏效果，设置后的效果如下图所示。

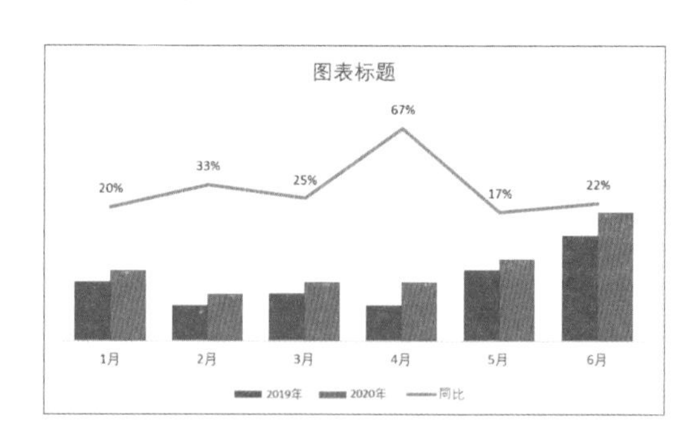

第六步● 设置图表标题

删除图表标题文本框中的“图表标题”文本，并输入新标题即可完成设置图表标题的操作。设置图表标题的方法与设置数据标签的方法相同，这里不再赘述，设置图表标题后的效果如下图所示。

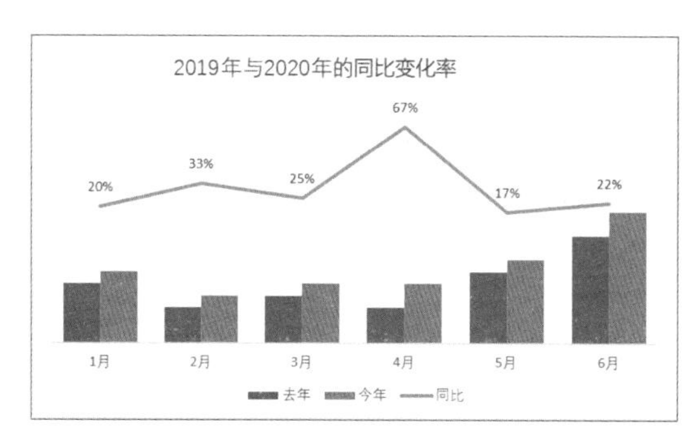

第七步● 设置数据系列填充效果

最后，可以根据需要设置数据系列的填充颜色，使图表效果更美观，2019年与2020年的同比变化率图表的制作最终效果如下图所示。

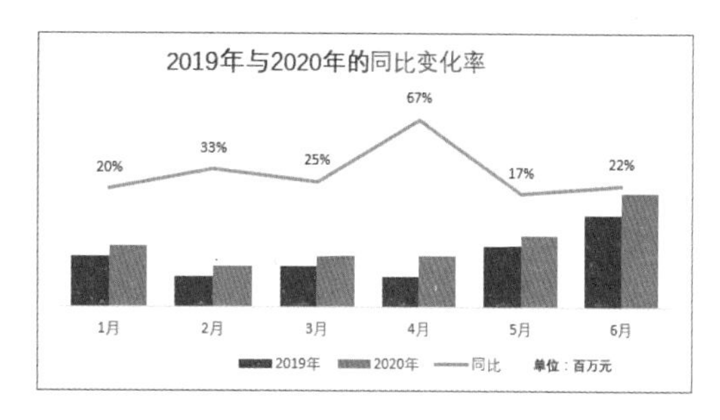

【图表分析】

柱形图-折线图的组合图表在企业、工作及网站中的使用较为广泛。它不仅可以展示不同年份的同期比、环比，也可以展示在制订计划、改善方案前后指标上的变化，以及成本、生产、企业KPI的达标情况。

设置主、次坐标轴的边界值大小时，可以多尝试几次，直至显示合适即可。

3.3.4 系列重叠与标签布局相辅相成

当在可视化目标与实际、计划与实际类数据同时出现时，可以通过设置系列重叠度，将两类数据系列重合在一起，这样能直观显示目标值与实际值之间的关系。

案例名称	目标达成情况可视化图表
素材文件	素材 \ch03\3.3.4.xlsx
结果文件	结果 \ch03\3.3.4.xlsx

销 售　范例3-3 目标达成情况可视化图表

本案例主要通过制作簇状柱形图图表介绍设置系列重叠度、图形的层次顺序、轮廓线、数据标签等的相关操作。

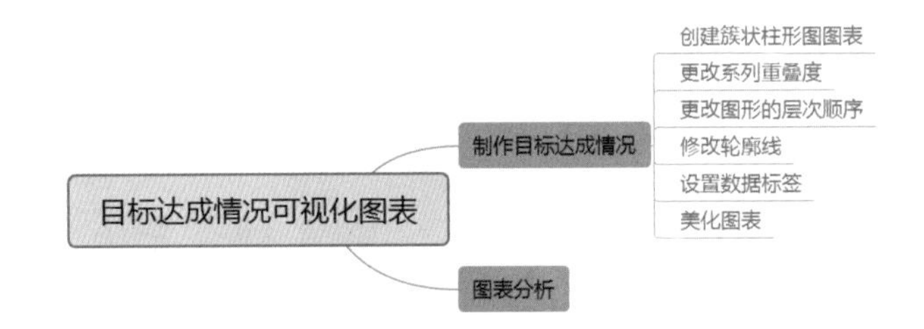

打开“素材\ch03\3.3.4.xlsx”文件，可以看到数据源表格如下图所示。这里的源数据是一个标准的二维数据，包含目标和实际两个系列。它主要用于展示目标的达成情况，在企业和工作中的应用十分广泛。

单位：百万元

项目	1月	2月	3月	4月	5月	6月
目标	8	3	7	3	9	8
实际	6	4	5	5	7	11

可以看到，通过设置系列重叠度，制作完成的目标达成情况图表如下图所示。

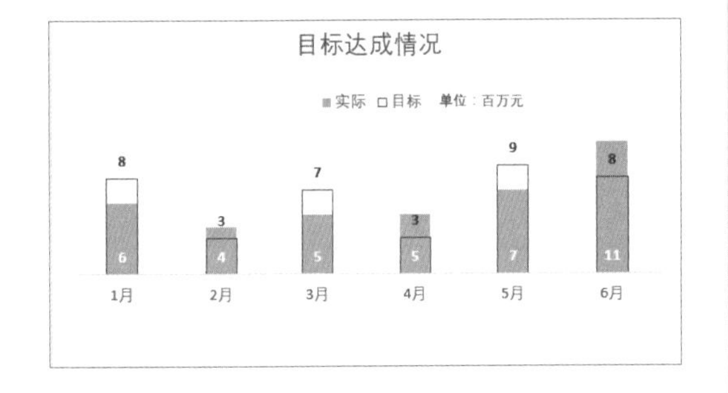

第一步 **创建簇状柱形图图表**

❶ 选中B2:H4单元格区域，选择【插入】→【图表】→【插入柱形图或条形图】→【簇状柱形图】选项，如右上图所示。

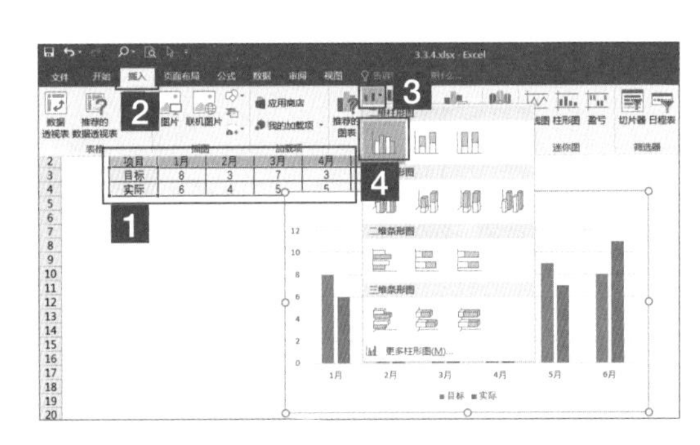

❷ 执行上述操作后即可插入簇状柱形图图表，效果如下图所示。

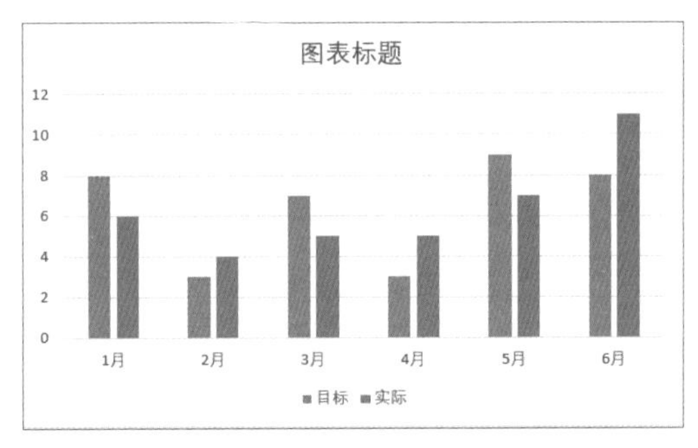

第二步 **更改系列重叠度**

选中“实际”数据系列并右击，在弹出的快捷菜单中选择【设置数据系列格式】选项。在【设置数据系列格式】窗格中，将【系列选项】中的【系列重叠】微调框设置为“100%”，如下图所示。

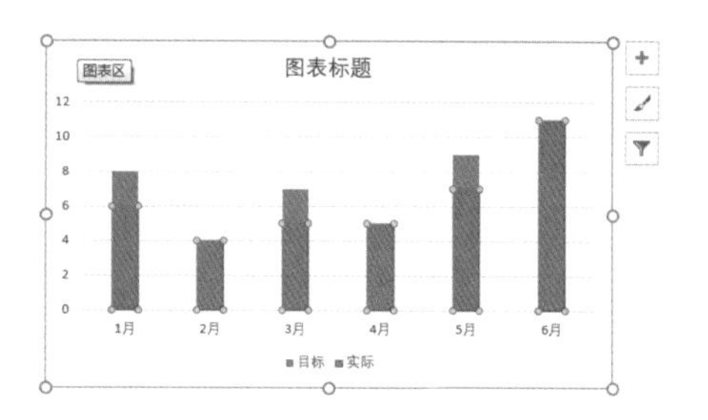

第三步▶ 更改图形的层次顺序

❶ 在上一步完成的图表中，“实际”数据盖住了“目标”数据。为了对调二者的上下关系，选中绘图区并右击，在弹出的快捷菜单中选择【选择数据】选项，弹出【选择数据源】对话框，选中【实际】复选框，单击【▲（向上移）】按钮，然后单击【确定】按钮，如下左图所示。

❷ 执行上述操作后即可将“目标”数据系列显示在“实际”数据系列之上，效果如下右图所示。

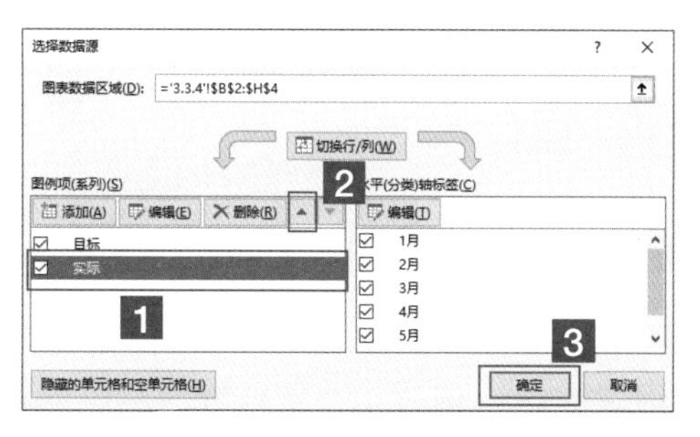

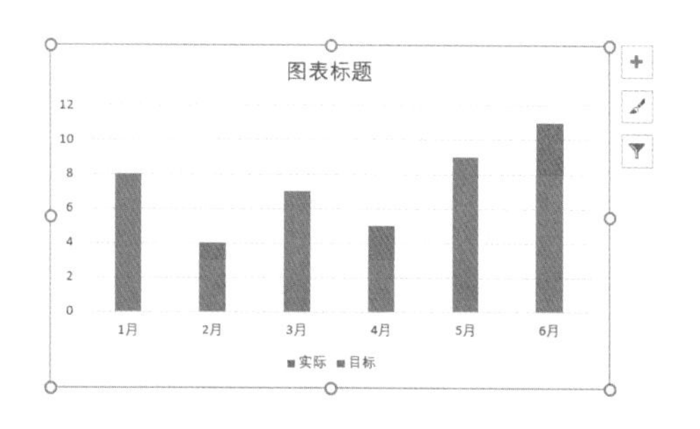

第四步▶ 修改轮廓线

分别选择“实际”和“目标”两个数据系列并右击，在弹出的快捷工具栏中分别单击【填充】和【边框】按钮，分别在弹出的颜色面板中选择填充和边框的颜色，即可看到数据系列填充颜色与边框修改后的效果，如下图所示。

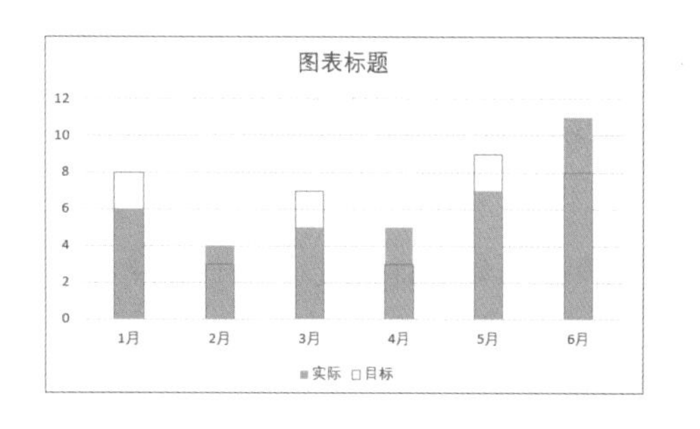

第五步▶ 设置数据标签

❶ 在“实际”数据系列上右击，在弹出的快捷菜单中选择【添加数据标签】选项，如下图所示。

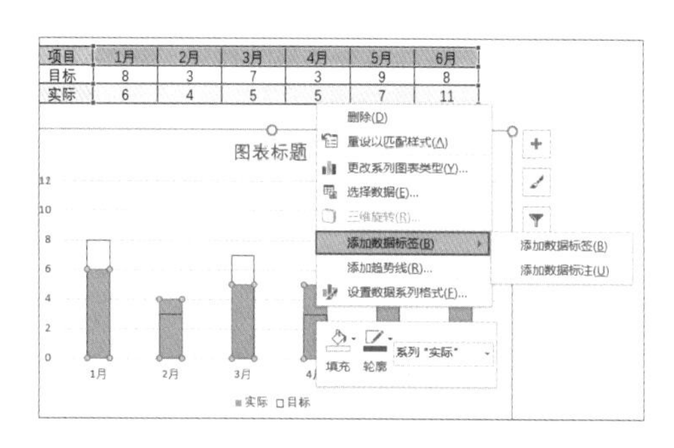

❷ 修改数据标签样式。选中添加的“实际”数据标签，在【设置数据标签格式】窗格中的【标签选项】下，【标签位置】设置为“轴内侧”，如下图所示。

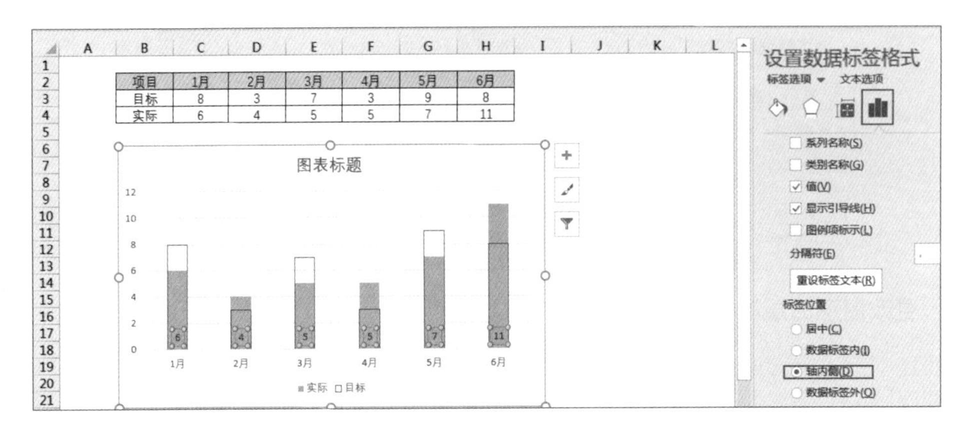

❸ 选中“实际”数据标签，选择【开始】→【字体】→【字体颜色】选项，在弹出的颜色面板中选择白色，并选择【开始】→【字体】→【加粗】选项。效果如下图所示。

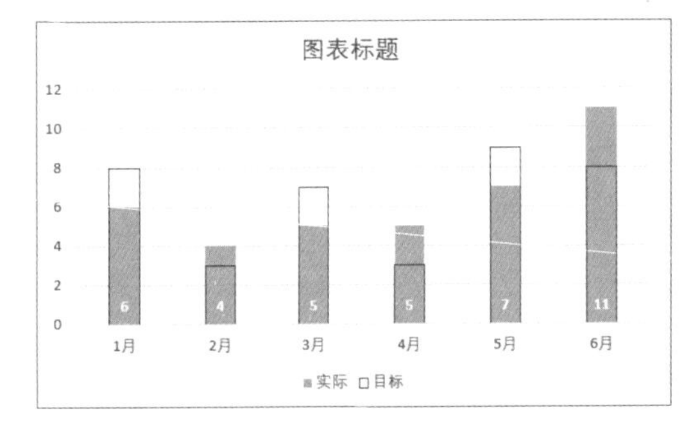

❹ 选中“目标”数据系列并右击，在弹出的快捷菜单中选择【添加数据标签】选项。效果如下图所示。

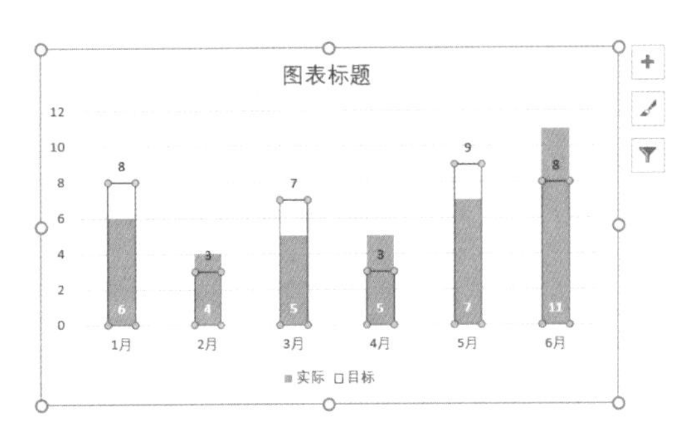

❺ 选中“目标”数据标签，设置加粗字体效果，结果如右上图所示。

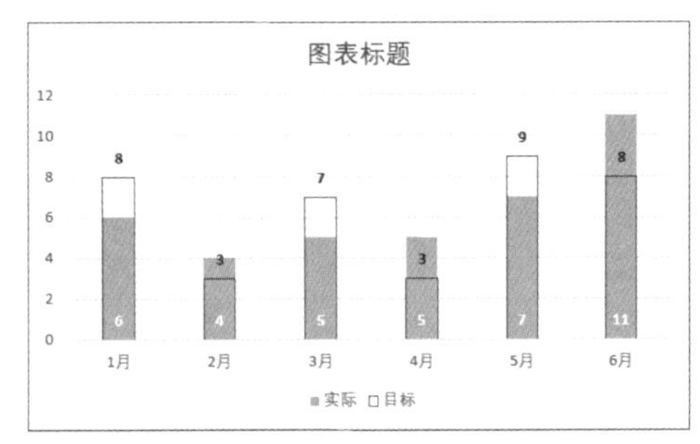

第六步 美化图表

对图表进行美化，包括修改图表的标题文本内容，将图例放在合适位置，删除网格线，隐藏垂直轴，适当调整绘图区高度。最终图表的效果如下图所示。

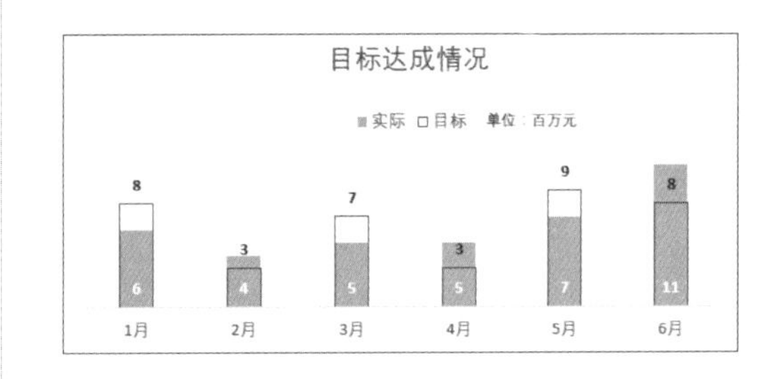

【图表分析】

柱形图图表在实际应用中非常广泛。将数据系列重叠可以更加直观有效地体现实际数据和目标数据的对比。标签布局运用得当，也会使图表显得干净利落。在图表美化过程中，应根据实际需要调整整体的格式和样式。

3.3.5 坐标轴设置让图表更靓

通常图表的坐标轴默认样式并不美观，适当地进行调整就会让图表的效果更靓。

案例名称	产品销售利润对比图表
素材文件	素材 \ch03\3.3.5.xlsx
结果文件	结果 \ch03\3.3.5.xlsx

销 售 范例3-4 产品销售利润对比图表

本案例主要通过制作簇状条形图图表，介绍设置逆序类别、水平轴的刻度线、数据标签等相关操作。

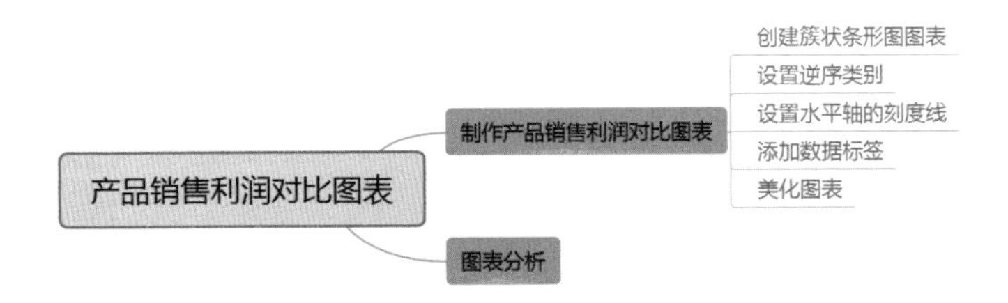

打开“素材\ch03\3.3.5.xlsx”文件，可以看到数据源如下图所示。这里的源数据是所有产品的利润。

项目	利润(万元)
产品5	1500
产品1	800
产品2	500
产品3	400
产品6	300
产品7	200
产品9	150
产品4	100
产品8	50

通过对簇状条形图的水平轴设置，制作完成后的产品销售利润对比图表如右图所示。

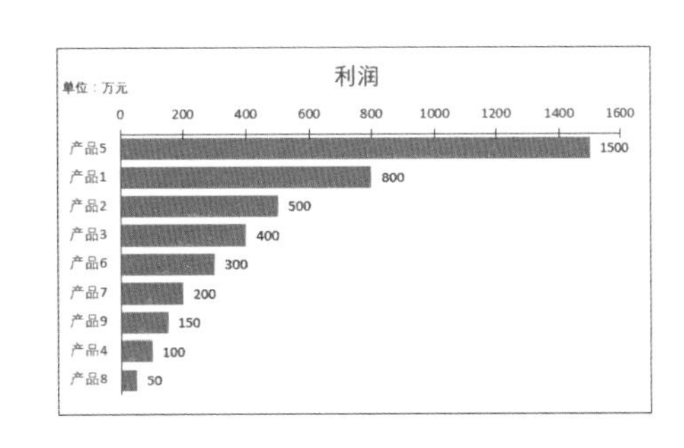

操作步骤

第一步 创建簇状条形图图表

❶ 选中B2:C11单元格区域，选择【插入】→【图表】→【插入柱形图或条形图】→【簇状条形图】选项，如下左图所示。

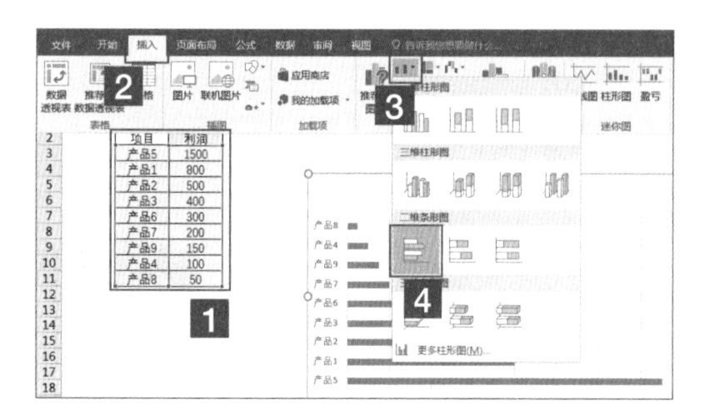

❷ 执行上述操作后，即可插入簇状条形图图表，效果如下图所示。

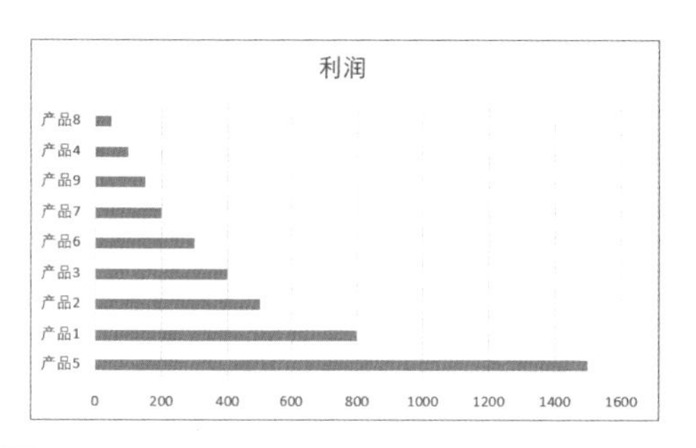

第二步 设置逆序类别

❶ 选中垂直轴，在【设置坐标轴格式】窗格中的【坐标轴选项】选项下，选中【逆序类别】复选框。簇状条形图的垂直坐标即可倒序显示，如下图所示。

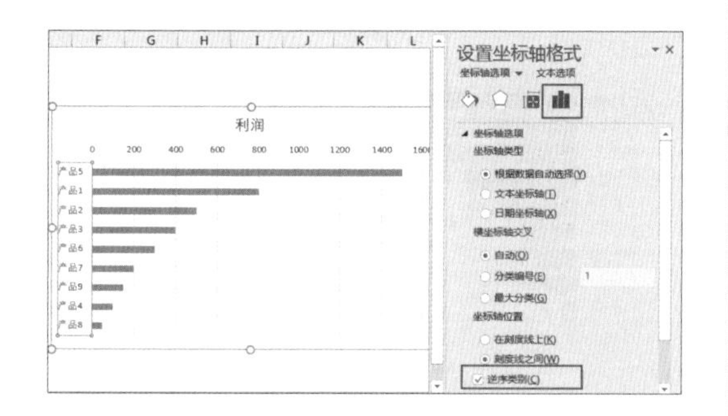

❷ 设置垂直轴的轴线颜色。选中垂直轴，在【设置坐标轴格式】窗格中的【坐标轴选项】下的【线条】选项中，选中【实线】单选按钮，并单击【颜色】按钮，在弹出的颜色面板中选择线条的颜色，即可看到垂直轴轴线设置颜色后的效果，如右下图所示。

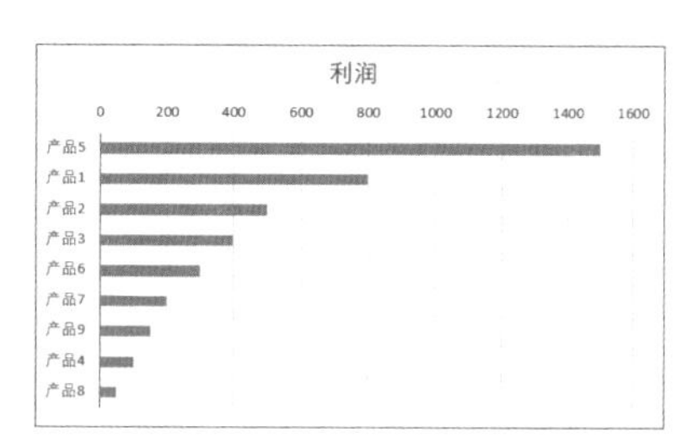

第三步 设置水平轴的刻度线

选中水平轴，在【设置坐标轴格式】窗格中的【坐标轴选项】下的【刻度线】中，单击【主要类型】右边的下拉按钮，在下拉列表中选择【交叉】选项，如下图所示。

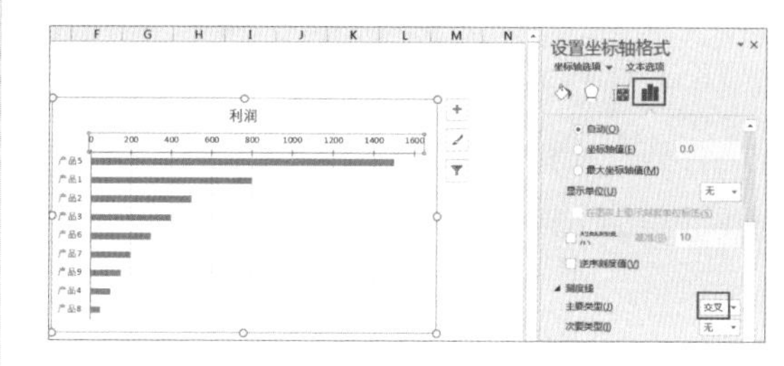

第四步 添加数据标签

选中“利润”数据系列并右击，在弹出的快捷菜单中选择【添加数据标签】选项。效果如下图所示。

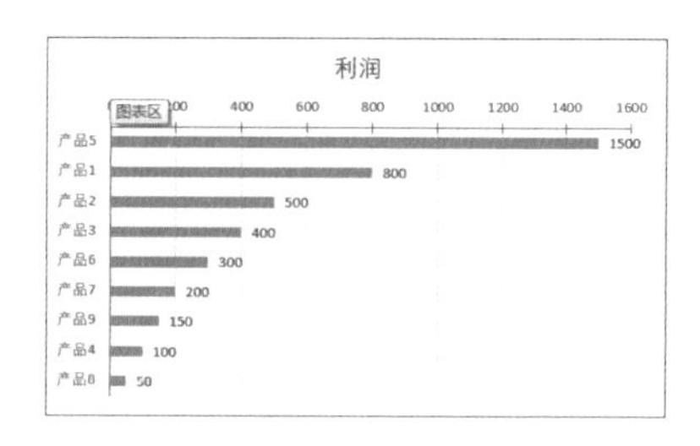

第五步 美化图表

根据需要调整数据系列的颜色，删除网格线等，最终的图表效果如下图所示。

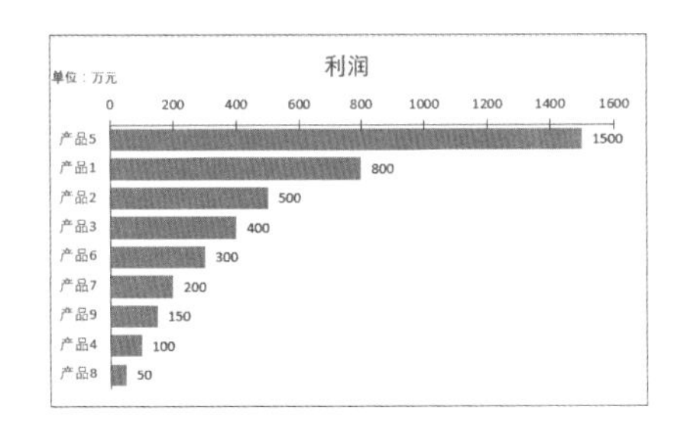

【图表分析】

通过对坐标轴的轴线、刻度线的合理设置，可以使图表效果显得更美观。不仅是簇状条形图图表，制作其他图表时也可以根据情况，适当地调整坐标轴的格式，以达到满意的效果。

3.3.6 线条与珠帘之美

绘制折线图图表时可根据需要选择折线或平滑线，只显示线条或数据标记，再加上适当的样式设置，就可使折线图图表的效果更加美观。

案例名称	利润变动情况可视化图表
素材文件	素材 \ch03\3.3.6.xlsx
结果文件	结果 \ch03\3.3.6.xlsx

销 售　范例3-5 利润变动情况可视化图表

本案例主要通过制作带数据标记的折线图图表，介绍设置数据标记、线条格式、数据标签、坐标轴轴线样式等相关操作。

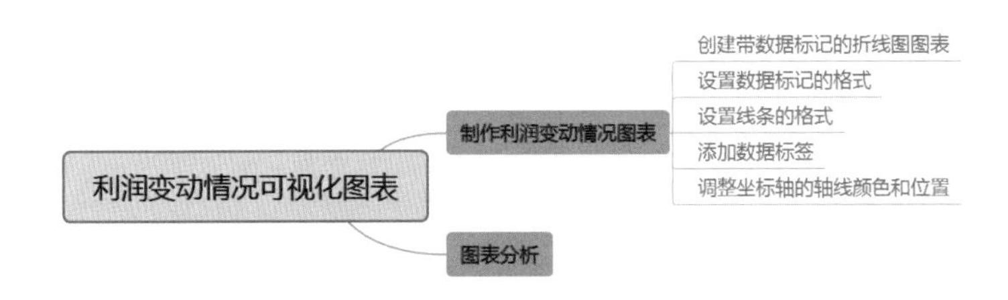

打开“素材\ch03\3.3.6.xlsx”文件，可以看到数据源表格如下图所示。这里的源数据是各年份的利润额情况。

项目	2020年	2021年	2022年	2023年	2024年	2025年	2026年	2027年	2028年
利润额(万元)	50	100	150	200	300	500	700	1200	1500

通过对带数据标记的折线图进行设置，制作完成后的利润变动图表如右图所示。

操作步骤

第一步 创建带数据标记的折线图图表

❶ 选中B2:K3单元格区域，选择【插入】→【图表】→【插入折线图或面积图】→【带数据标记的折线图】选项，如下图所示。

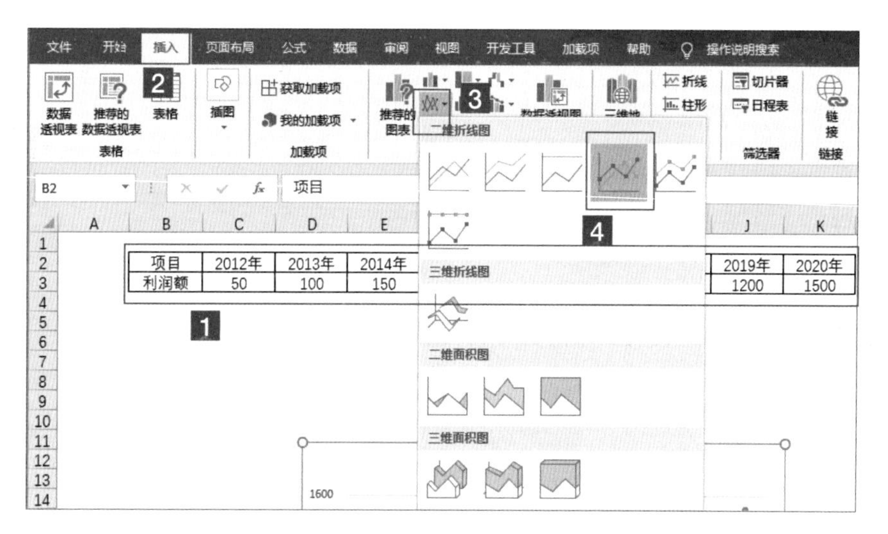

❷ 执行上述操作后即可插入带数据标记的折线图图表，效果如下图所示。

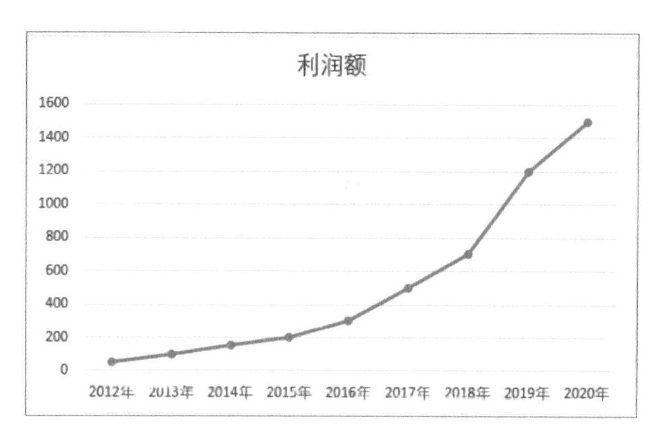

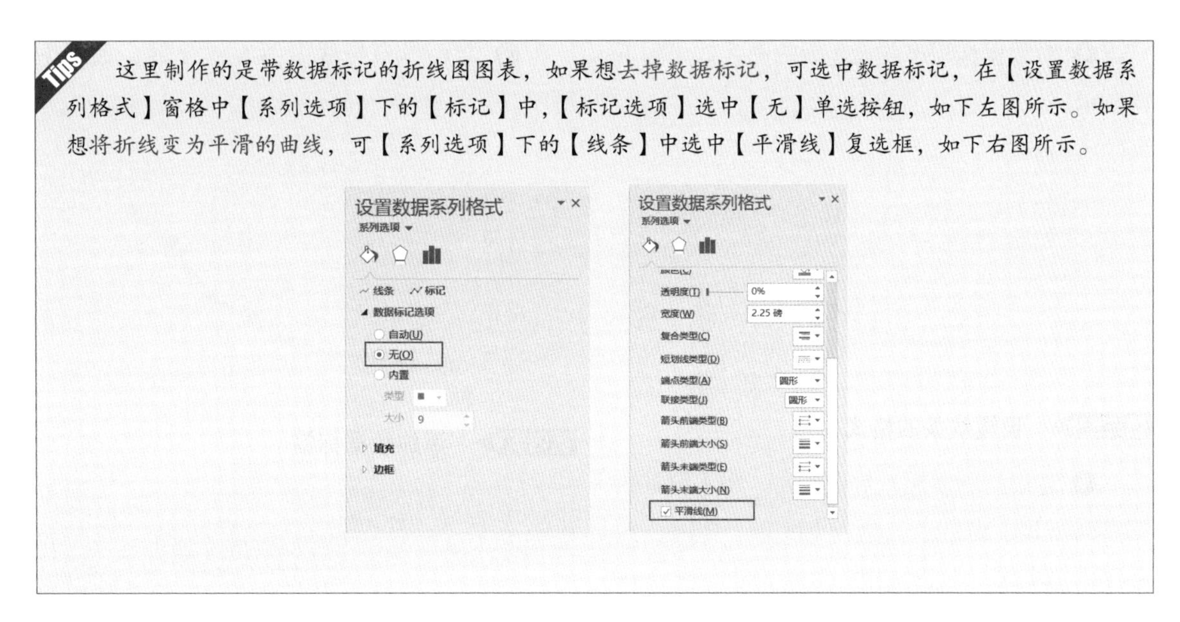

这里制作的是带数据标记的折线图图表，如果想去掉数据标记，可选中数据标记，在【设置数据系列格式】窗格中【系列选项】下的【标记】中，【标记选项】选中【无】单选按钮，如下左图所示。如果想将折线变为平滑的曲线，可【系列选项】下的【线条】中选中【平滑线】复选框，如下右图所示。

第二步● 设置数据标记的格式

❶ 选中数据标记，在【设置数据系列格式】窗格中，单击【系列选项】下的【标记】，在【标记选项】下选中【内置】单选按钮，在【类型】下拉列表中选择“圆形”图案，并在【大小】微调框中选择“9”，如下图所示。

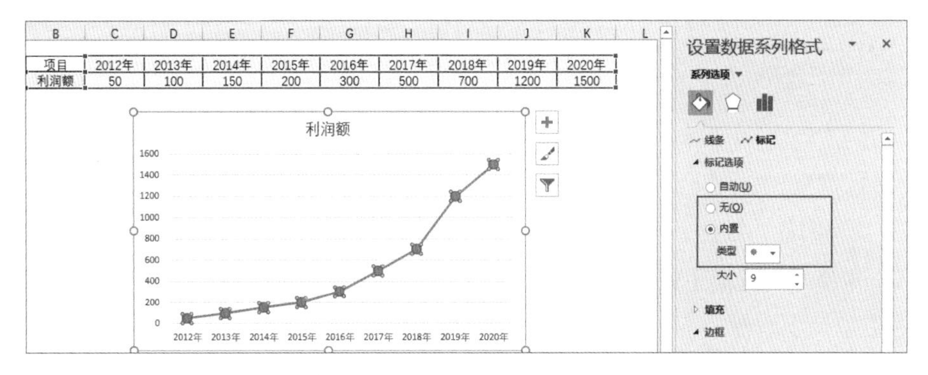

❷ 选中数据标记，在【设置数据系列格式】窗格中，选择【填充与线条】→【标记】选项，然后【填充】选中【纯色填充】单选按钮，并单击【颜色】按钮，在弹出的颜色面板中选择填充颜色，如右栏左图所示。

❸ 选中数据标记，在【设置数据系列格式】窗格中，选择【填充与线条】→【标记】→【边框】选项，然后选中【实线】单选按钮，并单击【颜色】按钮，在弹出的颜色面板中选择边框颜色，如下右图所示。

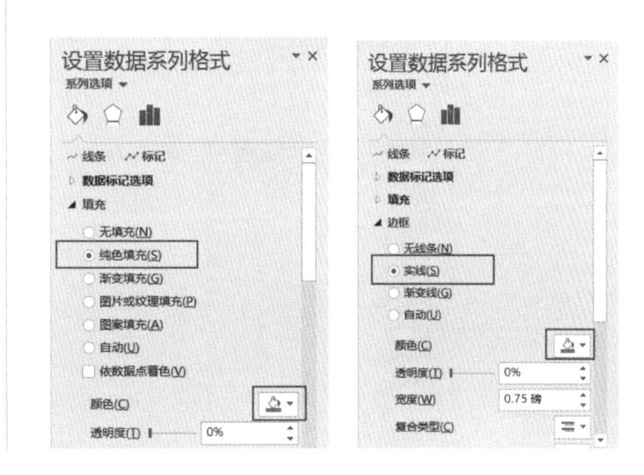

❹ 对数据标记格式设置后的图表效果如下图所示。

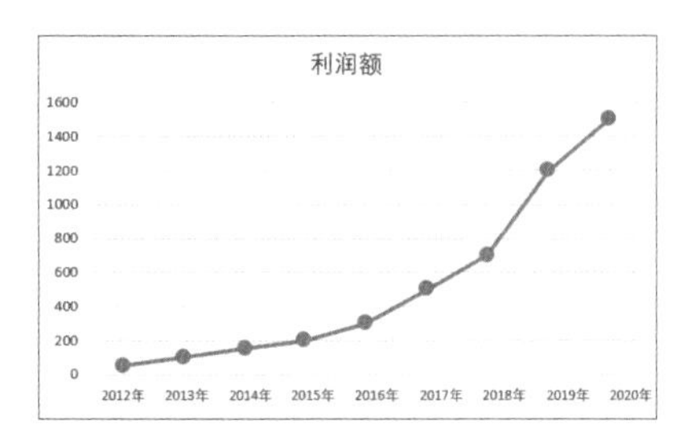

第三步 设置线条的格式

❶ 选中“利润额”数据系列，在【设置数据系列格式】窗格中，单击【线条】选项，然后选中【实线】单选按钮，并单击【颜色】按钮，在弹出的颜色面板中选择线条颜色，如下图所示。

❷ 选中“利润额”数据系列，在【设置数据系列格式】窗格中，选择【效果】→【阴影】选项，单击【预设】右侧的下拉列表，选择阴影样式，如下图所示。

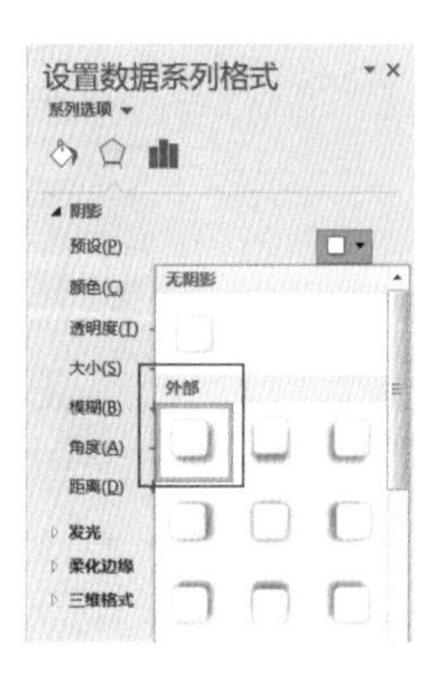

❸ 即可得到折线图图表的效果，如下图所示。

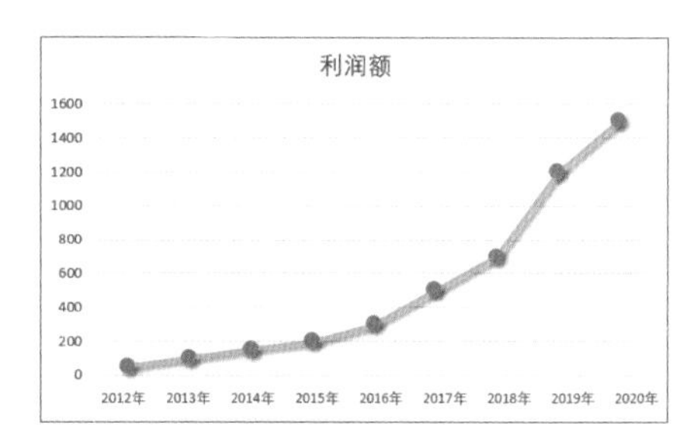

第四步 添加数据标签

选中“利润额”数据系列并右击，在弹出的快捷菜单中选择【添加数据标签】选项，在【设置数据标签格式】窗格中，选择【标签选项】→【标签位置】选项，然后选中【靠上】单选按钮。效果如下图所示。

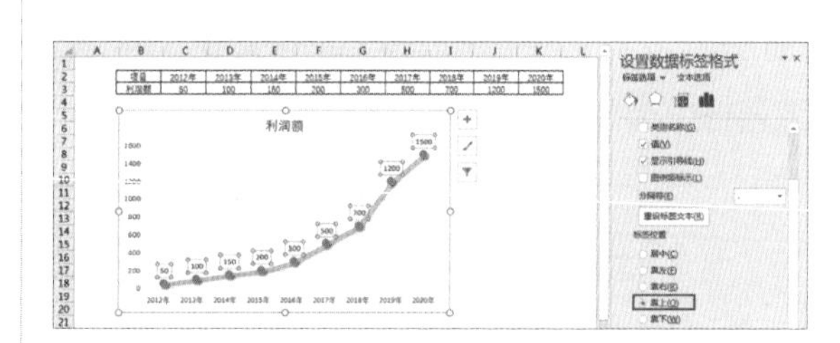

第五步 调整坐标轴轴线的颜色和位置

❶ 选中垂直轴，在【设置坐标轴格式】窗格中，选择【填充与线条】→【线条】选项，然后选中【实线】单选按钮，并单击【颜色】按钮，在弹出的颜色面板中选择轴线的颜色，如下图所示。

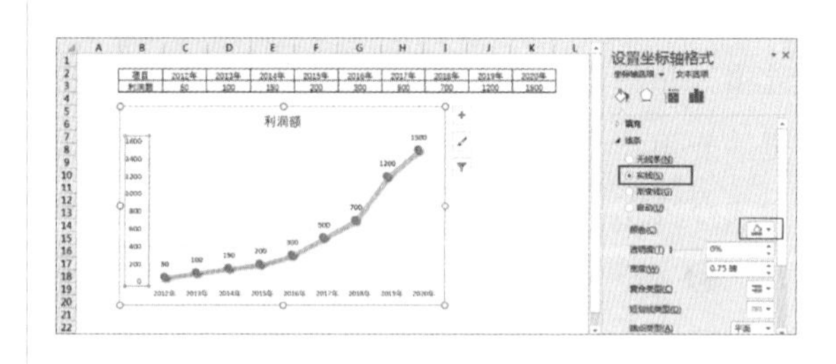

❷ 选中水平轴，在【设置坐标轴格式】窗格中，选择【坐标轴选项】→【坐标轴位置】选项，然后选中【在刻度线上】单选按钮，如下图所示。

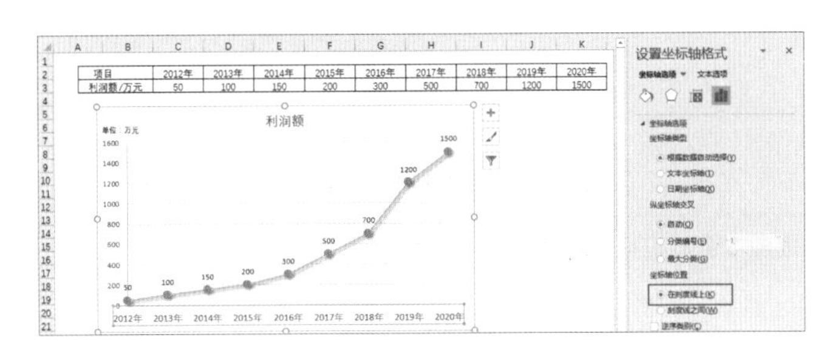

❸ 执行以上操作后，最终折线图图表的效果如下图所示。

【图表分析】

在折线图图表中，可根据需要添加数据标记，使图表看起来更加生动。注意应将水平轴的坐标位置设为刻度线上，以确保图形和垂直轴之间没有间距。

3.3.7 套色与分离之美

绘制饼图图表时，如果扇区颜色一致，则会无法突出重点。利用不同套色、扇区分离等方式，可以突出表达重点数据。

案例名称	各项成本金额可视化图表
素材文件	素材 \ch03\3.3.7.xlsx
结果文件	结果 \ch03\3.3.7.xlsx

销 售　范例3-6 各项成本金额可视化图表

本案例主要通过制作饼图图表，介绍设置饼图的设计样式、套色、扇区旋转、饼图分离、数据标签及分隔符、引导线等相关操作。

思维导图

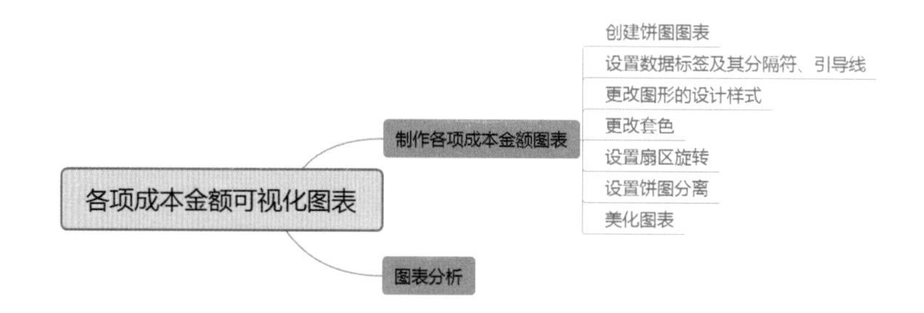

打开“素材\ch03\3.3.7.xlsx”文件，可以看到数据源表格如下左图所示。通过对饼图图表的设置，制作完成的各项成本金额图表如下右图所示。

项目	金额/万元
材料成本	1500
动能	800
辅料	500
人工	400
折旧	300
期间费用	200

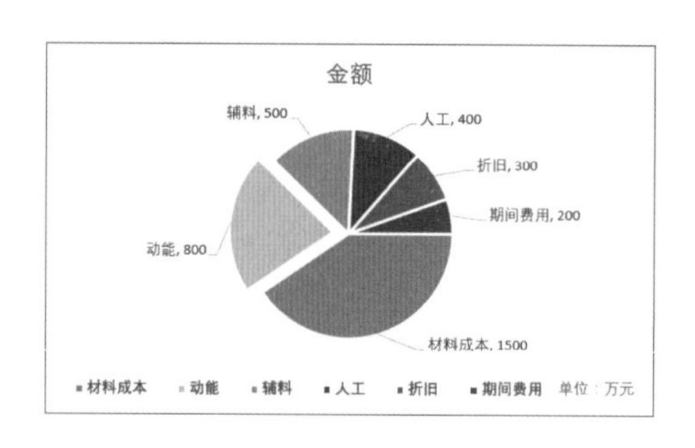

作图步骤

第一步 创建饼图图表

选中B2:C8单元格区域，选择【插入】→【图表】→【插入饼图或圆环图】→【饼图】选项，即可插入饼图图表，如下图所示。

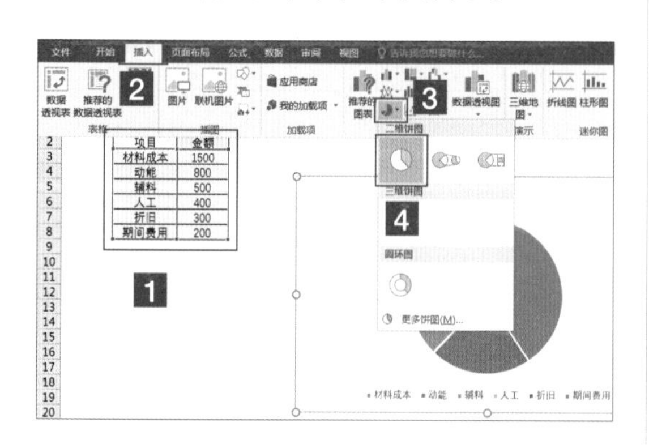

第二步 设置数据标签及分隔符、引导线

❶ 选中“金额”数据系列并右击，在弹出的快捷菜单中选择【添加数据标签】选项，如下图所示。

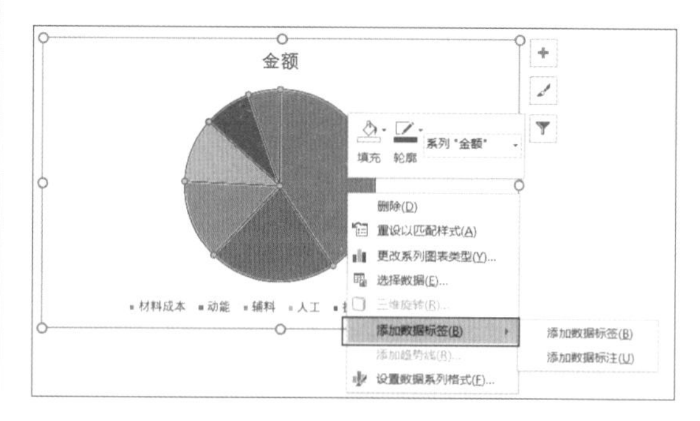

❷ 选中数据标签，在【设置数据标签格式】窗格中，选择【标签选项】→【标签位置】

选项，然后选中【数据标签外】单选按钮，如下图所示。

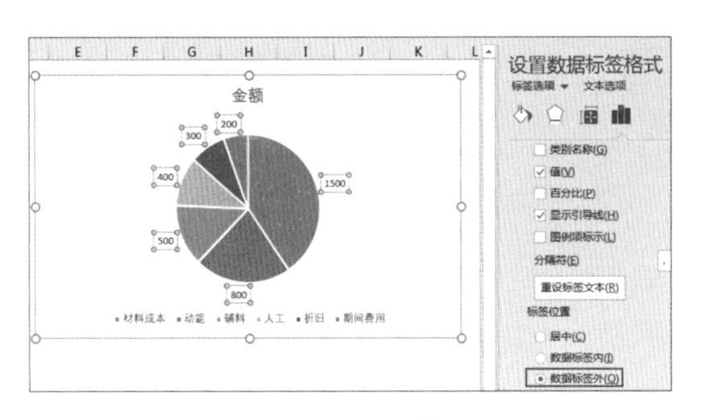

❸ 选中数据标签，在【设置数据标签格式】中，选择【标签选项】→【标签包括】选项，然后选中【系列名称】、【值】和【显示引导线】复选框，并在【分隔符】下拉列表中选择“,”选项，如下图所示。

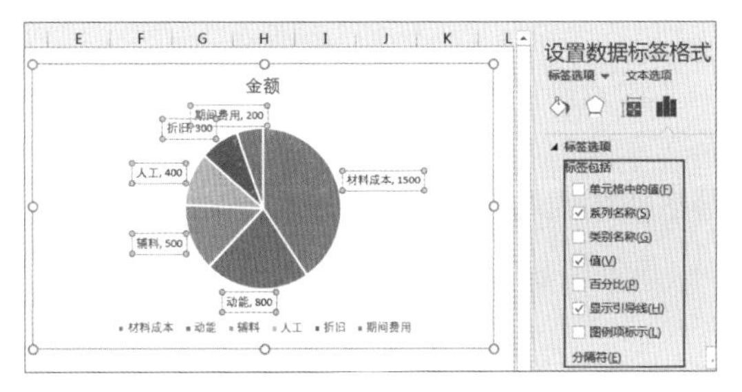

第三步 更改图形的设计样式

选中图表区，根据需要选择【图表设计】→【图表样式】选项中某个图表的设计样式，如下图所示。

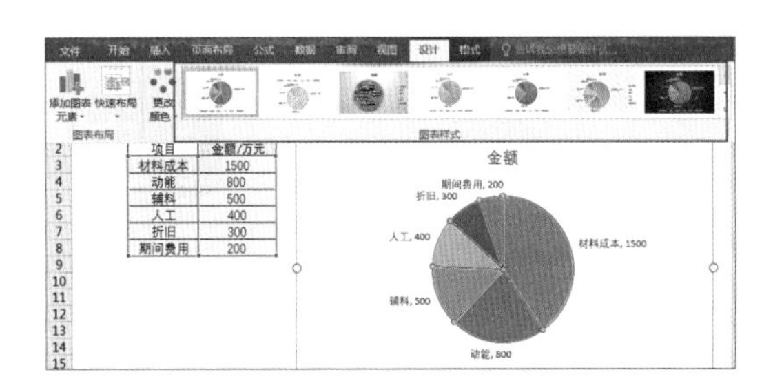

第四步 更改套色

选中图表区，选择【图表设计】→【图表样式】→【更改颜色】选项，根据需要更改图形的套色，如下图所示。

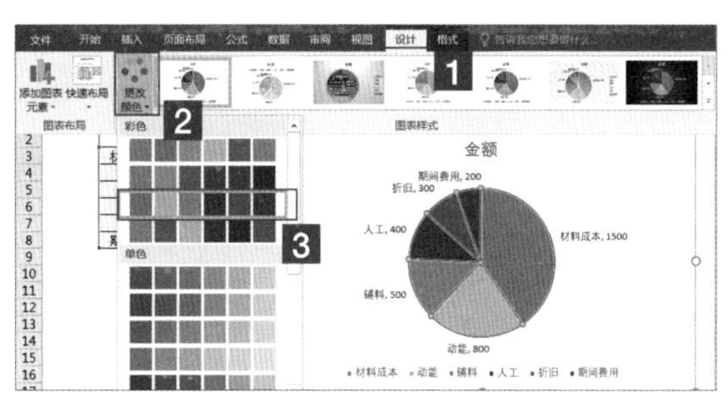

第五步 设置扇区旋转

选中数据系列，在【设置数据系列格式】窗格中的【系列选项】下，设置【第一扇区起始角度】的微调框，如下图所示。

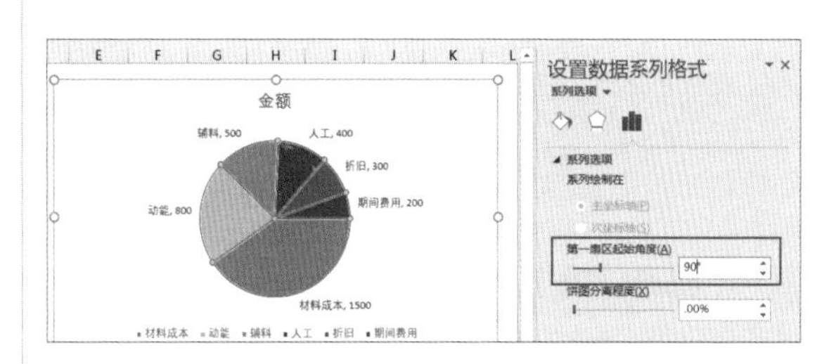

第六步 设置饼图分离

方法一：选中数据系列，在【设置数据系列格式】窗格中的【系列选项】下，设置【饼图分离程度】的微调框，如下图所示。

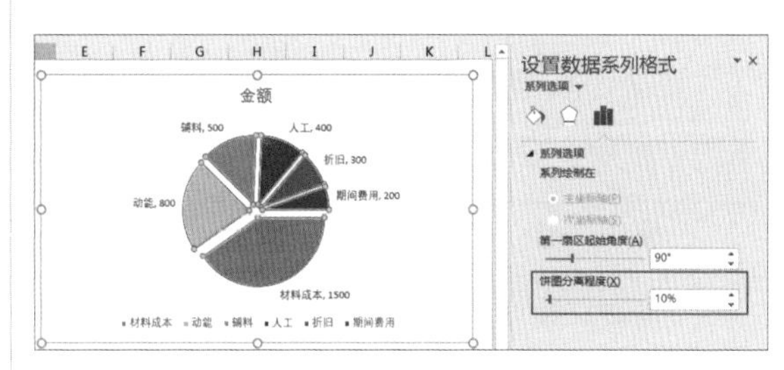

方法二：选中数据系列的某个板块，直接拖曳到合适的分离位置，如下图所示，可重点表达某项数据的突出位置。

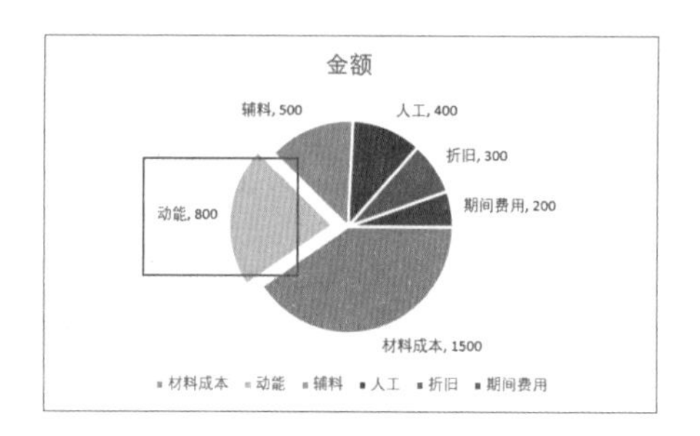

第七步 美化图表

美化图表包括修改图例的字体、拖曳数据标签等操作，以便有足够空间显示引导线。最终的饼图图表效果如下图所示。

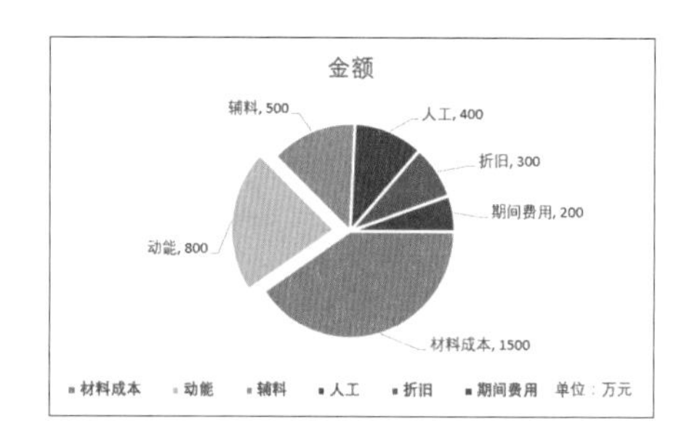

【图表分析】

饼图图表是企业工作中常用的图表之一。根据最终使用的场合（Excel报告或是PPT演讲等），可对饼图图表的套色、样式等进行设置，既能使工作条理清晰、重点突出，还能起到赏心悦目的作用。

3.3.8 误差线与字体方向的完美结合

默认的折线图图表比较单调，利用图表的误差线，并改变坐标轴字体的方向，就能使折线图图表华丽变身了。

案例名称	图表使用好感级别图
素材文件	素材 \ch03\3.3.8.xlsx
结果文件	结果 \ch03\3.3.8.xlsx

销 售 范例3-7 图表使用好感级别图

本案例主要通过制作折线图图表，介绍设置误差线、字体方向和横轴字体样式、折线和数据标签样式、图表主题的相关操作。

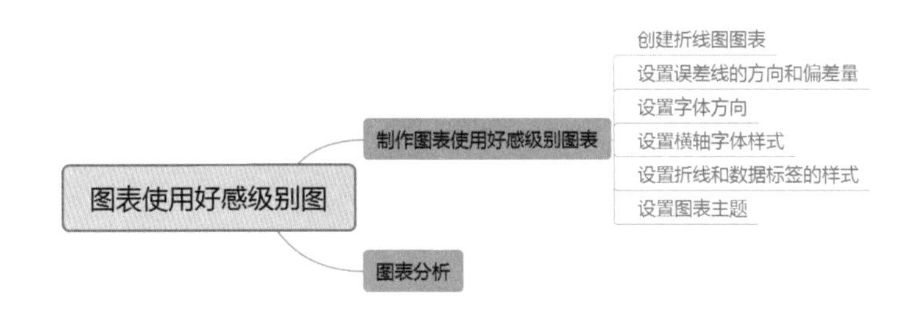

打开“素材\ch03\3.3.8.xlsx”文件，可以看到数据源表格如下图所示。这里的源数据是Excel中16种图表及组合图表的情况，以及使用好感级别。

图表类型	使用指数	好感级别
组合图	10	A
柱形图	8	A
折线图	8	A
饼图	8	A
条形图	8	A
直方图	7	B
面积图	6	B
瀑布图	4	C
散点图	3	C
树状图	3	C
旭日图	3	C
雷达图	2	D
箱形图	2	D
漏斗图	2	D
地图	1	D
股价图	1	D
曲面图	1	D

在折线图图表中，可巧妙地设计误差线和字体方向，制作完成的图表使用好感级别的图表如下图所示。

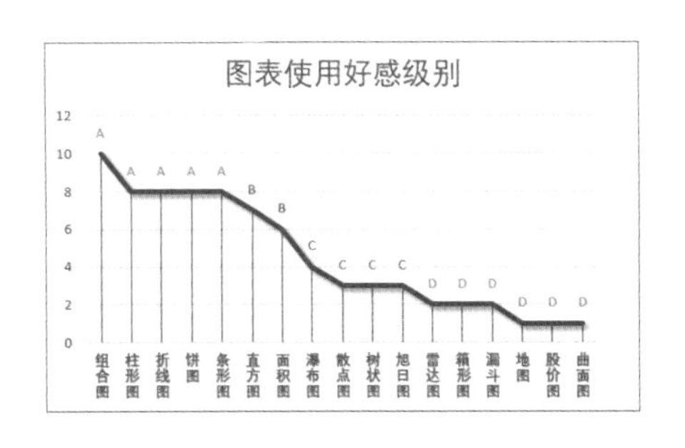

第一步 创建折线图图表

选中B2:C19单元格区域，选择【插入】→【图表】→【插入折线图或面积图】→【二维折线图】选项，即可插入折线图图表，如下图所示。

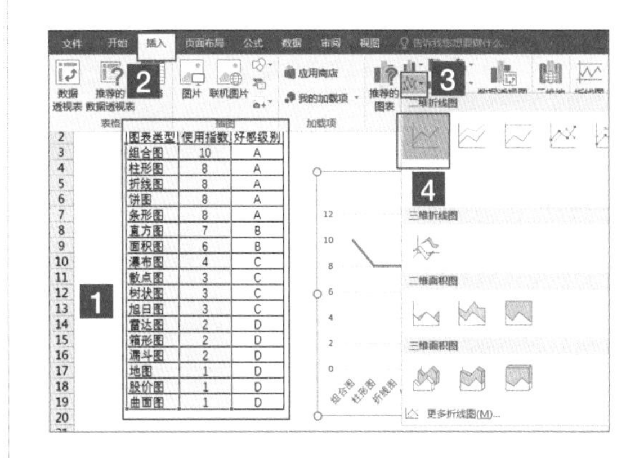

第二步 设置误差线的方向和偏差量

❶ 选中图表区，单击【图表元素】按钮，在弹出的列表中选中【误差线】复选框，如下图所示。

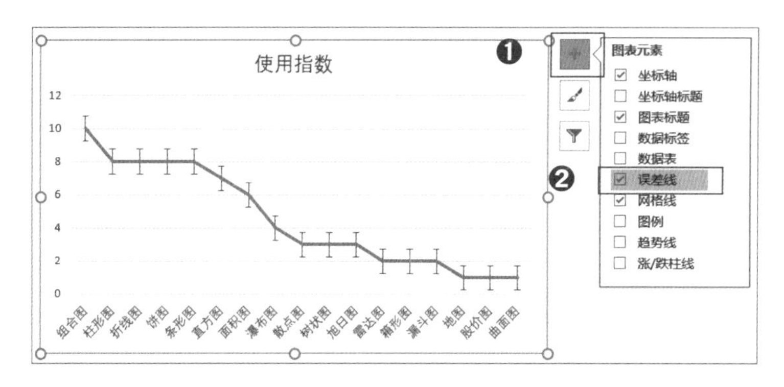

❷ 选中误差线并右击，在弹出的快捷菜单中选择【设置误差栏格式】选项。在【设置误差栏格式】窗格中，选择【垂直误差线】→【方向】选项，并选中【负偏差】单选按钮，在【末端样式】选中【无线端】单选按钮，并在【误差量】下的【百分比】文本框中输入“100%”，如下图所示。

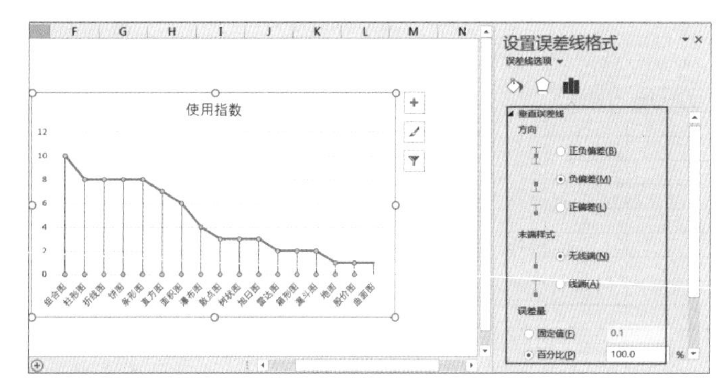

第三步 设置字体方向

选中水平轴，在【设置坐标轴格式】窗格中，选择【大小与属性】→【对齐方式】选项，在【文字方向】右侧的下拉列表中选择【竖排】选项，如下图所示。

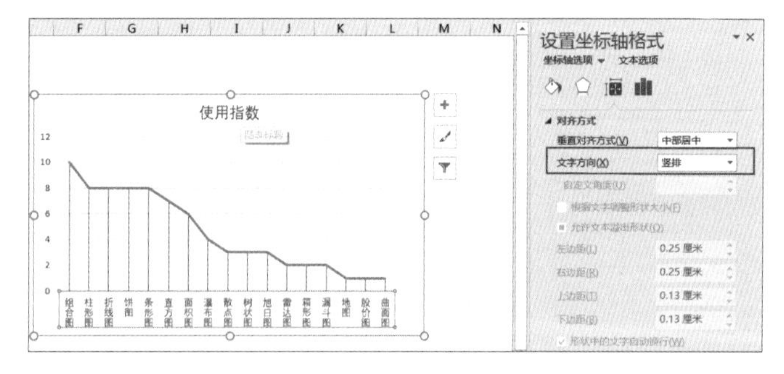

第四步 设置横轴字体样式

选中水平轴，选择【开始】→【字体】选项，可进行字体修改、字号修改、加粗等设置，如下图所示。

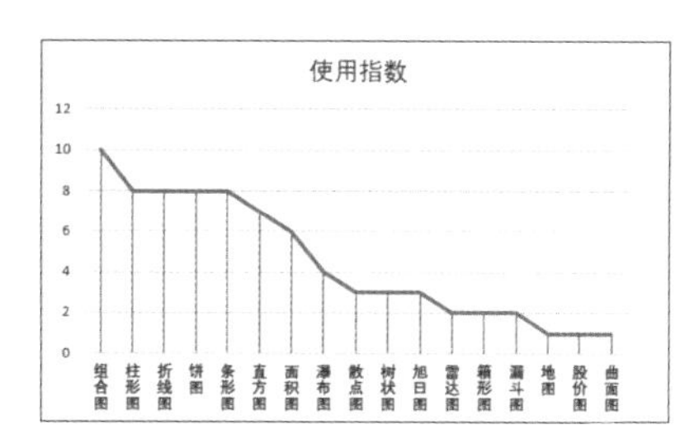

第五步 设置折线和数据标签的样式

❶ 选中数据系列，在【设置数据系列格式】窗格中，选择【填充】→【线条】选项，并选中【实线】单选按钮，并单击【颜色】按钮，在弹出的颜色面板中选择线条颜色，在【宽度】右侧的下拉列表中选择【3磅】，效果如下图所示。

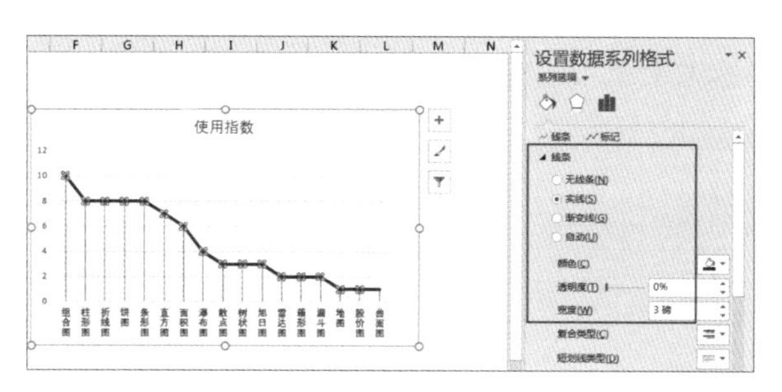

❷ 在【设置数据系列格式】窗格中，选择【效果】→【阴影】选项，并在【预设】右侧的下拉列表中选择线条的阴影样式，效果如下图所示。

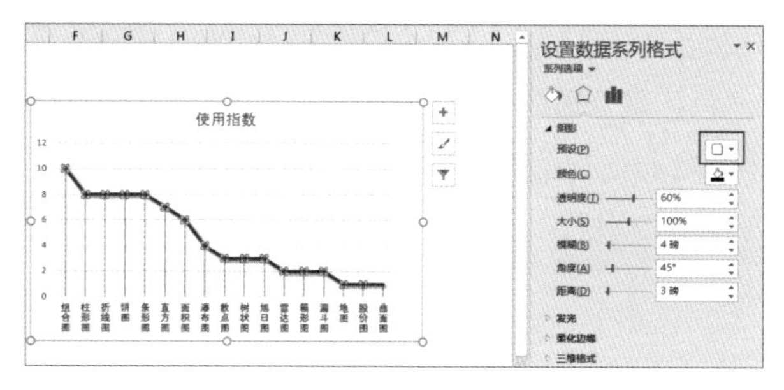

❸ 选中数据系列并右击，在弹出的快捷菜单中选择【添加数据标签】选项，效果如下图所示。

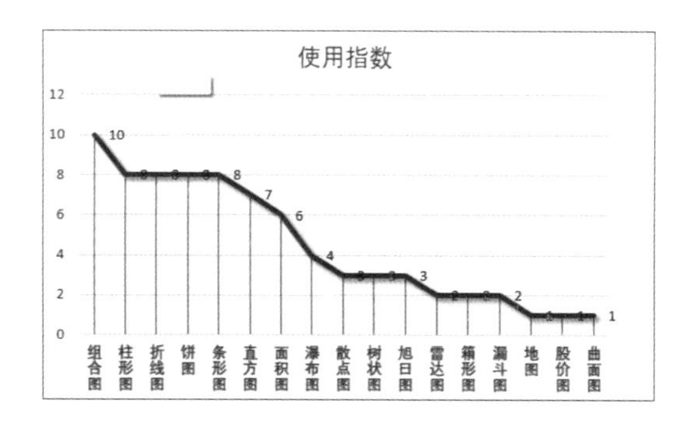

❹ 选中数据标签，在【设置数据系列格式】窗格中，选择【标签选项】→【标签位置】选项，然后选中【靠上】单选按钮，如下图所示。

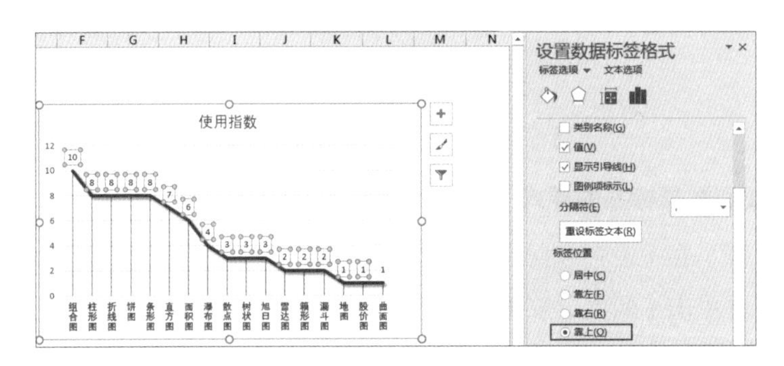

❺ 选中数据标签，在【设置数据系列格式】窗格中【标签选项】下的【标签包括】中，取消选中【值】复选框，同时选中【单元格中的值】复选框，并在弹出的【数据标签区域】对话框中，选择源数据表格的D3:D19，如下图所示。

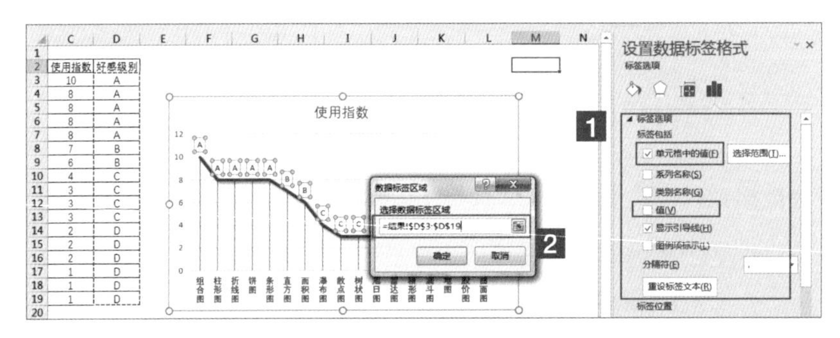

❻ 修改数据标签的颜色。既分别选中每一个数据标签来修改颜色，也可以先修改某一个数据标签的颜色后，再选择【开始】→【剪贴板】→【格式刷】选项，或者使用【F4】键或【Ctrl+Y】快捷键对其他数据标签进行颜色刷新，如下图所示。

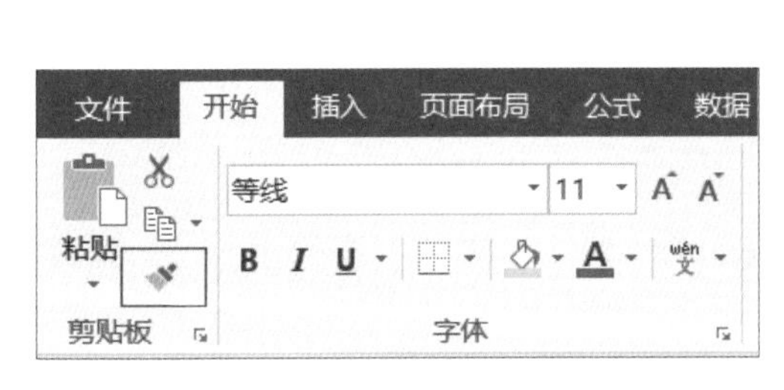

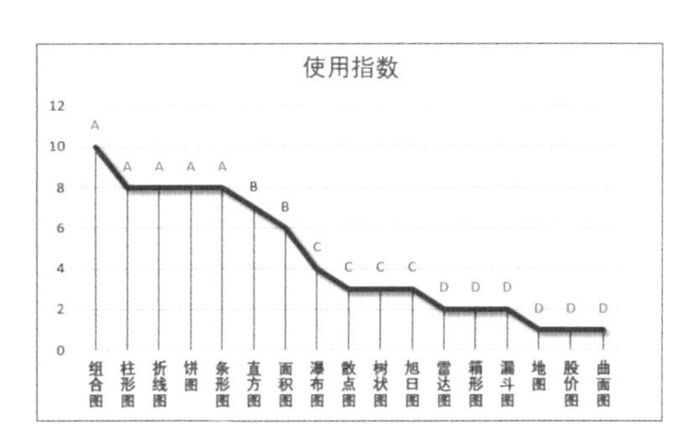

第六步● 设置图表主题

选中图表标题，在文本框中即可进行标题的修改，修改标题文本内容后的最终图表效果如下图所示。

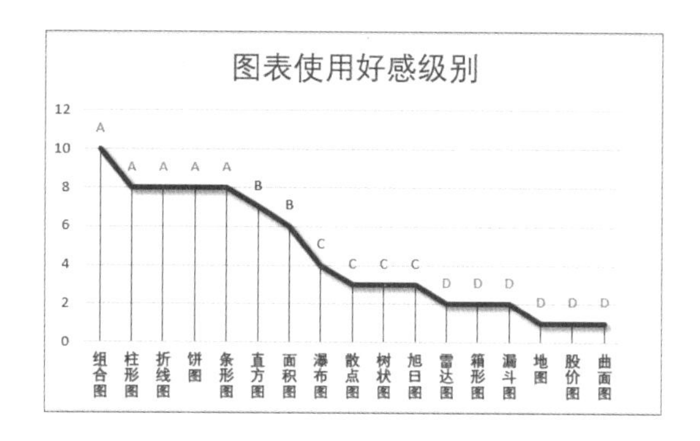

【图表分析】

若简单数据使用柱形图图表会比较单调，可以尝试使用折线图图表，并利用误差线和字体方向的设置，使图表既逻辑表达清晰，又简洁美观。

3.4 高手点拨

本章介绍的绘制图表的各种方法都是制作Excel图表的基础。包括创建图表、设置网格线和图形填充、设置坐标轴线和刻度线、设置数据标签格式、设置误差线及设置图表套色等方法。只有掌握了这些绘制图表的基础方法，才算为成为图表高手做好了技术准备。只有在这些基础知识之上，才能灵活运用各种技巧给Excel图表锦上添花。

3.5 实战练习

练习 1

打开“素材\ch03\实战练习1.xlsx”文件。这是某社区家庭月平均消费金额的数据，包含2019年1~6月和2020年1~6月的数据及同比数据。请结合对本章内容的理解，选择合适的图表，制作一份月平均消费金额2019年与2020年的对比图表，并展现同比情况，如下图所示。

单位：元

项目	1月	2月	3月	4月	5月	6月
2019年	5000	5500	5200	6000	6200	6500
2020年	5200	5700	5800	6300	6800	7000
同比	4%	4%	12%	5%	10%	8%

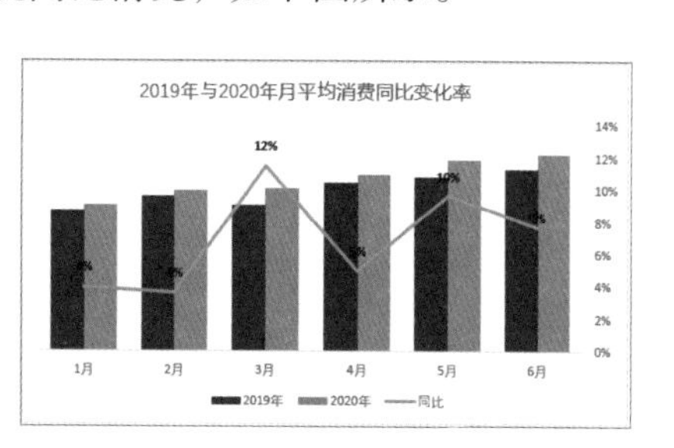

练习 2

打开“素材\ch03\实战练习2.xlsx”文件。这是某公司员工数的推移数据。请结合对本章内容的理解，选择合适的图表，制作一份该公司员工数的推移图表。请明确表达出员工人数的变化情况，并注意图表的美观性，如下图所示。

项目	2020年	2021年	2022年	2023年	2024年	2025年	2026年	2027年	2028年	2029年
公司员工数/人	50	80	120	250	300	400	600	700	800	1000

第4章

成为图表高手的数据准备

小王最近负责收集和整理销售数据的工作，他从销售员那里拿到的数据表格如下图所示。

月份	客户 代码	客户名称	车型	销量 台	价格 元/台	销售额
1月	C0001	汉代汽车	SUV	100	260000	26000000
2月	C0001	汉代汽车集团	Suv	260	260000	
	C0001	汉代	Suv		260000	67600000
1月	C0002	唐代汽车	轿车	100	200000	20000000
2月	C0002	唐代	轿车		200000	
	C0002	唐代汽车公司	轿车	300	200000	60000000

使用这些不规范的表格让小王很头疼，连简单的数据透视表都做不出来，如下图所示。

计数项:销售额	列标签			
行标签	C0001	C0002	代码	总计
1月				
2月				
(空白)				
总计				

小王决心将这些销售表格进行规范化整理，最终实现了数据透视功能，为后续的可视化图表打下了基础，如下图所示。

月份	客户代码	客户名称	车型	销量（台）	价格（元/台）	销售额（元）
1月	C0001	汉代汽车集团	SUV	100	260,000	26,000,000
2月	C0001	汉代汽车集团	SUV	120	260,000	31,200,000
2月	C0001	汉代汽车集团	SUV	140	260,000	36,400,000
1月	C0002	唐代汽车公司	轿车	100	200,000	20,000,000
2月	C0002	唐代汽车公司	轿车	100	200,000	20,000,000
2月	C0002	唐代汽车公司	轿车	200	200,000	40,000,000

销售额（元）			
行标签	C0001	C0002	总计
1月	26,000,000	20,000,000	46,000,000
2月	67,600,000	60,000,000	127,600,000
总计	**93,600,000**	**80,000,000**	**173,600,000**

本章案例效果展示：

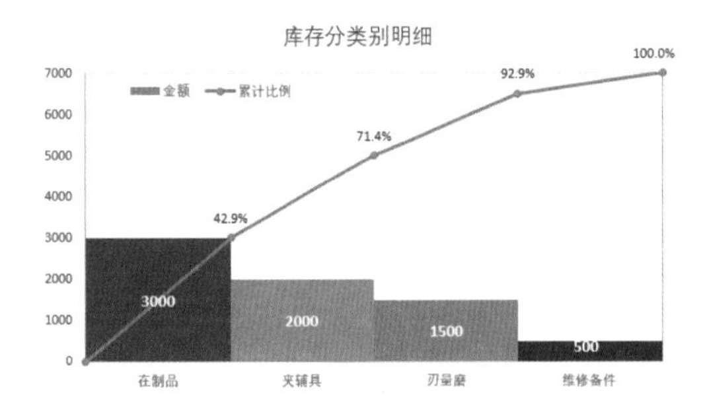

使用降序逻辑展示库存分类别明细数据

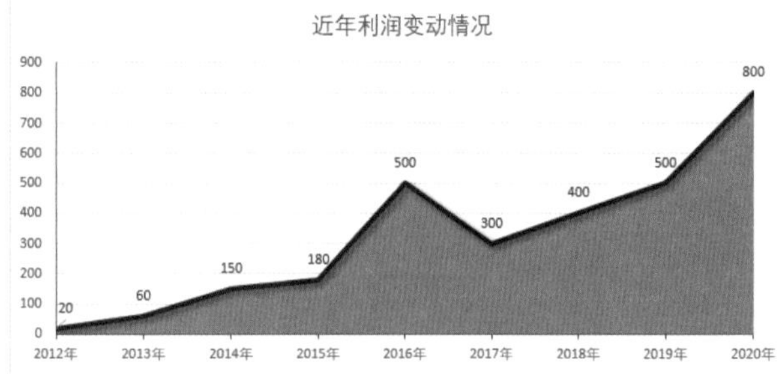

使用连续逻辑展示近年利润变动情况

4.1 5种数据检查方法与数据处理

数据处理的第一步是数据检查，它的主要作用是检查数据中存在的残缺、遗漏等错误。常见的、简单适用的数据错误检查和处理方法有以下5种，如下图所示。

筛选	查找	对比	追踪	数据检查
通过筛选识别出不规范的数据，如错误项#N/A、空白、多余的字符等	通过查找功能，找出不规范的数据源，如空格和符号（；*等）	通过数据或字符之间的对比，找出数据中的差异项	通过追踪功能查找错误环节	检查工作簿内的文本错误、兼容性等问题

4.1.1 筛选

筛选功能是检查数据最常用的方法之一。一般数据检查时都会使用该方法对数据进行第一步的检查，如空白、错误项#N/A、多余的字符等。通过筛选功能可以及时发现这些常见的、低级的数据错误，如下图所示。

加工工厂	客户代码	客户名称	产品号	产品名称	数量(台)
C001	R4524	天力科技	C31A04015	发动机	15
C002	R4524	天力科技	C2402E115	变速箱	200
C003		惠东科技	C31A04015	发动机	770
C004	R4524	天力科技	C31A04016	轮胎	#N/A
C002	R4525	惠东科技	C31A04015	发动机	160
C004	R4524	天力科技	C31A04016	轮胎	161
C003	R4525	惠东科技	C31A04017	轮毂	162
C002	R4524	天力科技	C31A04016-	轮胎	163
C003	R4525	惠东科技	C31A04015	发动机	164
C003	R4525	惠东科技	C31A04020	轮毂	165

通过筛选“加工工厂”“客户代码”“产品号”“数量”等字段的方式查找数据源问题。一般需要检查是否有空白、长度是否一致、编码构成是否一致等问题。

（1）“加工工厂”字段：内容属于编码类型，一般需要检查是否有空白、长度是否一致、编码构成是否一致等问题。从筛选界面可看出，长度一致，编码构成一致，因此数据没有问题，如右图所示。

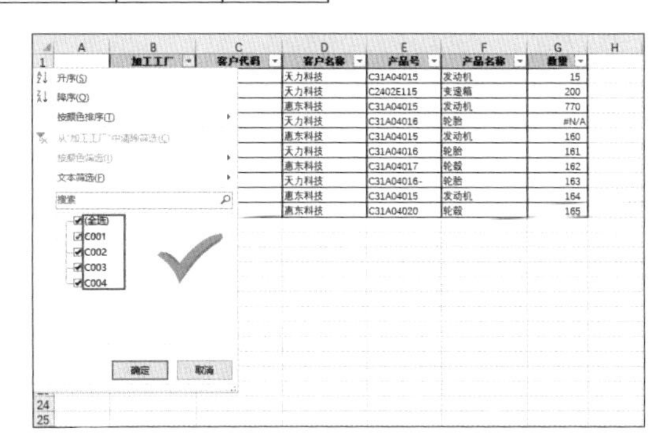

（2）“客户代码”字段：内容也属于编码类型，检查方法同“加工工厂”字段。在筛选界面可看出，存在数据空白的单元格。选中【空白】复选框，单击【确定】按钮，就可筛选出数据为空白的单元格。这里可以将其填充为一种颜色用作标记，如下图所示。

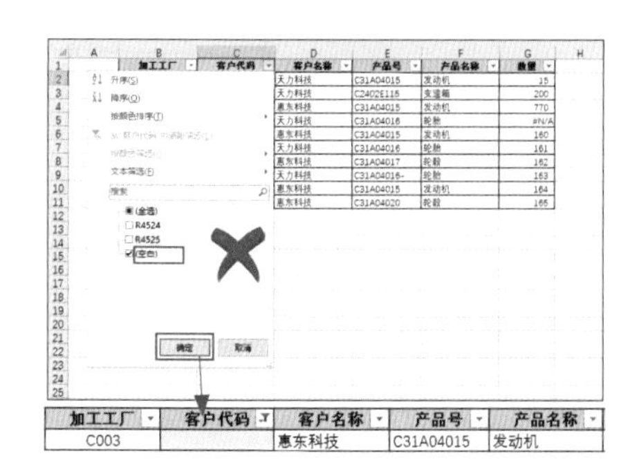

（3）“客户名称”字段：内容属于文本类型，一般需要检查是否有空白、是否有中英文混用等问题。在筛选界面可看出，不存在空白，也没有中英文混用的情况，因此数据没有问题，如下图所示。

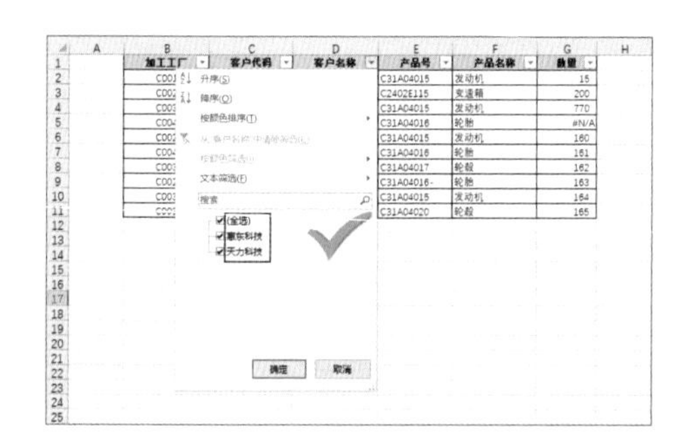

（4）“产品号”字段：内容属于编码类型，检查方法同“加工工厂”字段。在筛选界面可看出，存在后缀有多余字符的单元格问题。选中该数据对应的复选框，单击【确定】按钮，就可筛选出数据存在多余字符的单元格。这里可以将其填充为一种颜色用作标记，如下图所示。

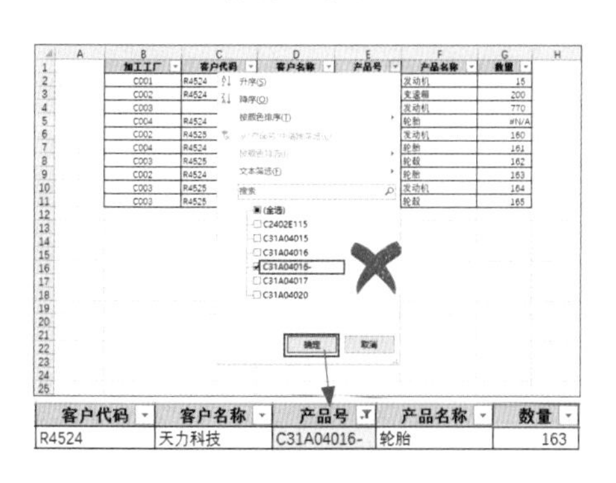

Tips 在实际工作中，数据后缀出现的多余字符，很可能是录入数据或操作Excel文件时误操作导致的。在数据检查时要多加注意。

（5）“产品名称”字段：内容属于文本类型，检查方法同“客户名称”字段。在筛选界面可以看出，既不存在空白，也没有中英文混用的情况，因此数据没有问题，如下图所示。

（6）“数量”字段：内容属于数值类型，一般需要检查是否有空白、是否有非数值字符、是否有“#N/A”等问题。从筛选界面可看出，存在数据为“#N/A”的单元格。选中【#N/A】复选框，单击【确定】按钮，可筛选出数据为“#N/A”的单元格。这里可以将其填充为一种颜色用作标记，如下图所示。

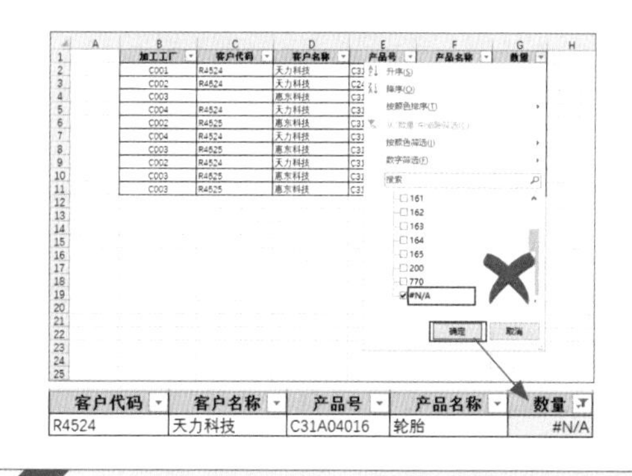

Tips #N/A表示函数或公式中没有可用的数值，是一种错误值。这种错误值会影响后续图表的制作，因此在数据筛选时要将其检查出来。

对筛选检查出数据有问题的单元格进行颜色标记。然后根据情况剔除有问题的数据，或者核实数据来源（纸质报表或软件系统等）并进行数据订正。数据更正后的效果如下图所示。

B	C	D	E	F	G
加工工厂	客户代码	客户名称	产品号	产品名称	数量(台)
C001	R4524	天力科技	C31A04015	发动机	15
C002	R4524	天力科技	C2402E115	变速箱	200
C003	R4525	惠东科技	C31A04015	发动机	770
C004	R4524	天力科技	C31A04016	轮胎	190
C002	R4525	惠东科技	C31A04015	发动机	160
C004	R4524	天力科技	C31A04016	轮胎	161
C003	R4525	惠东科技	C31A04017	轮毂	162
C002	R4524	天力科技	C31A04016	轮胎	163
C003	R4525	惠东科技	C31A04015	发动机	164
C003	R4525	惠东科技	C31A04020	轮毂	165

4.1.2 查找

像代码内容、数量、金额、日期等数据都不应该包含空格、特殊字符、错误项#N/A等，否则图表制作时就会出错。在数据非常多的情况下，通过查找和替换功能，可快速、批量地查找出这些错误数据并进行修改。

通过查找功能可批量检查是否包含空格、错误项#N/A，以及“;”“*”“~”等特殊字符。

1. 查找含有空格的数据

从下图数据源中，可以看出“数量”字段存在空格，而“产品号”字段因数据源多，其中存在不规范的空格字符不易被发现。因此，使用查找的方式来查找错误，如下图所示。

加工工厂	客户代码	客户名称	产品号	产品名称	数量
C001	R4524	天力科技	C31A04015	发动机	15
C002	R4524	天力科技	C2402E115	变速箱	200
C003	R4525	惠东科技	C31A0 4015	发动机	770
C004	R4524	天力科技	C31A04016	轮胎	#N/A
C002	R4525~	惠东科技	C31A04015	发动机	160
C004	R4524	天力科技*	C31A04016	轮胎	161
C003;	R4525	惠东科技	C31A04017	轮毂	#N/A
C002	R4524	天力科技	C31A04016	轮胎	163
C003	R4525	惠东科技	C31A04015	发动机	164
C003	R4525	惠东科技	C31A04020	轮毂	165

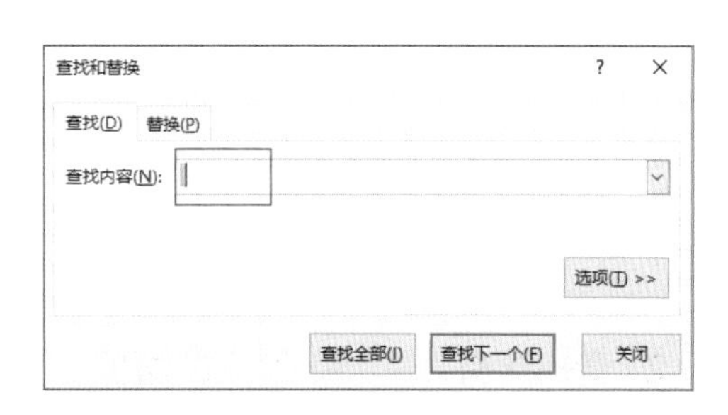

❶ 在【查找和替换】对话框中输入空格，单击【查找下一个】按钮即可显示查找到的结果，快速定位至包含空格数据所在的单元格，如右图所示。

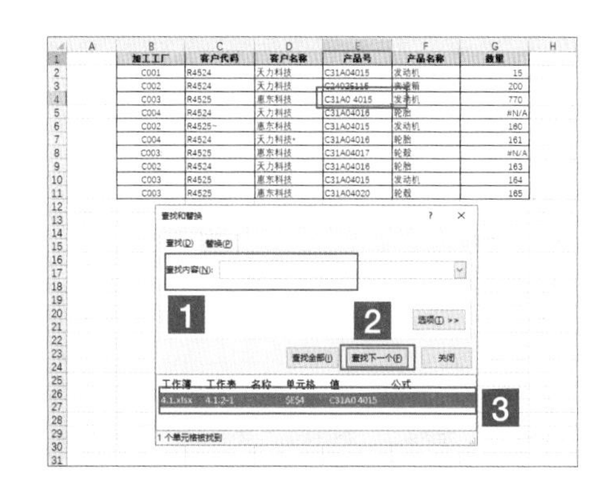

❷ 使用替换功能可批量删除数据中的空格。按【Ctrl+H】快捷键打开【查找和替换】对话框，在【替换】选项卡下的【查找内容】文本框中输入空格，【替换为】文本框中不输入任何内容，单击【全部替换】按钮，如下图所示。

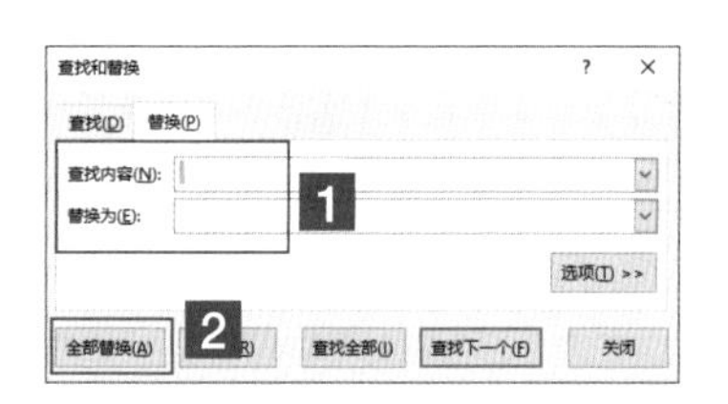

❸ 执行上述操作即可将数据中包含的多余空格删除，效果如下图所示。

加工工厂	客户代码	客户名称	产品号	产品名称	数量
C001	R4524	天力科技	C31A04015	发动机	15
C002	R4524	天力科技	C2402E115	变速箱	200
C003	R4525	惠东科技	C31A04015	发动机	770
C004	R4524	天力科技	C31A04016	轮胎	#N/A
C002	R4525~	惠东科技	C31A04015	发动机	160
C004	R4524	天力科技*	C31A04016	轮胎	161
C003;	R4525	惠东科技	C31A04017	轮毂	#N/A
C002	R4524	天力科技	C31A04016	轮胎	163
C003	R4525	惠东科技	C31A04015	发动机	164
C003	R4525	惠东科技	C31A04020	轮毂	165

> **Tips** 有些数据表面上看起来正常，但实际含有空格，就会导致数据处理出错，所以数据检查时要特别注意。如在实际工作用vlookup函数引用查找另一个表格的数据时，明明在被查找区域里有数据却往往查找不到，这就是原因之一。

2. 查找含有“~”和“*”的数据

需要注意的是，“~”和“*”属于通配符，在进行查找和替换时，需要在前面加一个波浪号“~”，如下图所示。

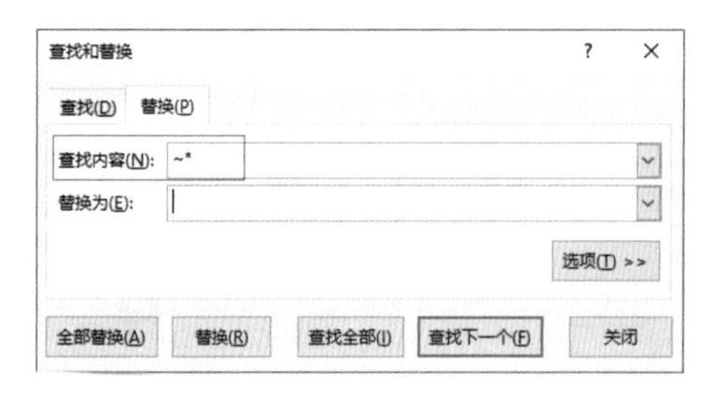

3. 查找含有“#N/A”的数据

在【查找内容】文本框中输入“#N/A”，查找出所有包含“#N/A”的单元格后，可直接采用替换的方式进行处理。如果是带有公式链接的“#N/A”，则情况比较特殊，无法直接使用替换功能。可采用定位功能进行批量修改。

❶ 按【Ctrl+G】或者【F5】快捷键，弹出【定位】对话框，单击【定位条件】按钮，如下图所示。

❷ 弹出【定位条件】对话框，选中【公式】单选按钮，并选中【错误】复选框，单击【确定】按钮，如下图所示。

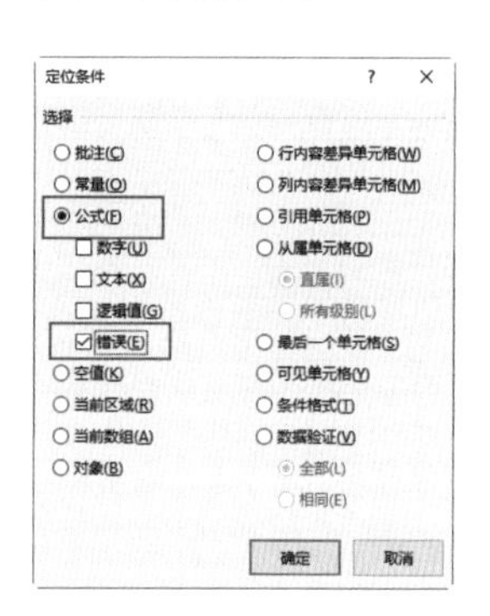

❸ 即可选中所有包含“#N/A”错误值的单元格，按【Delete】键删除错误值，如下图所示。

加工工厂	客户代码	客户名称	产品号	产品名称	数量(台)
C001	R4524	天力科技	C31A04015	发动机	15
C002	R4524	天力科技	C2402E115	变速箱	200
C003	R4525	惠东科技	C31A04015	发动机	770
C004	R4524	天力科技	C31A04016	轮胎	
C002	R4525	惠东科技	C31A04015	发动机	160
C004	R4524	天力科技	C31A04016	轮胎	161
C003;	R4525	惠东科技	C31A04017	轮毂	
C002	R4524	天力科技	C31A04016	轮胎	163
C003	R4525	惠东科技	C31A04015	发动机	164
C003	R1525	惠东科技	C31A04020	轮毂	165

4.1.3 对比

通过筛选功能和查找功能很快就可以发现数据的低级错误，但对于数据的非低级错误就需要使用辅助手段来进行检查了。本节将介绍如何通过公式计算，对数据进行对比找出差异项，从而发现数据的错误。

1. 运用减法

如果实际和目标数据是数值类型，可以将两个数值相减，根据结果的正负来判断差异，如下图所示。

=E2-D2

B	C	D	E	F
产品	名称	目标	实际	差异1
A001	小慧	97	60	-37
A002	小东	62	79	17
A003	小明	73	84	11
A004	小科	73	80	7
A005	小余	75	69	-6
A006	小罗	86	63	-23
A007	小马	78	72	-6
A008	小王	58	72	14

2. 运用IF函数

IF函数是条件判断函数，可使用IF函数对数据进行分析。IF函数的详细介绍请参照第5章。

使用IF函数对E列的值是否低于75进行判断。如果低于75，则设为“落后”，否则设为“合格”，如右上图所示。

=IF(E2<75,"落后","合格")

B	C	D	E	F	G
产品	名称	目标	实际	差异1	差异2
A001	小慧	97	60	-37	落后
A002	小东	62	79	17	合格
A003	小明	73	84	11	合格
A004	小科	73	80	7	合格
A005	小余	75	69	-6	落后
A006	小罗	86	63	-23	落后
A007	小马	78	72	-6	落后
A008	小王	58	72	14	落后

3. 运用LEN函数

LEN函数是计算字符串中字符个数的函数。

使用LEN函数对I列计算字符个数，以检查出I列中字符长度和正常长度不一致的数据。通过检查该单元格数据可发现该产品号后包含空格，如下图所示。

I	J	K	L	M
产品	名称	目标	实际	产品的字符长度
A001	小慧	97	60	6
A002	小东	62	79	4
A003	小明	73	84	4
A004	小科	73	80	4
A005	小余	75	69	4
A006	小罗	86	63	4
A007	小马	78	72	4
A008	小王	58	72	4

4.1.4 追踪

在实际工作中常使用公式计算对数据进行加工。如果出现公式循环引用、计算出现错误项#N/A等情况，其计算结果则会不正确。因此，根据这样的数据制作图表时也会遇到错误。

如果数据中存在公式计算，可通过追踪方法来检查数据。使用查看公式、查看循环引用、追踪引用和从属单元格、检查错误和公式求值等功能，发现和查找出公式计算的错误环节。

1. 循环警告

❶ 查看公式。选择【公式】→【公式审核】→【显示公式】选项，可查看各单元格的公式，如下图所示。

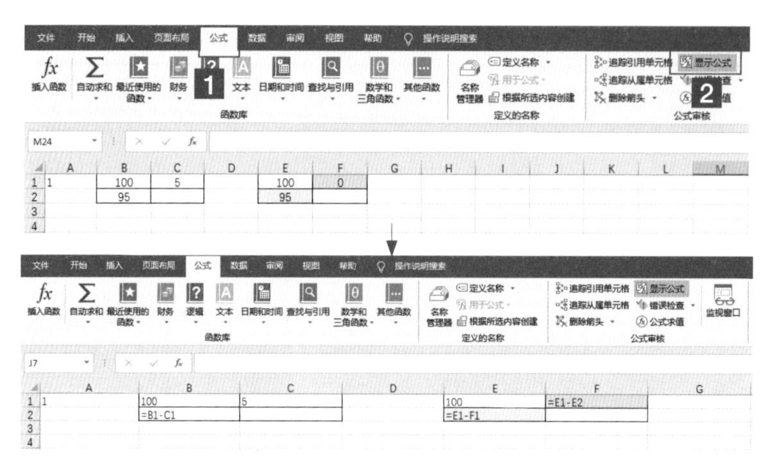

❷ 查看循环引用。选择【公式】→【公式审核】→【错误检查】→【循环引用】选项，可查看存在循环引用的单元格，如下图所示。

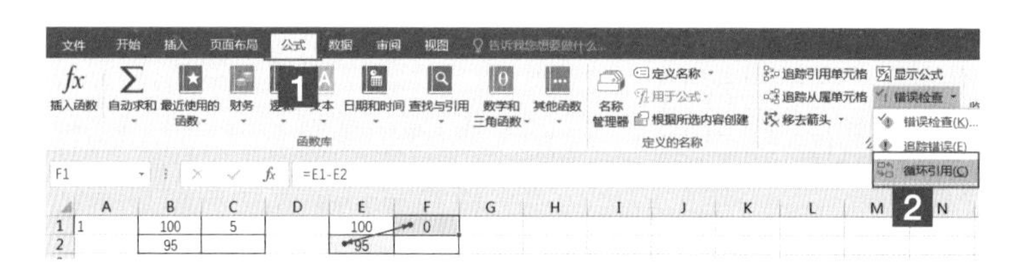

❸ 删除箭头。选择【公式】→【公式审核】→【删除箭头】选项，表示循环引用的箭头就消失了，如下图所示。

❹ 追踪引用单元格。选中F1单元格，选择【公式】→【公式审核】→【追踪引用单元格】选项，显示箭头，可指明哪些单元格影响选中单元格的值，如下图所示。

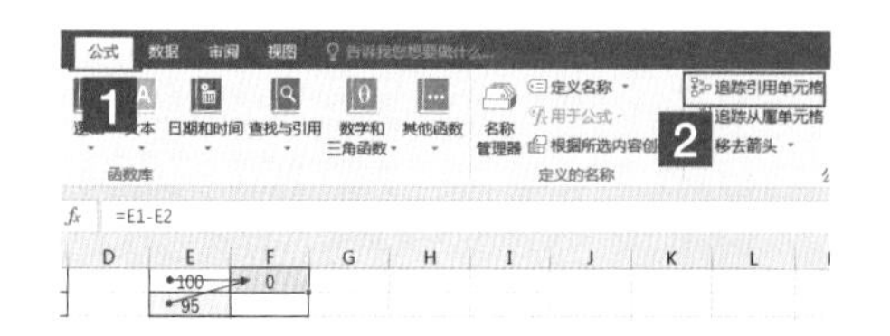

❺ 追踪从属单元格。选中F1单元格，选择【公式】→【公式审核】→【追踪从属单元格】选项，显示箭头，可指明受选中单元格值影响的单元格，如下图所示。

2. 追踪错误和公式求值

❶ 选择【公式】→【公式审核】→【错误检查】选项，检查使用公式时是否发生错误。弹出【错误检查】对话框后，单击【显示计算步骤】按钮，如下右图所示。

Tips 查看公式计算过程，通过分步计算检查计算是否正确，还可以通过选择【公式】→【公式审核】→【公式求值】选项，调试复杂的公式计算，并单独计算公式的各个部分。

❷ 在【公式求值】对话框中，单击【求值】按钮后，【求值】文本框中可显示每一步求值后的结果。如果出现错误，也可单击【重新启动】按钮来更新。公式求值完成后，单击【关闭】按钮，如下图所示。

❸ 返回【错误检查】对话框，单击【下一个】按钮，可查看工作表中的下一个错误公式。如果已经是最后一个错误，会提示“已完成对整个工作表的错误检查”的信息，如下图所示。

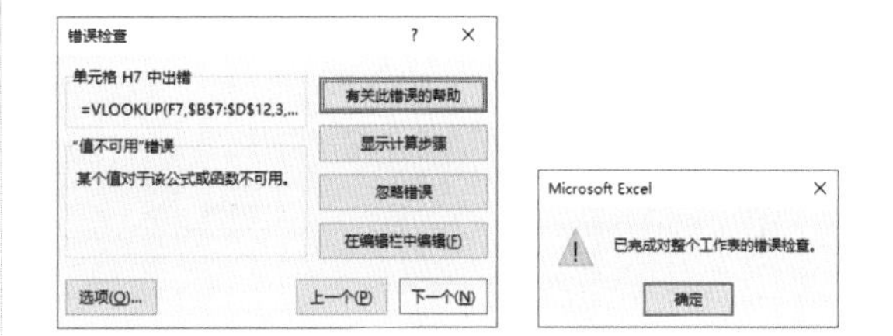

4.1.5 数据检查

通过检查Excel工作簿，可以给出一些提示，检测出工作簿中是否存在问题，包括检查文档、检查辅助功能和检查兼容性3方面内容。

1. 检查文档

在Excel工作簿中检查文档主要是查看工作簿中是否存在隐藏的属性和个人信息。在菜单栏中选择【开始】→【信息】→【检查问题】→【检查文档】选项，即可对工作簿进行检查如右图所示。

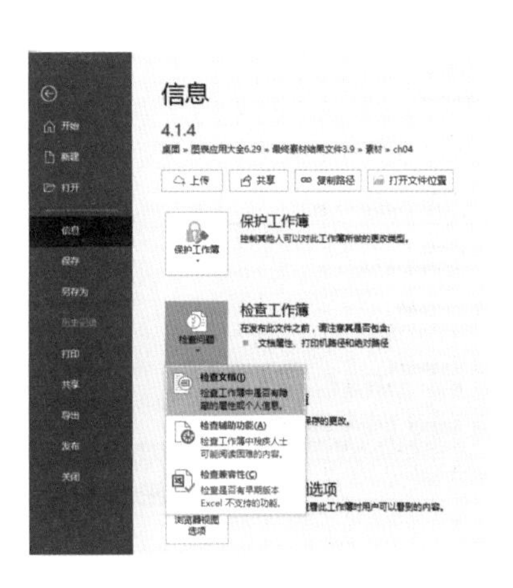

在打开的【文档检查器】对话框中可以选择检查的内容，可直接单击【检查】按钮，如下图所示。

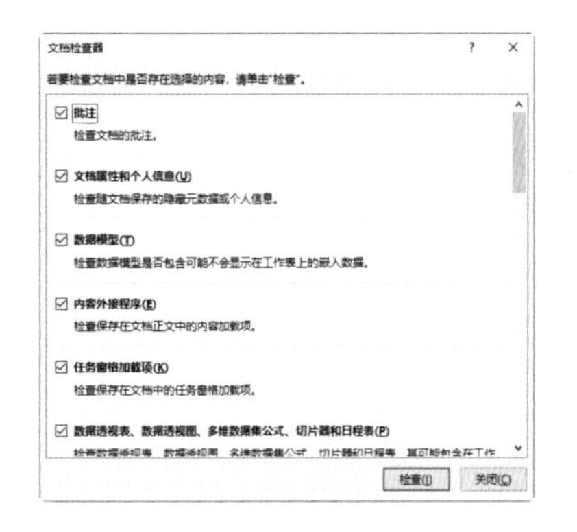

即可检查出文档中存在的问题，如下图所示，如这里检查出文档中包含有文档属性及路径等相关信息。如果不需要显示这些信息，单击【全部删除】按钮。

将文档信息删除后的效果如下图所示。

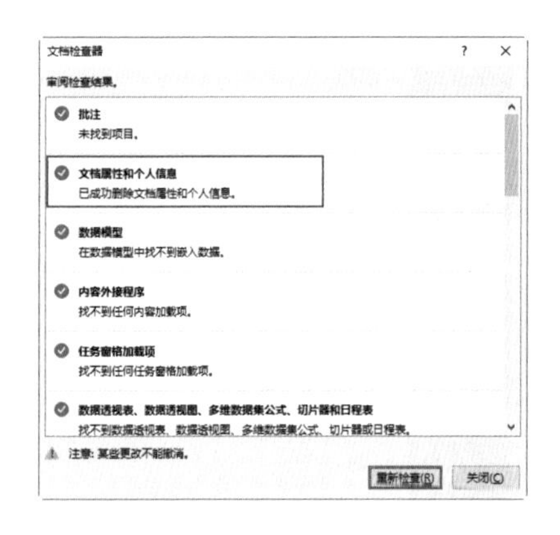

2. 检查辅助功能

检查工作簿中的图片、形状、合并单元格及字体等是否有异常。选择【开始】→【信息】→【检查问题】→【检查辅助功能】选项，在打开的【辅助功能】窗格中可以看到Excel检查的结果，如下上图所示。展现相应的选项并单击检查结果，即可快速定位至问题所在的位置，如下下图所示。如果当前位置没有问题，就可以忽略该错误。

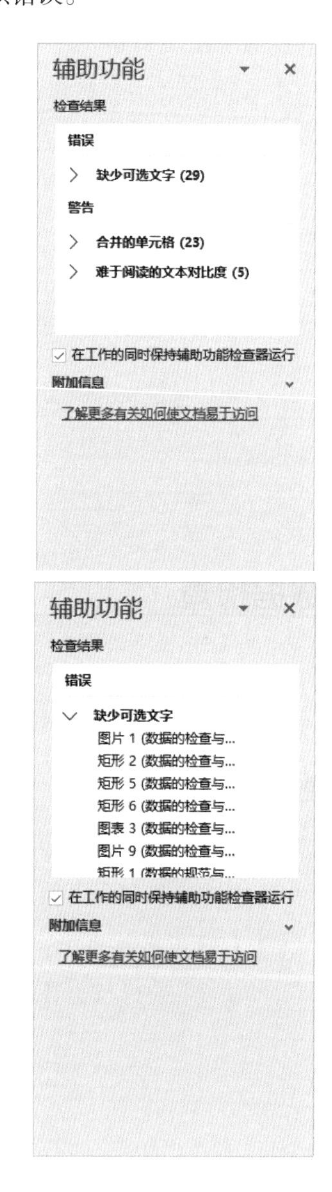

3. 检查兼容性

检查当前文件内容与早期版本是否存在不兼容的情况。选择【开始】→【信息】→【检查问题】→【检查兼容性】选项，在打开的【Microsoft Excel - 兼容性检查器】对话框中将会显示兼容性问题，如右图所示。如Excel 2016及以上版本，可以绘制树状图，但在Excel 2013及以下的版本中，树状图就有可能显示不出来或被删除。

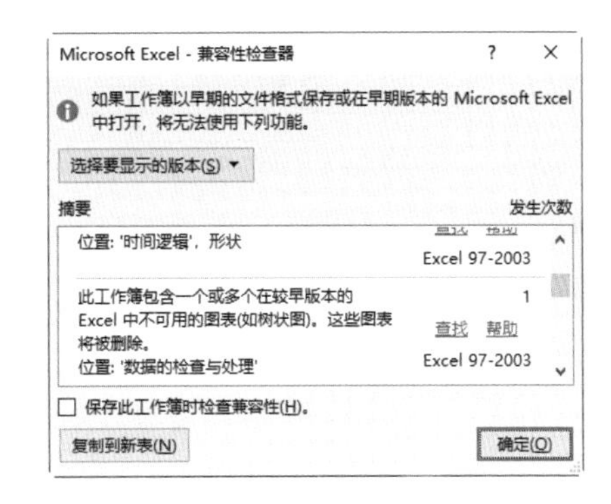

4.2 5种规范手段与数据处理

在确保数据正确的前提下，对数据做进一步的规范性检查和处理，其目的主要是解决数据中格式不统一、不同内容组合合并、数量或金额合并统计等不规范问题。常见的数据规范手段和处理方法有以下5种，如下图所示。

统一	分类	删除	替换	转换
字体颜色和大小保持统一、标题规范、数据尽量放在一张工作表中、取消合并等	对手工分类、函数判断分类、分列提取关键信息等进行归类	数据源的不规范导致运算速度慢，需要删除无效数据或进行批处理	替换后获得规范的信息	通过转换消除后期处理可能带来的错误风险

4.2.1 统一

出现数据不规范、表格格式不统一、数据散落在多个工作表中等问题，不仅使数据输入非常耗费时间，也不便于后期对数据的处理和图表的制作，甚至会导致报错。所以，统一规范数据的环节很重要，需要做到字体颜色和大小保持统一、表头统一格式、数据不要合并、数据尽量放在一个工作表等。

1. 检查数据源是否规范

下图中的数据源的表格不太规范，主要存在以下几种问题。

月份	客户代码	客户名称	车型	销量 台	价格 元/台	销售额
1月	C0001	汉代汽车	SUV	100	260000	26000000
	C0001	汉代汽车集团	Suv	260	260000	
2月	C0001	汉代	Suv		260000	67600000
1月	C0002	唐代汽车	轿车	100	200000	20000000
	C0002	唐代	轿车		200000	
2月	C0002	唐代汽车公司	轿车	300	200000	60000000

❶ 表头随意，有的为合并单元格，有的又分成了两行。

❷ 数据不统一，如同一个客户的“客户名称”没有统一，同一个“车型”的英文大小写不统一，部分车型的“销量”和“销售额”合并统计。

❸ 字体、颜色、对齐居左或居右不统一。

根据这样的数据进行后续处理时很容易出错，根本无法得到想要的分析结果，如下图所示。

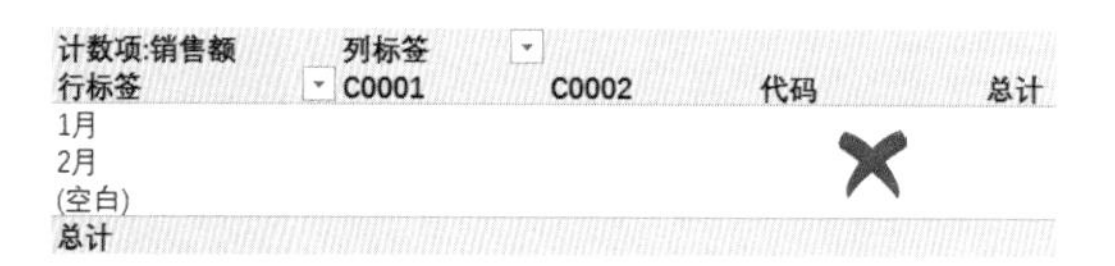

计数项:销售额	列标签			
行标签	C0001	C0002	代码	总计
1月				
2月				
(空白)				
总计				

2. 对数据进行规范性处理

针对上述不规范的数据可进行以下修改。

❶ 将表头统一成一行，取消单元格的合并。

❷ 统一同一个客户的“客户名称”，统一同一个“车型”的英文大小写，拆分部分车型“销量”和“销售额”的合并统计。

❸ 统一字体、颜色、对齐方式等格式。

修改后数据如下图所示。

月份	客户代码	客户名称	车型	销量（台）	价格（元/台）	销售额（元）
1月	C0001	汉代汽车集团	SUV	100	260,000	26,000,000
2月	C0001	汉代汽车集团	SUV	120	260,000	31,200,000
2月	C0001	汉代汽车集团	SUV	140	260,000	36,400,000
1月	C0002	唐代汽车公司	轿车	100	200,000	20,000,000
2月	C0002	唐代汽车公司	轿车	100	200,000	20,000,000
2月	C0002	唐代汽车公司	轿车	200	200,000	40,000,000

对数据进行规范性处理后，透视表也可正常显示出结果，效果如下图所示。

销售额（元）			
行标签	C0001	C0002	总计
1月	26,000,000	20,000,000	46,000,000
2月	67,600,000	60,000,000	127,600,000
总计	**93,600,000**	**80,000,000**	**173,600,000**

4.2.2 分类

实际工作中，原始数据并不能直接拿来制作图表，还需要对原始数据进行分类处理。如针对某一类数据制作图表，就需要对原始数据分类并提取需要的部分数据。常用的分类方法有两种：判断分类和分列提取数据。

1. 判断分类

使用IF函数对源数据进行条件判断分类。源数据信息如下图所示。

学号	姓名	得分
A001	小慧	61
A002	小东	59
A003	小明	95
A004	小科	95
A005	小余	55
A006	小罗	92
A007	小马	62
A008	小王	85

使用IF函数，判断学生成绩大于或等于90分的为“优”，小于90分且大于等于60分的为“良”，否则为“差”，即可对学生成绩的数据进行分类。E3单元格的公式如下图所示。

=IF(D3>=90,"优",IF(D3>=60,"良","差"))

学号	姓名	得分	判断
A001	小慧	61	良
A002	小东	59	差
A003	小明	95	优
A004	小科	95	优
A005	小余	55	差
A006	小罗	92	优
A007	小马	62	良
A008	小王	85	良

2. 分列提取数据

使用分列功能，将某些数据拆分成多列数据。有些数据是由一个主号码加上后缀序号构成的，当只需要主号码时，就可使用分列功能提取。

（1）按符号分列提取数据。

❶ 选中数据表格，选择【数据】→【数据工具】→【分列】选项，如下图所示。

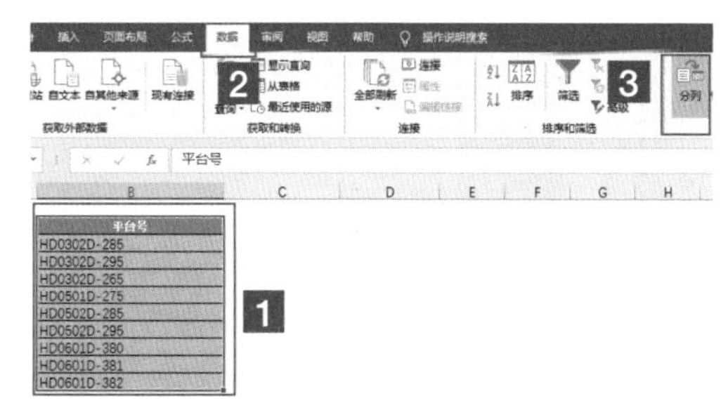

❷ 弹出【文本分列向导】对话框，选中【分隔符号】单选按钮，并单击【下一步】按钮，如右上图所示。

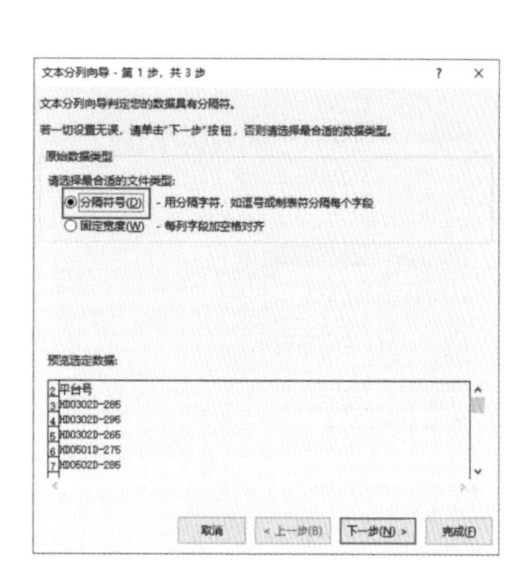

❸ 在【文本分列向导】对话框中，选中【其他】复选框，在文本框内输入“-”，单击【下一步】按钮，如下图所示。

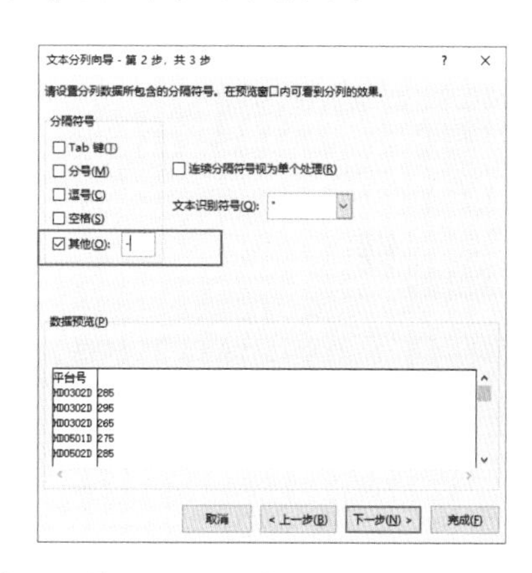

❹ 在【目标区域】文本框中输入分列后数据的保存位置，单击【完成】按钮，如下图所示。

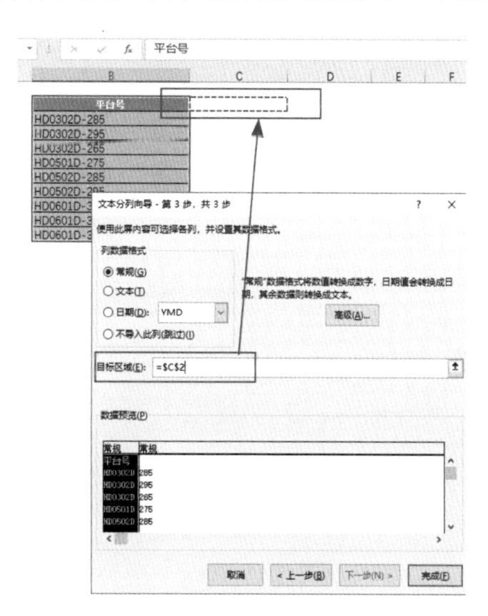

资源下载码：20824

❺“平台号”中的主号码和后缀序列号分别被提取出来，结果如下图所示。

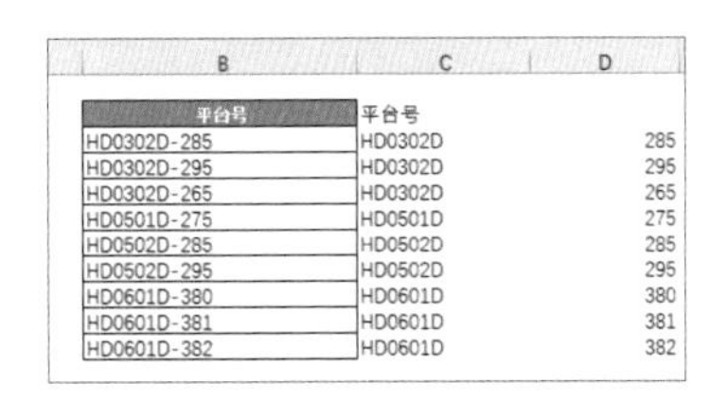

B	C	D
平台号	平台号	
HD0302D-285	HD0302D	285
HD0302D-295	HD0302D	295
HD0302D-265	HD0302D	265
HD0501D-275	HD0501D	275
HD0502D-285	HD0502D	285
HD0502D-295	HD0502D	295
HD0601D-380	HD0601D	380
HD0601D-381	HD0601D	381
HD0601D-382	HD0601D	382

（2）按固定宽度分列提取数据。

❶ 选中数据表格，选择击【数据】→【数据工具】→【分列】选项，如下图所示。

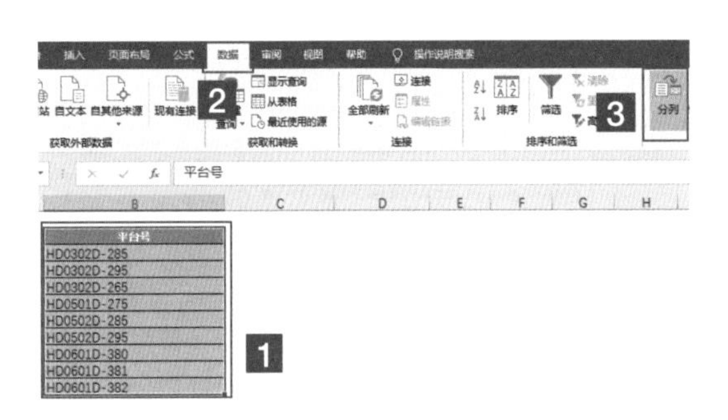

❷ 弹出【文本分列向导】对话框，选中【固定宽度】单选按钮，并单击【下一步】按钮，如下图所示。

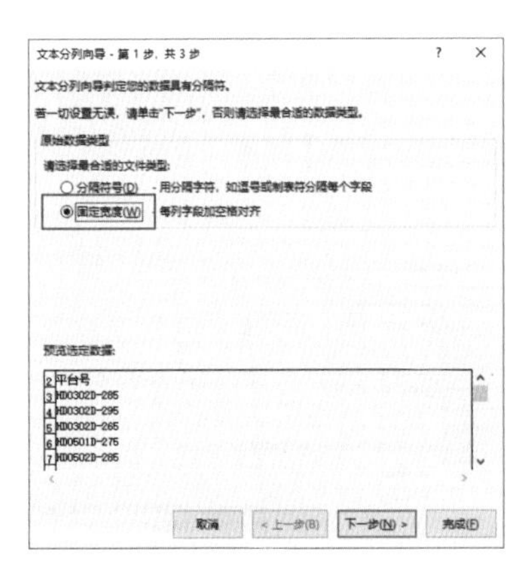

❸ 在【文本分列向导】对话框中的【数据预览】文本框内，选中数据需要分列的位置即“-”后，单击【下一步】按钮，如右上图所示。

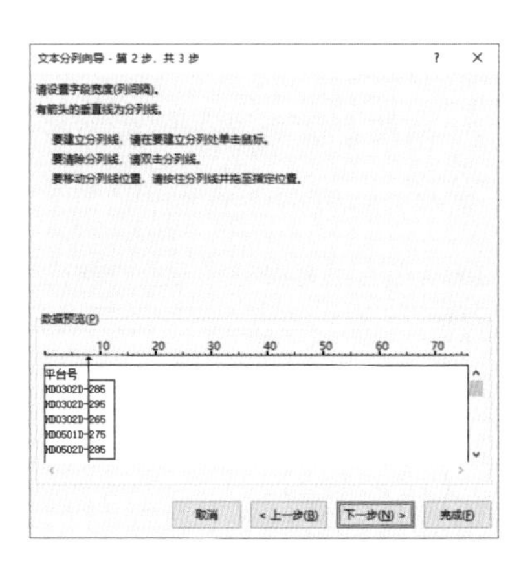

❹ 在【目标区域】文本框中输入分列后数据的保存位置，单击【完成】按钮，如下图所示。

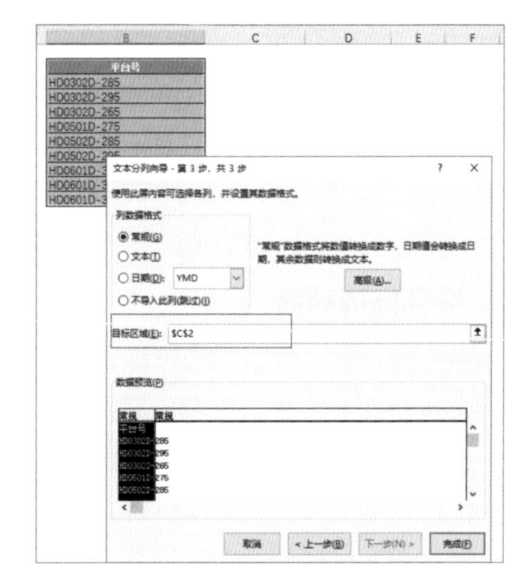

❺“平台号”中的主号码和后缀序列号分别被提取出来，如下图所示。

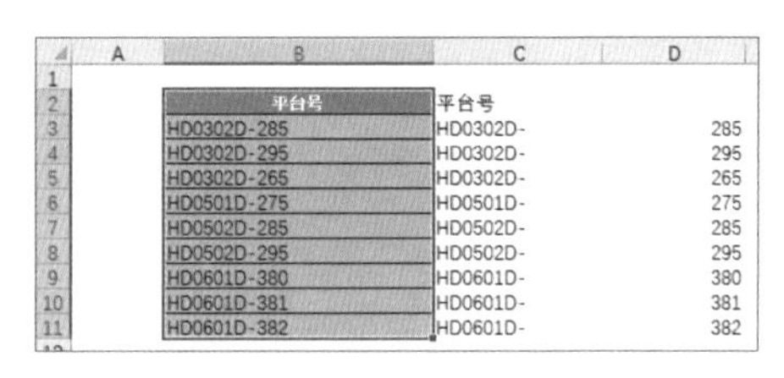

	A	B	C	D
1				
2		平台号	平台号	
3		HD0302D-285	HD0302D-	285
4		HD0302D-295	HD0302D-	295
5		HD0302D-265	HD0302D-	265
6		HD0501D-275	HD0501D-	275
7		HD0502D-285	HD0502D-	285
8		HD0502D-295	HD0502D-	295
9		HD0601D-380	HD0601D-	380
10		HD0601D-381	HD0601D-	381
11		HD0601D-382	HD0601D-	382

❻ 选中C列，按【Ctrl+H】快捷键，弹出【查找和替换】对话框。在【查找内容】文本框中输入“-”,【替换为】文本框中不输入任何内

容，单击【全部替换】按钮。“平台号”中的主号码和后缀序列号分别被提取出来，结果如右图所示。

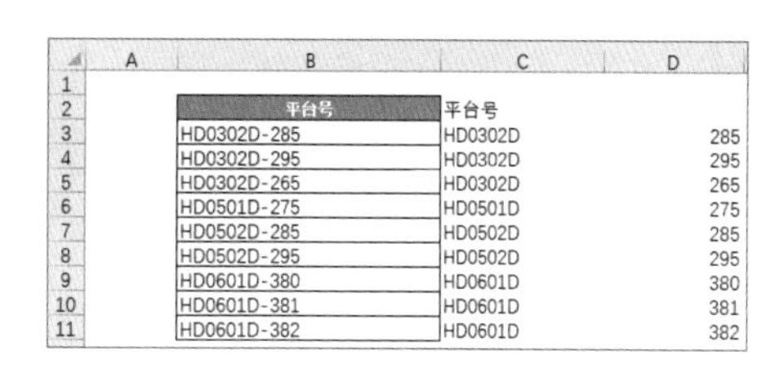

	A	B	C	D
1				
2		平台号	平台号	
3		HD0302D-285	HD0302D	285
4		HD0302D-295	HD0302D	295
5		HD0302D-265	HD0302D	265
6		HD0501D-275	HD0501D	275
7		HD0502D-285	HD0502D	285
8		HD0502D-295	HD0502D	295
9		HD0601D-380	HD0601D	380
10		HD0601D-381	HD0601D	381
11		HD0601D-382	HD0601D	382

4.2.3 删除

前面已经介绍过为了保证图表正确，需要删除错误项#N/A的数据。除此之外，工作簿中无效名称和多余形状也需要删除，它们多数是因为复制文件时一并带过来的，这些越积越多的无效名称和多余形状导致文件的运行速度越来越慢，影响了工作效率，需要进行删除。

1. 删除错误项

对错误项进行删除有以下3种方法。

方法一：错误项较少时的删除方法。选中单元格，按【Delete】键可直接删除。

方法二：错误项散乱且数量多时的删除方法。按【Ctrl+G】快捷键或【F5】键，使用定位功能进行查找和删除。

方法三：某一行数据全是错误项时的删除方法。选中某一行数据单元格，按【Ctrl+-】快捷键，即可完成行删除，如下图所示。

零件号	类别	数量	零件号	类别	数量
CH100002-K71	轴承	96	CH100002-K73	轴承	98
CH100002-K72	轴承	70	CH100002-K74	轴承	81
CH100002-K73	轴承	84	#N/A	#N/A	#N/A
CH100002-K74	轴承	70	CH100002-K76	轴承	100
#N/A	#N/A	#N/A	CH100002-K77	轮毂	91
CH100002-K75	轴承	70	CH100002-K78	主轴	75
CH100002-K76	轴承	80	#N/A	#N/A	#N/A
CH100002-K77	轴承	72	CH100002-K80	轴承	84
CH100002-K78	轴承	69	CH100002-K81	轴承	58

删除 ? ×
删除
○ 右侧单元格左移(L)
◉ 下方单元格上移(U)
○ 整行(R)
○ 整列(C)
确定 取消

删除错误项后的结果如下图所示。

零件号	类别	数量	零件号	类别	数量
CH100002-K71	轴承	96	CH100002-K73	轴承	98
CH100002-K72	轴承	70	CH100002-K74	轴承	81
CH100002-K73	轴承	84	CH100002-K76	轴承	100
CH100002-K74	轴承	70	CH100002-K77	轮毂	91
CH100002-K75	轴承	70	CH100002-K78	主轴	75
CH100002-K76	轴承	80	CH100002-K80	轴承	84
CH100002-K77	轴承	72	CH100002-K81	轴承	58
CH100002-K78	轴承	69			

2. 删除形状

对Sheet的复制粘贴，常导致Excel里有很多没用的或隐藏的形状。过多的形状会导致Excel的运行变慢，影响工作效率。删除形状有以下两种方法。

（1）方法一：使用定位功能。

按【Ctrl+G】快捷键或者【F5】键，弹出【定位】对话框，单击【定位条件】按钮。在弹出的【定位条件】对话框中，选中【对象】单选按钮，并单击【确定】按钮，如下图所示。即可选中所有形状，再按【Delete】键进行删除。

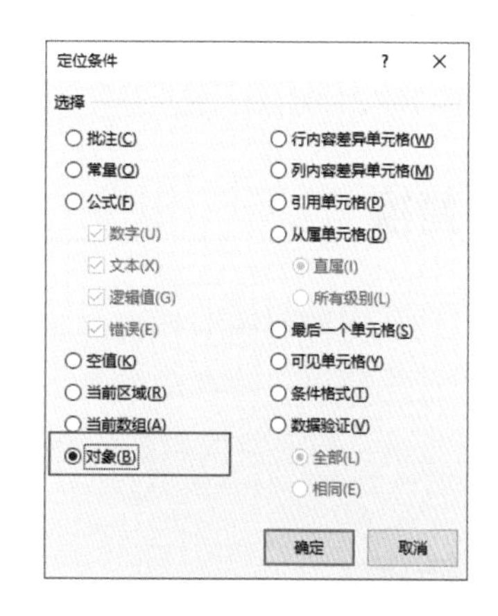

（2）方法二：使用选择对象功能。

❶ 选择【开始】→【编辑】→【查找和选择】→【选择对象】选项，如下图所示。

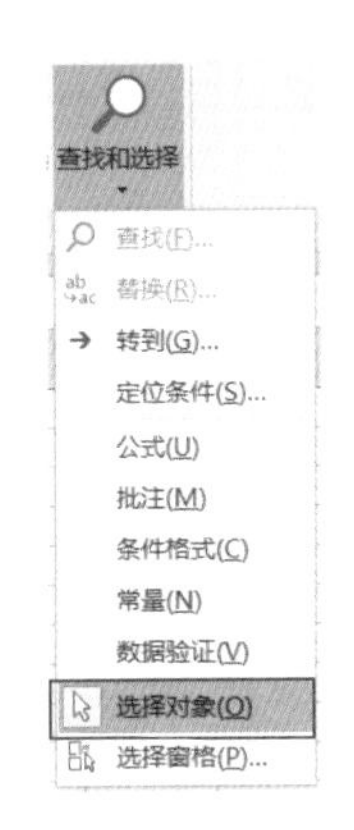

❷ 按【Ctrl+A】快捷键，可选中所有形状，再按【Delete】键进行删除，如下图所示。

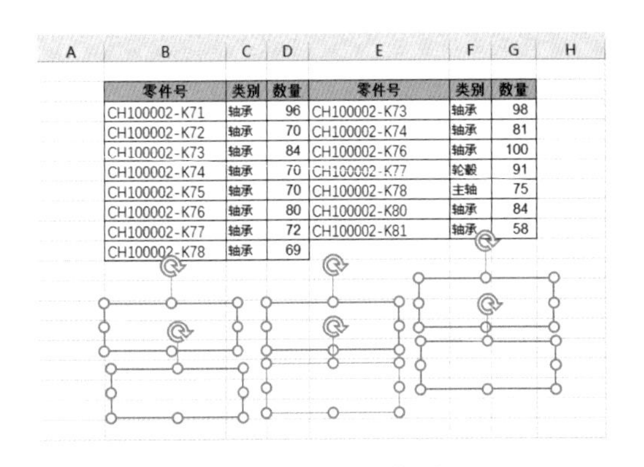

零件号	类别	数量	零件号	类别	数量
CH100002-K71	轴承	96	CH100002-K73	轴承	98
CH100002-K72	轴承	70	CH100002-K74	轴承	81
CH100002-K73	轴承	84	CH100002-K76	轴承	100
CH100002-K74	轴承	70	CH100002-K77	轮毂	91
CH100002-K75	轴承	70	CH100002-K78	主轴	75
CH100002-K76	轴承	80	CH100002-K80	轴承	84
CH100002-K77	轴承	72	CH100002-K81	轴承	58
CH100002-K78	轴承	69			

3. 删除无效的自定义名称

名称被定义后在公式中使用，以代替对单元格的直接引用。复制Excel工作表时，原工作表里的名称也会被复制过来，就导致文件中存在无效的名称。当无效名称积累越来越多时，Excel运行的效率就会受到影响。

❶ 选择【公式】→【定义的名称】→【名称管理器】选项，可查看当前文件中的所有名称，如下图所示。

❷ 弹出【名称管理器】对话框，可以看到【引用位置】中的链接是不存在或无效的。选中不需要的名称，单击【删除】按钮即可，如下图所示。

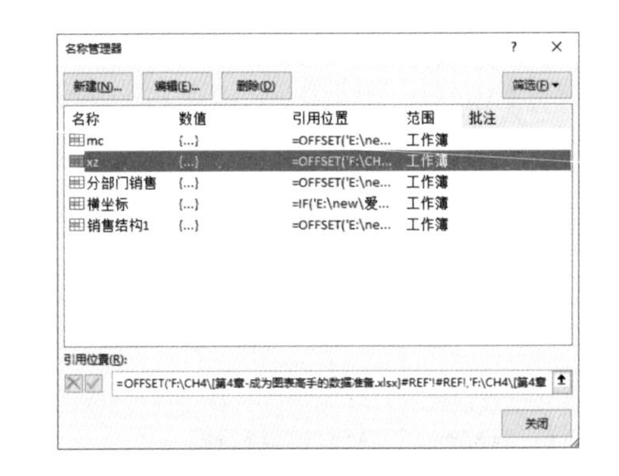

4.2.4 替换

有时，图表中的数据处理不需要数据的全部内容，可能只需要某些数据中的一部分内容。这时，就可以使用替换功能直接替换字符或文本。另外，通过与通配符的配合使用，还可以对有规律构成的数据进行提取数据的部分内容。替换的功能在之前已经阐述了很多，这里就不赘述了。

4.2.5 转换

有些原始数据并没有错误，但由于其内容可能存在被错误处理的风险，就需要在制作图表前进行检查和规范。如代码类型的数据直接以数字开头，在Excel工作表中就很容易被认为是数值类型，当这些代码的前几位是0时，则0会自动被消除。这样一来，本来正确的数据就变成错误的数据了。

因此对数据做转换处理就是预防这种情况发生，可消除错误的风险隐患。

本案例包含不同格式的日期和数字，对后续的数据加工及图表制作都会产生影响。日期数据的格式不统一（如年月日的分隔符使用了“.”和“/”两种分隔符）就会给后面的数据处理和分析带来麻烦。比如，0开头的数字构成的文本在Excel中会被认为是数值格式而被自动消0，变成不正确的数据。以上这两种情况可使用转换方法进行避免。

产品号 原始数据	产品号 被识别成数字类型后
00032451	32451
70032452	70032452
60032453	60032453
00032454	32454
60032455	60032455
00032456	32456
40032457	40032457

为了保证数据的正确性，可在数字开头（尤其是0开头）的文本字符串前加上英文字母进行转换，以确保不被误转换成数值类型。

可在D17单元格中输入“="P"&B17”，即在数字前加上字母P。结果如下图所示。

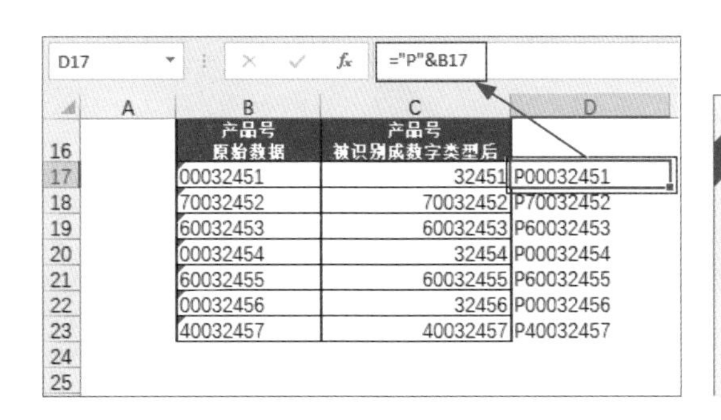
D17 ="P"&B17

	A	B	C	D
16		产品号 原始数据	产品号 被识别成数字类型后	
17		00032451	32451	P00032451
18		70032452	70032452	P70032452
19		60032453	60032453	P60032453
20		00032454	32454	P00032454
21		60032455	60032455	P60032455
22		00032456	32456	P00032456
23		40032457	40032457	P40032457
24				
25				

Tips 从某些软件系统（如ERP系统）导出的数据中，常有以数字0开头的文本字符串。当保存到Excel时，容易被误识别成数值类型，前面的0会被丢失，导致数据不正确。这种情况下，可使用上面介绍的方法先对数据进行转换然后再使用。

4.3 6大数据逻辑与应用案例

除了数据的正确性、规范性，图表背后数据的逻辑性也非常重要。在确保数据正确、规范的前提下，还应该考虑如何有逻辑地组织数据。如果数据缺乏逻辑性，那么图表呈现出来的效果也不会理想，甚至会误导受众。因此想让图表有非常好的呈现效果和价值，必须重视数据逻辑性。

逻辑既是一门学问，也是一门艺术。下面将通过案例介绍以下6种数据逻辑，如下图所示。

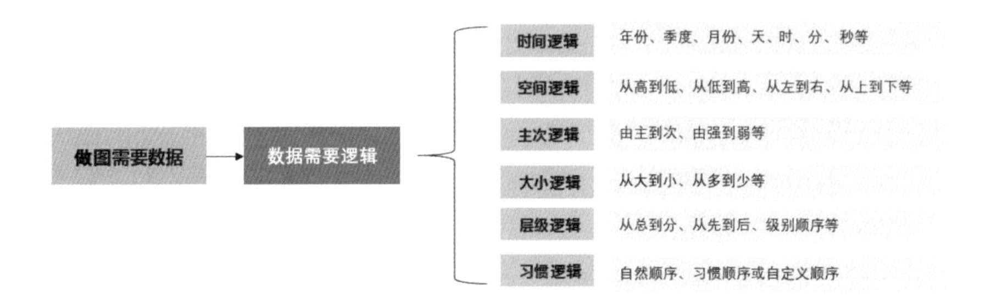

4.3.1 时间逻辑

时间逻辑指数据按照时间先后顺序进行整理。如除非有特殊情况，年份一般按从低到高进行排序，如2018年、2019年、2020年这样排序。月份也是从低到高进行排序，如按一月、二月、三月……这样排序。

1. 非连续逻辑

根据不同年份的利润数据，制作出近年利润变动情况图表。数据和图表如下所示。

年份	2012年	2013年			2016年	2017年	2018年	2019年	2020年
利润(万元)	20	60			500	400	300	500	800

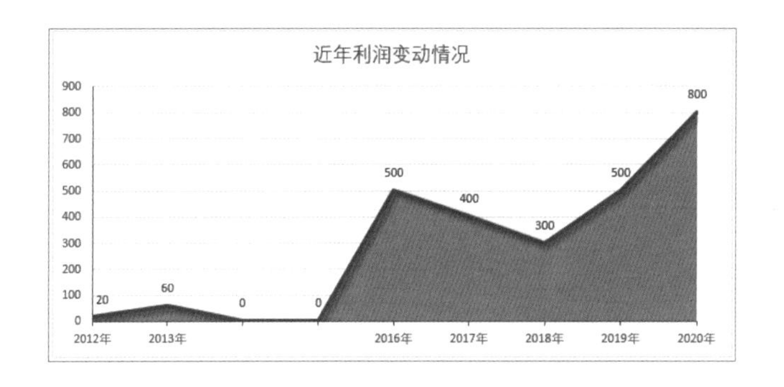

【图表分析】

这份数据缺乏时间的连续性逻辑，存在年份缺失、数据不连续、没有按年份先后顺序排序等问题。根据这份数据制作的图表增加了阅读和理解的难度。

2. 连续逻辑

按照时间的连续性逻辑补充数据，并按年份先后顺序排序。调整后的数据和图表如下图所示。

年份	2012年	2013年	2014年	2015年	2016年	2017年	2018年	2019年	2020年
利润(万元)	20	60	150	180	500	300	400	500	800

【图表分析】

数据整理后变得连续完整。这样做出来的图表从左到右按年份先后顺序推移，每年的利润变动情况清晰明了，很容易理解随着时间的推移利润发生了怎样的变动。

4.3.2 空间逻辑

空间逻辑指根据不同的需求，从高到低、从低到高、从左到右或从上到下等顺序来整理数据。

1. 倒序逻辑

孝孝的身高和体重与标准的对比数据，以及依据该数据制作的折线图图表，如下图所示。

身高cm	170	160	150	140	130	120
标准kg	70.0	60.0	55.0	48.9	42.2	41.7
孝孝kg	75.0	65.0	60.0	52.0	45.0	42.0

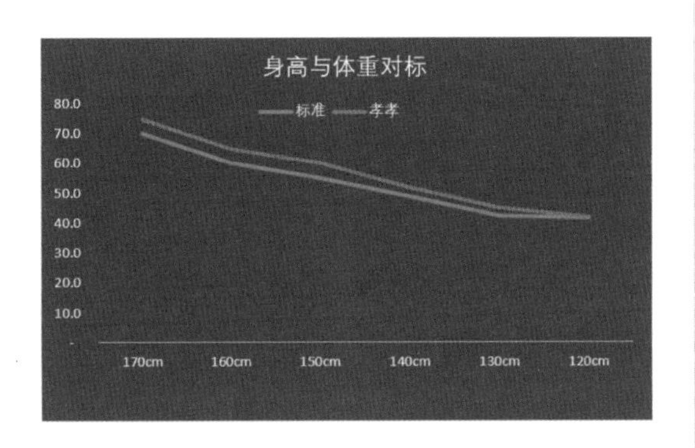

【图表分析】

身高数据从高到低进行排序。虽然也是一种顺序，但属于倒序逻辑，不符合人类生长规律，由此制作出来的图表效果令人不舒服。

2. 顺序逻辑

将例子中的身高数据改为从低到高排序，调整后的数据和图表如下图所示。

身高cm	120	130	140	150	160	170
标准kg	41.7	42.2	48.9	55.0	60.0	70.0
孝孝kg	42.0	45.0	52.0	60.0	65.0	75.0

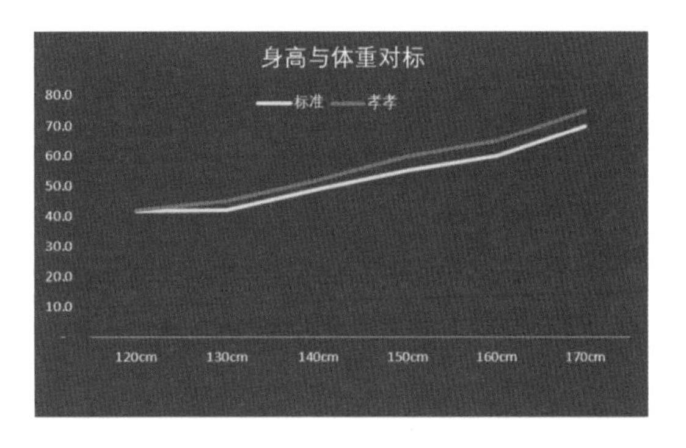

【图表分析】

调整后的数据符合人类生长规律的顺序，身高从低到高变化，体重也随之从低到高变化。根据这样的数据制作的图表更容易让人理解。

4.3.3 主次逻辑

主次逻辑指数据整理和分析中，按照20/80原则抓大放小，即抓住主要因素分析问题。

> **Tips** 20/80原则又叫二八原则、帕累托法则（Pareto's Principle），被广泛应用于社会学及企业管理学等。它是19世纪末20世纪初意大利经济学家帕累托发现的，他认为，在任何一组东西中，最重要的内容只占其中一小部分约20%，其余80%尽管是多数却是次要的。工作中常使用帕累托图来做问题分析。帕累托图按照20/80原则制作，其数据必须按照某个因素进行降序排序。

1. 非降序逻辑

库存分类别明细的数据没有按“金额”因素降序排序，原始数据和图表如下图所示。

库存分类别明细

序号	库存类别	金额（元）	累计比例
1	在制品	3000	42.9%
2	维修备件	500	50.0%
3	夹辅具	2000	78.6%
4	刃量磨	1500	100.0%
	合计	7000	

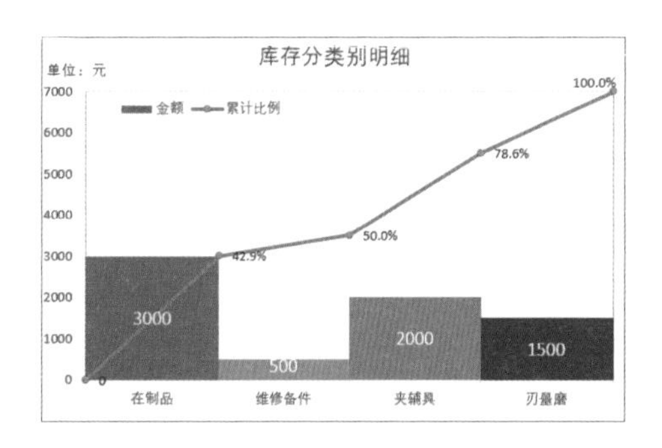

【图表分析】

库存分类别明细的数据没有按“金额”因素降序排序，因此，制作出来的帕累托图无法体现主次逻辑，也就不易找到主要问题和次要问题。

2. 降序逻辑

将库存分类别明细数据按“金额”从大到小降序排列。调整后的数据和图表如下图所示。

库存分类别明细

序号	库存类别	金额（元）	累计比例
1	在制品	3000	42.9%
2	夹辅具	2000	71.4%
3	刃量磨	1500	92.9%
4	维修备件	500	100.0%
	合计	7000	

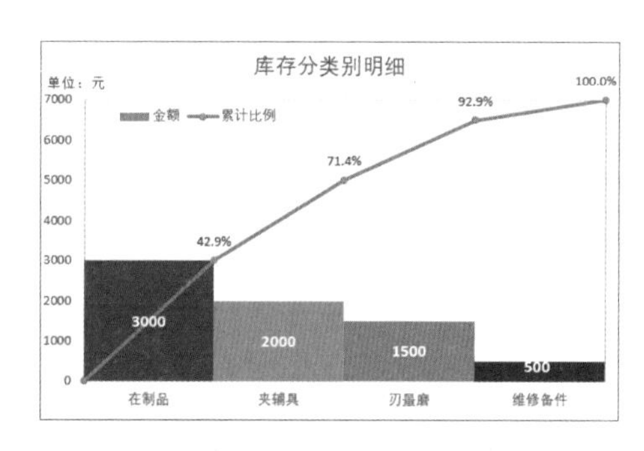

【图表分析】

根据整理后数据制作的帕累托图，可以轻易地看出前两个产品分类的库存金额占到全部库存的71.4%。根据20/80原则，要想减轻库存，首先要减少这两个产品分类的库存。

4.3.4 大小逻辑

大小逻辑指按某个因素的大小排序。如分数的高低、重量的大小、数量的多少等。按大小逻辑整理出来的数据和图表更容易被理解。

1. 非排序逻辑

某班级学生的考试成绩数据和图表如下图所示。

学号	姓名	得分
A001	小慧	57
A002	小东	93
A003	小明	71
A004	小科	65
A005	小余	100
A006	小罗	95
A007	小马	75
A008	小王	71

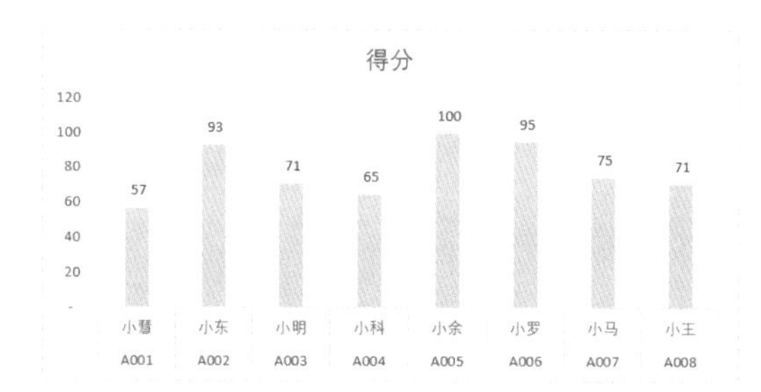

【图表分析】

由于数据按学号排序，以此制作出来的柱状图图表无法直观地看出分数的高低信息，分析起来比较麻烦。

2. 排序逻辑

将学生考试成绩数据改为按分数高低排序，如下图所示。

学号	姓名	得分
A005	小余	100
A006	小罗	95
A002	小东	93
A007	小马	75
A003	小明	71
A008	小王	71
A004	小科	65
A001	小慧	57

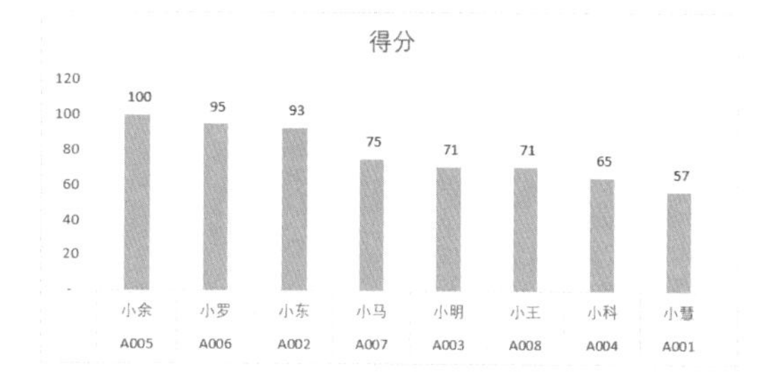

【图表分析】

数据按照分数排序后，制作出来的柱状图图表可以直观地看出排名情况。

Tips 制作图表需要考虑图表传递什么信息、看图表的人需要什么信息。以上面这个例子来说，学生、老师、家长看到考试成绩，一般都想知道排名情况、分数对比等信息，所以修改后的数据更能传递出学生、老师、家长想看到的信息。

4.3.5 层级逻辑

层级逻辑指数据按不同层次从总到分、从先到后、级别高低等来整理数据。如人员薪酬数据按照层级逻辑以员工、主任、科长、副总、总经理的顺序来划分整理。

1. 非层级逻辑

非层级逻辑数据和图表如下图所示。可看出数据并没有按照客户行为从先到后的顺序进行分层级。

项目	人数(个)	比例
进店	85	100%
询问	61	72%
回头	16	19%
还价	40	47%
试穿	50	59%
下单	32	38%

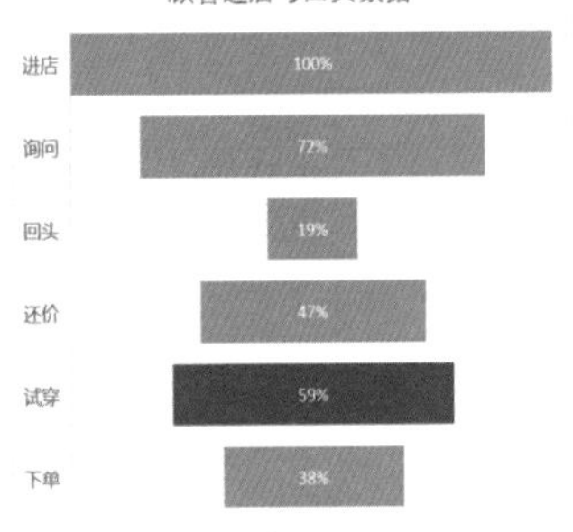

【图表分析】

数据没有按照层级逻辑进行整理，容易让人误会每层级的比例数据的含义。如回访放在询问后面，容易让人误理解成：这里的回头率指的是询问后离开再次入店的人数比例。

2. 层级逻辑

将客户的数据修改成按照客户行为从先到后的顺序的层级来排序，如下图所示。

项目	人数(个)	比例
进店	85	100%
询问	61	72%
试穿	50	59%
还价	40	47%
下单	32	38%
回头	16	19%

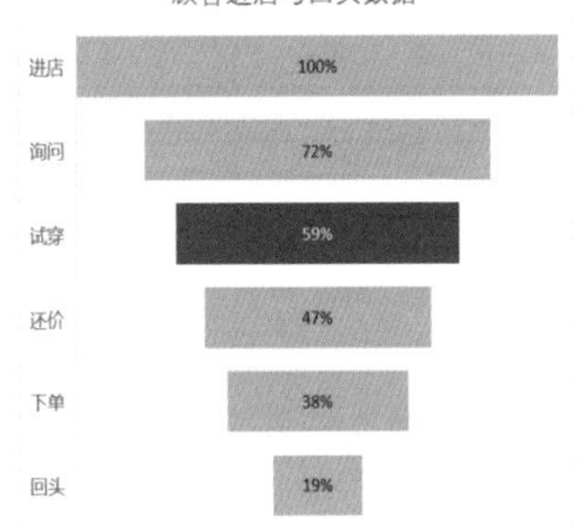

【图表分析】

按照客户行为的先后顺序对数据分层后，由此制作出来的图表，可让人正确地理解每个客户行为的转化率。

4.3.6 习惯逻辑

习惯逻辑指按照自然顺序、约定俗成的习惯顺序或自定义顺序来整理数据。如说到城市，一般会想到北上广深、二线城市、三线城市这样的顺序。说到数字，一般会想到1、2、3、4、5……这样的自然顺序。还有一些约定俗成的习惯，如先有目标后有实际，先有去年的数据后有今年的数据等。如果不按习惯逻辑，制作出来的图表会不容易让人理解或接受。

1. 非习惯逻辑

非习惯逻辑的数据和图表如下图所示。可看出下图数据存在两个问题。

（1）数据与图表中的4个车间没有按自然数字的先后顺序排序，不符合人们的习惯。

（2）2019年在先和2018年在后的对比，也不符合人们对时间先后概念认知的习惯。

单位：件

	一车间	四车间	三车间	二车间
2019年	600	400	500	420
2018年	500	300	600	400

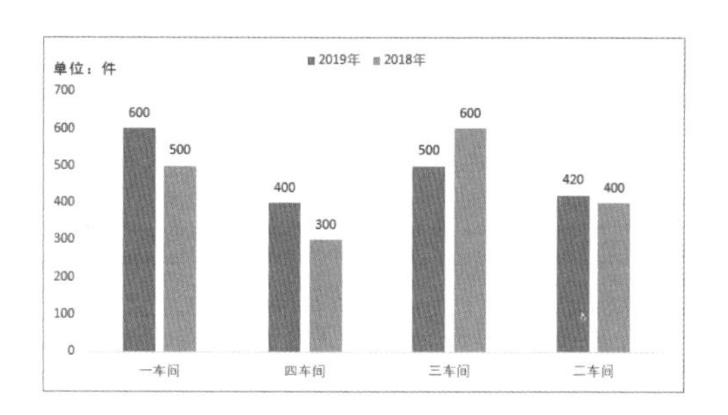

【图表分析】

因为数据不符合人们一般的习惯逻辑，因此制作出来的图表，容易让人产生别扭的感觉。

2. 习惯逻辑

根据人们一般习惯，按车间的自然数字顺序，按先2018年后2019年的对比顺序修改各车间的产量数据。修改后的数据和图表如右图所示。

单位：件

	一车间	二车间	三车间	四车间
2018年	500	400	600	300
2019年	600	420	500	400

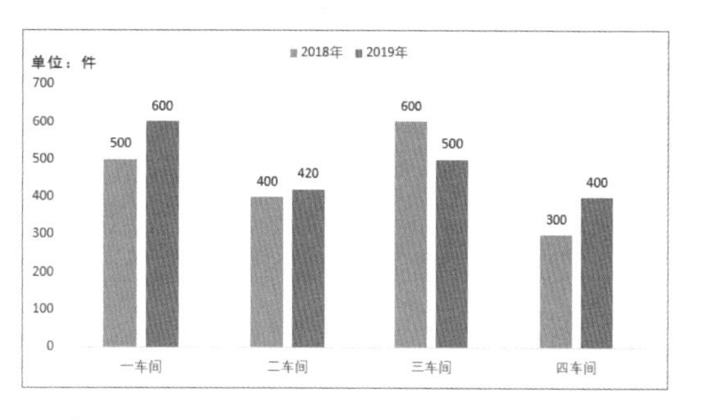

【图表分析】

修改后的数据符合车间的自然数字顺序、年代顺序的习惯逻辑，因此制作出来的图表更容易让人理解和接受。

4.4 高手点拨

数据是图表的源头。只有确保数据的正确性、规范性和逻辑性，才能制作出正确和逻辑清晰的图表。所以，要想成为图表高手，在学习图表制作的技巧之前，首先需要学会检查和处理图表相关的数据。

一般先对数据的正确性进行检查，尤其是一些常见的、简单的、低级的错误，通过筛选、查找等方法发现和解决数据中的问题。为了便于后面图表的制作和分析，着眼于数据的规范性继续进行检查和修改。做到数据正确、规范之后，更高的要求是确保数据的逻辑性。这与要制作的图表有关，图表想表达什么中心思想，数据就需要按相应的逻辑进行整理。

4.5 实战练习

练习 1

打开“素材\ch04\实战练习1.xlsx”文件。下面是某工厂的一组产品库存数据，请结合本章内容对该数据进行正确性和规范性的检查。

提示：运用筛选、查找、替换、定位功能，并注意对通配符*的处理。

单位：件

产品号	产品名称	规格	库存数量
P001	一号钢板	30×15×30	100
P002	二号钢板	40*15*22	80
P003	三号钢板	50×15×30	#N/A
P004	四号钢板	37×15×37	40
P005	五号 钢板	26*15*26	60
P006	六号钢板	30×15×30	100
P007-	七号钢板	40×15×40	70

单位：件

产品号	产品名称	规格	库存数量
P001	一号钢板	30×15×30	100
P002	二号钢板	40×15×22	80
P003	三号钢板	50×15×30	120
P004	四号钢板	37×15×37	40
P005	五号钢板	26×15×26	60
P006	六号钢板	30×15×30	100
P007	七号钢板	40×15×40	70

练习2

打开“素材\ch04\实战练习2.xlsx”文件。下面是某工厂的零件号数据，在制作图表时，只需要使用零件号的前8位代码，如下图所示。请结合本章内容对该数据进行提取处理。

提示：运用分列提取数据功能。

零件号
CH100002-K74MF
CH100002-T44ME
CH100002-T44MF
CH100002-T44MG
CH100002-T44MH
CH100002-T44MJ
CH100002-T44MK
CH100002-TR880
CH100002-TR881

零件号	前8位
CH100002-K74MF	CH100002
CH100002-T44ME	CH100002
CH100002-T44MF	CH100002
CH100002-T44MG	CH100002
CH100002-T44MH	CH100002
CH100002-T44MJ	CH100002
CH100002-T44MK	CH100002
CH100002-TR880	CH100002
CH100002-TR881	CH100002

第5章

成为图表高手的函数准备

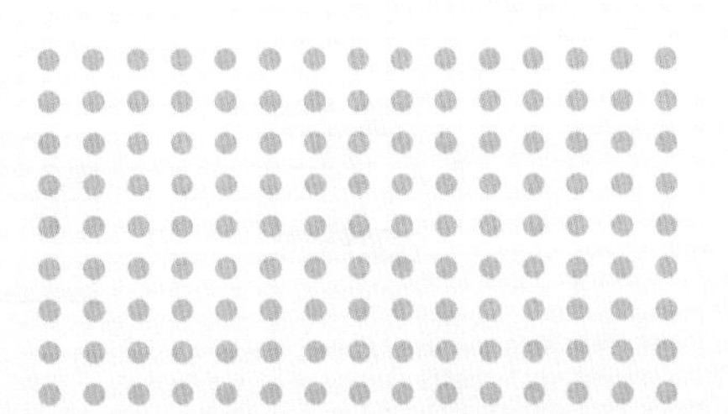

小张最近给主管做了一份销售业绩对比图表，效果如下图所示。

项目	1月	2月	3月	4月	5月	6月	7月
目标	15%	10%	5%	8%	14%	10%	9%
实际	16%	9%	7%	7%	16%	11%	10%

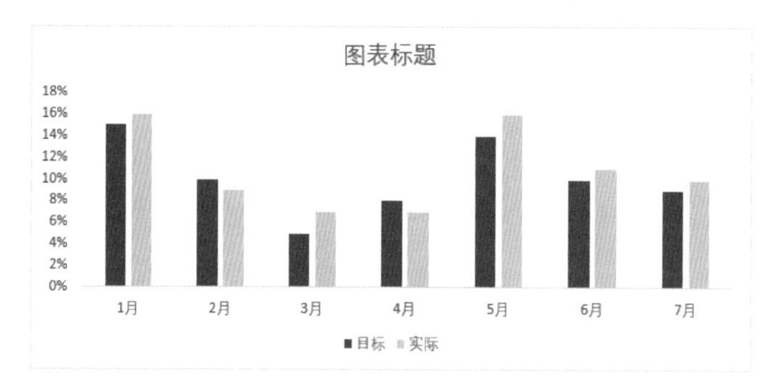

主管收到后，希望通过图表能明确看出每月是否达标的情况，要求小张进行修改。

小张经过学习后，想到可利用NA()函数来增加辅助数据的方法。如果实际小于目标，则将“达成”设置为NA()，结果显示为#N/A，未达成的则用实际值显示。图表中将显示成×。这样没有达成目标的月份就可一目了然。小张这样调整后，主管看后非常满意。效果如下图所示。

项目	1月	2月	3月	4月	5月	6月	7月
目标	15%	10%	5%	8%	14%	10%	9%
实际	16%	9%	7%	7%	16%	11%	10%
未达成	#N/A	9%	#N/A	7%	#N/A	#N/A	#N/A

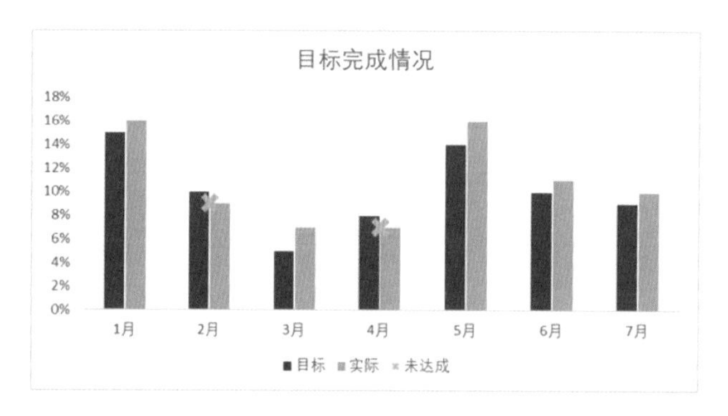

本章案例效果展示：

	C	D	E	F	G	H	I
53	产品						
54	小轿车		产品	型号	成本	销量	成本额
55	卡车		小轿车	A0001	100	50	5,000.00
56	货车		小轿车				
57	自行车		卡车				
58			货车				
59			自行车				
60							
61							
62							
63							

使用OFFSET函数和COUNTA函数实现下拉列表内容动态变化的效果

5.1 常用统计函数

统计函数用于对数据进行求和、求个数、求平均值等，统计出绘制图表所需要的数据结果。本节将介绍图表制作过程中常用到的统计函数：有条件求和函数（SUMIF、SUMIFS）、有条件计数函数（COUNTIF、COUNTIFS）、对数字和文本计数函数（COUNT和COUNTA）。

5.1.1 SUMIF函数

SUMIF函数是单条件求和（汇总）函数。使用 SUMIF 函数，可对符合单一指定条件的若干单元格的值求和。例如，如果单元格区域A1:A10中含有数字，且需要对大于 60 的数值求和，就可使用以下公式：=SUMIF(A1:A10,">60")。

1. 语法

SUMIF函数的语法如下，其中各参数的意义如下图所示，各参数的说明如表5-1所示。

```
SUMIF(range,criteria,sum_range)
```

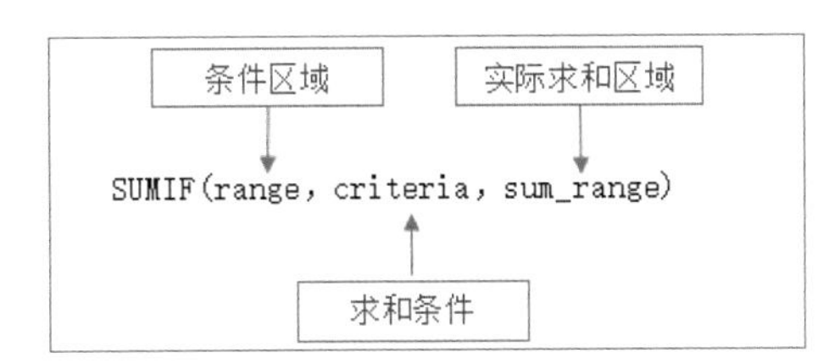

表5-1 SUMIF函数参数及说明

参 数	说 明
range	必需。条件区域指用于条件判断的单元格区域。如果 sum_range 是默认的，则 range 同时也是求和区域
criteria	必需。求和条件指确定哪些单元格将被相加求和，其形式可以为数字、表达式、单元格引用、文本或其他函数。如求和条件可以表示为 100、">100"、A1、"100"、"销售额"或 TODAY ()
sum_range	可选。实际求和区域指对哪些单元格区域内相应单元格的值求和。只有 range 区域中单元格符合求和条件时，sum_range 中相应行或列的单元格的值才被求和。如果省略 sum_range 时，则对 range 区域中符合求和条件单元格的值求和

2. 示例

使用SUMIF函数的示例说明如下图所示。

单位：元

	A	B	C
1	类别	食物	销售额
2	肉	猪肉	23,000
3	肉	羊肉	55,000
4	鱼	黑鱼	8,000
5		青菜	4,000
6	肉	牛肉	42,000
7	鱼	鲤鱼	12,000
8			
9	公式	说明	结果
10	=SUMIF(A2:A7,"鱼",C2:C7)	"肉"类别下所有鱼的销售额之和	20000
11	=SUMIF(A2:A7,"肉",C2:C7)	"肉"类别下所有食物的销售额之和	120000
12	=SUMIF(B2:B7,"*肉",C2:C7)	以"肉"结尾的所有食物的销售额之和	120000
13	=SUMIF(A2:A7,"",C2:C7)	未指定类别的所有食物的销售额之和	4000

3. 案例

在正式介绍本案例之前，首先介绍一下绝对引用和相对引用，在使用公式和函数计算时，经常需要获取单元格或数据区域的地址名，这就是单元格的引用。它一共有以下4种引用方式，如右上图所示。

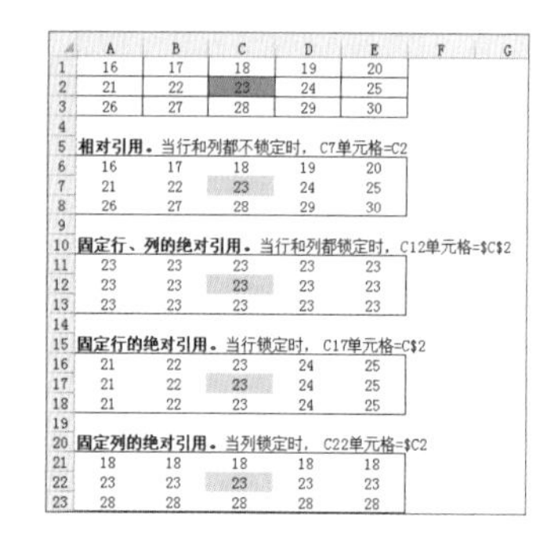

	A	B	C	D	E	F	G
1	16	17	18	19	20		
2	21	22	23	24	25		
3	26	27	28	29	30		
4							
5	相对引用。当行和列都不锁定时，C7单元格=C2						
6	16	17	18	19	20		
7	21	22	23	24	25		
8	26	27	28	29	30		
9							
10	固定行、列的绝对引用。当行和列都锁定时，C12单元格=$C$2						
11	23	23	23	23	23		
12	23	23	23	23	23		
13	23	23	23	23	23		
14							
15	固定行的绝对引用。当行锁定时，C17单元格=C$2						
16	21	22	23	24	25		
17	21	22	23	24	25		
18	21	22	23	24	25		
19							
20	固定列的绝对引用。当列锁定时，C22单元格=$C2						
21	18	18	18	18	18		
22	23	23	23	23	23		
23	28	28	28	28	28		

（1）"=C2"是相对引用。

（2）"=$C$2"中C和2前都多了"$"符号，用"$"符号来锁定行号和列号不变，此时的引用方式就是固定行、列的绝对引用。

（3）"=C$2"中2前多了"$"符号，用"$"符号来锁定行号不变，此时的引用方式就是固定行的绝对引用。

（4）"=$C2"中C前多了"$"符号，用"$"符号来锁定列号不变，此时的引用方式就是固定列的绝对引用。

案例名称	统计科室药品的使用情况
素材文件	素材\ch05\5.1.1.xlsx
结果文件	结果\ch05\5.1.1.xlsx

医 院 **范例5-1 统计科室药品的使用情况**

打开"素材\ch05\5.1.1.xlsx"文件，数据源及需要计算的内容如下图所示。

	A	B	C	D	E	F	G
1							
2		科室	药品编码	数量(个)	无税单价(元)	无税金额(元)	
3		手术室	80491H0100006	50	10.0	500	
4		手术室	80491H0100007	50	10.0	500	
5		超声波	80271H0100004	4	600.0	2,400	
6		超声波	80271H0100005	1	600.0	600	
7		超声波	80271H0100008	4	600.0	2,400	
8		骨科	80326H0100016	30	30.0	900	
9		骨科	80479H0100004	3	30.0	90	
10		骨科	80866H0100012	45	30.0	1,350	
11							
12							
13							
14							
15							
16		科室	数量(个)	无税金额(元)			
17		手术室					
18		超声波					
19		骨科					
20							
21							
22							

本案例文件是某医院各科室药品的使用数量和金额汇总表，从中可以看到各科室使用的药品编码、数量、无税单价、无税金额等信息。如果需要将各科室的药品使用数量及使用药品的无税金额统计出来，就可以使用SUMIF函数。

第一步 使用SUMIF函数计算“手术室”药品的使用数量

选择C17单元格，在编辑栏中输入公式“=SUMIF($B$3:$B$10,B17,$D$3:$D$10)”。按【Enter】键，即可计算出手术室使用药品的数量，如下图所示。

C17　fx　=SUMIF($B$3:$B$10, B17, $D$3:$D$10)

科室	药品编码	数量（个）	无税单价（元）	无税金额（元）
手术室	80491H0100006	50	10.0	500
手术室	80491H0100007	50	10.0	500
超声波	80271H0100004	4	600.0	2,400
超声波	80271H0100005	1	600.0	600
超声波	80271H0100008	4	600.0	2,400
骨科	80326H0100016	30	30.0	900
骨科	80479H0100004	3	30.0	90
骨科	80866H0100012	45	30.0	1,350

科室	数量（个）	无税金额（元）
手术室	100	
超声波		
骨科		

Tips 公式“=SUMIF($B$3:$B$10,B17,$D$3:$D$10)”中各参数的含义如下，$B$3:$B$10是条件区域，B17是求和条件，$D$3:$D$10是实际求和区域。该公式的主要作用是在B3:B10单元格区域内查找B17单元格的值“手术室”，并对D列对应的数值进行求和，这里找到第3、4行数据符合条件，所以对符合条件的D列中第3、4行的值求和，即在C17单元格显示D3和D4单元格的数量之和。

第二步 使用SUMIF函数计算“手术室”药品的使用金额

选择D17单元格，在编辑栏中输入公式“=SUMIF($B$3:$B$10,B17,$F$3:$F$10)”，即可计算出手术室使用药品的金额，如下图所示。

科室	药品编码	数量（个）	无税单价（元）	无税金额（元）
手术室	80491H0100006	50	10.0	500
手术室	80491H0100007	50	10.0	500
超声波	80271H0100004	4	600.0	2,400
超声波	80271H0100005	1	600.0	600
超声波	80271H0100008	4	600.0	2,400
骨科	80326H0100016	30	30.0	900
骨科	80479H0100004	3	30.0	90
骨科	80866H0100012	45	30.0	1,350

科室	数量（个）	无税金额（元）
手术室	100	1000
超声波		
骨科		

第三步 向下填充计算其他科室药品的使用数量和金额

选择C17:D17单元格区域，将鼠标光标移至右下角的填充柄上，向下拖曳至C19:D19单元格区域，即可计算出“超声波”和“骨科”科室的药品数量和无税金额。同时也可以复制C17:D17单元格，【粘贴】至C18:D19单元格区域，实现整个区域的求和统计，如下图所示。

科室	药品编码	数量（个）	无税单价（元）	无税金额（元）
手术室	80491H0100006	50	10.0	500
手术室	80491H0100007	50	10.0	500
超声波	80271H0100004	4	600.0	2,400
超声波	80271H0100005	1	600.0	600
超声波	80271H0100008	4	600.0	2,400
骨科	80326H0100016	30	30.0	900
骨科	80479H0100004	3	30.0	00
骨科	00000H0100012	45	30.0	1,350

科室	数量（个）	无税金额（元）
手术室	100	1000
超声波	9	5400
骨科	78	2340

4. 地雷（容易出错的地方）

（1）使用$符号对单元格进行绝对引用可以

锁定范围，避免复制、粘贴或拖曳单元格时出错。在上面的案例中因为正确使用了$符号进行单元格的绝对引用，所以在第三步复制、粘贴计算公式中没有出错。

（2）数据源中如果有#N/A错误项，使用SUMIF函数计算就会出错。

Tips 按【F4】键可以在相对引用和绝对引用之间切换。双击单元格，或者在编辑栏单击进入编辑状态后，按【F4】键，即可看到引用会在“=A1”“=$A$1”“=A$1”“=$A1”之间循环切换。

数据源中如果有#N/A错误项，使用SUMIF函数计算就会出错。

5.1.2 SUMIFS函数

SUMIFS函数是多条件求和（汇总）函数。使用SUMIFS函数可对满足多个指定条件单元格的值求和。

1. 语法

SUMIFS函数的语法如下，其中各参数的意义如下图所示，各参数的说明如表5-2所示。

SUMIFS(sum_range, criteria_range1, criteria1, [criteria_range2, criteria2], ...)

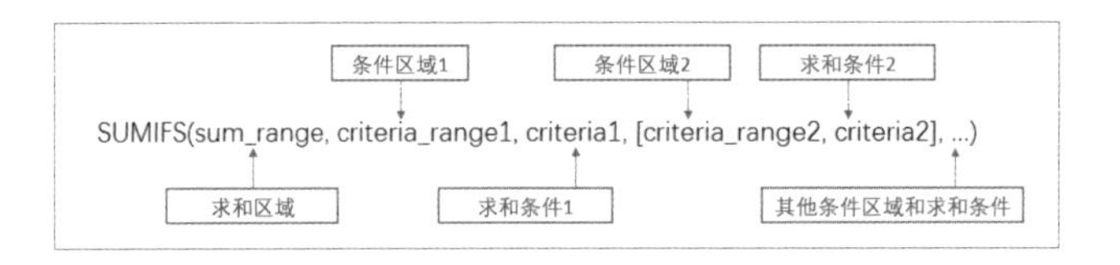

表5-2 SUMIFS函数参数及意义

参数	说明
sum_range	必需。求和区域指用于求和的单元格范围。单元格的值应该是数值类型
criteria_range1	必需。criteria_range 和 criteria 是一组搜索对，必须同时使用，用来查找在 criteria_range 条件区域中有无符合 criteria 求和条件的单元格。 criteria_range1 是第 1 组搜索对的条件区域，也是进行条件判断的单元格范围
criteria1	必需。第 1 组搜索对的求和条件，确定 criteria_range1 中哪些单元格的值可满足被相加求和的条件，其形式为数字、表达式、单元格引用、文本或其他函数
criteria_range2, criteria2, …	可选。第 2 组或更多组搜索对的条件区域和求和条件。最多可以输入 127 组搜索对

2. 示例

使用SUMIFS函数的示例说明如下图所示。

	A	B	C	D
1	月份	部门	产品	销售数量(个)
2	一月	销售一部	P0001	251
3	一月	销售一部	P0002	301
4	一月	销售一部	P0003	452
5	二月	销售一部	P0001	213
6	二月	销售 部	P0002	401
7	二月	销售一部	p0003	154
8	一月	销售三部	A0001	190
9	一月	销售三部	A0002	350
10	一月		A0003	158
11				

	G	H	I
11	公式	说明	结果
12	=SUMIFS($D$2:$D$10,$A$2:$A$10,"一月")	所有部门一月销售所有产品的销售数量之和	1702
13	=SUMIFS($D$2:$D$10,$A$2:$A$10,"一月",$B$2:$B$10,"销售一部")	销售一部一月销售所有产品的销售数量之和	1004
14	=SUMIFS($D$2:$D$10,$A$2:$A$10,"一月",$B$2:$B$10,"销售一部",$C$2:$C$10,"P0001")	销售一部一月销售产品P0001的销售数量之和	251

Tips　检查求和区域sum_range是否为数值类型。如果有单元格包含非数值类型，则结果不正确。如包含TRUE 的单元格，其求值结果为 1；包含 FALSE 的单元格，其求值结果为 0。

如果在求和条件criteria1,2…中使用文本，则需要使用双引号将文本内容引起来，否则将得不到预期结果。

3. 案例

案例名称	统计科室每月药品的使用情况	
素材文件	素材 \ch05\5.1.2.xlsx	
结果文件	结果 \ch05\5.1.2.xlsx	

医 院　范例5-2 统计科室每月药品的使用情况

打开“素材\ch05\5.1.2.xlsx”文件，数据源及需要计算的内容如下图所示。

月份	科室	药品编码	数量（个）	无税单价（元）	无税金额（元）
1月	手术室	80491H0100006	50	10.0	500
3月	手术室	80491H0100007	50	10.0	500
2月	超声波	80271H0100004	4	600.0	2,400
3月	超声波	80271H0100005	1	600.0	600
4月	超声波	80271H0100008	4	600.0	2,400
1月	骨科	80326H0100016	30	30.0	900
2月	骨科	80479H0100004	3	30.0	90
3月	骨科	80866H0100012	45	30.0	1,350

求1~4月的金额

科室	1月	2月	3月	4月
手术室				
超声波				
骨科				

本案例文件是某医院各科室每月药品使用数量和金额的汇总表。从中可以看到各科室使用的药品编码、数量、无税单价、无税金额等信息。如果需要将各科室每月的药品使用金额统计出来，就可以使用SUMIFS函数。

操作步骤

第一步　使用SUMIFS函数计算“手术室”1月药品的使用金额

❶ 选择D16单元格，在编辑栏中输入公式“=SUMIFS($H$3:$H$10,$D$3:$D$10,$C16,$C$3:$C$10,D$15)”，如右图所示。

月份	科室	药品编码	数量（个）	无税单价（元）	无税金额（元）
1月	手术室	80491H0100006	50	10.0	500
3月	手术室	80491H0100007	50	10.0	500
2月	超声波	80271H0100004	4	600.0	2,400
3月	超声波	80271H0100005	1	600.0	600
4月	超声波	80271H0100008	4	600.0	2,400
1月	骨科	80326H0100016	30	30.0	900
2月	骨科	80479H0100004	3	30.0	90
3月	骨科	80866H0100012	45	30.0	1,350

求1~4月的金额

科室	1月	2月	3月	4月
=SUMIFS($H$3:$H$10,$D$3:$D$10,$C16,$C$3:$C$10,D$15)				
超声波				
骨科				

> **Tips** 公式“=SUMIFS($H$3:$H$10,$D$3:$D$10,$C16,$C$3:$C$10,D$15)”中各参数的含义如下，$H$3:$H$10是求和区域，$D$3:$D$10是第1个条件区域，$C16（固定列的绝对引用）是第1个求和条件，$C$3:$C$10是第2个条件区域，D$15（固定行的绝对引用）是第2个求和条件。该公式的主要作用是在$D$3:$D$10单元格区域内查找$C16单元格的值“手术室”，在$C$3:$C$10单元格区域内查找D$15单元格的值“1月”，并对H列对应的数值进行求和，这里找到第3行数据符合条件，所以对符合条件的D列中第3行的值求和，即在D16单元格中显示H3单元格的金额之和。

❷ 按【Enter】键，即可计算出手术室1月使用药品的金额，结果如下图所示。

月份	科室	药品编码	数量（个）	无税单价（元）	无税金额（元）
1月	手术室	80491H0100006	50	10.0	500
3月	手术室	80491H0100007	50	10.0	500
2月	超声波	80271H0100004	4	600.0	2,400
3月	超声波	80271H0100005	1	600.0	600
4月	超声波	80271H0100008	4	600.0	2,400
1月	骨科	80326H0100016	30	30.0	900
2月	骨科	80479H0100004	3	30.0	90
3月	骨科	80866H0100012	45	30.0	1,350

求1~4月的金额

科室	1月	2月	3月	4月
手术室	500			
超声波				
骨科				

第二步 **向右填充计算“手术室”其他月份的药品使用金额**

复制D16单元格，粘贴至D16:G18单元格区域，以实现整个区域的求和统计，如下图所示。

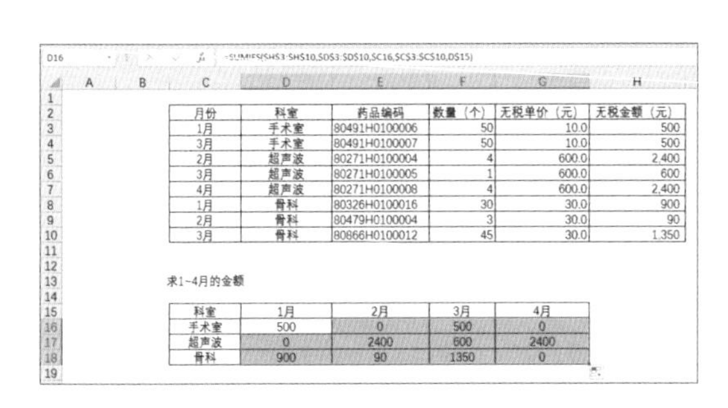
D16 =SUMIFS($H$3:$H$10,$D$3:$D$10,$C16,$C$3:$C$10,D$15)

月份	科室	药品编码	数量（个）	无税单价（元）	无税金额（元）
1月	手术室	80491H0100006	50	10.0	500
3月	手术室	80491H0100007	50	10.0	500
2月	超声波	80271H0100004	4	600.0	2,400
3月	超声波	80271H0100005	1	600.0	600
4月	超声波	80271H0100008	4	600.0	2,400
1月	骨科	80326H0100016	30	30.0	900
2月	骨科	80479H0100004	3	30.0	90
3月	骨科	80866H0100012	45	30.0	1,350

求1~4月的金额

科室	1月	2月	3月	4月
手术室	500	0	500	0
超声波	0	2400	600	2400
骨科	900	90	1350	0

> **Tips** 因D16:G16单元格公式里的第1个求和条件使用了固定列的绝对引用，所以向下填充后，可以看到D列各单元格公式中第1个求和条件的引用会更改为$C17、$C18，行标识逐单元格增加1。E到G列以此类推。

4. 地雷（容易出错的地方）

（1）使用$符号对单元格进行绝对引用可以锁定范围，以避免复制、粘贴或拖曳单元格时出错。

（2）数据源中如果有#N/A错误项，使用SUMIFS函数计算时就会出错。

（3）函数使用中，需要留意SUMIFS 和 SUMIF 的参数顺序有所不同，sum_range 参数在 SUMIFS 中是第1个参数，而在 SUMIF 中则是第3个参数。

5.1.3 COUNTIF函数

COUNTIF函数是单条件计数函数。使用COUNTIF函数可计算计数区域中满足指定条件单元格的个数。

1. 语法

COUNTIF函数的语法如下，其中各参数的意义如下图所示，各参数的说明如表5-3所示。

```
COUNTIF(range,criteria)
```

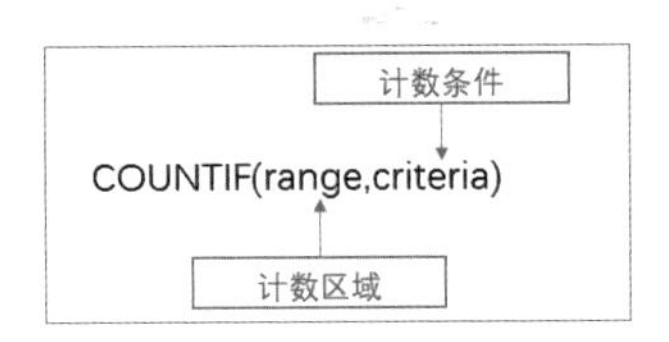

表5-3 COUNTIF函数参数及说明

参数	说明
range	必需。计数区域指需要进行条件判断的单元格范围
criteria	必需。计数条件指确定 range 范围中哪些单元格将被计数的条件，其形式可以为数字、表达式、单元格引用、文本或其他函数。如计数条件可以表示为 100、">100"、A1、" 销售部 " 或 TODAY()

2. 示例

使用COUNTIF函数的示例说明如下图所示。

	A	B	C	D
1	月份	部门	产品	销售数量(个)
2	一月	销售一部	P0001	251
3	一月	销售一部	P0002	301
4	一月	销售一部	P0003	452
5	二月	销售一部	P0001	213
6	二月	销售一部	P0002	401
7	二月	销售一部	p0003	154
8	一月	销售三部	A0001	190
9	一月	销售三部	A0002	350
10	一月		A0003	158
11				
12				

	G	H	I
11	公式	说明	结果
12	=COUNTIF($D$2:$D$10,">400")	"销售数量"中大于400的单元格个数	2
13	=COUNTIF($B$2:$B$10,"销售一部")	"部门"是"销售一部"的单元格个数	6
14	=COUNTIF($B$2:$B$10,B2)	"部门"等于B2单元格值的单元格个数	6
15	=COUNTIF($B$2:$B$10,"*")	"部门"是任何值的单元格个数，即非空的单元格	8
16	=COUNTIF($C$2:$C$10,"P0003")	"产品"是"P0003"的单元格个数。不区分大小写	2
17	=COUNTIF(部门,"销售一部")	"部门"是"销售一部"的单元格个数	6

> **Tips**
>
> COUNTIF函数不区分计数条件criteria中的大小写。如示例中第16行的公式，其计数条件是"P0003"，计算结果则包含了C7单元格（p0003）。
>
> 如果计数区域有可能变动，为了方便可在criteria中使用自定义名称来替代直接对单元格区域的引用。使用自定义名称的好处是只修改名称的引用位置，而不用修改引用该区域的所有公式。如示例的第17行公式中使用了名称"部门"代替直接引用B2:B10单元格区域。

3. 案例

案例名称	统计出勤情况
素材文件	素材 \ch05\5.1.3.xlsx
结果文件	结果 \ch05\5.1.3.xlsx

范例5-3 统计出勤情况

打开"素材\ch05\5.1.3.xlsx"文件，数据源及需要计算的内容如下图所示。

姓名	部门	考勤日期	月份	出勤状况
小王	品质管理部	9月2日	9	迟到
小威	采购管理部	9月5日	9	旷工
小明	制造管理部	9月7日	9	请假
小孙	事业企划部	9月9日	9	旷工
小明	品质管理部	9月12日	9	迟到
小红	事业企划部	9月15日	9	迟到
小黄	制造管理部	9月15日	9	缺勤
小梦	制造管理部	9月16日	9	迟到
小张	产品研发部	9月22日	9	旷工
小科	品质管理部	9月25日	9	迟到
小马	制造管理部	9月28日	9	缺勤

出勤状况	次数
迟到	
旷工	
请假	
缺勤	

本案例文件是某单位员工出勤情况的汇总表，从中可以看到各员工的部门、考勤日期、月份、出勤状况等信息。如果需要统计各出勤状况发生的次数，就可以使用COUNTIF函数。

操作步骤

第一步 使用COUNTIF函数计算“迟到”的次数

选择D16单元格，在编辑栏中输入公式“=COUNTIF($G$2:$G$12,$C16)”。按【Enter】键，即可计算出迟到的次数，如下图所示。

COUNT　=COUNTIF($G$2:$G$12,$C16)

姓名	部门	考勤日期	月份	出勤状况
小王	品质管理部	9月2日	9	迟到
小威	采购管理部	9月5日	9	旷工
小明	制造管理部	9月7日	9	请假
小孙	事业企划部	9月9日	9	旷工
小明	品质管理部	9月12日	9	迟到
小红	事业企划部	9月15日	9	迟到
小黄	制造管理部	9月15日	9	缺勤
小梦	制造管理部	9月16日	9	迟到
小张	产品研发部	9月22日	9	旷工
小科	品质管理部	9月25日	9	迟到
小马	制造管理部	9月28日	9	缺勤

出勤状况	次数
=COUNTIF($G$2:$G$12,$C16)	
旷工	
请假	
缺勤	

Tips　公式“=COUNTIF($G$2:$G$12,$C16)”中各参数的含义如下，$G$2:$G$12是计数区域，$C16（固定列的绝对引用）是计数条件。该公式的主要作用是在$G$2:$G$12单元格区域内查找$C16单元格的值“迟到”，并对符合条件的单元格个数求和，这里找到第2、6、7、9、11行数据符合条件，共5个单元格，即在D16单元格中显示单元格个数之和。

第二步 向下填充计算其他出勤状况的次数

复制D16单元格，粘贴至D16:D19单元格区域，实现整个区域的计数统计，即可计算出“旷工”、“请假”和“缺勤”的次数，如下图所示。

D16　=COUNTIF($G$2:$G$12,$C16)

姓名	部门	考勤日期	月份	出勤状况
小王	品质管理部	9月2日	9	迟到
小威	采购管理部	9月5日	9	旷工
小明	制造管理部	9月7日	9	请假
小孙	事业企划部	9月9日	9	旷工
小明	品质管理部	9月12日	9	迟到
小红	事业企划部	9月15日	9	迟到
小黄	制造管理部	9月15日	9	缺勤
小梦	制造管理部	9月16日	9	迟到
小张	产品研发部	9月22日	9	旷工
小科	品质管理部	9月25日	9	迟到
小马	制造管理部	9月28日	9	缺勤

出勤状况	次数
迟到	5
旷工	3
请假	1
缺勤	2

Tips　此外，因D16单元格公式的计数条件使用了固定列的绝对引用，所以向下填充后，可以看到D列各单元格公式中计数条件的引用会更改为$C17、$C18、$C19，行标识逐单元格增加1。

4. 地雷（容易出错的地方）

使用$符号对单元格进行绝对引用可以锁定计数范围，以避免复制、粘贴或拖曳单元格时出错。

如果计数区域range包含错误项，则不会被统计。

Tips　在计数条件criteria中可使用问号（?）和星号（*）通配符来计算近似值的单元格个数，其中问号匹配任何单个字符；星号匹配任意多个字符。如果要查找实际的问号和星号，可在通配符前添加波浪号（~）。

使用COUNTIF对文本内容进行计算时，如果得到非预期结果，可检查数据中是否包含空格等不规范数据。

5.1.4 COUNTIFS函数

COUNTIFS函数是多条件计数函数。使用COUNTIFS函数可计算计数区域中满足多个条件的单元格个数。

1. 语法

COUNTIFS函数的语法如下，其中各参数的意义如下图所示，各参数的说明如表5-4所示。

COUNTIFS(criteria_range1, criteria1, [criteria_range2, criteria2],…)

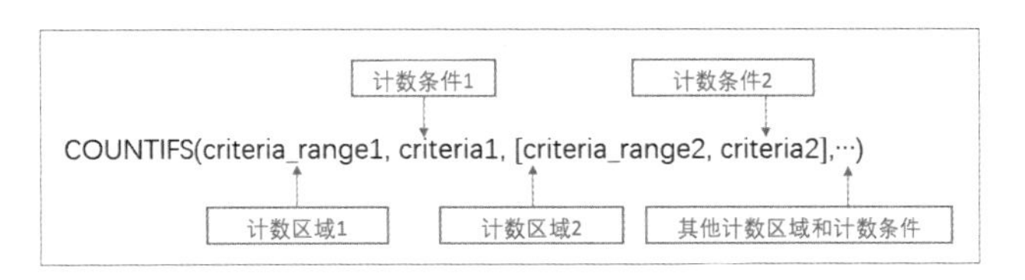

表5-4 COUNTIFS函数参数及说明

参 数	说 明
criteria_range1	必需。criteria_range 和 criteria 是一组搜索对必须同时使用，用于查找在 criteria_range 范围中有无符合 criteria 条件的单元格，并计算这些单元格的个数
criteria1	必需。criteria1 是第 1 组搜索对的计数条件，确定 criteria_range1 范围中哪些单元格将被计数的条件，其形式可以为数字、表达式、单元格引用、文本或其他函数
criteria_range2, criteria2,…	可选。第 2 组或更多组搜索对的计数区域和计数条件，最多可以输入 127 组搜索对

2. 示例

使用COUNTIFS函数的示例及说明如下图所示。

	A	B	C	D
1	月份	部门	产品	销售数量(个)
2	一月	销售一部	P0001	251
3	一月	销售一部	P0002	301
4	一月	销售一部	P0003	452
5	二月	销售一部	P0001	213
6	二月	销售一部	P0002	401
7	二月	销售一部	p0003	154
8	一月	销售三部	A0001	190
9	一月	销售三部	A0002	350
10	一月		A0003	158

	G	H	I
11	公式	说明	结果
12	=COUNTIFS($B$2:$B$10,"销售一部")	"部门"是"销售一部"的单元格个数	6
13	=COUNTIFS($B$2:$B$10,"销售一部",$D$2:$D$10,">300")	"部门"是"销售一部"且"销售数量"大于300的单元格个数	3
14	=COUNTIFS($D$2:$D$10,">300",$D$2:$D$10,"<400")	"销售数量"大于300且小于400的单元格个数	2
15	=COUNTIFS($B$2:$B$9,"销售一部",$D$2:$D$10,">300")	B2:B9区域和D2:D10区域的行数和列数不同，故报错	#VALUE!
16	=COUNTIFS($B$2:$B$10,$B$10)	"部门"等于B10单元格的值的单元格个数	0

Tips 所有的计数区域criteria_range必须具有相同的行数和列数，否则COUNTIFS函数计算结果就会出错，显示为“#VALUE!”。如示例第15行所示。

如果计数条件criteria引用为空单元格，COUNTIFS函数计算结果则为 0。如示例第16行所示，计数条件引用的B10为空单元格，所以COUNTIFS函数计算结果为0。

3. 案例

案例名称	统计各部门的出勤情况
素材文件	素材 \ch05\5.1.4.xlsx
结果文件	结果 \ch05\5.1.4.xlsx

人力资源　**范例5-4　统计各部门的出勤情况**

打开“素材\ch05\5.1.4.xlsx”文件，数据源及需要计算的内容如下图所示。

	C	D	E	F	G
1	姓名	部门	考勤日期	月份	出勤状况
2	小王	品质管理部	9月2日	9	迟到
3	小威	采购管理部	9月5日	9	旷工
4	小明	制造管理部	9月7日	9	请假
5	小孙	事业企划部	9月9日	9	旷工
6	小明	品质管理部	9月12日	9	迟到
7	小红	事业企划部	9月15日	9	旷工
8	小黄	制造管理部	9月15日	9	缺勤
9	小梦	制造管理部	9月16日	9	迟到
10	小张	产品研发部	9月22日	9	旷工
11	小科	品质管理部	9月25日	9	迟到
12	小马	制造管理部	9月28日	9	缺勤

	部门	迟到	旷工	请假	缺勤
16	品质管理部				
17	采购管理部				
18	制造管理部				
19	事业企划部				
20	产品研发部				

本案例文件是某单位员工出勤情况的汇总表。从中可以看到各员工的部门、考勤日期、月份、出勤状况等信息。如果需要统计各部门出勤状况发生的次数，就可以使用COUNTIFS函数。

操作步骤

第一步　使用COUNTIFS函数计算“品质管理部”出现“迟到”的次数

选择D16单元格，在编辑栏中输入公式“=COUNTIFS($D$2:$D$12,$C16,$G$2:$G$12,D$15)”。按【Enter】键，即可计算出品质管理部迟到的次数，如下图所示。

COUNT　=COUNTIFS($D$2:$D$12,$C16,$G$2:$G$12,D$15)

	C	D	E	F	G
1	姓名	部门	考勤日期	月份	出勤状况
2	小王	品质管理部	9月2日	9	迟到
3	小威	采购管理部	9月5日	9	旷工
4	小明	制造管理部	9月7日	9	请假
5	小孙	事业企划部	9月9日	9	旷工
6	小明	品质管理部	9月12日	9	迟到
7	小红	事业企划部	9月15日	9	旷工
8	小黄	制造管理部	9月15日	9	缺勤
9	小梦	制造管理部	9月16日	9	迟到
10	小张	产品研发部	9月22日	9	旷工
11	小科	品质管理部	9月25日	9	迟到
12	小马	制造管理部	9月28日	9	缺勤

	部门	迟到	旷工	请假	缺勤
16	=COUNTIFS($D$2:$D$12,$C16,$G$2:$G$12,D$15)				
17	采购管理部				
18	制造管理部				
19	事业企划部				
20	产品研发部				

Tips 公式“=COUNTIFS($D$2:$D$12,$C16,$G$2:$G$12,D$15)”中各参数的含义如下，$D$2:$D$12是第一个计数区域，$C16（固定列的绝对引用）是第1个计数条件，$G$2:$G$12是第2个计数区域，D$15（固定行的绝对引用）是第2个计数条件。该公式的主要作用是在$D$2:$D$12单元格区域内查找$C16单元格的值“品质管理部”，在$G$2:$G$12单元格区域内查找D$15单元格的值“迟到”，并对同时符合这两个条件的单元格计数，这里找到第2、6、11行的数据同时符合条件，所以计算结果为3。

姓名	部门	考勤日期	月份	出勤状况
小王	品质管理部	9月2日	9	迟到
小威	采购管理部	9月5日	9	旷工
小明	制造管理部	9月7日	9	请假
小孙	事业企划部	9月9日	9	旷工
小明	品质管理部	9月12日	9	迟到
小红	事业企划部	9月15日	9	旷工
小黄	制造管理部	9月15日	9	缺勤
小梦	制造管理部	9月16日	9	迟到
小张	产品研发部	9月22日	9	旷工
小科	品质管理部	9月25日	9	迟到
小马	制造管理部	9月28日	9	缺勤

部门	迟到	旷工	请假	缺勤
品质管理部	3			
采购管理部				
制造管理部				
事业企划部				
产品研发部				

第二步 向右填充计算“品质管理部”其他出勤状况的次数

复制D16单元格，粘贴至D16:G20单元格区域，实现整个区域的计数统计，如下图所示。

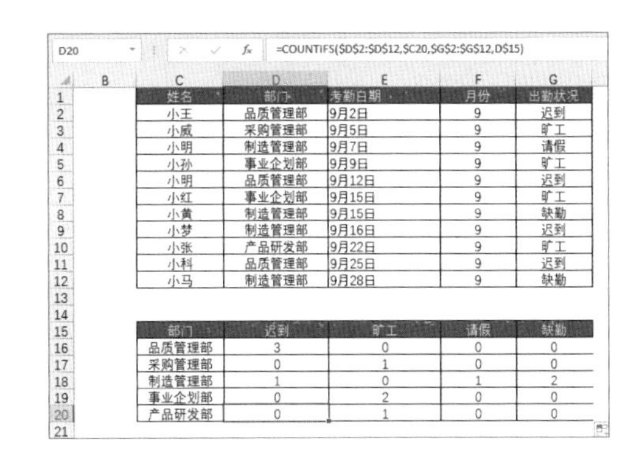
D20 =COUNTIFS($D$2:$D$12,$C20,$G$2:$G$12,D$15)

姓名	部门	考勤日期	月份	出勤状况
小王	品质管理部	9月2日	9	迟到
小威	采购管理部	9月5日	9	旷工
小明	制造管理部	9月7日	9	请假
小孙	事业企划部	9月9日	9	旷工
小明	品质管理部	9月12日	9	迟到
小红	事业企划部	9月15日	9	旷工
小黄	制造管理部	9月15日	9	缺勤
小梦	制造管理部	9月16日	9	迟到
小张	产品研发部	9月22日	9	旷工
小科	品质管理部	9月25日	9	迟到
小马	制造管理部	9月28日	9	缺勤

部门	迟到	旷工	请假	缺勤
品质管理部	3	0	0	0
采购管理部	0	1	0	0
制造管理部	1	0	1	2
事业企划部	0	2	0	0
产品研发部	0	1	0	0

4. 地雷（容易出错的地方）

（1）使用$符号对单元格进行绝对引用可锁定范围，以避免复制、粘贴或拖曳单元格时出错。注意应正确选择行固定或列固定的绝对引用。

（2）计数区域range中如果包含错误项，则不会被统计。

5.1.5 COUNT函数和COUNTA函数

COUNT函数可返回包含数字的单元格个数，以及参数列表中包含数字的个数。

COUNTA函数返回非空单元格的个数及参数列表中的数据个数。

1. 语法

COUNT函数的语法如下，其中各参数的意义如下图所示，各参数的说明如表5-5所示。

COUNT(value1, [value2], ...)

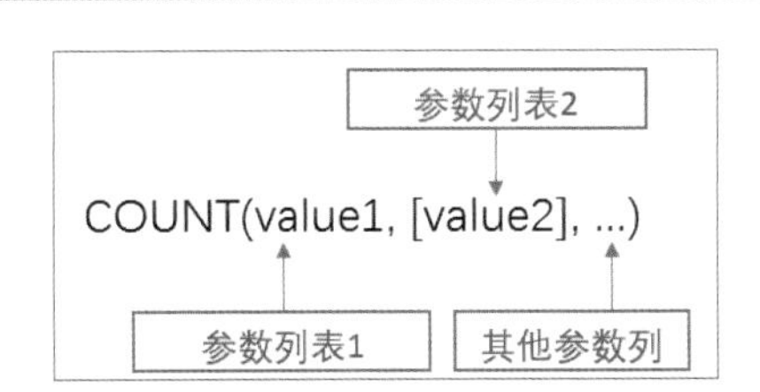

表5-5 COUNT函数参数及说明

参数	说明
value1	必需。参数列表，指计数的范围。只有数字类型或可以转换成数字类型的单元格才会被计数。空单元格、错误值或其他无法转换成数字的单元格都不会被计数
value2, …	可选。“value2，…”指第 2 个或更多个计算范围。如果使用 COUNT 函数时有多个 value 参数，则对各个 value 进行计数后，返回计数之和

COUNTA函数的语法如下，其中各参数的意义如下图所示，各参数的说明如表5-6所示。

```
COUNTA(value1, [value2], ...)
```

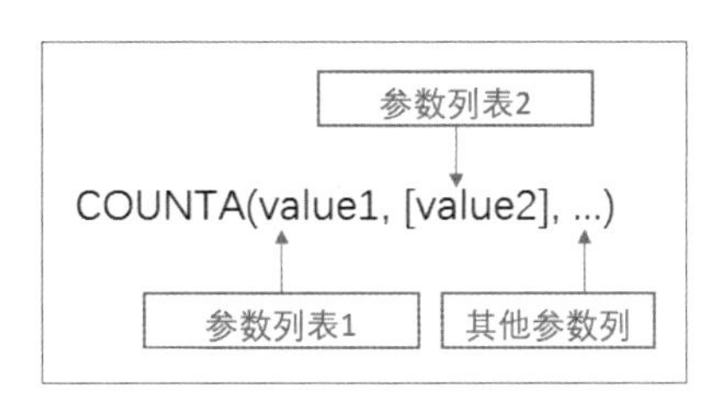

表5-6 COUNTA函数参数及说明

参数	说明
value1	必需。参数列表 1，指计数的范围。只要不是空单元格都会被计数，空单元格则不会被计数。它的形式可以为单元格引用或数组、文本、函数等
value2, …	可选。参数列表 2，……，指第 2 个或更多个计算范围。如果使用 COUNTA 函数时有多个 value 参数，则对各个 value 参数进行计数后，返回计数之和

> **Tips** COUNT函数和COUNTA函数的区别在于：COUNT函数只计算数字或可转换成数字的单元格个数，而COUNTA函数可计算任何值的单元格个数。如果要统计逻辑值、文字或错误值，应使用COUNTA函数。

2. 示例

使用COUNT函数的示例及说明如下图所示。

	G	H	I
11	公式	说明	结果
12	=COUNT($A$2:$A$8)	A2:A8单元格区域中 数字及可转换成数字（日期）的单元格个数。数字120和日期2019/10/12被计数	2
13	=COUNT({1,2,3},"hello")	参数列表中数字的个数。第 1 个参数是数组{1,2,3}，数组含有3个数值，因此被计数3。第 2 参数是文本 “hello”，不被计数	3
14	=COUNT(2019/10/12)	参数列表（日期）中数字的个数。日期可转换成数字，所以被计数	1
15	=COUNT(TODAY())	参数列表（函数）中数字的个数。TODAY()函数计算结果是日期，可转换成数字，所以被计数	1
16	=COUNT("1")	参数列表（文本）中数字的个数。文本 “1” 可转换成数字1，所以被计数	1
17	=COUNT(TRUE)	参数列表（逻辑值）中数字的个数。逻辑值TRUE可转换成数字1，所以被计数	1
18	=COUNT("TRUE")	参数列表（文本）中数字的个数。文本 TRUE 不可转换成数字，所以不被计数	0

使用COUNTA函数的示例及说明如下图所示。

	A
1	数据
2	120
3	"1"
4	2019/10/12
5	
6	#N/A
7	销售一部
8	FALSE
9	
10	

	G	H	I
11	公式	说明	结果
12	=COUNTA($A$2:$A$8)	A2:A8单元格区域中，非空单元格的个数	6
13	=COUNTA({1,2,3},"hello")	参数列表数据个数。第 1 个参数是数组{1,2,3}，数组含有3个数值，因此被计数3。第 2 参数是文本 “hello”，也被计数1。合计计数4	4
14	=COUNTA(2019/10/12)	参数列表数据个数。日期被计数	1
15	=COUNTA(TODAY())	参数列表数据个数。TODAY()函数计算结果是日期，被计数	1
16	=COUNTA(TRUE)	参数列表数据个数。逻辑值TRUE被计数	1
17	=COUNTA("TRUE")	参数列表数据个数。文本 TRUE 被计数	1

> **Tips** 如果文本可以转换成数字，则使用COUNT函数时也会被计算。如COUNT函数示例中第16行所示，COUNT(“1”)的计算结果是1。
>
> 逻辑值TRUE和文本TRUE是不一样的。COUNT函数和COUNTA函数对其求值的结果也有所不同。如COUNT函数的示例第17、18行所示，使用COUNT函数时，逻辑值TRUE被计数，文本TRUE不被计数。而如COUNTA函数的示例第16、17行所示，因为逻辑值TRUE和文本TRUE均不为空，故使用COUNTA函数时均被计数。

3. 案例

案例名称	统计采样次数
素材文件	素材 \ch05\5.1.5.xlsx
结果文件	结果 \ch05\5.1.5.xlsx

范例5-5 统计采样次数

打开“素材\ch05\5.1.5.xlsx”文件，数据源及需要计算的内容如下图所示。

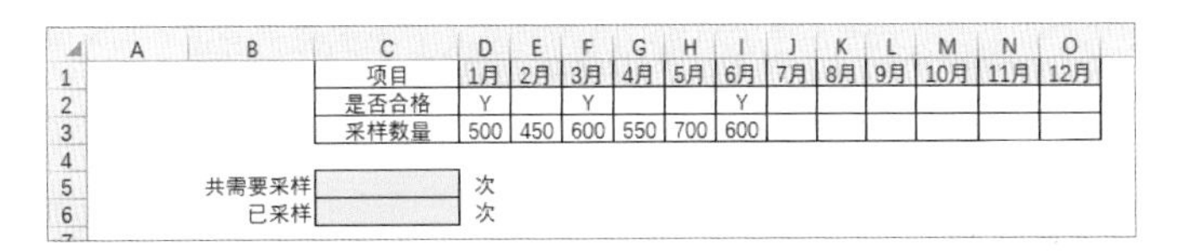

本案例文件是某质量检测采样的记录表。从中可以看到每个月采样数量和是否合格的信息，采样数量为空则表示该月还没有进行采样。如果要计算一共需要采样几次，可使用COUNTA函数对“月份”计数。如果需要计算已经采样几次，可使用COUNT函数对“采样数量”计数。

第一步 使用COUNTA函数计算需要采样的次数

❶ 选择C5单元格，在编辑栏中输入公式“=COUNTA(D1:O1)”，如下图所示。

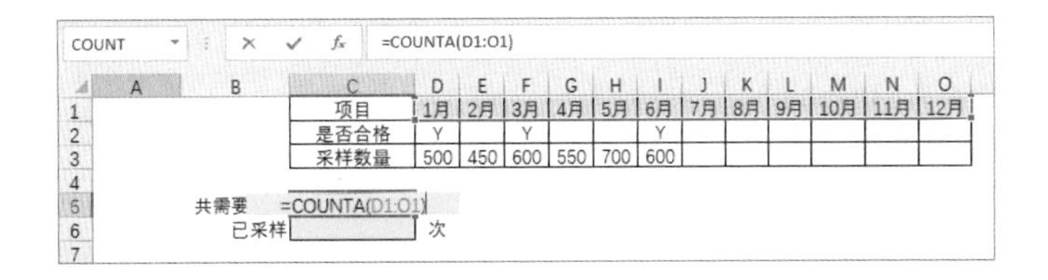

> **Tips** 公式“=COUNTA(D1:O1)”中各参数的含义如下，D1:O1是计数区域。该公式的主要作用是计算D1:O1单元格区域中非空单元格的个数。1~12月表示全年每个月都需要采样，故对D1:O1区域计数。D1:O1单元格区域非空单元格共12个，故计算结果为12。

❷ 按【Enter】键，即可计算出需要采样的次数，结果如下图所示。

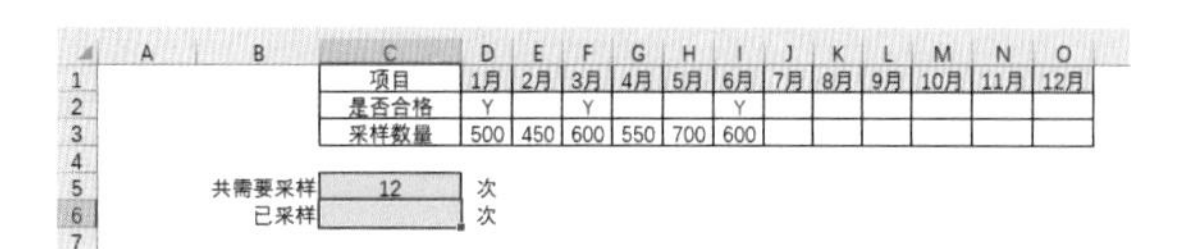

第二步 **使用COUNT函数计算已采样的次数**

❶ 选择C6单元格，在编辑栏中输入公式“=COUNT(D3:O3)”，如下图所示。

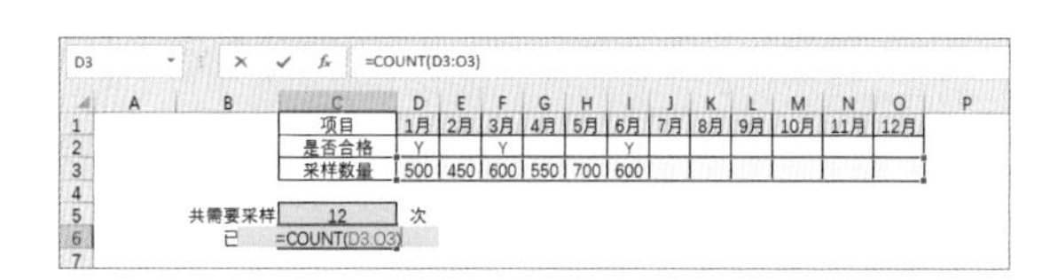

> **Tips** 公式“=COUNT(D3:O3)”中各参数的含义如下，D3:O3是计数区域。该公式的主要作用是计算D3:O3单元格区域中包含数字的单元格个数。采样数量中有数值时表示已经采样，故对D3:O3区域进行计数。D3:O3单元格区域共有6个包含数字的单元格，故计算结果为6。

❷ 按【Enter】键，即可计算出已采样的次数，结果如下图所示。

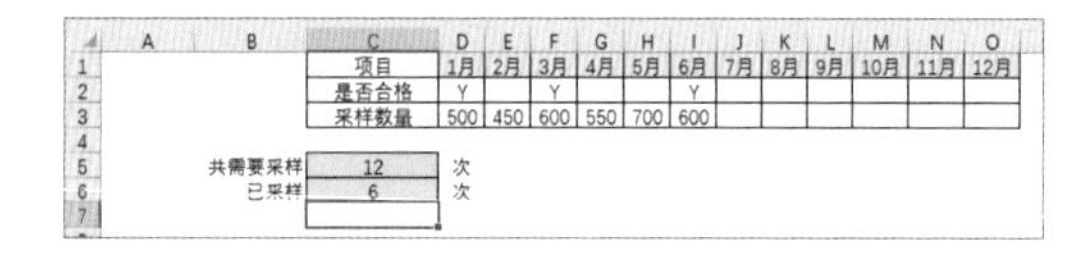

4. 地雷（容易出错的地方）

由于COUNT函数不统计无法转换成数字的文本，考虑到数据源中包含文本的内容，因此，建议多考虑使用COUNTA函数。

5.2 查找与引用函数

当需要在数据表格中查找特定的值，或查找某个单元格进行引用时，可以使用查找与引用函数，常见的函数有VLOOKUP、INDIRECT、OFFSET、INDEX、MATCH、ROW和COLUMN等。

5.2.1 VLOOKUP函数

VLOOKUP函数是一个查找函数。使用VLOOKUP函数可在单元格区域的第1列中按行查找指定的数值，并由此返回单元格区域中当前行中指定列处的数值。

1. 语法

VLOOKUP函数的语法如下，其中各参数的意义如下图所示，各参数的说明如表5-7所示。

VLOOKUP (lookup_value, table_array, col_index_num, [range_lookup])

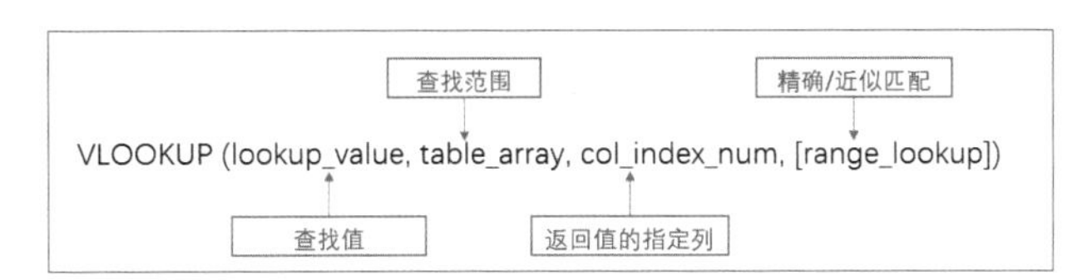

表5-7　VLOOKUP函数参数及说明

参 数	说 明
lookup_value	必需。查找值指需要查找的数据。它可以为数值、单元格引用或文本字符串
table_array	必需。查找范围指在很多单元格区域范围内查找数据
col_index_num	必需。返回值的指定列指返回第几列单元格的值
range_lookup	可选。精确 / 近似匹配的逻辑值用来指定查找数据的方式是精确匹配，还是近似匹配

Tips

如果 range_lookup 为 TRUE，则 table_array 的第1列数值必须按升序排列，否则不能返回正确结果。如果 range_lookup 为 FALSE，则table_array 不需要排序。因此，range_lookup参数经常采用FALSE值，这样不必排序即可返回精确匹配结果。

当单元格区域中符合查找值的单元格有多个，则返回第1个被查找到的行所在的指定列的值。

2. 示例

使用VLOOKUP函数的示例及说明如下图所示。

	A	B	C	D	E
1	日期	部门	产品	销售数量	
2	2019/10/12	销售一部	P0001	251	2019/10/15
3	2019/10/13	销售一部	P0002	301	
4	2019/10/14	销售一部	P0003	452	P0003
5	2019/10/15	销售一部	P0001	213	
6	2019/10/16	销售一部	P0002	401	
7	2019/10/17	销售一部	p0003	154	
8	2019/10/18	销售三部	A0001	190	
9	2019/10/19	销售三部	A0002	350	
10	2019/10/20		A0003	158	

	G	H	I
11	公式	说明	结果
12	=VLOOKUP(E2,$A$2:$D$10,4)	在A2:A10区域中查找E2单元格的近似值，首先找到第5行精确符合，返回A2:D10区域的第4列和第5行的交叉单元格即D5的值	213
13	=VLOOKUP(400,$D$2:$D$4,1,TRUE)	在D2:D4区域内查找400的近似值。因为没有找到400，所以返回小于400的最大值301	301
14	=VLOOKUP(E4,$C$2:$D$10,2,FALSE)	在C2:D10区域中查找E4单元格的精确值，首先找到第4行符合，返回C2:D10区域的第2列和第3行的交叉单元格即D4的值	452
15	=VLOOKUP(E4,$C$2:$D$10,0,FALSE)	返回值的指定列为"0"，小于1，所以报错	#VALUE!
16	=VLOOKUP(E4,$C$2:$D$10,3,FALSE)	返回值的指定列为"3"，大于数据表区域的列数，所以报错	#REF!
17	=VLOOKUP("P0004",$C$2:$D$10,2,FALSE)	在C2:D10区域中精确查找 "P0004"，则找不到符合的单元格，所以报错	#N/A
18			

Tips

VLOOKUP函数返回第1个符合匹配条件的单元格，如示例中第14行所示。

指定的返回列超出查找数据表的范围时，就会报错，如示例中第15行和16行所示。

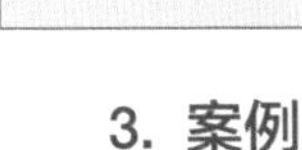

3. 案例

案例名称	查找产品价格
素材文件	素材 \ch05\5.2.1.xlsx
结果文件	结果 \ch05\5.2.1.xlsx

范例5-6 查找产品价格

打开“素材\ch05\5.2.1.xlsx”文件，数据源及需要计算的内容如下图所示。

H11 =G11*F11

	C	D	E	F	G	H
1	产品号	名称	采购价格			
2	C0001	ABS传感器	112			
3	C0002	ABS传感器	109			
4	C0003	ABS传感器	126			
5	C0004	ABS传感器	109			
6	C0005	ABS传感器	113			
7	C0006	ABS传感器	119			
8	C0007	ABS传感器	102			
9						
10	日期	产品号	名称	产量	采购价格	采购成本额
11	9月2日	C0001	ABS传感器	41		-
12	9月5日	C0003	ABS传感器	35		-
13	9月7日	C0002	ABS传感器	35		-
14	9月9日	C0003	ABS传感器	25		-
15	9月12日	C0006	ABS传感器	30		-
16	9月15日	C0002	ABS传感器	27		-
17	9月15日	C0005	ABS传感器	44		-
18	9月16日	C0007	ABS传感器	27		-
19	9月22日	C0004	ABS传感器	40		-
20	9月25日	C0004	ABS传感器	43		-
21	9月28日	C0007	ABS传感器	38		-
22						

本案例文件中包含产品采购价格数据和采购记录数据。从产品采购价格数据中可以看到产品号、名称、采购价格等信息。从采购记录数据中可以看到日期、产品号、名称、产量、采购价格和采购成本额等信息。其中，H列单元格中已设置公式，表示用G列采购价格乘以F列产量计算即可得出采购成本额。

如果需要根据产品号，从产品采购价格数据中查找采购价格，就可以使用VLOOKUP函数。

选择G11单元格，在编辑栏中输入公式“=VLOOKUP(D11,$C$1:$E$8,3,FALSE)”，按【Enter】键，即可显示查找到的采购价格。复制G11单元格内容，粘贴至G11:G21单元格区域，即可实现整个区域的价格查找，如下图所示。

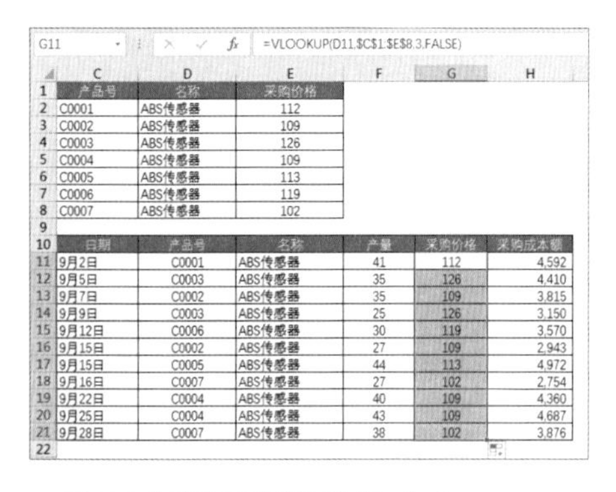
G11 =VLOOKUP(D11,$C$1:$E$8,3,FALSE)

	C	D	E	F	G	H
1	产品号	名称	采购价格			
2	C0001	ABS传感器	112			
3	C0002	ABS传感器	109			
4	C0003	ABS传感器	126			
5	C0004	ABS传感器	109			
6	C0005	ABS传感器	113			
7	C0006	ABS传感器	119			
8	C0007	ABS传感器	102			
9						
10	日期	产品号	名称	产量	采购价格	采购成本额
11	9月2日	C0001	ABS传感器	41	112	4,592
12	9月5日	C0003	ABS传感器	35	126	4,410
13	9月7日	C0002	ABS传感器	35	109	3,815
14	9月9日	C0003	ABS传感器	25	126	3,150
15	9月12日	C0006	ABS传感器	30	119	3,570
16	9月15日	C0002	ABS传感器	27	109	2,943
17	9月15日	C0005	ABS传感器	44	113	4,972
18	9月16日	C0007	ABS传感器	27	102	2,754
19	9月22日	C0004	ABS传感器	40	109	4,360
20	9月25日	C0004	ABS传感器	43	109	4,687
21	9月28日	C0007	ABS传感器	38	102	3,876
22						

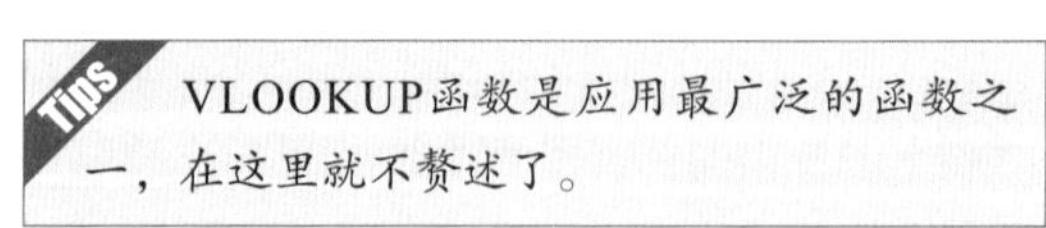

4. 地雷（容易出错的地方）

使用VLOOKUP函数查找出现错误时，需要检查数据源是否规范。因此还可以嵌套使用IFERROR函数，将查找的错误结果显示为0或空值，以便进行后续的数据处理。

5.2.2 OFFSET函数

OFFSET函数是以指定的单元格引用为参照系，通过给定偏移量得到新的单元格引用。返回的单元格引用可以为一个单元格或单元格区域，并可以指定返回的行数或列数。

1. 语法

OFFSET函数的语法如下，其中各参数的意义如下图所示，各参数的说明如表5-8所示。

OFFSET(reference, rows, cols, [height], [width])

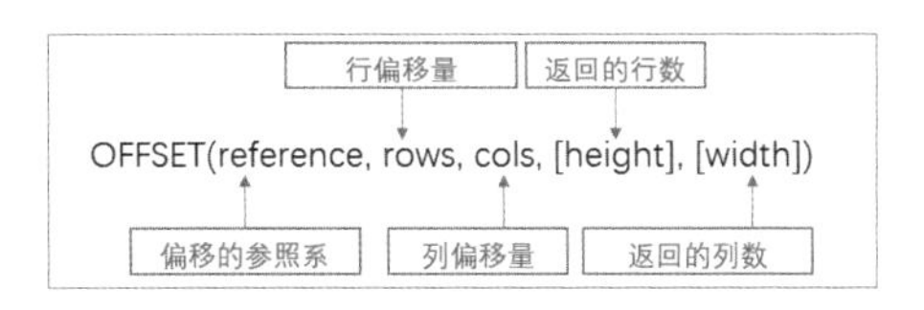

表5-8 OFFSET函数参数及说明

参 数	说 明
reference	必需。偏移的参照系指从哪里开始移动。它可以是一个单元格，或相邻的单元格区域
rows	必需。行偏移量指从参照系 reference 的左上角单元格向下或向上偏移几行。如果 rows 是正数，则向下偏移。如果 rows 是负数，则向上偏移
cols	必需。列偏移量指从参照系 reference 的左上角单元格向右或向左偏移几列。如果 cols 是正数，则向右偏移。如果 cols 是负数，则向左偏移
height	可选。返回的行数指从偏移后的位置开始，返回几行单元格
width	可选。返回的列数指从偏移后的位置开始，返回几列单元格

2. 示例

使用OFFSET函数的示例及说明如下图所示。

	A	B	C	D	E
1					
2	1	2	3	4	5
3	10	20	30	40	50
4	100	200	300	400	500
5	1000	2000	3000	4000	5000
6	10000	20000	30000	40000	50000

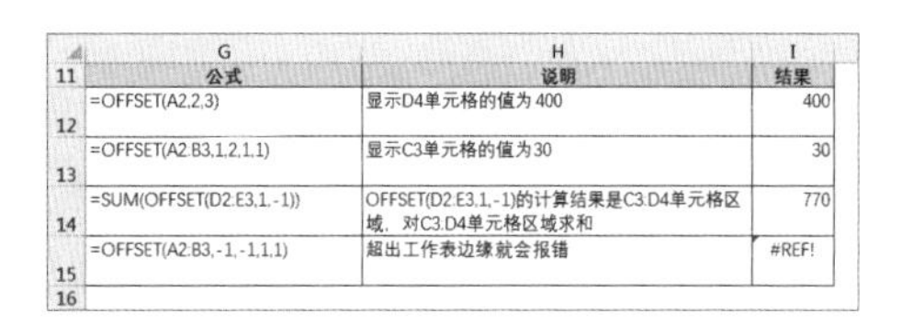

	G	H	I
11	公式	说明	结果
12	=OFFSET(A2,2,3)	显示D4单元格的值为 400	400
13	=OFFSET(A2:B3,1,2,1,1)	显示C3单元格的值为30	30
14	=SUM(OFFSET(D2:E3,1,-1))	OFFSET(D2:E3,1,-1)的计算结果是C3:D4单元格区域，对C3:D4单元格区域求和	770
15	=OFFSET(A2:B3,-1,-1,1,1)	超出工作表边缘就会报错	#REF!
16			

TIPS

如果偏移后超越工作表边缘，则会计算报错。

使用OFFSET函数写公式时，需要注意从参照系reference的左上角的单元格开始偏移，避免写错rows和cols这两个偏移量。

使用OFFSET函数并不会改变数据源中数据的位置。

3. 拓展学习

OFFSET函数经常与IF、ROW、COLUMN、MATCH、COUNT、COUNTA等函数嵌套使用。

下面举例说明，如何嵌套使用OFFSET函数和COUNTA函数，实现动态获取数据范围。以下是用于制作可视化系统的基础数据表，如下图所示。

产品	型号	成本(元)	销量(台)	成本额(元)
小轿车	A0001	100	50	5,000.00

为了录入数据的方便性和规范性，对于一部分数据可采用分类表形式，其中“产品”的分类表如下图所示。

对于E列“产品”设置数据验证引用分类表内容，以便采用下拉列表的形式录入数据。E55单元格的数据验证设置如下图所示。

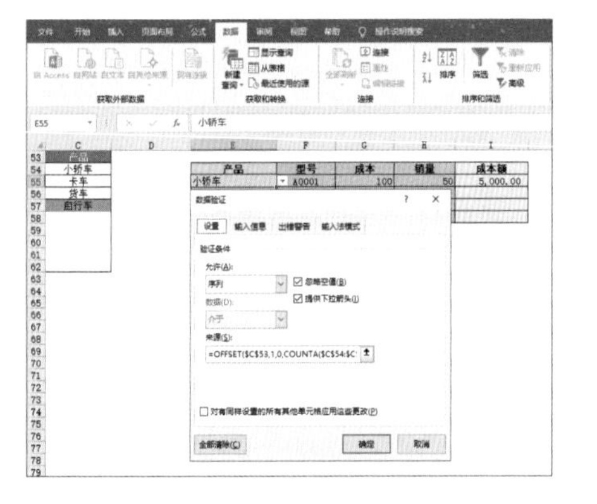

数据验证中嵌套使用了OFFSET函数和COUNTA函数。公式“=OFFSET($C$53,1,0,COUNTA($C$54:$C$62),1)”，表示从$C$53单元格开始偏移，向下偏移1行，向右偏移0列，即达到C54单元格，返回从C54单元格开始的3行1列数据。因此，E55单元格的下拉列表中显示C54:C56区域的3个单元格值，如下图所示。

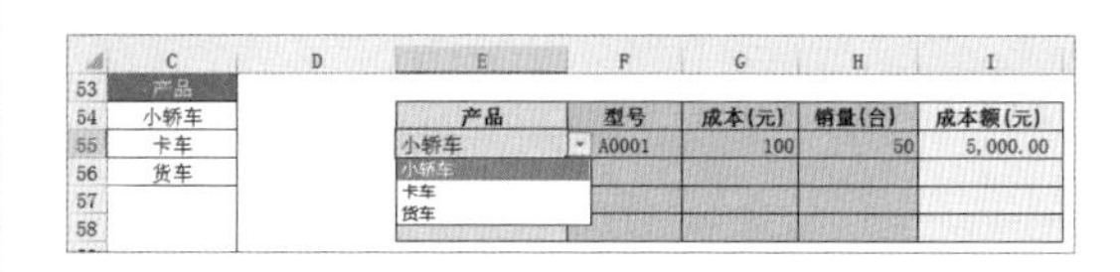

其中，尽管此时的产品分类表只有3个值，但COUNTA($C$54:$C$62)中多预留了6个单元格，所以可以更灵活应对今后产品增加的情况。如在C57单元格输入新的产品，E55的下拉列表中即可显示新增加的产品，效果如下图所示。

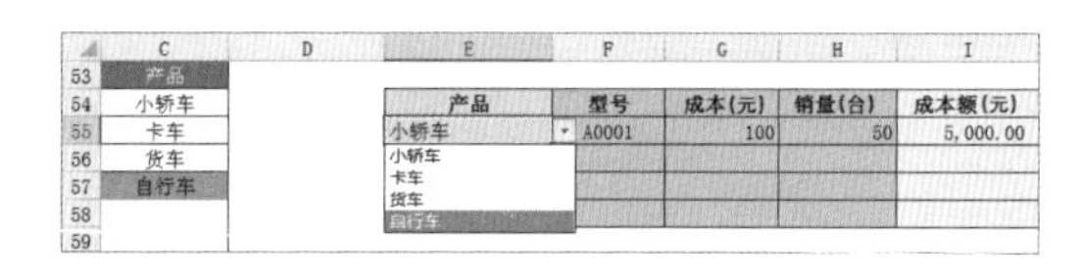

以上示例所用OFFSET函数和COUNTA函数的嵌套，经常在基础数据表中被用于选择录入项目。

4. 地雷（容易出错的地方）

理解和掌握OFFSET函数的位移逻辑，可避免错误使用带来的错位。

5.2.3 INDEX函数

INDEX函数是一个查找函数，可返回指定的数组或单元格引用，包括有数组形式和引用形式两种用法。

1. 语法

INDEX函数数组形式的语法如下，其中各参数的意义如下图所示，各参数的说明如表5-9所示。

```
INDEX(array, row_num, [column_num])
```

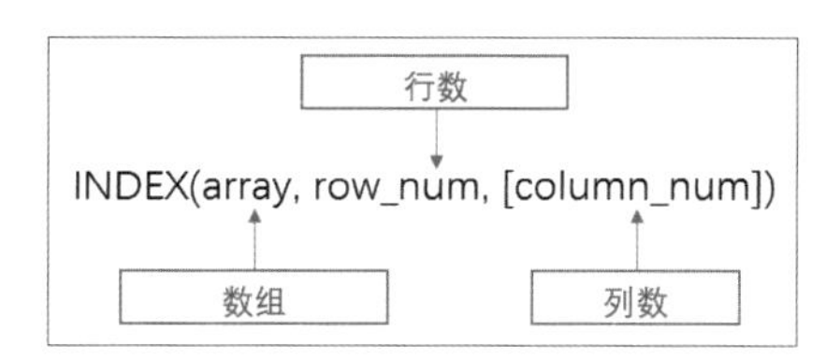

表5-9　INDEX函数数组形式的参数及说明

参数	说明
array	必需。数组指查找的数组范围。INDEX 函数的作用是，找到 array 中第几行第几列的值。第几行和第几列分别由参数 row_num 和参数 column_num 指定
row_num	有条件的必需。行数指查找 array 中的第几行
column_num	有条件的必需。列数指查找 array 中的第几列

INDEX函数引用形式的语法如下，其中各参数的意义如下图所示，各参数的说明如表5-10所示。

INDEX(reference, row_num, [column_num], [area_num])

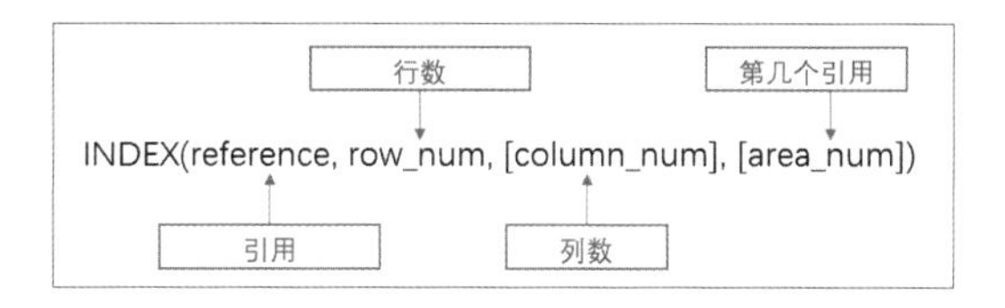

表5-10　INDEX函数引用形式的参数及说明

参数	说明
reference	必需。引用指查找的单元格范围
row_num	有条件的必需。行数指查找 reference 中的第几行
column_num	有条件的必需。列数指查找 reference 中的第几列
area_num	可选。当 reference 包含多个单元格区域时，可通过 area_num 来指定在第几个单元格区域内进行查找

2. 示例

使用INDEX函数的示例及说明如下图所示。

	A	B	C	D
1	日期	部门	产品	销售数量(个)
2	2019/10/12	销售一部	P0001	251
3	2019/10/13	销售一部	P0002	301
4	2019/10/14	销售一部	P0003	452
5	2019/10/15	销售一部	P0001	213
6	2019/10/16	销售一部	P0002	401
7	2019/10/17	销售一部	p0003	154
8	2019/10/18	销售三部	A0001	190
9	2019/10/19	销售三部	A0002	350
10	2019/10/20		A0003	158
11				

	G	H	I
11	公式	说明	结果
12	=INDEX({1,2;3,4},1,2)	{1,2;3,4}是一个2X2数组，第一行中是 1 和 2，第二行是 3 和 4。计算结果是数组的第1行第2列的数值	2
13	=INDEX($A$2:$D$10,2,4)	位于 A2:D10 区域中第2行和第4列交叉处的数值	301
14	=INDEX($C$2:$C$10,2)	C列中第2行的数值	P0002
15	=INDEX($A$2:$D$2,,2)	第2行中第2列的数值	销售一部
16	=SUM(INDEX($A$1:$D$10, 0, 4, 1))	对 A1:D10区域的第4列求和，即对D1:D10求和	2470
17	=SUM(D2:INDEX($A$2:$D$10, 5, 4))	以单元格 D2 开始到单元格区域 A2:D10 中第5行和第4列交叉处结束的单元格区域的和，即单元格区域 D2:D6的和	1618
18	=INDEX(($A$2:$B$3,$C$8:$D$10),1,1,2)	有2个引用区域：A2:B3和C8:D10，返回C8:D10区域中第1行第1列的单元格引用	A0001

使用INDEX函数的思路是先定位区域，再定位垂直和水平方向的移动量。

3. 拓展学习

INDEX函数还可以实现下面两种情况。

（1）跨表使用。

（2）可与MATCH、ROW、COLUMN等函数嵌套使用。

4. 地雷（容易出错的地方）

指定引用的单元格区域后，垂直和水平方向的移动量（列数和行数）将不可以是负数或超越引用的单元格区域，否则会报错，如下图所示。

H55 =INDEX(C54:C58,-1,1)

	C	D	E	F	G	H
53	水果	1月	2月	3月		
54	香蕉	100	200	300		
55	苹果	400	500	600		#VALUE!
56	葡萄	700	800	900		#REF!
57	桃子	1000	1100	1200		
58	西瓜	1300	1400	1500		

H56 =INDEX(C54:C58,1,2)

	C	D	E	F	G	H
53	水果	1月	2月	3月		
54	香蕉	100	200	300		
55	苹果	400	500	600		#VALUE!
56	葡萄	700	800	900		#REF!
57	桃子	1000	1100	1200		
58	西瓜	1300	1400	1500		

5.2.4 MATCH函数

MATCH函数是一个查找函数。使用MATCH函数可在指定的单元格区域中查找指定的项，并返回该项在此区域中的相对位置。如果A1:A3区域中包含值5、15和25，那么公式=MATCH(25,A1:A3,0)则返回数字3，因为25是该区域中的第3项。

1. 语法

MATCH函数的语法如下，其中参数的意义如下图所示。参数的说明如表5-11所示。

MATCH(lookup_value, lookup_array, [match_type])

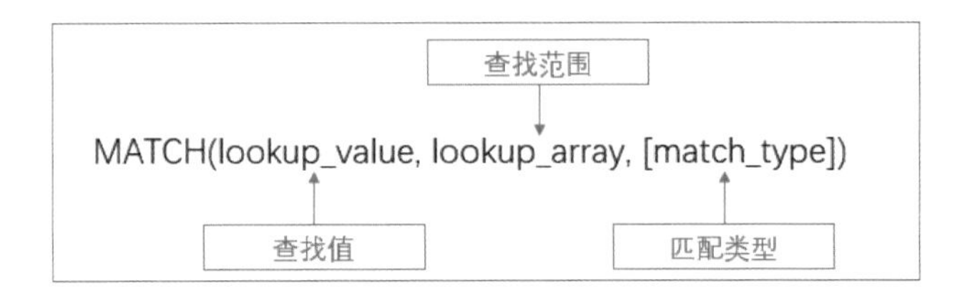

表5-11 MATCH函数参数及说明

参 数	说 明
lookup_value	必需。查找值指需要查找的数据

续表

参数	说明
lookup_array	必需。查找范围指在什么单元格区域中查找数据。它可以是一行或一列单元格区域
match_type	可选。匹配类型用来指定查找数据的方式是精确匹配还是近似匹配。它可选数字 1、0 或 -1，默认值为 1

2. 示例

使用MATCH函数的示例及说明如下图所示。

	A	B	C
1	产品	销售数量	价格
2	P0001	251	900
3	P0002	301	800
4	P0003	452	700
5	P0004	213	600
6	P0005	401	500
7	P0006	401	400
8	P0007	190	300
9	P0008	350	200
10	P0009	158	100

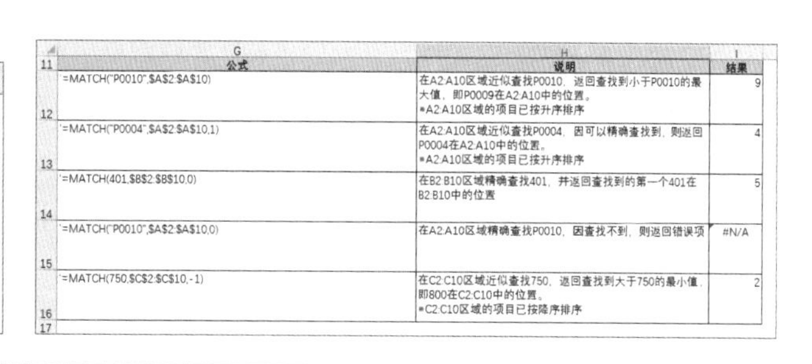

	G	H	I
11	公式	说明	结果
12	'=MATCH("P0010",$A$2:$A$10)	在A2:A10区域近似查找P0010，返回查找到小于P0010的最大值，即P0009在A2:A10中的位置。 *A2:A10区域的项目已按升序排序	9
13	'=MATCH("P0004",$A$2:$A$10,1)	在A2:A10区域近似查找P0004，因可以精确查找到，则返回P0004在A2:A10中的位置。 *A2:A10区域的项目已按升序排序	4
14	'=MATCH(401,$B$2:$B$10,0)	在B2:B10区域精确查找401，并返回查找到的第一个401在B2:B10中的位置	5
15	'=MATCH("P0010",$A$2:$A$10,0)	在A2:A10区域精确查找P0010，因查找不到，则返回错误项	#N/A
16	'=MATCH(750,$C$2:$C$10,-1)	在C2:C10区域近似查找750，返回查找到大于750的最小值，即800在C2:C10中的位置。 *C2:C10区域的项目已按降序排序	2
17			

Tips

查找文本值时，MATCH函数不用区分字母大小写。

如果MATCH函数查找不成功，则会返回错误项#N/A，如示例中第15行所示。

3. 拓展学习

MATCH函数还可以实现下面两种情况。

（1）跨表使用。

（2）在动态表或自定义函数中，与INDEX函数、OFFSET函数嵌套使用。

Tips

如果纵向数据太多，不适合数据布局时，可以使用上述MATCH函数和OFFSET函数嵌套的方法实现数据布局结构的转置。

4. 地雷（容易出错的地方）

在应用过程中，注意应对MATCH函数引用的查找范围进行锁定。

如果要同计数函数嵌套使用，尽量使用COUNTA函数，以避免COUNT函数无法统计数字以外单元格而带来错误。

5.2.5 ROW函数和COLUMN函数

ROW函数指返回单元格引用的行号。如公式“=ROW(B5)”返回5，因为B5单元格在第5行。

COLUMN函数指返回单元格引用的列号。如公式“=COLUMN(B5)”返回2，因为B5单元格在第2列。

1. 语法

ROW函数的语法如下，其参数的意义如下图所示，参数的说明如表5-12所示。

ROW([reference])

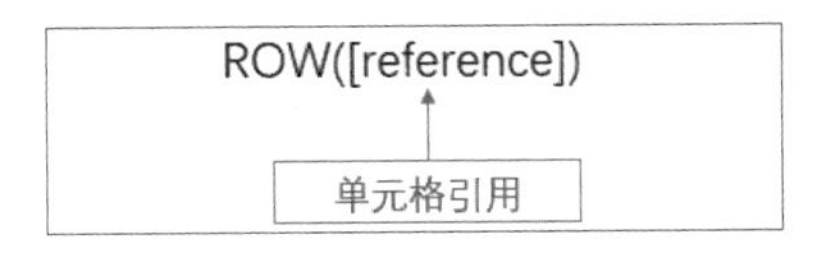

表5-12 ROW函数参数及说明

参 数	说 明
reference	可选。单元格引用指需要得到行号的一个单元格或一个单元格区域。如果省略 reference，则返回 ROW 函数所在单元格的行号

COLUMN函数的语法如下，其参数的意义如下图所示，参数的说明如表5-13所示。

COLUMN([reference])

表5-13 COLUMN函数参数及说明

参 数	说 明
reference	可选。单元格引用指需要得到列号的一个单元格或一个单元格区域。如果省略 reference 则返回 COLUMN 函数所在单元格的列号

2. 示例

使用ROW函数的示例及说明如下图所示。

	A	B	C
1	产品	销售数量	价格
2	P0001	251	900
3	P0002	301	800
4	P0003	452	700
5	P0004	213	600
6	P0005	401	500
7	P0006	401	400
8	P0007	190	300
9	P0008	350	200
10	P0009	158	100
11			

	G	H	I
11	公式	说明	结果
12	=ROW($A$6)	A6单元格的行号	6
13	=ROW($A$2:$A$10)	A2:A10单元格区域的每一行行号，它是一个数组，显示数组的第 1 个值	2
14	=ROW()	ROW()函数所在单元格的行号	14

使用COLUMN函数的示例及说明如下图所示。

	A	B	C
1	产品	销售数量	价格
2	P0001	251	900
3	P0002	301	800
4	P0003	452	700
5	P0004	213	600
6	P0005	401	500
7	P0006	401	400
8	P0007	190	300
9	P0008	350	200
10	P0009	158	100
11			

	G	H	I
11	公式	说明	结果
12	=COLUMN($C$6)	C6单元格的列号	3
13	=COLUMN($A$4:$C$4)	A4:C4单元格区域的每一列列号，它是一个数组，显示数组的第 1 个值	1
14	=COLUMN()	COLUMN()函数所在单元格的列号	9

ROW函数和COLUMN函数的参数reference不可以引用多个单元格区域。

3. 拓展学习

ROW函数和COLUMN函数还可以实现下面两种情况。

（1）跨表使用。

（2）在动态表或自定义函数中与VLOOKUP、INDEX、MATCH、OFFSET等函数嵌套使用。

4. 地雷（容易出错的地方）

需要理解ROW函数和COLUMN函数计算结果反馈的行、列数值。制作图表数据源时，可根据需要对计算结果的行、列数值做加减乘除运算，得到真正想定位的位置。

5.3 逻辑函数

逻辑函数用于进行真假值的判断，其中使用最广泛的逻辑函数是IF函数。

5.3.1 IF函数

IF函数是最常用的逻辑函数。使用IF函数执行逻辑值判断时，若符合条件逻辑判断为TRUE时，则返回指定的值；若不符合条件逻辑判断为FALSE时，则返回指定的另一个值。

1. 语法

IF函数的语法如下，其中的参数意义如下图所示，其参数的说明如表5-14所示。

```
IF(logical_test, [value_if_true], [value_if_false])
```

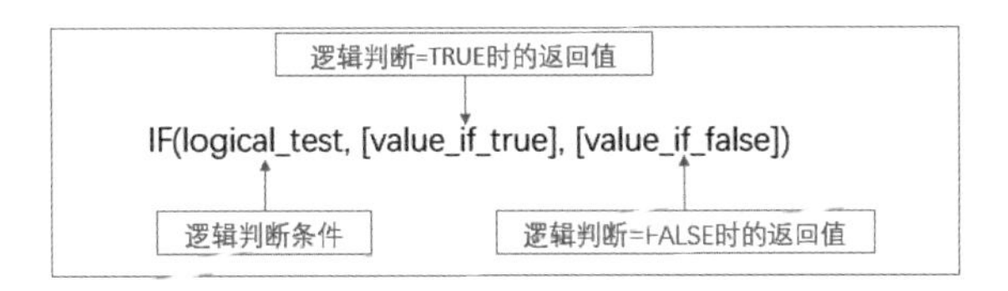

表5-14 IF函数参数及说明

参数	说明
logical_test	必需。逻辑判断条件指用于判断真假值的条件
value_if_true	可选。逻辑判断 =TRUE 时的返回值，用于指定当 logical_test 的逻辑判断结果是 TRUE 时返回的值
value_if_false	可选。逻辑判断 =FALSE 时的返回值，用于指定当 logical_test 的逻辑判断结果是 FALSE 时返回的值

2. 示例

使用IF函数的示例及说明如下图所示。

	A	B	C
1	产品	销售数量（个）	价格（元）
2	P0001	251	900
3	P0002	301	800
4	P0003	452	700
5	P0004	213	600
6	P0005	401	500
7	P0006	401	400
8	P0007	190	300
9	P0008	350	200
10	P0009	158	600
11			

	G	H	I
11	公式	说明	结果
12	=IF(C2<500,"低于500","高于500")	判断C2单元格的值是否小于500的结果是FALSE，故返回"高于500"	高于500
13	=IF(C2>0,C2+1,C2-1)	判断C2单元格的值是否>0的结果是TRUE，故返回901	901
14	=IF(C2<500,)	判断C2单元格的值是否小于500的结果是FALSE，且value_if_true参数后没有逗号，故返回默认值FALSE	FALSE
15	=IF(C2<500,,)	判断C2单元格的值是否小于500的结果是FALSE，且value_if_true参数后有逗号，故返回默认值0	0
16	=IF(1,TRUE,FALSE)	判断数值1的结果是TRUE，返回TRUE	TRUE
17	=IF(1,)	判断数值1的结果是TRUE，且 value_if_true参数默认，故返回默认值0	0
18	=IF(C2>500, IF(C2>1000,"A","B"),"C")	C2单元格的值大于500且小于1000，故返回"B"	B
19	=IF(AND(B2>200, C2>500), "热卖商品", "亏本商品")	B2单元格的值大于200且C2单元格的值大于500，故返回"热卖商品"	热卖商品
20	=IF(OR(B10<200, C10<500), "亏本商品", "热卖商品")	尽管C10并不小于500，但满足B10单元格的值小于200的条件，故返回"亏本商品"	亏本商品

> **Tips**
>
> value_if_true是默认值时，则返回0。如果想返回逻辑值TRUE，则需要在公式中将value_if_true设置为TRUE，如示例第16行所示。
>
> IF函数可以嵌套使用，如示例第18行所示。
>
> IF函数可以和AND、OR结合使用，如示例第19、20行所示。
>
> 即便是默认值value_if_true参数和value_if_false参数，logical_test参数后也要使用一个逗号，否则公式会报错。

3. 拓展学习

IF函数还可以实现下面两种情况。

（1）用于条件判断，指对数据进行分类、计算、选择等。使用IF函数对学生分数进行分类，如下图所示。

=IF(D3>=90,"优",IF(D3>=60,"良","差"))

学号	姓名	得分	判断
A001	小慧	61	良
A002	小东	59	差
A003	小明	95	优
A004	小科	95	优
A005	小余	55	差
A006	小罗	92	优
A007	小马	62	良
A008	小王	85	良

（2）经常与VLOOKUP、OFFSET、INDIRECT等函数查找引用函数嵌套使用，以及与SUMIF、SUMIFS、COUNTIF等统计函数嵌套使用，其运用范围非常广泛。

> **Tips**
>
> 通过IF函数和OFFSET函数嵌套使用制作下拉菜单，不仅在制作可视化图表的基础数据表时经常使用，还可规范数据的录入，以及灵活应对数据的增加。

4. 地雷（容易出错的地方）

（1）理解IF函数的3个参数，使用时应注意保证其结构完整。

（2）通过IF函数进行数据分类时，先要思路清晰，才能保证正确分类。

5.3.2 IFERROR函数

IFERROR函数指可捕获和处理错误值。如果检查出公式的计算结果是错误值，则返回指定的值；如果没有检查出错误，则返回公式的计算结果。

1. 语法

IFERROR函数的语法如下所示，其中参数的意义如下图所示，参数的说明如表5-15所示。

IFERROR(value, value_if_error)

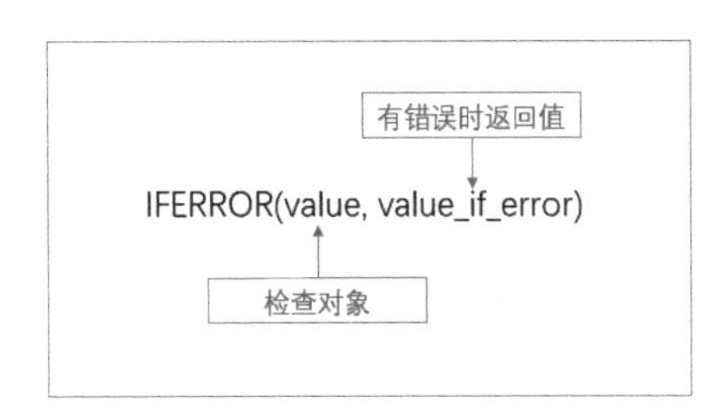

表5-15 IFERROR函数参数及说明

参数	说明
value	必需。检查对象，指检查是否有错误值的对象。其中 IFERROR 函数的作用是检查 value 是否包含错误值，如果包含错误值，则返回指定的值（由 value_if_error 指定）；如果不包含错误值，则返回 value 的值
value_if_error	必需。有错误时返回值，指定 value 的计算结果包含错误值时返回什么值

2. 示例

使用IFERROR函数的示例及说明如下图所示。

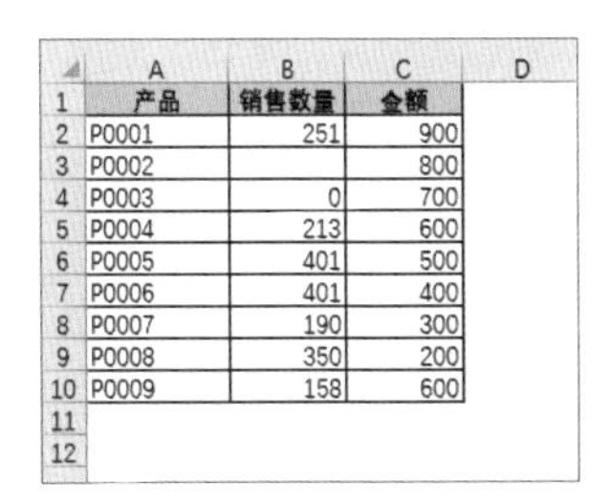

	A	B	C	D
1	产品	销售数量	金额	
2	P0001	251	900	
3	P0002		800	
4	P0003	0	700	
5	P0004	213	600	
6	P0005	401	500	
7	P0006	401	400	
8	P0007	190	300	
9	P0008	350	200	
10	P0009	158	600	
11				
12				

	G	H	I
11	公式	说明	结果
12	=IFERROR(C2/B2,"出错啦")	C2/B2的计算结果无错误，则返回计算结果	3.585657
13	=IFERROR(C4/B4,"出错啦")	因B4单元格的值是0，作为除数出错，则返回指定的返回值"出错啦"	出错啦
14	=IFERROR(SUM, "出错啦")	因SUM函数缺少参数而出错，则返回指定的返回值"出错啦"	出错啦
15	=IFERROR(#N/A, "出错啦")	因#N/A是错误项，则返回指定的返回值"出错啦"	出错啦
16	=IFERROR(C3/B3,"出错啦")	因B3是空单元格，被视为空字符串""，作为除数会出错，则返回指定的返回值"出错啦"	出错啦

如果value参数和value_if_error参数是空单元格，则被视为空字符串" "，如示例第16行所示。

3. 拓展学习

IFERROR函数多用于数据规范显示。在Excel中常见的错误值有以下几种，如表5-16所示。

表5-16 IFERROR函数常见错误值

错误值	说明
#NULL!	指定并不相交的两个区域时，出现这种错误
#DIV/0!	除数是 0 时，出现这种错误

续表

错误值	说明
#VALUE!	用非数值参与计算时，出现这种错误
#REF!	单元格引用无效时，出现这种错误
#NAME?	识别不出公式中的文本时，出现这种错误
#NUM!	公式或函数中使用无效数字值时，出现这种错误
#N/A	无法得到有效值时，出现这种错误值

4. 地雷（容易出错的地方）

在制作图表之前，一定要对数据进行规范性检查，否则会因数据不规范而获取不到数据，导致错算、漏算，最终无法得到预期的图表效果。

5.4 信息函数——NA函数

NA函数用来确定单元格值的类型。它包含一组称为IS的函数，当单元格满足条件时返回TRUE，否则返回FALSE。如用ISBLANK函数来确定单元格是否为空。

NA函数如果返回#N/A错误值，其中错误值#N/A表示“无法得到有效值”。

1. 语法

NA函数的语法如下所示，其参数意义如下图所示。

NA()

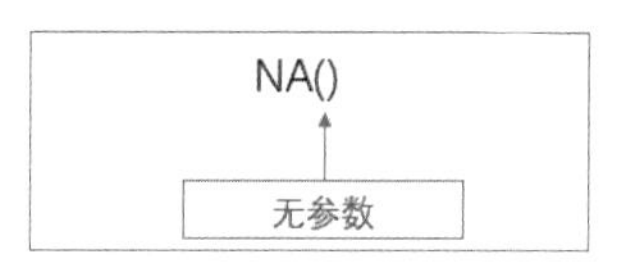

2. 示例

使用NA函数的示例及说明如下图所示。

	G	H	I
11	公式	说明	结果
12	=NA()	返回#N/A	#N/A
13	=SUM(I12)	公式中包含I12单元格。因为该单元格的值是错误值#N/A，故返回错误值#N/A	#N/A

Tips

当公式引用包含 #N/A 的单元格时，公式将返回 #N/A 错误值，如示例第13行所示。

虽然NA函数没有参数，但一定要有括号。

通过在缺少信息的空单元格中输入 #N/A，可避免在计算中因包含空单元格而产生意外的问题。

3. 拓展学习

NA函数多用于制作辅助数据，可以在绘制图表时起到断点、隐藏的作用。如根据1~7月的目标和实际数据，在计算未达成数据时，可嵌套使用IF函数和NA函数。以D6单元格为例，公式为

“=IF(D5<D4,D5,NA())”，用于判断D5单元格的值是否小于D4单元格的值，如果是则返回D5单元格的值，否则显示#N/A，如下图所示。

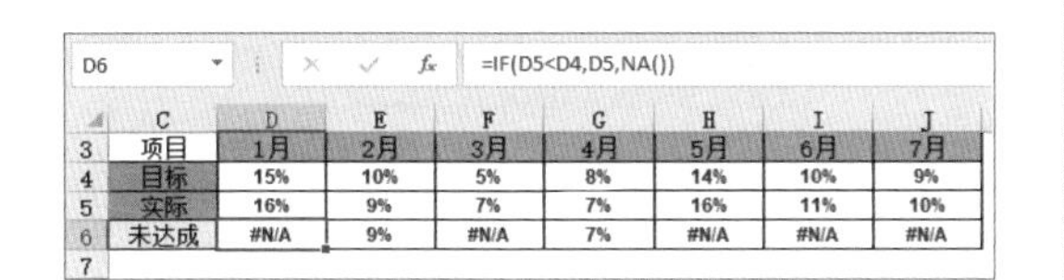

项目	1月	2月	3月	4月	5月	6月	7月
目标	15%	10%	5%	8%	14%	10%	9%
实际	16%	9%	7%	7%	16%	11%	10%
未达成	#N/A	9%	#N/A	7%	#N/A	#N/A	#N/A

根据这样的数据源，可制作簇状柱形图和带数据标记的折线图图表。其中，折线图图表使用未达成的数据，并将数据标记更改为叉号的形状，数量更加醒目，如下图所示。

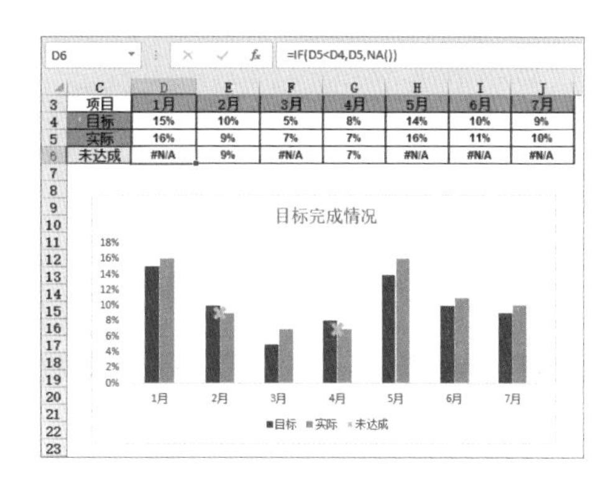

项目	1月	2月	3月	4月	5月	6月	7月
目标	15%	10%	5%	8%	14%	10%	9%
实际	16%	9%	7%	7%	16%	11%	10%
未达成	#N/A	9%	#N/A	7%	#N/A	#N/A	#N/A

4. 地雷（容易出错的地方）

当数据源中有#N/A时，图表的数据标签会显示#N/A，既可以删除#N/A标签，也可用0代替#N/A。

5.5 其他函数与技术

除了前面介绍的常用函数，下面介绍使用菜单的实现方法。

选择单元格，选择【数据】→【数据工具】→【数据验证】选项，如下图所示。

在弹出的【数据验证】对话框中，在【验证条件】的【允许】下拉列表中选择【序列】选项，在【来源】文本框中输入相关选项，并用逗号分隔，或使用单元格引用，即可实现下拉菜单，如右图所示。

对于【数据验证】对话框中的【来源】文本框的设置，有以下几种方法。

（1）方法一：手动录入。直接在【来源】文本框中输入下拉菜单的相关选项，并用逗号分隔，如下图所示。

设置下拉菜单效果如下图所示。

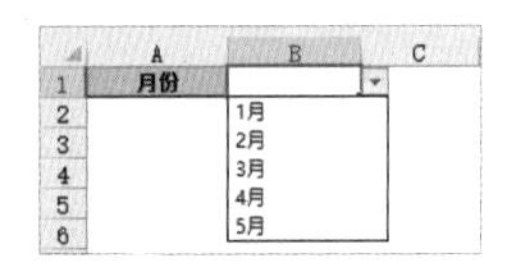

（2）方法二：选择范围。在【来源】文本框中引用单元格区域，如下图所示。

设置下拉菜单后的效果如下图所示。

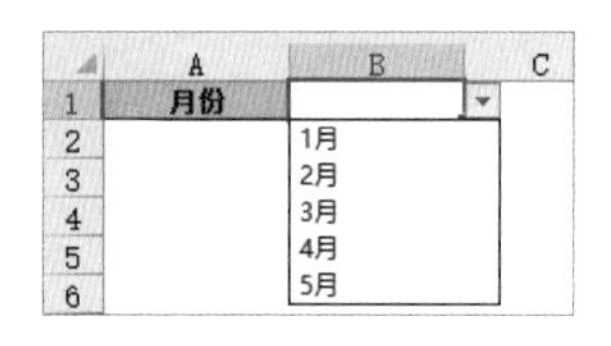

（3）方法三：函数动态变更。在【来源】文本框中输入公式“=OFFSET($D$1,0,0,7,1)”，表示获取从D1单元格开始的7个单元格，如下图所示。

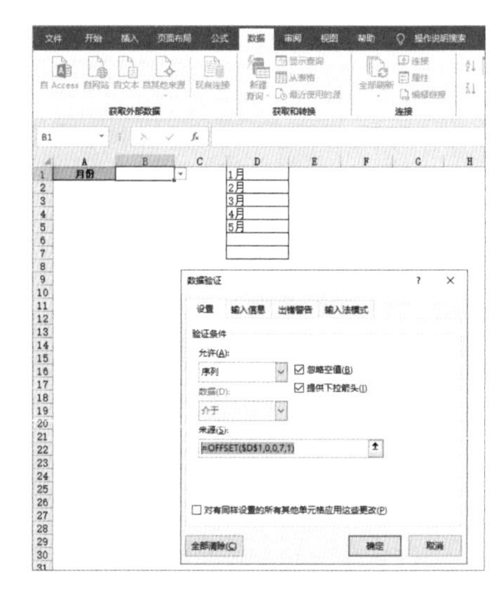

因为D6、D7单元格为空，所以下拉菜单中出现两个空值选项，如下图所示。

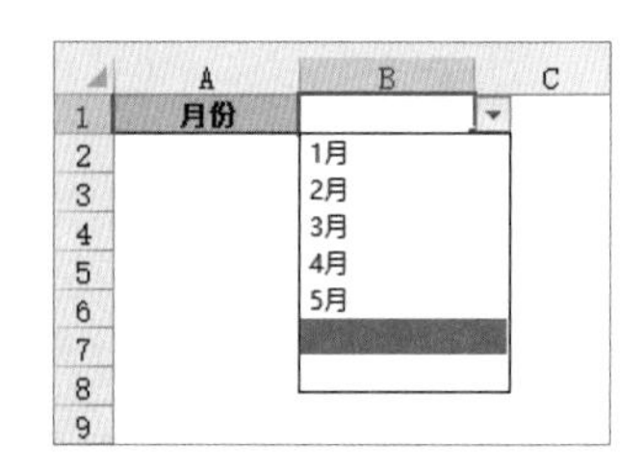

（4）方法四：二级下拉菜单。如下图所示，E4:E5单元格区域为一级下拉菜单选项数据；G4:H8单元格区域为二级下拉菜单选项数据。

需要实现：如果B2单元格的值为“水果”，则C2单元格的下拉菜单选项为G4:G8区域的数据；如果B2单元格的值为“蔬菜”，则C2单元格的下拉菜单选项为H4:H8区域的数据。

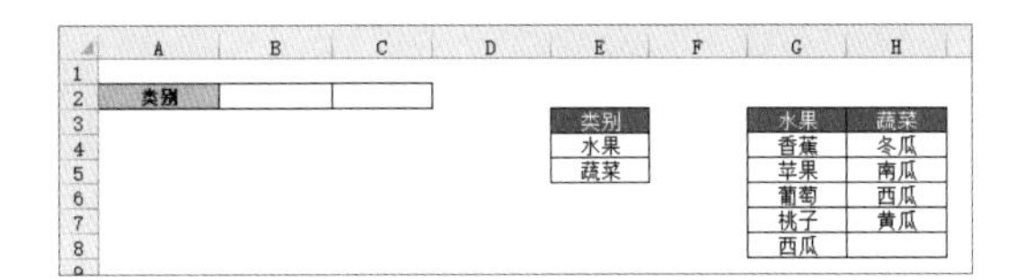

B2单元格的设置如下图所示。

一级下拉菜单效果如下图所示。

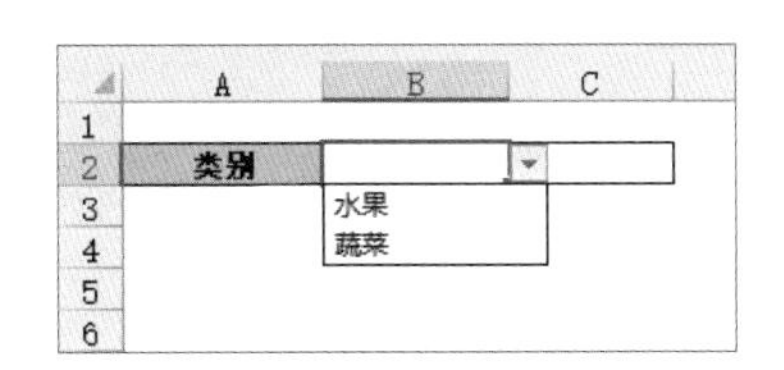

设置二级菜单的具体操作步骤如下。

❶ 选中G3:H8单元格区域，选择【公式】→【定义的名称】→【根据所选内容创建】选项。在弹出的【根据所选内容创建名称】对话框中，选中【首行】复选框，单击【确定】按钮。如右上图所示。

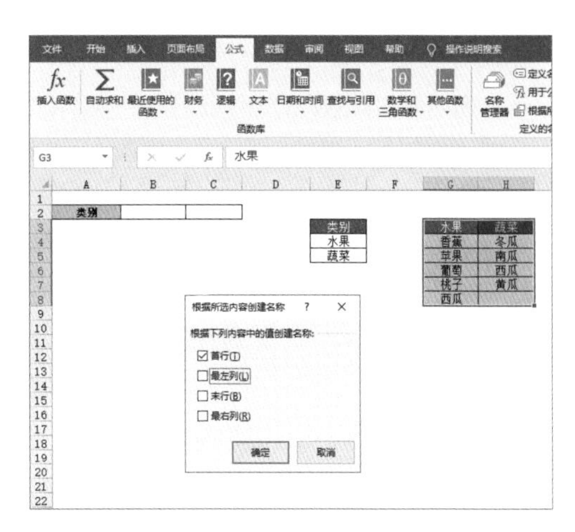

❷ 即可得到“水果”和“蔬菜”两个自定义名称，如下图所示。

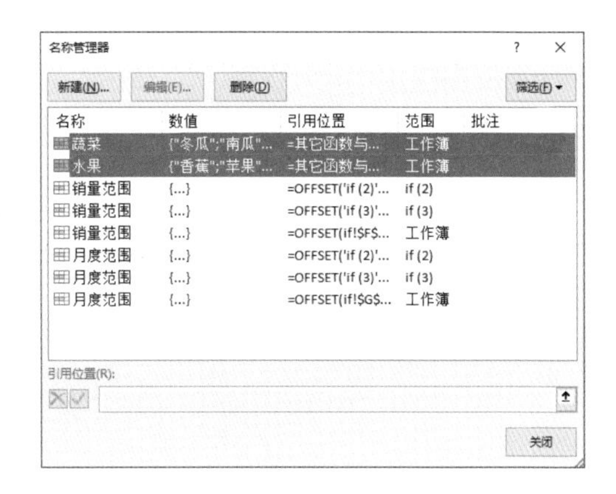

❸ C2单元格的数据验证设置如下图所示。

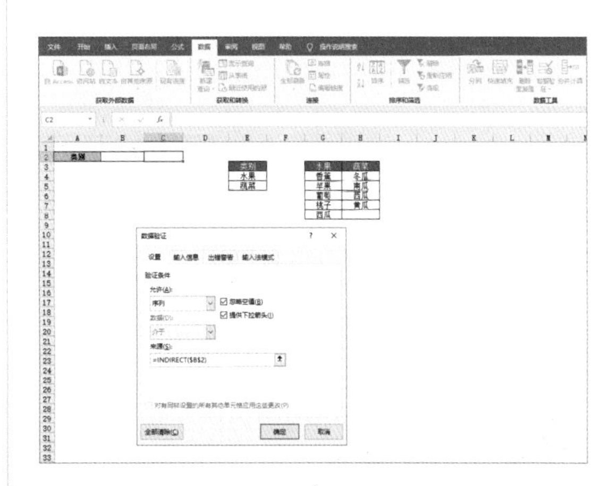

INDIRECT函数是一个引用函数，主要用于返回由文本字符串指定的引用内容，其语法格式如下所示。参数说明如表5-17所示。

```
INDIRECT(ref_text, [a1])
```

表5-17 INDIRECT函数参数及说明

参数	说明
ref_text	必需参数。指定引用的单元格的引用。如果 ref_text 不是有效的单元格引用，则间接返回 #REF!
a1	可选参数，是一个逻辑值，用于指定包含在单元格 ref_text 中的引用的类型

INDIRECT函数的引用的两种形式：一种加引号，一种不加引号。如果A1单元格中的值为B2，而B2单元格中的值为“11”。

=INDIRECT("A1")，此时为文本引用，即引用A1单元格所在的文本“B2”。

=INDIRECT(A1)，此时为地址引用，返回B2单元格中的值“11”。

公式“=INDIRECT($B$2)”表示定位到B2指向的单元格区域。如B2单元格选择“水果”时，“=INDIRECT($B$2)”表示定位到“水果”引用的单元格区域即G4:G8区域。此时，C2单元格的二级下拉菜单可显示G4:G8区域的值，如下图所示。

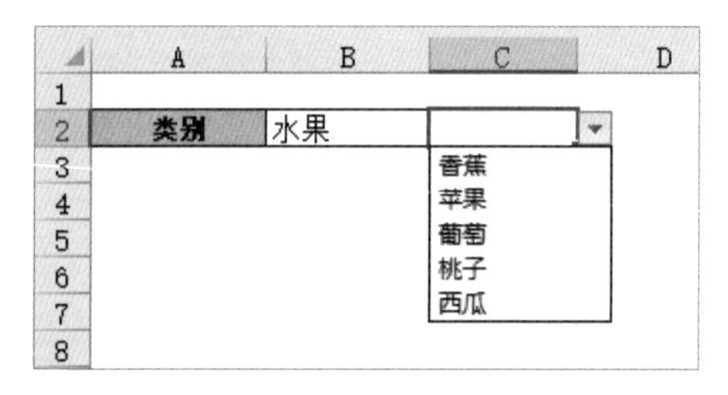

B2单元格选择“蔬菜”时，“=INDIRECT($B$2)”表示定位到“蔬菜”引用的单元格区域即H4:H8区域。此时，C2单元格的二级下拉菜单可显示H4:H8区域的值，如下图所示。

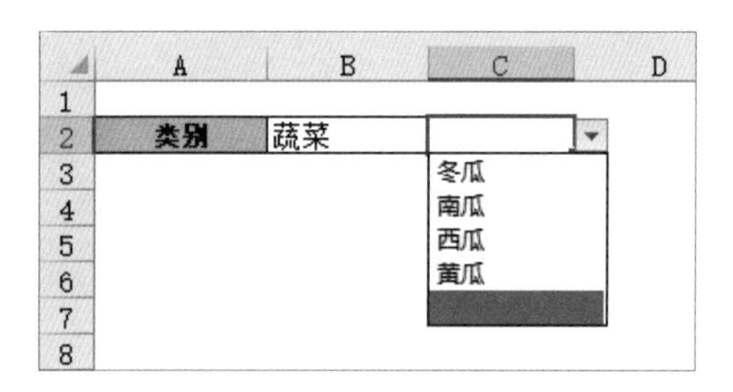

5.6 高手点拨

函数的使用是Excel数据处理过程中最重要的功能之一。制作图表时也经常使用函数来对数据进行加工，以便获得适合图表的数据源。

本章主要介绍制作图表过程中经常使用的函数，包括SUMIF（S）、COUNTIF（S）、COUNT和COUNTA等统计函数、VLOOKUP、INDIRECT、OFFSET、INDEX、MATCH、ROW和COLUMN等查找引用函数、IF和IFERROR等逻辑函数，以及信息函数NA函数。还介绍了经常用到的下拉菜单的几种实现方法。

实际应用中函数嵌套经常被用到，大家要多加练习来掌握各个函数的嵌套用法，尤其是函数与函数、函数与符号之间的嵌套。

Excel中的函数数量众多，本书精选了几种常用的函数，读者可根据自己的需要，进一步学习相关的函数知识，如下图所示。

项 目	职 业	需要加强学习的内容
用函数和控件做动态图表	财务	财务函数、文本函数、日期和时间函数
	人力资源	日期和时间函数、文本函数
	学生	三角函数
	生产制造	日期和时间函数
	品质管理	日期和时间函数
	其他	根据自己行业统计所需而定
用透视表做动态图表	所有职业	透视表常用功能、值汇总、值显示方式等

5.7 实战练习

练习 1

打开“素材\ch05\实战练习1.xlsx”文件。这是某文具工厂产品表和生产数量表。请运用本章相关内容，选择合适的函数，从产品表中查找产品名称，并显示在生产数量表中，如下图所示。

	A	B	C	D	E	F	G
1	产品表		产品号	名称			
2			C0001	铅笔			
3			C0002	钢笔			
4			C0003	毛笔			
5			C0004	直尺			
6			C0005	三角尺			
7			C0006	圆规			
8			C0007	笔记本			
9							
10	生产数量表		日期	产品号	名称	数量（个）	
11			9月2日	C0001		100	
12			9月5日	C0003		120	
13			9月7日	C0002		140	
14			9月9日	C0003		160	
15			9月12日	C0006		180	
16			9月15日	C0002		200	
17			9月15日	C0005		220	
18			9月16日	C0007		240	
19			9月22日	C0004		260	
20			9月25日	C0004		280	
21			9月28日	C0007		300	

日期	产品号	名称	数量（个）
9月2日	C0001	铅笔	100
9月5日	C0003	毛笔	120
9月7日	C0002	钢笔	140
9月9日	C0003	毛笔	160
9月12日	C0006	圆规	180
9月15日	C0002	钢笔	200
9月15日	C0005	三角尺	220
9月16日	C0007	笔记本	240
9月22日	C0004	直尺	260
9月25日	C0004	直尺	280
9月28日	C0007	笔记本	300

练习 2

打开“素材\ch05\实战练习2.xlsx”文件。这是某文具工厂1月至3月的生产数量表，希望根据手动输入的产品C11和月份E11自动显示数量G11。请运用本章相关内容，选择合适的函数和方法完成，如下图所示。

> **Tips** 灵活运用查找与引用函数的嵌套方法。另外，考虑到数据输入的规范性，可使用数据验证的方式完成产品和月份的输入。

	C	D	E	F	G
1	产品	1月	2月	3月	
2	铅笔	100	200	300	
3	钢笔	200	300	400	
4	毛笔	300	400	500	
5	直尺	400	500	600	
6	三角尺	500	600	700	
7					
8	手动输入产品和月份，自动带出销量。				
9					
10	产品		月份		数量
11					
12					

	C	D	E	F	G
1	产品	1月	2月	3月	
2	铅笔	100	200	300	
3	钢笔	200	300	400	
4	毛笔	300	400	500	
5	直尺	400	500	600	
6	三角尺	500	600	700	
7					
8	手动输入产品和月份，自动带出销量。				
9					
10	产品		月份		数量
11	三角尺		1月		500
12					

第6章

18种常用图表与经典案例

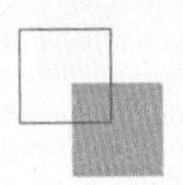

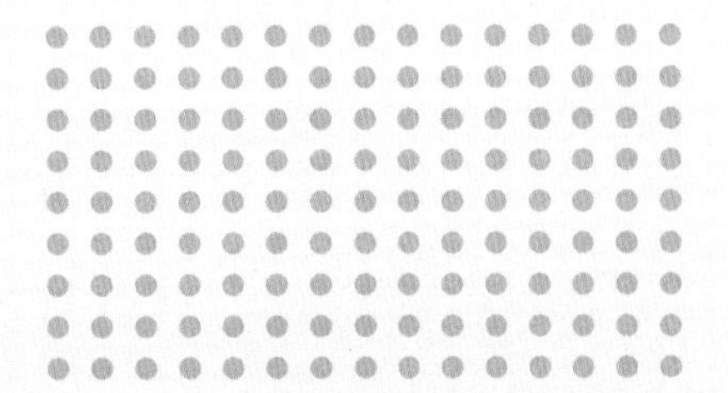

老刘是某一家公司的车间主任，主要负责控制各个车间的生产情况。今年市场行情下滑，工厂效益不乐观，领导要求每个项目严格控制各个车间的生产成本，并每个月报告成本的控制情况。

老刘深知每个车间的成本控制方法是不一样的，因此他将车间按照生产步骤划分为机加车间、冲焊车间、热处理车间和装配车间。然后他每月对各个车间的毛坯、再产品和成品数量进行采集汇总，并制作出数据报告，具体数据如下图表格所示。

项目	机加车间	冲焊车间	热处理车间	装配车间
毛坯	10	20	40	50
再产品	30	50	40	20
成品	20	40	60	30
总量（件）	60	110	140	100

周一早上一上班，老刘就将表格报告提交上去，领导看了后说："放在这里吧，你先去忙！"

一天下来，领导也没有就数据报告的事情找过老刘，于是他的心里七上八下的，摸不清领导的意图。控制成本这么至关重要的事情，领导没有给任何反馈，难道是数据搞错了？老刘叫来数据采集员小李又重新把数据核实了一遍，确保数据都是正确的而且没有遗漏。那问题出在哪呢？老刘忽然想到前几天来单位内训的图表大师讲过，数据汇报最好用图表可视化展现数据，这样领导看起来不费力。于是年近50岁的老刘找到上次讲课的视频，跟着学起Excel图表技术来，很快就制作好了，效果如右上图表所示。

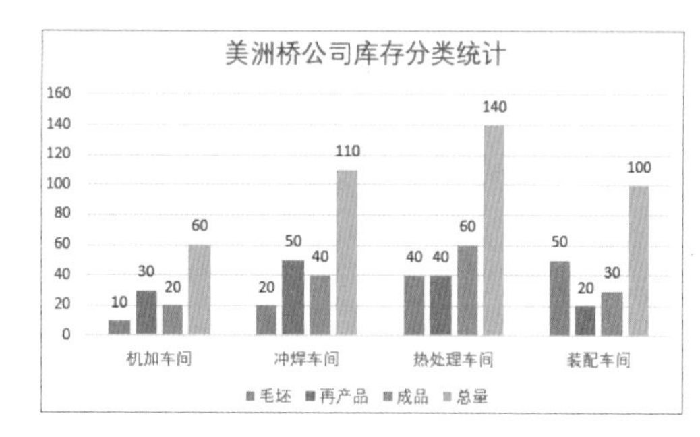

图表确实比单调的表格更加直观和饱满了，可是毛坯、再产品、成品和总体数量之间的结构关系却不能很好的变现出来，于是老刘给内训的老师打了一个电话，咨询如何将总体和细分数量之间的关系体现出来。内训老师听完老刘的讲述跟他说："老刘，你可以试一下柱边柱法制作图表，问题就好解决了。可以先学一下第6章的课件，有不懂的再来找我！"

老刘听完恍然大悟。挂了电话马上研究学习起内训老师的课程来。别说这办法还真有效，老刘很快就学会用柱边柱图制作了图表，使总体和细分数量的结构关系一目了然。效果如下图所示。

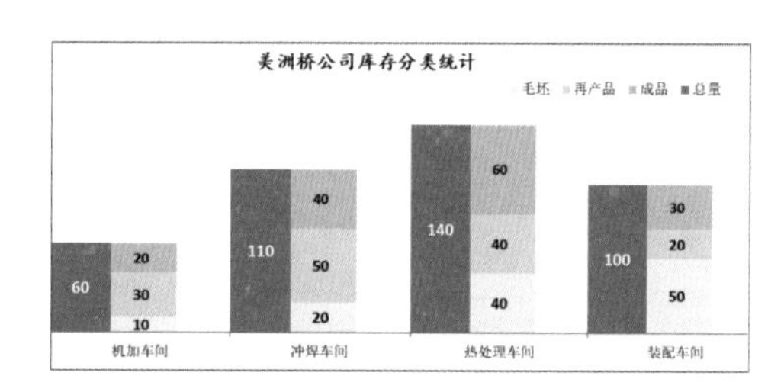

老刘重新将这份报告提交上去，领导看后非常满意，并使用老刘提供的报告紧急召开了内部控制成本大会。从那以后，老刘继续学习Excel里的可视化图表功能，做出来的图表水平越来越高。公司里很多同事遇到图表的问题都会来向他请教，自此老刘有了一个响亮的外号，大家都叫他"表哥"啦！

6.1 柱形图——单一指标正负变动对比

柱形图是商业应用较多的图表，主要用于单指标间的对比分析，如利润对比、销售对比、市场占有对比、薪资结构对比、产品质量索赔对比等。

6.1.1 柱形图的作用

柱形图是将各项目按某一指标由高到低依次排列、对各项目进行对比的一种图表。它可以直观地了解各项目在某一个指标上的对比情况。财务、销售、人力资源、质量管理等各种领域，柱形图都被广泛使用。

柱形图的横坐标轴表示各项目，纵坐标轴表示各项目在某一个指标上的数值。如右图所示就是柱形图图表。

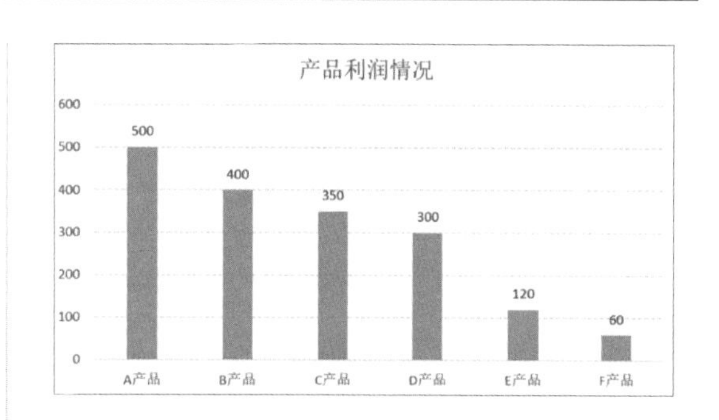

6.1.2 柱形图的制作方法

制作柱形图图表需要满足以下两个条件。

（1）单一指标。

（2）数据至少两个以上。

柱形图图表的制作方法包含以下3步，如下图所示。

收集数据	整理数据源	做图
• 收集某一指标的数据。如产品的销售额、销售利润、人员销售业绩等	• 将数据按值的大小从高到低排序 • 如果有正负数的情况，可以整理成两列	• 创建柱形图 • 设置柱形图的颜色 • 设置网格线 • 设置标签 • 设置标题 • 设置图例

在整理数据源时，需要注意的是柱形图显示的是单一指标的具体数值。数值应按由高到低的顺序排列，可以更直观地呈现数值的高低。

6.1.3 柱形图的制作步骤

下面通过一个案例介绍柱形图的制作步骤及注意事项。

案例名称	产品销售情况的对比分析
素材文件	素材 \ch06\6.1.xlsx
结果文件	结果 \ch06\6.1.xlsx

销 售　范例6-1 产品销售情况的对比分析

本案例主要通过柱形图图表展示A公司6款产品在2020年8月的销售利润对比分析，从而发现不同产品之间销售利润的对比情况，进而确定哪款产品比较受市场欢迎。

思维导图

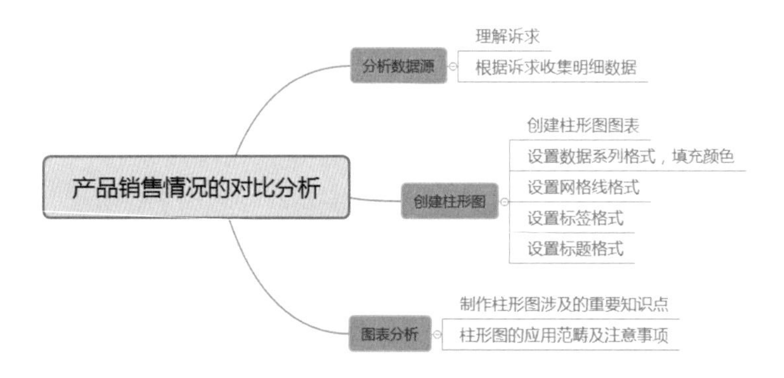

1. 理解诉求

该公司一共投入生产6款产品A~F，通过统计2020年8月6款产品的实际销售利润情况，从而确定哪款产品市场销售最好。制作图表的主要诉求如下。

（1）用于单指标内多个主体或类别之间的对比分析。

（2）通过数据对比展示重要度。

（3）要求图表效果简洁、直观。

2. 收集明细数据

首先根据实际销售利润情况，收集并整理出A~F这6个产品的销售利润明细表。本案例的数据文件已提前准备好，打开“素材\ch06\6.1.xlsx”文件，在“1-柱形图”工作表中即可看到整理后的数据，如下图所示。

单位：万元

名称	A产品	B产品	C产品	D产品	E产品	F产品
产品利润	500	400	350	300	120	60

第一步 创建柱形图图表

打开素材文件，选中数据区域任意单元格，选择【插入】→【图表】→【查看所有图表】选项。在弹出【插入图表】对话框中选择【簇状柱形图】选项，单击【确定】按钮，如下图所示。

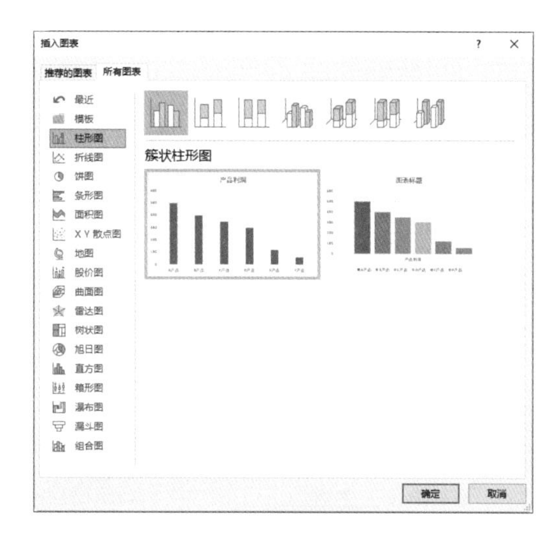

执行上述操作后，完成簇状柱形图图表的创建，如下图所示。

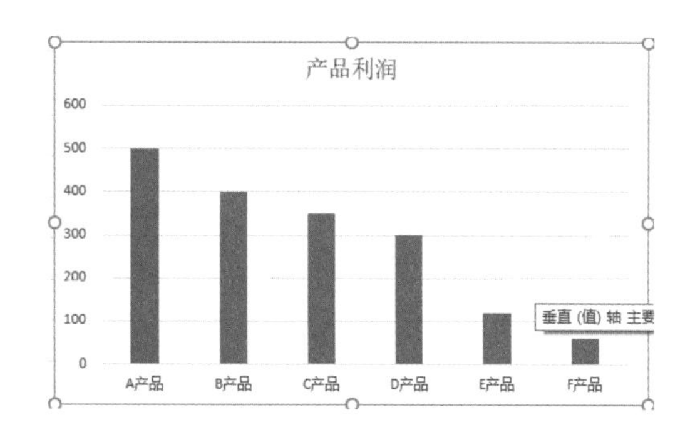

第二步 设置数据系列格式，并填充颜色

❶ 创建柱形图图表后，可以做进一步美化。在【产品利润】数据系列上右击，选择【设置数据系列格式】选项，如右上图所示。

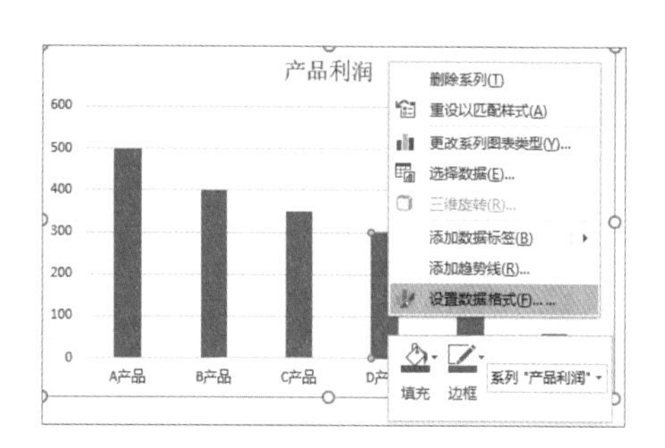

❷ 打开【设置数据系列格式】窗格，在【系列选项】下的【填充与线条】选项中，选中【纯色填充】单选按钮，并设置【颜色】为“橙色”，即可将柱形图图表系列的颜色设置为橙色，如下图所示。

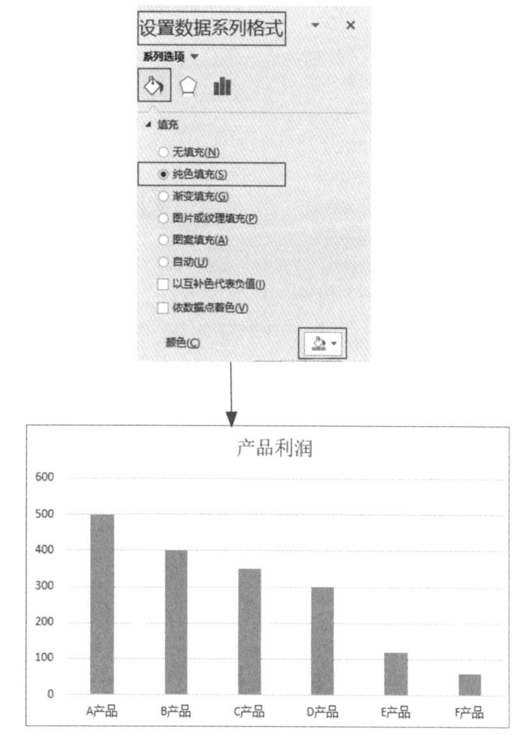

第三步 设置网格线格式

❶ 选中图表中的网格线并右击，选择【设置网格线格式】选项，在弹出的【设置主要网格线格式】窗格中的【线条】下，选中【自动】单选按钮，设置【颜色】为“棕黄”，并设置【短划线类型】为“虚线”，如下图所示。

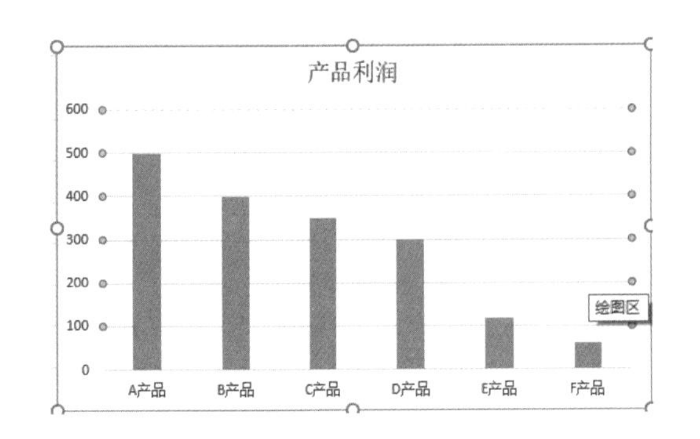

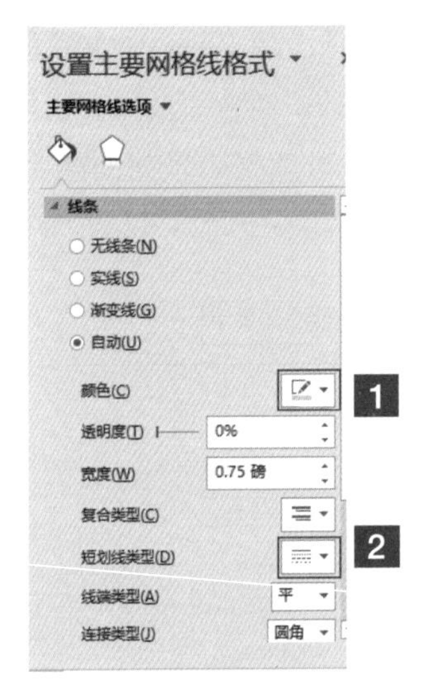

❷ 设置网格线的效果如下图所示。

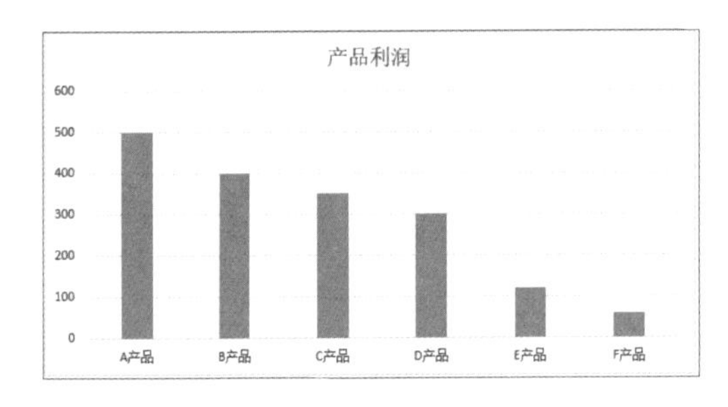

第四步 设置数据标签格式

在柱形图图表上显示具体的数据，可以方便领导直接读取。将数据标签显示出来的具体操作步骤如下。

❶ 选中数据系列并右击，在弹出的快捷菜单中选择【添加数据标签】→【添加数据标签】选项，即可对数据系列添加数据标签，如右上图所示。

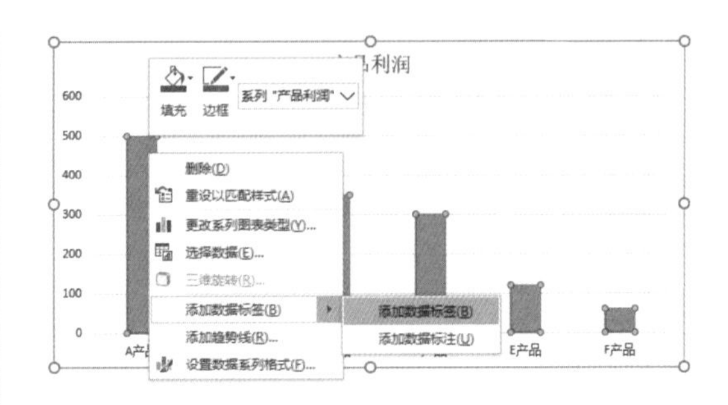

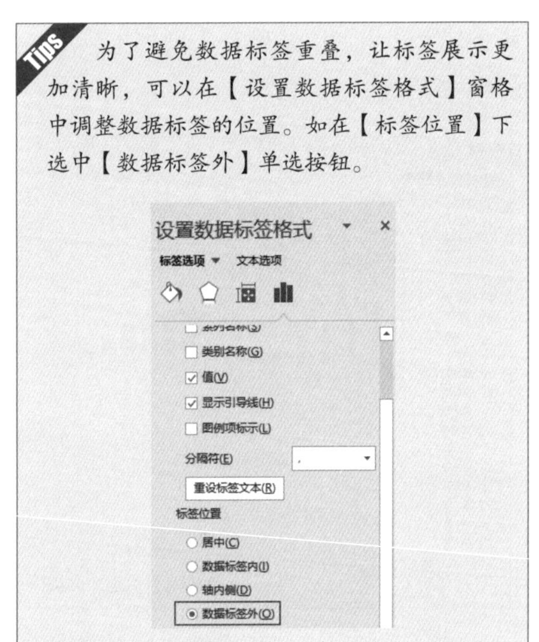

Tips 为了避免数据标签重叠，让标签展示更加清晰，可以在【设置数据标签格式】窗格中调整数据标签的位置。如在【标签位置】下选中【数据标签外】单选按钮。

❷ 添加数据标签后效果如下图所示。

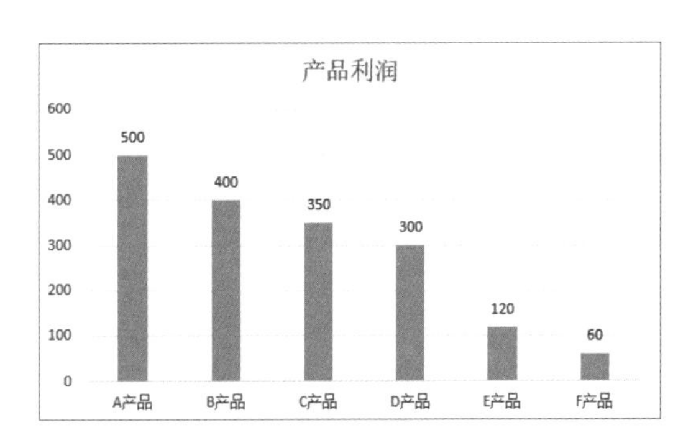

第五步 设置标题格式

更改图表标题为“A公司2020年的销售情况统计”，完成柱形图图表的制作，最终效果如下图所示。

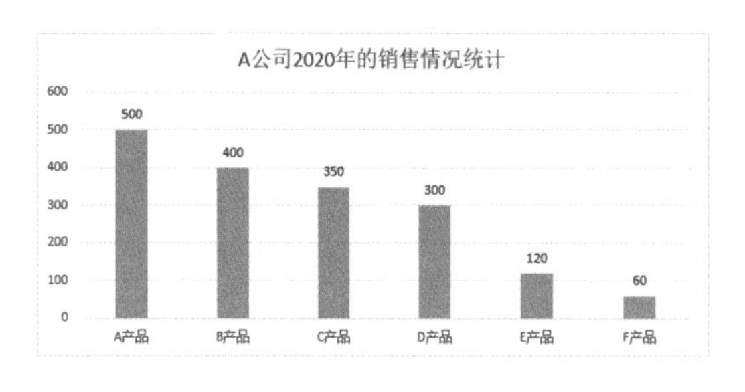

【图表分析】

柱形图图表主要用于单个指标的对比分析。

从该案例可以看出A产品市场反映最好，F产品销售利润最低，市场反响很差，因此需要分别对A产品和F产品做进一步分析，确定销售利润差异的真实原因。

柱形图图表在工作中经常用到，操作起来也非常简单，掌握了以上步骤即可轻松完成销售利润的分析。

销售　拓展案例　汽车销量同期对比

某企业销售部门想知道新推出的一款汽车在各个子公司2020年销量与去年同期的对比情况，以进一步获取各个子公司的销售能力，如下图所示。

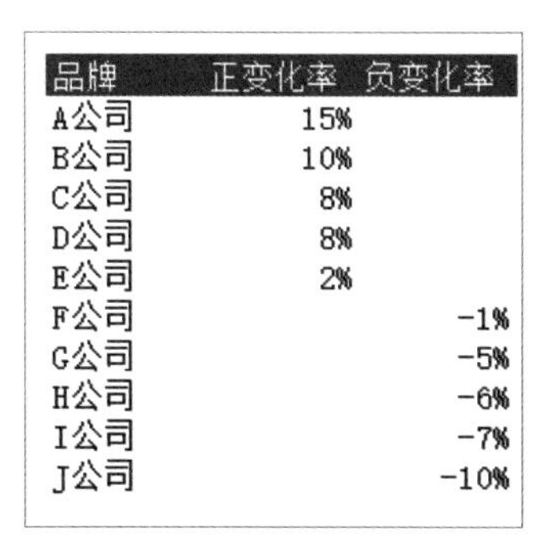

品牌	正变化率	负变化率
A公司	15%	
B公司	10%	
C公司	8%	
D公司	8%	
E公司	2%	
F公司		-1%
G公司		-5%
H公司		-6%
I公司		-7%
J公司		-10%

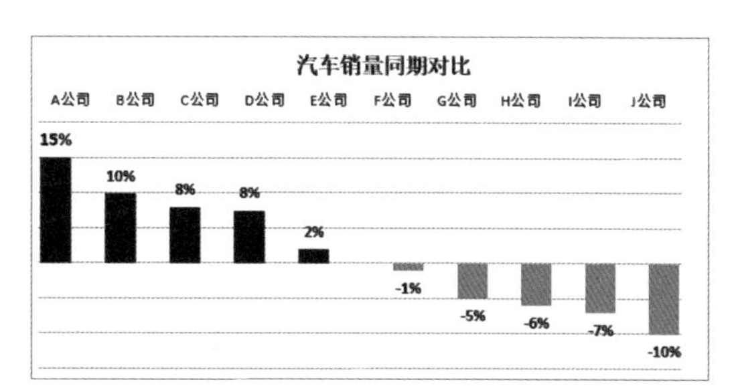

【图表分析】

柱形图图表是商业应用较多的图表形式，主要用于单个指标间对比分析，如利润对比、销售对比、市场占有对比、薪资结构对比、产品质量索赔对比等。

制作柱形图图表的注意事项与建议如下。

（1）数值可以出现负值，应把正负值统一放在一起。

（2）可以将柱形图图表或标签进行格式调整或个性化填充。

6.2 二维柱形图——各分项对比关系

柱形图图表主要用于单指标间的对比分析，如果要对比两个指标间的关系就需要用到二维柱形图图表，如同期比、环比、改善前后对比、目标与达成对比等。

6.2.1 二维柱形图的作用

二维柱形图是柱形图的一种简单扩展。二维柱形图在工作中应用场景非常广泛，主要用于财务利润分析、薪资结构分析、销售业绩对比、制造能力提升对比、质量改善对比分析等。

二维柱形图图表的横坐标轴表示各项目，纵坐标轴表示各项目在两个指标上的数值。如右图所示就是二维柱形图图表，用于2019年和2020年的同比变化对比。

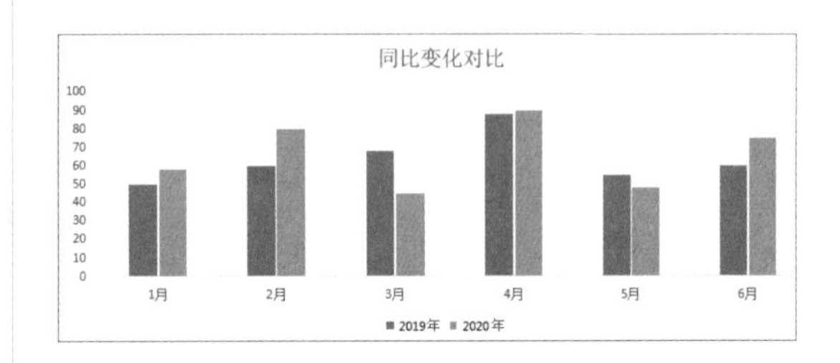

6.2.2 二维柱形图的制作方法

制作二维柱形图图表需要满足以下两个条件。

（1）两项指标。

（2）数据至少两个。

二维柱形图图表的制作方法包含以下3格步骤，如下图所示。

收集数据	整理数据源	做图
• 收集企业某两个可以做对比的指标数据，如2019年和2020年的销量、两部门之间的销售额等	• 将两项指标按照时间先后排序整理数据	• 创建柱形图图表 • 设置二维柱形图的颜色 • 设置网格线 • 设置标签 • 设置标题 • 设置图例

在整理做图数据源时，需要注意以下两点。

（1）数据排序要有逻辑，如数据排列从大到小，即符合时间逻辑和次序逻辑。

（2）整理数据要符合习惯，按照2019年、2020年这样的时间顺序整理。

6.2.3 二维柱形图的制作步骤

下面通过一个案例介绍二维柱形图图表的制作步骤及注意事项。

案例名称	A 公司产品销量的同比分析
素材文件	素材\ch06\6.2.xlsx
结果文件	结果\ch06\6.2.xlsx

范例6-2 A公司产品销量的同比分析

本案例主要通过二维柱形图图表展示A公司2020年和2019年同期销量的对比情况，从而判断该产品2020年的销量能否满足市场需求，进而制订不同的销售策略。

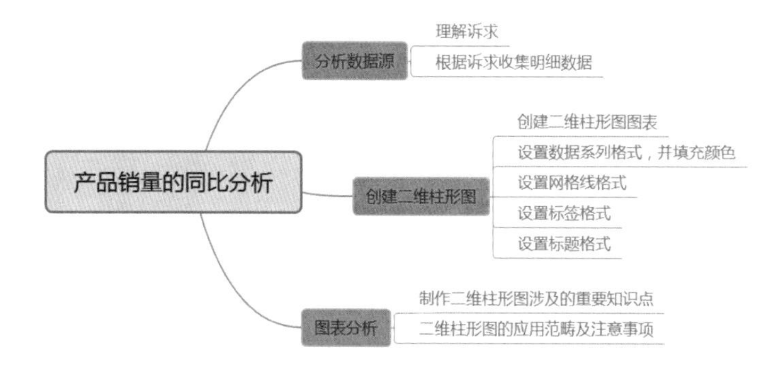

1. 理解诉求

A公司2019年新推出一款产品市场反映较好。老板想通过同期对比分析该产品2020年是否能继续满足市场需求，制作图表的主要诉求如下。

（1）两项指标的对比情况。

（2）通过对比找出差异和问题点，指导改善提升管理。

（3）要求图表效果简洁、直观。

2. 收集明细数据

先从销售部门获取实际的销量数据，收集并整理出2019年和2020年的销量明细表如下图所示。

单位：千件

项目	1月	2月	3月	4月	5月	6月
2019 年	50	60	68	88	55	60
2020 年	58	80	45	90	48	75

本案例的数据文件已提前准备好，打开“素材\ch06\6.2.xlsx”文件，选择“2-二维柱形图”工作表即可以看到整理后的数据。

第一步 创建二维柱形图图表

打开素材文件，在数据区域选中任意单元格，选择【插入】→【图表】→【插入柱形图或条形图】→【簇状柱形图】选项，完成二维柱形图的创建，生成图表如下图所示。

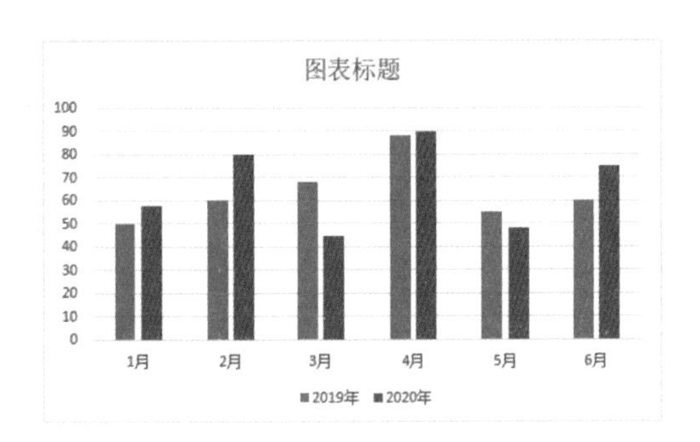

第二步 设置数据系列格式，并填充颜色

创建二维柱形图图表后可以做进一步美化。在“2019年”数据系列上右击，选择【填充】选项并选择喜欢的颜色即可完成设置。同理，在“2020年”数据系列上选择其他颜色进行填充，如下图所示。

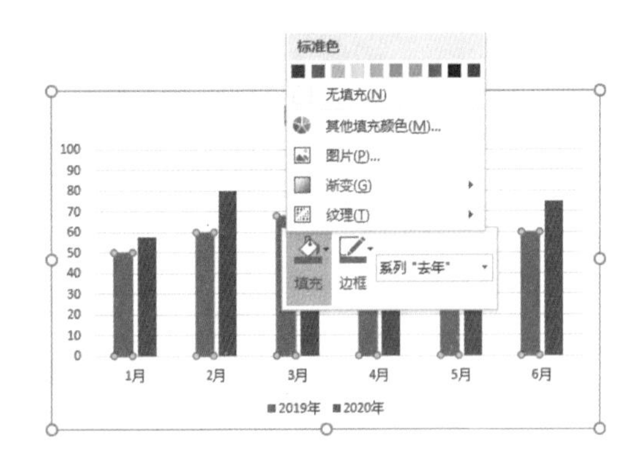

第三步 设置网格线格式

选中图表中的网格线部分，弹出【设置主要网格线格式】窗格，在【线条】选项下选中【无线条】单选按钮，设置为无线条的效果，如下图所示。

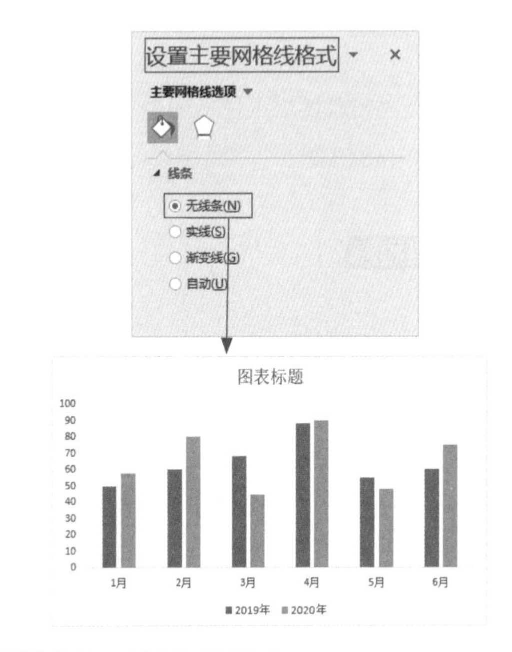

第四步 设置标题格式

更改图表标题为“同比变化对比”，并添加纵坐标轴标题为“销量”，完成二维柱形图图表的制作，最终效果如下图所示。

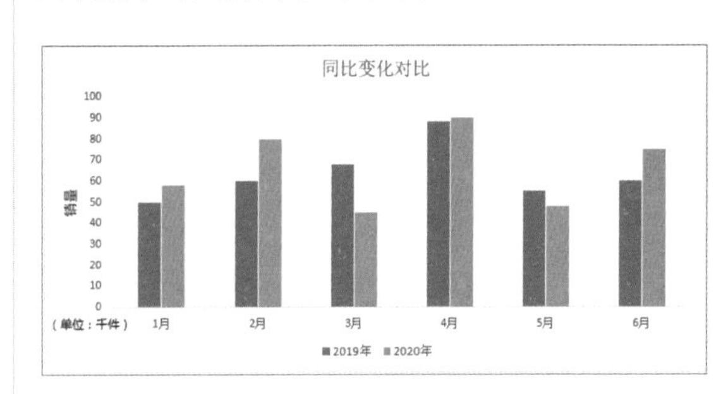

【图表分析】

二维柱形图图表主要用于两个指标的对比分析。从该案例可以看出该产品2020年的销量整体要比2019年的高，但3月和5月的产品销量有所下降，因此需要进一步确认产品销量下降的真实原因。

二维柱形图图表在工作中会经常用到，并且操作也非常简单。

销 售　拓展案例 A公司子项目达标情况的分析

A公司共有A~F 6个子项目，领导想知道目前各个子项目的完成情况是否达标。根据财务部提供的明细数据，整理年初的降本目标和实际利润的源数据如下图所示。

单位：万元

项目	A 项目	B 项目	C 项目	D 项目	E 项目	F 项目
降本目标	58	80	45	90	48	75
实际	50	60	68	88	55	60

对整理出的数据源可以通过二维柱形图图表进行展示，制作的效果如下所示。

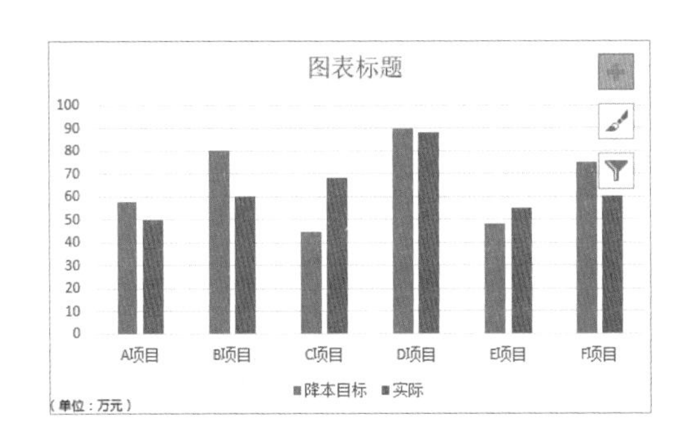

【图表分析】

二维柱形图图表是商业中应用较多的图表，主要用于两个指标间的对比分析，广泛用于财务利润分析、薪资结构分析、销售业绩对比、制造能力提升对比、质量改善对比分析等。

制作二维柱形图图表的注意事项与建议如下。

（1）如果类别多或标签数据较大时，可以对标签数据重新设置单位。

（2）如果对比目标与达成的形式，可以将系列重叠调整为100%。

（3）通过填充图形或图案使图形变得精美且充满个性化。

6.3 柱形堆积图——各分项与趋势关系

前面已经讲解了单个指标对比分析用柱形图，两个指标对比分析用二维柱形图，而对比多个指标或单指标多项时，则需要用到柱形堆积图。

6.3.1 柱形堆积图的作用

柱形堆积图主要用于多个指标或单指标多项对比分析，如利润结构对比、人力薪资结构对比、成本结构对比、销售结构对比、采购结构对比、产能结构对比等。柱形堆积图图表在工作中经常用到。

柱形堆积图图表的横坐标轴表示各项目，纵坐标轴表示各项目在多个指标或单指标多项上的数值，如右图所示就是柱形堆积图图表。在制作好的柱形堆积图图表中，通过鲜明的颜色对比可以清晰发现几个指标间的趋势变化关系。

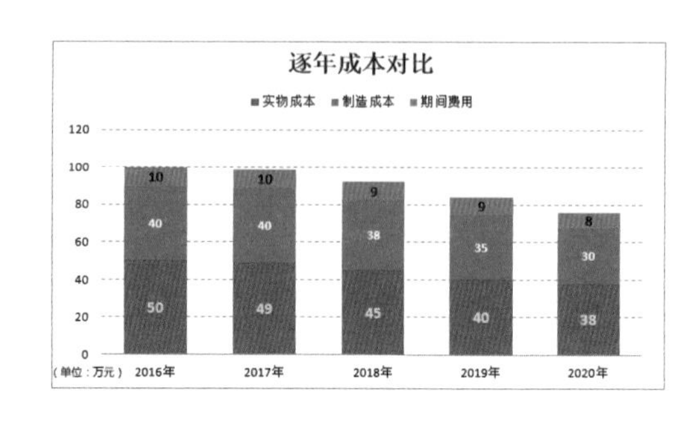

6.3.2 柱形堆积图的制作方法

制作柱形堆积图图表需要满足以下两个条件。

（1）两个及两个以上指标或单指标多项。

（2）数据至少要有两个。

柱形堆积图的制作方法包含以下3个步骤，如下图所示。

收集数据	整理数据源	做图
• 收集多项指标逐年对比数据，如公司过去5年实物成本、制造成本及期间费用数据	• 根据多项指标按照时间先后排序整理数据	• 创建柱形堆积图图表 • 设置柱形堆积图的颜色 • 设置网格线 • 设置标签 • 设置标题 • 设置图例

在整理做图数据源时，需要注意以下几点。

（1）数据存在逻辑关联关系，总体与各分项之间存在相关性。

（2）年份之间存在时间顺序逻辑。

6.3.3 柱形堆积图的制作步骤

下面通过一个案例介绍柱形堆积图图表的制作步骤及注意事项。

案例名称	A 公司逐年成本的对比分析
素材文件	素材 \ch06\6.3.xlsx
结果文件	结果 \ch06\6.3.xlsx

范例6-3 A公司逐年成本的对比分析

本案例主要通过柱形堆积图图表来展示A公司过去5年逐年各项成本费用的投入趋势变化。

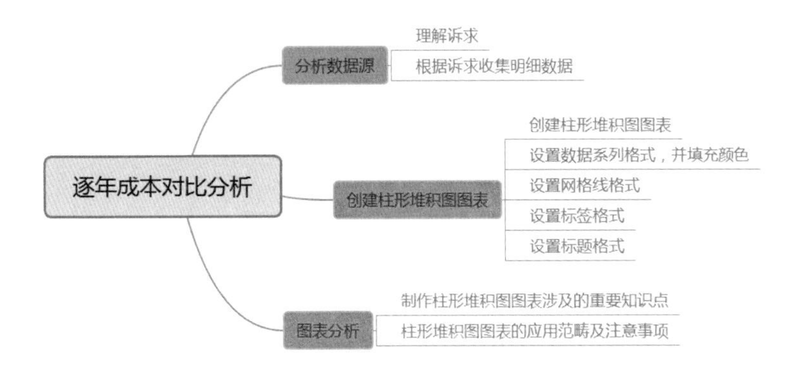

1. 理解诉求

A公司老板想知道过去5年（2016—2020年）中逐年各项成本费用的投入趋势变化，据此制订后续各项成本的投入策略。制作图表的主要诉求如下。

（1）需要分别展示成本分项之间的变化趋势。

（2）需要分别展示成本合计的变化趋势。

（3）要求图表效果简洁、直观。

2. 收集明细数据

先从财务部门获取实物成本、制造成本和期间费用的数据，收集并整理出2016—2020年的汇总数据的表格如下图所示。

单位：万元

项目	2016 年	2017 年	2018 年	2019 年	2020 年
实物成本	50	49	45	40	38
制造成本	40	40	38	35	30
期间费用	10	10	9	9	8

3. 理解数据源

（1）总成本与成本分项之间存在相关性。

（2）数据存在逻辑关联关系，实物成本+制造成本+期间费用=总成本。

（3）年份之间存在时间顺序逻辑。

本案例的数据文件已提前准备好，打开“素材\ch06\6.3.xlsx”文件，选择“3-柱形堆积图”工作表，都可看到整理后的数据。

第一步 创建柱形堆积图图表

打开素材文件，在数据区域选中任意单元格，选择【插入】→【图表】→【查看所有图表】选项。弹出【插入图表】对话框，选择【簇状柱形图】选项，单击【确定】按钮，完成簇状柱形图图表的创建，如下图所示。

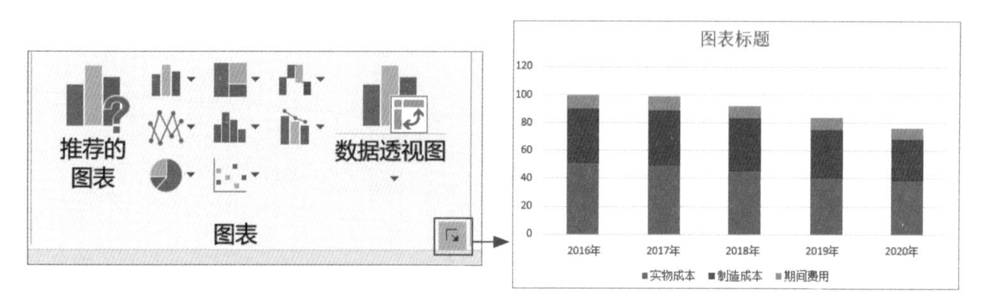

第二步 设置标题、标签、网格线格式和填充颜色

根据前两小节学习的知识，可以给创建的柱形堆积图图表设置标题格式、数据标签格式、网格线格式和填充颜色，设置标题为“逐年成本对比”，最终效果如下左图所示。如选择【顶部】选项，效果如下右图所示。

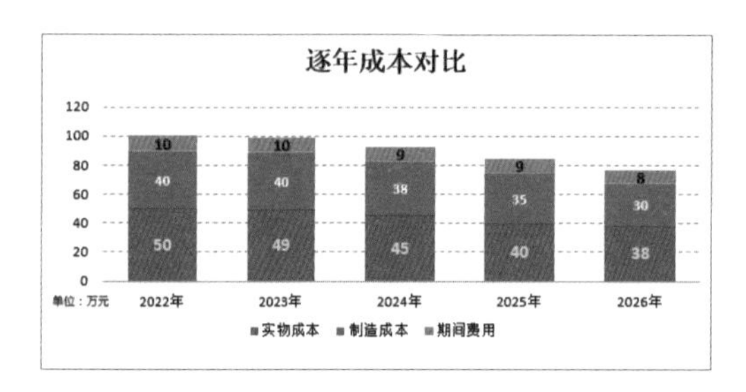

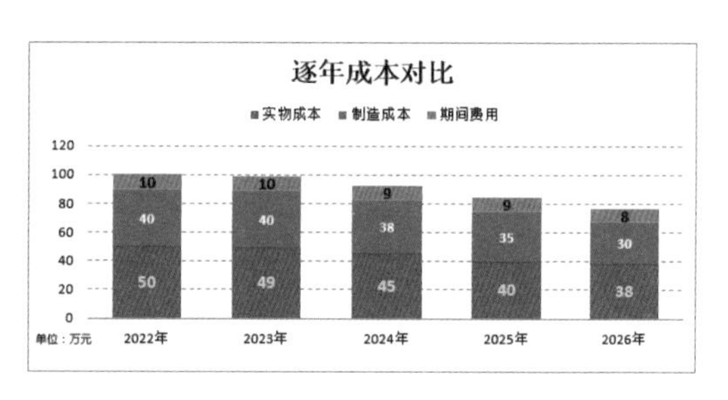

【图表分析】

柱形堆积图图表主要用于多个指标或单指标多项对比分析。从该案例可以看出实物成本、制造成本均逐年递减，其中实物成本下降的更多，期间费用基本保持不变。

销 售　拓展案例 A公司历年销售与本年完成情况对比的分析

A公司领导希望了解公司历年国内销量和出口销量与实际完成情况的对比分析，根据财务部提供的明细数据，整理出了国内销量和出口销量源数据表，其中包含了历年销量与实际完成的缺口数据，如下图所示。

单位：千件

	2016 年	2017 年	2018 年	2019 年	2020 年
国内	100	120	125	130	90
缺口					50
出口	40	50	60	75	60
缺口					20

这时整理出的数据源就可以通过柱形堆积图图表展示，制作的效果如下图所示。

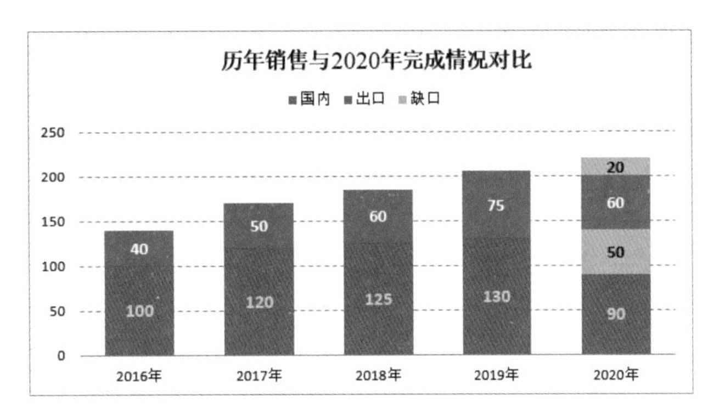

在制作的柱形堆积图图表中，通过鲜明颜色可以明显看出国内销量明显减少，出口销量明显增多，2020年国内销量和出口销量与实际完成有缺口，其他年份没有缺口。重点需要理解源数据的构造思路，使用多指标用柱形堆积图图表展示可以清晰发现指标间的趋势变化关系。

【图表分析】

柱形堆积图图表是商业应用中较多的图表，主要用于多个指标或单指标多项的对比分析，如利润结构对比、人力薪资结构对比、成本结构对比、销售结构对比、采购结构对比、产能结构对比等。

制作柱形堆积图图表的注意事项与建议如下。

（1）可利用空白占位，见相关拓展案例。

（2）可利用空白填充形成隔断效果。

6.4 柱线复合图——分项同期对比与变动率

柱线复合图在工作中经常用到，主要用于一个或两个指标间的对比分析，如同期比、环比、改善前后对比，广泛用于财务利润分析、薪资结构分析、销售业绩对比、制造能力提升对比等。在一张图表中可同时展示柱形图和折线图，通过对两种形式图表的组合对比达到数据分析的目的。

6.4.1 柱线复合图的作用

柱线复合图就是双轴柱线图图表，即在图表上有两个坐标轴，一个坐标轴显示柱形图，另外一个坐标轴显示折线图。为什么要分为两个坐标轴呢？不能直接制作在一个坐标轴上吗？当然，这是由具体的数据特性决定的。如下图A公司2020年的销售数据表可以看出，第2列是销量，单位是件；第3列是增长率，单位是比率，两列数据的量级不一致。老板要想同时看到2020年每个月的销量情况和2019年同期对比的变动率，该怎么办呢？如果放在一个图上用一个坐标轴显示效果会如下图所示，由于销量的后两列单位差异悬殊，“对比2019年增长率”数据接近于0，在图中根本没有展现出来。

月份	销量（件）	对比 2019 年增长率
202001	10,000,000	13%
202002	10,230,000	24%
202003	15,000,000	19%
202004	20,210,000	45%
202005	10,450,000	24%
202006	20,000,000	18%
202007	16,950,000	21%
202008	30,550,000	14%

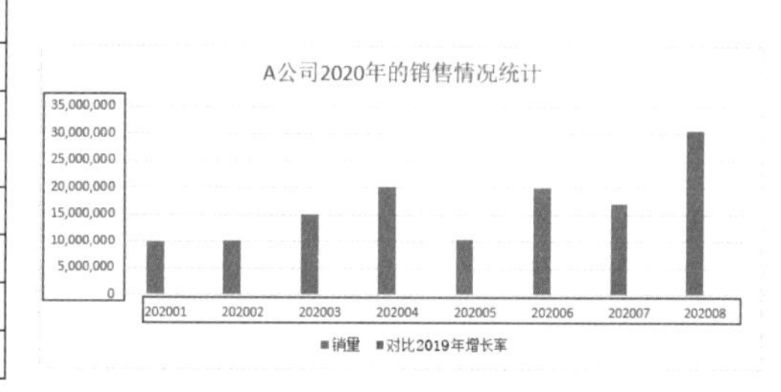

为了让这种数据量级差异较大的数据能够同时展现出来，这就需要使用柱线复合图图表，将差异较大的其中一个系列的坐标轴改到次坐标轴上，问题就可以顺利解决！

6.4.2 柱线复合图的制作方法

制作柱线复合图图表需要满足以下两个条件。

（1）一个指标或两个指标。

（2）数据至少要有两个。

柱线复合图图表的制作方法包含以下3个步骤，如下图所示。

收集数据	整理数据源	做图
• 收集一项或两项指标数据进行对比分析，如公司 2020 年的销量，营销部门的销售额等	• 根据一项或两项指标按照时间先后排序整理数据	• 创建簇状柱形图图表 • 设置双坐标轴 • 设置数据标签 • 设置坐标轴 • 设置标题 • 设置图例

在整理做图数据源时，需要注意以下几点。

（1）参照物和对象之间的比较需要采用数值表示。

（2）年份之间存在时间顺序逻辑。

6.4.3 柱线复合图的制作步骤

下面通过一个案例介绍柱线复合图图表的制作步骤及注意事项。

案例名称	A 公司 2020 年销售情况统计表
素材文件	素材 \ch06\6.4.xlsx
结果文件	结果 \ch06\6.4.xlsx

范例6-4　A公司2020年销售情况统计表

本案例主要通过柱线复合图图表来展示企业产品销量，以及与2019年同期增长率之间的对比关系，从而发现销量随着月份增加的变化和去年同比的波动情况，进而确定当前的市场营销活动是否起到关键作用。

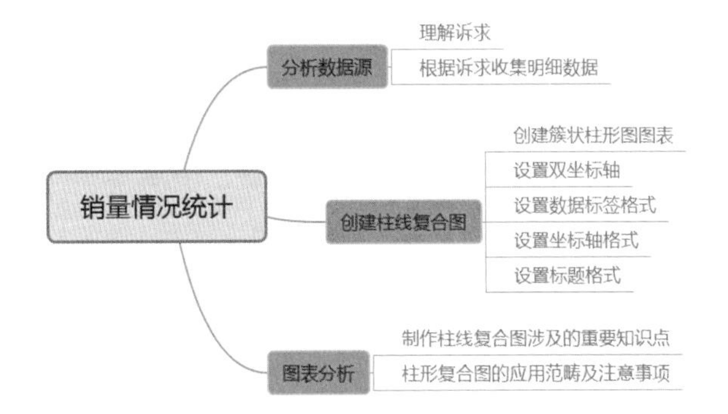

1. 理解诉求

企业的产品销量是老板非常关注的重点，他希望看到2020年的销量及2019年同期的对比情况，进而想知道当前投入的营销活动是否起到促进销量的作用，是否需要继续投入更多的成本来指导营销活动。制作图表的主要诉求如下。

（1）一张图中有两项值的大小。

（2）展现效果直观和具体，图表的标签不能混杂。

2. 收集明细数据

先根据实际销量情况，收集并整理出的销量明细如下图表格所示。

月份	销量	对比 2019 年增长率
202001	10,000,000	13%
202002	10,230,000	24%
202003	15,000,000	19%
202004	20,210,000	45%
202005	10,450,000	24%
202006	20,000,000	18%
202007	16,950,000	21%
202008	30,550,000	14%

本案例的数据文件已提前准备好，打开“素材\ch06\6.4.xlsx”文件，选择“4-柱线复合图”工作表，即可看到整理后的数据如上图所示。

第一步 创建簇状柱形图图表

❶ 打开素材文件，在数据区域选中任意单元格，选择【插入】→【图表】→【查看所有图表】选项，如下图所示。

B	C	D
月份	销量（件）	对比2019年增长率
202001	10,000,000	13%
202002	10,230,000	24%
202003	15,000,000	19%
202004	20,210,000	45%
202005	10,450,000	24%
202006	20,000,000	18%
202007	16,950,000	21%
202008	30,550,000	14%

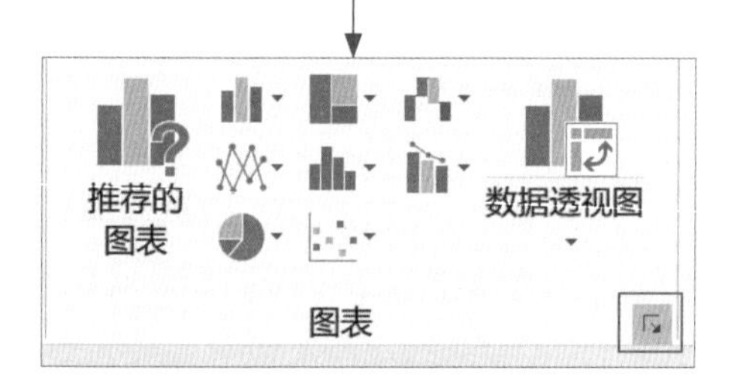

❷ 在【插入图表】对话框中选择【所有图表】→【柱形图】→【簇状柱形图】选项，即可创建簇状柱形图图表，如下图所示。

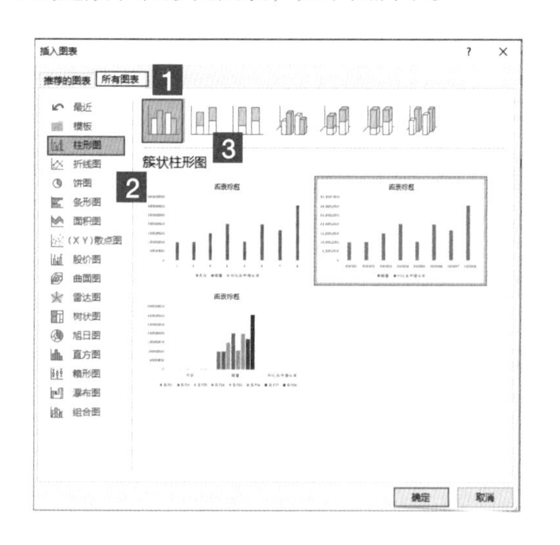

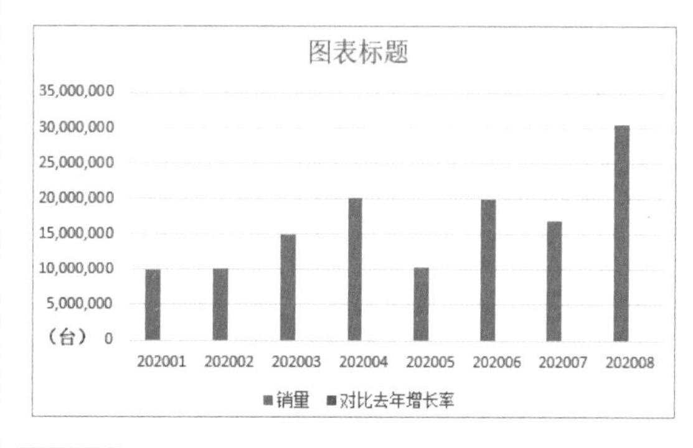

第二步 设置双坐标轴

❶ 在创建的簇状柱形图中，将会发现看不到与增长率相关的数据，这时就需要设置双坐标轴来体现增长率的变化。在簇状柱形图图表中，选中“销量”数据系列并右击，在弹出的菜单中选择【设置数据系列格式】选项，如下图所示。

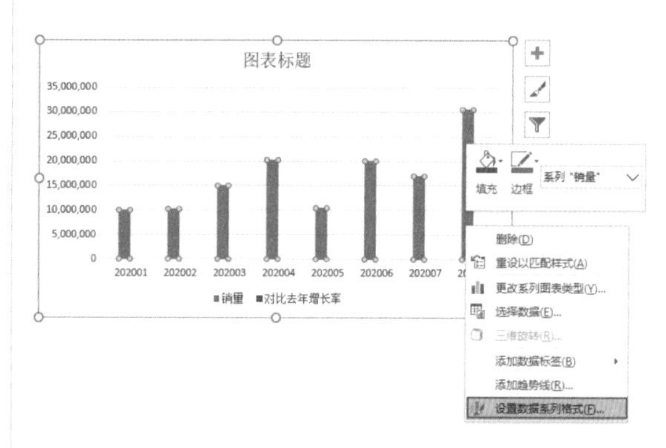

❷ 打开【设置数据系列格式】窗格，在【系列选项】区域选中【次坐标轴】单选按钮，可以看到柱状图左右两边同时出现了坐标轴，左边为增长率坐标轴，右边为销量坐标轴，且增长率是红色柱形图，如下图所示。

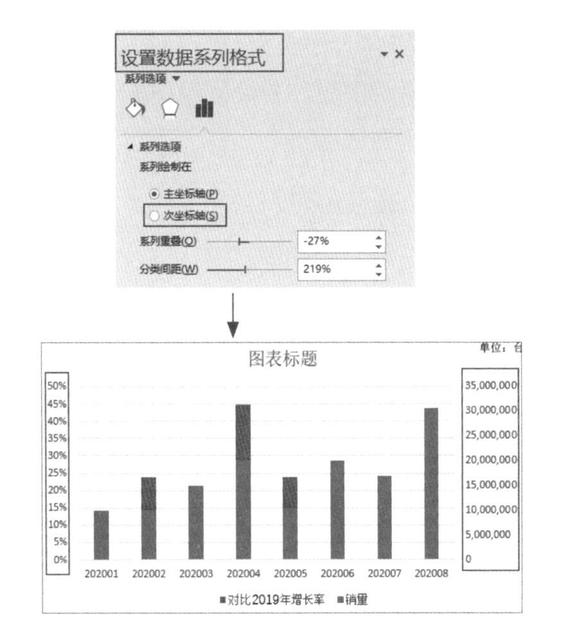

❸ 为了看到增长率的波动情况，可选择使用折线图图表的方式展现。在簇状柱形图的“增长率”数据系列上右击，在弹出的菜单中选择【更改系列图表类型】选项，弹出来新的对话框，在其下方的【为您的数据系列选择图表类型和轴】区域中，【销量】的图表类型选择【簇状柱形图】选项，【对比2019年增长率】在下拉框选择【折线图】选项，如下图所示。

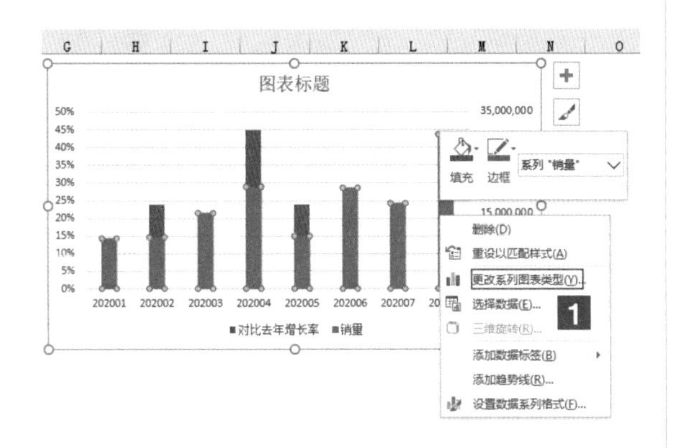

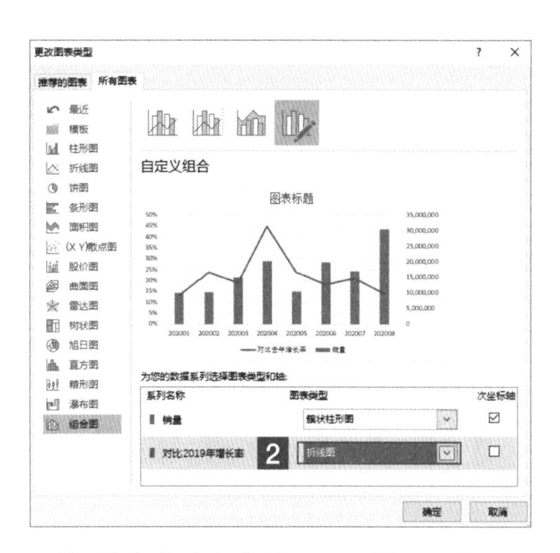

❹ 单击【确定】按钮后，效果图如下图所示，柱线复合图图表就做好了。

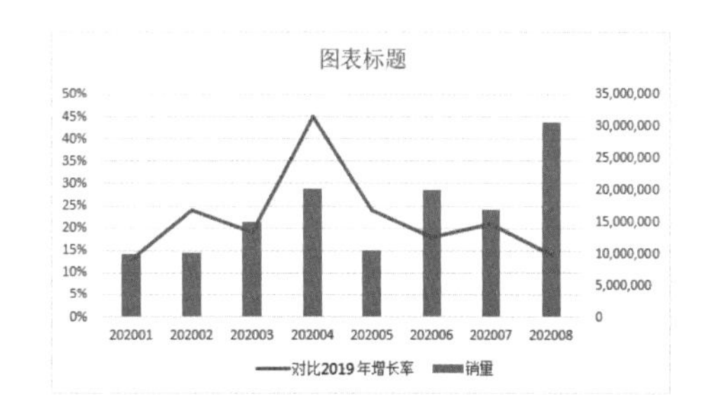

第三步 设置数据标签格式

> **Tips** 根据以往的工作经验，柱线复合图图表上没有具体的数字展现，领导很难直接读取数据，也分不清柱形图和折线图分别代表什么，因此设置数据标签就显得非常有必要了。

❶ 选中图表右击，选择【添加数据标签】→【添加数据标签】选项，如下图所示。

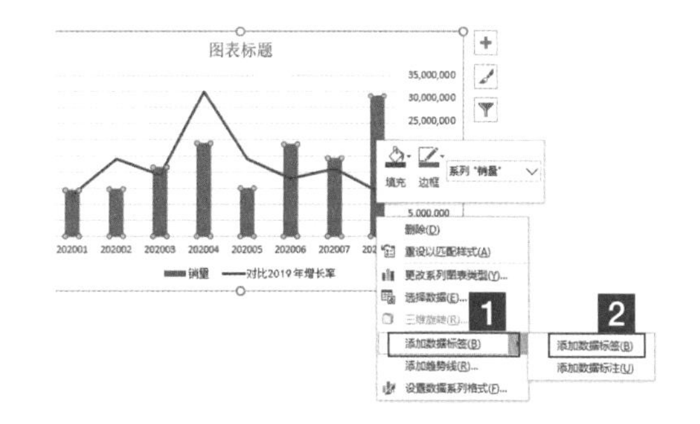

❷ 添加数据标签后效果如下图所示，标签位置可根据需要选择，为让标签展示更清晰要避免重叠。

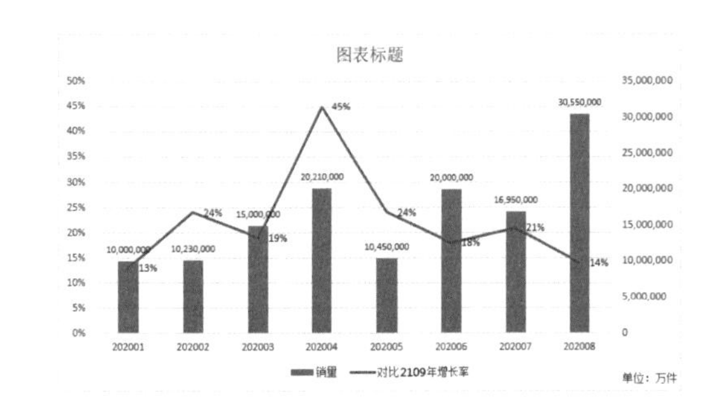

第四步 设置坐标轴格式

❶ 选择主要垂直轴标签，在【设置坐标轴格式】对话框中设置【显示单位】为“10000”，如下左图所示，即销量数据。选择次要垂直坐标轴，将【边界】选项中的【最大值】设置为“1.0”，如下右图所示。

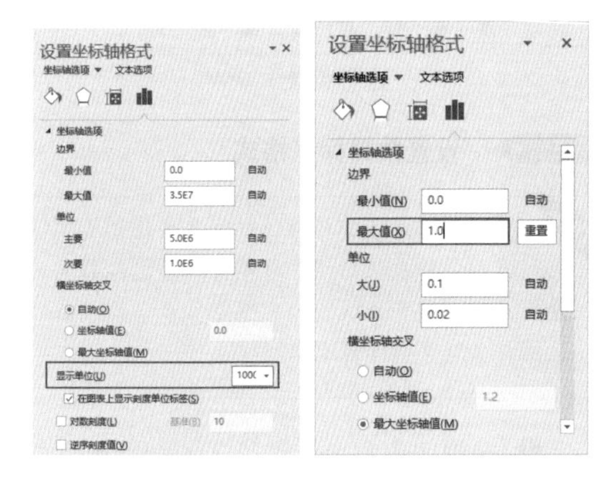

❷ 坐标轴格式设置后效果如下图所示。

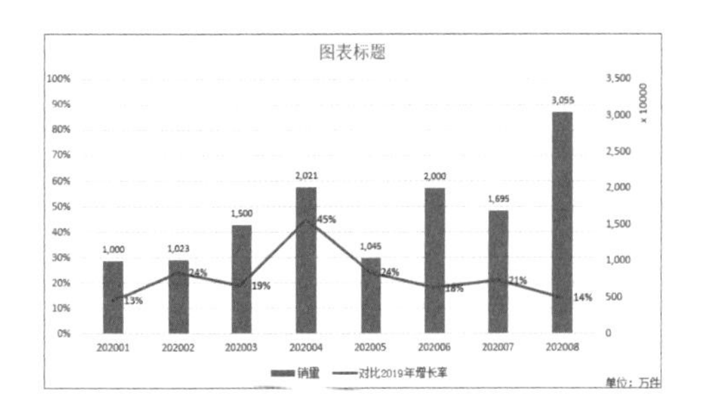

❸ 设置次要水平坐标轴的【线条】为“无线条”，删除网格线，并设置绘图区的边框颜色，效果如下图所示。

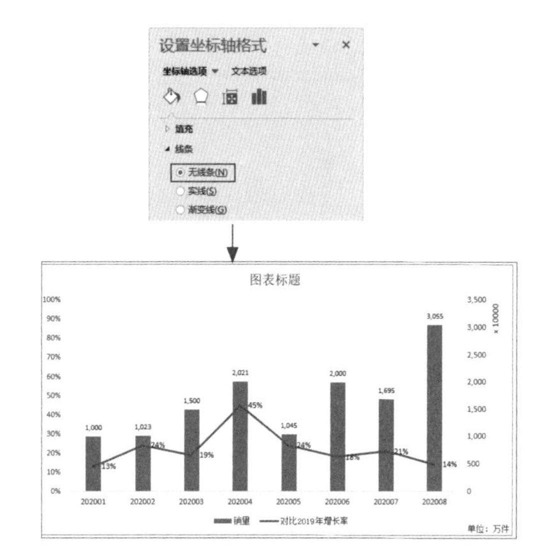

第五步 设置标题格式

更改图表标题为“A公司2020年的销售情况统计”，完成柱线复合图图表的制作，效果如下图所示。

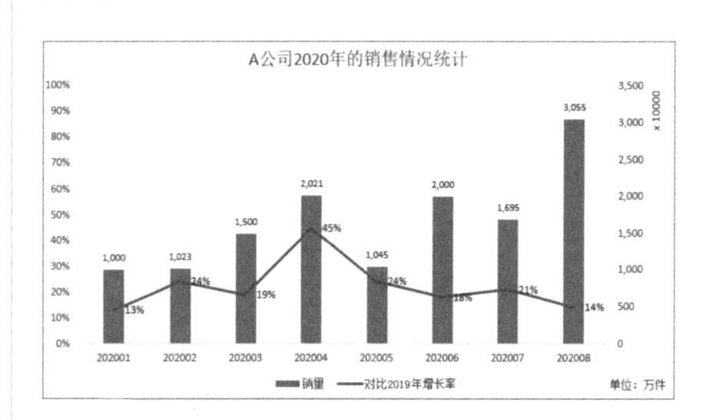

【图表分析】

柱线复合图图表主要用于同时分析单位数量级别差异较大的数据，既看销量数据也要看波动率情况。根据本案例可以看出A公司不同月份的销量差异较大，8月销量最高为3055万件，1月销量最低为1000万件，而对比2019年增长率

4月最大为45%，其他月份维持在15%左右。从市场部了解到，4月第一次做复活节促销活动，因此销量较2019年增长较多，而8月因开学季两年均拉升了销量，由于用户黏性较高，因此较2019年增长率不高。由此得出结论，在其他月份多开展营销活动，有助于拉到新客户，从而提升销量。

柱线复合图图表会在工作中经常用到，因为它可以从两个维度来观察数据，一是当前实际的发生情况；二是从时间维度来观察波动。掌握了以上步骤即可轻松完成如上分析，帮助运营部门做指导决策。

销 售　拓展案例　汽车销售业绩对比

某企业销售部门想了解推出的一新款汽车在2020年每个月的销售量和2019年同期的对比情况，以进一步获取市场对于此款汽车的需求。根据市场部提供的明细数据，整理后的源数据如下图中表格所示。

汽车销量（万辆）	1月	2月	3月	4月	5月	6月
2019 年	50	60	68	80	55	60
2020 年	58	69	65	90	48	67
同比变化率	16%	15%	-4%	13%	-13%	12%

这时整理出的数据源就可以通过柱线复合图图表展示，效果如下图所示，通过图表可看出2020年的销量整体在上半年呈上升趋势，但是相比2019年而言销量增幅下降，尤其是在2020年5月销量下降较多，需要根据更多的数据进一步分析5月下降13%的具体原因。

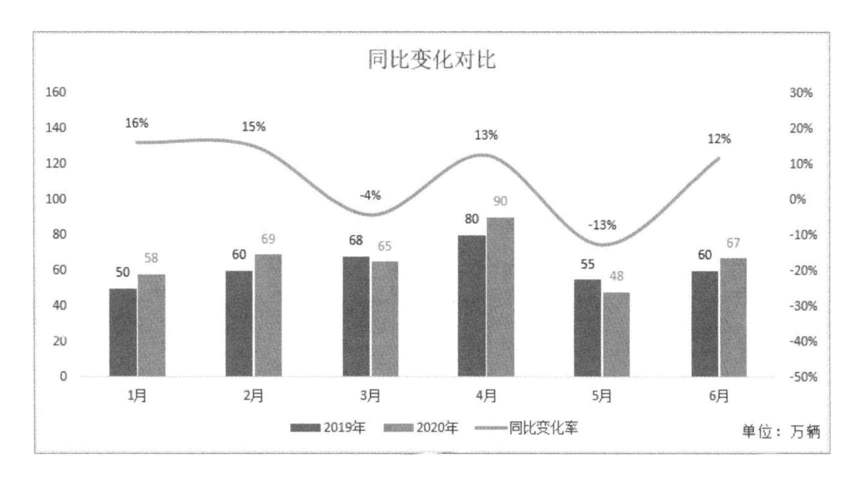

【图表分析】

（1）可以把折线设置为平滑线。

（2）如果使用目标与达成形式，可以将系列重叠调整为100%。

6.5 条形图——多类指标单项对比

条形图在工作中应用非常广泛，它是用相同宽度长条的高度或长短来表示数据多少的图形。条形图可以横置或纵置，纵置时也称为柱形图。条形图也是统计分析中最常用的图形之一，主要特点如下。

（1）易于看出各个数据的大小。

（2）易于比较数据之间的差别。

6.5.1 条形图的作用

条形图主要用于两个指标的多项对比或多个指标的两项对比，如利润结构对比、人力薪资结构对比、成本结构对比、销售结构对比、采购结构对比、产能结构对比、改善前后对比等。

条形图纵坐标轴表示各项目，横坐标轴表示各项目在两个指标的多项对比或多个指标的两项对比的数值，如右图所示。

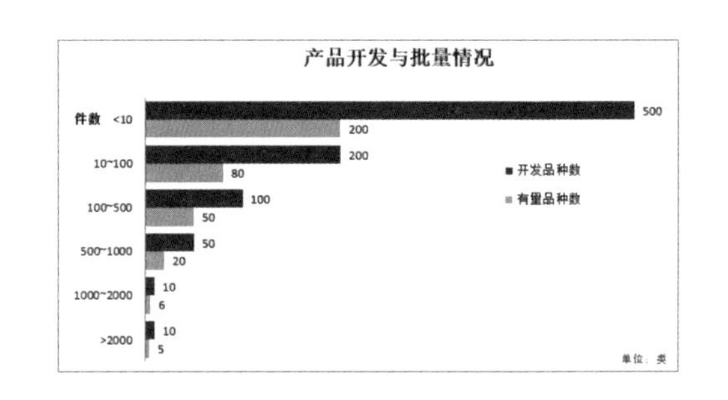

6.5.2 条形图的制作方法

制作条形图需要满足以下两个条件。

（1）两项指标的多项或多个指标的两项对比。

（2）数据至少要有两个。

条形图图表的制作方法包含以下3个步骤，如下图所示。

收集数据

- 收集两项指标的多项数据，如产品开发和批量按不同件数分类的对比数据等

整理数据源

- 根据两项指标按照分类自定义次序整理数据

做图

- 创建条形图图表
- 设置条形图颜色
- 设置网格线
- 设置标签
- 设置标题
- 设置图例

在整理做图数据源时，需要注意以下几点。

（1）两项指标存在相关性，数据存在先后或大小的逻辑关系。

（2）整理数据要符合习惯，应按照分类顺序或自定义顺序进行整理。

6.5.3 条形图的制作步骤

下面通过一个案例介绍条形图图表制作步骤及注意事项。

案例名称	A 公司产品开发和批量情况对比分析
素材文件	素材 \ch06\6.5.xlsx
结果文件	结果 \ch06\6.5.xlsx

范例6-5 A公司产品开发和批量情况对比分析

本案例主要通过条形图展示A公司产品开发的数量与实际产生销量的情况进行对比分析，从而判断哪些产品开发是有价值的，可以侧面对研发人员起到监督作用。

思维导图

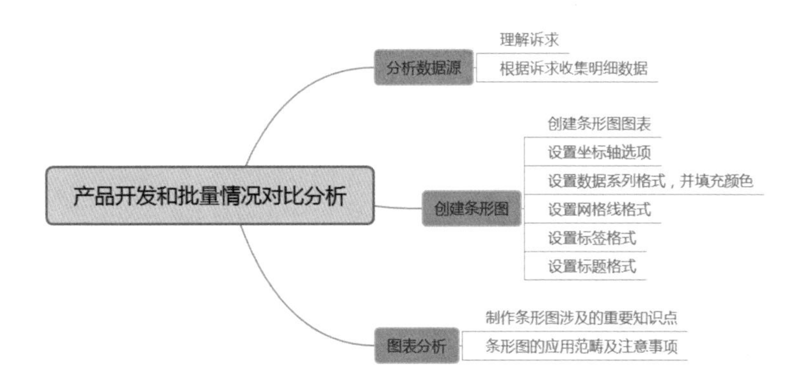

1. 理解诉求

A公司开发了很多新产品，领导想了解产品投入市场后的具体销量情况，从而判断产品的开发价值。制作图表的主要诉求如下所示。

（1）两项指标在一种情况下对比时，两项指标存在相关性。

（2）通过对比找出差异和问题点，进行指导改善，以提升管理。

（3）要求图表效果简洁、直观。

2. 收集明细数据

先从销售部门获取实际销量数据，再收集并整理出产品开发品种数和有量品种数的明细表如下图所示。

打开“素材\ch06\6.5.xlsx”文件，选择“5-条形图”工作表，可以看到整理后的数据。

件数（件）	开发品种数（类）	有量品种数（类）
<10	500	200
10~100	200	80
100~500	100	50
500~1000	50	20
1000~2000	10	6
>2000	10	5

第一步 创建条形图图表

打开素材文件，在数据区域选中任意单元格，选择【插入】→【图表】→【查看所有图表】选项，在打开的【插入图表】对话框中选择二维条形图，即可生成条形图，效果图如下图所示。

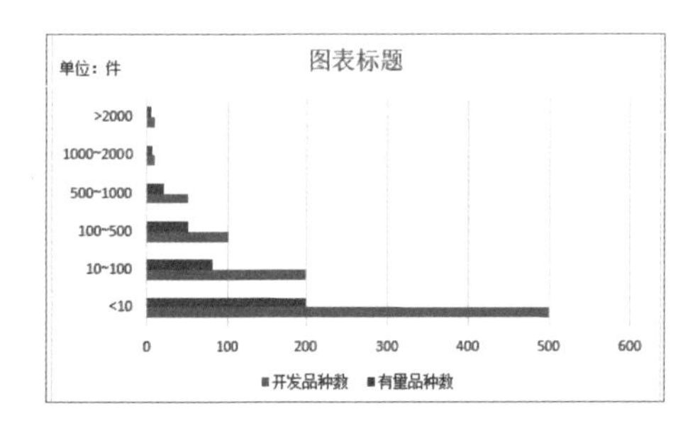

第二步 设置坐标轴选项

选中坐标轴并右击，在弹出来的快捷菜单中，选择【设置坐标轴格式】选项，打开【设置坐标轴格式】对话框，在【坐标轴选项】中选中【逆序类别】复选框，如下图所示。

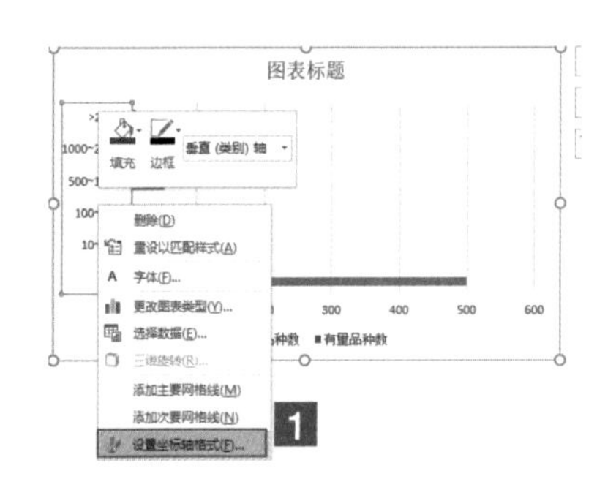

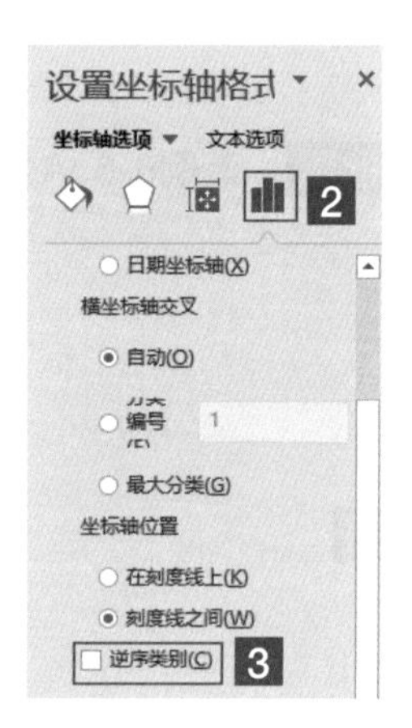

设置坐标轴格式后，条形图图表的效果如下图所示。

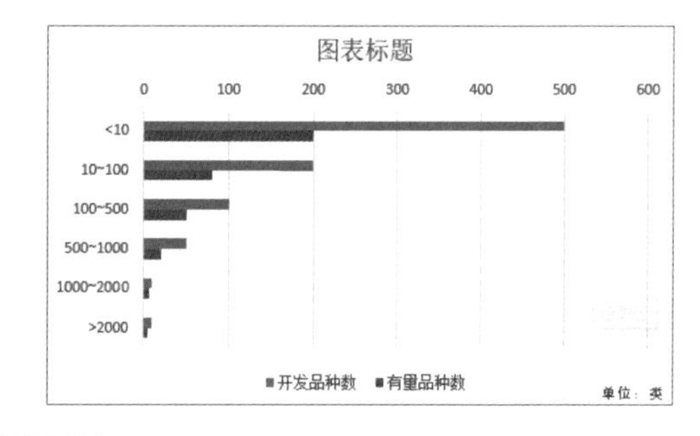

第三步 设置数据系列格式，并填充颜色

创建条形图后，可以做进一步美化。在“开发品种数”数据系列上右击，在弹出的快捷菜单中选择【填充】选项并设置喜欢的颜色即可。同理，在“有量品种数”数据系列上可以选择其他颜色进行填充。效果如下图所示。

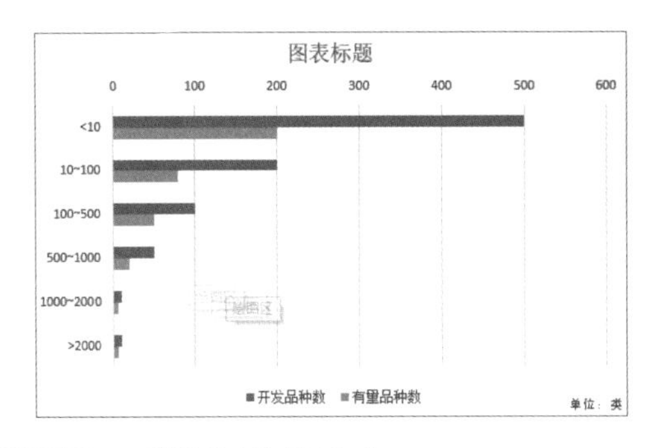

第四步　设置网格线格式

选中图表中的网格线部分，在【设置主要网格线格式】窗格中，在【线条】选项下选中【无线条】单选按钮，效果如下图所示，没有显示网格线。

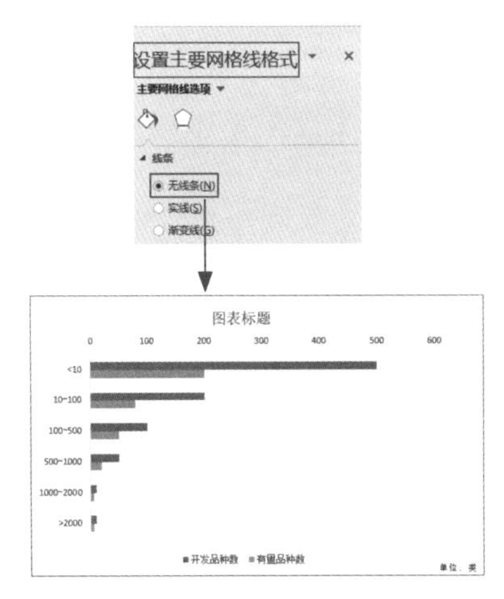

第五步　设置坐标轴格式

观察上图可知，坐标轴最大值为600，但条形图实际没有那么大，可以设置坐标轴格式，调整坐标轴的最大值，设置坐标轴的边界最大值为500，如下图所示。

将坐标轴边界的最大值设置为500，效果如下图所示。

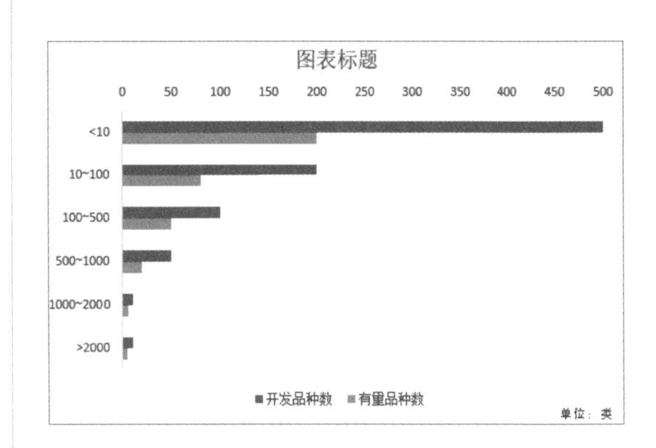

第六步　设置标题格式

更改图表标题为“产品开发与批量情况”，调整图例颜色，并增加数据标签及横坐标轴标题，完成条形图的制作，最终效果如下图所示。

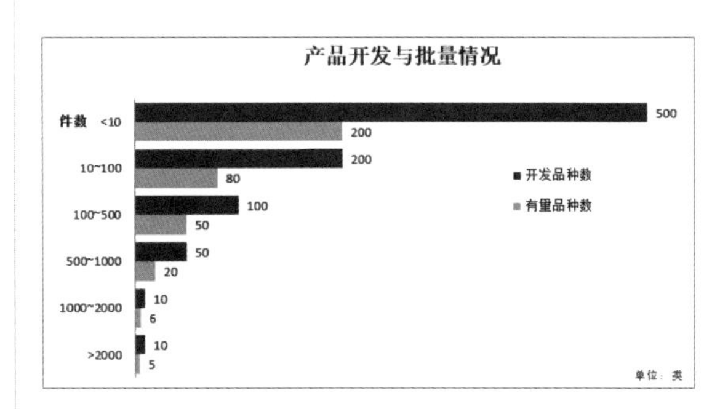

【图表分析】

条形图图表主要用于两个指标的多项对比或多个指标两项的对比分析。从该案例可以看出开发品种数和有量品种数主要在“<10”和“10~100”两个区间，这两种产品最有投资价值。“>2000”的开发品种数和有量品种数最少，需要进一步考虑是否优化掉“>2000”的产品。

条形图图表在工作中经常用到，操作起来也非常简单，掌握了以上步骤即可轻松完成如上分析。

性别分布 拓展案例 A公司各个部门男女对比情况的分析

A公司共有6个部门，分别为市场部、策划部、研发部、品管部、财务部和制造部，领导想了解当前各个部门的男女分布情况，以进一步确认需要招聘人员的男女比例。

根据人力资源部门提供的明细数据，整理各部门男女分布情况的源数据如下图所示。

部门	男（人）	女（人）
市场部	26	15
策划部	50	46
研发部	15	60
品管部	46	33
财务部	8	35
制造部	45	56

通过构建数据源，制作的图表效果如下图所示。关键点是设置“男（人）”列数据为负值，即可轻松完成图表。

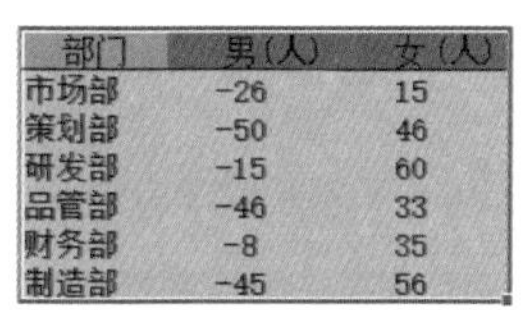

部门	男(人)	女(人)
市场部	-26	15
策划部	-50	46
研发部	-15	60
品管部	-46	33
财务部	-8	35
制造部	-45	56

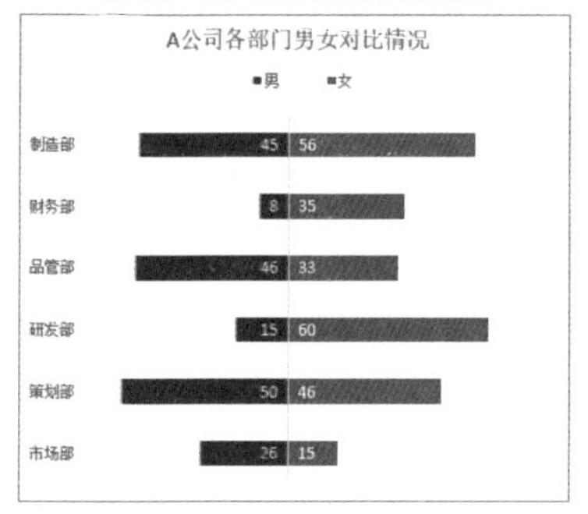

【图表分析】

（1）本案例涉及的重要知识点主要包括：构造数据集，设置系列重叠，设置坐标轴格式为低，设置数据格式。

（2）条形图图表主要用于两个指标的多项对比或多个指标的两项对比，如利润结构对比、人力薪资结构对比、成本结构对比、销售结构对比、采购结构对比、产能结构对比、改善前后对比等。

6.6 条形堆积图图表——多分项目对比

工作中为了反映数据细分和总体情况，经常会使用到条形堆积图，它既能看到整体推移情况，又能看到某个分组单元的总体情况，还能看到组成部分的细分情况，一举多得。

6.6.1 条形堆积图的作用

条形堆积图类似柱形堆积图，主要用于多个指标或单指标多项对比分析，如利润结构对比、人力薪资结构对比、成本结构对比、销售结构对比、采购结构对比、产能结构对比等。在工作中经常会用到条形堆积图。

条形堆积图的纵坐标轴表示各项目，横坐标轴表示各项目在多个指标或单指标多项对比的数值，如下图所示。

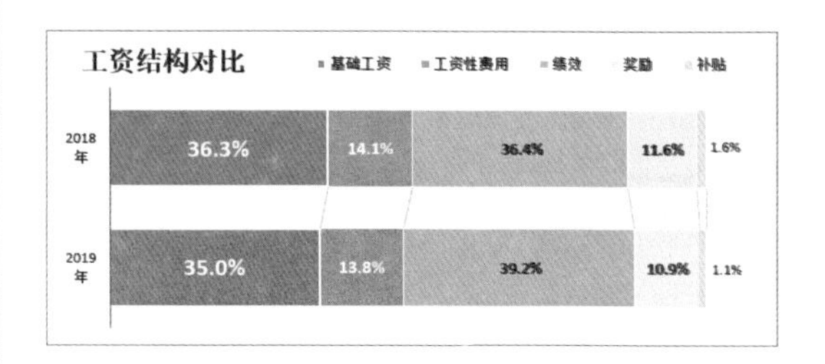

6.6.2 条形堆积图的制作方法

制作条形堆积图需要满足以下两个条件。

（1）多个指标或单指标多项。

（2）数据至少要有两个。

条形堆积图图表的制作方法包含以下3个步骤，如下图所示。

收集数据	整理数据源	做图
• 收集多个指标的对比数据，如利润结构人力薪资结构和成本结构数据等	• 统计各指标单项占总体的比例	• 创建条形堆积图图表 • 设置行 / 列切换 • 设置逆序类别 • 设置序列线 • 设置坐标轴 • 设置标题

在整理做图数据源时，需要注意以下几点。

（1）数据存在逻辑关系，单项占整体的比例=单项/整体。

（2）整理数据应遵循自定义逻辑次序，在指标排序时需要考虑数据的大小和主次。

6.6.3 条形堆积图的制作步骤

下面通过一个案例介绍条形堆积图图表的制作步骤及注意事项。

案例名称	工资结构对比分析
素材文件	素材 \ch06\6.6.xlsx
结果文件	结果 \ch06\6.6.xlsx

工资结构　范例6-6 工资结构对比分析

本案例主要通过条形堆积图图表来展示公司员工2018年和2019年的工资结构对比情况分析，为人力资源部门调整薪酬结构提供依据。

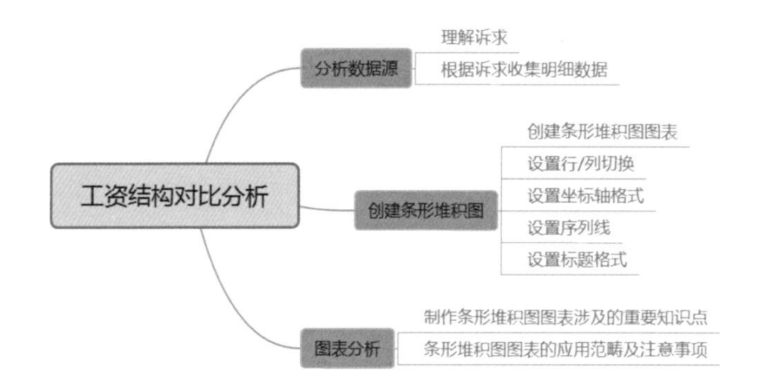

1. 理解诉求

A公司人力资源部门需要调整员工的薪酬结构，如果知道员工2018年和2019年的工资结构对比情况，则该问题可顺利解决。制作图表的主要诉求如下。

（1）两个或多个指标比较，指标间存在多个相同项，相同项展开对比时，需要看到每项的具体占比和趋势。

（2）要求图表效果简洁、直观。

2. 收集明细数据

先从人力资源部门获取到员工2018年和2019年的工资结构数据，收集和整理后如下图所示。

	基础工资	工资性费用	绩效	奖励	补贴
2018 年	36.3%	14.1%	36.4%	11.6%	1.6%
2019 年	35.0%	13.8%	39.2%	10.9%	1.1%

本案例的数据文件已提前准备好，打开“素材\ch06\6.6.xlsx”文件，选择“6-条形堆积图”工作表，即可看到整理后的数据。

第一步　创建条形堆积图图表

打开素材文件，在数据区域选中任意单元格，选择【插入】→【图表】→【查看所有图表】选项，打开【插入图表】对话框，选择二维条形堆积图，即可生成条形堆积图图表，效果如下图所示。

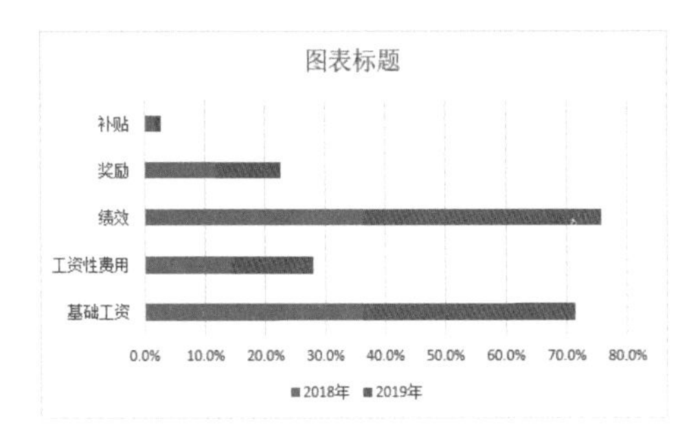

第二步 **设置行/列切换**

观察图表发现左侧坐标轴显示的是工资结构对比情况，但实际往往需要显示2019年和2018年的对比情况，可以使用【设计】选项组中的【切换行/列】功能实现该功能，效果如下图所示。

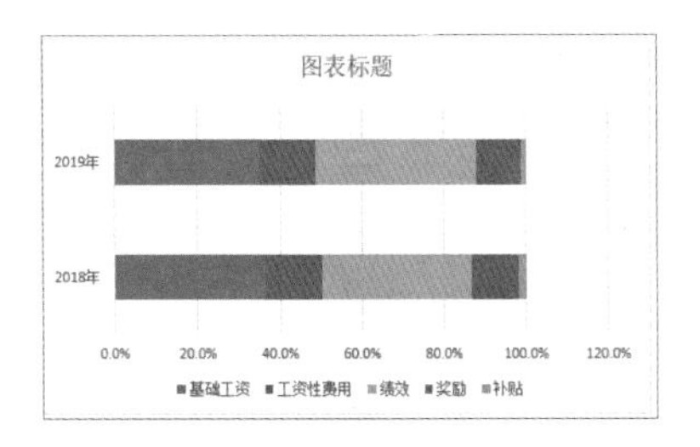

第三步 **设置坐标轴格式**

选中坐标轴并右击，在弹出的快捷菜单中选择【设置坐标轴格式】选项，在【设置坐标轴格式】窗格中，在【坐标轴选项】选项下选中【逆序类别】复选框，如下图所示。

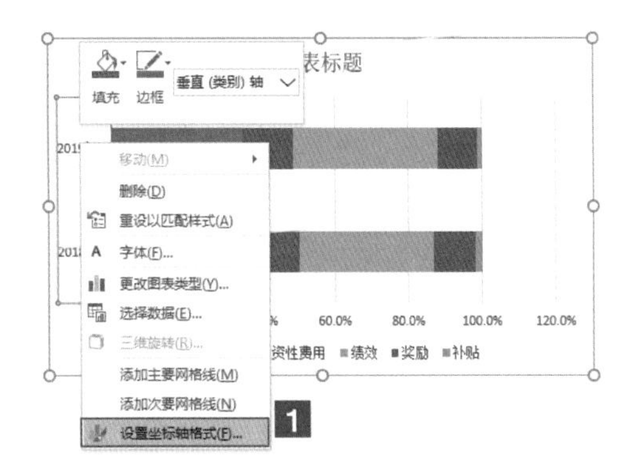

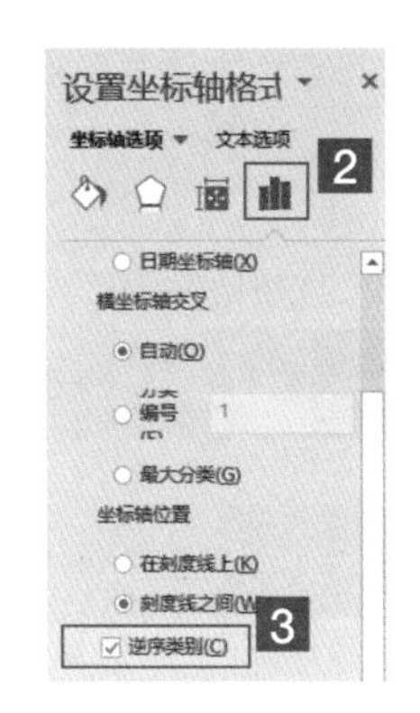

设置坐标轴格式后的效果如下图所示。

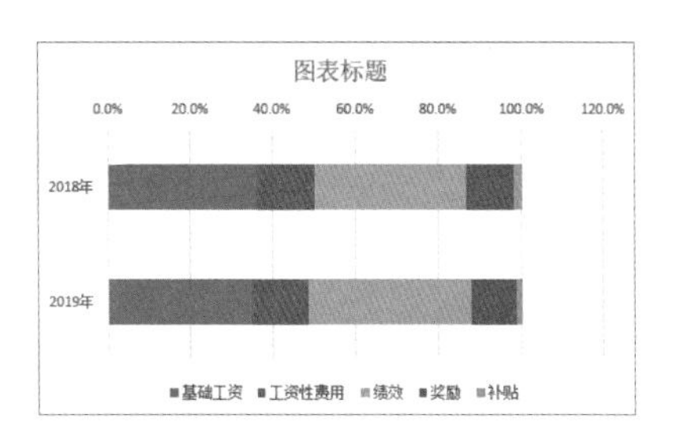

第四步 **设置系列线**

为了清晰显示各个组成部分之间的对比关系，可以设置【系列线】功能。选择图表系列，选择【图表设计】→【图表布局】→【添加图表元素】→【线条】→【系列线】选项，效果如下图所示。

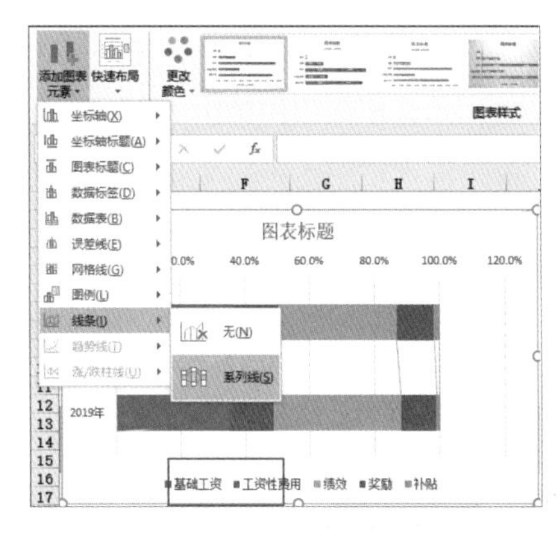

第五步 **图表美化**

根据前面学习的内容，可以对条形堆积图图表做进一步的美化，设置标签格式、网格线格式、坐标轴格式和填充颜色，并更改图表标题为“工资结构对比”，完成条形堆积图图表的制作，最终效果如下图所示。

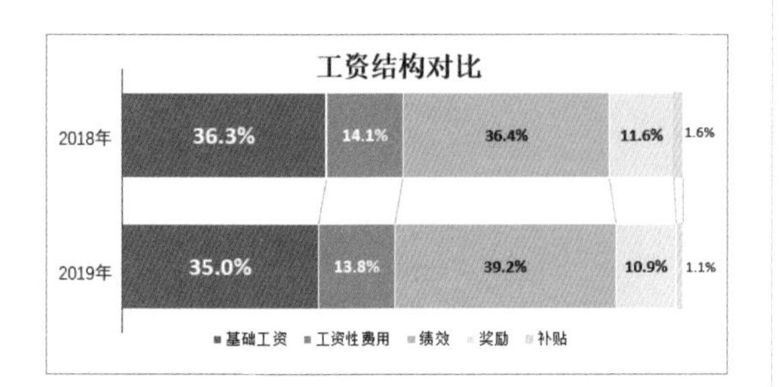

【图表分析】

条形堆积图图表主要用于多个指标或单指标的多项对比分析。从该案例可以看出2019年加大了绩效工资的占比，减少了基础工资、工资性费用、奖励和补贴费用。

条形堆积图图表在工作中经常用到，操作起来非常简单，掌握了以上步骤即可轻松完成如上分析。

质量索赔　拓展案例　A公司不同产品的质量索赔榜

A公司共有7款产品。从质量部门获取到每个产品对应的质量索赔数量和占比，整理好的源数据如下左图所示。条形堆积图图表制作的效果如下右图所示。

产品	质量索赔	比例
产品 A1	85	34%
产品 A2	45	18%
产品 A3	36	15%
产品 A4	32	13%
产品 A5	20	8%
产品 A6	18	7%
产品 A7	11	4%

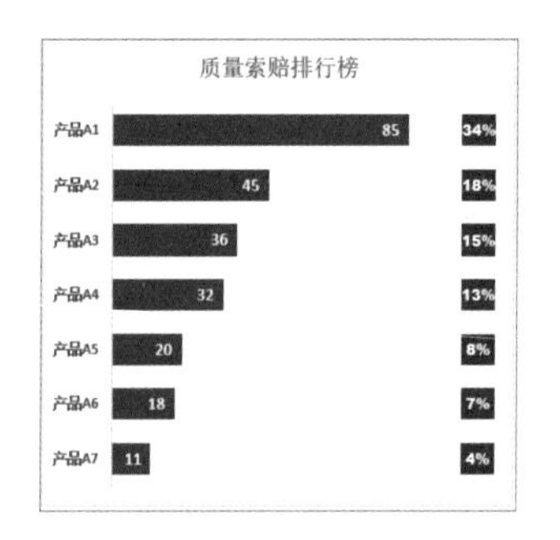

【图表分析】

条形堆积图图表类似柱形堆积图图表，主要用于多个指标的或单指标多项对比分析，如利润结构对比、人力薪资结构对比、成本结构对比、销售结构对比、采购结构对比、产能结构对比等。

制作条形堆积图图表的注意事项和建议如下。

（1）遵循自定义的逻辑次序，在指标排序时应考虑数据的大小和主次。

（2）如果标签太多，可以将占比大的数据显示出标签，数据小的删除标签，以保持整体效果整洁。

6.7 面积图——历年变更趋势

面积图又称区域图，它强调数量随时间变化的程度，也可用于对比总值趋势的变化。堆积面积图和百分比堆积面积图还可以显示部分与整体之间的关系。

6.7.1 面积图的作用

面积图是将各项目按时间序列进行排序的一种图表，可以直观地了解各项目随时间变化的趋势情况。面积图主要用于趋势分析，经常和折线匹配使用，很多应用范畴类似折线图，适用于显示在相等时间间隔下数据的趋势变化情况分析。

面积图的横坐标轴表示相等时间间隔的时间序列，纵坐标轴表示各项目多个指标数值。在制作完成的面积图中，通过鲜明的颜色可清楚地知道几个指标间的趋势变化关系，如下图所示。

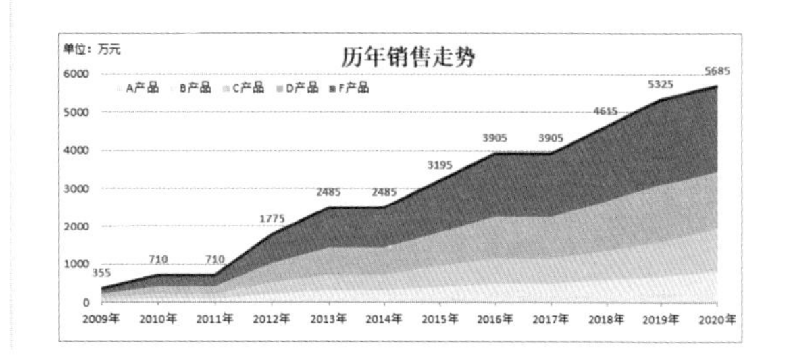

6.7.2 面积图的制作方法

制作面积图需要满足以下两个条件。

（1）一个指标或多项指标。

（2）数据至少要有两个。

面积图图表的制作方法包含以下3个步骤，如下图所示。

收集数据

- 收集一个指标或多个指标的历年变化数据，如各公司产品销量的趋势变化数据等

整理数据源

- 按照从大到小时间先后顺序等整理好数据

做图

- 创建面积图图表
- 设置面积图颜色
- 设置坐标轴
- 设置标签
- 设置标题

在整理做图数据源时，数据整理应按照从大到小、时间逻辑、次序逻辑等进行排序整理。

6.7.3 面积图的制作步骤

下面通过一个案例介绍面积图图表的制作步骤及注意事项。

案例名称	A 公司产品销量趋势变化的分析	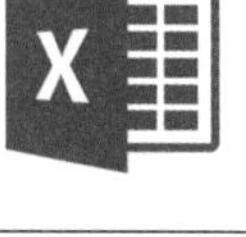
素材文件	素材 \ch06\6.7.xlsx	
结果文件	结果 \ch06\6.7.xlsx	

销 售　范例6-7 A公司产品销量趋势变化的分析

本案例主要通过面积图图表来展示A公司历年来各类产品的销售情况，从而分析随着时间变化各年份销售数量的变化趋势，进而对各产品未来市场的需求量进行预测 。

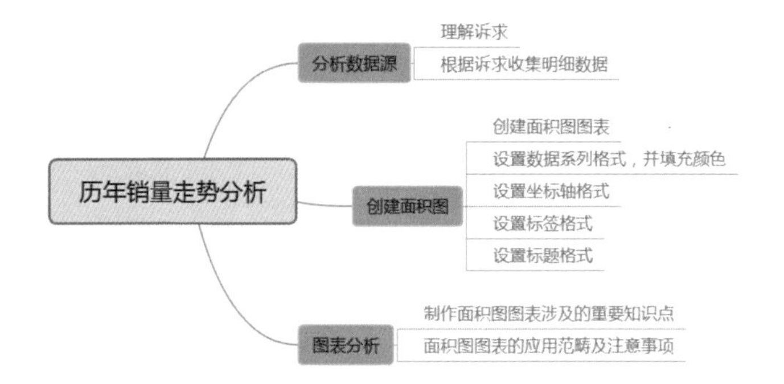

1. 理解诉求

A公司对历年来各类产品销售数据进行整理，进而分析各年份销售数据的变化，以及总体数据的变化趋势，以达到对未来销售数量的合理预测。制作图表的主要诉求如下。

（1）多个指标逐年的变化趋势和总体合计趋势。

（2）尽量不要用单纯的折线，因数据量较少，可能会导致图形的饱满度不够。

（3）要求图表效果简洁、直观。

2. 收集明细数据

先将A公司历年来各类产品的销售数据进行整理，并对各年份销售总量进行统计，最下一行的“辅助”是各年份销售数量的总和。

本案例的数据文件如下图所示，打开“素材\ch06\6.7.xlsx”文件，选择“7-面积图”工作表，即可看到整理后的数据。

产品销售	2009年	2010年	2011年	2012年	2013年	2014年	2015年	2016年	2017年	2018年	2019年	2020年
A产品	15	30	30	75	105	105	135	165	165	195	225	235
B产品	30	60	60	150	210	210	270	330	330	390	450	600
C产品	60	120	120	300	420	420	540	660	660	780	900	1100
D产品	100	200	200	500	700	700	900	1100	1100	1300	1500	1500
F产品	150	300	300	750	1050	1050	1350	1650	1650	1950	2250	2250
辅助	355	710	710	1775	2485	2485	3195	3905	3905	4615	5325	5685

第一步 创建面积图图表

❶ 打开素材文件，选中数据区域中任意单元格，选择【插入】→【图表】→【查看所有图表】选项。在弹出【插入图表】的对话框中，进一步选择【所有图表】→【面积图】→【堆

积面积图】选项，单击【确定】按钮，最终生成面积图图表效果如下图所示。

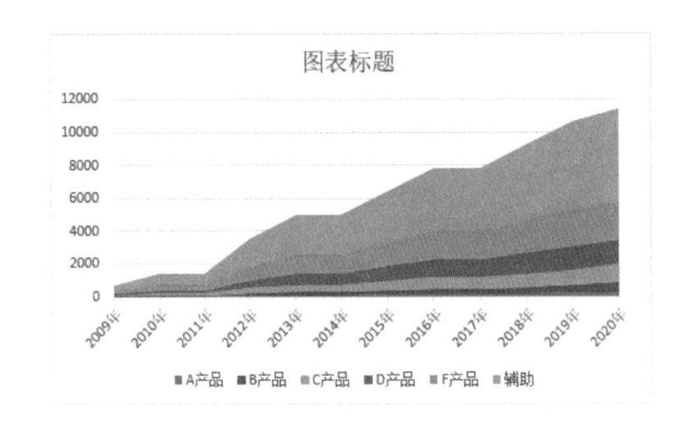

❷ 选中“辅助”数据系列并右击，在弹出的快捷菜单中选择【更改系列图表类型】选项，弹出【更改图表类型】对话框，选择【所有图表】→【组合图】选项，将“辅助”数据系列的【图表类型】设置为【折线图】，如下图所示。

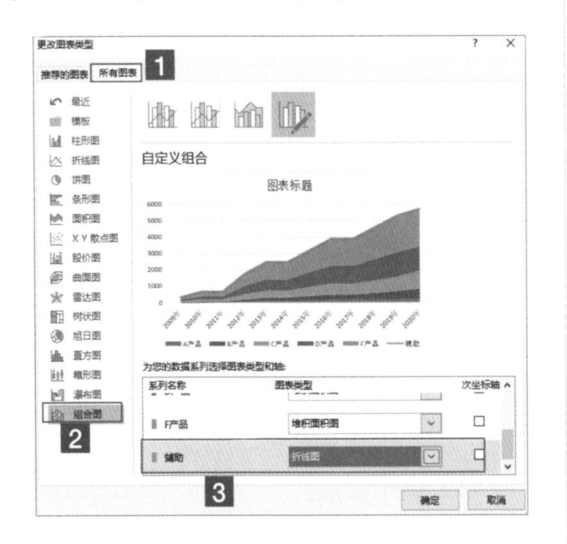

设置后的效果如下图所示。

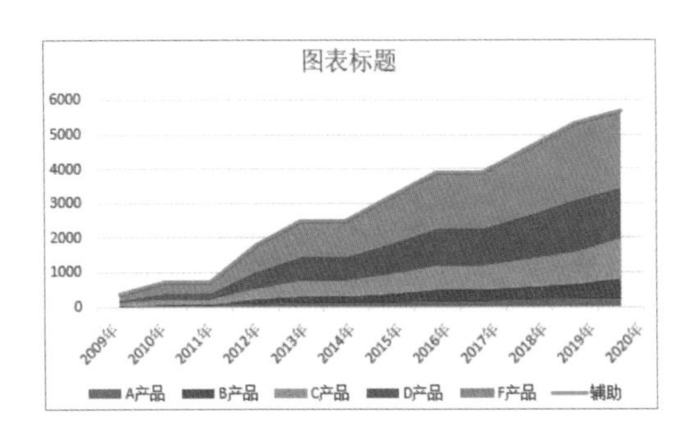

第二步 **设置数据系列格式，并填充颜色。**

❶ 选中“F产品”数据系列并右击，选择【设置数据系列格式】选项，在右侧对话框中的【填充】选项下选中【纯色填充】单选按钮，【颜色】设置为“红色”，如下图所示。

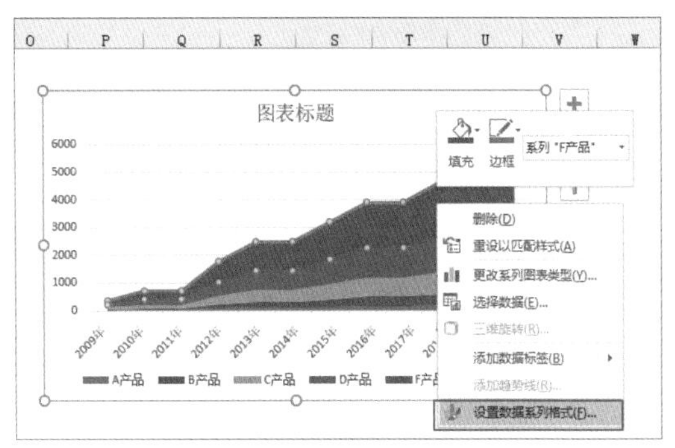

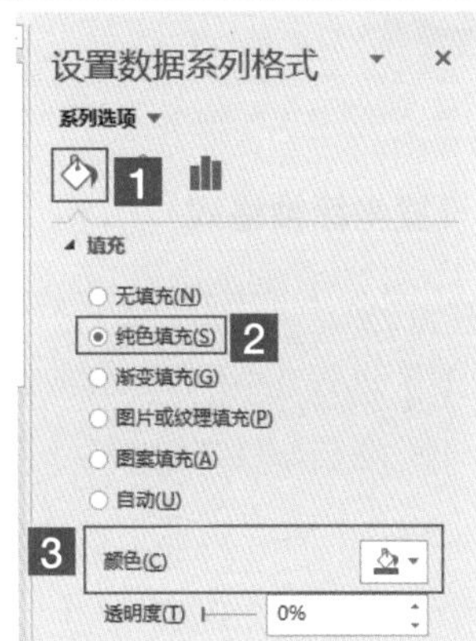

按照同样的办法将其他数据系列的颜色进行修改，效果如下图所示。

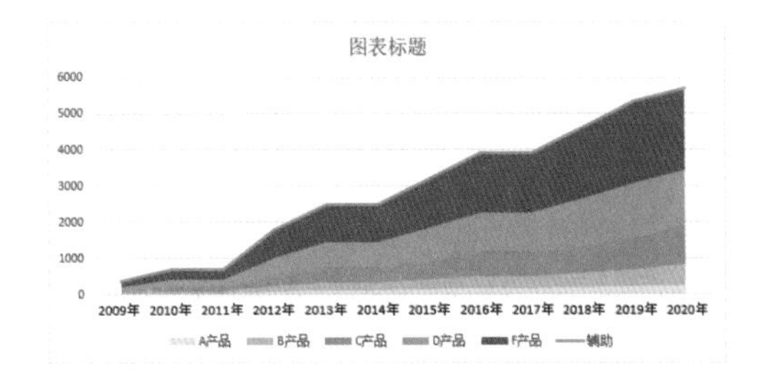

❷ 选中“辅助”数据系列并右击，选择【设置数据系列格式】选项，在右侧对话框中的【线条】选项下选中【实线】单选按钮，并设置线条【颜色】为“黑色”，效果如下图所示。

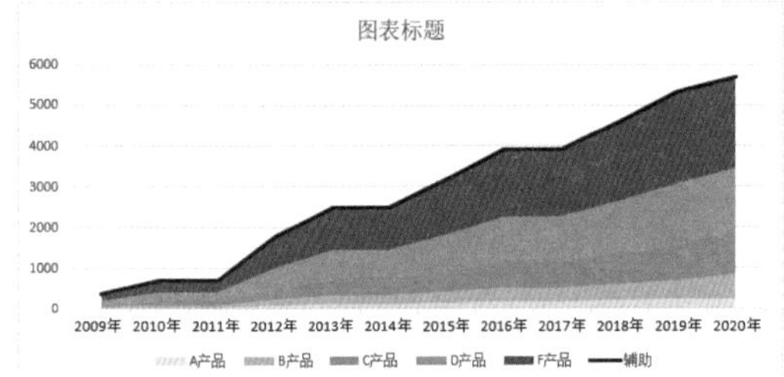

第三步 设置坐标轴格式

选中面积图图表的横坐标轴并右击，在弹出的快捷菜单中选择【设置坐标轴格式】选项，在右侧对话框中的【坐标轴选项】下的【坐标轴位置】，选中【在刻度线上】单选按钮即可完成设置，如右上图所示。

第四步 设置标签格式

选中“辅助”数据系列并右击，在弹出的快捷菜单中选择【添加数据标签】选项，即可设置面积图图表中的折线数据标签，如下图所示。

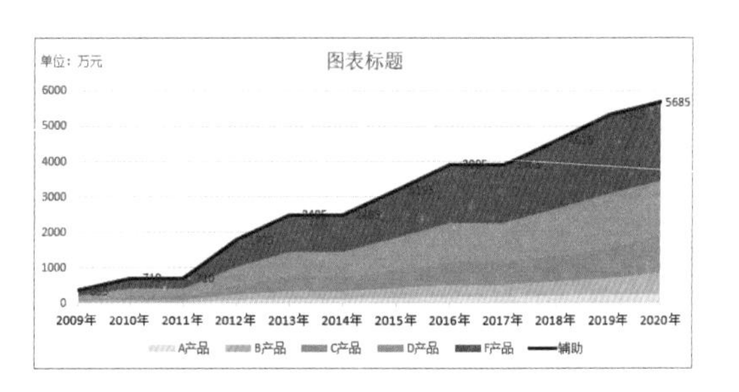

Tips 为了让面积图图表中的标签显示更清晰，可选中所有数据标签，右击选择【设置数据标签格式】选项，在右侧对话框中选择【标签选项】→【标签位置】选项，选中【靠上】单选按钮，同时修改标签的字体颜色为红色，即完成标签设置，最终效果如下右图所示。

第五步 设置标题和网格线格式

修改面积图图表的标题为“历年销售走势”，将图例里的辅助系列删除并对位置进行适当调整，同时去掉图表的边框、修改网格线为虚线，即完成此面积图图表的制作，最终效果如下图所示。

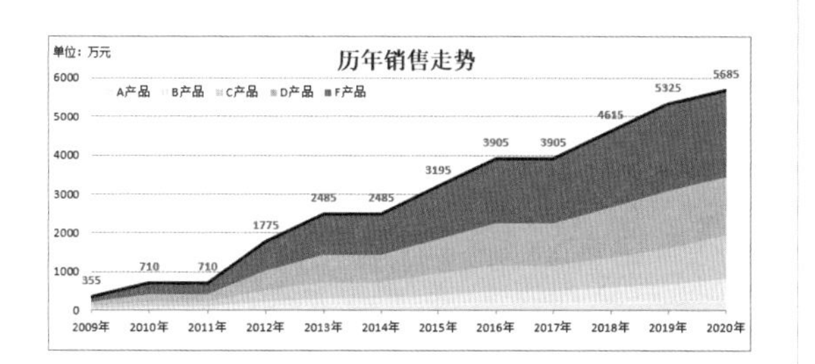

【图表分析】

面积图图表主要用于趋势分析，经常和折线匹配使用，强调数量随时间变化的程度。从上述图表中可以看出从2009年到2020年整体销售趋势是上升的，前几年的增长趋势缓慢，后几年的增长速度加快。同时可以看出F产品的市场占有率是最大的，增长速度也最快，相对地A产品和B产品增长速度缓慢，因此公司后续可考虑加大对F产品和E产品的市场投放量。

粉丝增量 拓展案例 B公众号粉丝增量变化的分析

整理数据源及制作的面积图图表的效果如下图所示。

单位：个

	1月	2月	3月	4月	5月	6月	7月	8月	9月
取消关注	20	60	150	180	500	300	400	500	800
增量	1200	1800	1900	2500	3000	5000	4500	6000	7000

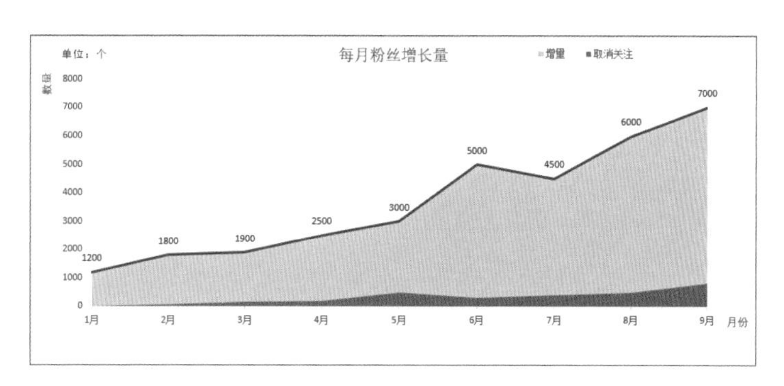

【图表分析】

面积图主要用于趋势分析，经常和折线匹配使用，很多应用范畴类似折线图。在制作好的面积图中，通过显示每项数据指标所占区域大小随时间或类别变化的趋势，以及配合加粗的折线使表达趋势走向更直观，可引起人们对总值趋势的注意，及时总结工作中的不足，合理做出预测。

制作面积图图表的注意事项和建议如下所示。

（1）面积图图表与折线图图表搭配使用的情况比较多，折线用于显示标签。

（2）面积图图表通常把坐标轴位置放在刻度线上。

6.8 趋势折线图——实际预计趋势

趋势折线图是将工作表中的数据用折线的形式展现出来，可以显示随时间而变化的连续数据，因此非常适用于显示在相等时间间隔下数据的趋势走向，以帮助人们进行合理推测。

6.8.1 趋势折线图的作用

趋势折线图主要用于销售预测与实际走势、材料实况预测、财务利润预实走势、风险评估等。在工作中经常用于相等时间间隔下数据的趋势走向。

趋势折线图的横坐标轴表示相等时间间隔的时间序列，纵坐标轴表示各项目多个指标的数值，如下图所示。

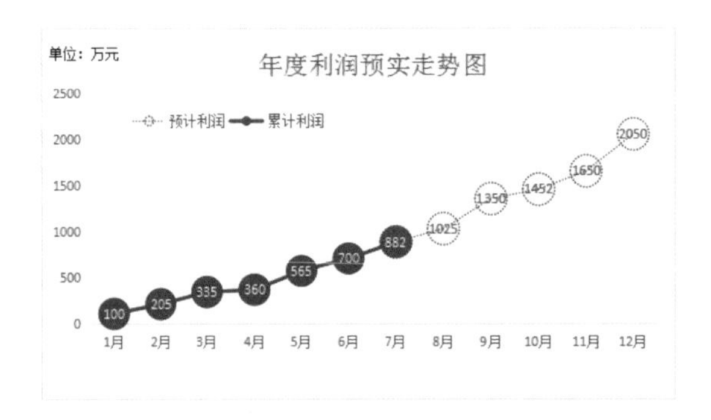

6.8.2 趋势折线图的制作方法

制作趋势折线图需要满足以下两个条件。

（1）一个指标或多项指标随时间变化的数据。

（2）数据至少要有两个。

趋势折线图图表的制作方法包含以下3个步骤，如下图所示。

收集数据	整理数据源	做图
• 收集一个指标或多个指标随时间变化的数据，如历年来销售数据、近一年财务利润走势等	• 按照时间先后顺序整理好数据	• 创建折线图图表 • 设置折线图颜色 • 设置数据系列格式 • 设置标签 • 设置网格线 • 设置标题

在整理做图数据源时，需要注意数据整理要有逻辑关系，按照时间先后顺序进行排序。

6.8.3 趋势折线图的制作步骤

下面通过一个案例介绍趋势折线图图表的制作步骤及注意事项。

案例名称	A 公司本年度利润趋势变化的分析
素材文件	素材 \ch06\6.8.xlsx
结果文件	结果 \ch06\6.8.xlsx

范例6-8 A公司本年度利润趋势变化的分析

本案例主要通过趋势折线图图表来展示A公司本年度1~7月累计利润在每个月的变化，分析利润的趋势走向，进而对8~12月的预计利润进行合理预测。

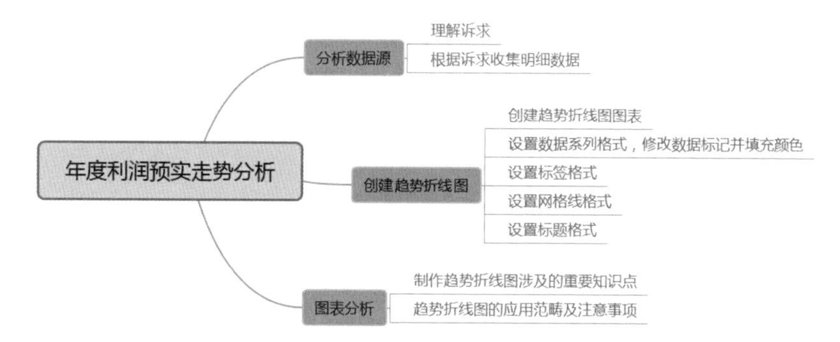

1. 理解诉求

A公司账务部对本年度1~7月实际完成的累计利润进行整理，进而分析每个月累计利润的变化趋势及利润增长情况，以达到对全年利润走势的合理预测，制订可实现的利润目标。制作图表的主要诉求如下。

（1）实际和预计既要交替结合，同时又要进行区别。

（2）不能只用一条折线，会影响图形的呈现效果。

（3）要求图表效果简洁、直观。

2. 收集并整理明细数据

先将A公司本年度1~7月累计利润的实际完成数据进行整理，依据利润增长趋势并结合风险评估后，对8~12月的预计利润进行合理估计。

本案例的数据文件如下图所示，打开“素材\ch06\6.8.xlsx”文件，选择“8-趋势折线图”工作表，即可看到整理后的数据。

单位：万元

	1月	2月	3月	4月	5月	6月	7月	8月	9月	10月	11月	12月
累计利润	100	205	335	360	565	700	882					
预计利润							882	1025	1350	1452	1650	2050

第一步 创建趋势折线图图表

打开素材文件，选中数据区域中的任意单元格，选择【插入】→【图表】→【查看所有图表】选项。弹出【插入图表】对话框，选择【所有图表】→【折线图】→【带数据标记的折线图】选项，单击【确定】按钮，如下图所示。

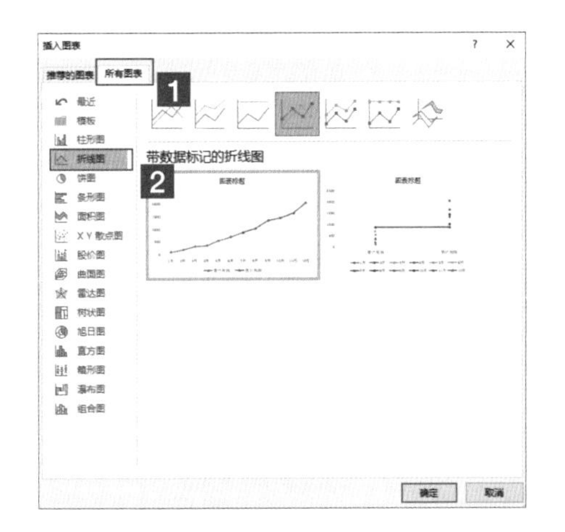

执行上述操作后，生成趋势折线图图表的效果如下。

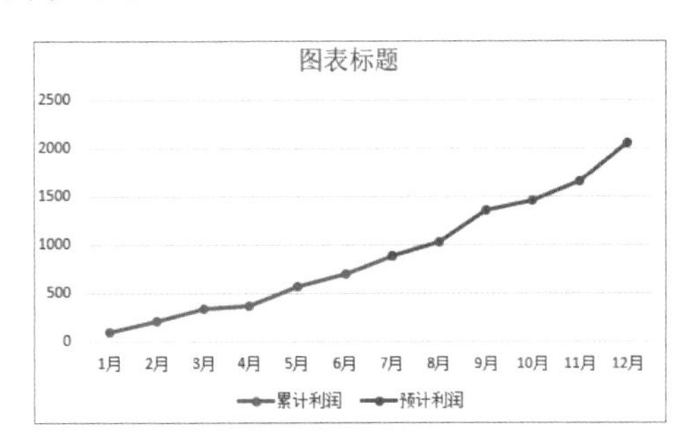

第二步 设置数据系列格式，修改数据标记及填充颜色

❶ 在趋势折线图图表中选中1~7月的数据并右击，在弹出的快捷菜单中选择【设置数据系列格式】选项，在右侧对话框中选中【标记】→【标记选项】选项，再选中【内置】单选按钮，【类型】设置为“圆点”并修改【大小】为“20”。在【填充】选项下选中【纯色填充】单选按钮，修改【颜色】为红色，并在【边框】选项下选中【无线条】单选按钮，修改选项如下图所示。

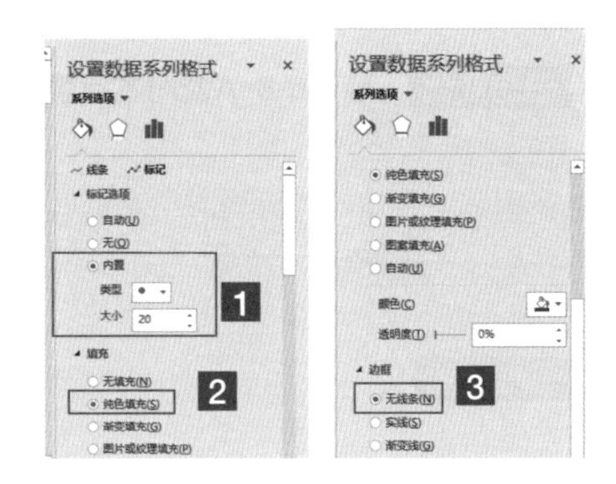

设置数据系列格式后的趋势折线图图表效果如下所示。

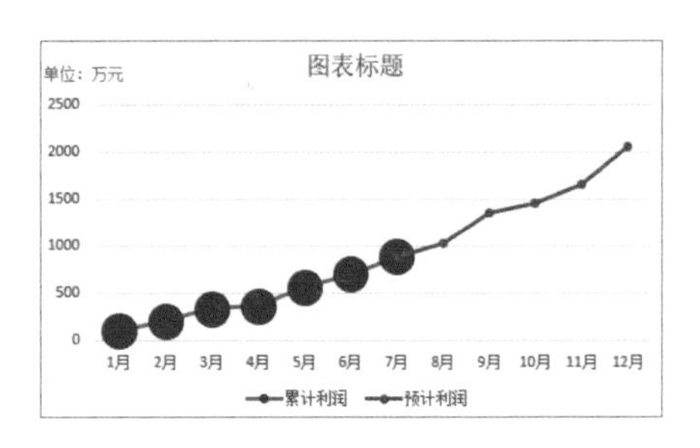

❷ 按同样的方法修改7~12月部分数据标记。在【数据标记选项】里选中【内置】单选按钮，并修改【大小】为“20”，选择【填充】的颜色为白色，选择【边框】选项为红色虚线，图表效果如下所示。

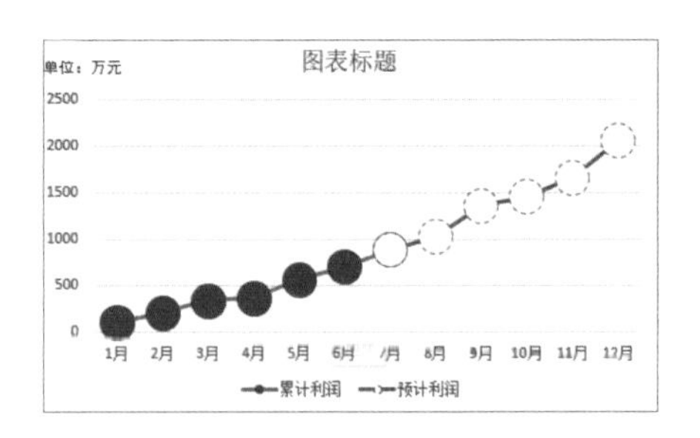

❸ 选中1~7月数据系列并右击，在弹出的快捷菜单中选择【设置数据系列格式】选项，在右侧对话框中选择【线条】选项，将1~7月数据系列折线设置成红色实线，7~12月数据系列折线设置成红色虚线，修改后的效果图如下所示。

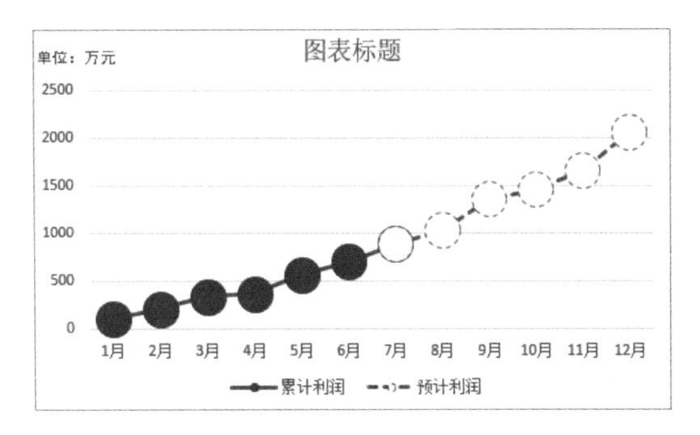

第三步 设置标签格式

❶ 选中图表中的折线并右击，选择【添加数据标签】选项，即可添加标签。选中所有添加好的数据标签并右击，选择【设置数据标签格式】选项，在右侧对话框中选中【标签选项】→【标签位置】选项，选中【居中】单选按钮，最后修改一下数据标签里数字的颜色即可完成设置，效果如下图所示。

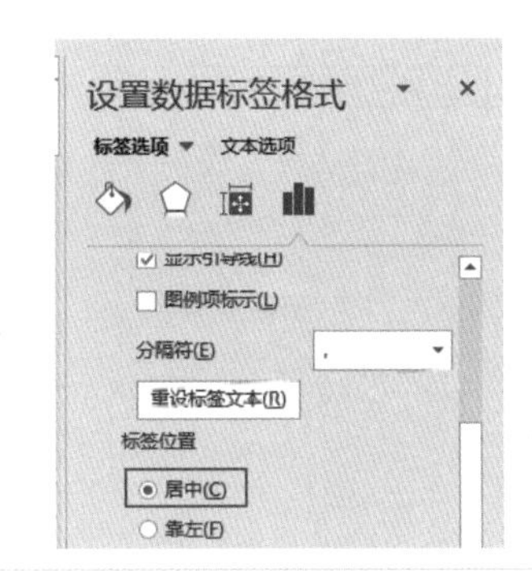

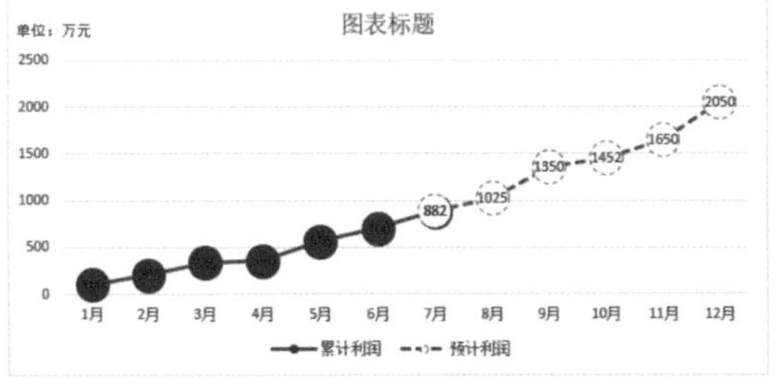

❷ 修改趋势折线图图表中7月的数据为实际完成的累计利润。选中图表数据标签并右击，选择【选择数据】选项，弹出【选择数据源】对话框，选中【预计利润】复选框，再单击【图例项（系列）】中的向上箭头方向，也就是将“预计利润”和“累计利润”调换位置，即可完成设置，如下图所示。

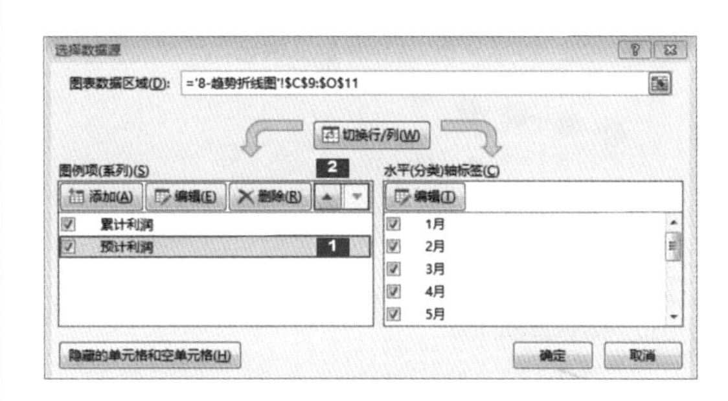

趋势折线图图表的效果如下图所示，7月的【数据标记选项】变成了红色填充，边框也变成了红色实线。

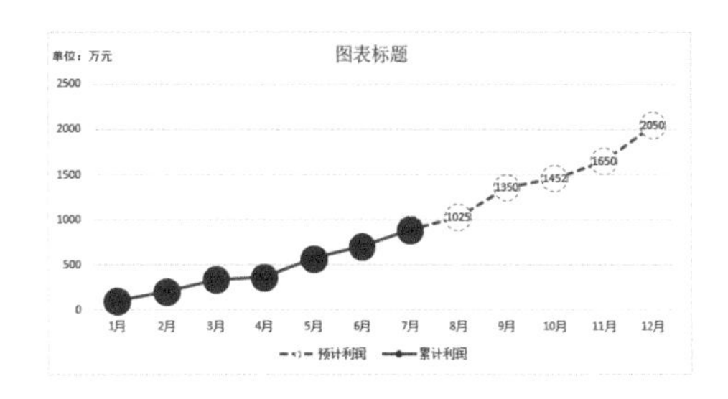

第四步 设置网格线格式

选中网格线并右击，选择【设置网格线格式】选项，将线条设置成无线条，即完成网格线设置，效果如下图所示。

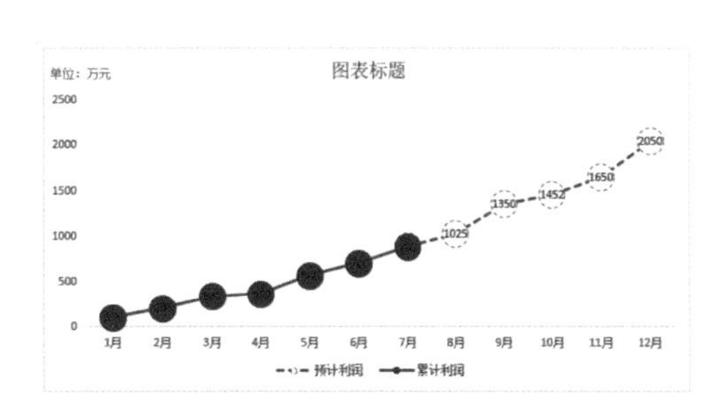

第五步 **设置标题格式**

将图表标题修改为“年度利润预实走势”，并对图例位置进行适当调整，即完成此趋势折线图图表的制作，最终效果如下图所示。

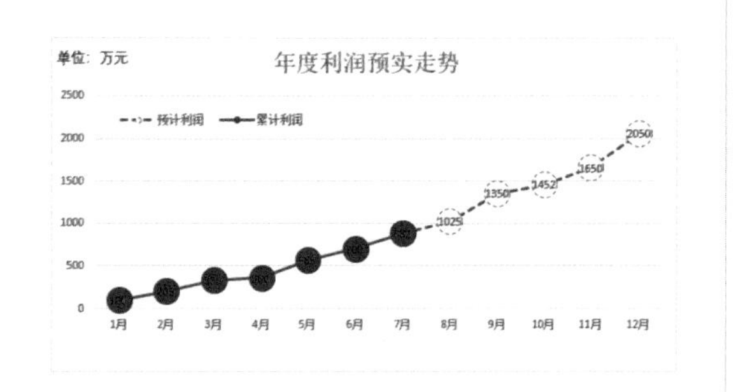

【图表分析】

趋势折线图图表依据实际的完成情况与增长趋势，结合公司的风险评估指数，可以合理地对后期利润进行预测，实现公司的利润目标。从上述图表中可以看出，公司1~7月的累计利润呈持续增长的趋势，按照这个增长走势，可以预测8~12月的累计利润会有很大的上涨空间。

年度利润 拓展案例 A公司年度利润预实走势的分析

A公司账务部对本年度1~7月实际完成的累计利润进行了整理，进而分析每个月累计利润的变化趋势及利润增长情况，以期对全年利润进行合理预测，并制订后期的预计利润，如下图所示。

单位：万元

	1月	2月	3月	4月	5月	6月	7月	8月	9月	10月	11月	12月
累计利润	100	205	335	360	565	700	882					
预计利润							882	1025	1350	1452	1650	2050

对上图数据构造辅助数据行及制作的趋势折线图图表如下图所示。

单位：万元

	1月	2月	3月	4月	5月	6月	7月	8月	9月	10月	11月	12月
累计利润	100	205	335	360	565	700	882					
预计利润							882	1025	1350	1452	1650	2050
辅助	100	205	335	360	565	700	882	1025	1350	1452	1650	2050

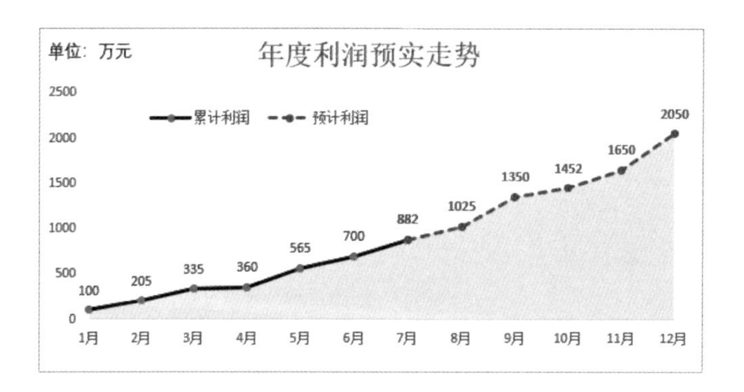

【图表分析】

趋势折线图图表主要用于预实结合分析，属于使用率较高的图表，经常用于销售预测与实际走势、材料实况预测、财务利润预实走势、风险评估等。日常工作中也会广泛运用到趋势折线图图表，在分析主要原材料如钢材价格、石油价格、大豆价格等与时间的关系时；在分析采购量价、销售量、质量索赔等与时间的关系时，都能通过趋势折线图图表直观反馈趋势的变化。当然，在使用趋势折线图图表时还可以利用面积图作辅助，这样不仅可以直观看到趋势变化，还能看到总值的变化。

制作趋势折线图图表的注意事项与建议如下。

（1）数据量太大时，不建议使用标签，否则感觉整体太杂乱。

（2）折线太单调时，可以借用误差线来充实图表效果。

6.9 饼状分布图——分类占比对比

饼状分布图常用于统计学模型。它显示一个数据系列中各项的大小与各项总和的比例关系。图表中的每个数据系列用不同的颜色显示，可直观地看到各项数据系列的结构比例关系。

6.9.1 饼状分布图的作用

饼状分布图主要用于单一维度的比重分析，如薪资结构分析、产品利润贡献度、产品利润结构、质量索赔分析、销售分析、采购分类占比等。饼状分布图图表的应用非常广泛，在工作中属于使用率较高的图表。

饼状分布图图表用不同颜色表示指标的占比情况。通过面积和颜色可以一目了然指标的占比关系，如右图所示。

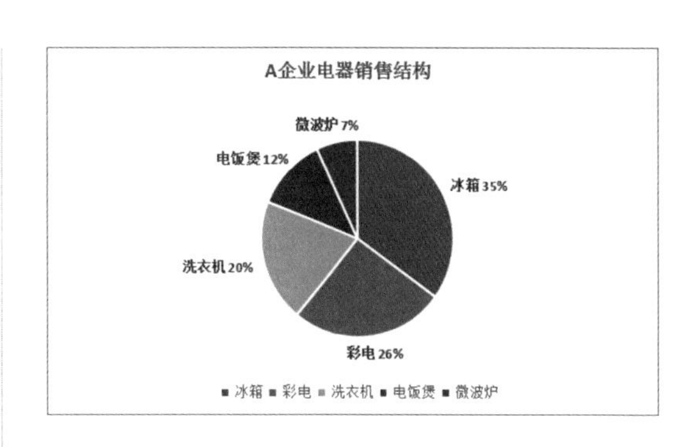

6.9.2 饼状分布图的制作方法

饼状分布图图表需要满足以下两个条件。

（1）单一指标多对象或单一对象多指标。

（2）数据至少要有两个。

饼状分布图图表的制作方法包含以下3个步骤，如下图所示。

收集数据
- 收集单一指标的数据，如薪资结构分析数据、产品年利润结构数据和销售分析数据

整理数据源
- 统计各项的大小与总和的比例

做图
- 创建饼状分布图图表
- 设置饼状分布图图表的颜色
- 设置标签
- 设置网格线
- 设置标题

在整理做图数据源时，需要注意以下几点。

（1）数据存在逻辑，各项占整体的比例=各项/整体。

（2）整理数据应遵循自定义逻辑次序。

6.9.3 饼状分布图的制作步骤

下面通过一个案例介绍饼状分布图图表的制作步骤及注意事项。

案例名称	A 企业电器销售结构比例的分析
素材文件	素材 \ch06\6.9.xlsx
结果文件	结果 \ch06\6.9.xlsx

范例6-9 A企业电器销售结构比例的分析

本案例主要通过饼状分布图展示A企业电器销售结构的比例关系，来分析企业各项产品的销售情况。

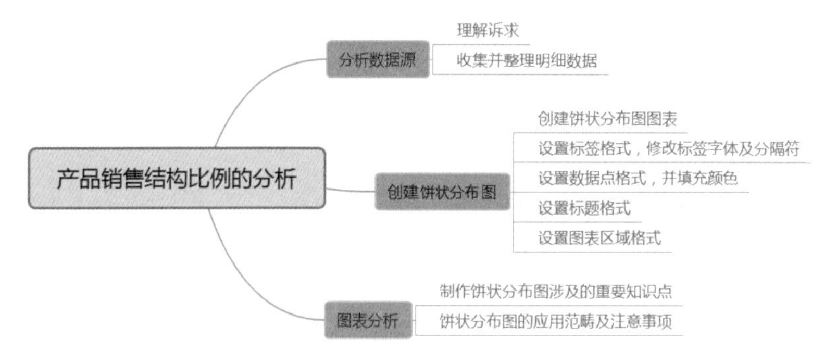

1. 理解诉求

A企业通过对上个月各类项目的销售数据进行统计及整理，进而分析产品销售结构比例关系。制作图表主要的诉求如下所示。

（1）明确各个指标在整体情况下的各自表现情况。

（2）需要直观其重要程度。

（3）要求图表效果简洁、直观。

2. 收集并整理明细数据

先对A企业上个月的销售数据进行统计，然后计算出各产品的销售结构比例。

本案例的数据如下图所示，打开“素材\ch06\6.9.xlsx”文件，选择“9-饼状分布图”工作表，即可看到整理后的数据。

项目	比例
冰箱	35%
彩电	26%
洗衣机	20%
电饭煲	12%
微波炉	7%

第一步 创建饼状分布图图表

打开素材文件，选中数据区域任意单元格，选择【插入】→【图表】→【查看所有图表】选项。在弹出的【插入图表】对话框中进一步选择【所有图表】→【饼图】选项，单击【确定】按钮，如下图所示。

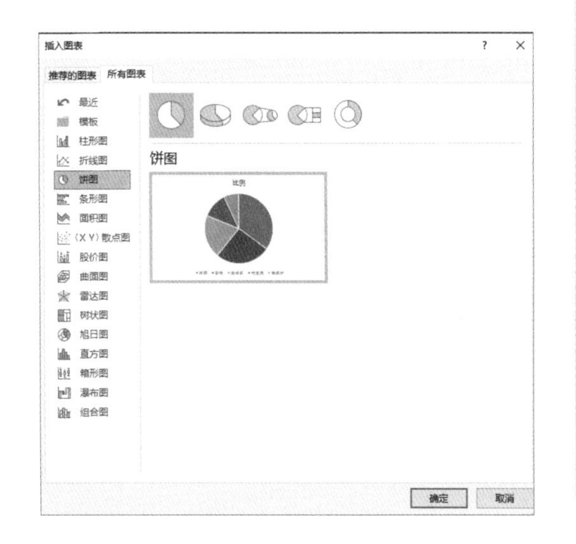

第二步 设置标签格式

选中饼图并右击，选择【添加数据标签】选项，即可添加所有的标签。接着选中所有数据标签并右击，选择【设置数据标签格式】选项，在右侧对话框中选择【标签选项】选项，选中【类别名称】复选框，然后在【分隔符】选项里选择【空格】选项，在【标签位置】选项下选中【数据标签外】单选按钮，即可完成设置，如下图所示。

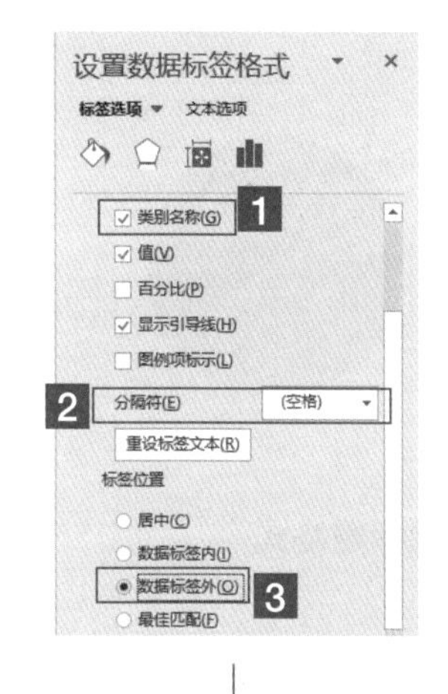

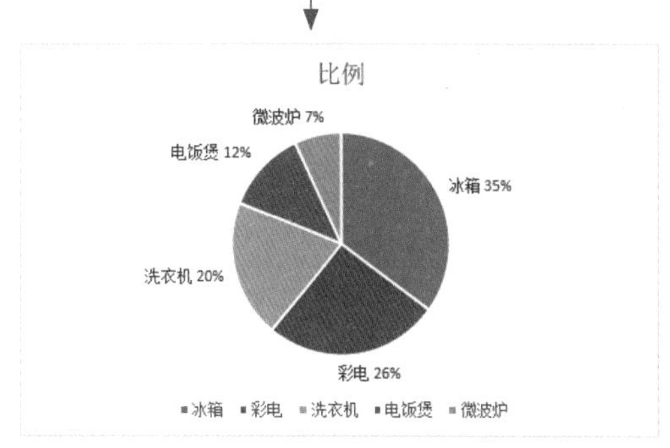

第三步 设置数据点格式，修改填充颜色

选中饼图要修改颜色的部分并右击，选择【设置数据点格式】选项，在右侧对话框中选中【系列选项】→【填充】选项，选中【纯色填充】单选按钮，在【颜色】下拉框里选择想要的颜色，对每个扇形依次设置即可，如下图所示。

设置完所有的颜色后的效果如下所示。

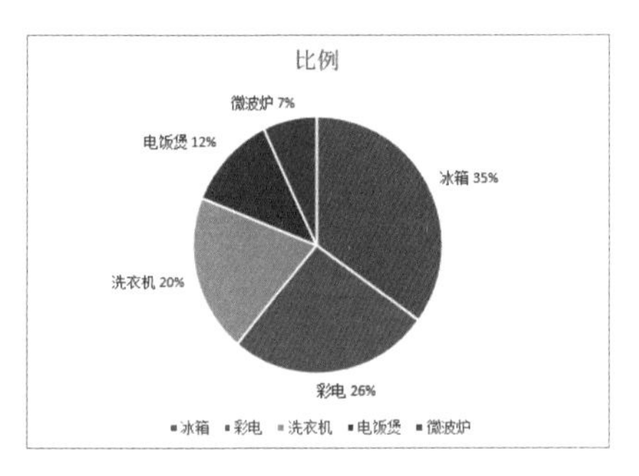

第四步 **设置标题格式**

将图表标题修改为“A企业电器销售结构”。最后美化图表，对标题和图例字体进行修改，使整个图表的字体一致效果更美观，如下图所示。

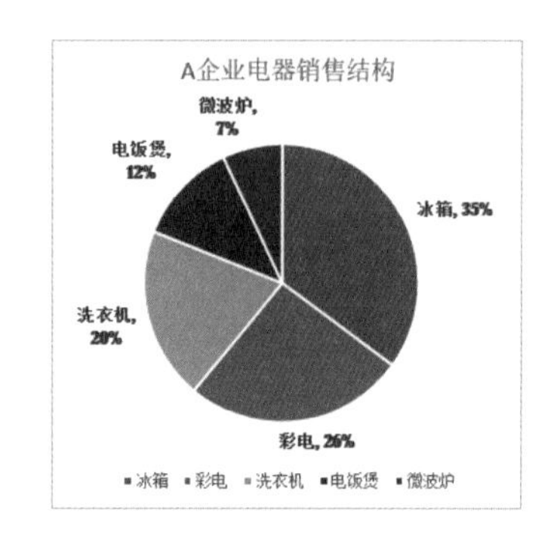

【图表分析】

饼状分布图是根据实际的产品销售情况对产品结构的比例关系进行分析的。从上述图表中可以看出A企业的产品结构中冰箱、彩电、洗衣机这3类大件电器占公司产品总比例的80%，而电饭煲和微波炉约占总比例的20%。由此可看出公司的销售业务重点还是在大件电器方面。

拓展案例 A企业电器销售结构比例的分析

A企业通过对上个月各类项目销售数据进行统计并整理，进而分析各类销售产品占总销售业绩的比例，具体数据如下左图所示，可以使用饼状分布图图表完成以上数据的展示，具体效果如下右图所示。

项目	比例
冰箱	35%
彩电	26%
洗衣机	20%
电饭煲	12%
微波炉	7%
合计	100%

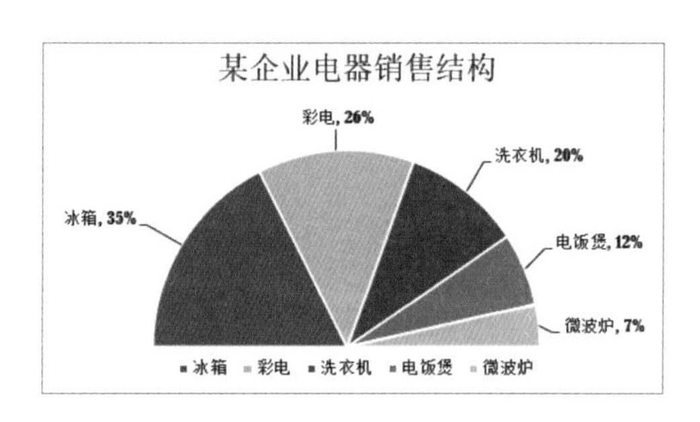

【图表分析】

饼状分布图图表主要用于单一维度的比重分析，在工作中如果遇到需要计算总体数据中各个部分的构成比例时，除了用各部分与总体数据相除来计算，还可以通过饼状分布图图表直观地显示各个组成部分所占的比例。在财务工作及日常报告中饼状分布图图表的应用非常广泛，如薪资结构分析、产品利润贡献度、产品利润结构、质量索赔分析、销售分析、采购分类占比等，属于使用率较高的图表。

制作饼状分布图图表的注意事项与建议如下。

（1）标签要在内，标签颜色和图形颜色需要保持色差，避免颜色相近使图表不清晰。

（2）建议按从大到小的逻辑布局。

6.10 散点图——线性回归分析

散点图是指在回归分析中，数据点在直角坐标系平面上的分布图。散点图图表按因变量随自变量而变化的大致趋势，判断两个变量之间是否存在某种关联或总结坐标点的分布模式。散点图图表通常用于比较跨类别的聚合数据。

6.10.1 散点图的作用

散点图主要用于二维数据的相关性分析。通过已知条件推测预计结果，如销售价格与重量关系、采购价格与重量关系、预测分析、投资分析等。散点图的应用非常广泛，在工作中属于使用率较高的图表。

散点图的横坐标轴表示一个指标的数值，纵坐标表示另一个指标的数值，通过数据点在直角坐标系平面上的分布来探讨两个指标间的相关性关系。根据变量变化的趋势，可以使用回归分析进行趋势的预测，同时将偏离最多的一个散点用鲜明颜色表示出来，就可以一目了然直线走势和散点之间的关系，如下图所示。

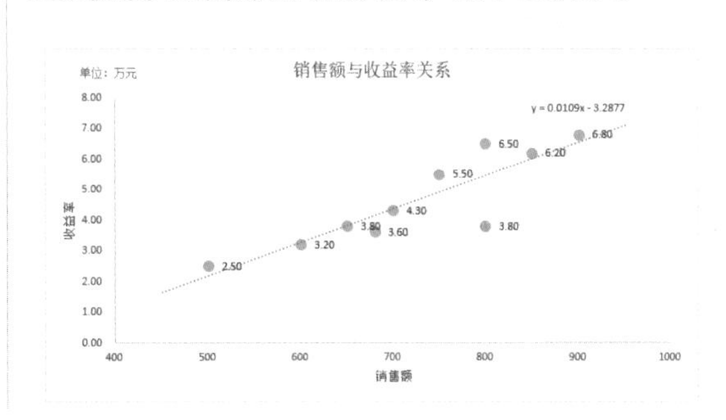

6.10.2 散点图的制作方法

制作散点图图表需要满足以下两个条件。

（1）二维，也就是两组数据。

（2）每组数据至少要有两个。

散点图的制作方法包含以下3个步骤，如下图所示。

收集数据	整理数据源	做图
• 收集二维相关性数据，如销售价格与重量关系、采购价格与重量关系等	• 按照时间先后顺序整理好数据	• 创建散点图图表 • 设置坐标轴 • 设置趋势线 • 设置数据标签 • 设置坐标轴 • 设置标题

在整理做图数据源时，需要注意整理数据应遵循自定义逻辑次序，如按照时间顺序排序。

6.10.3 散点图的制作步骤

下面通过一个案例介绍散点图图表的制作步骤及注意事项。

案例名称	A 公司销售额与收益率关系的分析
素材文件	素材 \ch06\6.10.xlsx
结果文件	结果 \ch06\6.10.xlsx

范例6-10 A公司销售额与收益率关系的分析

本案例主要通过散点图图表来展示A公司本年度1~10月的销售额和收益率之间的关系，分析每个月收益率的变化趋势与销售额之间的对应关系，进而根据变化趋势对后期的收益率进行预测。

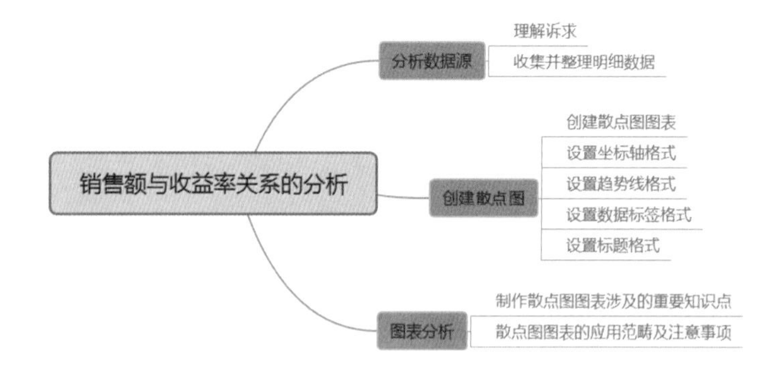

1. 理解诉求

A公司对本年度1~10月的销售额和收益率数据整理制作散点图图表，进而分析每个月的收益率与销售额之间的增长变化关系并以趋势线的形式显示出来，预测后期的收益率，制订可实现的利润目标。制作图表的主要诉求如下所示。

（1）了解两项指标的数据之间的关联关系，是否存在相关性。

（2）需要做回归分析，得出理论的相关系数和方程，便于后续改善。

（3）要求图表效果简洁、直观。

2. 收集并整理明细数据

先将A公司本年度1~10月的销售额和收益率数据进行收集和整理。本案例的数据文件已提前准备好，打开“素材\ch06\6.10.xlsx”文件，选择“10-散点图”工作表，可以看到整理后的数据如下图表格所示。

单位：万元

项目	1月	2月	3月	4月	5月	6月	7月	8月	9月	10月
销售额	500	600	700	650	750	800	900	850	680	800
收益率	2.50	3.20	4.30	3.80	5.50	3.80	6.80	6.20	3.60	6.50

第一步 创建散点图图表

打开素材文件，选中数据区域中的任意单元格，选择【插入】→【图表】→【散点图】选项，单击【确定】按钮后，生成的效果图如下所示。

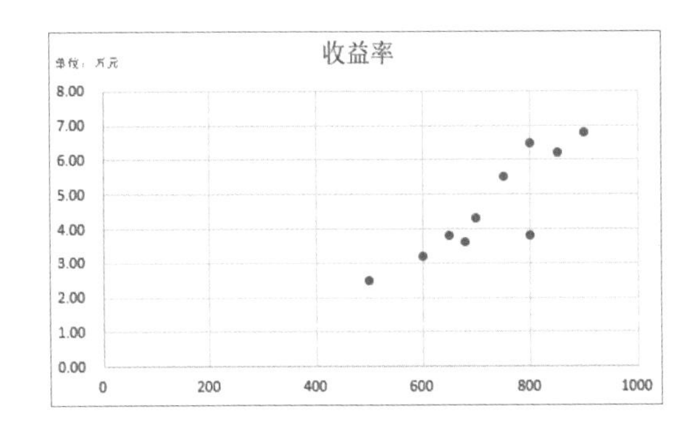

Tips 观察发现散点距离原点太远，显得散点图图表不饱满，建议设置坐标轴格式，调整原点起始位置，使得散点图图表更加紧凑。

第二步 设置坐标轴格式

选中横坐标轴并右击，选择【设置坐标轴格式】选项，在右侧对话框中选择【坐标轴选项】→【边界】选项，修改【最小值】为“400”，即完成设置，生成效果如下图所示。

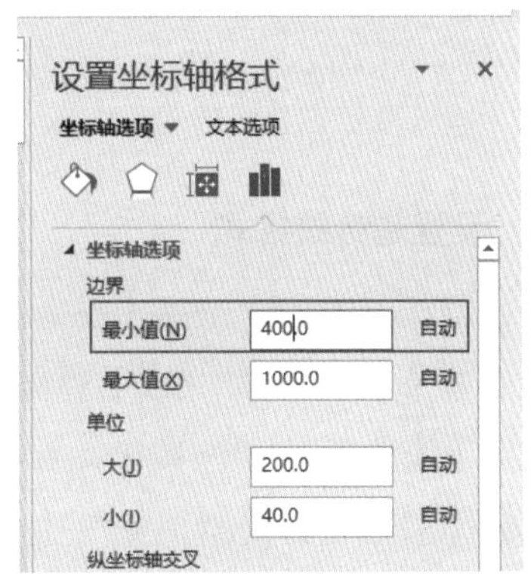

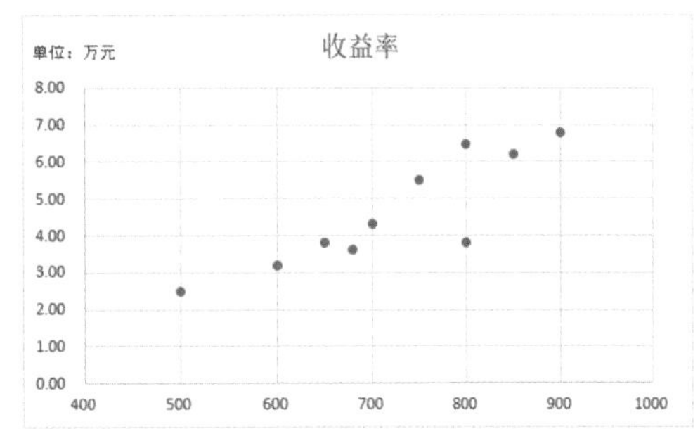

第三步 添加趋势线

选中所有的散点并右击，选择【添加趋势线】选项，如下图所示。

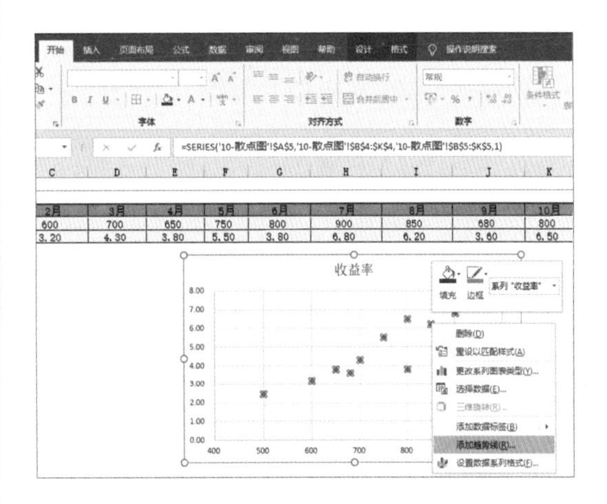

添加趋势线生成的效果如下图所示。

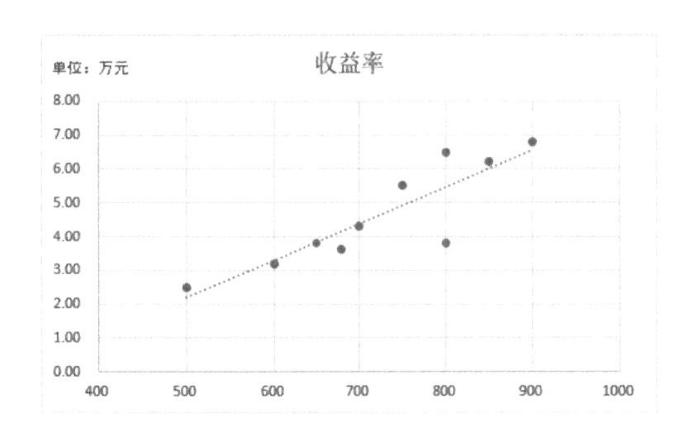

第四步 设置趋势线格式

选中趋势线并右击，选择【设置趋势线格式】选项，在右侧对话框中的【趋势线选项】选项下选中【线性(L)】单选按钮，在【趋势预测】中设置【前推】为周期“50”，【后推】为周期“50”，用以延长趋势线。最后选中【显示公式】复选框，使图表中出现公式，具体设置如下图所示。

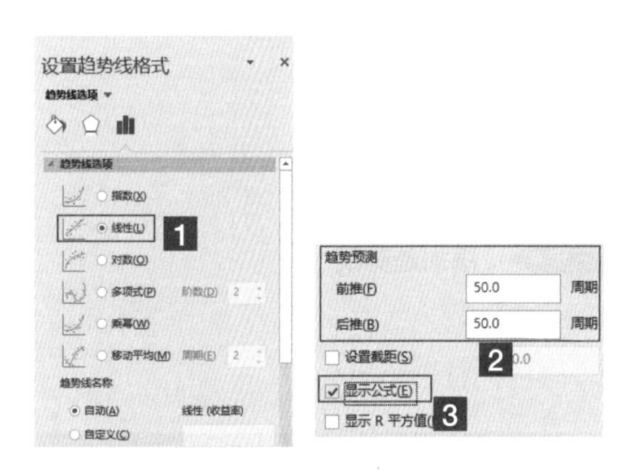

设置完成后，效果如下图所示。

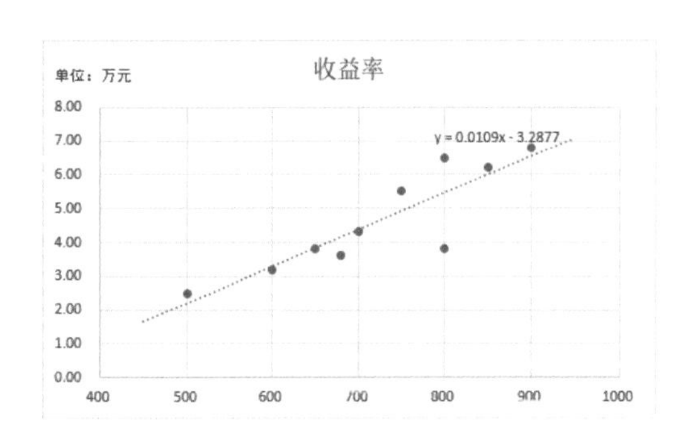

第五步 设置数据系列格式

❶ 选中图中的散点并右击，在右侧对话框中选择【设置数据系列格式】→【填充与线条】→【标记】→【标记选项】选项，然后选中【内置】单选按钮，修改【类型】为“圆点”，【大小】为“9”。并在【填充】选项下选中【纯色填充】单选按钮，在【颜色】选项里选择绿色，设置如下图所示。

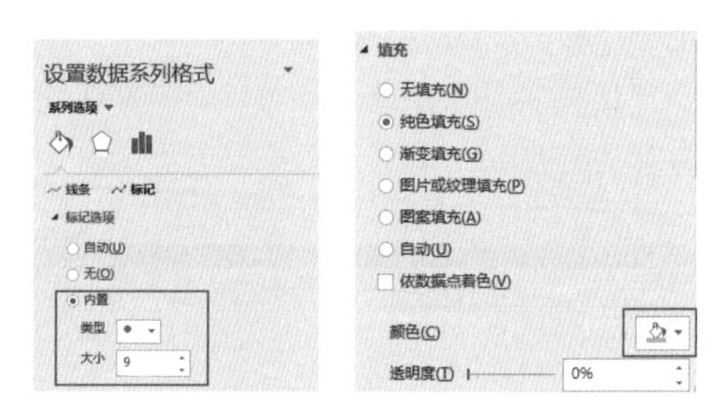

❷ 单击选中偏离最多的一个散点，将【颜色】修改成黄色。设置完成后的效果如下图所示。

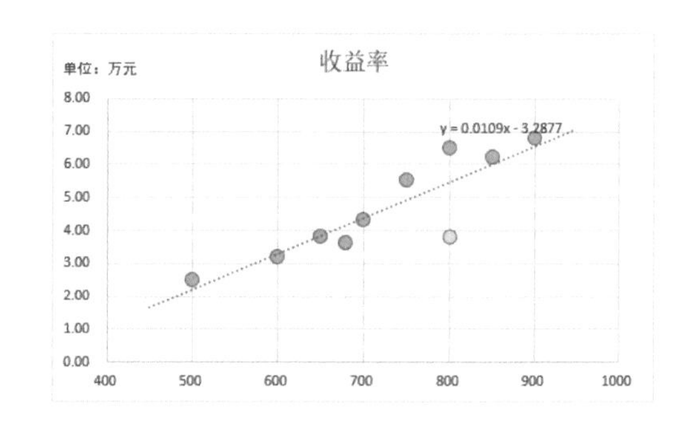

第六步 设置数据标签格式

选中图表中的散点并右击，选择【添加数据标签】选项，即可添加所有的点标签。接着选中所有数据标签并右击，选择【设置数据标签格式】选项，在右侧对话框中选择【标签选项】→【标签位置】选项，并选中【靠右】单选按钮，即完成设置，如左下图所示。

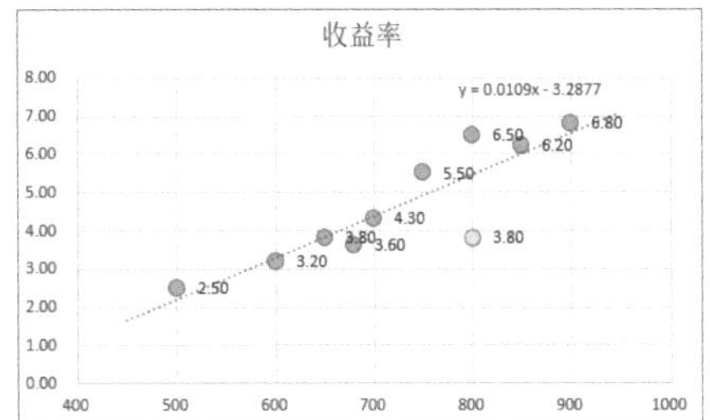

第七步● 美化图表

最后将图表中的标题修改为“销售额与收益率关系”，根据需要将网格线设置为无，并添加坐标轴标题，最终效果如下图所示。

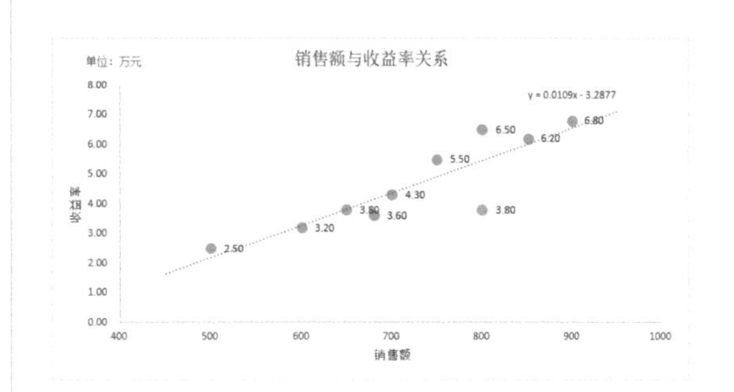

【图表分析】

散点图图表依据已有的销售额数据和收益率对两者的变化趋势进行分析，来探讨二者之间的关系，进而绘制一个趋势线来观察散点的分布情况，根据回归分析获取回归公式来帮助因变量做出预测。由上图可以看出收益率是随着销售额的增长呈现上涨的趋势，两项都是正比例关系。

重量与价格　拓展案例　A公司产品重量与价格关系的分析

A公司对各类产品的重量与价格数据进行统计整理，进而对产品价格和模型价格进行比较，计算出它们之前的差异幅度，以对产品的的价格合理性进行划分，并对高益区和重灾区的产品价格进行必要的调整。部分明细数据及散点图图表效果如下图所示。

物料	重量	价格	模型价格	差异幅度	高益区	合理区	重灾区
产品1	16.80	115.00	114.00	1%	#N/A	115	#N/A
产品2	19.20	131.86	126.00	5%	#N/A	131.86	#N/A
产品3	19.89	128.00	129.45	-1%	#N/A	128	#N/A
产品4	20.30	129.23	131.50	-2%	#N/A	129.23	#N/A
产品5	20.40	169.20	132.00	28%	169.2	#N/A	#N/A
产品6	20.60	134.96	133.00	1%	#N/A	134.96	#N/A
产品7	21.10	139.86	135.50	3%	#N/A	139.86	#N/A
产品8	22.20	150.00	141.00	6%	#N/A	150	#N/A
产品9	22.70	141.88	143.50	-1%	#N/A	141.88	#N/A
产品10	23.10	151.92	145.50	4%	#N/A	151.92	#N/A
产品11	23.57	135.00	147.85	-9%	#N/A	135	#N/A
产品12	23.70	190.00	148.50	28%	190	#N/A	#N/A
产品13	23.70	150.26	148.50	1%	#N/A	150.26	#N/A
产品14	23.90	124.00	149.50	-17%	#N/A	#N/A	124
产品15	24.00	148.49	150.00	-1%	#N/A	148.49	#N/A
产品16	24.00	144.49	150.00	-4%	#N/A	144.49	#N/A

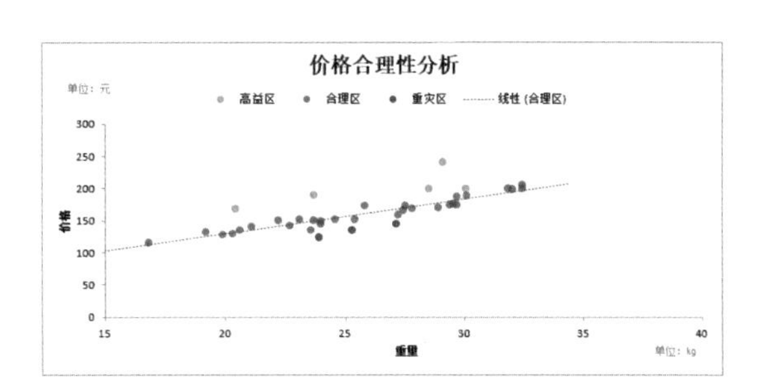

【图表分析】

散点图图表主要用于相关性分析，通过已知条件推测预计结果，如销售价格与重量关系、采购价格与重量关系、预测分析、投资分析等。

在使用散点图图表时还可以添加趋势线作为辅助，来观察散点的分布情况，可帮助快速识别偏离较大的点，从而分析这些点对整体的影响。

制作散点图图表的注意事项与建议如下所示。

（1）需要做分类处理时，要对数据进行识别和重新布局，参见相关拓展案例。

（2）需要做回归分析或相关性分析时，散点图可以用来做一元或多元回归。

6.11 象限图——二维指标对比

平常在工作中使用最多的就是柱形图、趋势折线图、饼状分布图和散点图等图表，这些图表主要为了展示趋势、对比、构成和相关分析。如果想发现两个指标的关系，就要使用象限图图表。

6.11.1 象限图的作用

象限图主要用于二维或三维相关性数据的分析，如分析产品价格与销量、索赔与销量、能力学历与薪酬关系、制造投入与产出情况等。象限图的本质是散点图，它在工作中应用较广泛。

象限图的横坐标轴表示一个指标的数值，纵坐标表示另一个指标的数值，用两条直线将直角平面坐标系划分为4个象限，通过数据点在4个象限的分布情况来探讨指标的关系，如下图所示。

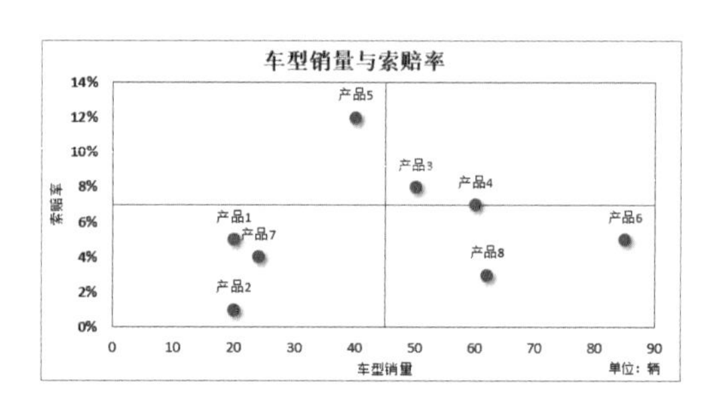

6.11.2 象限图的制作方法

制作象限图图表需要满足以下两个条件。

（1）二维或三维相关性数据。

（2）数据至少要有两个。

象限图的制作方法包含以下3个步骤，如下图所示。

收集数据
- 收集二维或三维相关性数据，如产品价格与销量、索赔与销量，制作投入与产出情况等

整理数据源
- 按照自定义分类整理好数据
- 统计出分项占整体的比例

做图
- 创建散点图图表
- 设置坐标轴交叉
- 设置标签选项
- 设置坐标轴
- 设置标题

在整理做图数据源时，需要注意以下几点。

（1）数据应按照自定义次序逻辑排序。

（2）数据各项与整体之间有逻辑关系，即分项占比=分项/整体，所有的分项占比之和为1。

6.11.3 象限图的制作步骤

下面通过一个案例来介绍象限图图表制作步骤及注意事项。

案例名称	车型销量与索赔率的分析
素材文件	素材 \ch06\6.11.xlsx
结果文件	结果 \ch06\6.11.xlsx

销售与索赔率　**范例6-11　车型销量与索赔率的分析**

本案例主要通过象限图图表来展示公司车型销量与索赔率之间的关系，用于识别需要改善的车型类别，以帮助销售部门制订销售策略。

1. 理解诉求

A公司销售8款车型，销售部门领导想了解车型销量和索赔率间的关系，旨在找出销量低且索赔率高的车型，用于帮助销售部门制订后期的销售策略。制作图表的主要诉求如下所示。

（1）了解一个主体中两项指标之间的现状关系。

（2）通过区间划分进行标识，以快速发现问题，并寻找需要改善的问题点。

（3）要求图表效果简洁、直观。

2. 收集明细数据

从销售部门收集并整理的数据如下图所示。本案例的数据已提前准备好，打开“素材\ch06\6.11.xlsx”文件，选择“11-象限图”工作表，即可看到整理后的数据。

车型	销售量（万辆）	索赔率
产品 1	20	5%
产品 2	20	1%
产品 3	50	8%
产品 4	60	7%
产品 5	40	12%
产品 6	85	5%
产品 7	24	4%
产品 8	62	3%

通过上图中的数据很容易让人想到，使用柱线复合图表达销售量和索赔率间的关系，效果如下图

所示。

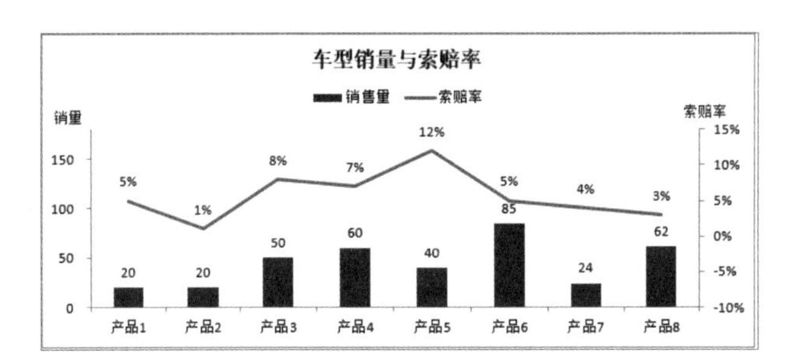

虽然这样的柱线复合图也能接受，从图中可以分析出产品5和产品1的销量低但索赔率高的问题需要进行改善，但产品7却不能直观看出是否需要改善。为了解决这个问题可使用象限图，它可能一目了然地识别出需要改善的车型类别。

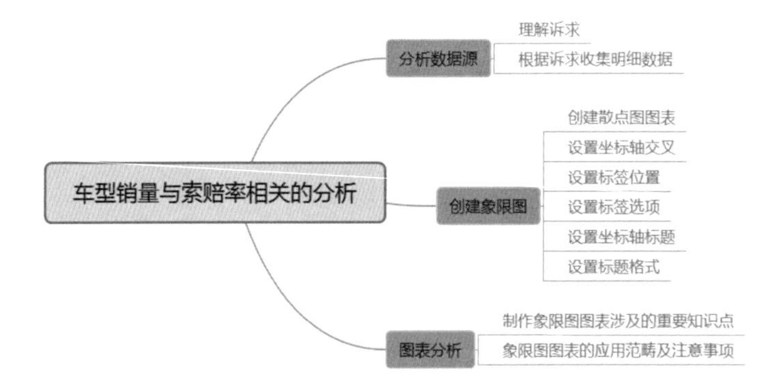

第一步 创建散点图

象限图的本质其实是散点图。打开素材文件，选中数据区域中的任意单元格，选择【插入】→【图表】→【查看所有图表】选项。在弹出的【插入图表】对话框中选择散点图，即可生成散点图。删掉网格线效果如下图所示。

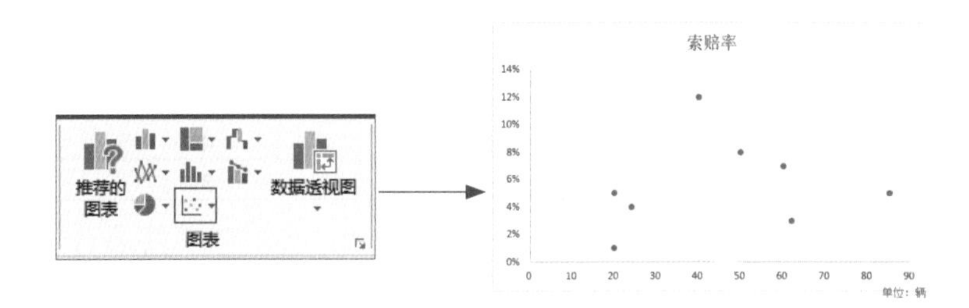

第二步 设置坐标轴交叉

选中横坐标轴并右击，选择【设置坐标轴格式】→【坐标轴选项】→【纵坐标轴交叉】选项，并选中【坐标轴值】单选按钮，设置横坐标轴值为“45”，效果如下图所示。

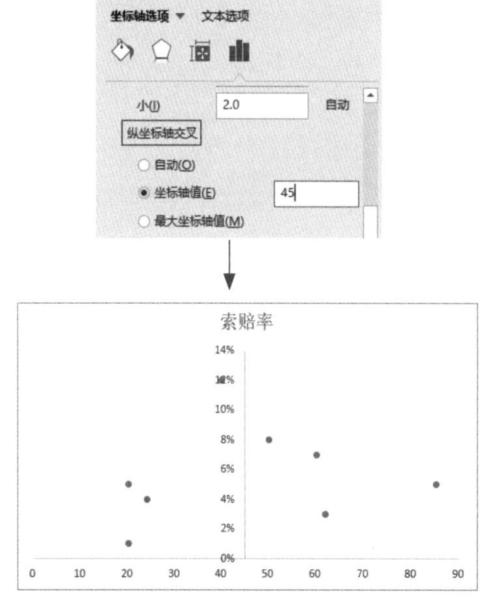

用同样的方法设置另一个坐标轴，效果如下图所示。

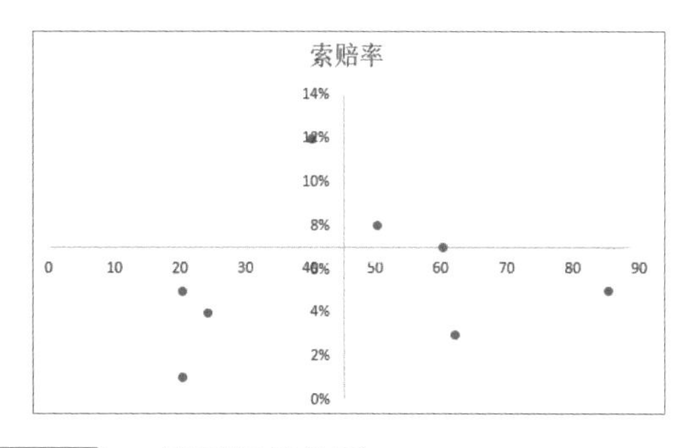

第三步 设置标签位置

选中横/纵坐标轴并右击，选择【设置坐标轴格式】→【坐标轴选项】→【标签】选项，设置【标签位置】为【低】，生成最终效果如右上图所示。

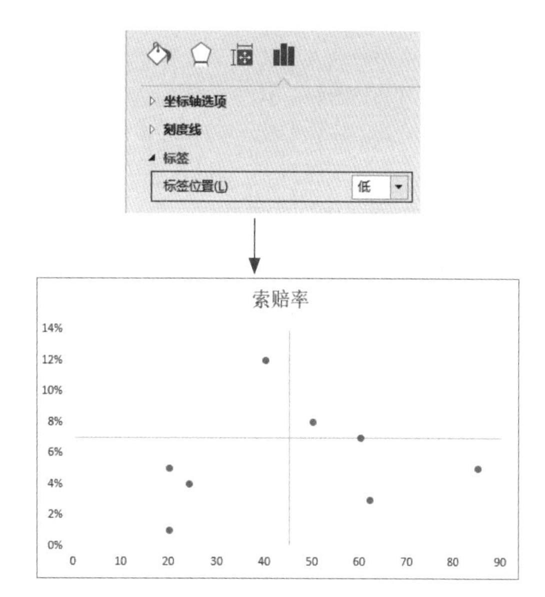

第四步 设置标签选项

选择图表散点进行美化。选中【设置数据系列格式】→【标记】→【标记选项】选项，并选中【内置】单选按钮，可以设置散点的形状和大小。选择【填充】可以设置散点的颜色，同时添加数据标签，效果如下图所示。

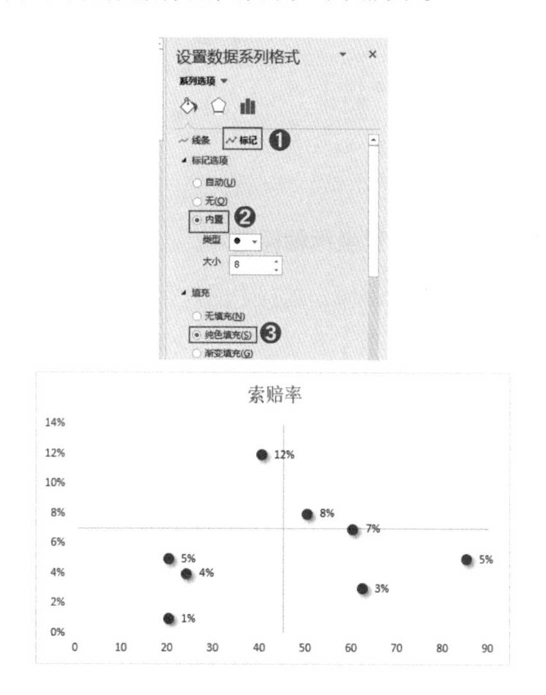

Tips 象限图中的散点标签显示的是索赔率而不是车型类别。如果要显示车型类别，这里有个小技巧在条形堆积图图表中讲过。选中标签，在【数据标签格式】下的【标签选项】选项中选中【单元格中的值】复选框，设置数据集范围为第1列“车型”。

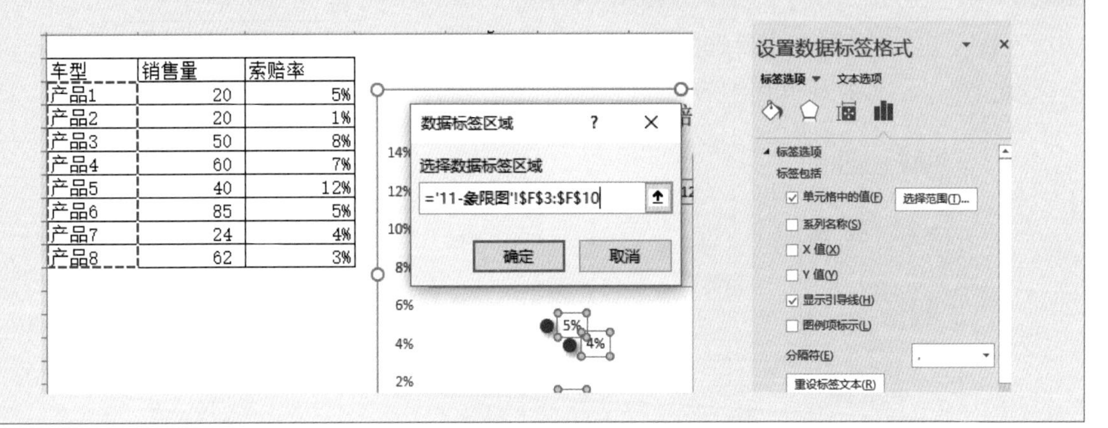

完成后，单击【确定】按钮，在【标签选项】中取消选中【Y值】复选框，效果如下图所示。

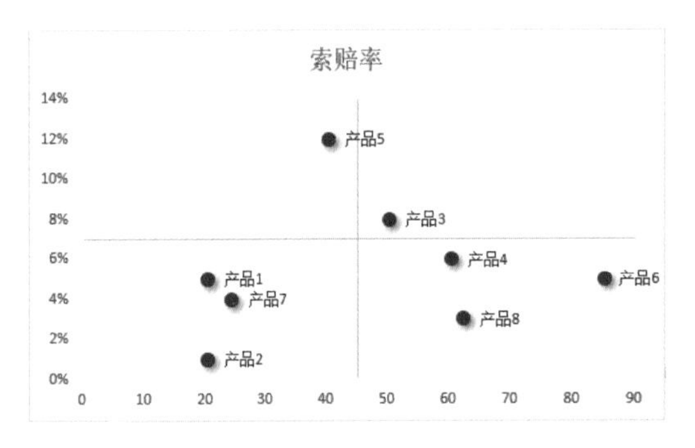

第五步 设置坐标轴标题

选中图表区域，选择【图表元素】选项，选中【坐标轴标题】复选框，并设置坐标轴标题，如下图所示。

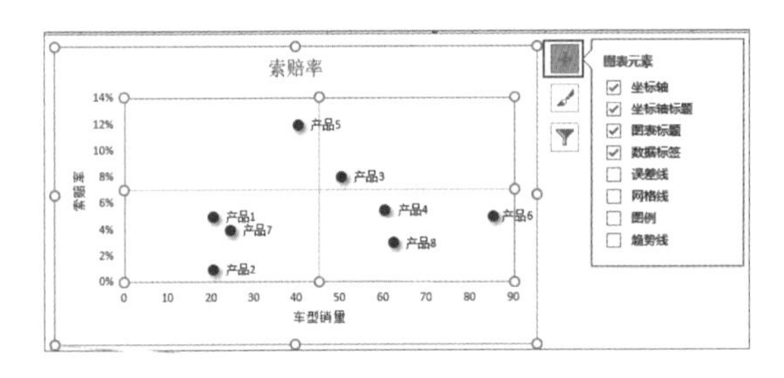

设置后的效果图如右上图所示。

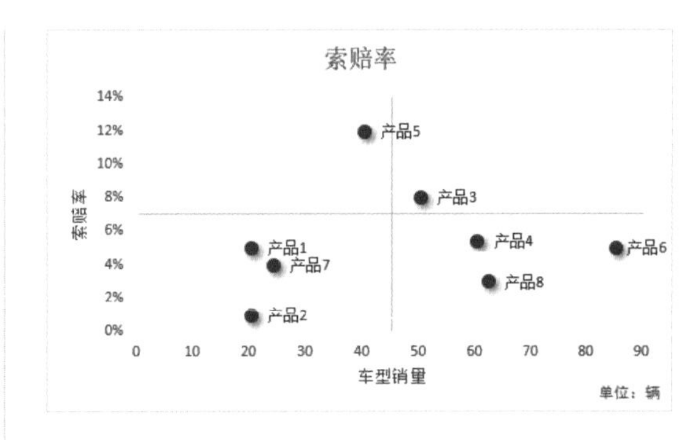

第六步 设置标题格式

更改标题为“车型销量与索赔率”，同时修改坐标轴字体和边框颜色，最终象限图图表的效果如下所示。

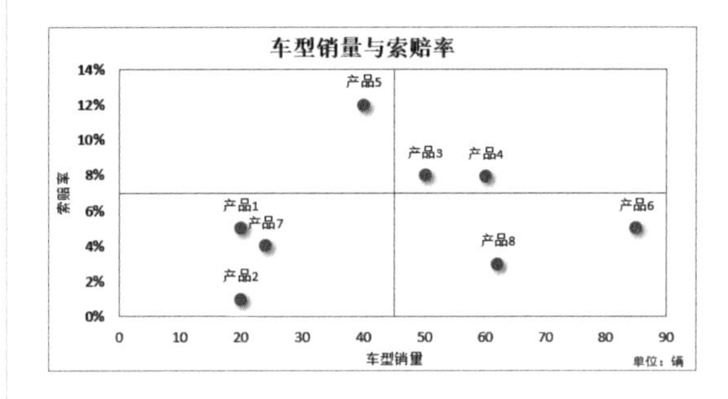

【图表分析】

该案例可以从4个象限中清晰看出产品5和产品3的销量低且索赔率高，它们是最需要改善的车型；产品6销量高且索赔低是市场反馈最好的车型。销售部门应根据该结果重新调整销售策略。

象限图图表的本质还是散点图，操作起来也非常简单，掌握以上步骤即可轻松完成如上分析。

销售与索赔率　拓展案例　车型销量与索赔率的分析

这里给大家介绍一个利用【图片填充】功能的小技巧，可根据不同色块对各个象限进行区分，让象限图图表能更加清晰地表达指标间的相关分析，对拓展案例设置后的效果如下图所示。

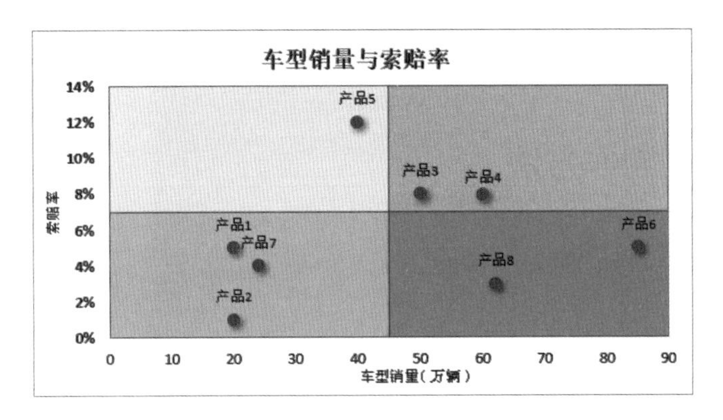

【图表分析】

添加了色块的象限图图表更加美观简洁，可以非常清晰地分析出不同象限的产品是否需要改善。

象限图图表主要利用二维或三维相关性数据制作散点图或气泡图用于相关性分析，如分析产品价格与销量、索赔与销量、能力学历与薪酬关系、制造投入与产出情况等。在工作中经常用象限图图表分析客户的销售与收益、竞争量与吨位价格等，从而确定公司的竞争优势。

6.12 树状图——按板块分类对比

树状图可以提供数据的分层视图，以便轻松发现“商机”，如商店里的哪些商品最畅销、哪些产品评价最高等。树分支以矩形表示，每个子分支又显示为更小的矩形。

树状图按颜色和板块进行分类对比。树状图与饼图图表相比能够展示多层级的数据，而饼状分析图只能用于单一维度指标的比重分析。

6.12.1 树状图的作用

树状图主要用于按板块分类，且不需要太多的信息。如产品利润贡献度、薪资结构拆解、产品市场占有率、制造能力分布等。不仅可以表示指标的占比情况，还可以显示指标间的层级关系。

树状图用矩形表示指标的占比关系，通常面积越大占比越大。树的层级可以用更小的矩形表示，效果如右图所示。

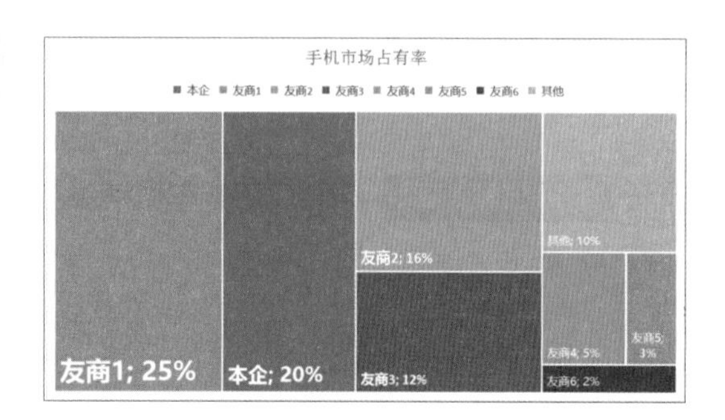

6.12.2 树状图的制作方法

制作树状图需要满足以下3个条件。

（1）单一指标。

（2）数据至少要有两个。

（3）分类不要太多。

树状图图表的制作方法包含以下3个步骤，如下图所示。

收集数据	整理数据源	做图
• 收集单一指标数据，如产品利润贡献度、产品市场占有率和制造能力分布等	• 按照自定义分类整理好数据 • 统计出分项占整体的比例	• 创建树状图图表 • 设置标签选项 • 设置标题

在整理做图数据源时，数据应按照自定义次序逻辑排序。

6.12.3 树状图的制作步骤

下面通过一个案例来介绍树状图的制作步骤及注意事项。

案例名称	手机市场占有率的分析	
素材文件	素材 \ch06\6.12.xlsx	
结果文件	结果 \ch06\6.12.xlsx	

市场占有率 范例6-12 手机市场占有率的分析

本案例主要通过树状图图表来展示本公司与其他友商手机的市场占有率关系，可一目了然地分析出各个品牌商之间的竞争力对比。

1. 理解诉求

A公司领导想了解本企业手机和其他品牌友商之间的竞争关系如何，以及在市场占据何种比重，用以掌握公司的发展情况。制作图表的主要诉求如下所示。

（1）了解多个主体在整个行业中各自的分配或占比关系。

（2）通过区间划分来标识、快速发现问题，以寻找需要改善的问题点。

（3）要求图表效果简洁、直观。

2. 收集明细数据

从销售部门收集并整理数据如下图所示。打开“素材\ch06\6.12.xlsx”文件，选择“12-树状图”工作表，即可以看到整理后的数据。

品牌	市场占有率
本企	20%
友商 1	25%
友商 2	16%
友商 3	12%
友商 4	5%
友商 5	3%
友商 6	2%
其他	10%

通过上面的数据很容易让人想到，使用饼状分布图来表达各个品牌商的手机市场占有率关系，效果如下所示。

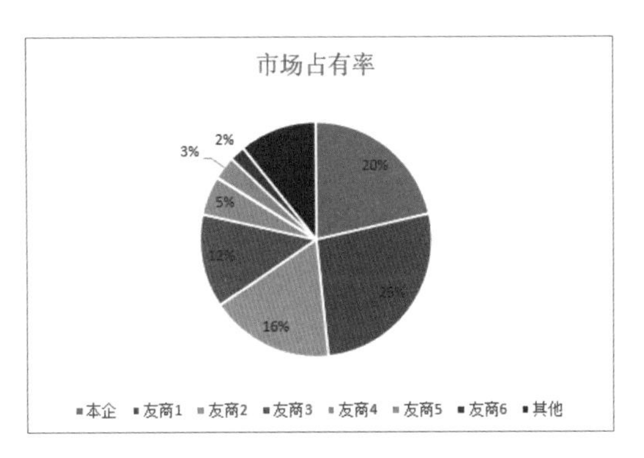

单一维度指标数据可以用饼状分布图来表示各个品牌之间的手机市场占有率，但树状图图表不仅可以表示市场占有率，还可以展示多层级的数据。

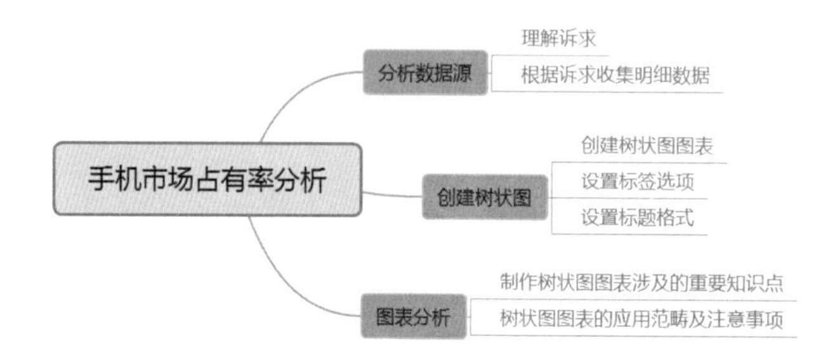

第一步 创建树状图图表

打开素材文件，选中数据区域中的任意单元格，选择【插入】→【图表】→【查看所有图表】选项。在弹出的【插入图表】对话框中选择树状图。即可生成树状图，添加数据标签后效果如下图所示。

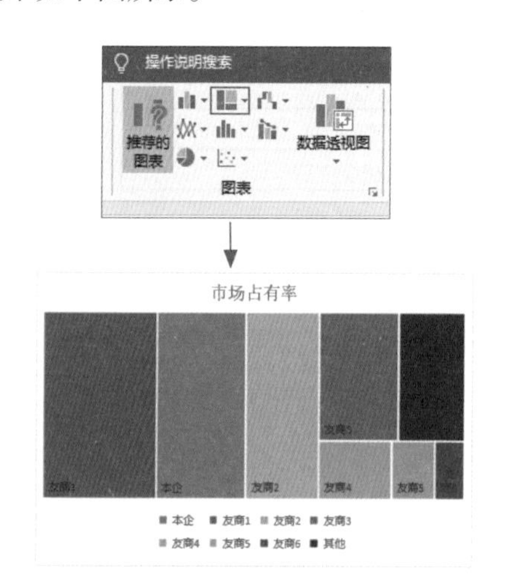

第二步 设置标签选项

选中树状图右击，在【设置数据标签格式】中的【标签包括】下分别选中【类别名称】和【值】复选框，效果如右图所示。

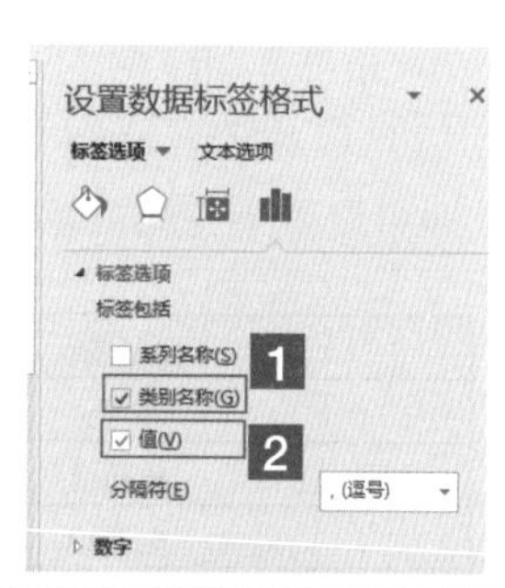

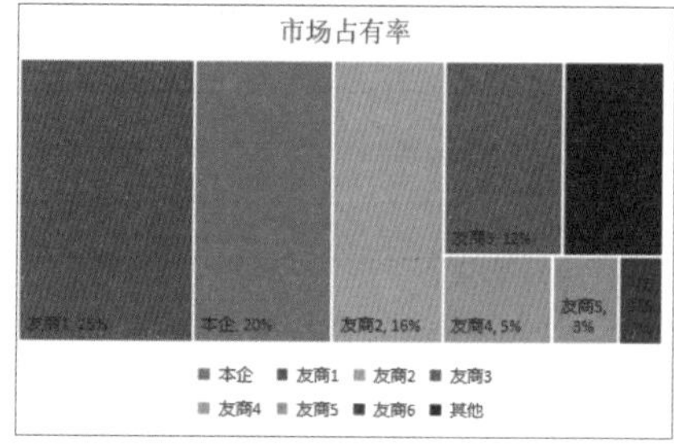

第三步 设置标题格式

更改标题为“手机市场占有率”，同时为了展示效果更加美观，可以根据板块大小，设置标签的字体颜色和大小，最终效果如下图所示。

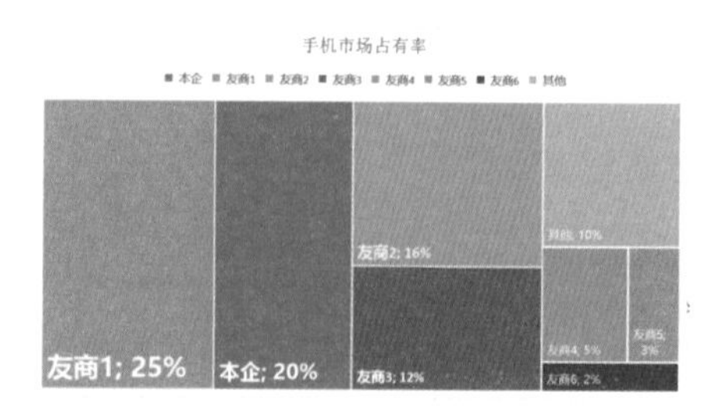

【图表分析】

树状图图表可按颜色和板块进行分类对比。从该案例可以清晰发现友商1的手机市场占有率最高为25%，其次是本企业手机市场占有率为20%，友商6手机市场占有率最低仅为2%。

树状图图表操作起来非常简单，掌握以上步骤即可轻松完成如上分析。

薪资占比 拓展案例 按季度和月份薪资占比的分析

树状图图表不仅可以按分块和颜色展示比重关系，还可以展示多层级数据。A公司领导想了解按季度和月份统计所有员工薪资占比关系的情况。从财务部收集整理的数据如下左图所示，制作的树状图效果如下右图所示。

季度	月份	薪资总额(万元)	工资占比
第1季度	1月	48	7%
	2月	50	8%
	3月	55	8%
第2季度	4月	58	9%
	5月	34	5%
	6月	38	6%
第3季度	7月	56	8%
	8月	80	12%
	9月	90	14%
第4季度	10月	66	10%
	11月	50	8%
	12月	40	6%

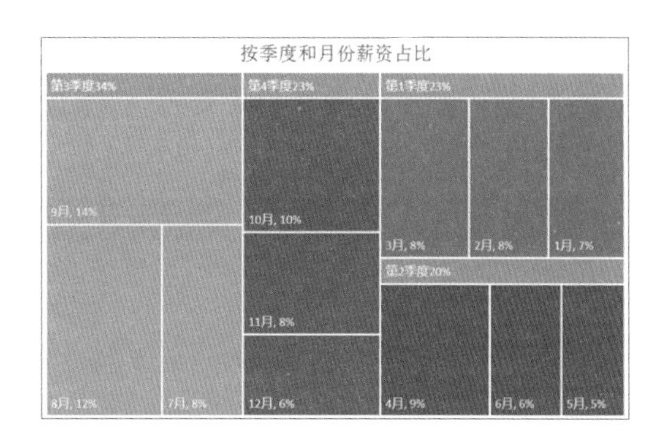

【图表分析】

树状图图表主要用于按板块分类，且不需要太多的信息，如产品利润贡献度、薪资结构拆解、产品市场占有率、制造能力分布等。

制作树状图图表时，如果直接套图在标签中没有出现季度汇总值，可通过辅助标签加上汇总值来丰富效果，见相关拓展案例。

6.13 环形图——分类占比解析

环形图是由两个及两个以上大小不一的饼状分析图叠在一起，挖去中间的部分所构成的图形。

6.13.1 环形图的作用

环形图主要用于对数据分类的多次细分，如财务季度月度对比分析、销售市场与结构拆解、目标与达成情况分析、质量索赔拆解分析、人力资源按部门配备情况等。

环形图与饼图类似，但又有区别。环形图中间有一个“空洞”，每个样本用一个环来表示，样本中的每一部分数据用环中的一段表示。因此环形图可显示多个样本各部分所占的相应比例。通过环形面积可表示完成与缺口情况的对比分析，如右图所示。

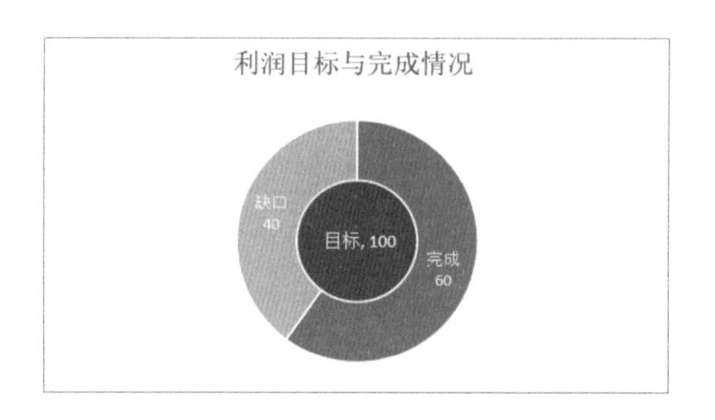

6.13.2 环形图的制作方法

制作环形图需要满足以下两个条件。

（1）单一指标。

（2）一个主体或指标可进行二次或多次拆分。

环形图图表的制作方法包含以下3个步骤，如下图所示。

收集数据	整理数据源	做图
• 收集单个指标的数据，如财务季度月度数据、销售市场与结构拆解、人力资源部门按部门配备情况等	• 按照数据自定义的次序逻辑整理好数据	• 创建环形图图表 • 设置数据系列格式 • 设置数据标签 • 设置边框 • 设置标题

在整理做图数据源时应遵循自定义的逻辑次序。

6.13.3 环形图的制作步骤

下面通过一个案例介绍环形图图表的制作步骤及注意事项。

案例名称	利润目标与完成情况的分析
素材文件	素材 \ch06\6.13.xlsx
结果文件	结果 \ch06\6.13.xlsx

范例6-13 利润目标与完成情况的分析

本案例主要通过环形图图表来展示A公司今年的利润目标和实际完成的情况比较，用于展示实际值和利润目标之间的缺口及分类占比。

1. 理解诉求

A公司领导想了解年初定下的利润，实际已完成多少，还有多少缺口需要弥补。制作图表的主要诉求如下所示。

（1）一个主体或指标进行二次或多次拆分，分别对二级或多级指标进行对比。

（2）通过图形呈现出差异，发现问题，以寻找需要改善的问题点。

（3）要求图表效果简洁、直观。

2. 收集明细数据

从财务部门收集并整理汇总数据如下图所示。打开“素材\ch06\6.13.xlsx”文件，选择“13-环形图”工作表，即可看到整理后的数据。

	目标	完成	缺口
目标	100		
完成情况		60	40

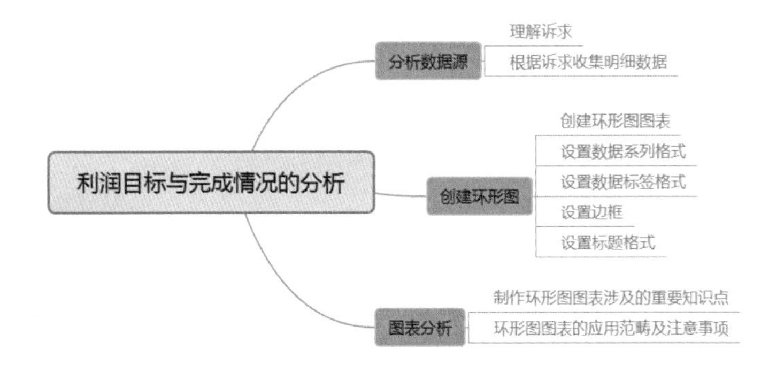

第一步　创建环形图

打开素材文件，选中数据区域中的任意单元格，选择【插入】→【图表】→【饼图】→【圆环图】选项，完成环形图图表的创建，效果如右图所示。

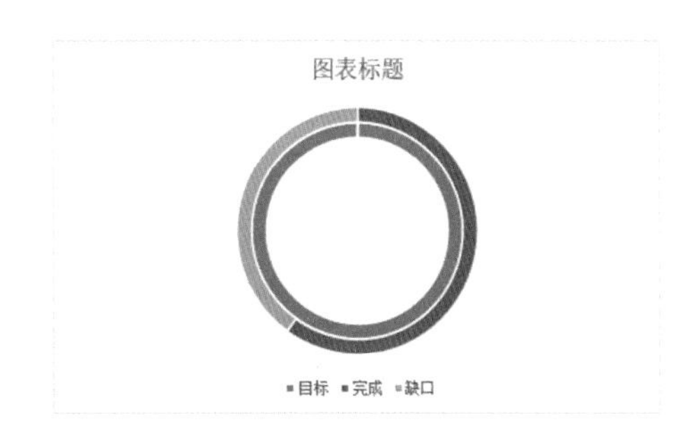

第二步　设置数据系列格式

选中环形图右击，选择【设置数据系列格式】选项，在右边【设置数据系列格式】窗格中将【圆环图圆环大小】设置为“0%”，效果如下图所示。

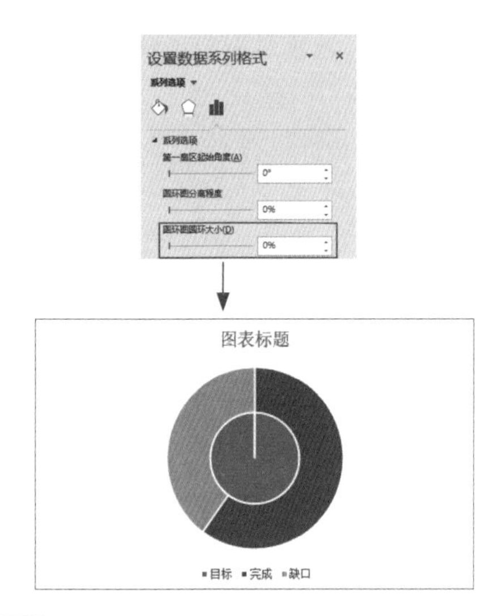

第三步 设置标签格式

选中环形图右击，并选择【设置数据标签格式】选项，添加标签。选中标签，在【设置数据标签格式】中选中【类别名称】和【值】多选框，效果如下图所示。

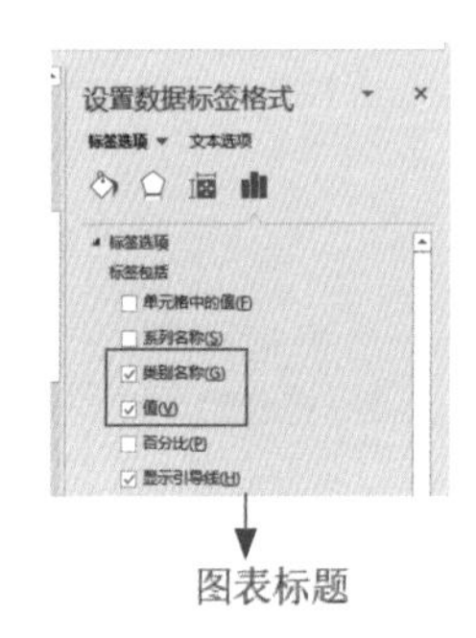

图表标题

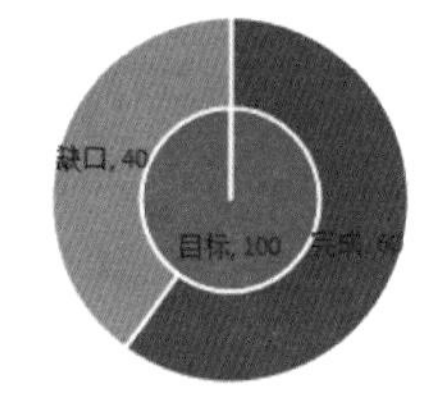

■目标 ■完成 ■缺口

第四步 设置边框

制作好环形图图表后，仔细观察发现类别和标签值已经标识上了，但是中间的圆环图还有“裂缝”，遇到这种情况该怎么办呢？

这时候就需要用到设置边框的小技巧，问题就可顺利解决！

> Tips 选中中间的圆环并右击，选择【设置数据系列格式】→【边框】选项，选中【无线条】单选按钮，效果如下图所示。
>
> 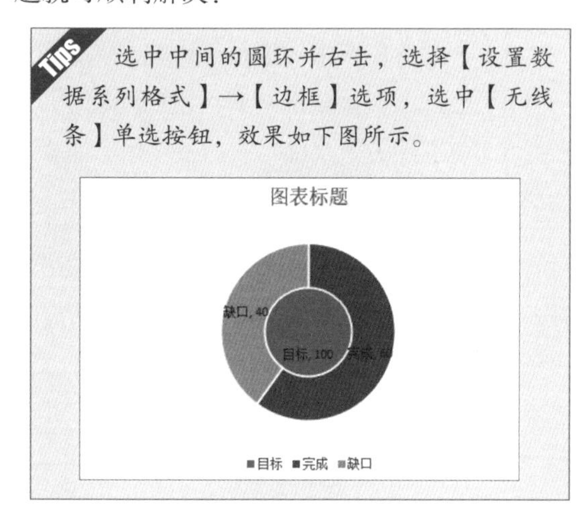
>

第五步 设置标题格式

更改图表的标题为“利润目标与完成情况”，并为圆环设置不同的颜色填充，最终效果如下图所示。

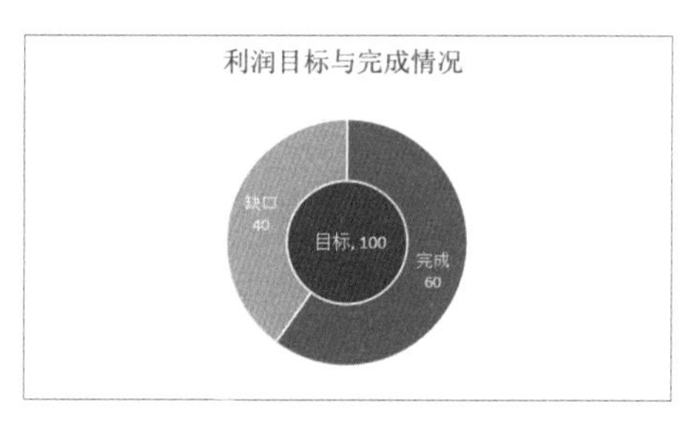

【图表分析】

环形图图表的每个样本用一个环来表示，样本中的每一部分数据用环中的一段表示。从该案例可以看出目标值为100，实际完成量为60，缺口为40需要弥补才能完成今年的利润目标。

环形图图表操作起来非常简单，掌握以上步骤即可轻松完成如上分析。

销售　拓展案例　年度销售结构

对环形图进行变通可调整为旭日图，其相当于多个环形图的组合。环形图只能体现一层数据的比例情况，而旭日图不仅可以体现数据比例，还能体现数据层级之间的关系。在旭日图中，一个圆环代表一个层级的数据，一个圆环上的分段代表该数据在该层级中的比例。最内层的圆环级别最高，越往外级别越低，且分类越细。

销售部收集整理的数据如下左图所示，制作旭日图图表的效果如下右图所示。

季度	月份	销售额
Q1	1月	35.0
	2月	12.0
	3月	17.0
Q2	4月	11.0
	5月	8.0
	6月	3.0
Q3	7月	7.0
	8月	6.0
	9月	1.0
Q4	10月	5.0
	11月	4.0
	12月	3.0

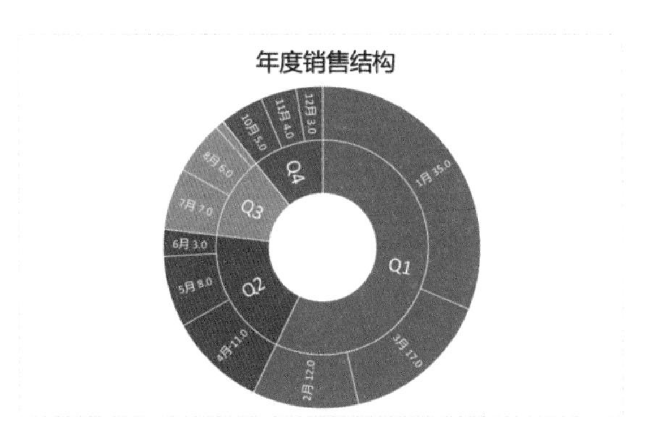

【图表分析】

环形图图表，包括旭日图图表主要用于分类的多次细分，如财务季度月度对比分析、销售市场与结构拆解、目标与达成情况分析、质量索赔拆解分析、人力资源部门按部门配备情况等。

6.14 瀑布图——环比变动关联

瀑布图是由麦肯锡顾问公司所独创的图表类型，因为形似瀑布流水而称之为瀑布图。

6.14.1 瀑布图的作用

瀑布图采用绝对值与相对值结合的方式，适用于表达数个特定数值之间的数量变化关系。瀑布图主要用于关联性变动原因分析，如人员结构变化、财务实物成本变化、费用超标多元分析、设计变更成本变化等。

瀑布图图表的横坐标轴表示各项目，纵坐标表示各项目的数值，如右图所示。

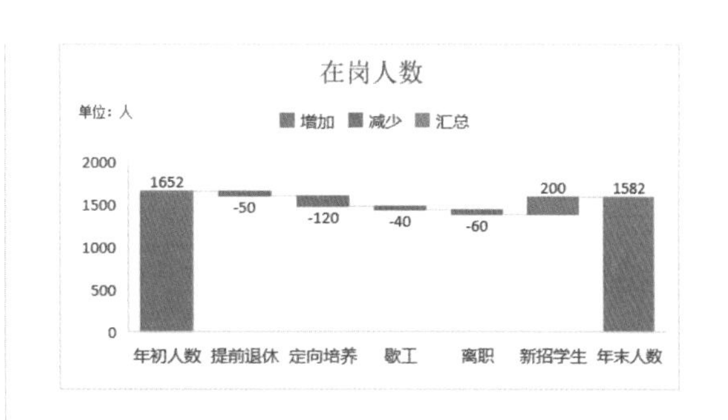

6.14.2 瀑布图的制作方法

制作瀑布图图表需要满足以下两个条件。

（1）单一指标。

（2）数据具有强相关性，而且是存在环比的强相关性。

瀑布图图表的制作方法包含以下3个步骤，如下图所示。

收集数据	整理数据源	做图
• 收集单个指标的数据，如人员结构变化、财务实物成本变化等	• 按照数据自定义的次序逻辑整理好数据	• 创建瀑布图图表 • 设置数据系列格式 • 设置网格线 • 设置边框 • 设置标题

在整理做图数据源时应遵循自定义的次序逻辑。

6.14.3 瀑布图的制作步骤

下面通过一个案例介绍瀑布图图表的制作步骤及注意事项。

案例名称	A 公司在岗人数的数据分析	
素材文件	素材 \ch06\6.14.xlsx	
结果文件	结果 \ch06\6.14.xlsx	

 在岗人数 范例6-14 A公司在岗人数的数据分析

本案例主要通过瀑布图图表来展示A公司在岗人数的变化情况。

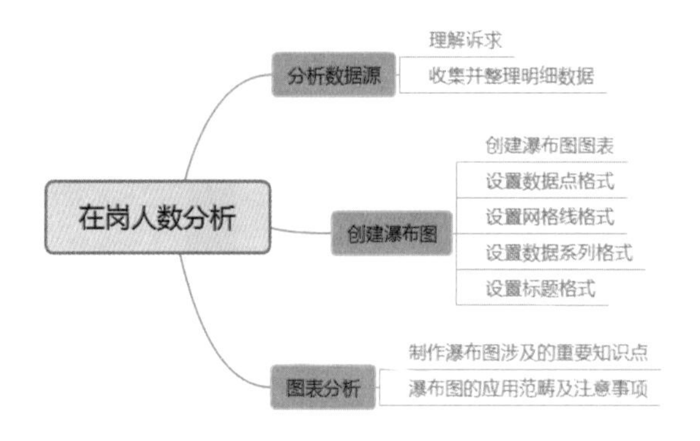

1. 理解诉求

A公司对员工结构变化的数据进行整理，可进一步对员工人数结构的关联性变动原因进行分析，制订合理的计划。制作图表的主要诉求如下所示。

（1）了解一个主体下多项指标的环比变动情况。

（2）通过图表快速找出主要因素和次要因素。

（3）清楚表述从期初到期末的逻辑变动关系。

（4）要求图表效果简洁、直观。

2. 收集并整理明细数据

先对A公司的人员结构数据进行收集和整理，本案例的数据在“素材\ch06\6.14.xlsx”文件，在“14-瀑布图”工作表中即可看到整理后的数据，如下图所示。

单位：人

年初人数	提前退休	定向培养	歇工	离职	新招学生	年末人数
1652	-50	-120	-40	-60	200	1582

第一步 创建瀑布图图表

❶ 打开素材文件，选中数据区域中的任意单元格，选择【插入】→【图表】→【查看所有图表】选项。在弹出的【插入图表】对话框中选择【所有图表】→【瀑布图】选项，单击【确定】按钮，如下图所示。

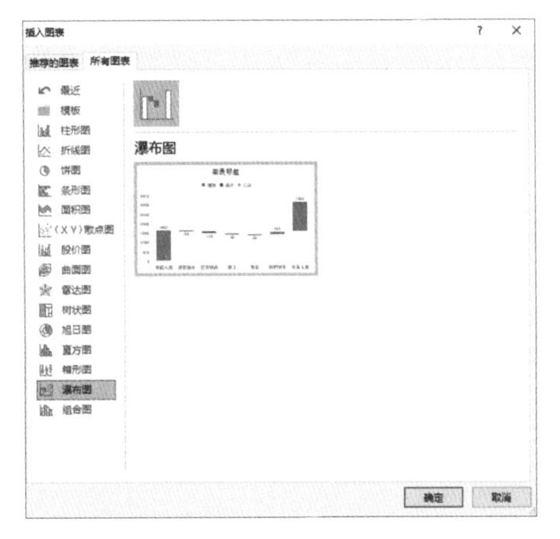

❷ 创建瀑布图的图表效果如右上图所示。

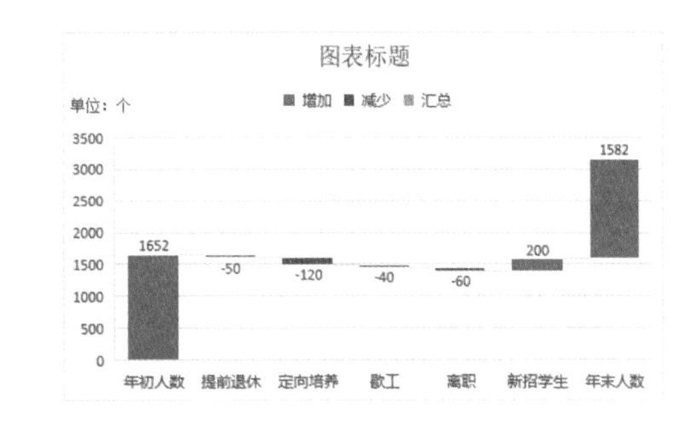

第二步 设置数据点格式

❶ 选中“年末人数”数据系列并右击，选择【设置数据点格式】选项，在右侧的【设置数据点格式】窗格中选中【设置为汇总】复选框，生成效果如下图所示。

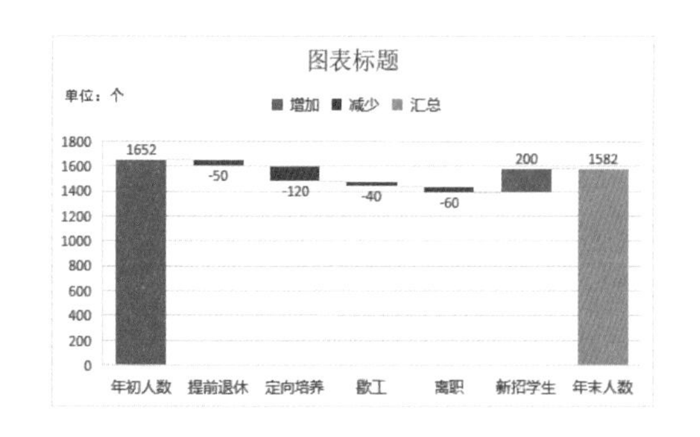

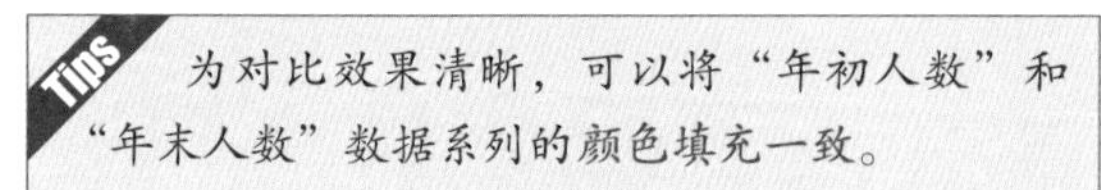

❷ 选中“年末人数”数据系列并右击，选择【设置数据点格式】，在右侧对话框中选择【填充与线条】→【填充】选项，并选中【纯色填充】单选按钮，【颜色】选择草绿色，用同样的步骤设置“年初人数”数据系列，效果如下图所示。

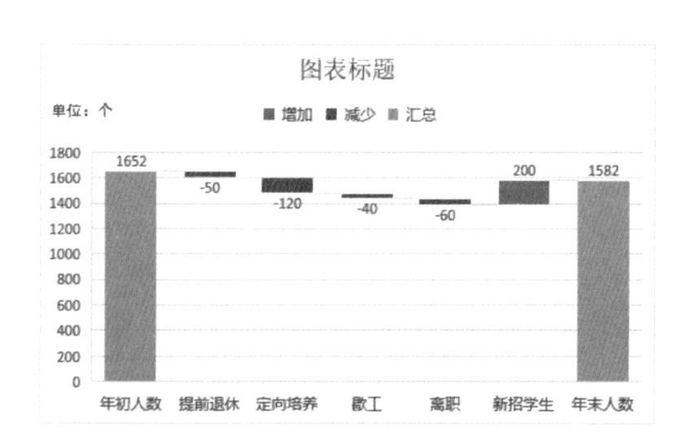

第三步 设置网格线格式

选中网格线并右击，选择【设置网格线格式】选项，设置【线条】为“无线条”，即完成设置，如下图所示。

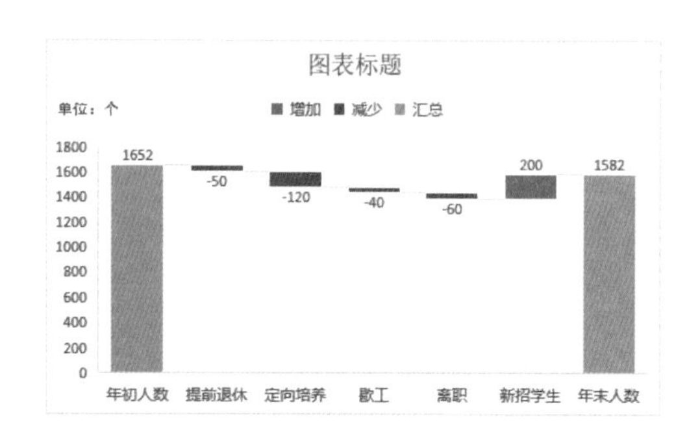

第四步 设置标题格式

将图表中的标题修改为“在岗人数”，最终效果如下图所示。

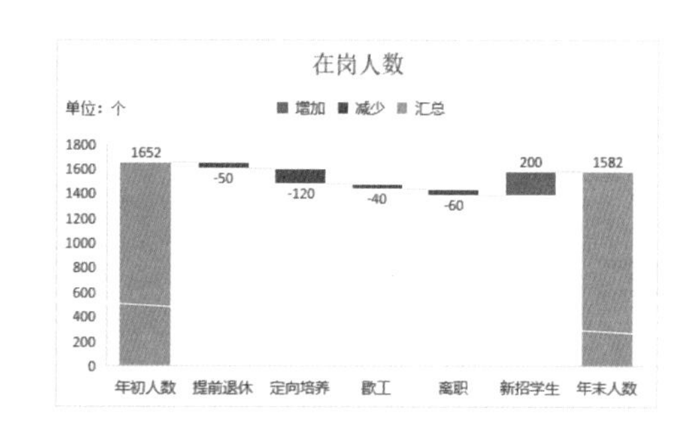

【图表分析】

瀑布图可直观地显示员工人数的增减变化，以对年初和年末在岗员工的数据进行对比。由于员工结构的变动，在岗人数的年末人数相对年初要少一些。

在岗人数 拓展案例 A公司在岗人数的数据分析

当Excel版本不能创建瀑布图图表时，可以通过柱形图图表来制作，先构造辅助列，对表格里的数据进行整理，并且增加一些辅助系列以实现瀑布图图表的绘制。整理的表格数据及制作的瀑布图图表如下图所示。

单位：个

	年初人数	提前退休	定向培养	歇工	离职	新招学生	年末人数
汇总	1652	1602	1482	1442	1382	1382	1582
减少		50	120	40	60		
增加						200	
辅线1	1652	1652					
辅线2		1602	1602				
辅线3			1482	1482			
辅线4				1442	1442		
辅线5					1382	1382	
辅线6						1582	1582

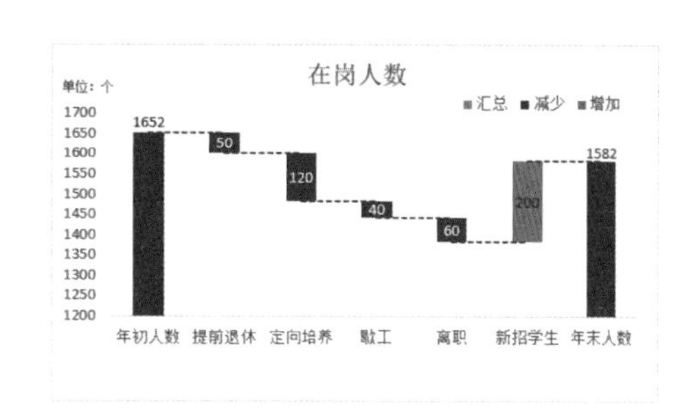

【图表分析】

瀑布图图表主要用于关联性变动原因分析，如人员结构变化、财务实物成本变化、费用超标多元分析、设计变更成本变化等。

制作瀑布图图表的数据需更具有强相关性，且存在环比的强相关性。

6.15 多指标柱线复合图——预算分项节约对比

在第6.4节中讲了柱线复合图，它主要用于一个或两个指标间对比分析，即在一张图上同时展示柱形图和折线图，通过对两种形式图表的组合对比达到数据分析的目的。多指标柱线复合图图表是对柱线复合图的扩展，即在一张图表上显示多个指标间的对比分析。

6.15.1 多指标柱线复合图的作用

多指标柱线复合图是用柱形和折线两种形式显示各项目中多个指标间对比关系的一种图表，可直观展示各项目的对比和累计情况。多指标柱线复合图主要用于KPI管理的目标与达成对比，如财务利润目标、人力资源降本、生产计划达标、采购降本、质量索赔控制等，在工作中被广泛使用。

多指标柱线复合图的横坐标轴表示时间序列，纵坐标轴表示各项目随时间变化的数值。多指标柱线复合图中柱形图用于显示目标和实际的对比，折线图用于显示累计趋势的走势，如右图所示。

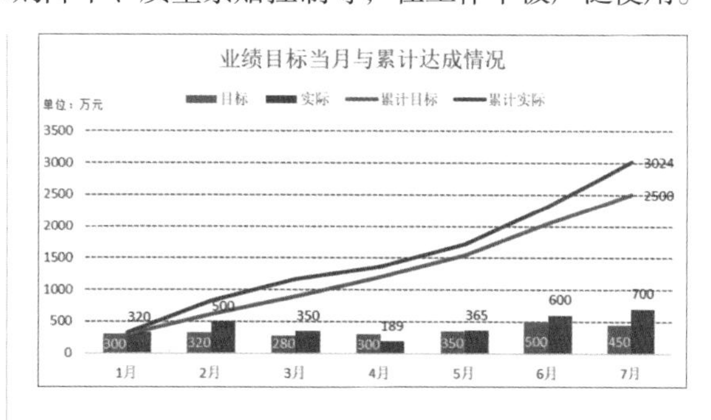

6.15.2 多指标柱线复合图的制作方法

制作多指标柱线复合图图表需要满足以下两个条件。

（1）多指标。

（2）数据至少两个以上。

多指标柱线复合图图表的制作方法包含以下3个步骤，如下图所示。

收集数据	整理数据源	做图
• 收集多指标数据，如财务利润目标、采购降本、人力资源降本数据等	• 将数据按照时间顺序排序整理好数据	• 创建柱线复合图图表 • 更改图表类型 • 设置数据系列格式 • 设置标签 • 设置标题

在整理做图数据源时应遵循时间顺序。

6.15.3 多指标柱线复合图的制作步骤

下面通过一个案例来介绍多指标柱线复合图图表的制作步骤及注意事项。

案例名称	当月业绩目标与累计达成情况的分析
素材文件	素材 \ch06\6.15.xlsx
结果文件	结果 \ch06\6.15.xlsx

销 售 **范例6-15 当月业绩目标与累计达成情况的分析**

本案例主要通过多指标柱线复合图图表来展示A公司每月业绩目标与累计达成情况的分析，从而确定当前销售业绩是否达标。

1. 理解诉求

A公司领导想了解销售部门当月业绩与累计达成的情况，以确定销售部门业绩是否达标，为后续销售策略提供调整的依据。制作图表主要诉求如下。

（1）两项指标分两个层次来表达，一个是当期，一个是当期累计。

（2）通过图表可快速看出整体的趋势和两个指标当期的表现。

（3）相关数据在一张图上做呈现，要求图表效果简洁、直观。

2. 收集明细数据

销售部门收集并整理1~7月的销售数据如下图所示。打开“素材\ch06\6.15.xlsx”文件，选择

“15-多指标柱线复合图”工作表，即可看到整理后的数据。

项目	1月	2月	3月	4月	5月	6月	7月
目标	300	320	280	300	350	500	450
实际	320	500	350	189	365	600	700
累计目标	300	620	900	1200	1550	2050	2500
累计实际	320	820	1170	1359	1724	2324	3024

思维导图

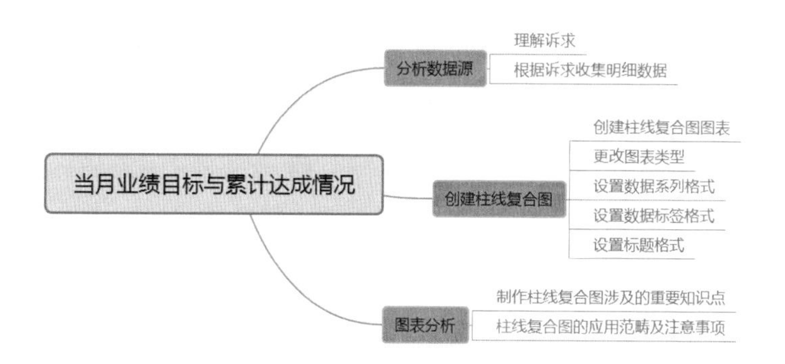

操作步骤

第一步 创建多指标柱线复合图图表

打开素材文件，选中数据区域中的任意单元格，选择【插入】→【图表】→【柱形图】→【簇状柱形图】选项，生成簇状柱形图，效果如下图所示。

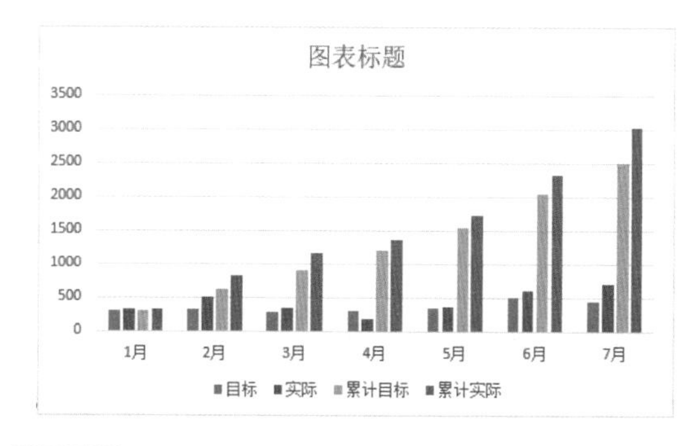

第二步 更改图表类型

❶ 选中“累计目标”数据系列格式并右击，选择【更改系列图表类型】选项，在弹出的【更改图表类型】对话框中的自定义组合窗格中，选择【累计目标】和【累计实际】数据系列格式的图表类型均为“折线图”，如下图所示。

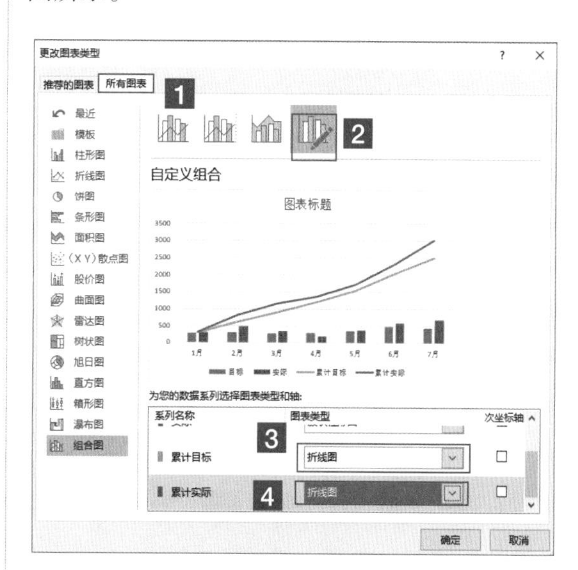

❷ 设置好后，单击【确定】按钮，效果如下图所示。

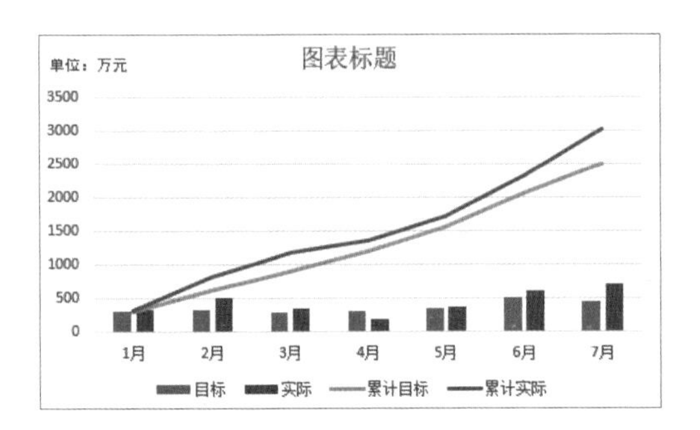

多指标柱线复合图图表制作完成后，柱形图显示的是当月业绩目标值和实际值的对比，折线图显示的是累计目标值和实际值的对比趋势。接下来对图表做进一步调整和美化，使其展示效果更加美观。

第三步 设置数据系列格式

选中多指标柱线复合图图表中的柱形数据系列格式并右击，选择【设置数据系列格式】选项，在右边的窗格中将【系列重叠】和【间隙宽度】调整到合适的位置，效果如下图所示。

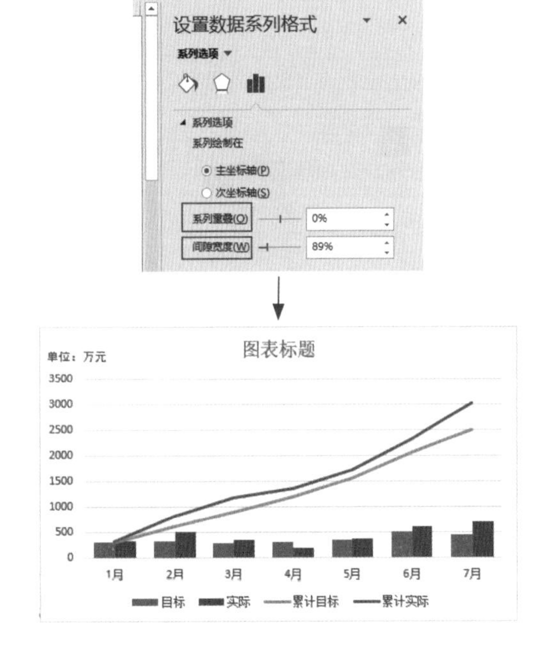

第四步 设置标签格式

❶ 选中多指标柱线复合图并右击，选择【设置数据标签格式】选项，为多指标柱线复合图图表添加标签，效果如下图所示。

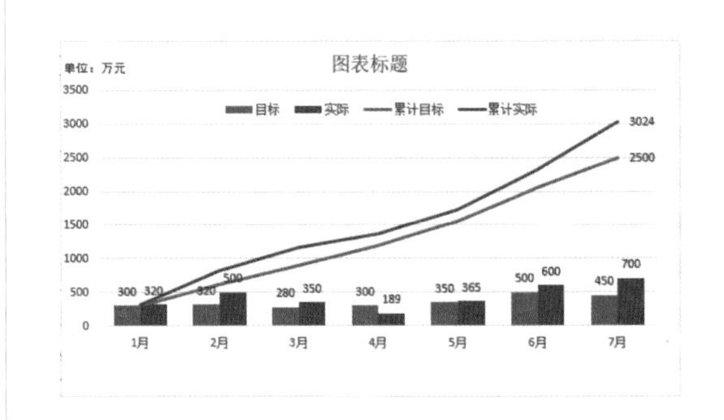

❷ 如果两个柱形图标签位置发生重叠，可以在【设置数据标签格式】窗格中对【标签位置】通过单选按钮进行设置，效果如下图所示。

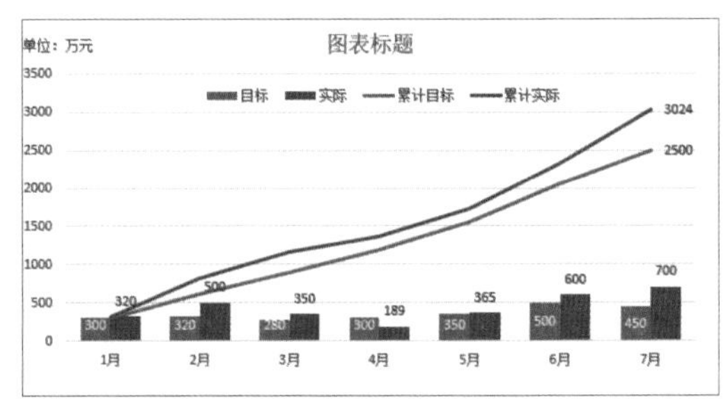

第五步 设置标题格式

更改图表的标题为“当月业绩目标与累计达成情况”，并设置网格线格式，最终多指标柱线复合图图表的效果如下图所示。

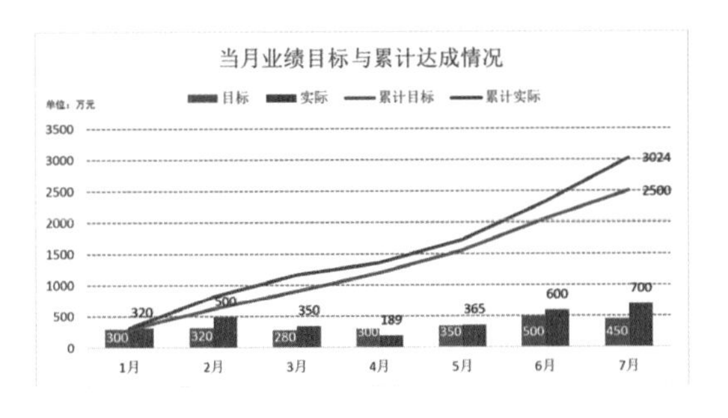

【图表分析】

多指标柱线复合图在一张图表上可显示多个指标间的对比分析。从该案例可清晰看出当月目标值和实际值的对比情况，基本每个月都超额完成了任务。从折线图可以看出累计实际值远远超过了累计目标值。

多指标柱线复合图图表操作起来稍复杂一些，但掌握了以上步骤即可轻松完成。

预算与节约　拓展案例　培训费预算节约统计

多指标柱线复合图图表还可以用于成本节约或费用控制方面的统计，如预算与实际的差异、今年与去年对比差异的贡献度、质量索赔降低的主要来源等。A公司财务部门预算和实际差异的明细数据如下图所示。

单位（元）	培训费用		预算—实际				
	预算	实际	总部	南京	常州	南通	无锡
预算	135000						
实际		121880					
预算—实际			2000	5000	4920	1000	200

根据以上数据集和图表诉求制作的培训费预算节约统计图表如下图所示，通过该图表可展现预算和实际的差异，以及差异主要体现在哪个部分。

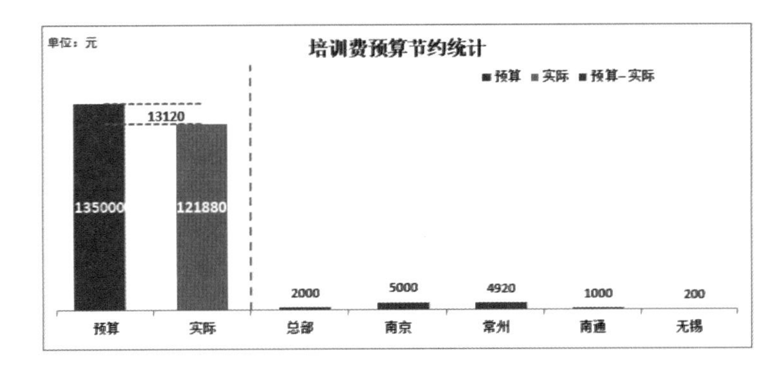

【图表分析】

从该案例可以清晰的看出实际和预算费用之间的差异值，且差异值主要体现在南京和常州的培训费用上。

如果图表中存在累计和单个值差异非常大，也可以利用次坐标来实现。

6.16 复合饼图——单项二次细分拆解

第6.9节讲了饼状分布图，它主要用于单一维度的比重分析，如薪资结构分析、产品利润贡献度、产品利润结构、质量索赔分析、销售分析、采购分类占比等，其应用非常广泛，属于使用率较高的图表。但在制作饼状分布图时经常会遇到数据值偏小的问题，在饼状分布图中辨识度不高，难以区分，这时就可以使用复合饼图图表。

6.16.1 复合饼图的作用

复合饼图是饼状分布图的升级扩展，在一张图表上显示单项二次细分拆解，既要表达主要项目是什么，还要表达非主要项目是什么。复合饼图图表在工作中应用非常广泛，主要用于薪资结构分析、产品利润贡献度、产品利润结构、质量索赔分析、销售分析、采购分类占比等方面。

复合饼图图表的形式可以是如下左图所示的子母饼图，也可以是如下右图所示的复合条饼图图表。通常在左边的饼图中显示所有的项目占比，在右边的图形中显示某个单项的二次细分拆解，详细列出了细项的占比情况，可方便查看数据值偏小的结构。

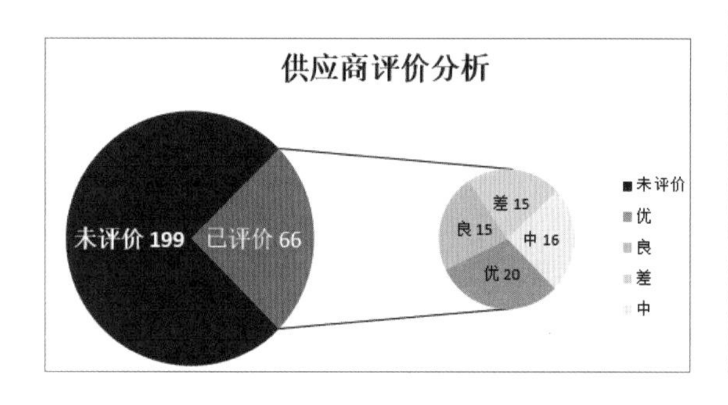

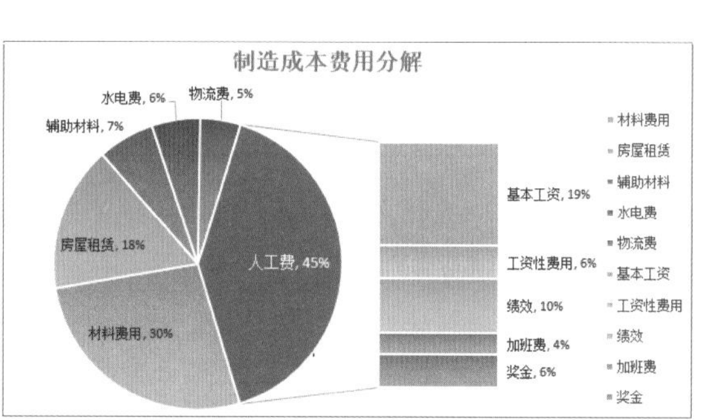

6.16.2 复合饼图的制作方法

制作复合饼图图表需要满足以下两个条件。

（1）单项目数据可二次拆分。

（2）数据至少要有两个。

复合饼图图表的制作方法包含以下3个步骤，如下图所示。

收集数据	整理数据源	做图
• 收集单项目数据，如供应商评价数据、制造成本费用数据等	• 将数据按照自定义分类逻辑整理好数据	• 创建复合饼图图表 • 设置数据系列格式 • 设置标签 • 设置标题

在整理作图数据源时应遵循自定义的逻辑次序。

6.16.3 复合饼图的制作步骤

下面通过一个案例介绍复合饼图图表制作步骤及注意事项。

案例名称	供应商评价分析
素材文件	素材 \ch06\6.16.xlsx
结果文件	结果 \ch06\6.16.xlsx

供应商评价　范例6-16　供应商评价分析

本案例主要通过复合饼图图表来展示A公司对其供应商进行评价票数的统计情况，并对已评价的供应商进行分级，区分优、良、差、中以确定后续合作对象。

1. 理解诉求

根据以上需求制作图表的主要诉求如下。

（1）一个主体拆分为若干项目，每个项目都要呈现。

（2）通过二次拆分，既要表达主要项目是什么，还要表达非主要项目是什么。

（3）所有数据在一张图上呈现，要求图表效果简洁、直观。

2. 收集明细数据

行政后勤部门收集并整理的评价数据如下图所示。打开“素材\ch06\6.16.xlsx”文件，选择“16-复合饼图”工作表，即可看到整理后的数据。

评价分类	评价细分类	总量（条）
未评价	未评价	199
已评价	优	20
	良	15
	差	15
	中	16

思维导图

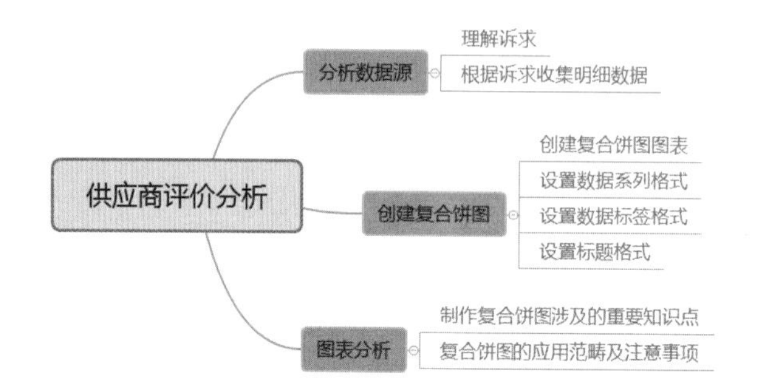

第一步 创建复合饼图图表

打开素材文件，选中数据区域中的任意单元格，选择【插入】→【图表】→【二维饼图】→【子母饼图】选项，创建复合饼图-子母饼图的图表效果如下图所示。

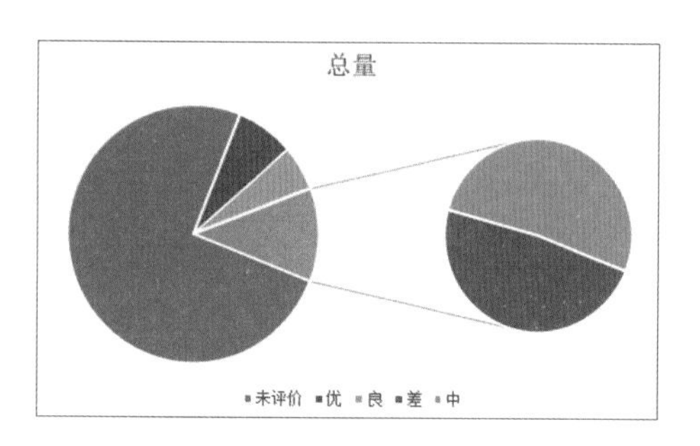

第二步 设置数据系列格式

观察数据发现，已评价部分有4类，而图表生成已评价部分却只有两类，为了在图中显示单项二次拆分的情况，选中小饼图并右击，在【设置数据系列格式】窗格中，设置【第二绘图区中的值】为“4”，同时将【第二绘图区大小】调整到合适的位置，得到效果如右图所示

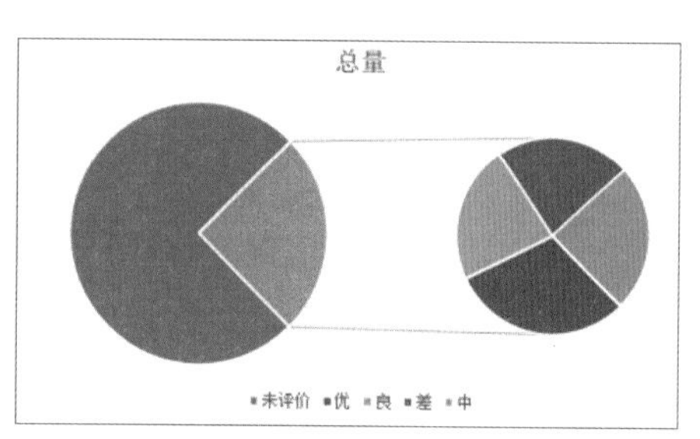

第三步 设置标签格式

选中复合饼图图表并右击，选择【添加数据标签】选项。接着选中已添加好的标签并右击，在【设置数据标签格式】窗格中选中【类别名称】复选框，并同时在【开始】选项卡下根据需要更改标签字体格式，效果如下图所示。

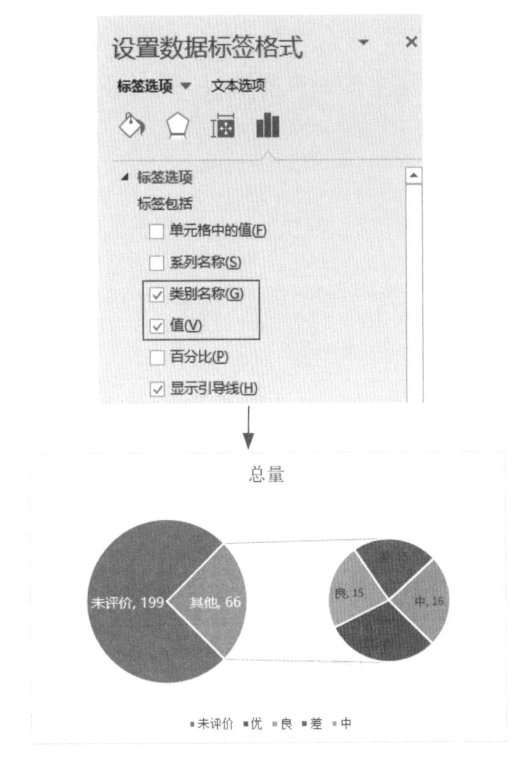

设置标题格式

为了更进一步美化图表效果，更改图表的标题为“供应商评价分析”，修改标签“其他”为“已评价”，并去掉图表边框，给复合饼图图表填充相应的颜色，调整图例位置，最终复合饼图图表效果如下所示。

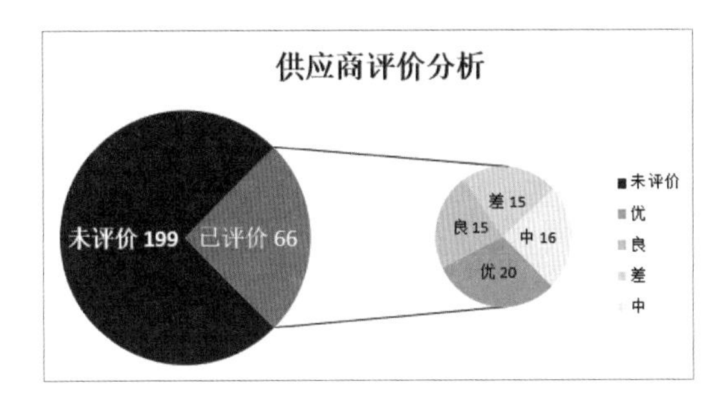

【图表分析】

复合饼图图表可在一张图表上显示单项二次细分拆解情况。从该案例可以清晰地看出评价和未评价的数量，同时还可以看到已评价的优、良、差、中的占比。

复合饼图的图表操作起来较简单，掌握了以上步骤即可轻松完成。

成本　拓展案例　制造成本费用分解

复合饼图图表除了常用的子母饼图，还有一种形式是复合条饼图，它跟子母饼图的制作应用范畴和使用案例是一致的，只是图表的表达形式略有差异。A公司想了解制造成本费用的具体明细情况，就可以使用复合条饼图图表来实现。

财务部门收集的成本费用明细数据及制作的复合饼图图表如下图所示。

制造费用明细	占比
材料费用	30%
房屋租赁	18%
辅助材料	7%
水电费	6%
物流费	5%
基本工资	19%
工资性费用	6%
绩效	10%
加班费	4%
奖金	6%

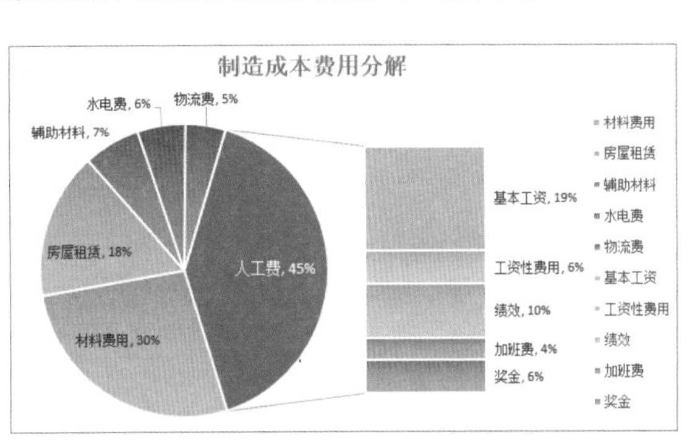

【图表分析】

复合饼图图表主要用于单项目二次拆分的分析，既要表达主要项目是什么，还要表达非主要项目是什么。

制作复合饼图图表的注意事项与建议如下所示。

（1）如果存在子图的内容过多，添加标签会显得杂乱，就可以保留比例大的标签，删除数据小的标签，保持图表效果整体整洁。

（2）如果数据大小几乎相当，不建议使用此图表。

6.17 帕累托图——主次因累计分析

帕累托图是在企业中运用非常广泛的一种图表类型，可以用来确定产生问题的主要因素和次要因素。

6.17.1 帕累托图的作用

想要理解帕累托图，不妨先了解帕累托及帕累托法则。

帕累托是意大利经济学家，他在研究财富和收益模式时，通过大量事实发现：社会中20%的人占有80%的社会财富。据此发现了帕累托法则。

帕累托法则也称二八定律，通俗来讲，在任何一组东西中，最重要的只占其中一小部分，约20%，其余80%尽管是多数却是次要的。

帕累托图即是在帕累托法则基础上演变而来的，在分析汽车的问题、购买产品的主要人群、仓库存储货物的价值或资产分配等问题时，相关因素有几种、几十种，甚至上百种。

而作为企业管理者，不可能对每一种因素都提出解决方案。如果企业管理者能解决80%以上的问题，剩下的20%由下级领导解决，就能提升企业的办事效率。于是，找准关键因素就显得非常重要了。

通过对所有因素进行汇总发现，只有某几个因素占该问题的80%以上，而其他因素虽然种类多，但占比小。这时就可以通过对原始数据整理，并用帕累托图图表将整理后的数据可视化，就能发现造成问题的关键因素，之后，着力解决关键因素造成的问题，那这个问题就解决了80%以上。

如统计并分析企业内部所有影响计算机运行速度的原因，使用帕累托图找出关键的几种因素，并找出方法，可解决影响计算机运行速度的80%以上的问题，从而提高企业内部计算机的运行速度。再如统计问题发动机出现故障的原因及发动机数量，可使用帕累托图找出影响发动机性能的关键因素。

帕累托图是将出现的问题或影响问题的项目按照重要程度由高到低依次排列的一种图表，从众多项目中抓住影响统计数据的主要因素。其目的就是找出关键因素并解决其最主要的问题，以便在质量改进方面能取得显著成效。

帕累托图需要用主、次两个坐标轴表示，主要垂直坐标轴表示频数，次要垂直坐标轴表示频率；主要水平坐标轴表示影响问题的各项因素，而次要水平坐标轴则表示累计频率。如下图所示为帕累托图表，用柱形图显示影响问题的具体数值，用折线图显示累计比例。

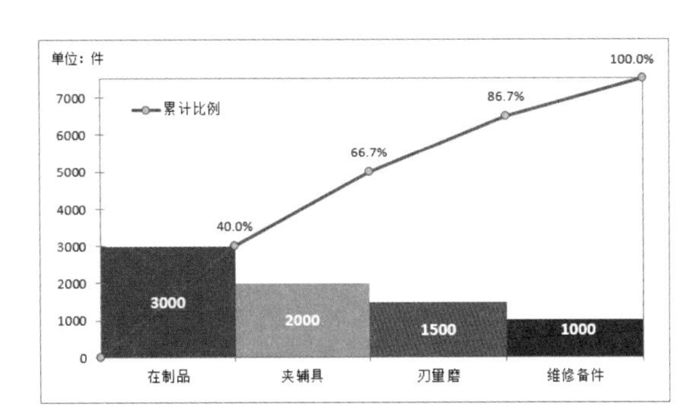

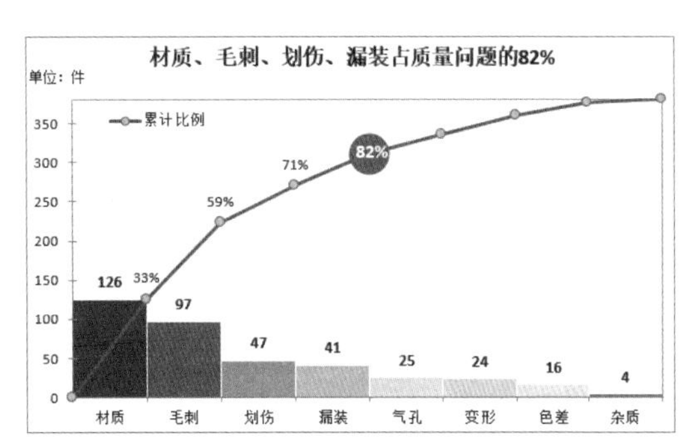

在帕累托图中，不同类别的数据是根据其频率降序排列的，并且在同一张图中需画出累计百分比。

6.17.2 帕累托图的制作方法

制作帕累托图图表需要满足以下两个条件。

（1）造成问题的因素种类多。

（2）将多种因素分类整理，类别为4~10种最佳。但问题因素较多时，就不需要进行分类整理了。

（3）整理后的源数据分布明显不均匀，且少量数据占比较大。

> **Tips** 如果种类过多，且多种因素不易区分的情况下，可将其分为“其他”项目，分类项目按数据多少由大到小排列，但“其他”项目不论多大都排在最后。

帕累托图图表的制作方法包含以下4个步骤，如下图所示。

收集数据	分类整理数据	整理数据源	做图
• 收集发现问题的数据，既可以固定时间为周期，也可以以件、次等为单位收集	• 按原因、内容、时间等分类整理数据	• 根据分类项目由大到小排序 • 统计出累计的百分比	• 制作簇状柱形图+折线图组合图表 • 设置累计折线图 • 设置柱形图 • 设置垂直轴和水平轴

在整理做图数据源时，需要注意以下几点。

（1）柱形图显示的是分类项目的具体数值，按由高到低的顺序排列，可更直观地查看关键因素，因此，需要将分类项目按值的多少由大到小排列。

（2）为了使帕累托图图表的效果更美观，通常会将折线图的第一个数据点与第一个柱形图右上角重合，并通过该值调整坐标轴值。因此，需要计算所有分类项数据的总和，且该值还便于计算累积比例。

（3）通常情况下会使用折线图展示各分类项目的占比，但在帕累托图中需要找出累计占比超过80%的关键因素，因此，需要依次计算出前面各项的累积比例。如在第1行计算第1项的比例，在第2行计算出前两项的累计比例，以此类推，最后一项的比例值必须为100%。

6.17.3 帕累托图的制作步骤

下面通过几个案例介绍帕累托图图表的制作步骤及注意事项。

范例6-17 库存分类别明细图表

本案例主要通过帕累托图图表来展示企业库存产品及其产品金额之间的关系，从而找出哪几类产品在库存中占有较高的比例。

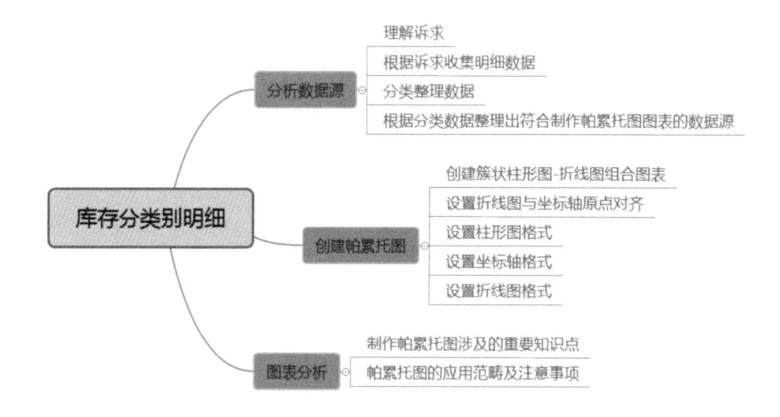

1. 理解诉求并收集数据

企业的库存中包含多种类别的产品，老板希望了解库存中不同类别产品的价值，以及哪几类产品价值在库存中占有较高的比例。首先根据实际库存情况，收集并整理出的库存明细表如下图所示。

产品	分类	期初(件)	入库(件)	出库(件)	库存(件)	单价(元)	金额(元)
产品1	在制品	80	300	185	195	3.2	624.00
产品2	在制品	60	270	90	240	2.2	528.00
产品3	在制品	50	360	200	210	5.6	1,176.00
产品4	在制品	40	140	60	120	5.6	672.00
夹具1	夹辅具	110	56	50	116	5.5	638.00
夹具2	夹辅具	60	45	88	17	7.8	132.60
夹具3	夹辅具	60	35	52	43	8.4	361.20
夹具4	夹辅具	20	40	20	40	5.6	224.00
辅具1	夹辅具	20	40	20	40	5.6	224.00
辅具2	夹辅具	10	40	20	30	5.6	168.00
辅具3	夹辅具	25	40	20	45	5.6	252.00
刀具1	刃量磨	25	40	20	45	5.59	251.55
刀具2	刃量磨	60	30	22	68	5.6	380.80
刀具3	刃量磨	25	40	20	45	5.6	252.00
量具1	刃量磨	45	40	20	65	5.6	364.00
量具2	刃量磨	25	40	20	45	5.6	252.00
备件1	维修备件	25	40	20	45	3.2	144.00
备件2	维修备件	45	60	20	85	1.6	136.00
备件3	维修备件	35	40	15	60	2.2	132.00
备件4	维修备件	22	48	20	50	0.5	25.00
备件5	维修备件	25	40	27	38	1	38.00
备件6	维修备件	25	45	20	50	0.5	25.00
备件7	维修备件	25	40	20	45	3.2	144.00
备件8	维修备件	45	60	20	85	1.6	136.00
备件9	维修备件	35	40	15	60	2.2	132.00
备件10	维修备件	22	48	20	50	0.5	25.00
备件11	维修备件	25	40	27	38	1	38.00
备件12	维修备件	25	45	20	50	0.5	25.00

2. 分类整理数据

通过上图可以看出各种产品的明细，但产品种类繁多，需要对产品分类，在第2列中列出了各种产品对应的分类，可以通过删除重复值调整重复分类项，如下图所示。

序号	库存类别	金额(元)
1	在制品	
2	夹辅具	
3	刃量磨	
4	维修备件	

然后使用条件求和公式“=SUMIF($C$13:$C$40,E5,$I$13:$I$40)”计算出每个分类对应的金额，如下图所示。

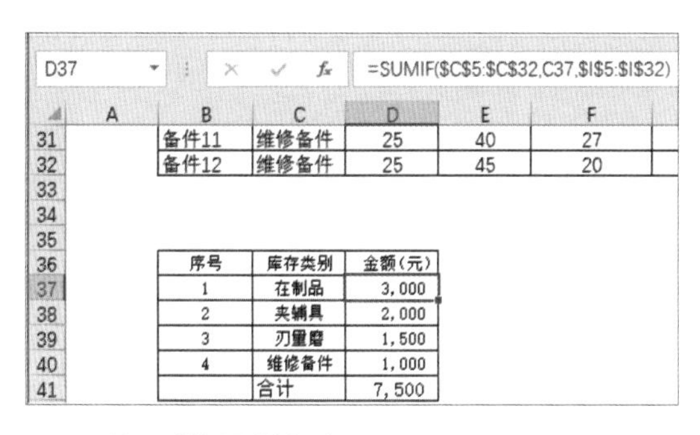

D37　=SUMIF($C$5:$C$32,C37,$I$5:$I$32)

	A	B	C	D	E	F
31		备件11	维修备件	25	40	27
32		备件12	维修备件	25	45	20
33						
34						
35						
36		序号	库存类别	金额(元)		
37		1	在制品	3,000		
38		2	夹辅具	2,000		
39		3	刃量磨	1,500		
40		4	维修备件	1,000		
41			合计	7,500		

Tips

选择“分类”列的所有分类并粘贴至其他位置，选择粘贴后的所有数据，选择【数据】→【数据工具】→【删除重复值】选项，在打开的【删除重复值】对话框中单击【确定】按钮，即可将重复项删除。

3. 整理做图数据源

在分类整理后的数据中可以看到各分类项及对应金额，但该图对应的表格并不满足制作帕累托图图表的条件，还应按照以下要求整理分类数据。

（1）库存类别按金额由大到小排列。

（2）增加“合计”行，计算库存类别金额的总和，便于计算累积比例，且该值在图表中会以坐标轴值的形式体现。

（3）需要计算出前面各库存类别的累积比例。如在第1行计算“在制品”的比例，在第2行计算“在制品”和“夹辅具”的累计比例和，以此类推。

打开“素材\ch06\6.17.xlsx”文件，选择“17-帕累托”工作表即可看到整理后的数据源如下图所示。

库存分类别明细

序号	库存类别	金额(元)	累计比例
1	在制品	3000	40.0%
2	夹辅具	2000	66.7%
3	刃量磨	1500	86.7%
4	维修备件	1000	100.0%
	合计	7500	

第一步 **创建簇状柱形图-折线图组合图表**

选中数据区域中的任意单元格，插入“簇状柱形图-次坐标轴上的折线图”图表，效果如下图所示。

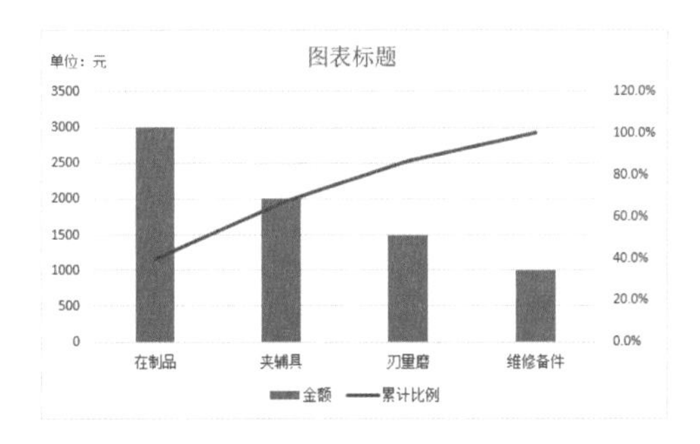

第二步 **设置折线图与坐标轴原点对齐**

❶ 此时折线图顶点并不在垂直轴和水平轴交叉的原点位置上，可以选择“累计比例”系列，并在【编辑栏】中将折线图数据区域中的“$F$4:$F$7”改为“$F$3:$F$7”，折线图顶点与水平轴即可对齐，效果如下图所示。

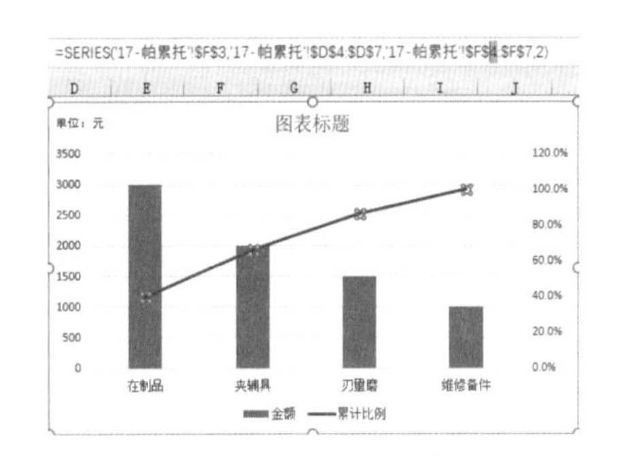

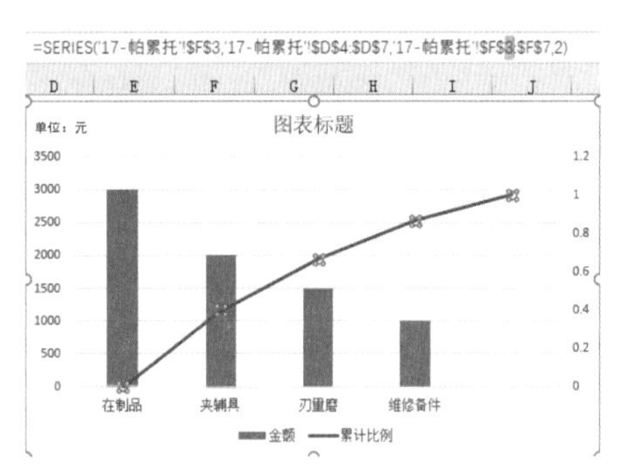

❷ 选中“累计比例”系列，单击【图表元素】按钮，在列表中依次选中【坐标轴】→【次要横坐标轴】复选框，即可显示次要横坐标轴，效果如下图所示。

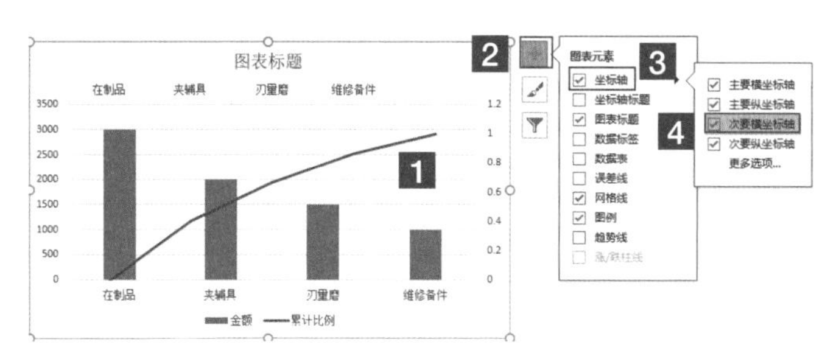

❸ 选中次要横坐标轴，在【设置坐标轴格式】窗格中选择【坐标轴选项】→【坐标轴位置】选项，选中【在刻度线上】单选按钮，即可将折线图顶点与垂直轴对齐，效果如下图所示。

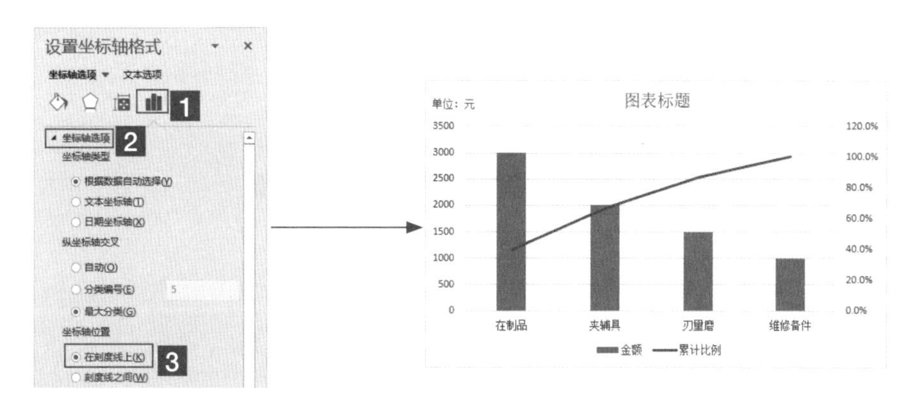

第三步 设置柱形图格式

柱形图中间不需要间隙，可以选中“金额”柱形图系列，设置【间隙宽度】为“.00%”，并修改柱形图系列的颜色，效果如下图所示。

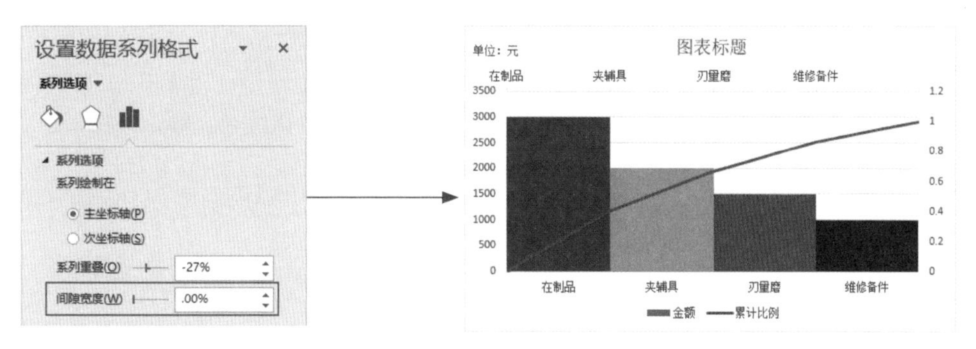

第四步 设置坐标轴格式

制作帕累托图图表需要将折线上的第一个比例值点与第一个柱形图系列右上角对齐。具体操作步骤如下。

❶ 选中主要垂直轴标签，设置【边界】的【最大值】为“7500.0”，即数据源中的合计值，

如下左图所示。选择次要垂直坐标轴，设置【边界】的【最大值】为“1.0”，如下右图所示。

❷ 设置后效果如下图所示。

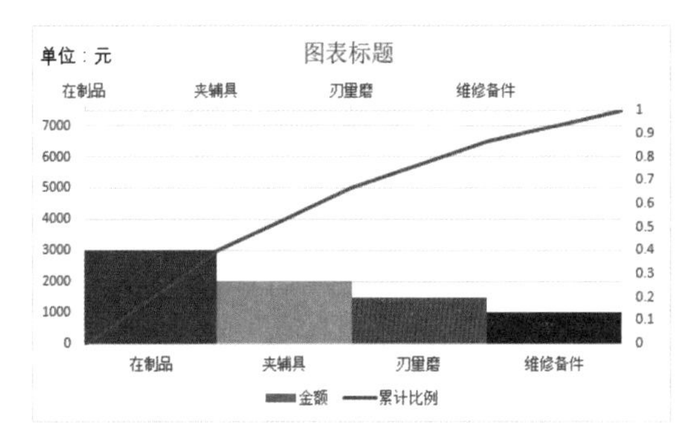

❸ 隐藏次要垂直坐标轴和次要水平坐标轴，如下图所示。

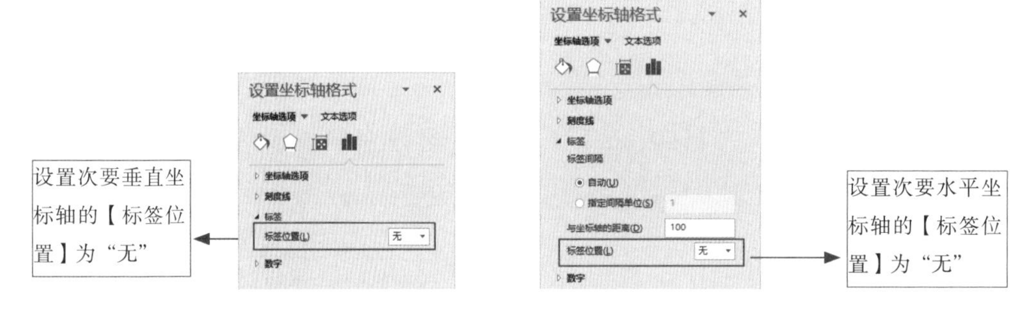

❹ 设置次要水平坐标轴的【线条】选项，选中【无线条】单选按钮，删除网格线，并设置绘图区的边框颜色，效果如下图所示。

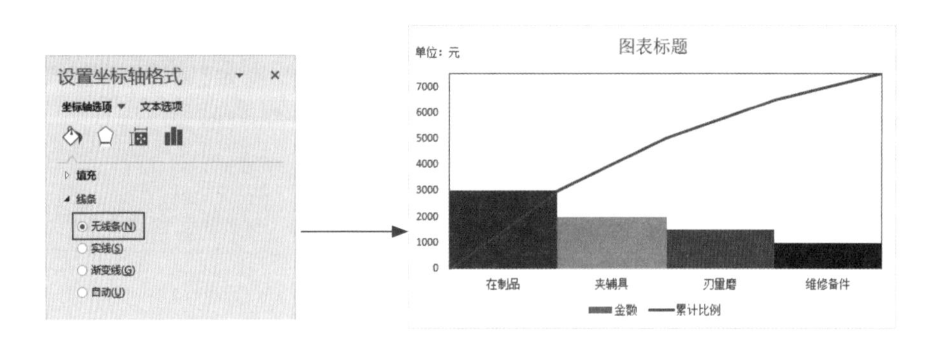

第五步 设置折线图图表的格式

设置折线图图表格式可以将数据标签显示在折线图图表上，并显示折线标记以方便观察累计比例值。

❶ 为折线图图表添加数据标签，在【标签位置】选项下选中【靠上】单选按钮，删除左下方值为“0%”的数据标签，效果如下图所示。

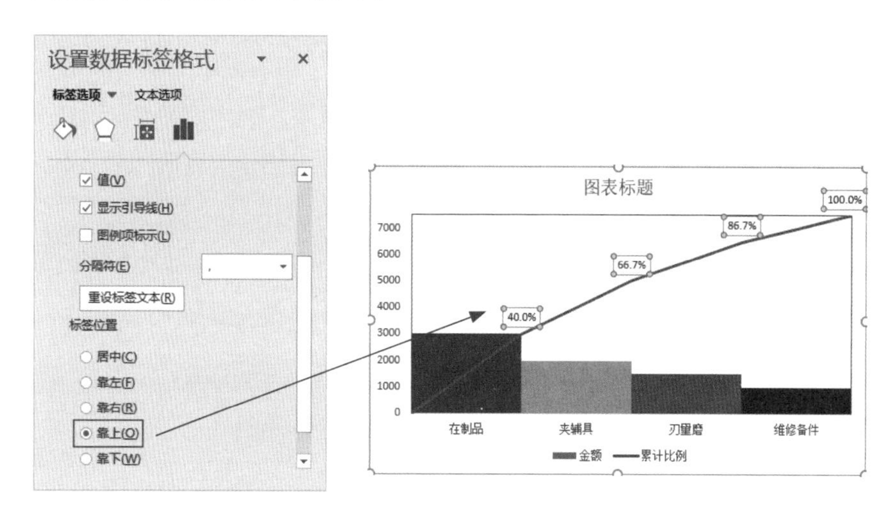

❷ 设置柱形图图表的数据标签，并设置标签的颜色和字号，以及设置折线图图表标记，效果如下左图所示。

❸ 更改图表标题为“库存分类别明细”，并调整图例，完成帕累托图图表的制作，最终效果如下右图所示。

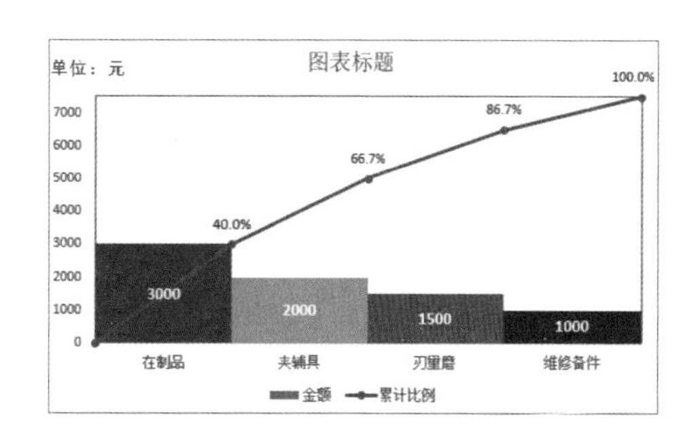

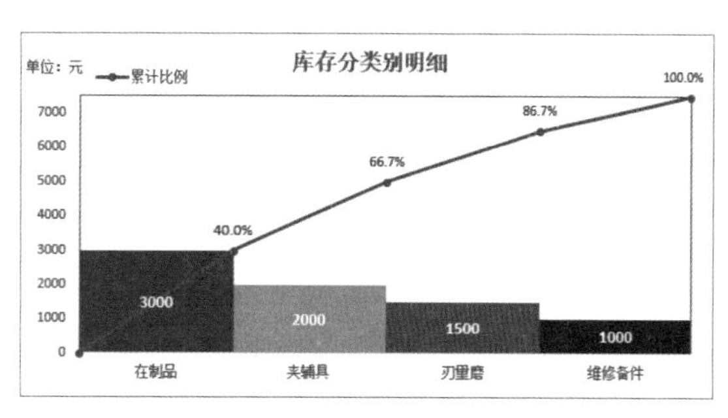

销 售　拓展案例　产品质量问题的原因分析

某企业销售部门根据用户的反馈，发现有质量问题的产品存在的原因主要包括材质、毛刺、划伤、漏装、气孔、变形等。现在需要确定哪几项质量问题的总和能达到80%以上。

根据用户反馈的质量问题，统计出存在质量问题的不良产品件数，然后将其由高到低排序并计算出累计比例。整理后的源数据如下图所示。

	不良数量（件）	不良比例	累计比例
材质	126	33%	33%
毛刺	97	26%	59%
划伤	47	12%	71%
漏装	41	11%	82%
气孔	25	7%	88%
变形	24	6%	95%
色差	16	4%	99%
杂质	4	1%	100%
	380		

这时整理出的数据源就可以通过帕累托图图表进行展示了。制作的帕累托图图表的效果如下图所示，通过图表可以明显看出材质、毛刺、划伤、漏装等占质量问题的82%，也就是产品质量的主要问题。

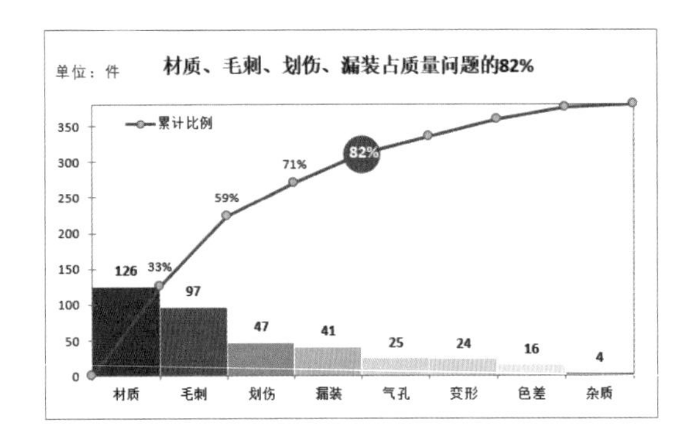

【图表分析】

在范例6-17的结果图中，可以看出“在制品”的金额数字为3000，占比为40.0%，“夹辅具”的金额数字为2000，“在制品”和“夹辅具”累计占比为66.7%，“刃量磨”金额数字为1500，前3项累计占比86.7%，而第4项金额数字为1000元，最终占比将累计到100%。

可以明显看出前3项是主要原因，最后一项为次要原因。

帕累托图图表主要用于分析主要原因和主要问题，在质量事故原因分析方面应用较多，此外，在财务年度预算、薪资结构、销售结构分析、购买力决策动因分析方面应用也较为广泛。

在销售结构分析方面可以看出哪些产品销量高，即是主打产品。

在财务年度预算方面可以查看哪几项预算占年度预算总和的比例较高，如下图所示。

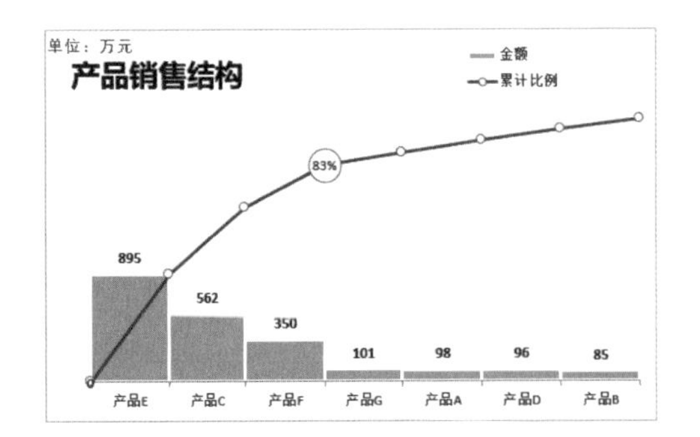

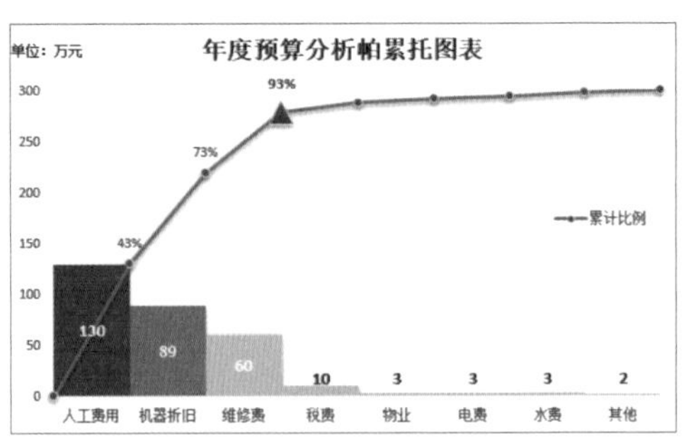

在薪资结构方面可以看出基本工资、奖金、绩效、补助等哪几项所占的工资份额较高，在购买力决策动因方面可以看出哪些是影响消费者购买产品的主要因素，如下图所示。

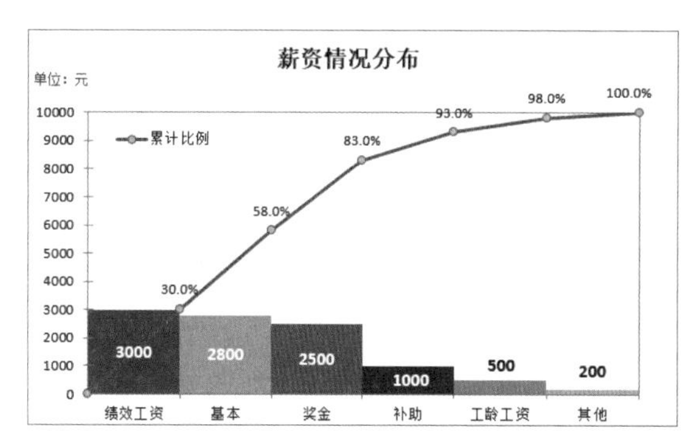

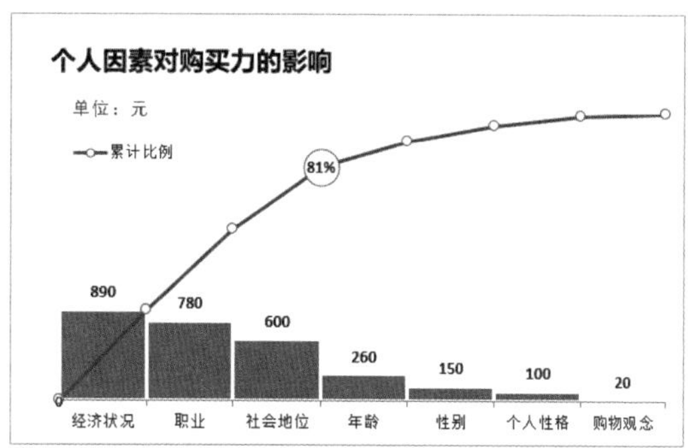

6.18 柱边柱图——父子项联合对比

柱边柱图用于反映主体和分项之间的对比。

6.18.1 柱边柱图的作用

柱边柱图主要用于父子项联合对比，应用于车间盘点、库存分析、薪资结构、人员结构等方面。

柱边柱图的横坐标轴表示各分类项目，纵坐标轴表示分类项目数值。通过两组柱形图图表可反映总计和各分项之间的对比情况，如下图所示。

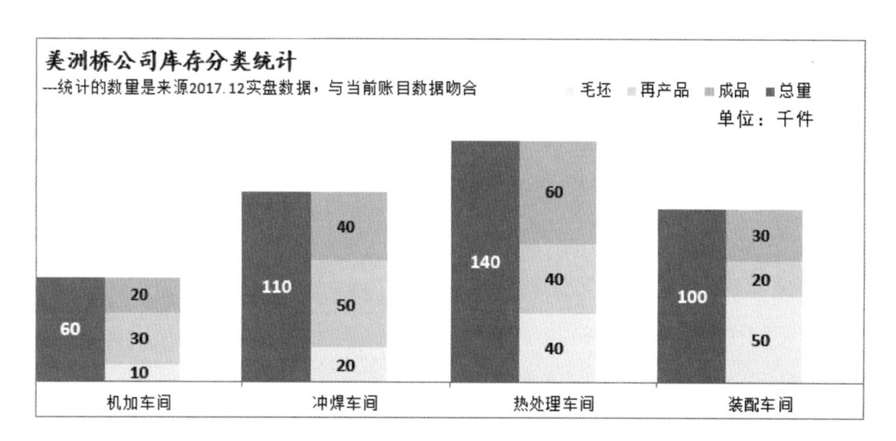

6.18.2 柱边柱图的制作方法

制作柱边柱图图表需要满足以下两个条件。

（1）既有主体数据又有分项数据，主体是分项数据的合计。

（2）数据至少要有两个。

柱边柱图图表的制作方法包含以下3个步骤，如下图所示。

收集数据	整理数据源	做图
• 收集父子项数据，如车间盘点、库存分析、薪资结构和人员结构数据等	• 将数据按照自定义分类逻辑整理好数据	• 创建柱形堆积图图表 • 设置数据系列格式 • 创建总量柱形堆积图 • 创建簇状柱形图 • 设置数据系列格式 • 设置标题

在整理做图数据源时，需要注意以下几点。

（1）整理数据应遵循自定义逻辑次序。

（2）数据之间有逻辑关系，总量是明细项目的合计。

6.18.3 柱边柱图的制作步骤

下面通过一个案例来介绍柱边柱图图表的制作步骤及注意事项。

案例名称	美洲桥公司库存分类统计
素材文件	素材 \ch06\6.18.xlsx
结果文件	结果 \ch06\6.18.xlsx

库存统计　**范例6-18　美洲桥公司库存分类统计**

本案例主要通过柱边柱图图表来展示美洲桥公司各个车间库存分类的统计情况，用以分析总库存与毛坯、再产品和成品之间的占比关系。

1. 理解诉求

根据以上需求，制作图表的主要诉求如下。

（1）分别从合计和分项来观察不同类别间的对比。

（2）图形的样式保持同一种风格。

（3）所有数据在一张图上呈现，且要求图表效果简洁、直观。

2. 收集明细数据

该公司统计的数量来源于2017年12月的实盘数据，打开“素材\ch06\6.18.xlsx”文件，选择“18-柱边柱图”工作表即看到整理后的数据，明细数据如下图所示。

项目	机加车间（个）	冲焊车间（个）	热处理车间（个）	装配车间（个）
毛坯	10	20	40	50
再产品	30	50	40	20
成品	20	40	60	30
总量	60	110	140	100

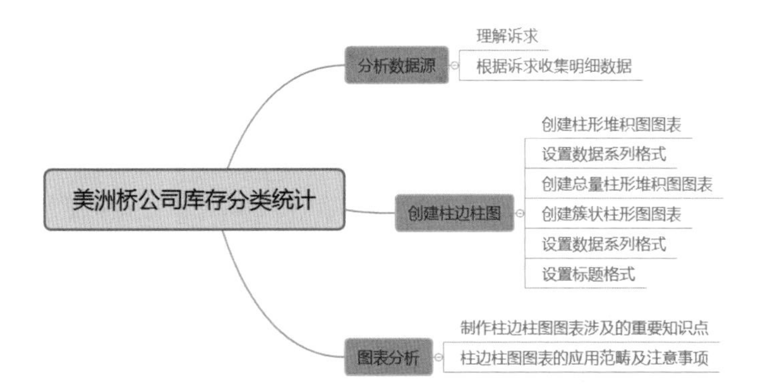

第一步 创建柱形堆积图图表

打开素材文件，选中数据区域中的任意单元格，选择【插入】→【图表】→【二维柱形图】→【柱形堆积图】选项，生成的柱形堆积图图表如下所示。

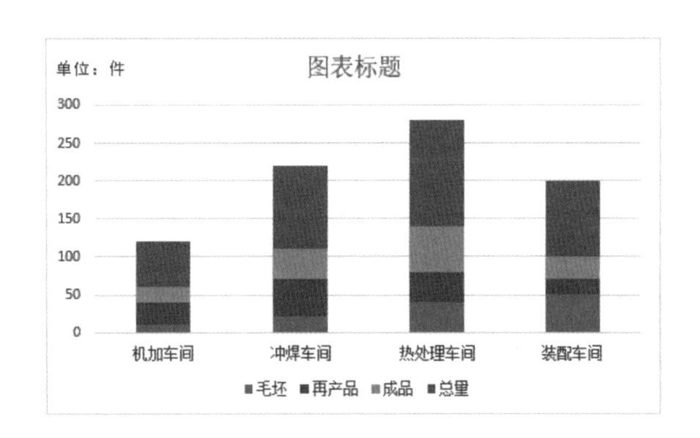

观察图表，“总量”数据系列是紫色的柱形块，同毛坯、再产品和成品之间应该是一个总分的关系，不应该堆积在一个柱子上面，建议分成两组柱形图来展现。

第二步 **设置数据系列格式**

选中“总量”数据系列并右击，选择【设置数据系列格式】选项，在右边窗格中选择【系列选项】选项，然后选中【次坐标轴】单选按钮，效果如右下图所示。

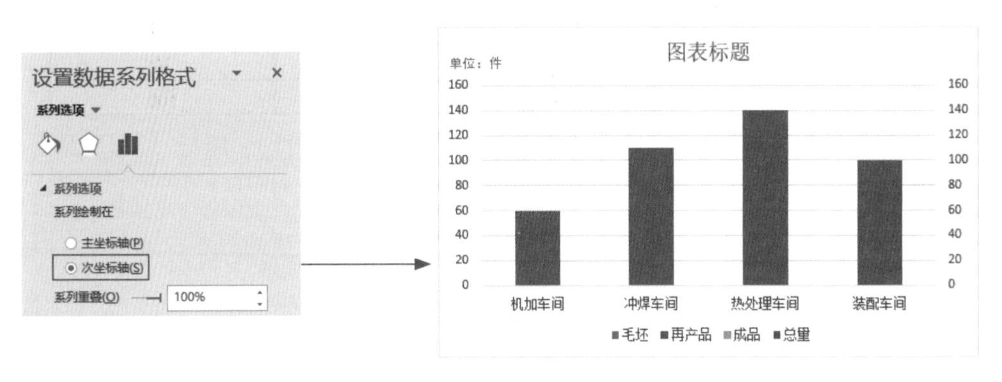

第三步 **创建总量柱形堆积图图表**

❶ 选中数据区域，如下图所示，然后按【Ctrl+C】快捷键进行复制。

项目	机加车间	冲焊车间	热处理车间	装配车间
毛坯	10	20	40	50
再产品	30	50	40	20
成品	20	40	60	30
总量	60	110	140	100

❷ 选中图表，按【CTRL+V】快捷键进行粘贴，生成的效果如下图所示。

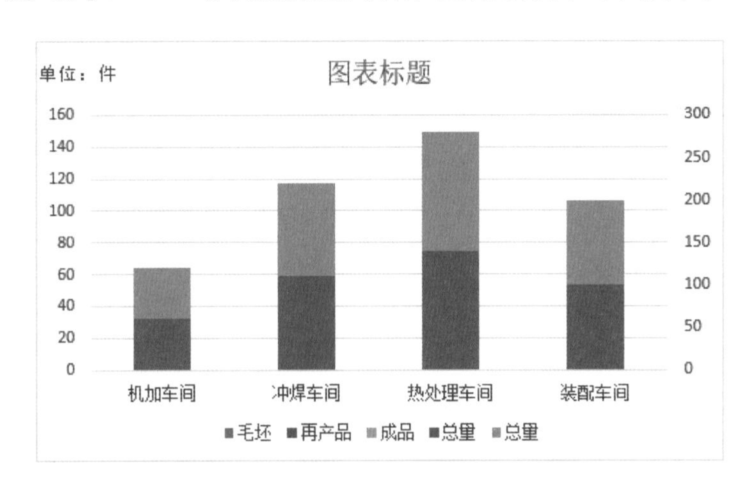

第四步 **创建簇状柱形图图表**

❶ 观察图表，细分项“毛坯”数据系列、“再产品”数据系列和“成品”数据系列都被“总

量”数据系列挡住。选中“总量”数据系列，选择【插入】→【图表】→【二维柱形图】→【簇状柱形图】选项，生成的效果如下图所示。

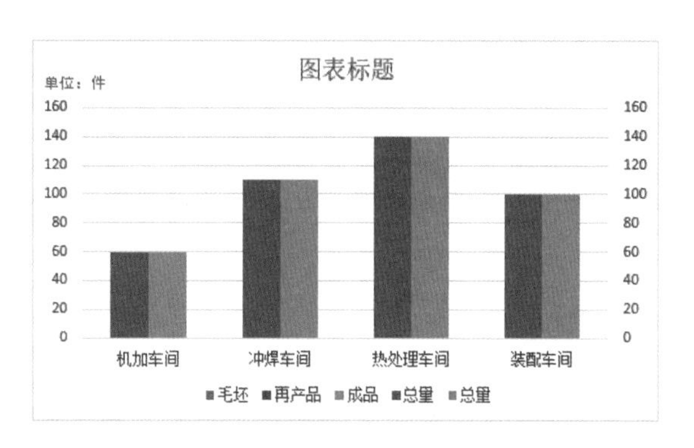

❷ 选中“总量”数据系列，选择【填充】→【无填充】选项，生成的效果如下图所示，之前的细分项都显示出来了。至此，柱边柱图图表的雏形已经制作出来了。

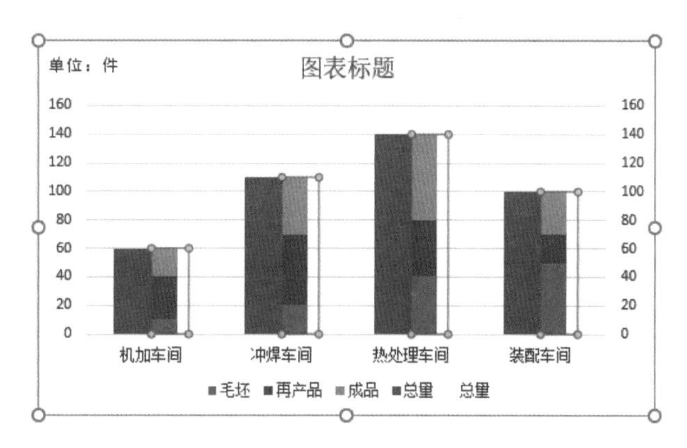

第五步 **设置数据系列格式**

下面对图表进行美化，使之更简洁和美观。右边柱形图图表看起来是正常的展现细分项，实则被无色的柱形图图表挡住了。这时候需要对系列重叠进行调整。选中数据系列并右击，在弹出的快捷菜单中选择【数据系列格式】选项，设置【系列重叠】为“-100%”，设置【间隙宽度】为“0%”，效果如下图所示。

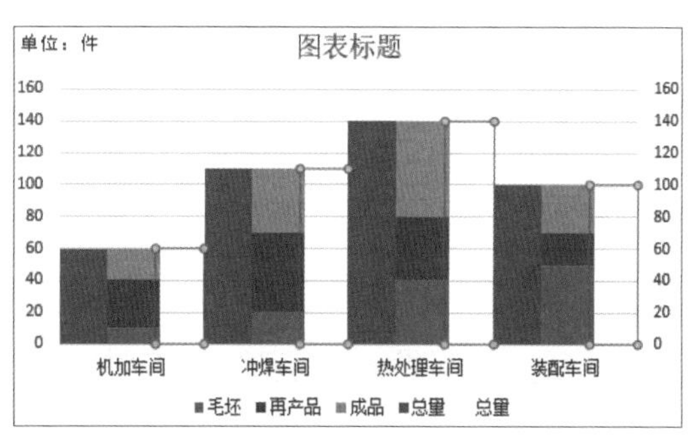

第六步 **设置标题格式**

为了更进一步美化图表效果，可更改图表的标题为“美洲桥公司库存分类统计”，给图表添加标签并设置标签格式，给柱形图填充相应的颜色，且调整图例位置，最终柱边柱图的图表效果如下所示。

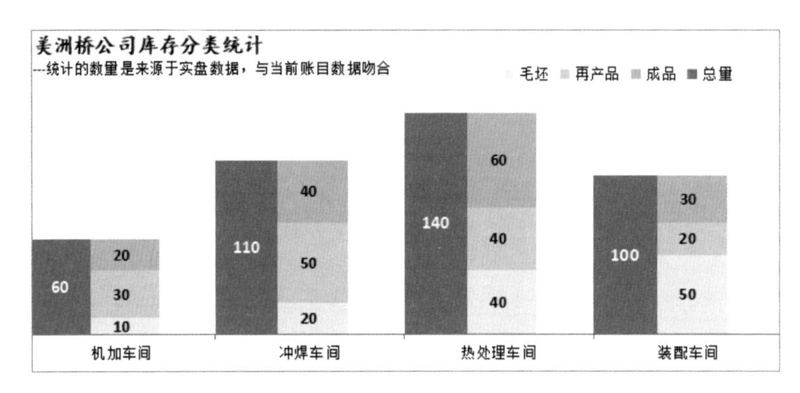

【图表分析】

柱边柱图图表主要用于父子项联合对比。从该案例可以清晰看出每个车间总库存与分项毛坯、再产品和成品之间的对应关系。其中热处理车间的库存较多，以成品占比最大；机加车间库存最少，毛坯占比最少。

柱边柱图图表操作起来比之前的图表要复杂，需要掌握柱形堆积图图表和簇状柱形图图表的制作技巧。根据以上详细步骤即可轻松完成。

人才选拔 拓展案例 学校人才选拔情况统计

A学校想了解今年学院不同专业计划选拔人才和现专业人才数量是否满足A类合计人数的需求。

1. 理解诉求

根据以上需求，制作图表主要诉求如下。

（1）分别从合计和分项看不同类别间的对比。

（2）图形的样式应保持同一种风格。

（3）所有数据应在在一张图上呈现，要求图表效果简洁、直观。

2. 收集明细数据

学校学生管理处收集的人才明细数据如下左图所示。仔细分析这个图表，发现学院9下设5个专业，其他学院各设1个专业，想要知道各个学院和各个专业的人才选拔情况，就需展现父子项联合的对比关系。制作图表时应先想到可以用柱边柱图来实现，如下右图所示。

领域	专业	计划选拔A人才数(个)	现专业A类人才数(个)	A类合计人数(个)
学院1		8	5	13
学院2		3	4	7
学院3		7	1	8
学院4		8	4	12
学院5		3	7	10
学院6		9	4	13
学院7		7	2	9
学院8		1	3	4
学院9	专业1	3	7	10
	专业2	3	1	4
	专业3	4	1	5
	专业4	5	4	9
	专业5	6	5	11

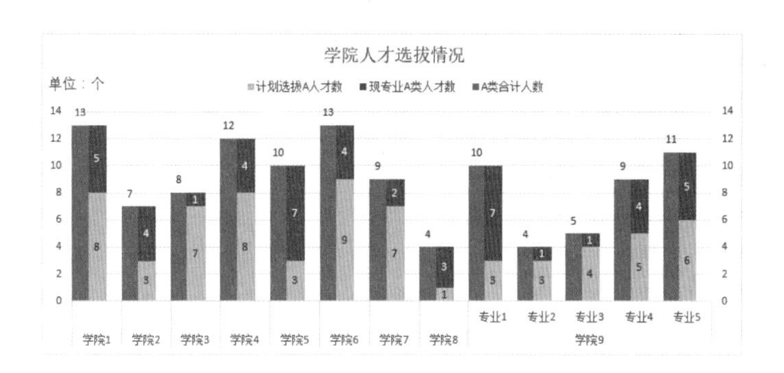

【图表分析】

柱边柱图图表主要用于父子项联合对比，应用于车间盘点、库存分析、薪资结构、人员结构等方面。制作柱边柱图图表的注意事项与建议如下所示。

（1）如果子项目太多可以合并占比较小的，用“其他”来表示，以保持图表效果的整体整洁。

（2）如果数据间不存在相关性，则不能使用该图表来表达，否则会引起误解。

6.19 高手点拨

本章介绍了18种图表，这些图表都是在数据可视化过程中使用频率较高的图表类型。理解数据源并清楚用户要什么后，很多人在设计图表时会把大量的时间用在寻找图表素材上，一味追求另类效果，实际是本末倒置，解决不了本质问题。图表的设计离不开Excel提供的基础类型，使用这些类型不仅操作高效且易于修改。

另外，在设计图表时可将图例放在图表区空白较大的位置，可使图表效果紧凑、丰富。

6.20 实战练习

练习1

打开“素材\ch06\实战练习1.xlsx”文件，根据如下左图所示的源数据，制作折线图图表，效果如下右图所示。

日期	35#	35#预测	45#	45#预测
2017/1/15	3200		2900	
2017/2/15	3300		2950	
2017/3/15	3450		3100	
2017/4/15	4450		3950	
2017/5/15	4550		4020	
2017/6/15	4700		4170	
2017/7/15	5400		5070	
2017/8/15	5000		4450	
2017/9/15	4800		4250	
2017/10/15	4450		3900	
2017/11/15	3000		2550	
2017/12/15	2250		1900	
2018/1/15	2350		2000	
2018/2/15	2350		2000	
......	......		......	
2020/7/15	3265	3265	2630	2630
2020/8/15		3465		2830
2020/9/15		3515		3150
2020/10/15		3615		3250
2020/11/15		4215		3750
2020/12/15		4715		4350
2021/1/15		4715		4350
2021/2/15		4815		4450

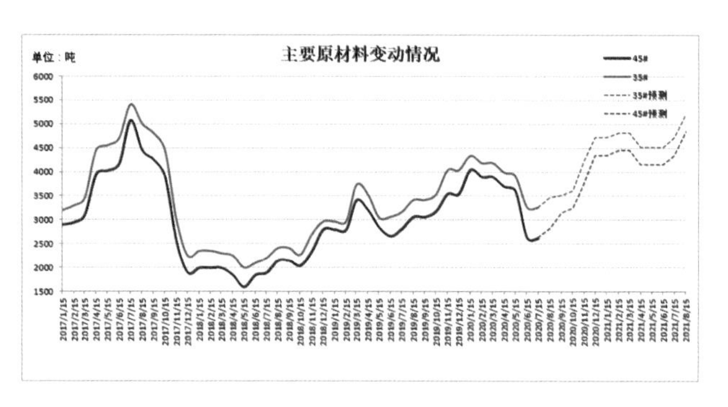

练习 2

打开“素材\ch06\实战练习2.xlsx”文件，根据如下左图表格所示的源数据，制作饼状分析图，效果如下右图所示。

项目	比例
一季度	35%
二季度	26%
三季度	20%
四季度	19%
合计	100%

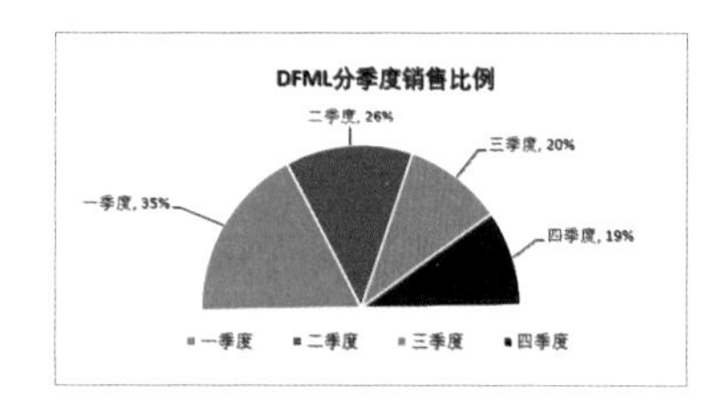

第7章

图表的配色、布局与美化

小王是北京一家打印店的老板，平时主要业务就是承接各个单位的打印文件。最近小王可犯难了，他收了一单生意，对方给的文件都是表格，要求打印的文件质量必须清晰，且色调明朗。小王试着打印一页，打印成黑白效果模糊一片，该怎么办呢？眼下就要到交付文件的时间了，这可愁坏了小王。

“王老板，打印！”，小王闻声赶紧迎了上去，原来是李老师。他是企业的内训老师，专门教授制作图表的，经常来这打印课件。

小王接过李老师的U盘，将课件打印出来了。仔细一看，李老师的课件图表十分清晰，即使是黑白打印画面效果也非常协调，小王赶紧向李老师请教了起来：“李老师，您做的表格就算用黑白打印画面效果也非常协调，且质量清晰，是怎么做到的呢？”

李老师在纸上写了一个字并告诉小王：“其实简单配色遵循这个“玉”字规则就行，即讲平衡，讲秩序。你看色板中纵向一列是色系，横向一组是颜色深度一致的颜色代码，常用的颜色是主题颜色和标准色。在做图时先确定主色，再根据“玉”字规则配以辅助色，在黑白打印时注意使用强调色，图表就会变得美观清晰了”，如下图所示。

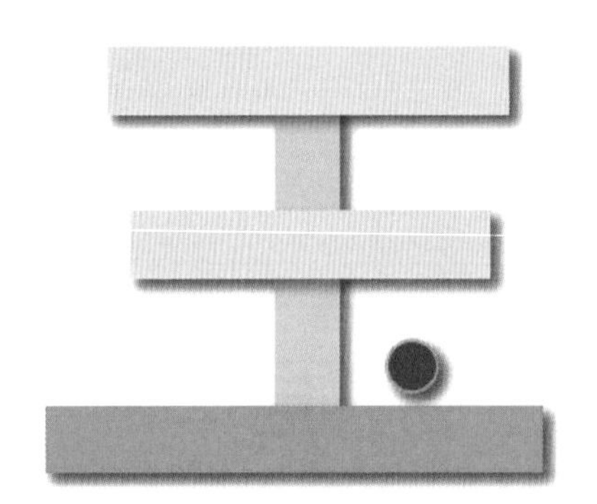

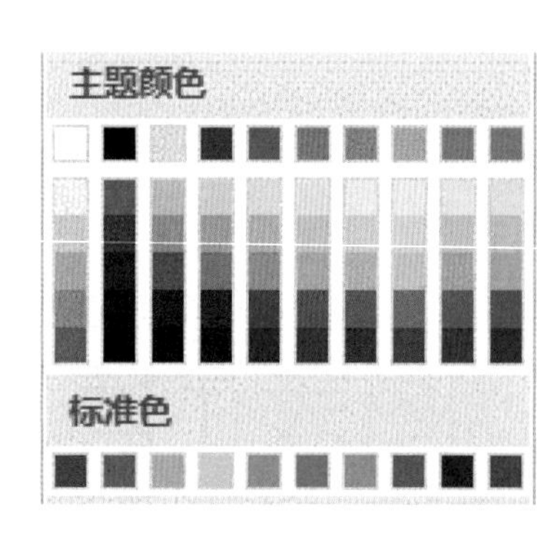

“太神奇啦！”小王内心暗自佩服，并按照李老师的方法重新修改配色，果然不出所料，打印出来的图表质量清晰，且配色协调。终于在指定时间完成了任务，还获得了客户的好评。小王长舒了一口气，暗下决心要好好学习Excel图表的制作技术，练就一身本事，再也不怕遇到类似问题了！

本章案例效果展示：

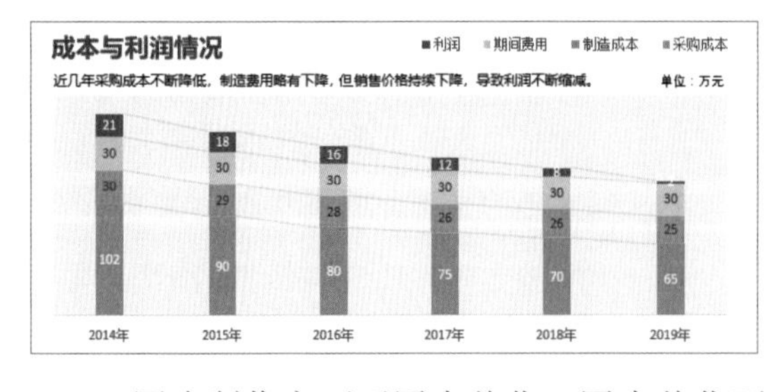

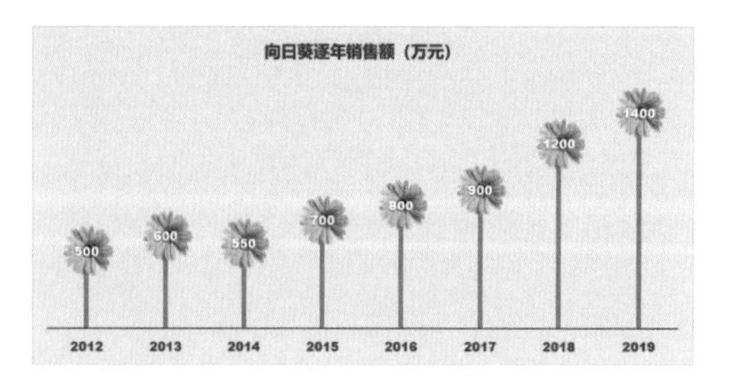

Excel图表制作离不开图表美化，图表美化可让受众更直观、形象地理解图片表达的意思。

7.1 图表配色三大要领

职场经常有言：一图胜千言！

如何给图表配色呢？既要考虑逻辑布局，还要考虑色谱色系，让别人看起来舒服。

如果图表对颜色的要求不是很高，可以直接使用Excel推荐的美化方案进行套图或套色。如右图所示的图表为直接套图没有进行美化的效果，数据标签与图表重叠，十分影响文字的查看效果。

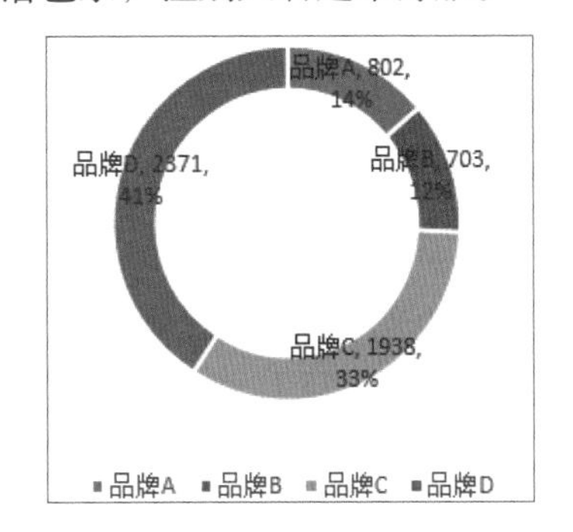

如果对配色有些要求，但又不懂配色方法，可以在【设计】选项卡下选择推荐的颜色方案，如下图所示。

生成的图表效果如下图所示，左下图是推荐的套图方案，右下图是推荐的颜色方案，虽然效果好一些，但仍不能令人满意。

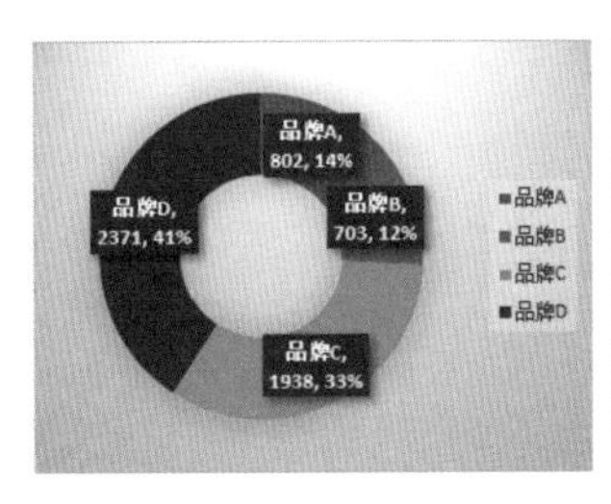

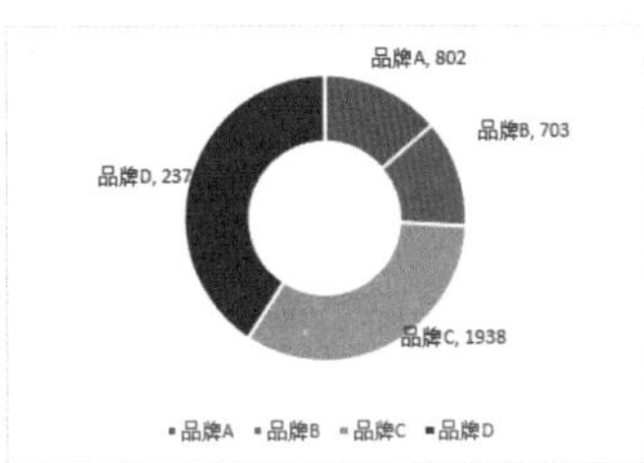

如果要实现个性化、追求更美观的效果。那就需要讲究图表配色、图表布局和图表美化了。

Excel图表配色包括3个方面：图表情感、选色系和配色相。

（1）图表情感：考虑应用场景和传递给受众的感受。

（2）选色系：不刺眼，不凌乱。

（3）配色相：相同明亮度要有色系差异即讲平衡，相同色系则要有明亮度差异即讲秩序，也称“玉”字规则。

掌握了这三大要领，相信大家都可以制作出专业水准的图表，接下来详细讲解三大要领的具体含义和要点。

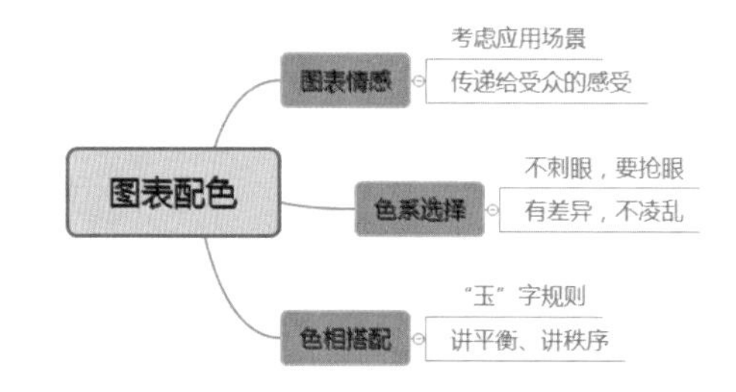

7.1.1 图表情感

图表通过颜色向受众传递自己的情感。制作图表时要考虑PPT风格或应用场景，不同的场景需要不同的颜色表达，不同的颜色可传递不同的情感。图表的情感不仅可以是轻快、活泼、潇洒的，也可以是严肃、厚重、优雅的。

如下左图的配色给人以很轻快的感觉充满了活力，适用于青少年或母婴产品等分析场景，下右图给人以潇洒的感觉，适用于企业成功案例的分享场景。

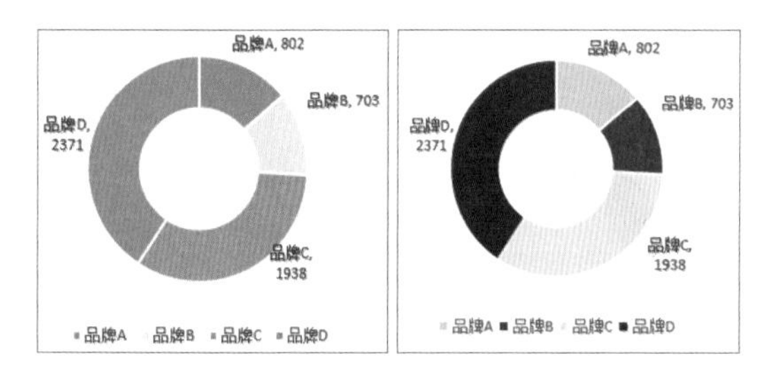

如下左图的配色，看上去比较严肃，多用于企业商务合作等分析场景。如下右图的配色由于深色和浅色不搭，会给人以不协调的感觉。

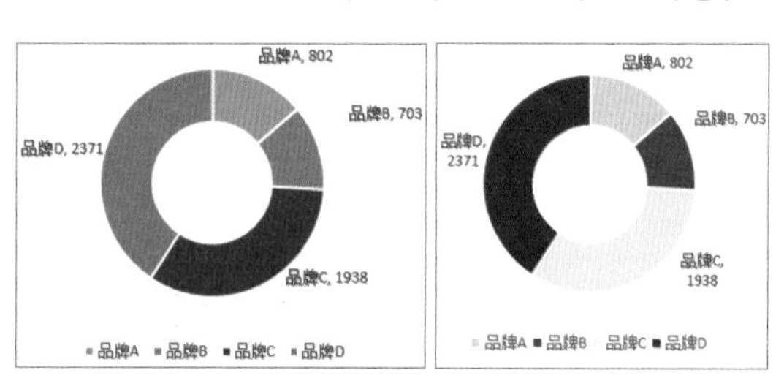

Tips 如果对颜色不敏感，可以通过色谱选色（色谱详见第7.4节参考色谱），使用Excel的“自定义颜色”功能完成图表颜色的配置。选中颜色区域并右击，在弹出的列表中选择【填充】→【其他填充颜色】选项，弹出【颜色】对话框，分别在红色、绿色和蓝色后输入颜色代码，即可完成颜色配置。

Tips 颜色代码指RGB基础色数字谱，如下是古典色系的3组颜色代码。

74	33	107	239	231	165	108
67	33	133	230	140	100	41
41	7	131	189	59	82	33

7.1.2 色系选择

色系选择是指颜色是有套系的，按照套系选择颜色可以让图表很协调。选择色系有以下两个要点。

（1）不刺眼，要抢眼。

（2）有差异，不凌乱。

图表选色时不能刺眼，不能让受众感觉不舒服，但是通过专业的配色方案，可以让图表效果很抢眼。如下图所示的颜色搭配就很刺眼。

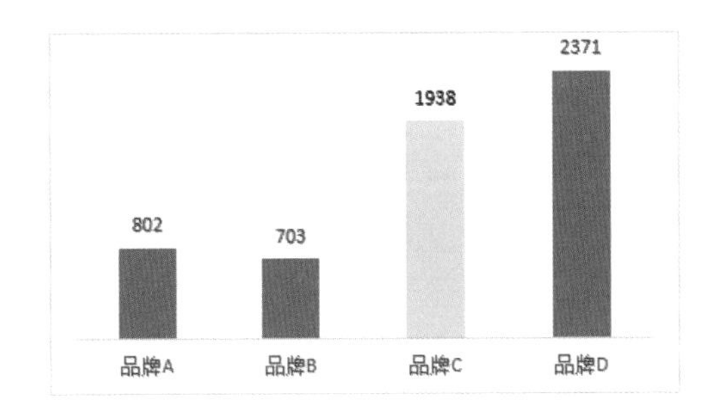

当图表有多种结构时，选色既要有差异，又不能胡乱配色，如下图的配色就给人很凌乱的感觉。

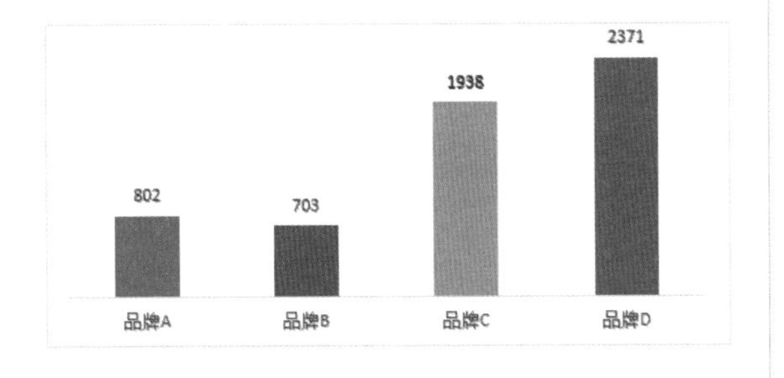

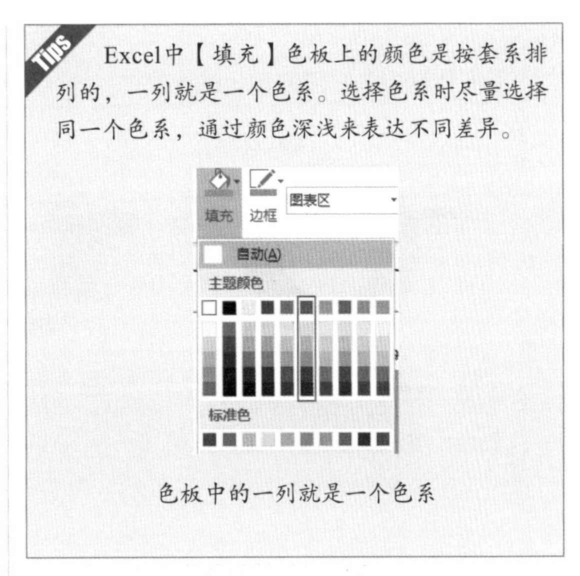

Tips Excel中【填充】色板上的颜色是按套系排列的，一列就是一个色系。选择色系时尽量选择同一个色系，通过颜色深浅来表达不同差异。

色板中的一列就是一个色系

以下图表制作遵循了选色系的原则，配色效果不刺眼，有差异，且不凌乱。

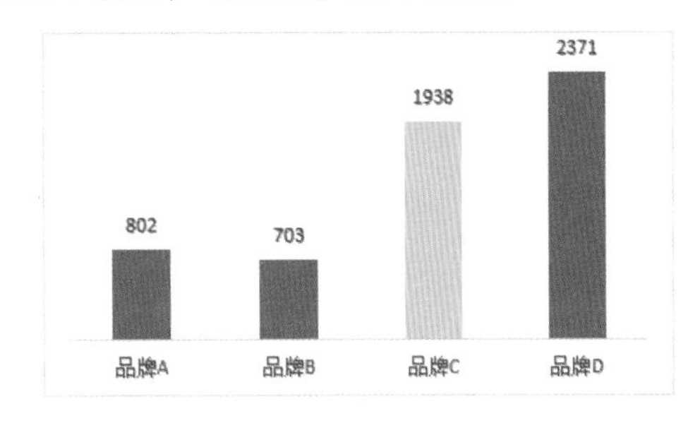

7.1.3 色相搭配

玉在中国代表美好的意思，如果说配色讲究“玉”，那配色效果一定不会差。色相搭配的要点就是简单配色的“玉”字规则，即讲平衡、讲秩序。在Excel中【填充】色板的纵向一列是色系，横向一组是颜色深度一致的颜色代码，配色时可以选同一行的颜色以保持同深度，或者选择同一列的颜色以保持同色系。常用的颜色是主题颜色和标准色，可构成一个“王”字，使用图表配色时按照这个原则选择，可以产生平衡、秩序的色彩效果。“玉”字还有一点，表示图表按照要求配色会更精致一点。

下左图所示的是原图，按照“玉”字规则，依数据点填色，再选取推荐颜色。如下中图为选择浅色系填充后的效果。下右图为选择标准色的深色系填充后的效果。下中图和下右图的颜色更加平衡，体现出非常强的专业设计效果。

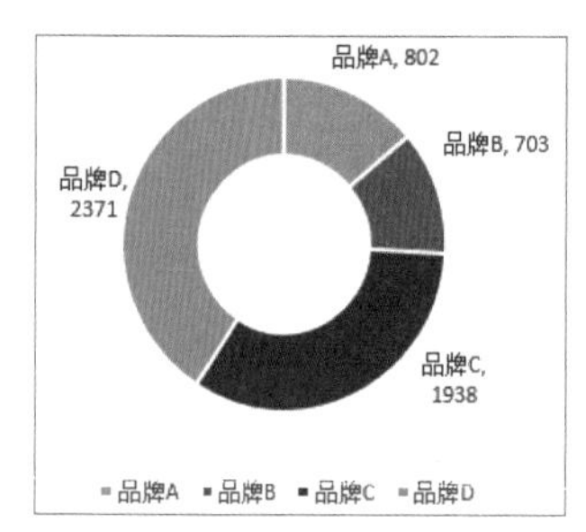

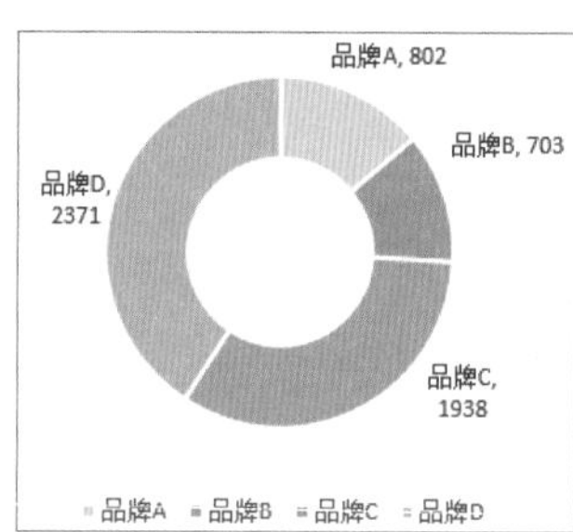

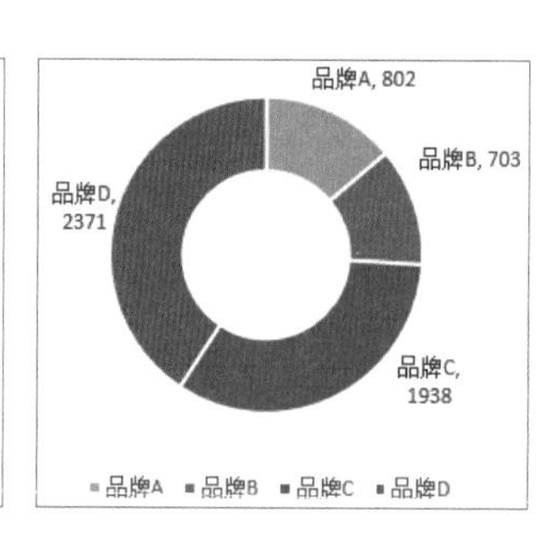

制作图表时选择同一色系，使用不同深度的颜色，能够体现明亮度的差异，按照颜色深度进行排序，使各个分项的对比可一目了然，如下图所示。

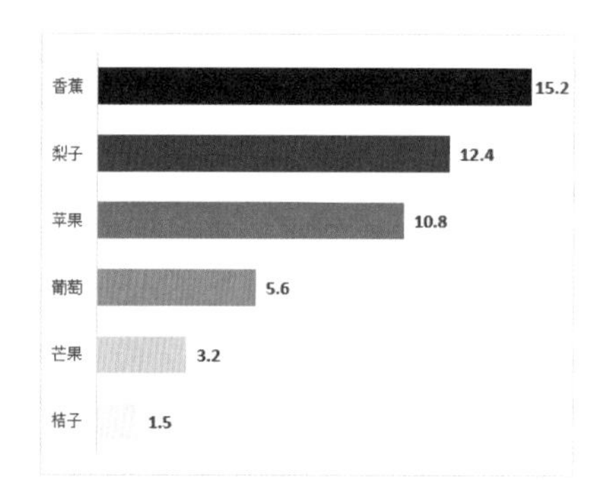

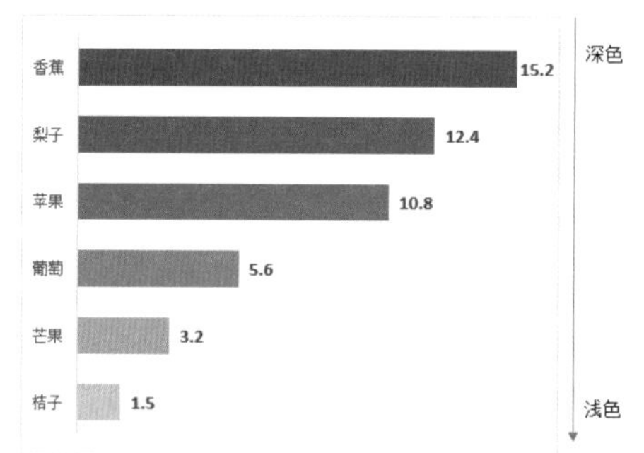

7.2 图表布局三大妙招

图表不仅要讲究配色，还要讲究布局，以体现图表的内在逻辑。图表布局包含3个方面：对齐、居中和协调。

（1）对齐指保证图表齐整，可使用上对齐、下对齐、平均分布等设置。

（2）居中指保证图表不偏离，可使用上下居中、左右居中、图例居中等设置。

（3）因数据过多或过少等差异导致图表缺失平衡时，可通过辅助和其他方式进行调整，实现图表整体效果的协调。

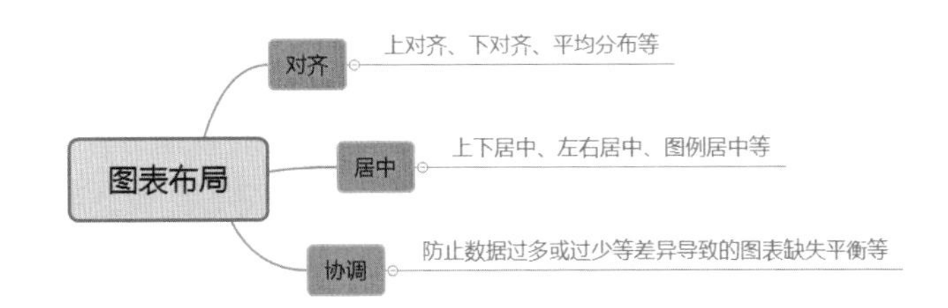

7.2.1 对齐

对齐指通过文本和图形对齐，实现美化图表的效果。图表的实现见第6章相关内容，不再重复叙述。以下通过案例具体介绍对齐美化的操作。

案例名称	对齐美化图表
素材文件	素材 \ch07\7.2.1.xlsx
结果文件	结果 \ch07\7.2.1.xlsx

范例7-1 对齐美化图表

打开“素材\ch07\7.2.1.xlsx”文件，即可看到整理后的数据，如下图所示。

单位：万元

	2014年	2015年	2016年	2017年	2018年	2019年
采购成本	102	90	80	75	70	65
制造成本	30	29	28	26	26	25
期间费用	30	30	30	30	30	30
利润	21	18	16	12	8	2
销售价格	183	167	154	143	134	122

根据以上源数据制作图表如下图所示，通过观察发现，整个图表倾斜，且文字过于拥挤，显得很凌乱。

对该图表进行以下4个步骤的修改后，效果如下图所示。

（1）添加绘图区的颜色填充。

（2）标题左对齐。

（3）图例适当调整后，右对齐放在右侧上部。

（4）对文字大小进行调整，并左对齐。

通过图表修改前后的效果对比可见，使用对齐方式可以让图表的效果更加美观、饱满和清晰。

如果需要插入图形，可以采取横向分布或纵向分布。如右上图所示4个图形没有对齐，可以在Excel功能区选择【页面布局】→【对齐】→【顶端对齐】选项进行对齐。

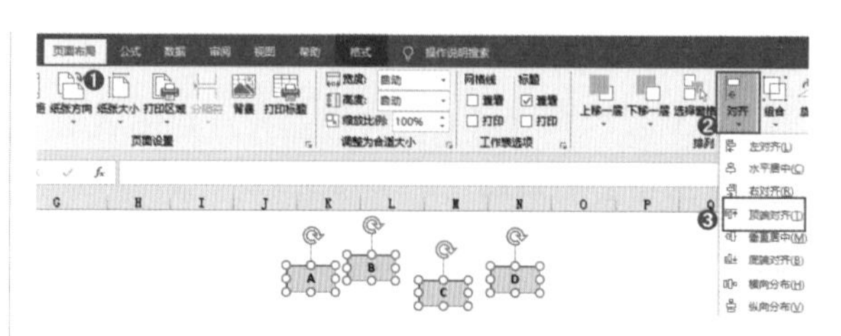

图形对齐后生成的效果如下图所示。

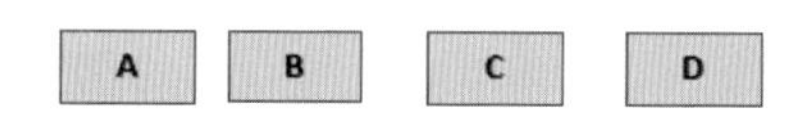

对图形进行顶端对齐后，观察发现4个图形之间的距离不相等，一般会用手动调整或挪动，这样做效率极低还容易出错。这里介绍一个小技巧，使用【横向分布】功能可快速实现图表的间距平均，效果如下图所示。

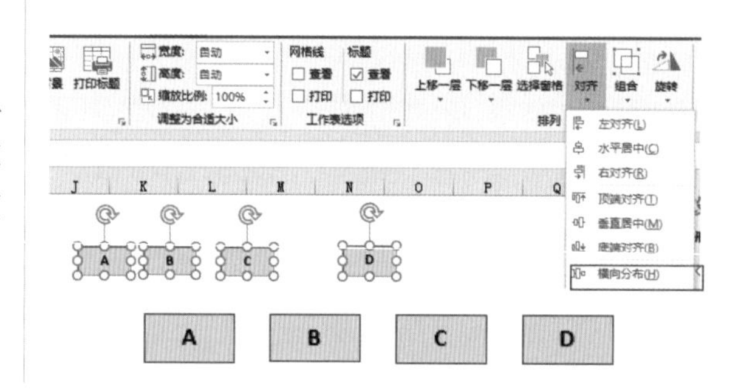

7.2.2 居中

居中指保证图表不偏离，一般使用上下居中、左右居中、图例居中等设置实现。以下通过案例具体介绍其实现过程。

居中 范例7-2 居中美化图表

打开“素材\ch07\7.2.2.xlsx”文件，即可看到整理后的数据，如下图所示。

单位：万元

	1月	2月	3月	4月	5月	6月
2019年	102	90	80	95	98	99
2020年	108	92	82	96	102	105
2019年平均	94	94	94	94	94	94
2020年平均	98	98	98	98	98	98

根据以上源数据制作图表，如下图所示。通过观察发现，图表所表达的意思不清晰、平均线太粗、标签重叠交织、图例不清晰。

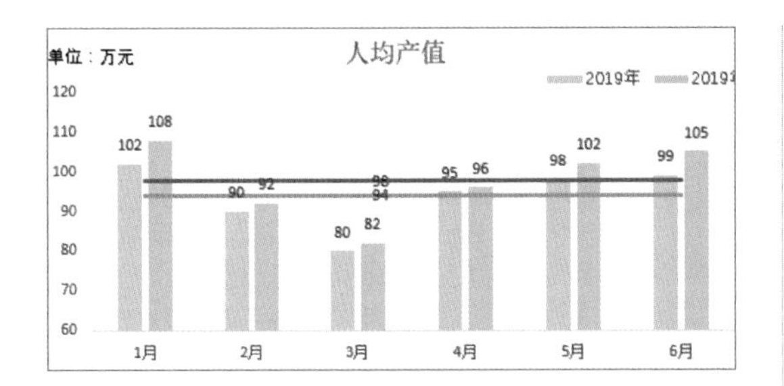

对图表进行以下4个步骤的修改后，效果如右图所示。

（1）增加2019年平均和2020年平均图例并居中。

（2）标签居中，避免数据标签交织。

（3）平均值数据标签加入标签形状。

（4）用虚线和实线区分2019年和2020年的平均值。

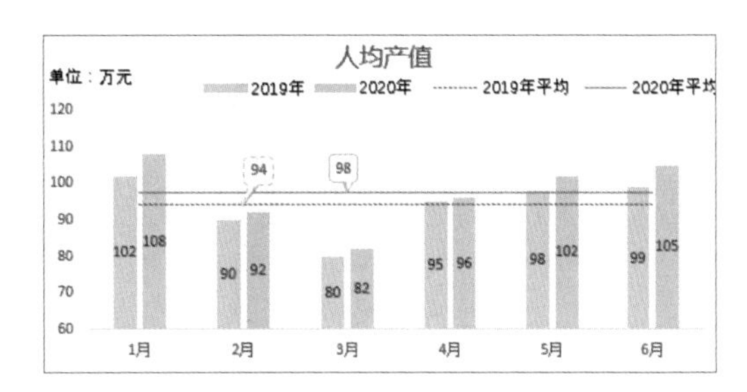

通过图表修改前后的效果对比可见，图例使用居中方式可以使图表效果更加美观、饱满和清晰。使用虚线和实线区分平均值，对比效果更加明显，同时对平均标签加入标签形状后，效果更直观。

7.2.3 协调

因数据过多、数据过少等差异导致的图表缺失平衡，就需要通过辅助和其他方式进行调整，以实现图表的整体协调。以下通过案例具体介绍其实现过程。

范例7-3 协调美化图表

打开“素材\ch07\7.2.3.xlsx”文件，即可看到整理后的数据，如下图所示。

品种	产量（万吨）
大米	15000
小麦	600
土豆	300
花生	100
菜籽	50

根据以上源数据制作图表，效果如下图所示。观察发现大米的数据量太大，导致花生和菜籽的数据量几乎看不见，图表效果严重倾斜。

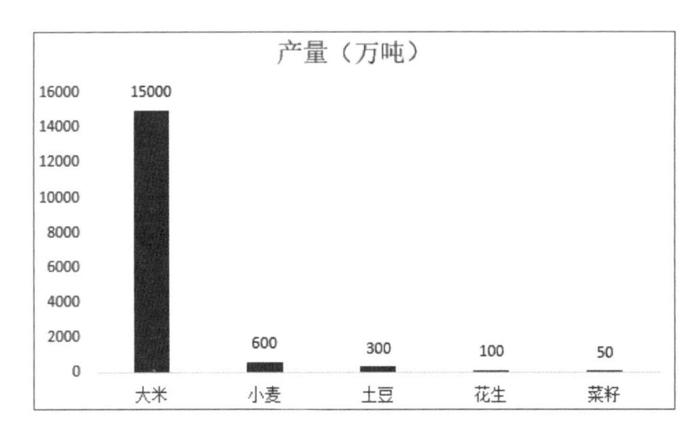

对该源数据进行修改，将大米数据的量级减少，并在图表中隐藏原来的标签，如下图所示。

品种	产量（万吨）
大米	1200
小麦	600
土豆	300
花生	100
菜籽	50

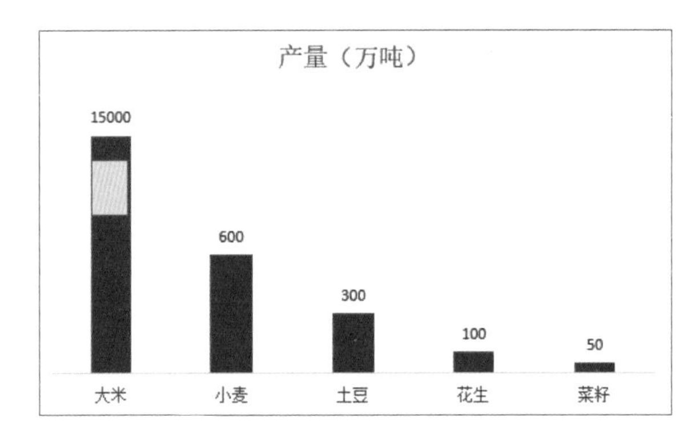

通过图表修改前后的效果对比可见，使用修改源数据和标签的方法，可以让图表的效果更加协调、饱满。

7.3 图表美化三大原则

图表的美化过程就是给图表“化妆”的过程，其三大原则包括：形象、生动和具体。

（1）形象指应用图片、形状标签、形状填充等方式美化图表。

（2）生动指应用颜色、阴影、边框、背景等方式美化图表。

（3）具体指应用文字、数字、差异、统一、留白、占位、辅助、补充说明等方式让表达更具体。

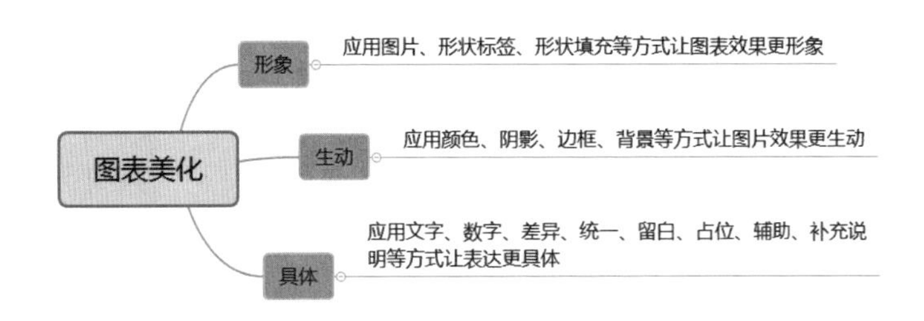

7.3.1 形象

形象指应用图片、形状标签、形状填充等方式美化图表。

案例名称	让图表更形象
素材文件	素材 \ch07\7.3.1.xlsx
结果文件	结果 \ch07\7.3.1.xlsx

如下左图是Excel制作的原图，经过图片填充、标签+阴影和折线+误差线等处理方式，美化后的图表效果更形象、漂亮，如下右图所示。以下详细介绍一个图表的制作步骤。

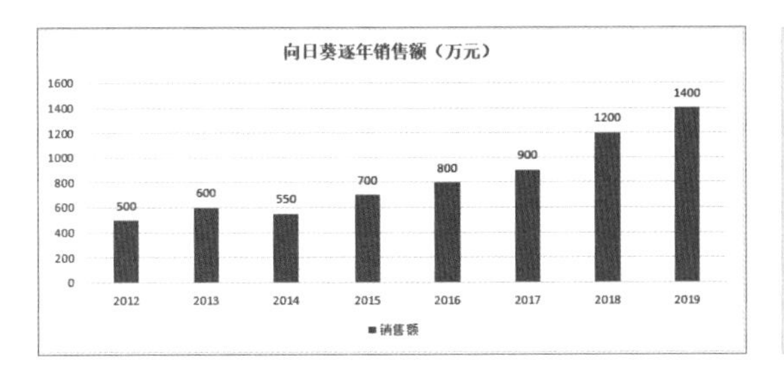

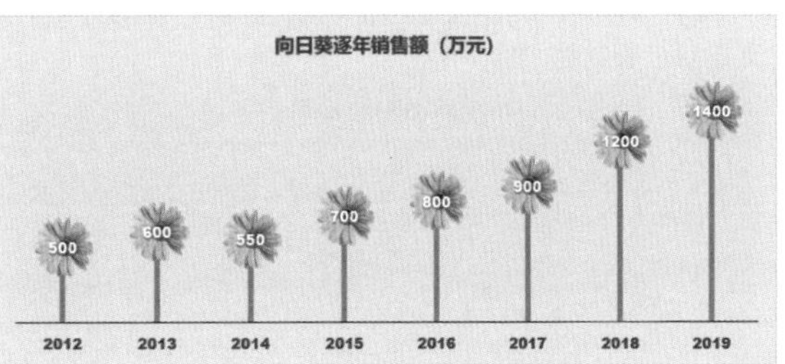

第一步 更改图表类型

❶ 选中图表的数据系列并右击，在弹出的列表中选择【更改系列图表类型】选项，如下图所示。

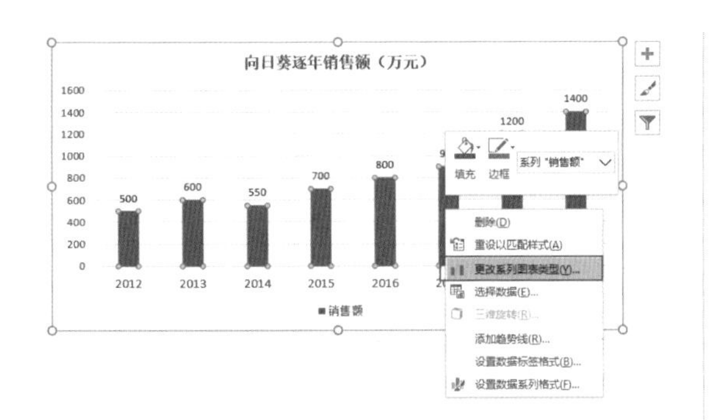

❷ 在弹出的【更改图表类型】对话框中选择【折线图】选项，如下图所示。

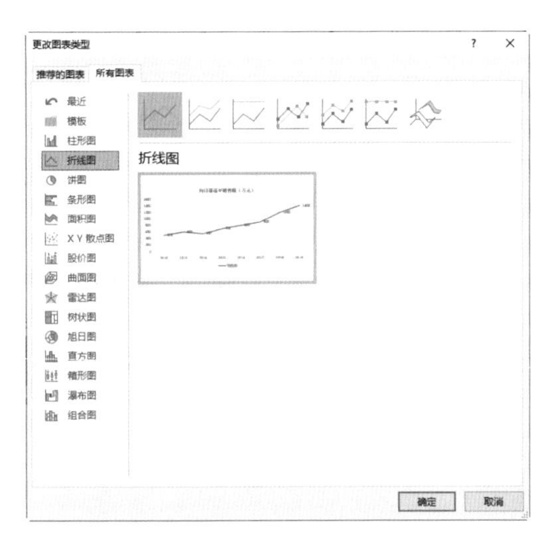

❸ 单击【确定】按钮，效果如下图所示。

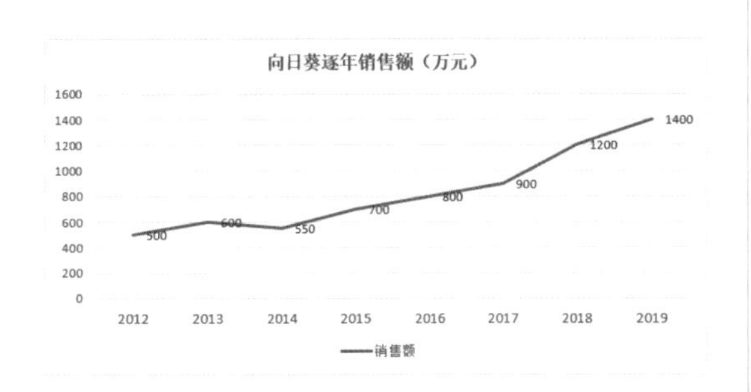

第二步 设置误差线格式

❶ 选中折线，单击图表右侧的【图表元素】按钮，在下拉列表中选中【误差线】复选框，如右上图所示。

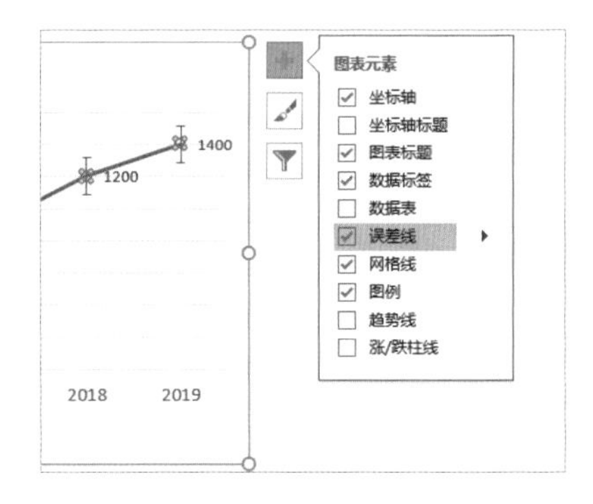

添加误差线后的效果如下图所示。

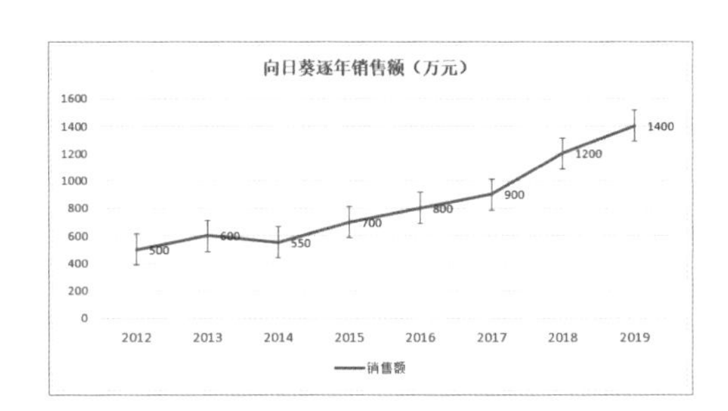

❷ 选中误差线并右击，在右边窗格中选择【设置误差线格式】→【垂直误差线】选项，在【方向】中选中【负偏差】单选按钮，在【末端样式】选中【无线端】单选按钮，在【误差量】下选中【百分比】单选按钮，并设置为“100%”，如下图所示。

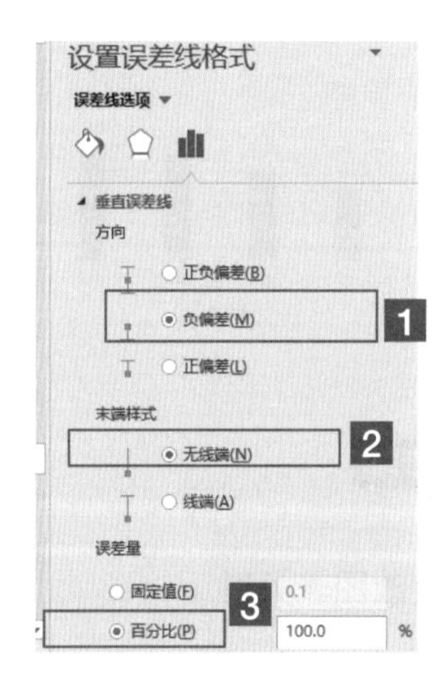

设置完成后，效果如下图所示。

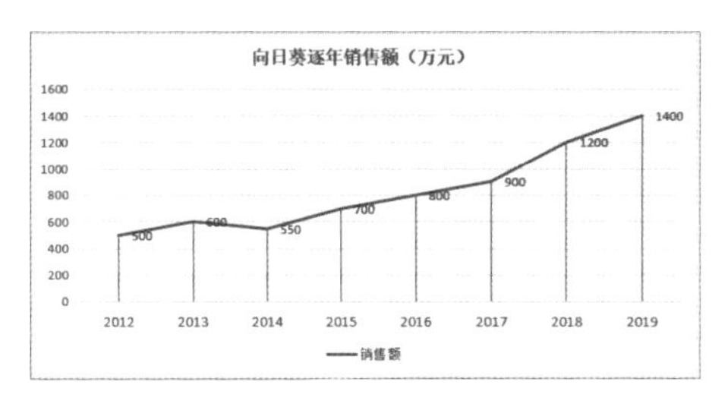

第三步 图片填充

复制向日葵图片，选中折线的点并粘贴，效果如下图所示。

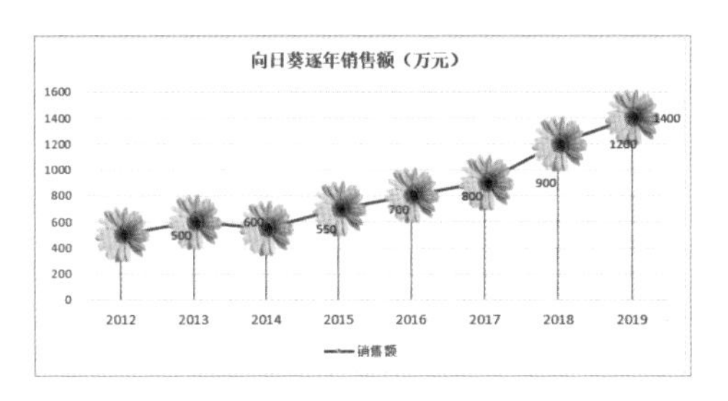

第四步 美化图表

❶ 设置标签格式。选中数据标签，设置标签格式为“居中”，并修改标签的字体颜色和大小，效果如下图所示。

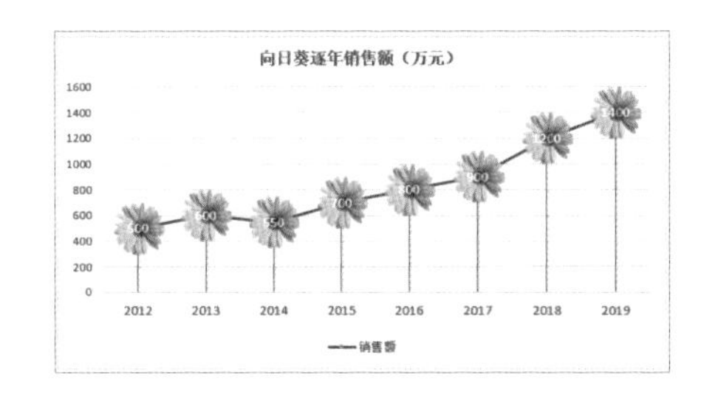

❷ 设置网格线格式。选中网格线，按【Delete】键，删掉网格线。选中误差线，选择绿色进行填充并调整线宽为2.5磅，如下图所示。

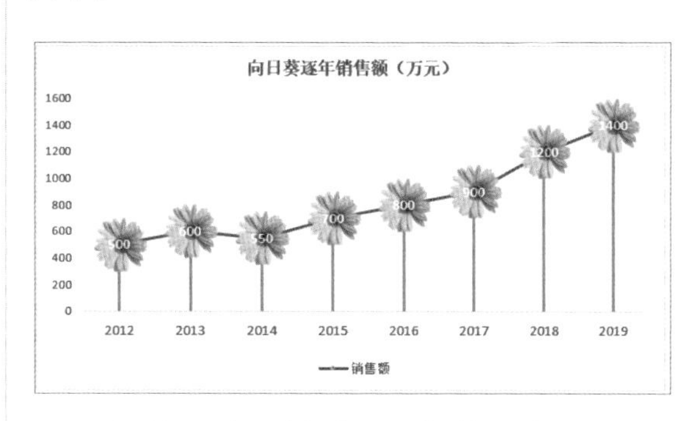

最后调整标题格式，坐标轴格式和填充绘图区背景颜色，最终美化后的图表效果如下图所示。

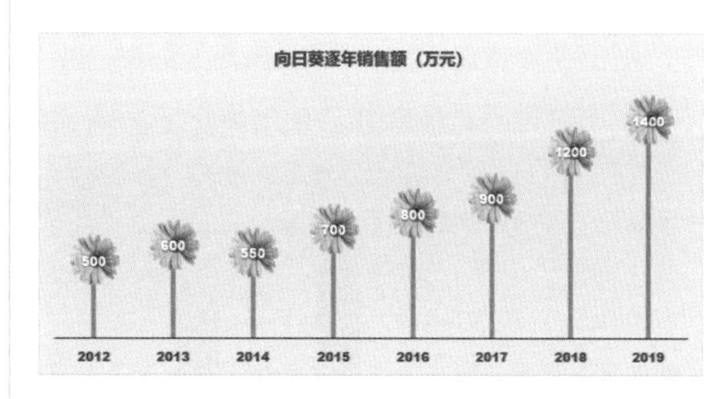

经过图片填充、标签+阴影和折线+误差线等技术处理，可使图表美化后的效果更形象、漂亮。

7.3.2 生动

生动是指应用颜色、阴影、边框、背景等美化图表。

右图是未进行生动处理的原图，变化曲线颜色单调。

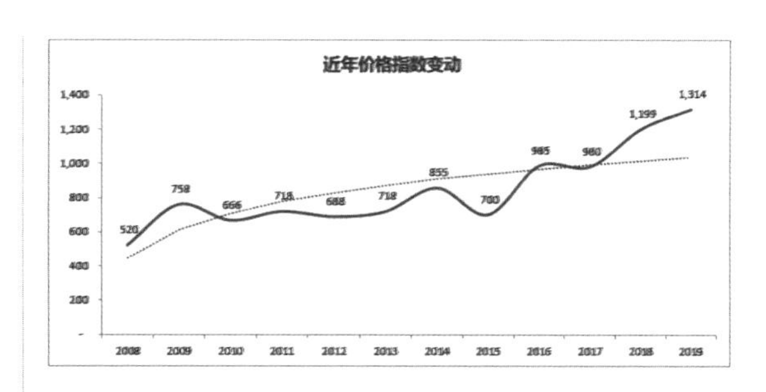

下图是在上图的基础上，通过【渐变光圈】设置渐变色，同时修改曲线的粗细实现的，显得比较生动。

7.3.3 具体

具体指应用文字、数字、差异、统一、留白、占位、辅助、补充说明等方式让图片表达更具体，便于受众快速识别、理解图表想要表达的意思。

下图是进行具体操作之前的原图，图表比较单调。

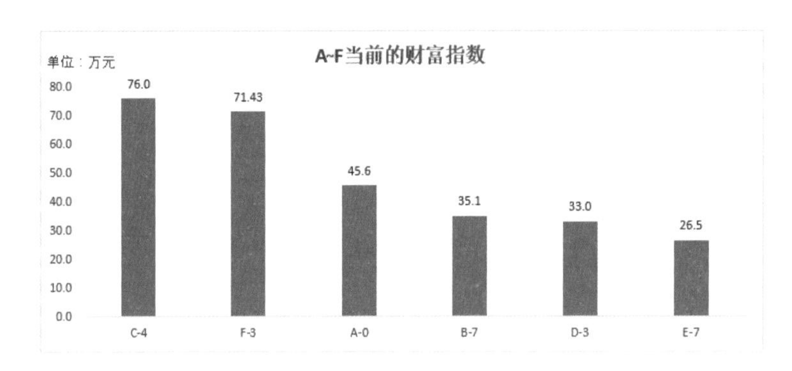

下图是对上面原图进行具体化操作之后的图表，相对原图更加美观，具体操作采用了以下几个步骤。

（1）填充：形状填充使图形具有个性化。

（2）统一：使字体颜色和图像颜色统一，在效果上形成了差异化。在坐标标签有交织时，可以使用这种方法。

（3）数字：应用具体的数字，并将字体放大形成差异，产生醒目、聚焦的效果，更有冲击力。

（4）辅助线：直观表达最高与最低的差异。

（5）行列切换：让每个图形成为一个维度，便于间距调整和系列重叠。

（6）图例做标签：将图例放大并调整位置，制作成水平轴的标签。

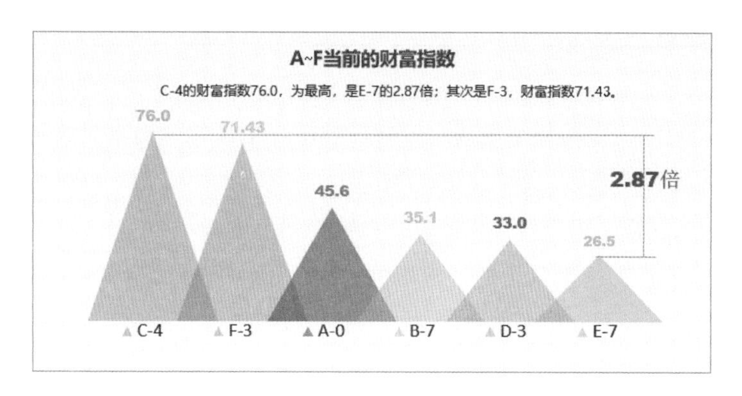

7.4 参考色谱

在图表配色时，可以参考以下七色谱色系，如下图所示。

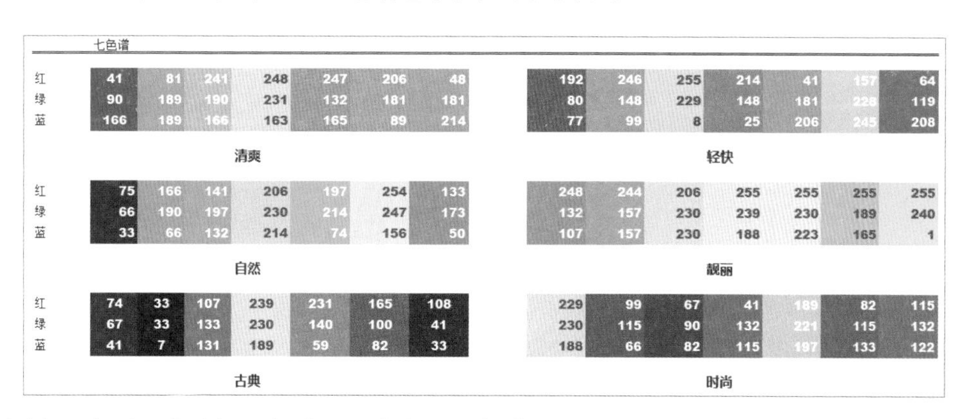

七色谱

清爽

红	41	81	241	248	247	206	48
绿	90	189	190	231	132	181	181
蓝	166	189	166	163	165	89	214

轻快

红	192	246	255	214	41	157	64
绿	80	148	229	148	181	228	119
蓝	77	99	8	25	206	245	208

自然

红	75	166	141	206	197	254	133
绿	66	190	197	230	214	247	173
蓝	33	66	132	214	74	156	50

靓丽

红	248	244	206	255	255	255	255
绿	132	157	230	239	230	189	240
蓝	107	157	230	188	223	165	1

古典

红	74	33	107	239	231	165	108
绿	67	33	133	230	140	100	41
蓝	41	7	131	189	59	82	33

时尚

红	229	99	67	41	189	82	115
绿	230	115	90	132	221	115	132
蓝	188	66	82	115	197	133	122

在图表配色时，若选择五色谱，可参考以下色谱，如下图所示。

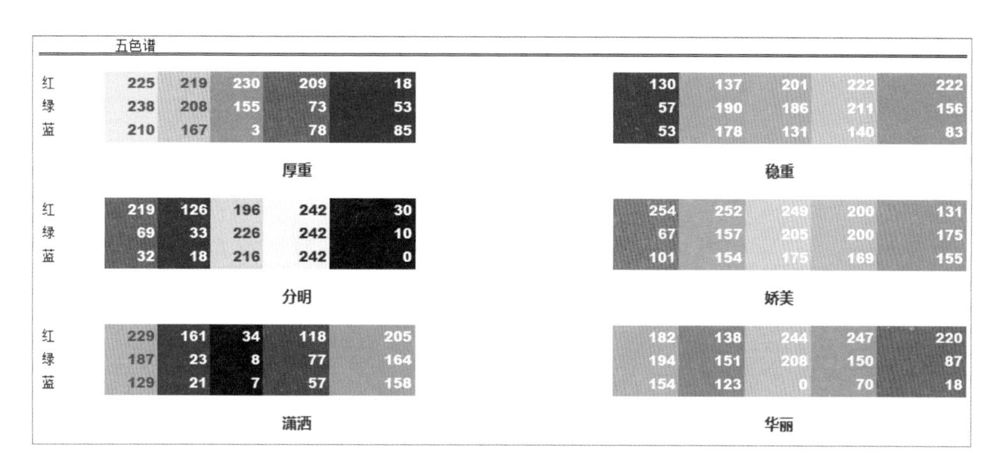

五色谱

厚重

红	225	219	230	209	18
绿	238	208	155	73	53
蓝	210	167	3	78	85

稳重

红	130	137	201	222	222
绿	57	190	186	211	156
蓝	53	178	131	140	83

分明

红	219	126	196	242	30
绿	69	33	226	242	10
蓝	32	18	216	242	0

娇美

红	254	252	249	200	131
绿	67	157	205	200	175
蓝	101	154	175	169	155

潇洒

红	229	161	34	118	205
绿	187	23	8	77	164
蓝	129	21	7	57	158

华丽

红	182	138	244	247	220
绿	194	151	208	150	87
蓝	154	123	0	70	18

7.5 高手点拨

本章介绍的图表配色、布局和美化等内容对提升图表个性化，追求更美观、聚焦的效果可以起到很好的作用。在设计图表时，将图例放在图表区空白较大的位置，可以使图表效果紧凑且充实。如果对颜色不敏感的话，可以通过色谱进行自定义颜色设置。

配色的方法远不止此，这里只是把最常用的方法做了讲解。如果对图表颜色有更高的要求，建议多阅读图表配色、排版方面的书籍，加强自身的审美修养。

7.6 实战练习

打开“素材\ch07\实战练习.xlsx”文件，按照图表配色、布局与美化三大原则，结合前面所讲的内容，对下图进行美化。

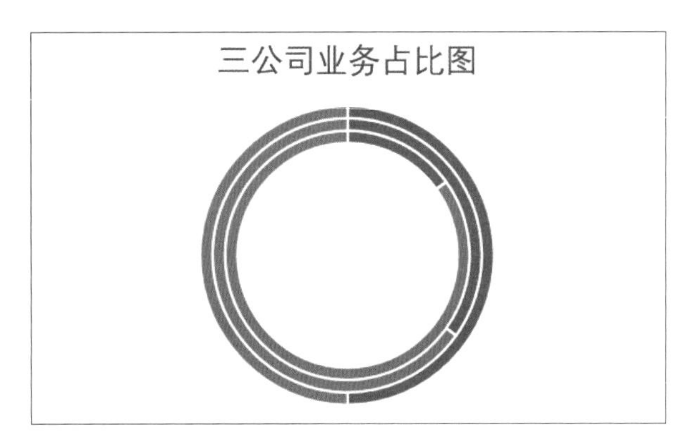

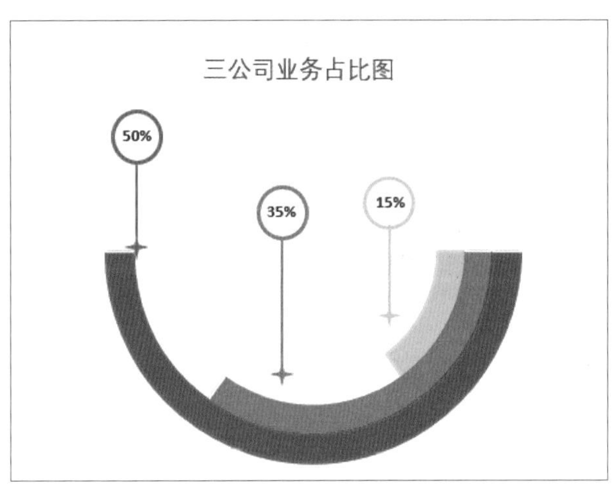

第8章 图表的输入、输出与共享

老肖是北京某家互联网公司的数据产品经理，负责公司的年度收入分析数据看板，工作中需要将制作好的图表导出到PPT文档或Word文档中，以进行下一步汇报。

每次将图表复制到PPT或者Word中都非常费力，而且格式和样式经常会发生变化，表格和制作的图表之间的联动关系根本不能正常展示，领导对汇报的结果也表示很不满意，对此老肖感到很烦恼，于是就将遇到的问题讲给同事听。

小马道："之前都是这么整理数据的呀，没听说老板不满意啊？"

小刘说："我们应该想个办法不需要这么倒腾就好了。"

小冯说："莫非是这样处理的数据之间关系割裂，领导需要能反映全局情况的汇报？"

……

在同事的讨论声中，老肖突然想起，前几次李总给领导汇报的是PDF格式，样式跟在Excel中的一样，他是怎么做到的呢？于是老肖决定向李总请教。李总一听，很热心地告诉他："老肖，其实这个很容易，Excel自身就支持保存为PDF格式，你可以将要汇报的数据在Excel中做好排版，包括表格、图表及其联动关系，然后使用Excel的导出功能就可以了，你看这些效果。

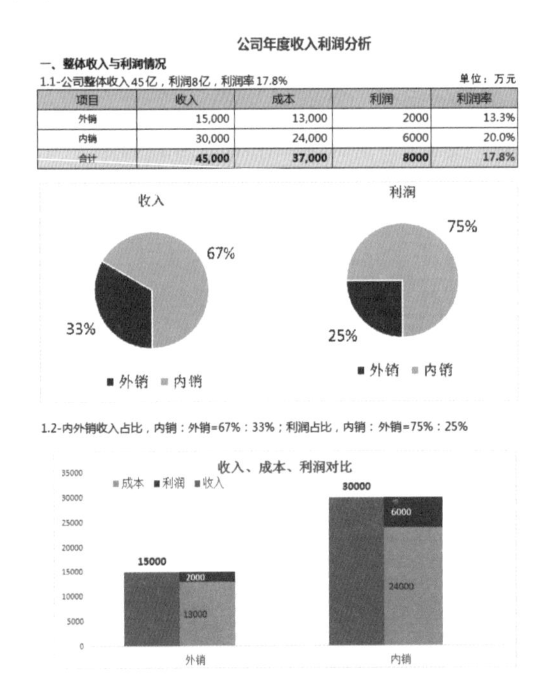

公司年度收入利润分析

一、整体收入与利润情况

1.1-公司整体收入45亿，利润8亿，利润率17.8%　　单位：万元

项目	收入	成本	利润	利润率
外销	15,000	13,000	2000	13.3%
内销	30,000	24,000	6000	20.0%
合计	45,000	37,000	8000	17.8%

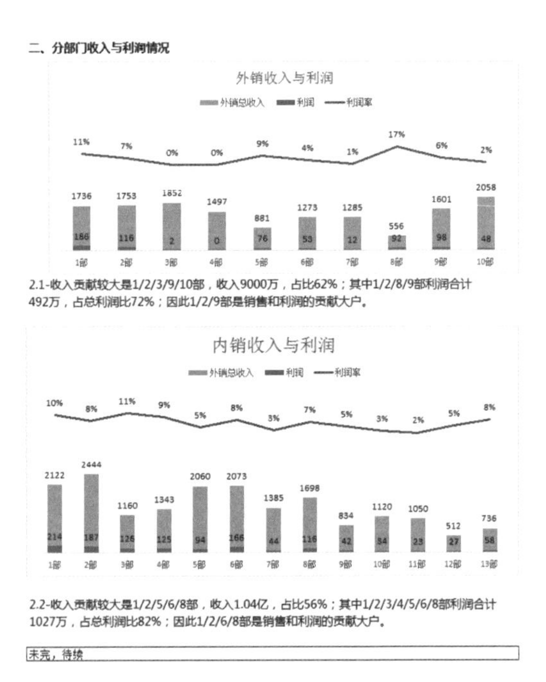

老肖听完，谢过李总后，自己开始认真研究起Excel图表。当老肖将逻辑清晰的可视化报告交给领导时，领导很满意还表扬了老肖。这也鼓励了老肖不断学习Excel图表，后来成为了公司的图表专家，大家做报告时有什么需求和想法都会来请教他。

8.1 图片导入和编辑

制作Excel图表时，有时需要导入图片进行图表美化。图片导入主要有插入图片、复制粘贴和工具截图3种方式。图片编辑主要有裁剪、删除背景、调色和美化。

掌握以上几种方法就可以轻松导入及编辑图片了，从而对图表进行美化。

8.1.1 图片导入

图片导入主要有插入图片、复制和工具截图3种方法，下面将分别介绍。

1. 插入图片法

插入图片是将保存在计算机中的图片插入到Excel图中表。以下通过案例具体介绍其实现过程。

❶ 根据数据集生成圆环图，见第6章相关描述，在此不做重点阐述。生成的图表如下图所示。

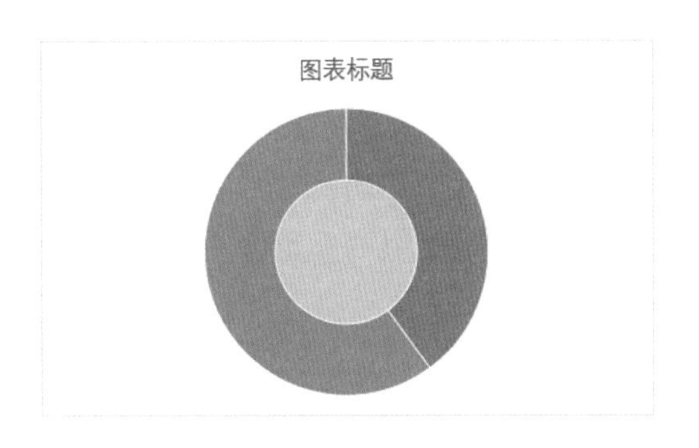

❷ 在Excel中选中任意单元格，选择【插入】→【图片】选项，如下图所示。

在弹出的【插入图片】对话框中选择本地存储的图片（以叶子图为例），单击【确定】按钮，即可实现图片插入，生成的效果如下图所示。

2. 复制粘贴法

浏览网页等资料时，看到有用的图片可以使用复制粘贴的办法将图片保存下来，应用到自己的图表中，以加强图表表达，提高图表的美观性。

选中图片并右击，在弹出的快捷菜单中选择【复制】选项。在Excel中选中单元格并右击，选择【粘贴选项】→【带图片粘贴】选项，即可完成设置，如下图所示。

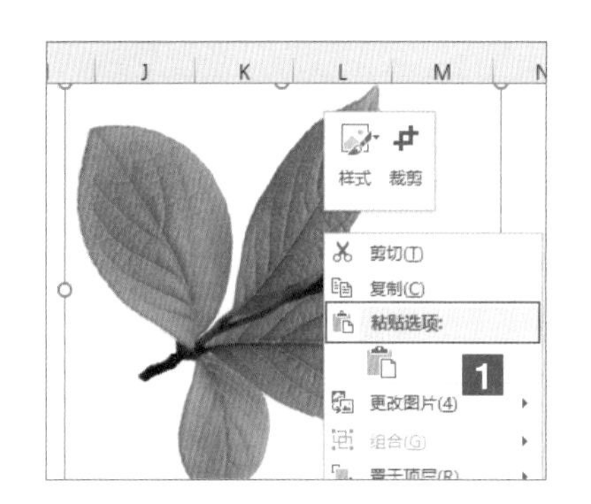

3. 工具截图法

如果只需要图片中的部分内容，可以使用第三方工具进行截图，如QQ、微信等自带的快捷键功能，并复制粘贴至Excel文档中；还可以使用Windows 10系统自带截图功能的快捷键【Windows+Shift+S】进行截图，并粘贴至Excel文件中。

8.1.2 图片编辑

完成图片导入后，如图片的大小、背景、颜色等跟正在制作的图表不相符时，就需要使用图片编辑，将图片按照需求整理成新图片，使图表效果高度协调统一。图片编辑主要有裁剪、删除背景、调色和美化3种方法。

1. 裁剪

当导入的图片大小需要调整时就需要对图片进行裁剪。选中图片并右击，选择【裁剪】选项，拖曳裁剪框调整裁剪区域，按需对图片进行裁剪，裁剪完成后，在空白位置单击，即可完成裁剪操作，效果如下图所示。

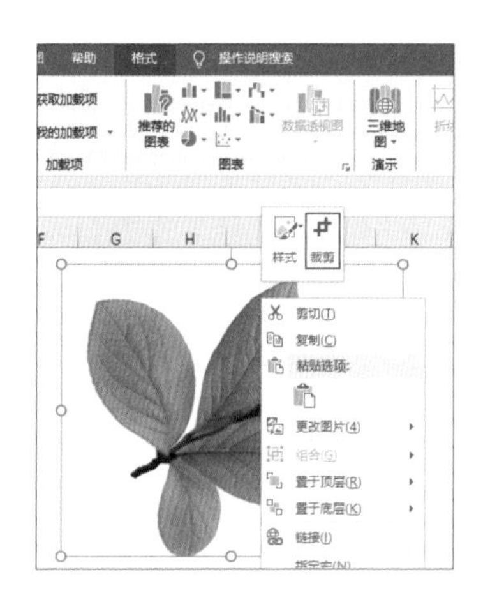

Tips

（1）裁剪方法还有很多，如可裁剪为某种形状或按纵横比进行裁剪等。

❶ 可裁剪为某种形状：指按照给出的形状对图表进行裁剪，选择图片，选择【格式】→【裁剪】→【裁剪为形状】选项，选取需要的形状即可裁剪为形状。

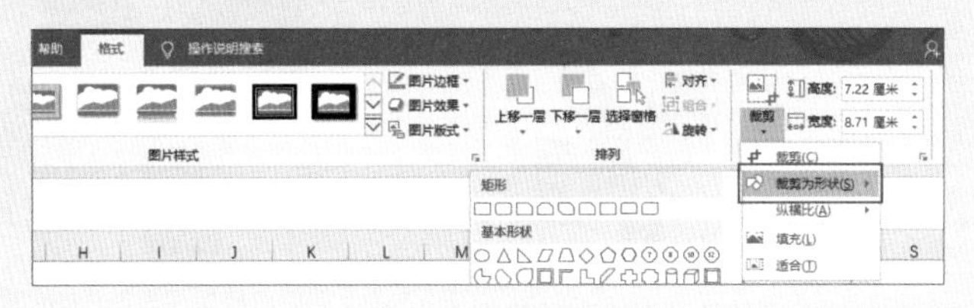

❷ 按纵横比进行裁剪：指按照合适的长宽比例对图表进行裁剪，选中图片，选择【格式】→【裁剪】→【纵横比】选项，选取合适的长宽比例进行裁剪即可。

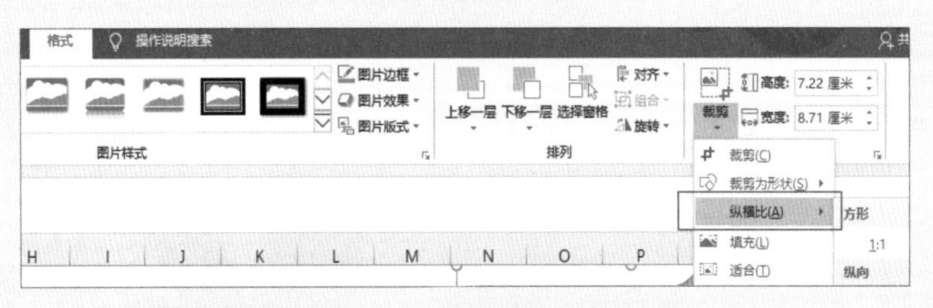

（2）若图片裁剪多了，可使用【Ctrl+Z】快捷键返回上一步操作，也可以使用【格式】中的【重置图片】功能，选择【重置图片和大小】选项，返回到图片最初的格式，如下图所示。

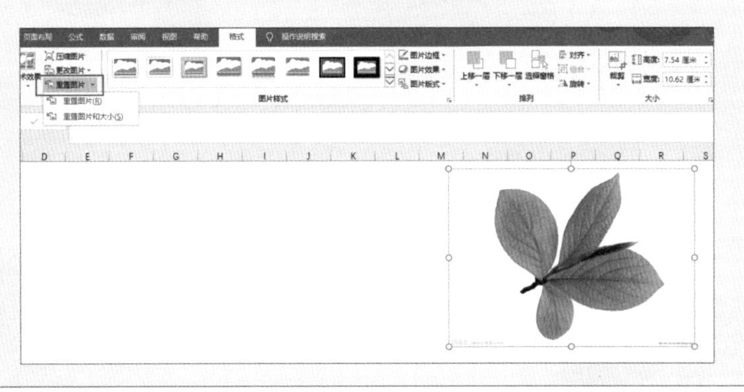

2. 删除背景

如果需要在制作好的图表中，插入一张图片对图表进行美化，但插入的图片自带有白色背景，此时不仅没有起到美化图表的作用，还导致图表效果非常难看，如右图所示。

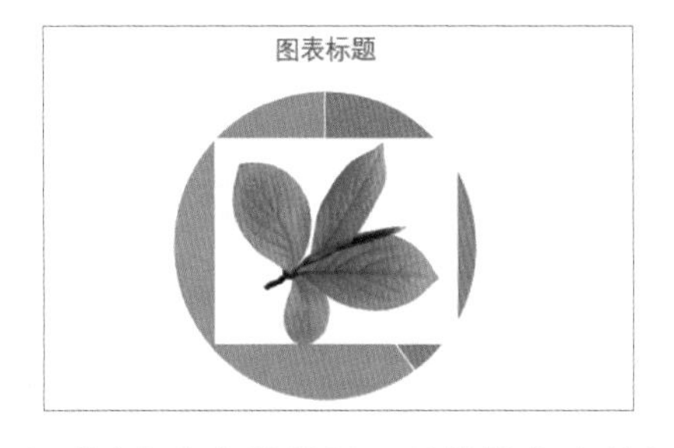

使用Excel提供的删除背景功能可以去掉白色背景，达到图表美化的效果，具体操作步骤如下。

❶ 选中图片，选择【格式】→【删除背景】选项即可删除图片的背景，删除背景后的效果如下图所示。

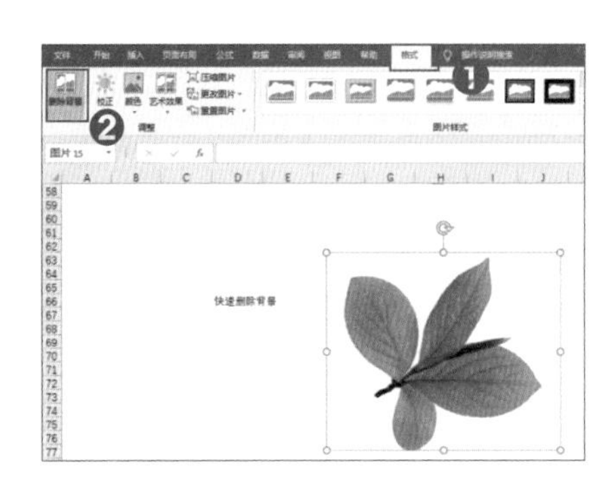

❷ 观察发现，不仅叶子的背景删除了，但同时叶子的边角也被去掉了。在删除背景后Excel功能区会出现【背景消除】选项，为了保留叶子边角，选择【标记要保留的区域】选项，可以按照需要将叶子边角补齐，如下图所示。

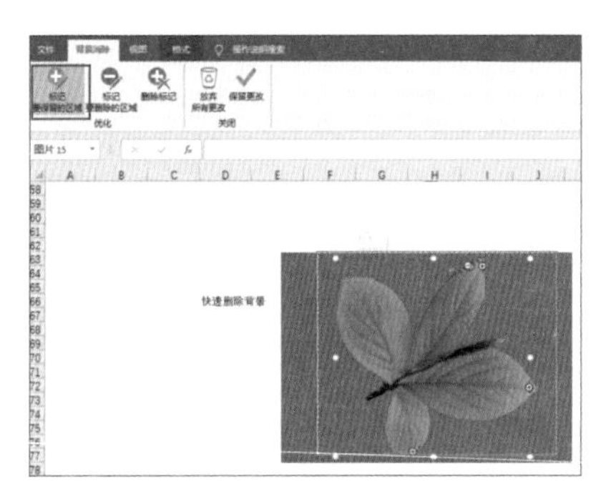

❸ 将删除背景后的图片复制粘贴到制作好的图表中，效果如下图所示。通过与原图进行对比，白色背景已被删除。

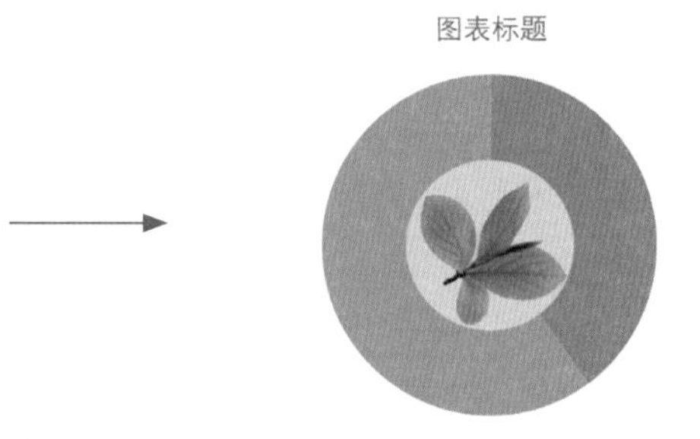

3. 调色和美化

导入的图片要与图表的颜色保持一致，这样效果才能更协调。以下通过案例具体介绍实现的过程。

❶ 选中叶子图片，选择【格式】→【调整】→【颜色】选项，在下拉菜单中可以调整图片的颜色饱和度、色调，以及为图片重新着色，如右图所示。

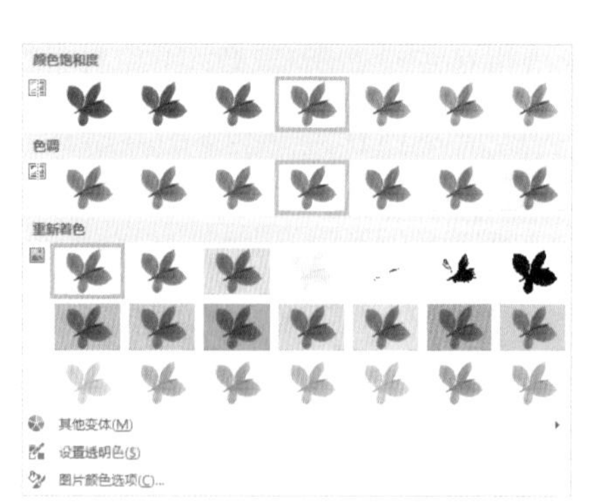

❷ 选中需要修改颜色的图片，选择【格式】→【颜色】→【重新着色】选项，选择一种和图表背景一致的颜色即可完成设置，如下图所示。

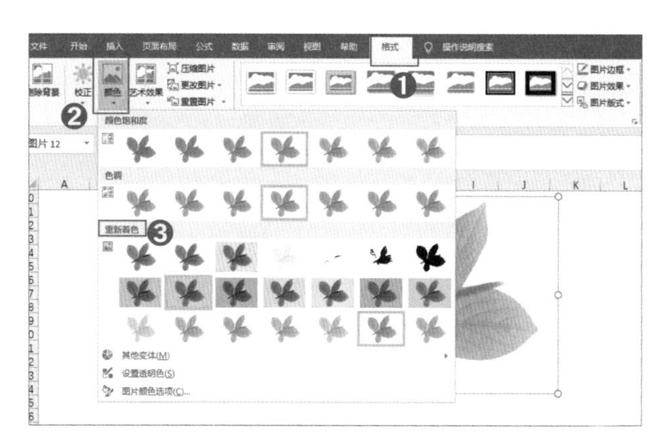

❸ 对图片进行颜色修改后，效果如下左图所示，将修改过颜色的图片移动至图表上，效果如下右图所示。

8.2 Excel图表多种方式导出

工作中经常需要将制作好的图表进行导出，如导出到PPT或PDF文件等以进行下一步汇报，可以使用如下图所示的5种方式进行图表导出。

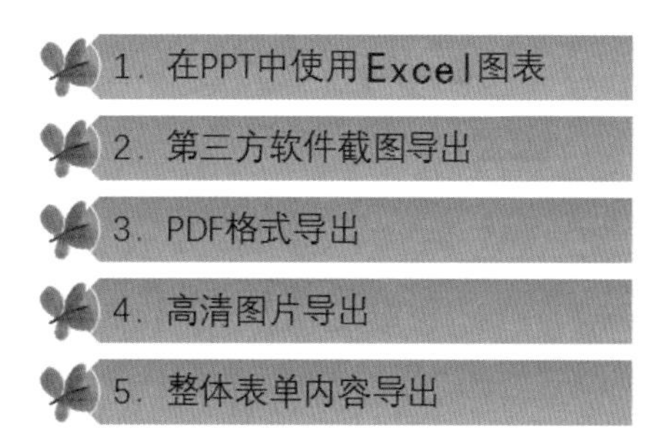

1. 在PPT中使用Excel图表

如果在PPT中使用Excel图表，可以使用复制粘贴的方法，粘贴后需要注意去掉边框，可使图表与PPT更加融合，粘贴时应保持原格式，可保证图片的清晰度和完整性。

2. 第三方软件截图导出

通过第三方软件进行截图，如QQ、微信，然后另存为图片格式进行导出。通过软件截图操作简单方便，截图也可展示部分关键信息，如下图所示。

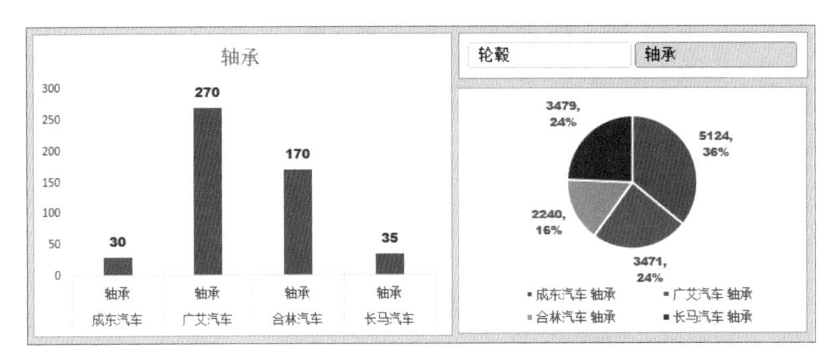

3. PDF格式导出

为了防止其他人修改图片，可以将图片导出为PDF格式。下面将通过案例具体介绍其实现过程。

❶ 选中图表并右击，在弹出的快捷菜单中选择【移动图表】选项。在弹出的【移动图表】对话框中选中【新工作表】单选按钮，并设置名称为“Chart1”，单击【确定】按钮，如下图所示。

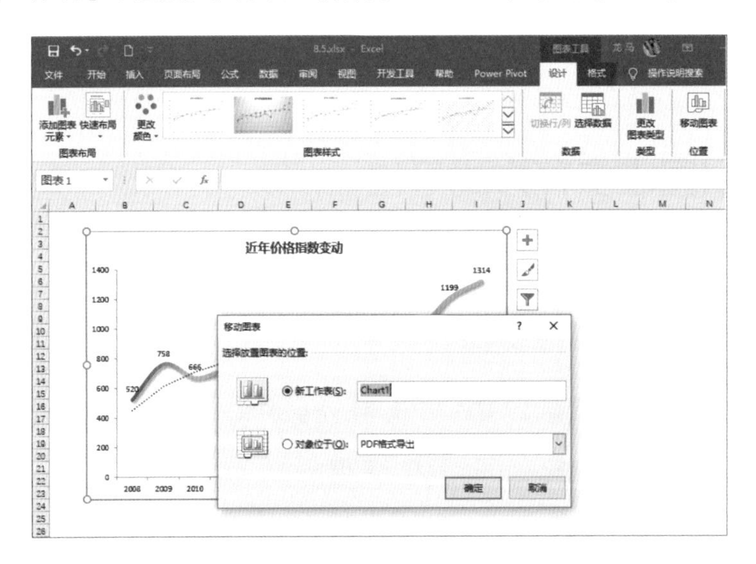

❷ 在Excel中新增加了Chart1 工作表，如下图所示。在该图表中可进行修改。

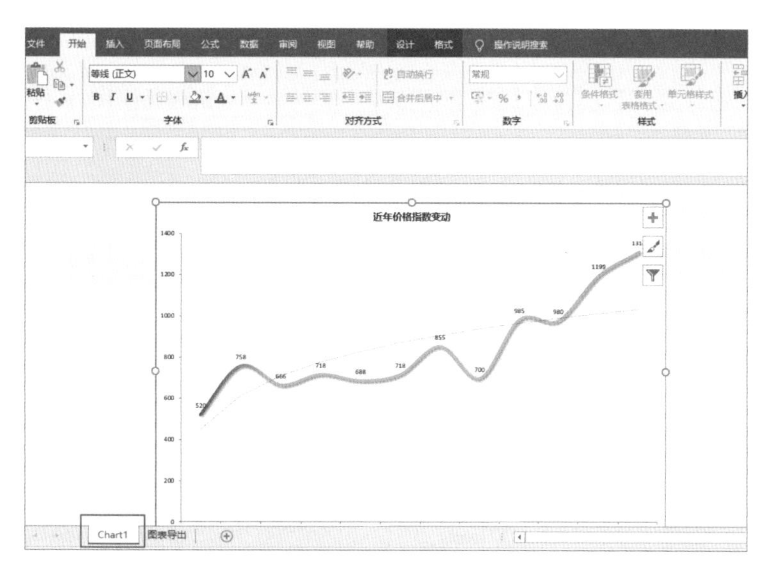

❸ 选择【文件】→【导出】→【创建PDF/XPS文档】选项，可以将文件另存为PDF格式，如下图所示。

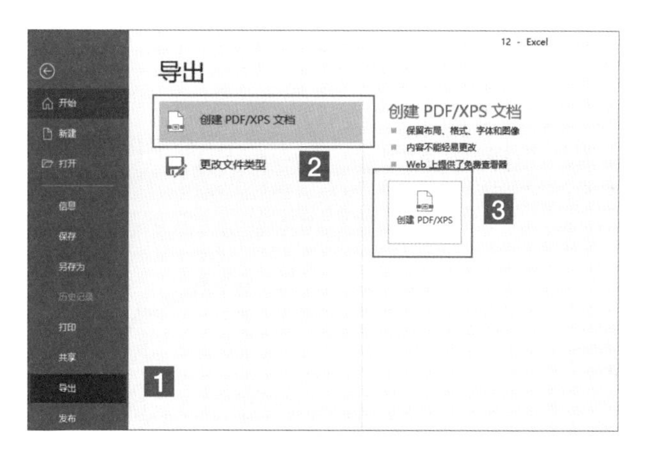

生成的PDF最终效果如下图所示。

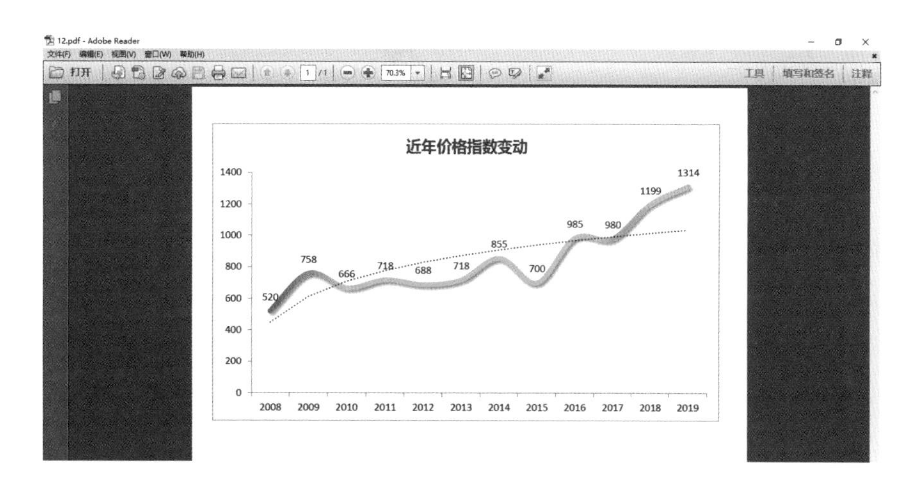

4. 高清图片导出

通过截图保存图片会导致图片压缩失真。如果需要导出Excel的高清图片，可借助Word或PPT来实现，具体操作步骤如下。

❶ 选择【开始】→【剪贴板】→【复制】→【复制为图片】选项，如下图所示。

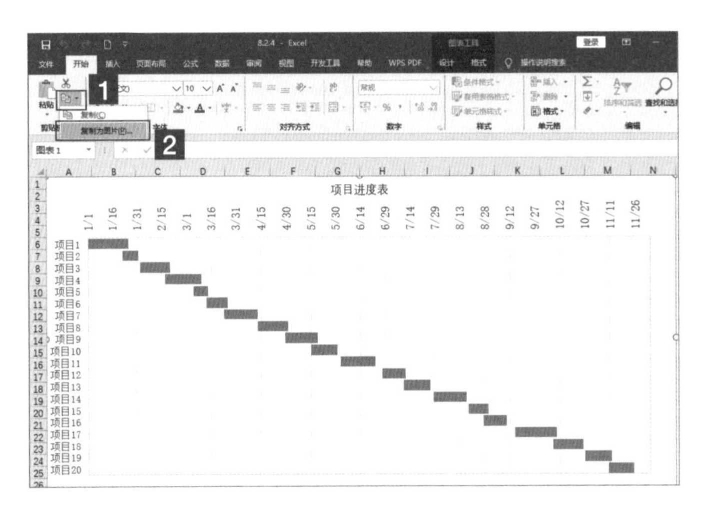

❷ 在弹出的【复制图片】对话框中，分别选中【如屏幕所示】和【图片】单选按钮，然后单击【确定】按钮，如下图所示。

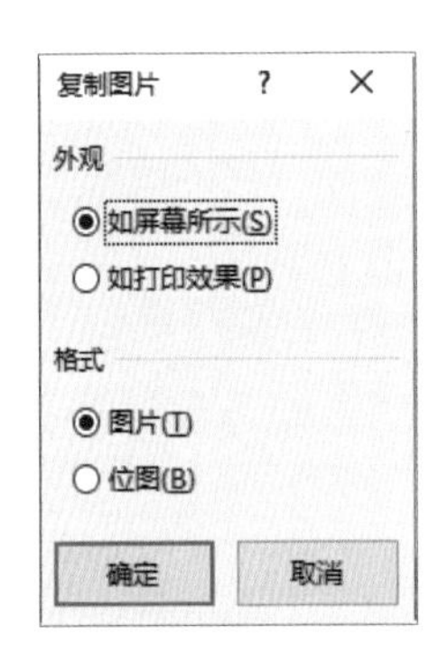

❸ 新建Word文档，按【Ctrl+V】快捷键粘贴，选中粘贴后的图表并右击，在弹出的快捷菜单中选择【另存为图片】选项，选择存储位置即可，如下图所示。

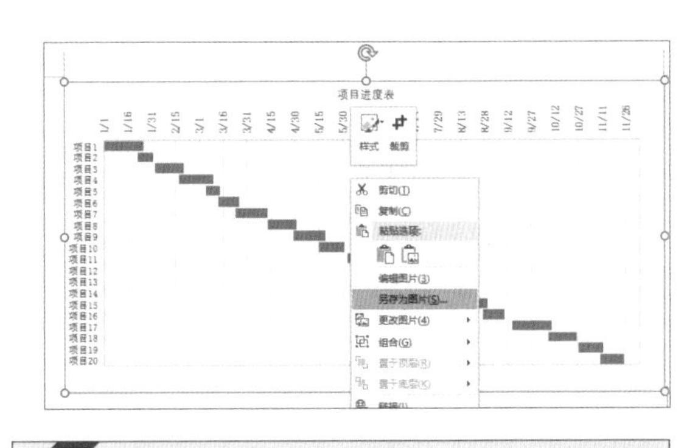

Tips

此方法用于大型图片的打印时，需要在转换时进行多次反复的确认。有时还需要通过修改字体大小等操作才能保证字体清晰。

5. 整体表单内容导出

对于制作并排版好的分析报告，可以直接选择【文件】→【导出】→【创建PDF/XPS文档】选项，将表单内容导出并存放计算机中。当图表较多时在Excel里编辑图片、排版较为方便，编辑后再应用导出PDF功能是个非常不错的选择。如可视化报告文件，如下图所示。

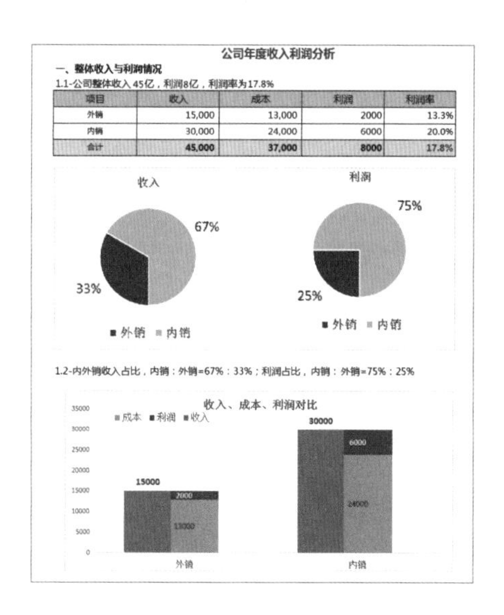

公司年度收入利润分析

一、整体收入与利润情况

1.1-公司整体收入45亿，利润8亿，利润率为17.8%

项目	收入	成本	利润	利润率
外销	15,000	13,000	2000	13.3%
内销	30,000	24,000	6000	20.0%
合计	45,000	37,000	8000	17.8%

1.2-内外销收入占比，内销：外销=67%：33%；利润占比，内销：外销=75%：25%

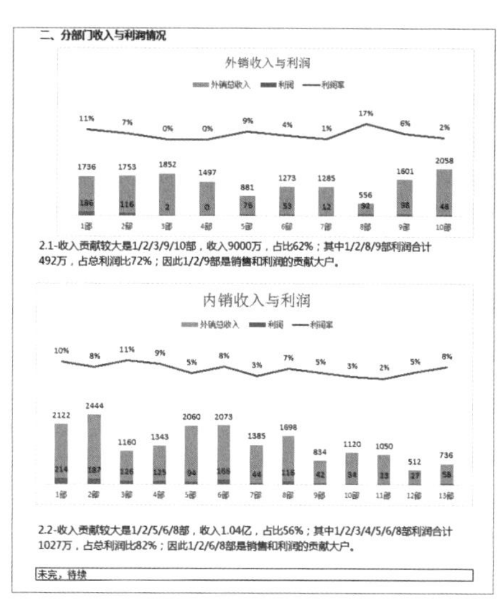

二、分部门收入与利润情况

2.1-收入贡献较大是1/2/3/9/10部，收入9000万，占比62%；其中1/2/8/9部利润合计492万，占总利润比72%；因此1/2/9部是销售和利润的贡献大户。

2.2-收入贡献较大是1/2/5/6/8部，收入1.04亿，占比56%；其中1/2/3/4/5/6/8部利润合计1027万，占总利润比82%；因此1/2/6/8部是销售和利润的贡献大户。

未完，待续

8.3 图表共享

制作完成的图表可以使用图片共享的方式保存下来，以方便后续或者其他人使用。图表共享也是图片导出的一种方式，概括起来主要有4种，如下图所示。

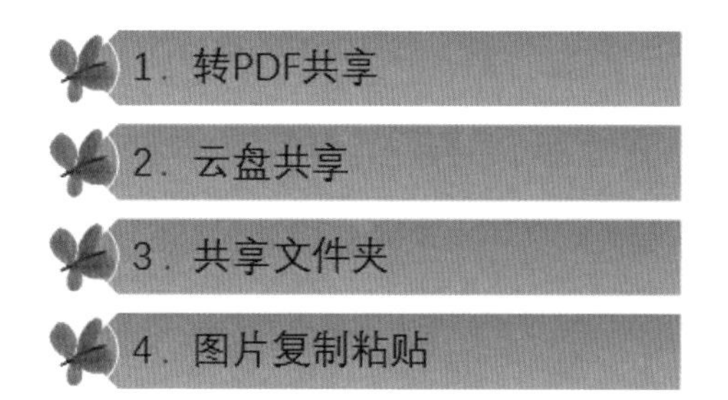

转PDF共享指将图表用PDF格式保存实现图表共享，云盘共享指利用Excel中的【保存到云】的功能实现图表共享，共享文件夹指将保存的Excel图表所在文件夹进行共享，图片复制粘贴是一种最朴素的图表共享方式。

下面重点介绍云盘共享的操作步骤。选择【文件】→【共享】→【与人共享】→【保存到云】选项即可完成设置，如下图所示。

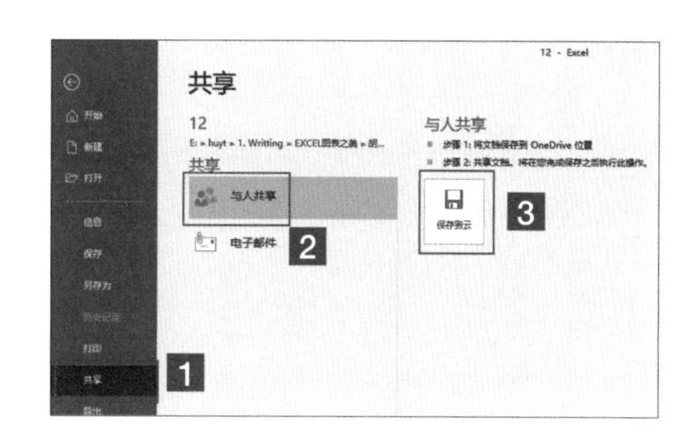

8.4 图表打印

图表导出的另一种方式是打印。选择【文件】→【打印】选项，可设置打印份数，连接打印机的装置，以及打印页面等，如下图所示。

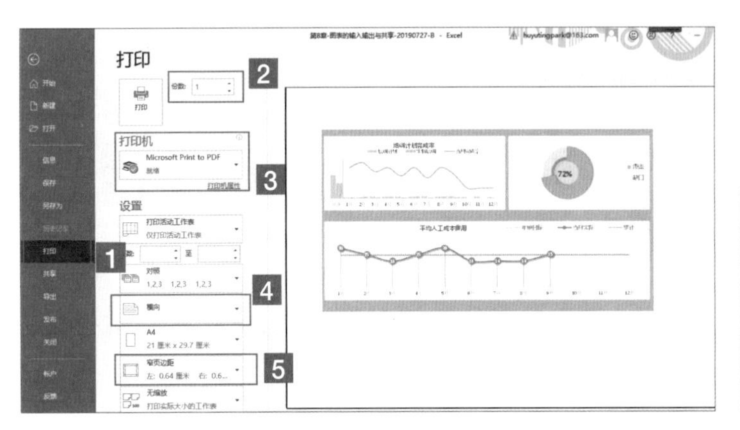

Tips 有的Excel版本需要选择【文件】→【打印】→【打印预览】选项提前看打印出来的效果。

8.5 高手点拨

本章介绍图表的输入和输出，以及共享功能，包含图片导入和编辑的几种常用方式、Excel图表导出的几种方法。简单介绍了图表移动、图表共享和图表打印。本章内容虽少却非常重要，制作Excel图表时需要导入其他图片进行美化，同时也可将制作完成的图表导出使用，这种双向“搬运”的方式可使图表的使用更加灵活。

8.6 实战练习

打开“素材\ch08\实战练习.xlsx”文件，将图表导出为PDF格式文件并存储，如下图所示。

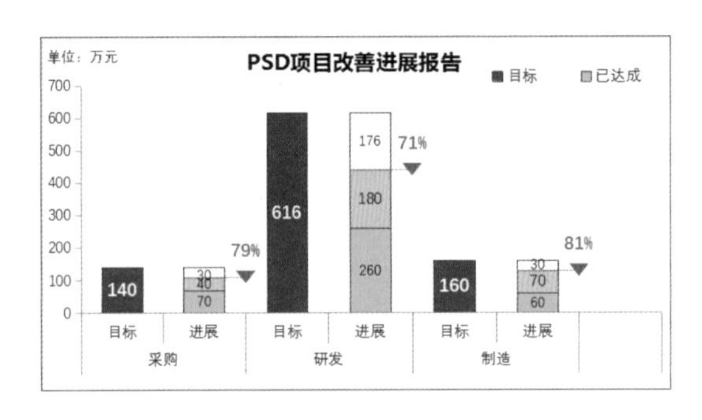

第9章

玩转图表必修课——99%的人不知道的技能

小金和小马都是一家加工厂的项目经理，他们分别负责不同加工车间的生产情况。领导想在他们中选拔一位担任车间主任，掌管整个车间的生产情况。为了公平竞争，领导分别找他们谈话，希望听到他们的工作汇报，尤其是成本控制部分的成果。

小马决定从制作报告着手进行调整。每月小马都要制作分项成本报告供领导分析生产状况。具体数据如下表所示。

	总成成本(万元)	分项
总成本	330	
材料		100
辅料		30
电费		25
人工		80
设备		50
其他		45

小马在这次的工作汇报中，还特意增加了一些堆积柱形图来体现各个成本之间的关系，如下图所示。

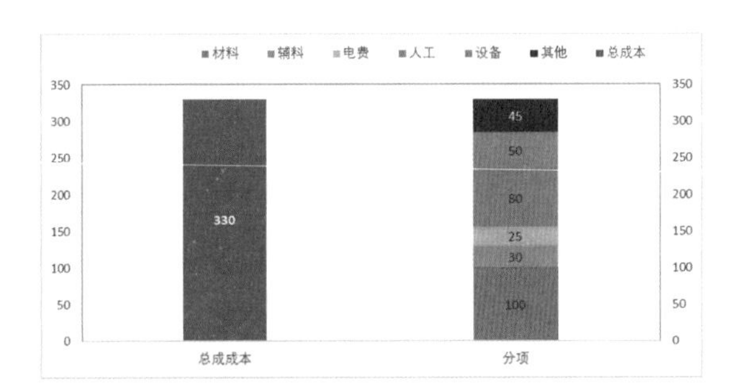

小金也重新审视了以往的报告，站在领导的角度思考，他意识到数据有不容易记忆的问题，即使用柱形图显示了成本，如果整个汇报都是柱形图，效果会很单调。于是，他按照内训老师教的Excel图表技术将堆积柱形图按照“10UP”原则进行了修改，效果如下图所示。

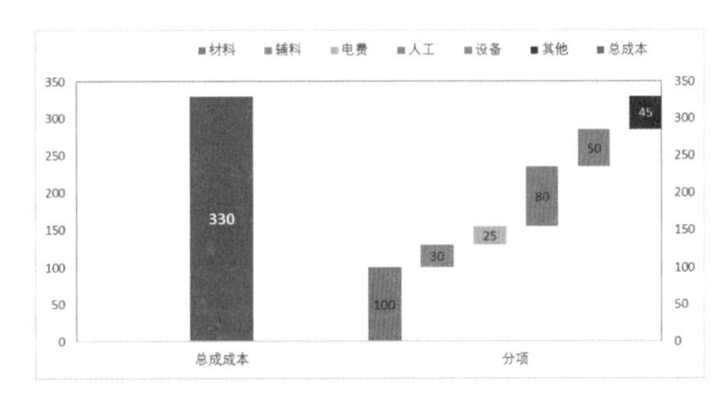

图表中，每个成本分项与总成成本的关系结构清晰，且图表富有层次感。小金只对图表细节进行了改善，可视化报告的效果却非常好。因此，领导对小金的数据分析能力、工作汇报更加青睐。

9.1 理解图表数据与图表关系

图表是数据的可视化表示。可视化的数据能使人对表的内容一目了然，更具有说服力。因此，在制作图表时需要掌握图表数据与图表的关系，否则就无法用准确的语言分析解释图表所呈现的结果。

如下图所示的图表与数据的关系，原数据集有3行数据，第一行是月份，第二行是目标值，第三行是实际值。制作图表后，月份放在横坐标轴上，目标值和实际值变成了数据系列，通过箭头指示可以看出数据集中的数据在图表的位置，数据大小则体现柱形的高低，对于“目标”和“实际”文字描述生成了图例，表格中的所有数据都形象展示在图表中，从图表也可以确定数据在表格中的位置。

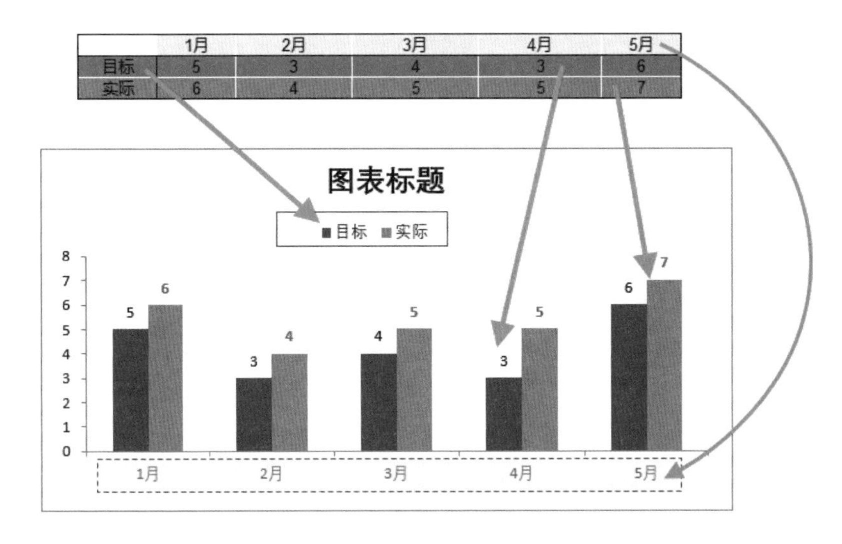

	1月	2月	3月	4月	5月
目标	5	3	4	3	6
实际	6	4	5	5	7

下面通过一个案例介绍从数据逐步实现图表的过程及注意事项。

案例名称	逐步实现图表的过程
素材文件	素材 \ch09\9.1.xlsx
结果文件	结果 \ch09\9.1.xlsx

范例9-1 逐步实现图表的过程

打开“素材\ch09\9.1.xlsx”文件，选择“逐步实现图表的过程”工作表，可以看到数据如下图所示。

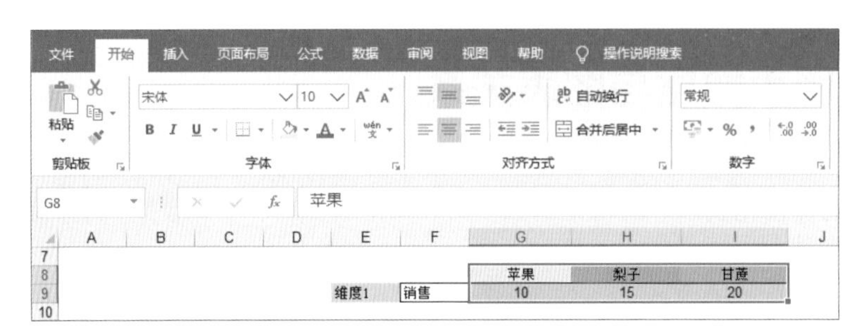

本例可以使用柱形图的方法制作图表，其具体步骤详见第6章相关内容，这里不再赘述。最后生成的图表如下图所示。

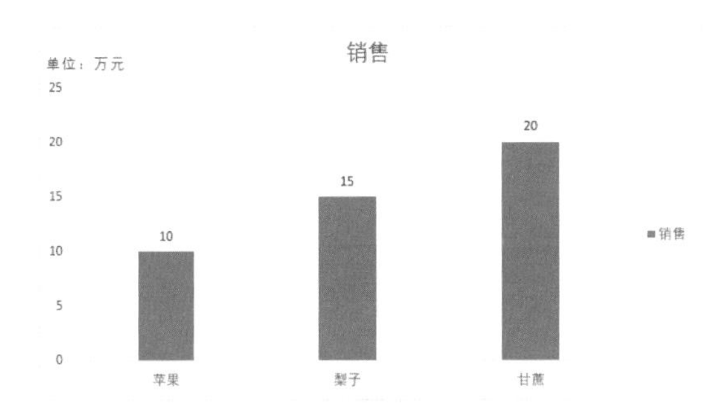

❶ 设置网格线格式。选中图表并在右侧选择图表元素【+】→【网格线】选项，取消选中【主轴主要水平网格线】复选框，选中【主轴主要垂直网格线】复选框，设置如下图所示。

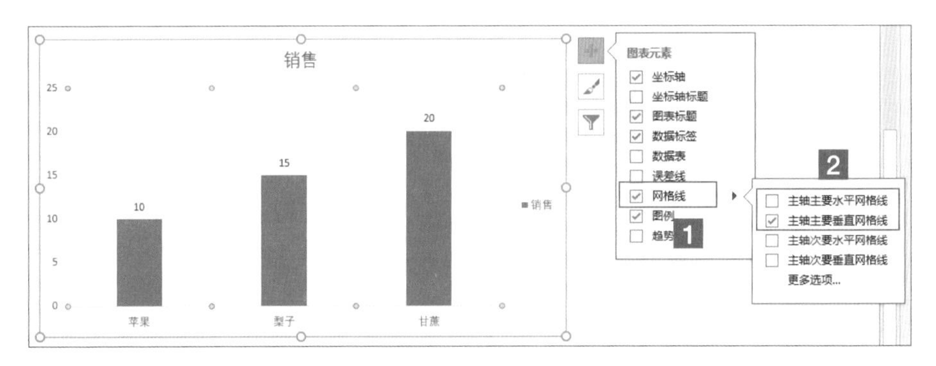

❷ 修改网格线的线条颜色为红色，最终生成的效果如下图所示。

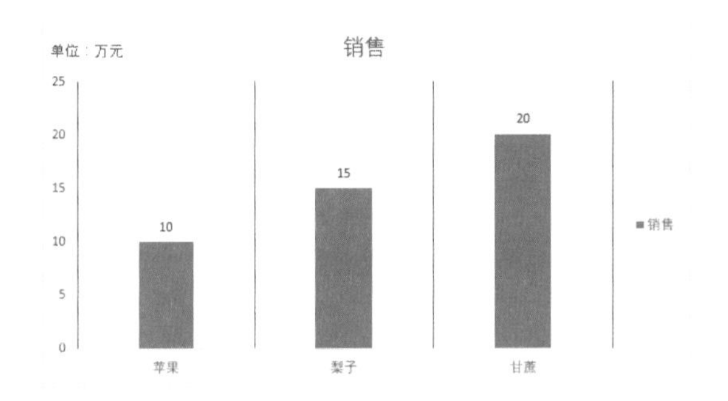

通过范例9-1可以清晰看出表格中的数据落在图表具体的哪个位置，数据大小则体现柱形的高低。下面重点介绍玩转图表一个非常重要的技能——“10UP”方法。简单来说就是“1+0+UP”的组合，即图表坐标轴间距、系列（数据维度）间距和图表层叠的上下逻辑关系。

“1”指同一系列内类别与类别之间距离最少是1，最少有1根网格线，也可以理解为坐标轴标签与标签的距离最少是1，不能重叠。

“0”指数据系列（数据维度）之间的间距可以是0，体现了数据系列之间存在紧密关系。

“UP”指同坐标系中先画的图在下层，后画的图在上层；不同坐标系中次坐标图在上，主坐标图在下。图层位置调整需要使用UP方法调整，体现了图层和图层位置关系。

掌握“10UP”的3个方法，就可以轻松玩转图表，让图表效果更加美观。

9.2 深刻理解坐标轴标签与标签的距离

“10UP”方法中的“1”指坐标轴标签与标签的距离最少是1，无法重叠，最少有1根网格线。下面通过案例来详细介绍其操作的步骤。

案例名称	各品类的销售利润
素材文件	素材\ch09\9.2.xlsx
结果文件	结果\ch09\9.2.xlsx

利 润　**范例9-2 各品类的销售利润**

对于本案例的数据，打开“素材\ch09\9.2.xlsx”文件，选择“各品类的销售利润”工作表，即可看到整理后的数据如下图所示。

		类别1	类别2	类别3
		苹果	梨子	甘蔗
维度1	利润(万元)	10	15	20

❶ 根据数据集内容，采用柱形图制作图表，生成效果如下图所示。

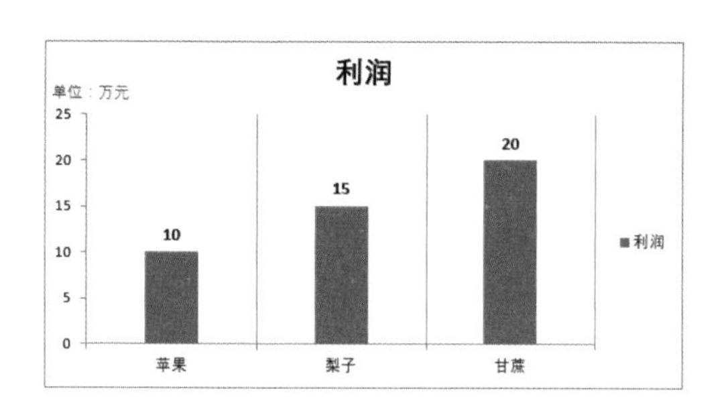

❷ 在【系列选项】中可以看到【系列重叠】和【分类间距】两个选项。其中【系列重叠】是指不同数据系列之间的重叠度。【分类间距】是指同一系列分类的间距，如上图中“苹果”和“梨子”的间距可设置，最小为0%，最大为500%。间距0%并不表示两个系列完全重叠，而是指坐标轴标签与标签的距离是1，即最少是一根网格线的距离，如下图所示。

❸ 设置【分类间距】为“0%”后，生成的效果如下图所示。

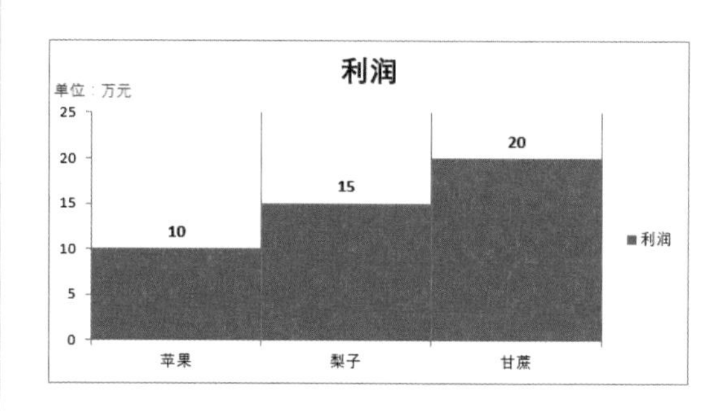

观察图表发现，坐标轴标签与标签的距离变成了1，这就是“10UP”中强调的“1”。

❹ 设置【分类间距】为“500%”后，生成的效果如下图所示。

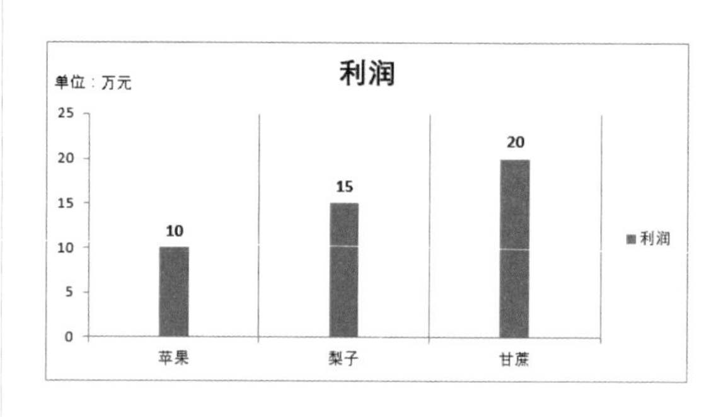

以上是只有个数据系列的图表，只需要调整【分类间距】功能就可以完成设置，那么有两个数据系列的图表该怎么设置呢？接下来将通过拓展案例继续深入理解坐标轴标签与标签的距离1的具体含义。

案例名称	三种酒的成本与利润
素材文件	素材 \ch09\9.2.xlsx
结果文件	结果 \ch09\9.2.xlsx

利 润 **拓展案例 三种酒的成本与利润**

对于本案例的数据，打开“素材\ch09\9.2.xlsx”文件，选择“三种酒的成本与利润”工作表，可以看到整理后的数据如下图所示。

		类别1	类别2	类别3
		白酒	红酒	啤酒
维度1	利润(万元)	15%	25%	35%
维度2	成本(万元)	85%	75%	65%

❶ 打开素材文件，选中表格中的第2~4行并右击，选择【插入】→【图表】→【柱形图】→【堆积柱形图】选项，生成效果如下图所示。

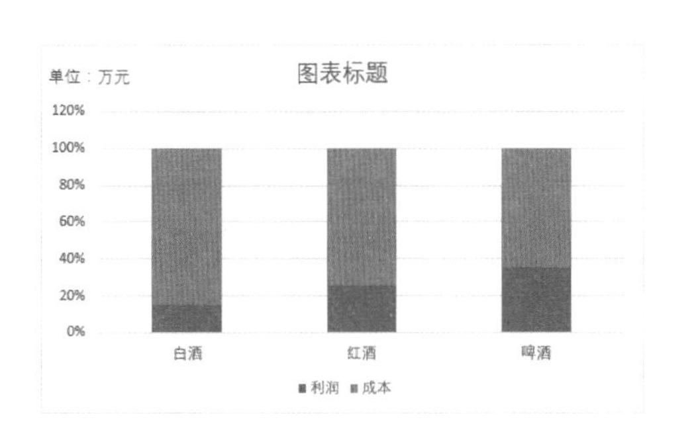

❷ 选中数据序列并右击，选择【设置数据系列格式】选项，在右侧【设置数据系列格式】对话框中，设置【分类间距】为“0%”，生成的效果如右上图所示。

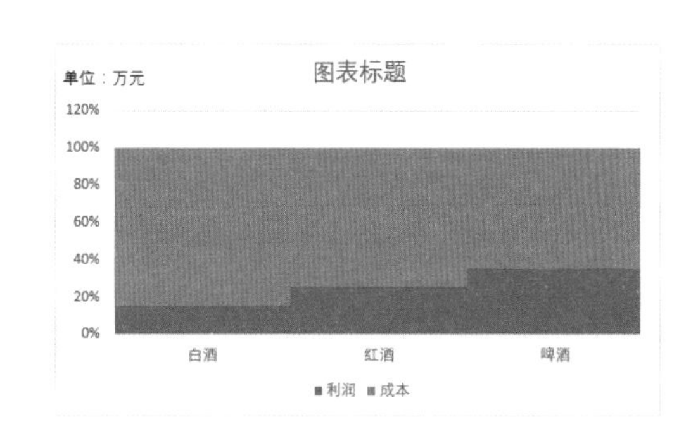

❸ 最后对图表进行美化：添加标签并设置标签格式、修改填充颜色、修改图表标题为“三种酒的成本与利润”，并调整图例位置和图例项（系列）位置，最终生成的效果如下图所示。

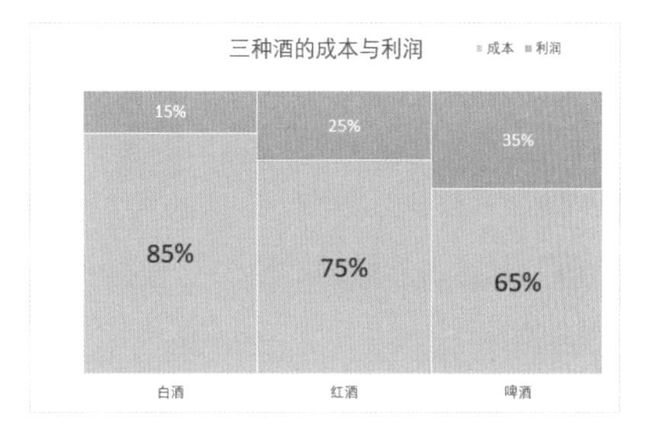

9.3 深刻理解系列与系列之间的距离

“10UP”方法中的“0”是指数据系列（数据维度）之间的间距可以为0，即“达到亲密无界”

的程度。它描述的是系列与系列之间的距离。下面通过一个案例详细介绍其操作过程。

案例名称	各品类目标与完成状态
素材文件	素材 \ch09\9.3.xlsx
结果文件	结果 \ch09\9.3.xlsx

目 标　范例9-3 各品类目标与完成状态

对于本案例的数据，打开“素材\ch09\9.3.xlsx”文件，选择“各品类目标与完成状态”工作表，即可看到整理后的数据如下图所示。

		类别1	类别2	类别3
		瓜子(公斤)	花生(公斤)	八宝粥(罐)
维度1	目标	50	40	30
维度2	完成状态	25	30	15

操作步骤

❶ 根据数据集内容，采用柱形图制作图表，生成效果如下图所示。

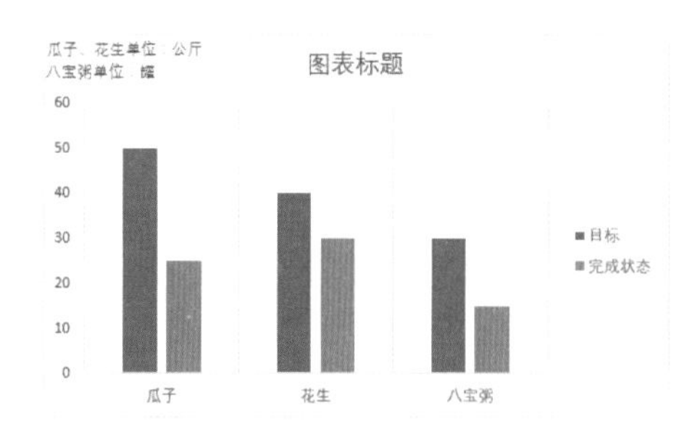

❷ 选中图表数据系列并右击，在弹出的快捷菜单中选择【设置数据系列格式】选项，在右侧【设置数据系列格式】窗格中的【系列选项】下设置【系列重叠】为“0%”，如下左图所示。设置完成后，效果如下右图所示。

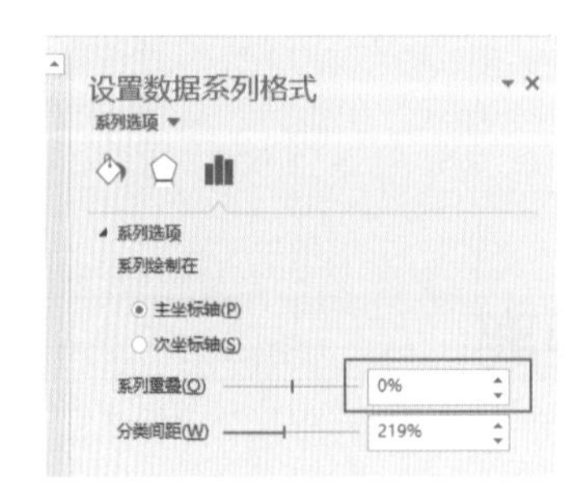

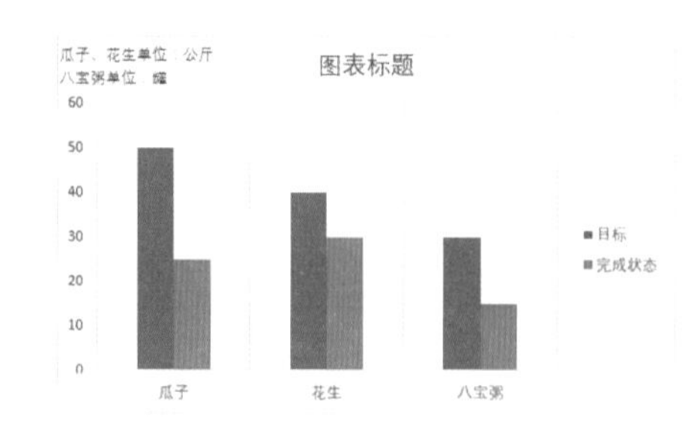

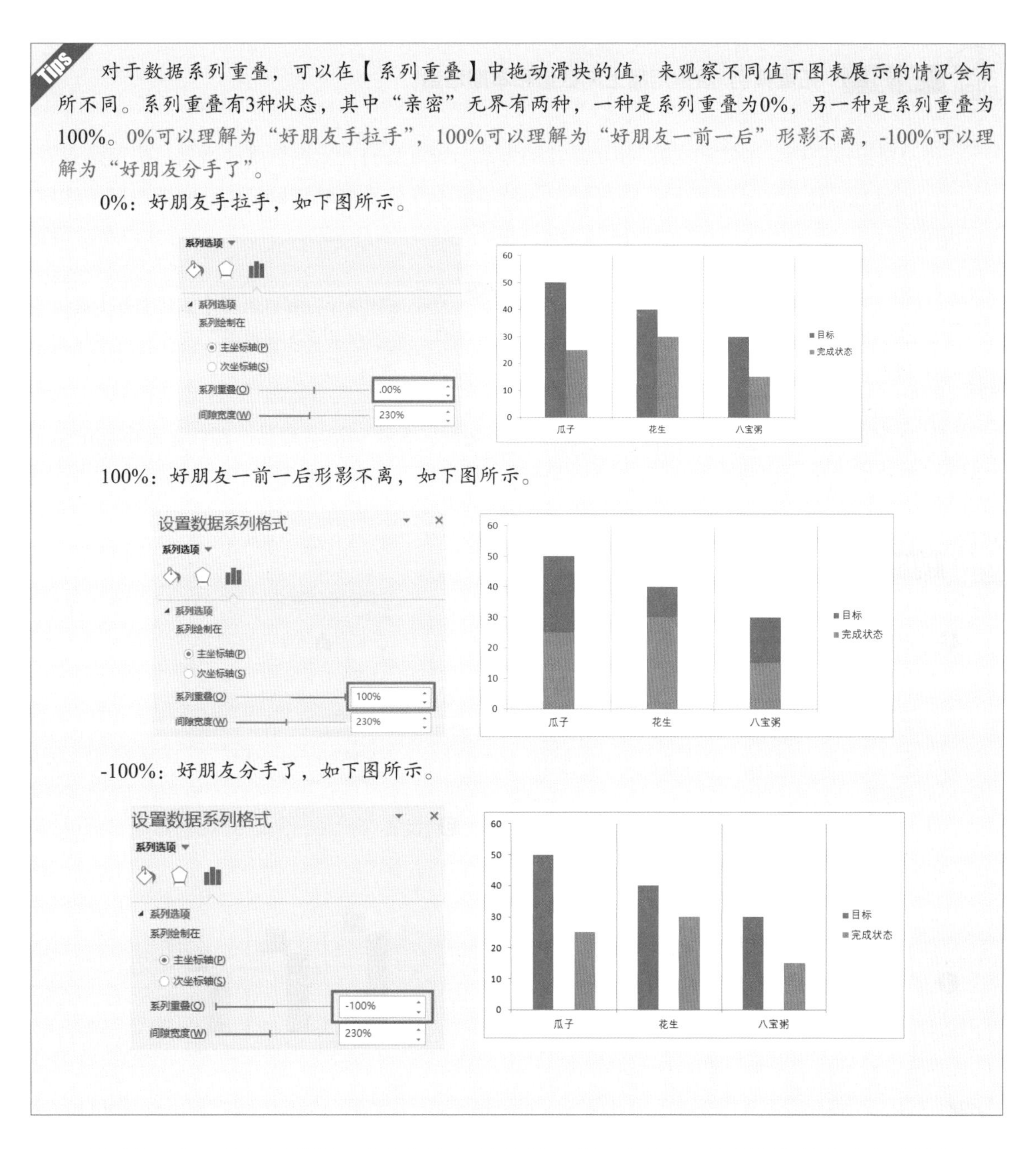

Tips 对于数据系列重叠，可以在【系列重叠】中拖动滑块的值，来观察不同值下图表展示的情况会有所不同。系列重叠有3种状态，其中“亲密”无界有两种，一种是系列重叠为0%，另一种是系列重叠为100%。0%可以理解为“好朋友手拉手”，100%可以理解为“好朋友一前一后”形影不离，-100%可以理解为“好朋友分手了”。

0%：好朋友手拉手，如下图所示。

100%：好朋友一前一后形影不离，如下图所示。

-100%：好朋友分手了，如下图所示。

接下来，将通过拓展案例，继续深入理解数据系列与系列之间的距离的具体含义及操作注意事项。

案例名称	浴室用品上期数量和本期增量
素材文件	素材 \ch09\9.3.xlsx
结果文件	结果 \ch09\9.3.xlsx

增量 拓展案例 浴室用品上期数量和本期增量

A公司新增浴室柜、浴缸和花洒3种用品，销售部门统计各自的上期数量和增量，决定是否需要补货。现整理数据集如下图所示，老板要在一张图表中既显示上期数量又显示增量数据，该如何实现呢?

		类别1	类别2	类别3
		浴室柜(个)	浴缸(个)	花洒(个)
维度1	上期数量	50	40	30
维度2	增量	10	12	10

Tips 对于这种场景，可以使用【系列重叠】选项来实现。既可以显示上期数据，又可以显示增量数据。

对于本案例的数据，打开“素材\ch09\9.3.xlsx”文件，选择“浴室用品上期数量和本期增量”工作表，即可看到整理后的数据。

操作步骤

❶ 根据数据集内容，采用柱形堆积图制作图表，效果如下图所示。

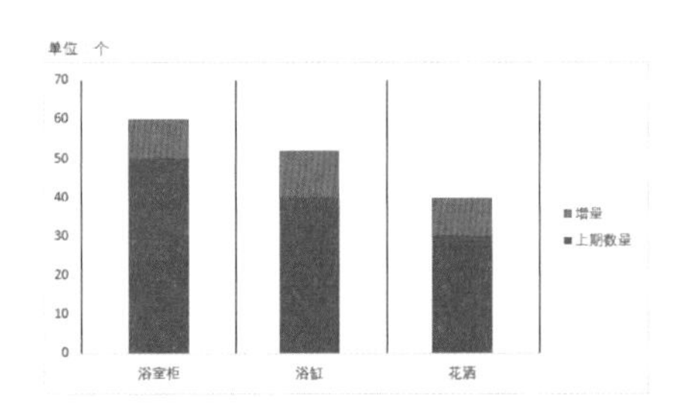

❷ 选中数据系列并右击，在弹出的快捷菜单中选择【设置数据系列格式】选项。在右侧【设置数据系列格式】窗格中将【系列重叠】选项设置为“0%”，如下图所示。

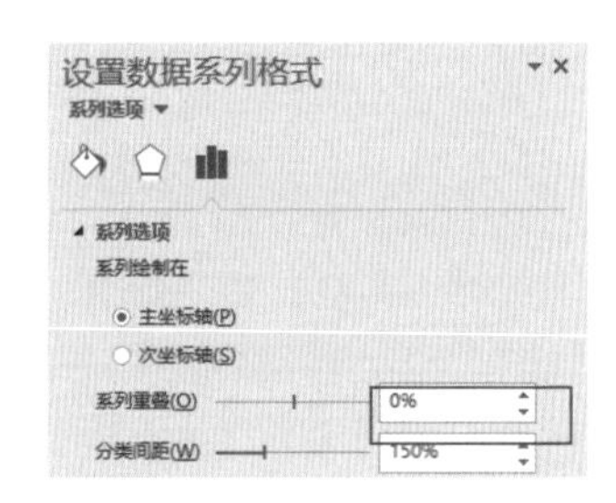

❸ 设置完成后，最终的效果如下图所示。

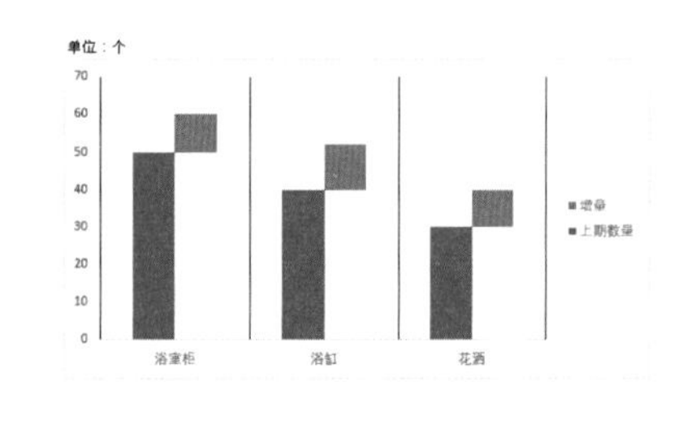

Tips 可以将“标签与标签的距离为1”和“系列与系列之间的距离为0”结合起来设置图表，构成“步进图”效果。

9.4 同坐标系下的图层调整与次坐标的特权

“10UP”方法中的“UP”是指同坐标系中先画的图在下层，后画的图在上层。不同坐标系中，次坐标图在上，主坐标图在下。图层需要调整位置时，使用“UP”方法即可。

“UP”方法的功能是选择【选择数据源】→【图例项（系列）】选项，根据箭头调整数据系列的位置，如下图所示。

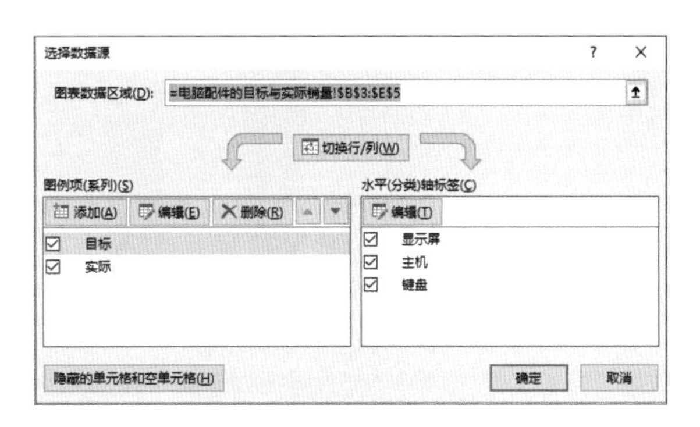

下面将通过案例来具体阐述“UP”功能的具体含义和操作步骤。

案例名称	电脑配件的目标与实际销量
素材文件	素材 \ch09\9.4.xlsx
结果文件	结果 \ch09\9.4.xlsx

范例 9-4　电脑配件的目标与实际销量

本案例的数据已提前准备好，打开“素材\ch09\9.4.xlsx”文件，选择“电脑配件的目标与实际销量”工作表，可以看到整理后的数据如下表所示。

	显示屏(台)	主机(台)	键盘(个)
目标	50	40	30
实际	25	45	40

❶ 打开素材文件，选中表格所有行的数据并右击。选择【插入】→【图表】→【柱形图】→【簇状柱形图】选项，生成图表如右图所示。

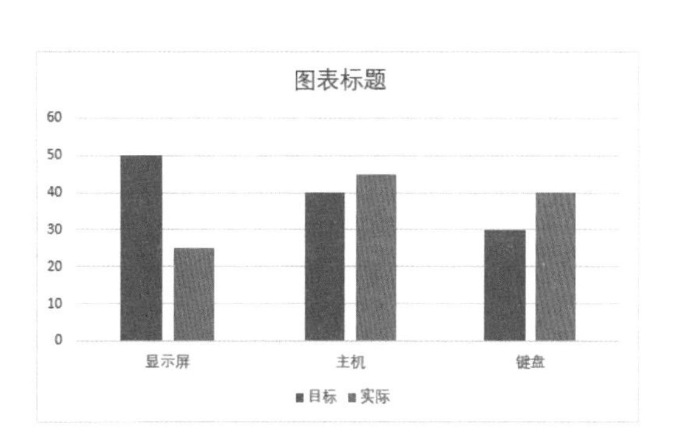

❷ 选中数据系列并右击，选择【设置数据系列格式】选项，在右侧窗格中将【系列重叠】选项设置为“100%”，生成效果如下图所示。

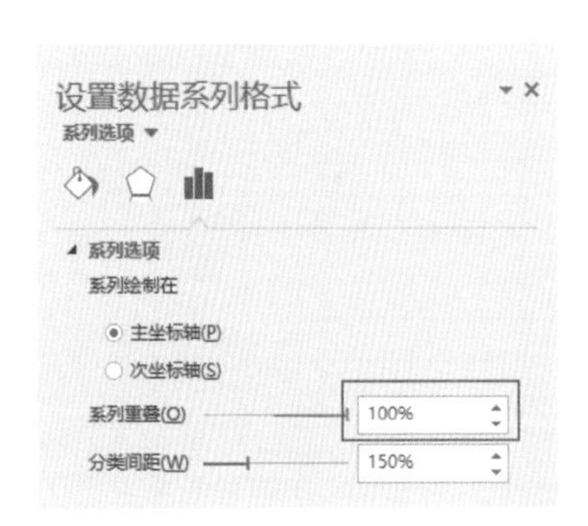

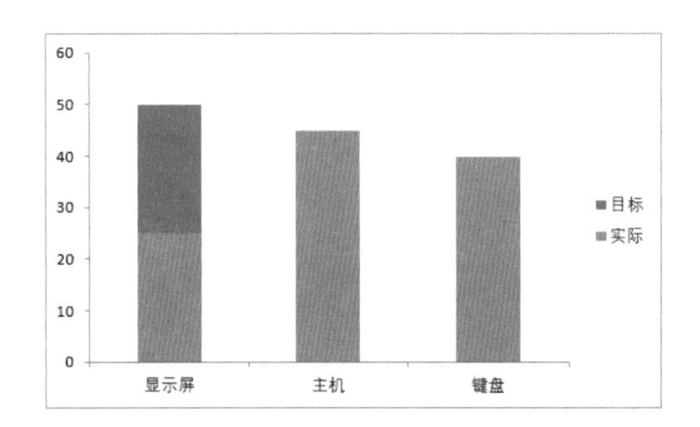

观察发现，同坐标系的“目标”数据系列在下层，“实际”数据系列在上层。主机和键盘实际销量大于目标销量，因此“目标”数据系列被“实际”数据系列挡住了。为了清晰知道各数据系列值，可采用“UP”方法实现图层位置的调整。

❸ 选中图表数据系列并右击，在弹出的快捷菜单中选择【选择数据】选项，弹出【选择数据源】对话框，在对话框中选择【图例项(系列)】选项，通过调整箭头上下位置，以实现图层位置的调整，如下图所示。

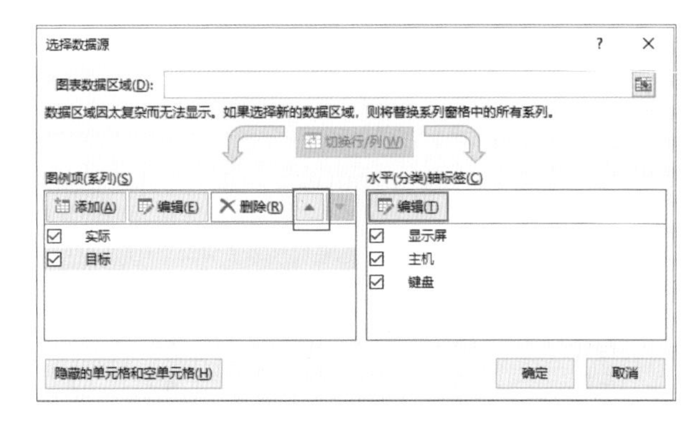

❹ 设置完成后，效果如下图所示。

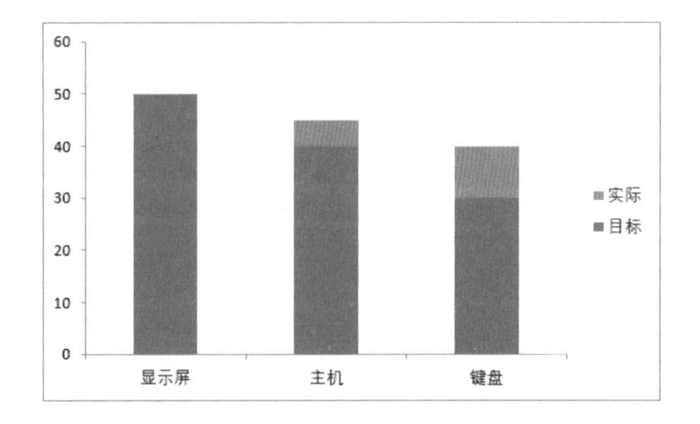

对比图层调整的前后结果，用“UP”方法调整图表之前的效果如下图所示。

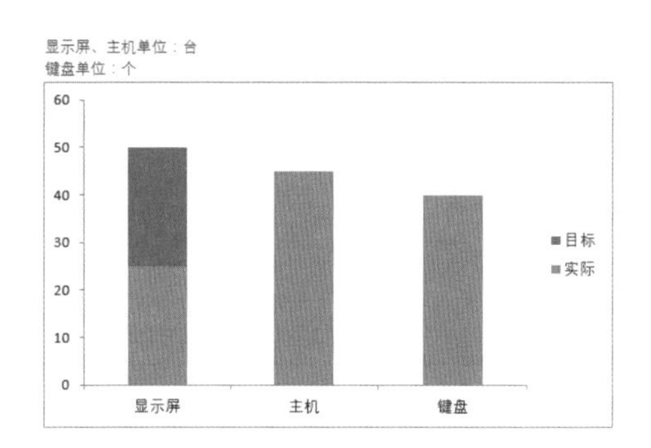

用“UP”方法调整图表之后，可以看出“实际”数据系列叠放在“目标”数据系列后边，这样可方便进行数据对比，如下图所示。

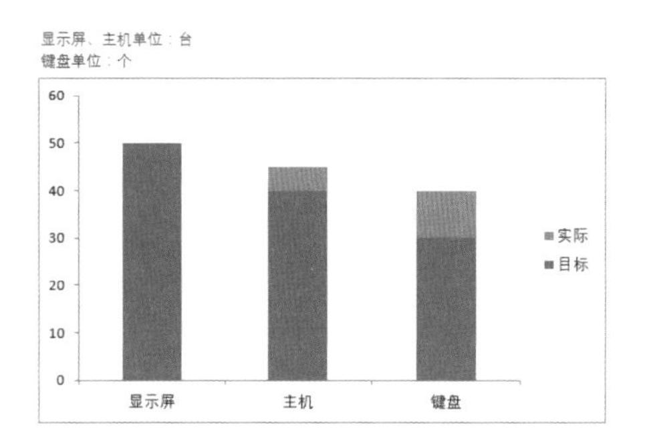

❺ 选中“目标”数据系列，修改填充颜色为“无填充”，并设置边框颜色为“黑色”，最终效果如下图所示。

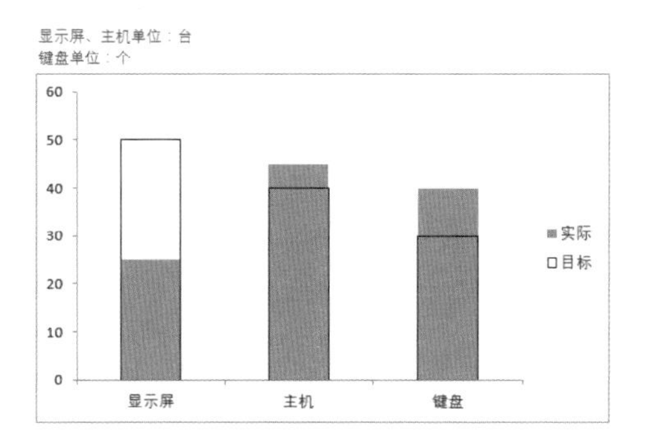

范例9-4是在同坐标系中使用“UP”方法实现图层位置调整的。通过调整图层位置，可清晰掌握各电脑配件目标销量和实际销量之间的关系。下面通过拓展案例来继续深入理解图层调整与次坐标特权的具体含义。

案例名称	手机品牌的目标与完成缺口统计	
素材文件	素材 \ch09\9.4.xlsx	
结果文件	结果 \ch09\9.4.xlsx	

统 计　拓展案例　手机品牌的目标与完成缺口统计

A公司为统计华为、三星、小米和其他品牌手机在市场上的销量及完成缺口情况，安排销售部门整理明细数据，并汇总统计如下图所示。

	华为(台)	三星(台)	小米(台)	其他(台)
目标	49	47	40	48
完成	28	22	15	26
缺口	21	25	25	22

本案例的数据已提前准备好，打开“素材\ch09\9.4.xlsx”文件，选择“手机品牌的目标与完成缺口统计”工作表，就可以看到整理后的数据。

操作步骤

第一步　创建柱形堆积图

❶ 打开素材文件，选中数据区域的任意单元格，选择【插入】→【图表】→【二维柱形图】→【柱形堆积图】选项，如下图所示。

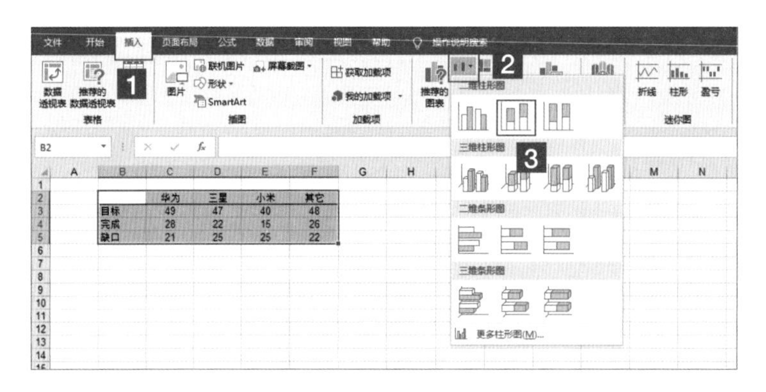

❷ 生成的柱形堆积图图表如下图所示。

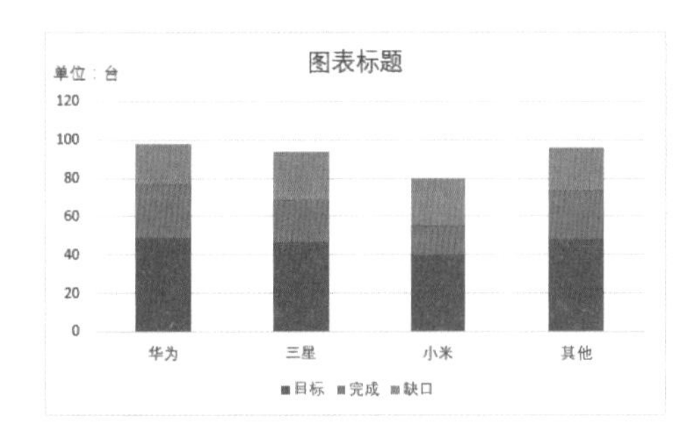

> **Tips**　观察图表，由于“目标”数据系列是蓝色的柱形，与“完成”数据系列和“缺口”数据系列之间应该是一个总分的关系，因此不应该堆积在一个柱形图上，建议分成两组柱形图展现。这时候可以采用第6章学的柱边柱图方法实现。

第二步 设置数据系列格式

选中【目标】数据系列并右击，在弹出的快捷菜单中选择【设置数据系列格式】选项，在右侧【设置数据系列格式】窗格中的【系列选项】下选中【次坐标轴】单选按钮，生成的效果如下图所示。

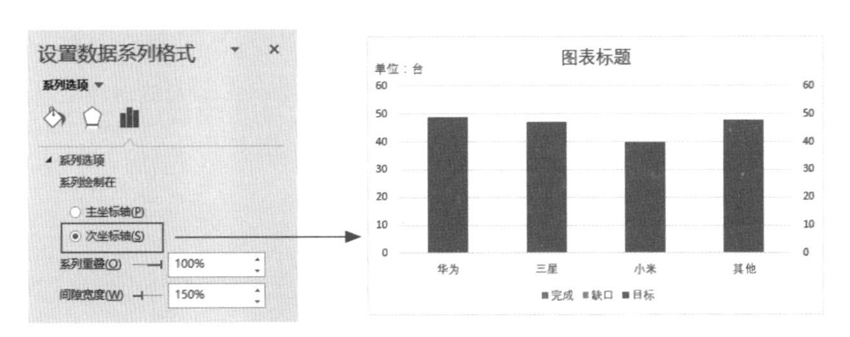

第三步 创建总量柱形堆积图

❶ 选中数据区域，如下图所示，然后按【CTRL+C】快捷键进行复制。

	华为	三星	小米	其他
目标	49	47	40	48
完成	28	22	15	26
缺口	21	25	25	22

❷ 选中图表，按【CTRL+V】快捷键进行粘贴，生成的效果如下图所示。

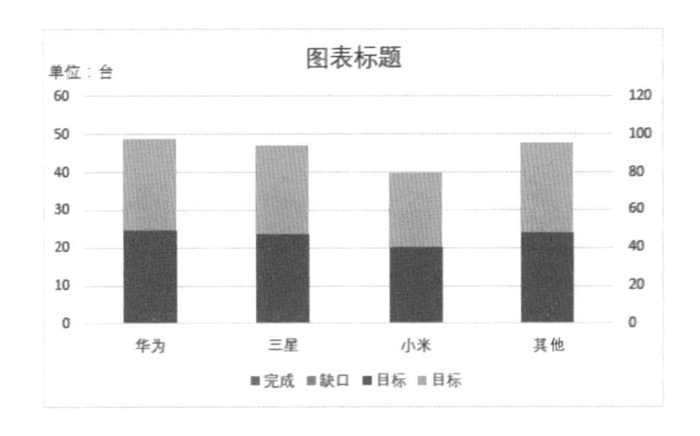

第四步 创建簇状柱形图

❶ 观察图表发现，细分项“完成”和“缺口”数据系列都被“目标”数据系列挡住了。选中“目标”数据系列，选择【插入】→【图表】→【二维柱形图】→【簇状柱形图】选项，生成效果如下图所示。

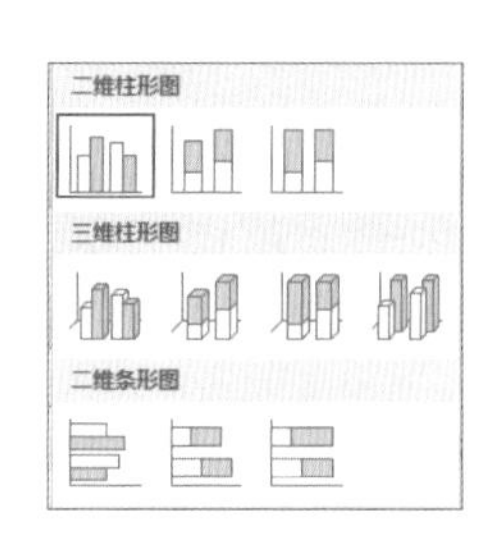

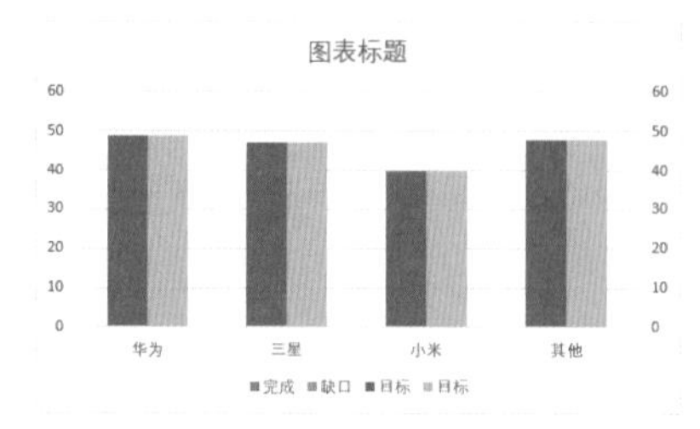

❷ 设置数据系列格式。选中“目标”数据系列，在【设置数据系列格式】窗格中选择【填充】→【无填充】选项，生成效果如下图所示，细分项都显示出来了。

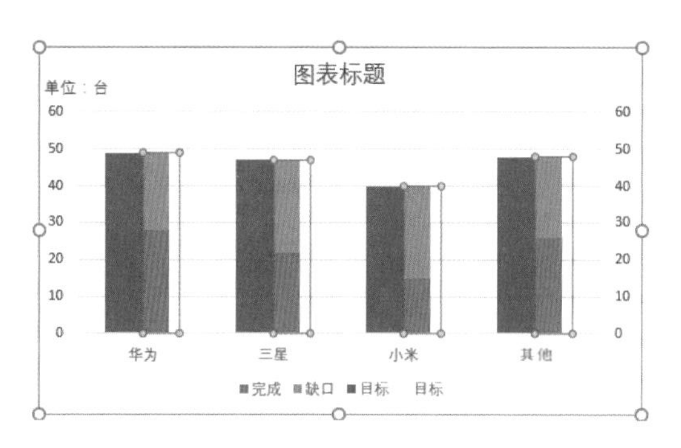

至此，已经制作出来了柱边柱图的雏形，下面就要对该图表进一步美化，使图表效果更加简洁和美观。

第五步 设置数据系列格式

目前柱形图看似能正常展现细分项，实则是被无色的柱形图挡住了。这时候需要使用学过的方法“10UP”来帮忙。右击并选择【设置数据系列格式】选项，在右侧窗格中将【系列重叠】设置为“-100%”,【间距宽度】设置为“0%”，生成的效果如下图所示。

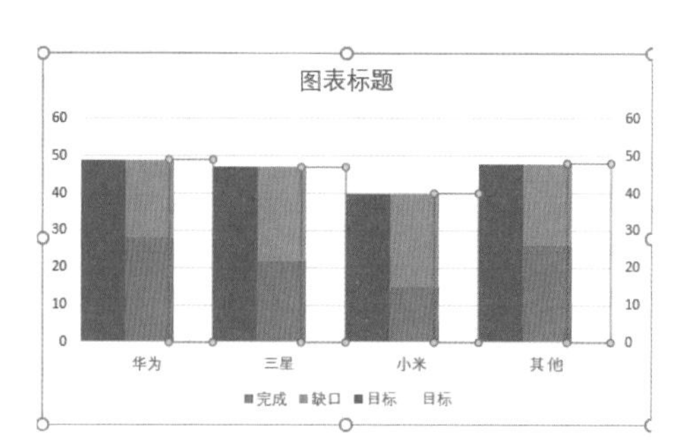

第六步 UP设置

为了突出显示完成值，可以使用“UP”方法实现图层调整。选中“缺口”数据系列并右击，选择【选择数据】选项，在弹出的【选择数据源】对话框中选中【缺口】复选框并通过单击箭头，调整【缺口】排列的顺序以实现图层调整，具体设置如下图所示。

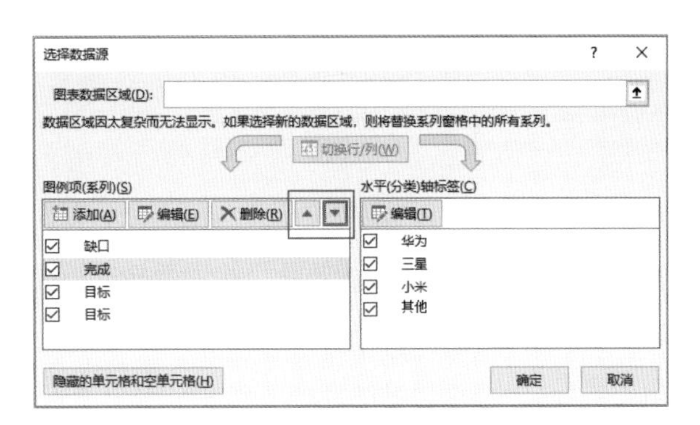

设置完成后，图表效果如下图所示，“缺口”和“完成”数据系列的图层位置发生了对换。

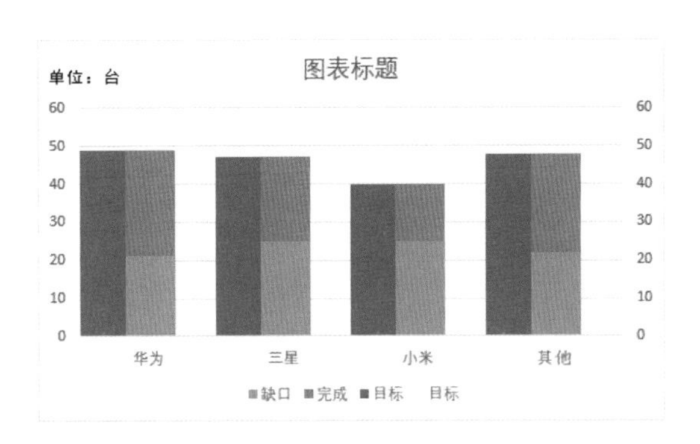

第七步 设置标题格式

为了更进一步美化图表，给图表添加标签并设置标签格式，给柱形图填充相应的颜色，调整图例位置，最终柱边柱图图表效果如下图所示。

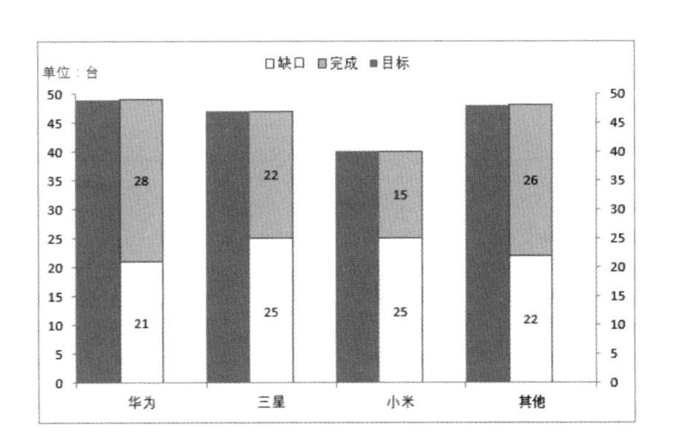

【图表分析】

图表是数据的可视化表示。可视化的数据可使人对数据内容一目了然，并更具说服力，在制做图表时应清楚知道图表数据与图表的关系，否则无法用准确的语言分析解释图表所呈现的结果。

9.5 高手点拨

本章重点介绍了图表数据与图表的关系，首创提出了“10UP”方法，通过绘制方法、做图技巧构建自己想要的图，帮助大家在数据探索的过程中进一步理解数据，以锻炼做图的思维。

在这里要特别强调“10UP”原则的使用场景。“10UP”原则就是“1+0+UP”的组合，了解“1”、“0”和“up”方法的应用，可以轻松玩转图表！

9.6 实战练习

练习 1

打开“素材\ch09\实战练习1.xlsx”文件，根据下图数据集的内容，制作总成本和各分项的步进图。

	总成本（万元）	分项（万元）
总成本	330	
材料		100
辅料		30
电费		25
人工		80
设备		50
其它		45

最终效果如下图所示。

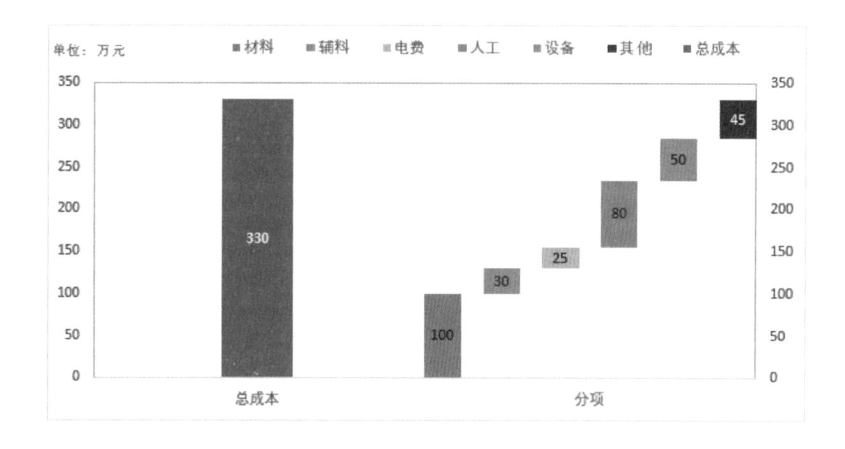

练习 2

打开“素材\ch09\实战练习2.xlsx”文件，选择“出行游调查”工作表，可以看到整理后的数据如下图所示。

	自驾	跟团	其他
北京	15%	25%	35%
上海	55%	35%	25%
广州	30%	40%	40%

生成的图表样例如下图所示。

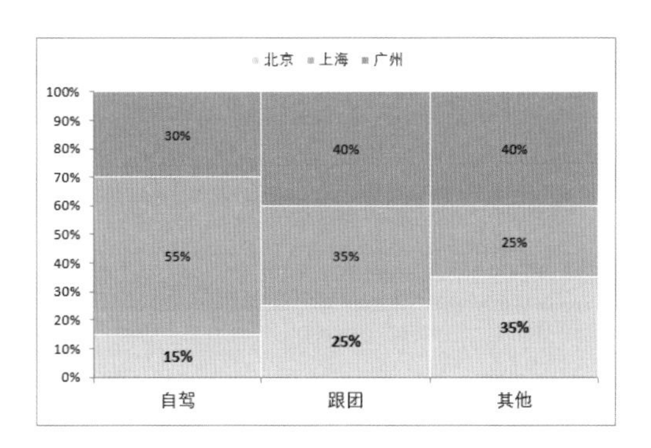

练习 3

打开“素材\ch09\实战练习3.xlsx”文件，选择“降成本业绩步进图”工作表，可以看到整理后的数据如下图所示。

	期初（万元）	进展状态（万元）
期初	300	
研发		30
制造		26
采购		20
期末		224

生成的图表样例如下图所示。

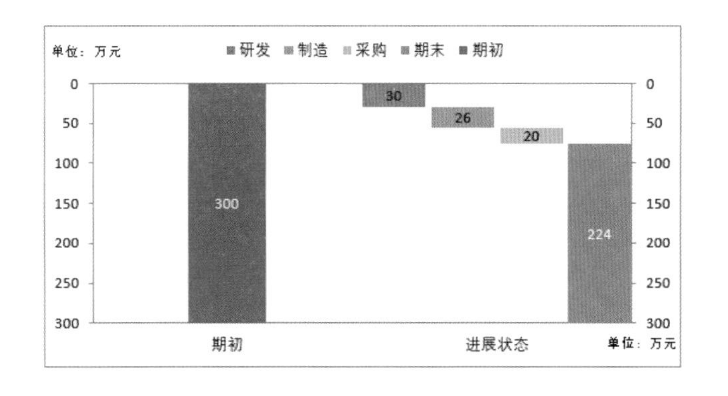

练习 4

打开“素材\ch09\实战练习4.xlsx”文件，选择“销售与利润走势图”工作表，可以看到整理后的数据如下图所示。

	2013年	2014年	2015年	2016年	2017年	2018年	2019年
利润（万元）	10	20	35	45	60	80	100
销售（万元）	100	150	200	260	350	450	600

生成的图表样例如下图所示。

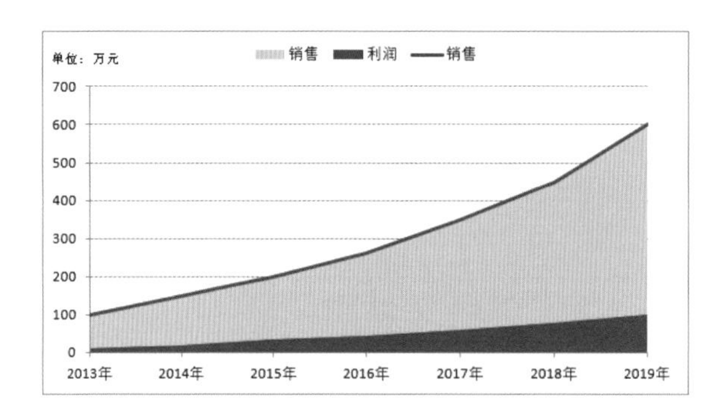

第10章

图表制作难点——选图

小周在广州某单位从事HR工作，某天公司人事经理交给小周一项任务，做一份公司人事齐备率的报告。小周开始从公司的人力资源库中分析、汇总并提取数据，经过几天的工作，小周制作出了两张表格。定编在岗齐备率表格如下左图所示。在职成员文凭结构表格如下右图所示。

序号	部门	在岗总人数	总编制数	齐备率
1	总经理	1	1	100%
2	副总经理	3	3	100%
3	财务部	12	14	86%
4	信息部	6	6	100%
5	采购部	12	12	100%
6	人事行政部	22	24	92%
7	行业拓展部	50	55	91%
8	技术研发部	14	16	88%
9	客户管理部	12	14	86%
10	市场公关部	11	12	92%
11	项目管理部	5	8	63%
12	品质管理部	8	9	89%
13	战略管理部	5	6	83%
14	规划管理部	5	5	100%
总计		166	185	89.7%

部门	博士	硕士	本科	大专	在岗总人数
总经理		1			1
副总经理	1	2			3
财务部		1	8	3	12
信息部			6		6
采购部			12		12
人事行政部			18	4	22
行业拓展部	1	4	33	12	50
技术研发部			8	6	14
客户管理部		1	8	3	12
市场公关部		1	6	4	11
项目管理部		1	4		5
品质管理部			7	1	8
战略管理部			5		5
规划管理部			3	2	5

结合这两张表格，小周制作了一份有关公司人事齐备率的报告，并递交给人事经理。但人事经理看了一遍报告问："这些表格中的数据，你用了多久统计出来的?"

小周回答："将近3天的时间。"

人事经理又问："我相信这些数据的准确性，但我看起来很费力，如果将这样的图表展示给公司其他经理。我相信他们也很难快速把握住重点，你应该让这些数据更容易理解。"

小周决定请教人事经理，问道："我想不出有什么更直接的方法了，经理能给点建议吗?"

人事经理看看小周说："图表应该是比较好的方法，你回去研究一下。"

小周通过查阅资料，向他人请教，并试验不同的图表类型，终于将表格中的数据用合适的图表展示出来了。通过柱形图+折线图的形式展示公司定编在岗齐备率的数据，效果如下左图所示。使用簇状柱形图+堆积柱形图的形式展示在职成员文凭结构的数据，效果如下右图所示。

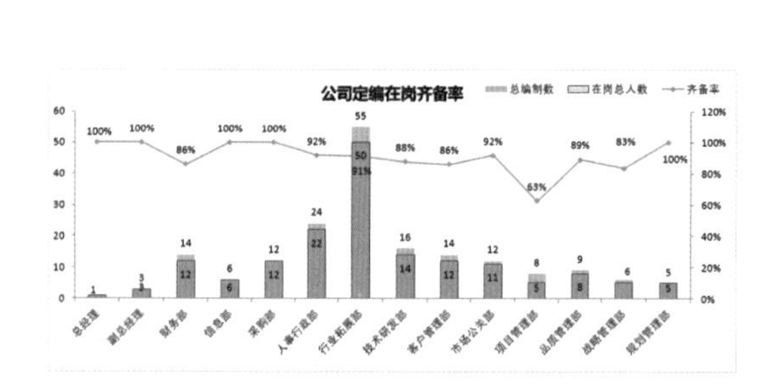

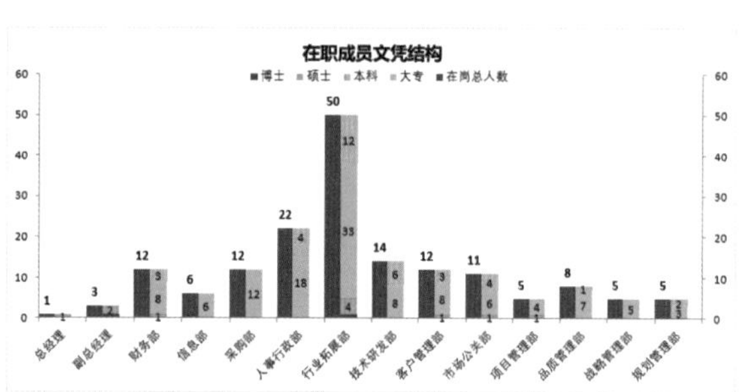

小周又重新整理了一份人事报告并交给人事经理，人事经理对这次报告效果非常满意。小周不仅顺利完成了工作，还学到不少对工作有用的新知识。

10.1 制作图表前的数据准备和构思

到目前为止，Excel制作图表的基本技巧已全部讲解完毕，相信很多人都已经使用得非常熟练了。那么请先回答一个问题，如下图所示。

【问题】如果有一本Excel图表的书，你期望能学习到什么内容？

如果有一本 Excel 图表的书，您期望学到的内容	您的选择
1. 工作常用图表怎么画	
2. 是否可以提供具体详细的案例展示	
3. 怎样通过数据源构建出自己想要的图	
4. 如何选择合适的图表来表达当前的数据	
5. 怎样用图表和按钮实现动态效果	
6. 怎样建立数据分析模型和系统，来提高作图效率	
7. 其他需求	

这是一个开放性的多项选择问题。大家心里肯定都有自己的答案，可以拿支笔勾选自己的选择，然后看看通过学习，是否解开了心中的疑惑。

其实这个问题曾在学员中进行过同样的市场调研。下图是收集来的不同想法对应的数据统计，以及根据数据制作的饼状分布图，可以看到对问题3和4的需求占比最多，分别是“如何选择合适的图表来表达当前的数据”，以及“怎样通过数据源构建出自己想要的图”，说明大家对于如何使用数据制作合适的图表需求最多，想进一步学习“由数到图”的思维过程。

1.工作常用图表怎样画	9	13.43%
2.是否可以提供具体详细的案例展示	12	17.91%
3.怎样通过数据源构建出自己想要的图	14	20.90%
4.如何选择合适的图表来表达当前的数据	17	25.37%
5.怎样用图表和按钮实现动态效果	10	14.93%
6.怎样建立数据分析模型和系统，来提高作图效率	5	7.46%
7.其他需求	0	0.00%

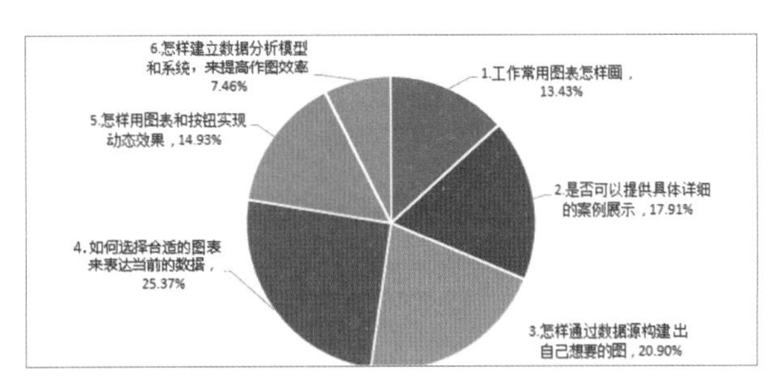

为了解决如何选择合适的图表来表达数据这个问题，本书结合当前市场调研数据给出详细的“由数到图”的思维过程和制作技巧，这也是本书想要呈现的亮点之一。

下面将重点介绍图表的制作难点——如何选择合适的图表来表达当前的数据。

图可以在有限的空间和时间内传递关键信息给受众，以帮助其理解，支撑运营决策。可视化的数据可使人清晰掌握数据的内容，更具有说服力。

好图的标准：能清晰表达主题思想。

要想制作一幅好的图表需要进行数据准备和构思，避免进入误区，导致丧失图表的信息价值。常见的误区就是没有深入了解制作图表的含义，最后制作出来的图表不美观、不聚焦、不直观和无价值，对于图表的制作目的及常见误区如表10-1所示。

表10-1 图表制作目的及误区

图	需要	误区	误区代称
画出来是给人看的	美观协调	不美观、不协调、太单调	不美观
传递信息	突出重点、关键信息	信息多、太杂乱、不聚焦	不聚焦
帮助理解	直观、能很快找出差异和发现问题	不直观、不简洁、无逻辑	不直观
支持决策	给出建议或意见	没想法、没办法、没意义	无价值

10.2 理解数据维度、图谱和相关性

在前面很多章节描述数据时，多次提到“维度”这个词。那维度是什么概念呢？

1. 维度

维度就是指图表的某一类别行，如下图所示，表格中有5个标签，1个维度行，表明在图表中将有一组数据系列。

	标签1	标签2	标签3	标签4	标签5
一维度名称	1	2	4	3	6

根据该表格生成的图表如下图所示，一个维度行（一行数据）生成了一组数据系列。

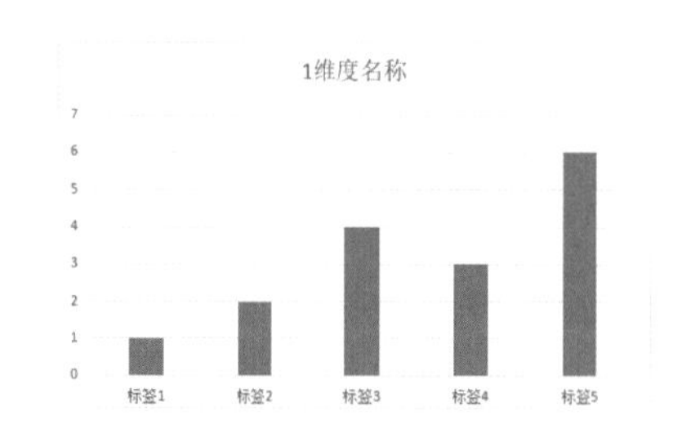

同理，如右上图的表格有5个标签列，两个维度行，表明在图表中将有两组数据系列，在图表里的系列和类别之间可以通过行列切换形成互换，系列和类别是相对概念（见第3章）。

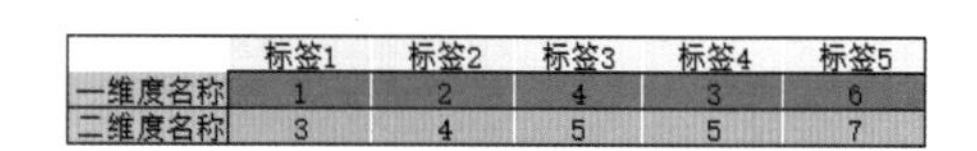

	标签1	标签2	标签3	标签4	标签5
一维度名称	1	2	4	3	6
二维度名称	3	4	5	5	7

根据该表格生成的图表如下图所示，两个维度行生成了两组数据系列。

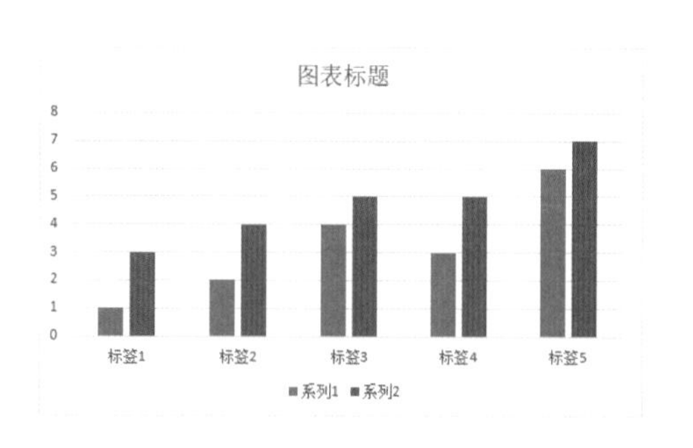

结合数据源表格和生成的图表分析，维度

就是指制作图表对应的数据序列。

后续还会使用到“图谱”、“数据源谱”和“相关性与相对性”的概念，其定义种类说明如表10-2所示。

表10-2 图表其他概念说明

名称	项目	说明
图谱	定义	按维度和相关性进行划分，可给出常见的数据源对应的图形集合
	种类	常用的图谱为 1~4 维度，其余统称为多维
数据源谱	定义	能画出对应图形的数据结构，即含有坐标标签、维度名称、数据区域的定位结构
	分类	分标准数据源和特殊数据源
相关性与相对性	定义	相关性：数据维度之间或同一纬度内数据之间存在运算逻辑（+、−、*、/、和）关系
	定义	相对性：与相关性相反

2. 图谱与数据源

对于图谱，是将数据按照维度和相关性进行划分的，给出了常见数据源对应图形的所有集合。数据按照相关性划分有饼图、复合饼图、面积图、折线图、漏斗图和瀑布图等，数据按照相对性划分有柱形图、条形图、树状图和雷达图等。每个图表都附带具体的数据源和操作步骤。

数据源谱指生成以上图谱对应的各数据源表格的集合。

3. 相关性与相对性

所谓数据的相关性指数据维度之间或同一维度内数据之间存在的运算逻辑（+、−、*、/、和）关系，如下图表格是1~5月的利润信息，只有一个维度行。

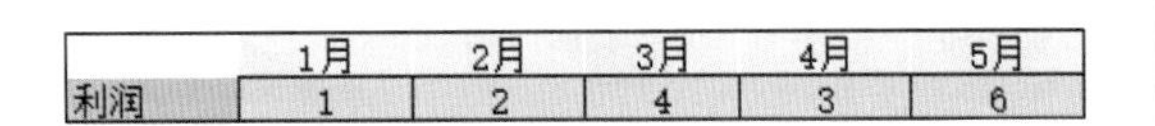

	1月	2月	3月	4月	5月
利润	1	2	4	3	6

同一维度内数据之间存在加和为1的运算逻辑。如右上图所示的饼状分布图充分展示了数据的相关性。

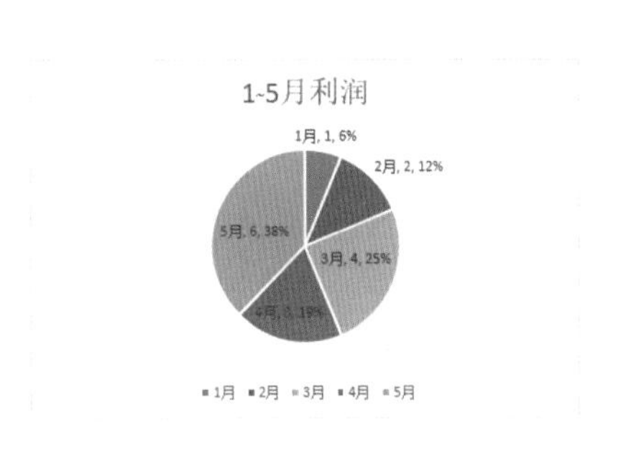

如果只看每月利润的对比情况，不看占比情况，那就是一种相对性的概念，可以用柱形图展示。同一维度数据之间没有具体的运算逻辑，就可以实现任意月份的利润对比，如下图所示。

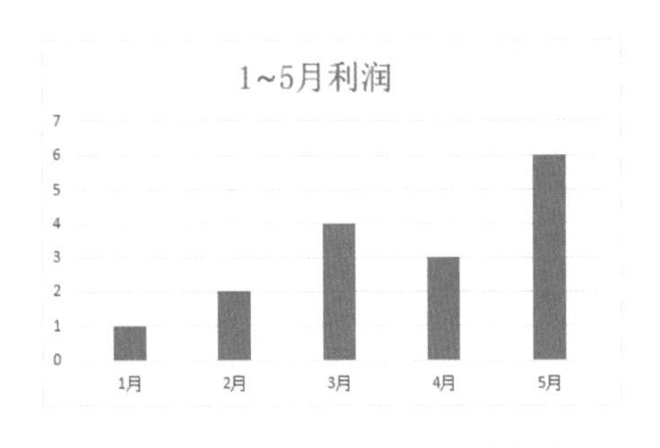

同理，对于下图所示的二维数据集——“进出口数统计”，依然可以用不同的图表来表达数据的相关性和相对性。

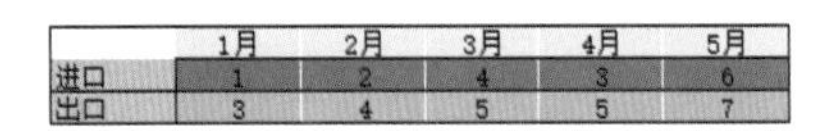

	1月	2月	3月	4月	5月
进口	1	2	4	3	6
出口	3	4	5	5	7

数据相关性表达可以用柱状堆积图来实现，如下图所示。每个柱形都存在数据间的内在逻辑，整体的高度等于进口和出口的数据之和。

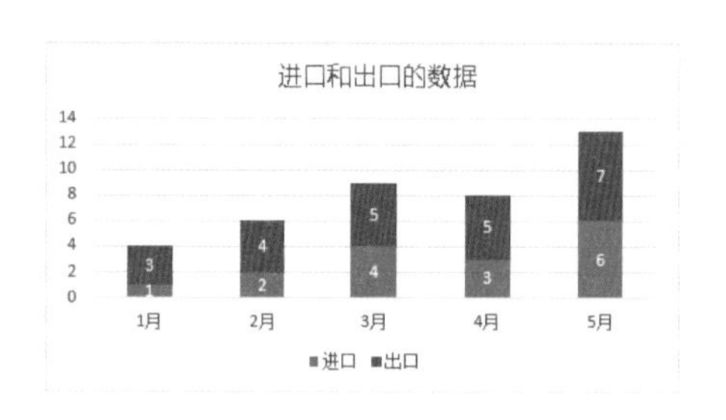

数据相对性表达可以用二维柱形图来实现，如右图所示。数据之间不再有内在的逻辑关系，可以通过图表直接得到每个月进口和出口的对比情况。

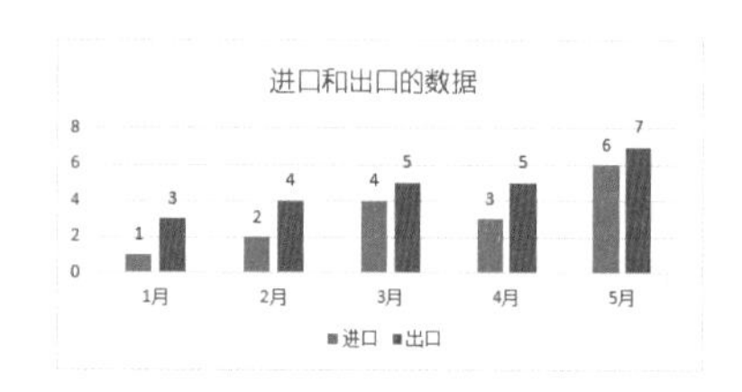

通过对“图谱”、“数据源谱”和“相关性与相对性”相关概念的介绍，以及结合图表的分析，有助于加深对数据维度和相关性的理解，为DR原则选图做好了准备。

10.3 根据DR原则选图

DR是“Dimension Relativity”的缩写，意思是指维度的相关性，也就是需要根据第10.2节介绍的具体内容进行选图，下面将介绍图谱与DR原则选图的具体解决方案。

10.3.1 一维图谱与DR原则选图

一维图谱指只有一个维度行数据按照维度和相关性进行划分，给出常见数据源对应的图形的所有集合。标准一维数据源如下图所示，其中标准数据源是指不需要做任何变化和构建的数据源。

	标签1	标签2	标签3	标签4	标签5
一维度名称	1	2	4	3	6

根据数据源生成的一维图谱如右图所示，数据按照相关性划分有饼图、复合饼图、面积图、折线图、漏斗图和瀑布图等，数据按照相对性划分有柱形图、条形图、树状图和雷达图等。每个图表下面附带具体的数据源和关键操作步骤，图表不仅可以用二维展示，还可以用三维立体展示。

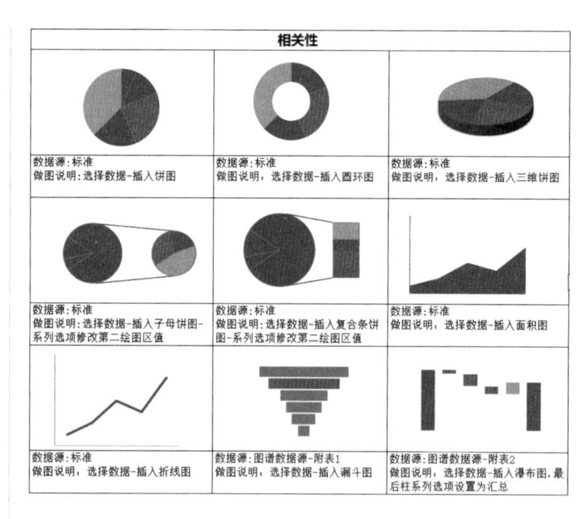

相关性一维图谱

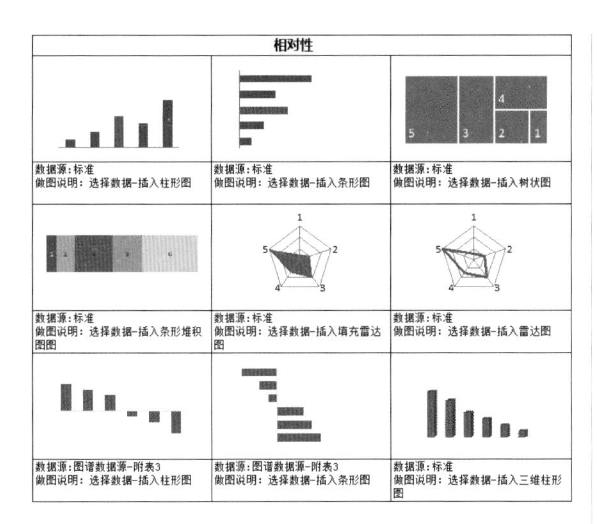

相对性一维图谱

一维图谱相关性和维度选图非标准数据源表如下图所示。

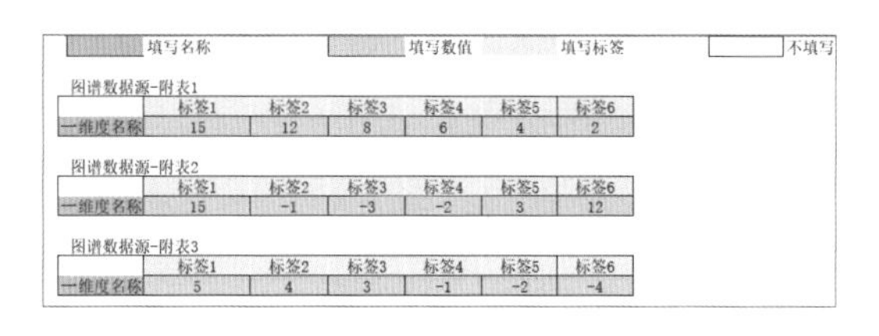

填写名称　填写数值　填写标签　不填写

图谱数据源-附表1

	标签1	标签2	标签3	标签4	标签5	标签6
一维度名称	15	12	8	6	4	2

图谱数据源-附表2

	标签1	标签2	标签3	标签4	标签5	标签6
一维度名称	15	-1	-3	-2	3	12

图谱数据源-附表3

	标签1	标签2	标签3	标签4	标签5	标签6
一维度名称	5	4	3	-1	-2	-4

对于从数据相关性和相对性，下面将通过几个代表性的案例进行讲解，详细介绍“由数到图”的思维过程和操作步骤。

先来看第一个相关性一维图谱案例“产品成本结构”的实现。

案例名称	产品成本结构
素材文件	素材 \ch10\10.3.1.xlsx
结果文件	结果 \ch10\10.3.1.xlsx

相关性　范例10-1　产品成本结构

本案例是某公司产品成本的结构数据，领导希望了解哪种成本占比最高。对于本案例的数据，打开“素材\ch10\10.3.1.xlsx”文件，选择“产品成本结构”工作表，就可以看到整理后的数据如下图所示。

	材料	辅料	动能	人工	其他
产品成本	55	20	5	10	8

【理解诉求】

领导希望从材料、辅料、动能、人工和其他这几项中找到占比最高的成本，以期后续对成本加以控制。

【分析数据相关性】

占比分析表明数据和数据之间是有运算逻辑的，因此使用一维相关性图表。

【选择合适图表】

从一维相关性图谱中搜索发现可以使用很多图表进行展示，如饼状分布图、环状图、复合饼图等。因为本案例是分析成本占比的，建议使用饼状分布图图表进行展示，即相关性一维图谱中前5个均可选用。

【制作图表】

如果选择复合条饼图展现案例数据，可在相关性一维图谱中找到相应图表，如下图所示。按照做图说明，即可制作图表。

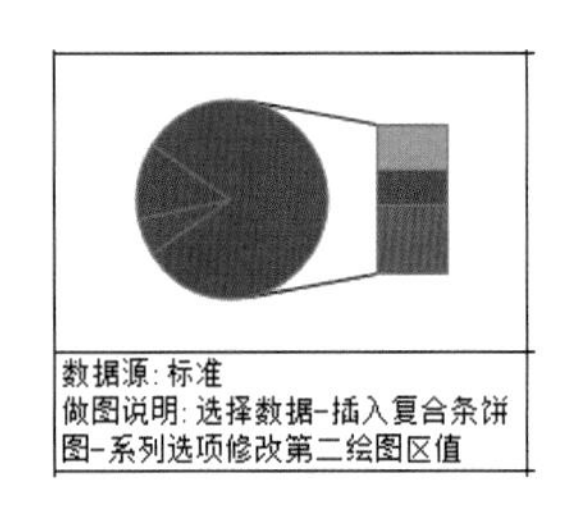

第一步 创建复合饼图

打开素材文件，选中数据区域任意单元格，选择【插入】→【图表】→【饼图】→【二维饼图】→【复合条饼图】选项，完成复合条饼图的制作。

第二步 设置数据案例

选中图表并右击，选择【设置数据系列格式】选项，在右侧对话框中设置【第二绘图区中的值】为“3”，完成图表的设置，如右上图所示。

第三步 美化图表

最后对图表进行美化，包括设置标签格式、标题格式、网格线格式等，生成的图表效果如下图所示。

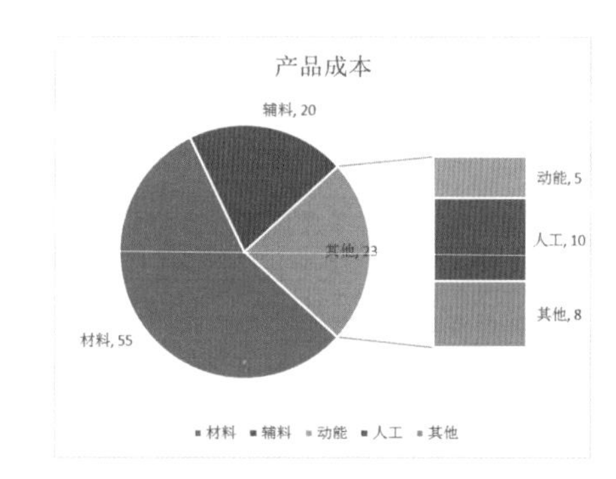

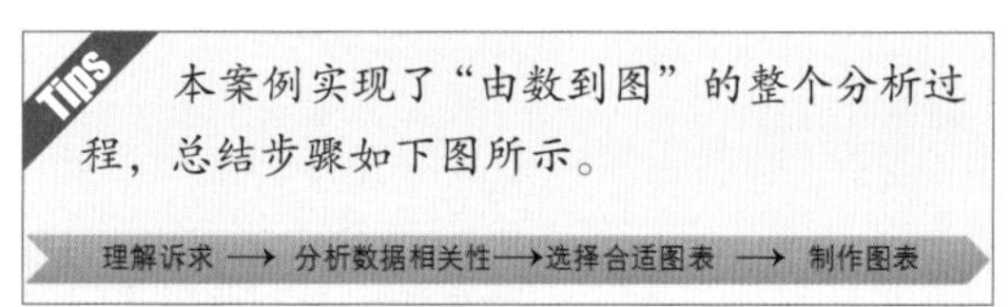

接下来继续分享第二个相关性一维图谱案例的思维分析过程和具体制作步骤。

案例名称	公司现金流
素材文件	素材 \ch10\10.3.1.xlsx
结果文件	结果 \ch10\10.3.1.xlsx

相关性 范例10-2 公司现金流

本案例是关于某公司现金流的，包含期初、工资、奖金、补贴、回款和月末的现金流数据，对于案例的数据，打开“素材\ch10\10.3.1.xlsx”文件，选择“公司现金流”工作表，就可以看到整理后的数据，如下图所示。

	期初	工资	奖金	补贴	回款	月末
一维度名称	1500	-200	-100	-50	500	1650

【理解诉求】

某公司财务部门整理了期初、工资、奖金、补贴、回款和月末的现金流，领导想了解从期初到月末之间的现金流变化情况。

【分析数据相关性】

如果单独分析期初和月末之间的现金流对比，则可以使用相对性图谱制作图表，但本案例需要知道期初到月末整个过程的现金流变化，表明同一维度数据和数据之间是有运算逻辑的，因此使用一维相关性图表。

【选择合适图表】

从一维相关性图谱中搜索发现可以使用很多图表进行展示，如饼状分布图、环状图、复合饼图等。因为本案例是分析现金流变化的，建议使用瀑布图进行展示，即选用相关性一维图谱中最后一个图表。

【制作图表】

在相关性一维图谱中找到相应图表，如下图所示。按照做图说明即可制作图表。

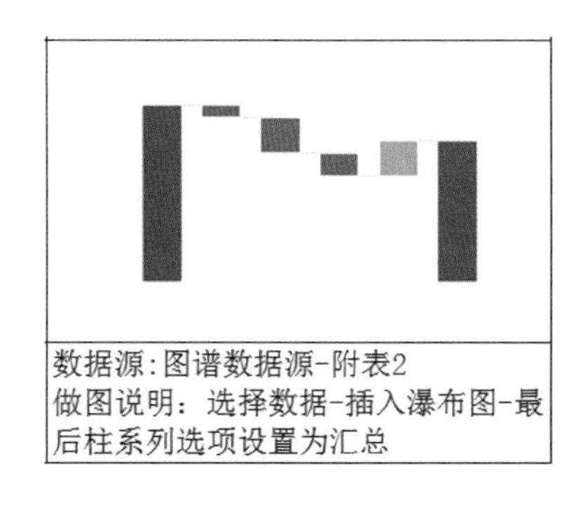

数据源：图谱数据源-附表2
做图说明：选择数据-插入瀑布图-最后柱系列选项设置为汇总

第一步 创建图表

打开素材文件，选中数据区域任意单元格，选择【插入】→【图表】→【查看所有图表】选项，在弹出来的对话框中选择【所有图表】【瀑布图】选项，如下图所示，完成瀑布图的制作。

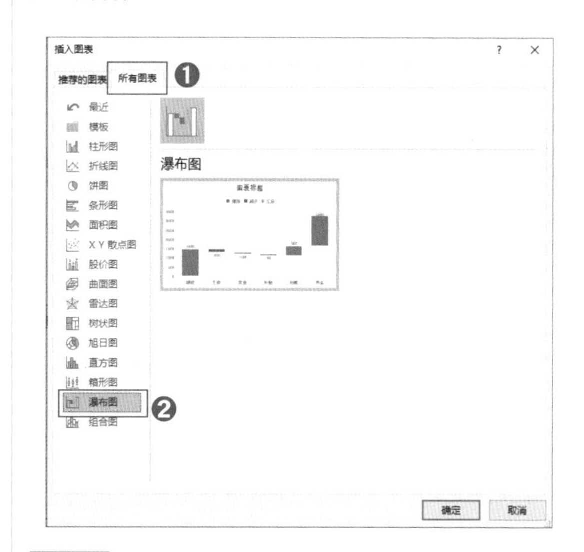

第二步 设置图表

❶ 选中数据系列并右击，在弹出的快捷菜单中选择【设置数据点格式】，在右侧窗格中选中【设置为汇总】复选框，如下图所示。

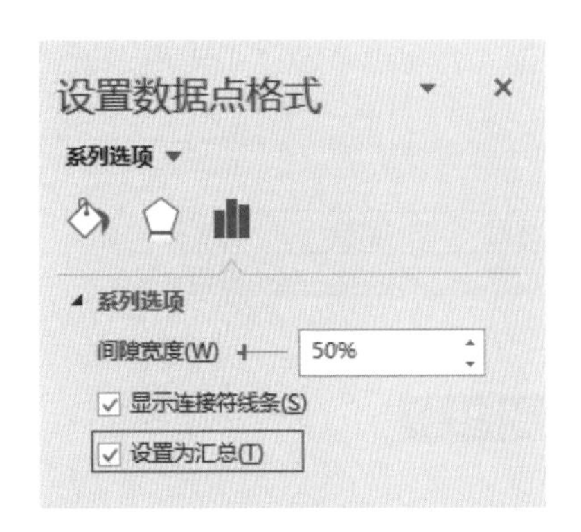

❷ 对图表设置标签格式、标题格式、网格线格式等，最终生成的图表效果，如下图所示。

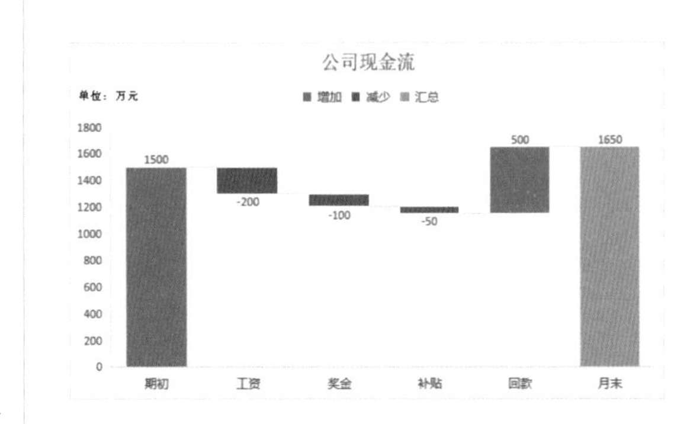

以上两个案例均是相关性一维图谱选图的分析过程。下面从相对性这方面介绍两个案例，看看数据相对性关系是如何根据DR原则选图的。

案例名称	超市卖菜价格统计
素材文件	素材 \ch10\10.3.1.xlsx
结果文件	结果 \ch10\10.3.1.xlsx

相对性 范例10-3 超市卖菜价格统计

本案例是某家超市后台记录卖菜的相关价格数据，对于本案例的数据，打开“素材\ch10\10.3.1.xlsx”文件，选择“超市卖菜价格统计”工作表，即可看到整理后的数据如下图所示。

	土豆	黄瓜	茄子	萝卜	冬瓜	白菜
价格（元）	8.5	6.2	5.5	7.8	3.8	2.9

【理解诉求】

某家超市后台记录的相关菜品的价格数据，包含土豆、黄瓜、茄子、萝卜、冬瓜和白菜的价格，想通过对比分析出哪个菜品价格最高，后期是否需要进行适度调整。

【分析数据相关性】

本案例需要知道土豆、黄瓜、茄子、萝卜和白菜的价格对比关系，表明同一维度数据和数据之间是没有运算逻辑的，因此应使用一维相对性图表。

【选择合适图表】

从一维相对性图谱中搜索发现可以使用很多图表进行展示，如柱形图、条形图和雷达图等。因为本案例是分析各种菜品价格对比关系的，建议使用柱形图或条形图进行展示，即相对性一维图谱中的第1、2和9均可选用。

【制作图表】

如果采用柱形图展现案例数据，在相对性一维图谱中找到相关图表，如下图所示，按照做图说明即可制作图表。

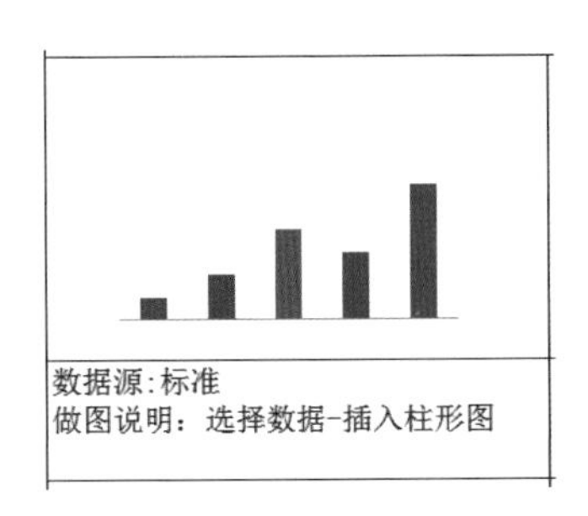

第一步 创建图表

打开素材文件，选中数据区域任意单元格，选择【插入】→【图表】→【柱形图】选项，插入柱形图。

第二步 设置图表

❶ 接着选中数据系列并右击，在弹出的快捷菜单中选择【设置数据系列格式】，在右侧窗格中选中【依数据点着色】复选框，如下图所示，完成柱形图制作。

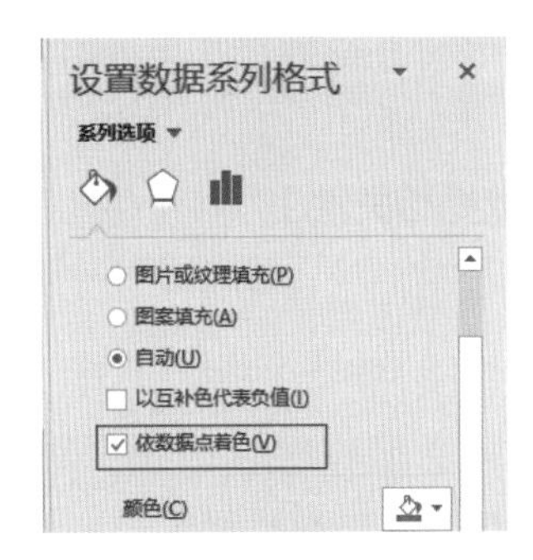

❷ 为图表设置标签格式、标题格式、网格线格式等，最终生成的图表效果如下图所示。

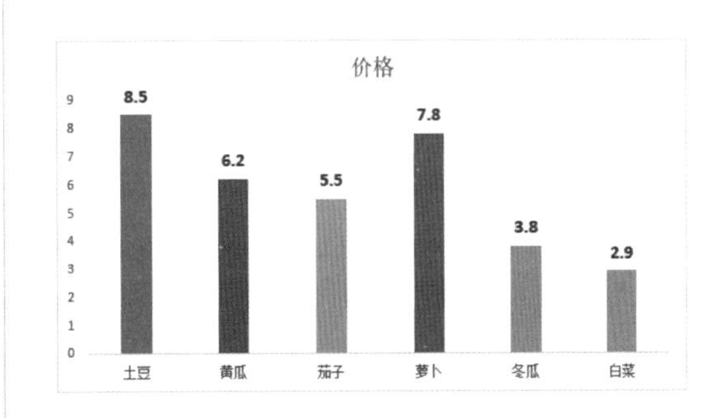

接下来看第二个相对性一维图谱案例的制作步骤和注意事项。

案例名称	公司投标能力表现
素材文件	素材 \ch10\10.3.1.xlsx
结果文件	结果 \ch10\10.3.1.xlsx

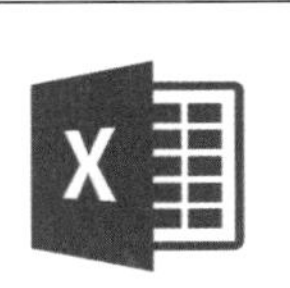

相对性 范例10-4 公司投标能力表现

本案例是在公司投标过程中，对其财管能力、研发能力、制造能力、销售能力和采购能力的打分。数据文件已提前准备好了，打开“素材\ch10\10.3.1.xlsx”文件，选择“公司投标能力表现”工作表，就可以看到整理后的数据如下表所示。

	财管能力	研发能力	制造能力	销售能力	采购能力
打分	7.5	6	2.3	3	2

【理解诉求】

本案例想了解公司的财管能力、研发能力、制造能力、销售能力和采购能力这5项中哪个能力最强，以分析在投标过程中能有多大的中标把握。

【分析数据相关性】

本案例需要知道财管能力、研发能力、制造能力、销售能力和采购能力的打分对比关系，表明同一维度数据和数据之间是没有运算逻辑的，因此使用一维相对性图表。

【选择合适图表】

从一维相对性图谱中搜索发现可以使用很多图表进行展示，如柱形图、条形图和雷达图等。因为本案例是分析各种能力中哪个最好，能代表公司多大的优势，建议使用雷达图进行展示。

【制作图表】

在相对性一维图谱中找到相应图表，如下图所示，按照做图说明即可制作图表。

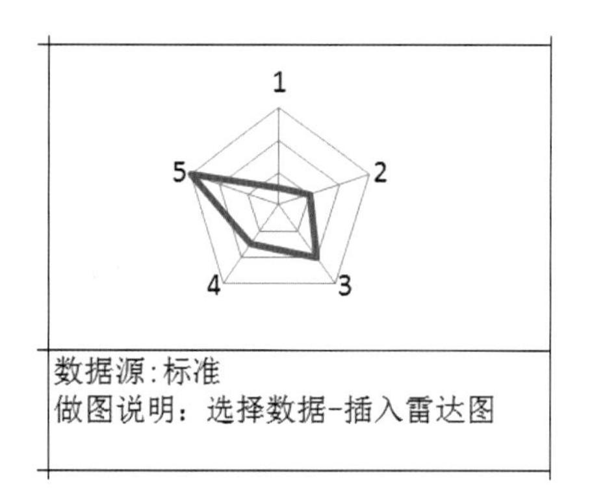

第一步 **创建图表**

❶ 打开素材文件，选中数据区域任意单元格，选择【插入】→【图表】→【查看所有图表】选项。弹出【插入图表】对话框，选择【所有图表】→【雷达图】选项，单击【确定】按钮，完成雷达图的创建，如下图所示。

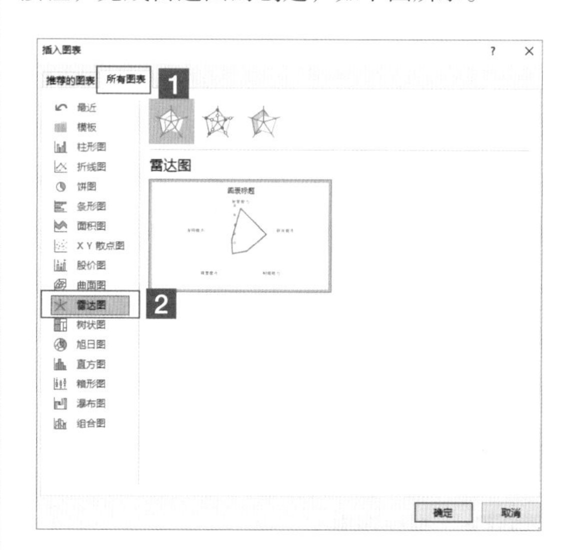

❷ 设置完成后，生成的效果如下图所示。

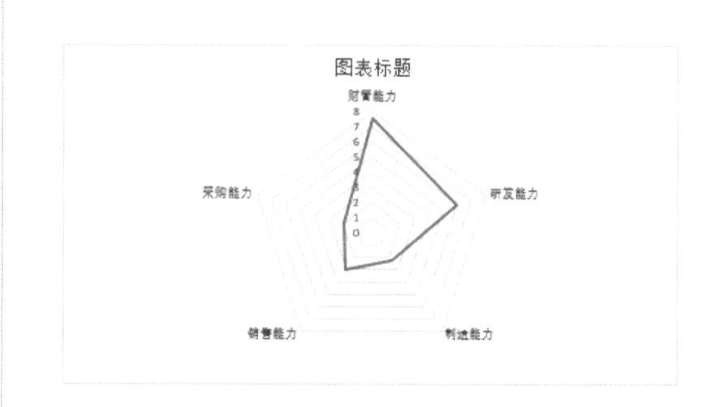

第二步 **设置图表**

选中数据系列并右击，在弹出的快捷菜单中选择【设置数据系列格式】选项。在右侧窗格中【标记选项】下选中【内置】单选按钮，并设置【类型】为圆形，并调整【大小】为“8”，在【填充】下选中【纯色填充】单选按钮，设置为为橙色，如下左图所示；然后在【线条】选中【实线】单选按钮，线条颜色设置为红色，如下右图所示。

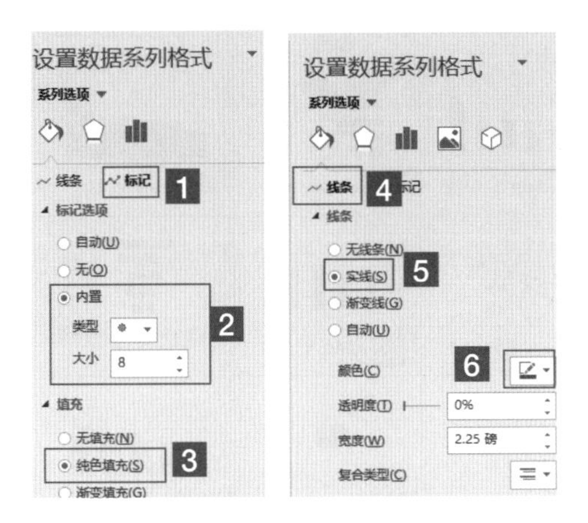

设置完成后，效果如下图所示。

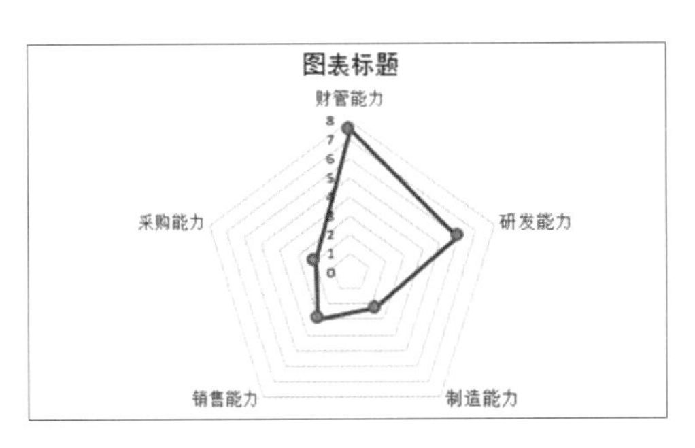

第三步 美化图表

对图表进行美化：去掉坐标轴选项、设置标签格式、标题格式等，最终生成的效果如下图所示。

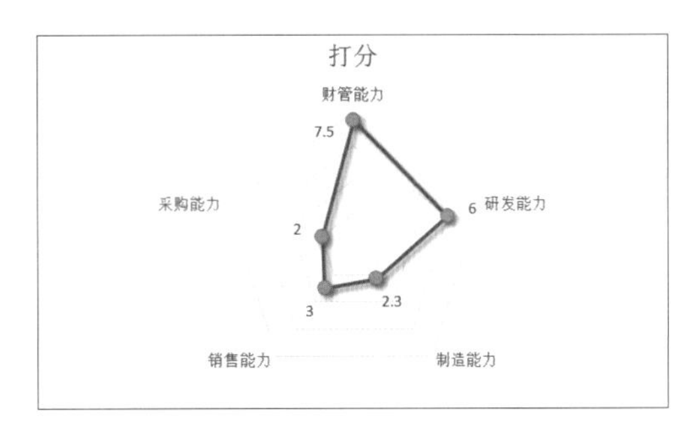

【图表分析】

该图可清晰展示公司的财管能力和研发能力非常强，采购能力和销售能力偏弱。雷达图通过大小和角度充分表现了这种相对性对比的关系。

通过以上4个例子，说明相对性一维图谱和相关性一维图谱的选图分析过程一样，都需要通过诉求理解、分析数据相关性/相对性、在已经设计好的图谱中搜索合适的图表，以及根据做图说明制作图表的过程。

10.3.2 二维图谱与DR原则选图

在一维图谱的基础上，继续讲解二维图谱的DR原则选图。所谓二维图谱是指有两个维度行数据按照维度和相关性进行划分，给出常见数据源对应图形的所有集合。标准二维数据源如下图所示，其中标准数据源是指不需要做任何变化和构建的数据源。

	标签1	标签2	标签3	标签4	标签5
一维度名称	1	2	4	3	6
二维度名称	3	4	5	5	7

根据数据源生成的二维图谱如下图所示，数据按照相关性划分有堆积柱形图、二维柱形图、柱线复合图、堆积条形图、面积图、散点图、趋势折线图、圆环图和帕累托图等，数据按照相对性划分有二维柱形图、面积图、雷达图、漏斗图和折线图等。每个图表下面附带具体的数据源和关键操作步骤。图表不仅可以用二维展示，还可以用三维立体展示。

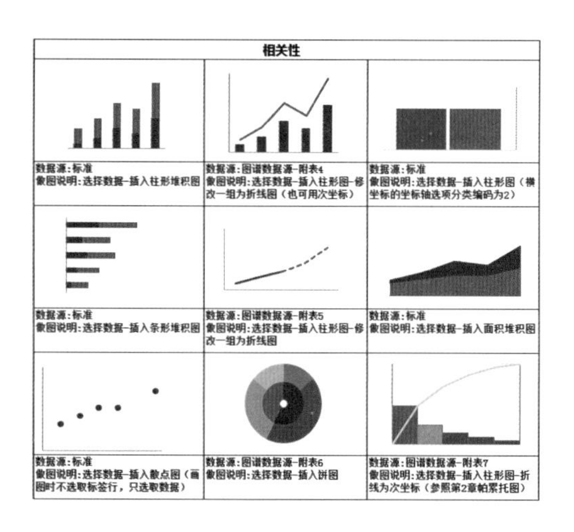

相关性二维图谱

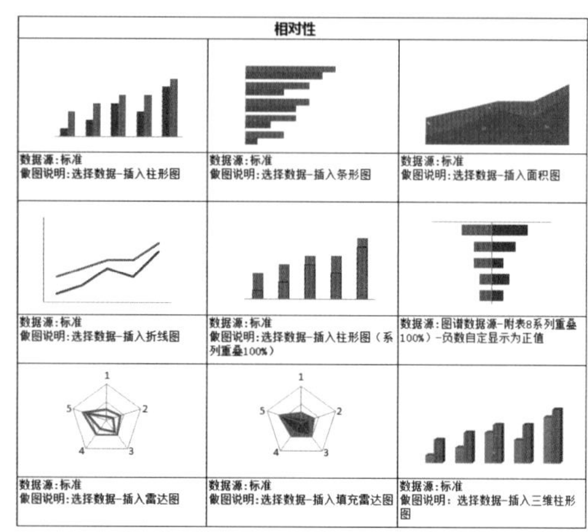

相对性二维图谱

二维图谱相关性和维度选图非标准数据源表如下图所示。

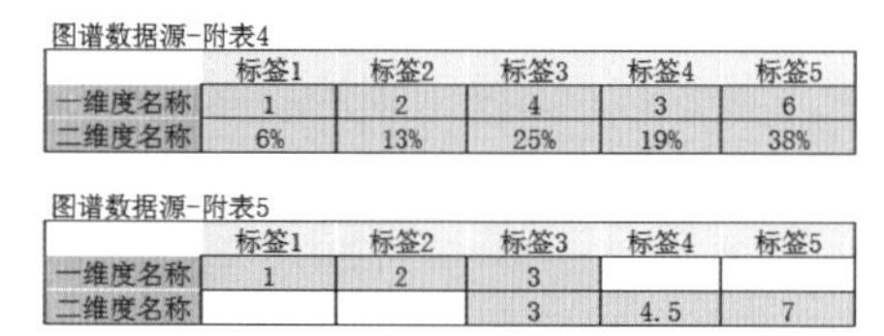

图谱数据源-附表4

	标签1	标签2	标签3	标签4	标签5
一维度名称	1	2	4	3	6
二维度名称	6%	13%	25%	19%	38%

图谱数据源-附表5

	标签1	标签2	标签3	标签4	标签5
一维度名称	1	2	3		
二维度名称			3	4.5	7

图谱数据源-附表6

	板块1	板块11	板块12	板块2	板块21
一维度名称	4			3	
二维度名称		1	3		2

图谱数据源-附表7

	标签1	标签2	标签3	标签4	标签5
一维度名称	10	5	3	2	1
二维度名称	48%	71%	86%	95%	100%

图谱数据源-附表8

	标签1	标签2	标签3	标签4	标签5
一维度名称	6	4	2	3	2
二维度名称	-5	-3	-3	-2	-2

在一维图谱的基础上，大家已经掌握了“由数到图”的分析过程。对于二维图谱也将从数据相关性和相对性出发，各挑选两个代表性的图表制作过程案例，详细讲解选图思维过程和操作步骤，以加深对该分析过程的理解。

先看第一个相关性二维图谱案例的选图分析过程和制作步骤。

案例名称	家人和老师给的大红花（相关性）
素材文件	素材 \ch10\10.3.2.xlsx
结果文件	素材 \ch10\10.3.2.xlsx

相关性　范例10-5 家人和老师给的大红花（相关性）

本案例是姐姐和弟弟上幼儿园一个月后，爸爸、妈妈、爷爷、奶奶和老师给的大红花数。对于本案例的数据，打开“素材\ch10\10.3.2.xlsx”文件，选择“家人和老师给的大红花（相关性）”工作表，即可看到整理后的数据如下图所示。

单位：朵

	爸爸	妈妈	爷爷	奶奶	老师
姐姐	1	2	4	3	6
弟弟	3	4	5	5	7

【理解诉求】

分析谁给姐姐和弟弟的大红花最多。

【分析数据相关性】

姐姐和弟弟得到谁的大红花最多，意思是需要统计爸爸、妈妈、爷爷、奶奶和老师每个人给出的大红花数目，表明数据和数据之间是有运算逻辑的，因此使用二维相关性图表。

【选择合适图表】

从二维相关性图谱中搜索，发现本案例可以使用很多图表进行展示，如堆积柱形图、二维柱形图、柱线复合图、堆积条形图、面积图、散点图、趋势折线图、圆环图和帕累托图等。因为本案例是分析每个人给出的大红花数目，建议使用堆积图表进行展示，即相关性二维图谱中前4个均可选用。

【制作图表】

如果选择柱形堆积图展现案例数据，则在相关性二维图谱中找到相关图表，如右图所示，按照做图说明即可制作图表。

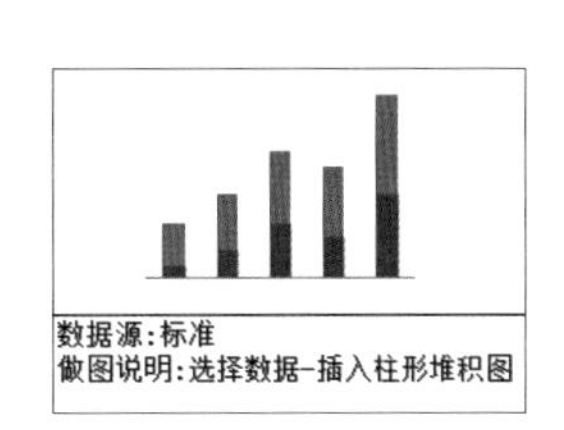

生成柱形堆积图后，再对图表进行美化，包括设置标签格式、标题格式、网格线格式等，生成的图表效果如下图所示。

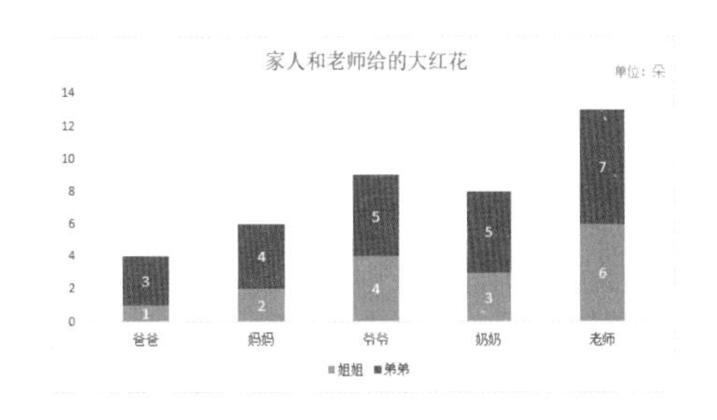

从柱形堆积图可以看出老师给的大红花最多，即姐姐6个、弟弟7个，其次是爷爷给的最多。该图表反映了维度数据之间和的逻辑关系，所以选择相关性二维图谱展示。

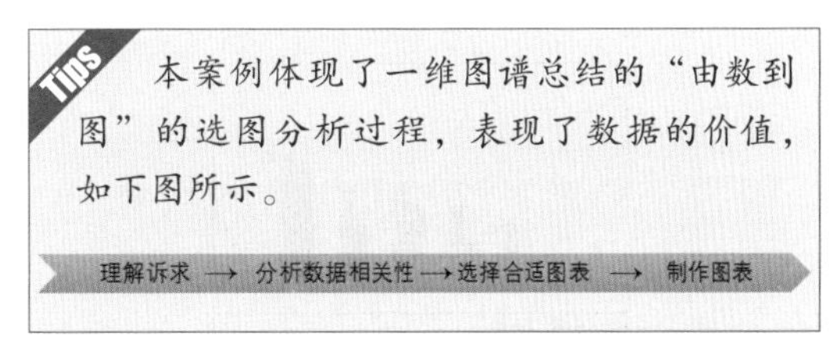

下面再以一个数据相对性案例验证分析过程的正确性。

案例名称	家人和老师给的大红花（相对性）
素材文件	素材 \ch10\10.3.2.xlsx
结果文件	结果 \ch10\10.3.2.xlsx

相对性　范例10-6　家人和老师给的大红花（相对性）

使用第10.3.2节的数据集，分析爸爸、妈妈、爷爷、奶奶和老师给的大红花数。数据文件已提前准备好了，打开“素材\ch10\10.3.2.xlsx”文件，选择“家人和老师给的大红花（相对性）”工作表，可以看到整理后的数据如下图表格所示。

单位：朵

	爸爸	妈妈	爷爷	奶奶	老师
姐姐	1	2	4	3	6
弟弟	3	4	5	5	7

【理解诉求】

分析爸爸、妈妈、爷爷、奶奶和老师给姐姐的大红花多，还是给弟弟的多。

【分析数据相关性】

爸爸、妈妈、爷爷、奶奶和老师给姐姐的大红花多，还是给弟弟的多，意思是需要统计他们每个人给姐姐和弟弟的大红花数目并进行对比，因此使用二维相对性图表。

【选择合适图表】

从二维相对性图谱中，搜索发现本案例可以使用很多图表进行展示，如二维柱形图、面积图、雷达图、漏斗图和折线图等。因为本案例是分析每个人给姐姐的大红花多，还是弟弟的多，最好使用二维柱形图进行展示。

【制作图表】

在相对性二维图谱中找到该图表案例，如下图所示，按照做图说明即可制作图表。

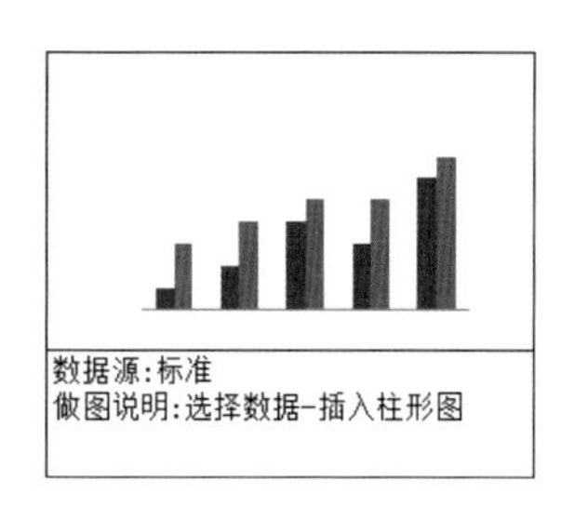

生成柱形堆积图后。接着对图表进行美化，包括设置标签格式、标题格式、网格线格式等，生成的图表效果如下图所示。

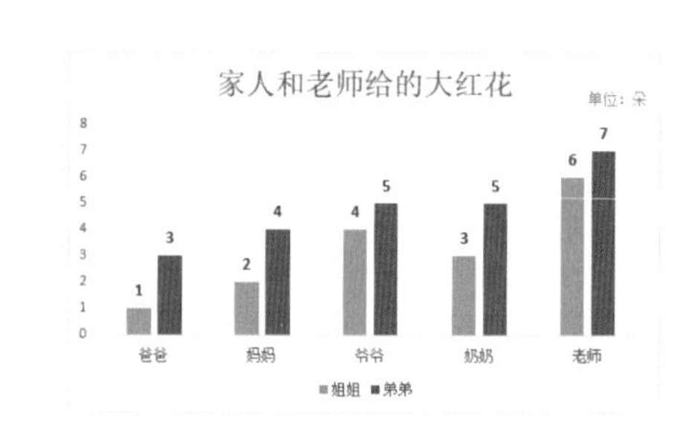

从二维柱形图可以看出老师给的大红花最多，即姐姐6个、弟弟7个；其次是爷爷给的最多，分别是姐姐4个、弟弟5个。

通过以上例子，说明同一个数据源既可以用数据相关性二维图谱展现，也可以使用数据相对性二维图谱展现，即可以从不同角度对数据进行分析。

下面看一个相关性二维图谱案例的选图分析过程和制作步骤。

案例名称	第 1 季度采购情况同期对比
素材文件	素材 \ch10\10.3.2.xlsx
结果文件	结果 \ch10\10.3.2.xlsx

相对性　范例10-7　第1季度采购情况同期对比

本案例统计公司采购部门去年和今年每个月的采购数量，用于分析今年和去年的采购量同期对比。打开“素材\ch10\10.3.2.xlsx”文件，选择“第1季度采购情况同期对比”工作表，即可看到本案例整理后的数据如下图所示。

单位：万元

	1季度	1月	2月	3月
去年	900	200	400	300
今年	1400	400	500	500

【理解诉求】

分析去年和今年1~3月，以及第1季度整体的采购力同期对比。

【分析数据相关性】

需要统计1~3月每个月，以及第1季度去年和今年整体采购数量的对比，表明数据和数据之间是没有运算逻辑的，因此使用二维相对性图表。

【选择合适图表】

从二维相关性图谱中，搜索发现本案例可以使用很多图表进行展示，如堆积柱形图、二维柱形图、柱线复合图、堆积条形图、面积图、散点图、趋势折线图、圆环图和帕累托图等。因为本案例是分析1~3月的采购数量对比，建议使用二维柱形图进行展示。

【制作图表】

在相关性二维图谱中找到相关图表，如下图所示，按照做图说明即可制作图表。

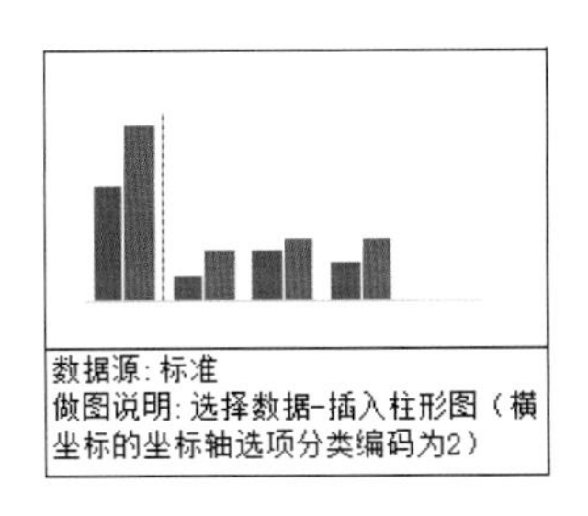

第一步　创建图表

打开素材文件，选中数据区域任意单元格，选择【插入】→【图表】→【二维柱形图】选项，生成二维柱形图，如下图所示。

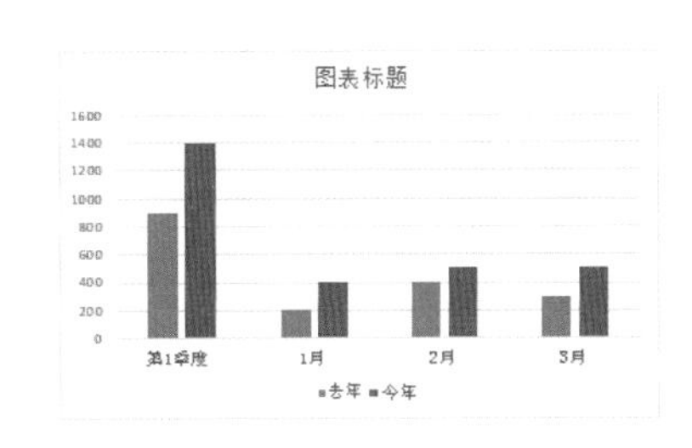

第二步　美化图表

❶ 接着对图表进行美化，包括设置标签格式、标题格式、网格线格式等，生成的图表效果如下图所示。

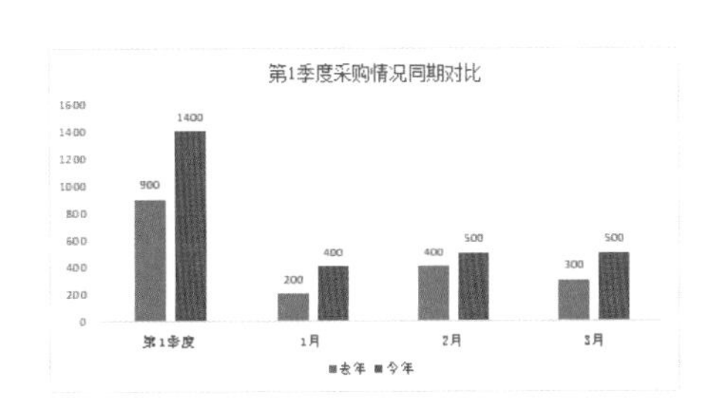

❷ 设置横坐标格式。选中横坐标坐标轴并右击，选择【设置坐标轴格式】选项，在右侧窗格中选择【坐标轴选项】→【纵坐标轴交叉】

选项，然后选中【分类编号】单选按钮，并设置为“2”，如下图所示。

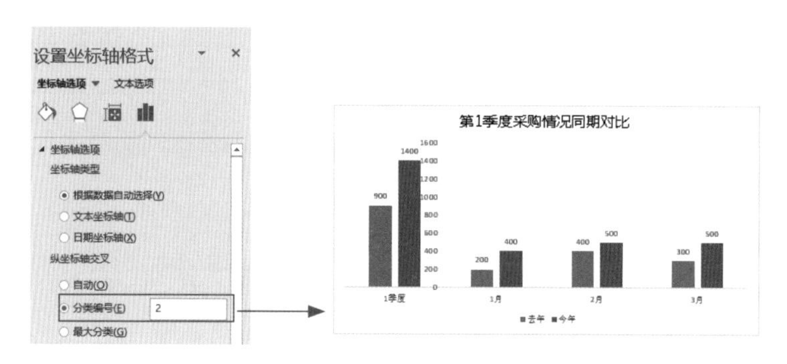

❸ 设置纵坐标轴格式。标签位置设置为“无”，并修改纵坐标线条为虚线。最终效果如下图所示。

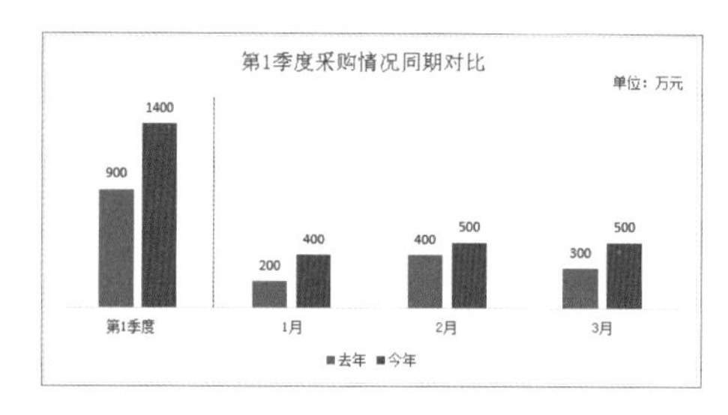

下面看一个相对性二维图谱案例的选图分析过程和制作步骤。

案例名称	公司人员年龄结构对比
素材文件	素材\ch10\10.3.2.xlsx
结果文件	结果\ch10\10.3.2.xlsx

范例10-8 公司人员年龄结构对比

本案例统计A、B两公司各个年龄段的人数情况。打开“素材\ch10\10.3.2.xlsx”文件，选择“公司人员年龄结构对比”工作表，即可看到本案例整理后的数据如下表所示。

单位：人

	20～30岁	31～35岁	36～40岁	41～45岁	46岁以上
A公司	600	400	200	300	200
B公司	500	300	300	200	200

【理解诉求】

分析A、B两公司各个年龄段的人数对比情况。

【分析数据相关性】

本案例需要使用数据的相对性完成A、B两公司人数各个年龄段的对比。

【选择合适图表】

从二维相对性图谱中，搜索发现本案例可以使用很多图表进行展示，如二维柱形图、面积图、雷达图、漏斗图和折线图等。本案例可以使用二维条形图进行展示。

【制作图表】

在相对性二维图谱中找到该图表案例，如下图所示，按照做图说明即可制作图表。

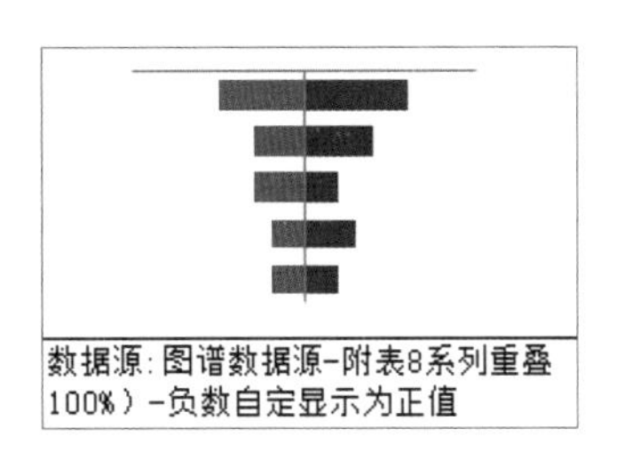

第一步 创建图表

打开素材文件，选中数据区域任意单元格，选择【插入】→【图表】→【二维条形图】选项，生成的图表如下图所示。

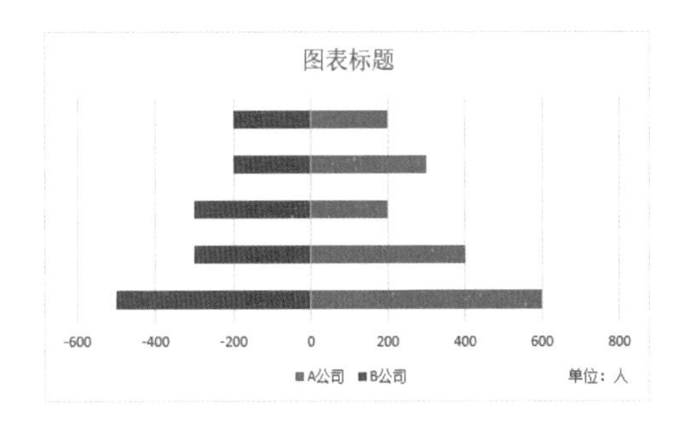

第二步 设置图表

观察发现，生成的图表和目标图表差别很大。右击并选中“A公司”数据系列，选择【设置数据系列格式】选项，在右侧窗格中设置【系列重叠】为“100%”，调整【间隙宽度】为“93%”，生成的图表如下图所示。

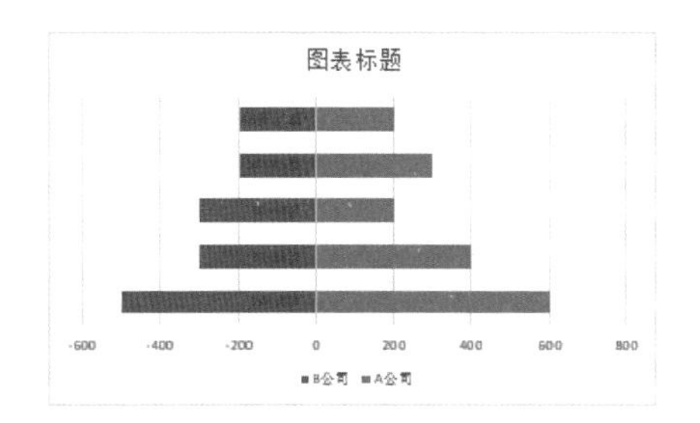

第三步 美化图表

对图表进行美化，包括设置标签格式、标题格式、网格线格式，以及坐标轴格式调整为“逆序类别”等，生成的图表效果如下图所示。

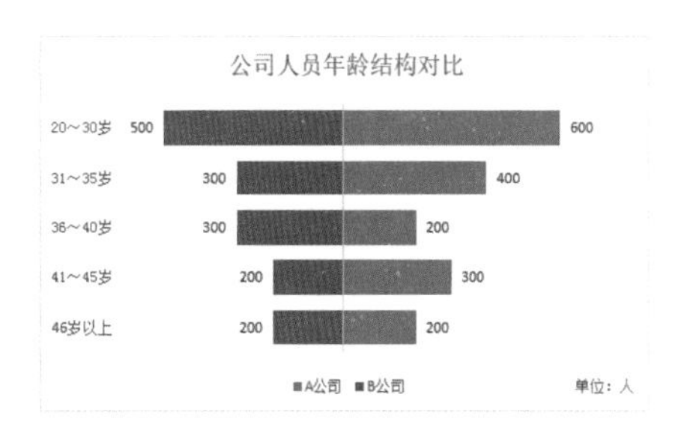

【图表分析】

从该图可以明显看出A、B公司20~30岁的员工人数最多，其次是31~35岁，46岁以上员工数最少。相比较而言36~40岁的员工人数B公司比A公司少。

同理，对于三维、四维多维图谱的分析过程都是一样的，只要对一维和二维图谱完全理解，后面三维、四维和多维图谱理解就会非常轻松。

10.3.3 三维图谱与DR原则选图

在一维和二维图谱的基础上，讲解三维图谱与DR原则选图。三维图谱是指有3个维度行数据按照维度和相关性进行划分，给出常见数据源对应图形的所有集合。标准三维数据源如下表所示，其中标准数据源是指不需要做任何变化和构建的数据源。

	标签1	标签2	标签3
一维度名称	8	6	9.5
二维度名称	7	5.2	8
三维度名称	14%	15%	19%

根据数据源生成的三维图谱如下图所示，每个图表下面附带具体的数据源和关键操作步骤。

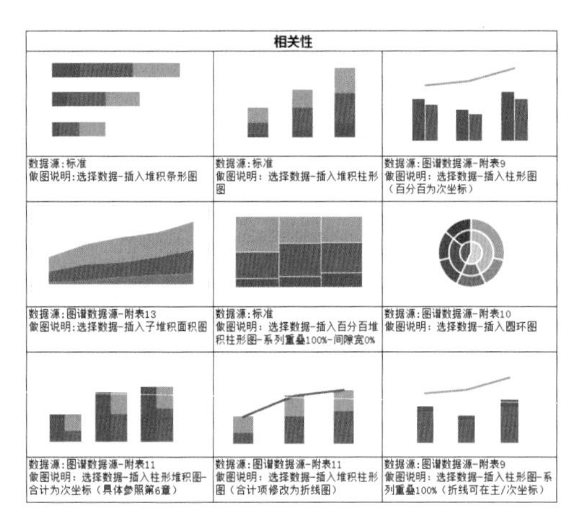

相关性三维图谱

相对性三维图谱

三维图谱相关性和维度选图非标准数据源表如下图所示。

图谱数据源-附表9

	标签1	标签2	标签3
一维度名称	8	6	9.5
二维度名称	7	5.2	8
三维度名称	14%	15%	19%

图谱数据源-附表10

	板块1	板块11	板块111	板块112	板块12	板块2	板块21	板块211	板块212	板块22
一维度名称	4					3				
二维度名称		3			1		2			1
三维度名称			2	1	1			1	1	1

图谱数据源-附表11

	标签1	标签2	标签3
合计	5	9	10
二维度名称	2	5	6
三维度名称	3	4	4

图谱数据源-附表12

	标签1	标签2	标签3	标签1	标签2	标签3	标签1	标签2	标签3
一维度名称	1	2	4						
二维度名称				3	6	8			
三维度名称							4	5	7

下面从数据相关性和相对性出发各挑选一个代表性的图表，讲解“由数到图”的选图思维过程和操作步骤，以加深对该分析过程的理解。

案例名称	A 公司利润同比
素材文件	素材 \ch10\10.3.3.xlsx
结果文件	结果 \ch10\10.3.3.xlsx

相关性　范例10-9 A公司利润同比

本案例是A公司1~6月去年和今年的销量数据及同比。打开“素材\ch10\10.3.3.xlsx”文件，选择“A公司利润同比”工作表，即可看到案例整理后的数据如下图表格所示。

	1月	2月	3月	4月	5月	6月
去年	8	6	9.5	12	14	16
今年	9	7	10	13	15	17
同比	13%	17%	5%	8%	7%	6%

【理解诉求】

分析A公司去年和今年1~6月的销量数据及同比。

【分析数据相关性】

虽然A公司去年和今年1~6月销量是独立的，但1~6月的同比表明数据和数据之间是有运算逻辑的，因此应使用三维相关性图表。

【选择合适图表】

因为本案例既有数量数据，也有百分比数据，两种数据量不一样，建议使用柱线复合图表进行展示。

【制作图表】

在相关性三维图谱中找到该图表案例，如下图所示，按照做图说明即可制作图表。

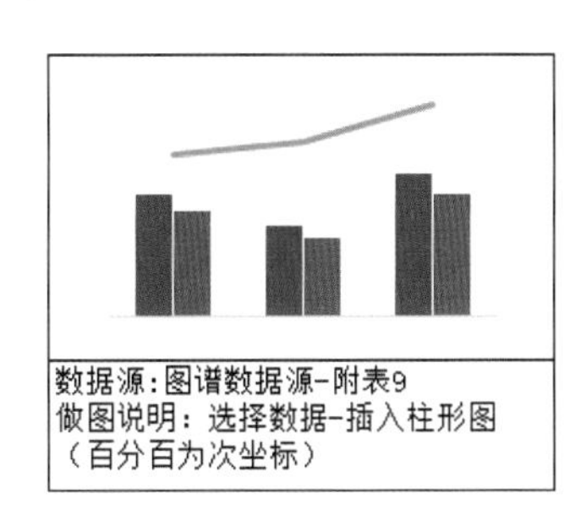

数据源：图谱数据源-附表9
做图说明：选择数据-插入柱形图（百分百为次坐标）

生成柱线复合图表后，再对图表进行美化，包括设置标签格式、标题格式、网格线格式、更改图表类型等，最终生成图表效果如下图所示。

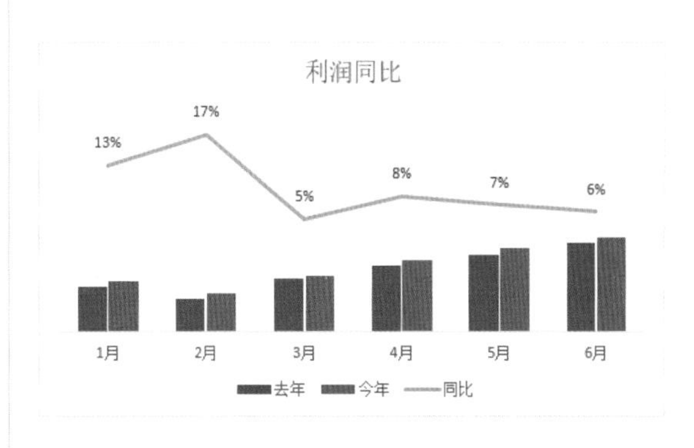

从以上图表既可以看出每个月的去年和今年销量的对比，也可以看出整体同比趋势的走势情况，有利于A公司对后续决策做有价值的参考。

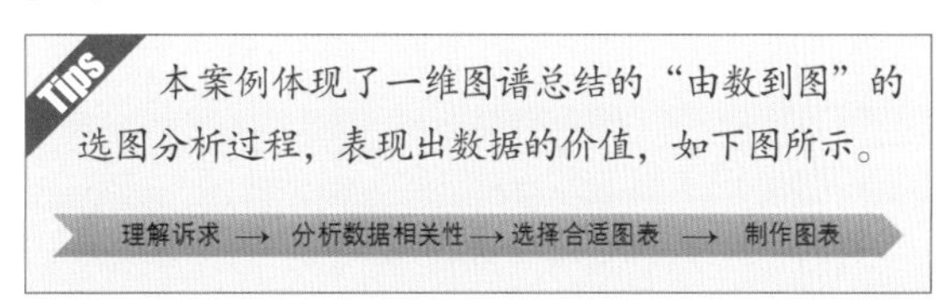

下面再以一个数据相对性案例验证分析过程的正确性。

案例名称	每个月和季度的现金流表现	
素材文件	素材 \ch10\10.3.3.xlsx	
结果文件	结果 \ch10\10.3.3.xlsx	

相对性　范例10-10 每个月和季度的现金流表现

本案例统计A公司每个月和季度的现金流表现，打开“素材\ch10\10.3.3.xlsx”文件，选择“每个月季度现金流表现”工作表，即可看到整理后的数据如下表所示。

单位：万元

	1月	2月	3月	4月	5月	6月	7月	8月	9月
1季度	100	200	400						
2季度				300	600	800			
3季度							400	500	700

【理解诉求】

分析A公司每个月和季度的现金流表现。

【分析数据相关性】

需要统计每个月、每个季度的现金流情况，对每个月现金流数据进行对比，以及对季度数据进行对比，因此应使用三维相对性图表。

【选择合适图表】

从三维相对性图谱中，搜索发现可以使用折线图实现对比。

【制作图表】

在相对性三维图谱中找到该图表案例，如右上图所示，按照做图说明即可制作图表。

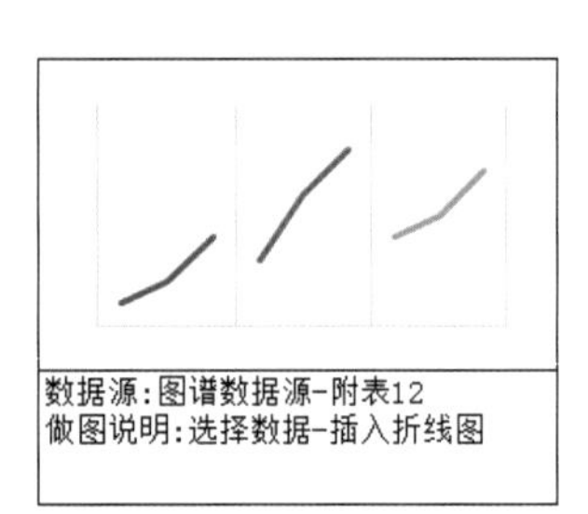

生成折线图后，对图表进行美化，包括设置标签格式、标题格式、网格线格式等，生成图表效果如下图所示。

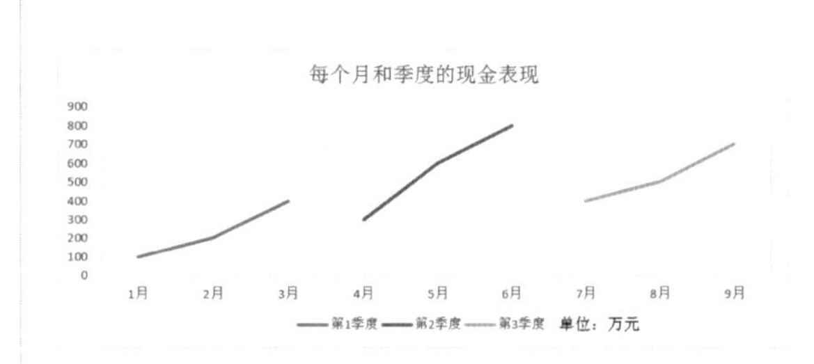

从折线图可以看出第2季度现金流表现最好，尤其是4、5两个月上升最多。

通过两个三维图谱例子，再一次讲解了从数据相关性和相对性方面提炼“由数到图”的思维过程，与一维图谱和二维图谱的分析过程一样。

10.3.4 四维图谱与DR原则选图

通常工作中使用最多是一维图谱、二维图谱和三维图谱，四维图谱用的相对较少，但四维图谱同样很重要。下面讲解四维图谱与DR原则选图。四维图谱指有4个维度行数据按照维度和相关性进行划分，给出常见数据源对应图形的所有集合。标准四维数据源如下图表格所示，其中标准数据源是指不需要做任何变化和构建的数据源。

	标签1	标签2	标签3
一维度名称	1	2	4
二维度名称	3	6	8
三维度名称	4	5	7
四维度名称	8	13	19

根据数据源生成的四维图谱如下图所示，每个图表下面都附带具体的数据源和关键操作步骤。

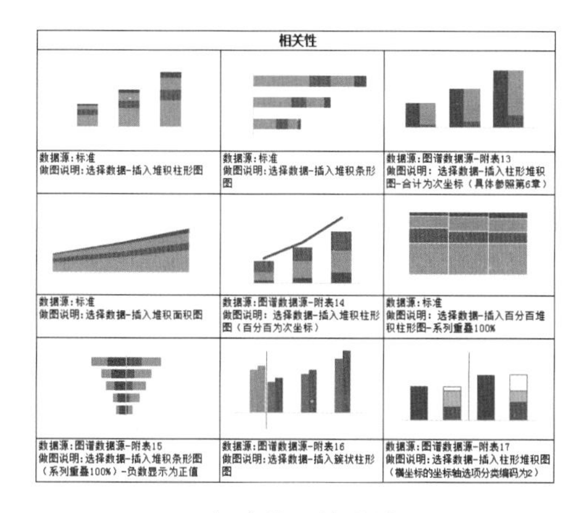

相关性四维图谱

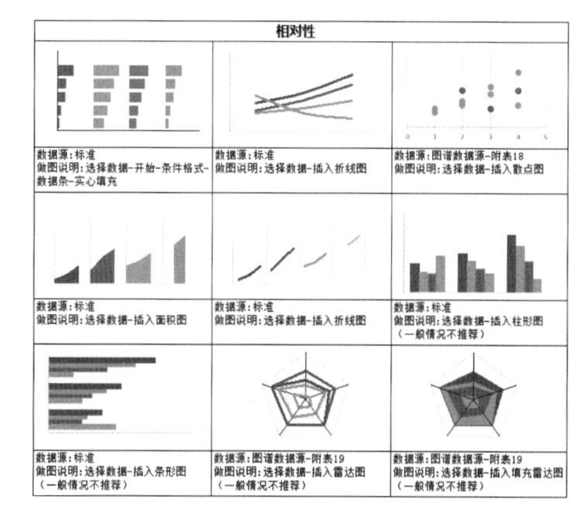

相对性四维图谱

四图谱相关性和维度选图非标准数据源表如下图所示。

图谱数据源-附表13

	标签1	标签2	标签3
一维度名称	1	2	4
二维度名称	3	6	8
三维度名称	4	5	7
合计	8	13	19

图谱数据源-附表16

	标签1	标签2	标签3	标签4
一维度名称		8	10	14
二维度名称		9	11	16
三维度名称	11			
四维度名称	12			

图谱数据源-附表14

	标签1	标签2	标签3
一维度名称	1	2	4
二维度名称	3	6	8
三维度名称	4	5	7
四维度名称	10%	30%	60%

图谱数据源-附表17

	标签1	标签2	标签3	标签4
一维度名称	15		20	
二维度名称		6		8
三维度名称		7		5
四维度名称		2		7

图谱数据源-附表15

	标签1	标签2	标签3	标签4	标签5
一维度名称	1	2	4	5	9
二维度名称	3	6	8	10	12
三维度名称	-4	-5	-7	-9	-11
四维度名称	-2	-3	-5	-6	-10

图谱数据源-附表18

X轴值	1	2	3	4
一维度名称	4	7	11	15
二维度名称	5	6	9	6
三维度名称	4	10	5	10

图谱数据源-附表19

	标签1	标签2	标签3	标签1	标签2	标签3	标签1	标签2	标签3	标签1	标签2	标签3
一维度名称	1	2	4									
二维度名称				3	6	8						
三维度名称							4	5	7			
四维度名称										6	9	11

下面从数据相关性和相对性出发各挑选一个代表性的图表，讲解“由数到图”的选图思维过程和操作步骤，以加深对该分析过程的理解。

案例名称	某公司采购项目降本达成情况
素材文件	素材 \ch10\10.3.4.xlsx
结果文件	结果 \ch10\10.3.4.xlsx

相关性　范例10-11　某公司采购项目降本达成情况

本案例是某公司的A、B两个采购项目在目标、完成、机会和缺口方面的数据统计，希望从中选出降本达成较好的项目，打开“素材\ch10\10.3.4.xlsx”文件，选择“某公司采购项目降本达成情况”工作表，即可看到整理后的数据如下图所示。

单位：个

	A项目目标	进展	B项目目标	进展
目标	15		20	
完成		6		8
机会		7		5
缺口		2		7

【理解诉求】

分析该公司A、B两个采购项目的各自降本达成情况。

【分析数据相关性】

A、B两个采购项目都有目标值和实际进展值。实际进展值需要累计与目标值进行比对分析降本完成的情况，同时A、B两项目之间也要进行对比。实际进展值累计之和是有逻辑运算关系的，因此应使用四维相关性图表。

【选择合适图表】

因为本案例既有A、B两采购项目的进展累计运算，也有目标值的数据统计，建议使用复合柱形堆积图进行展示。

【制作图表】

在相关性四维图谱中找到该图表案例，如右图所示，按照做图说明制作图表即可。

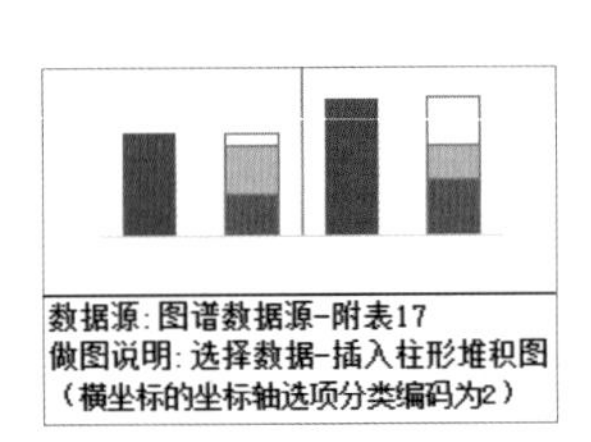

操作步骤

第一步　创建图表

打开素材文件，选中数据区域任意单元格，选择【插入】→【图表】→【二维柱形图】→【柱形堆积图】选项，生成柱形堆积图，如下图所示。

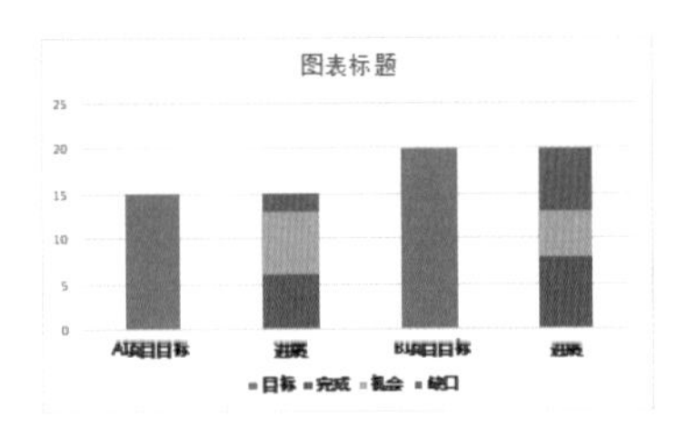

第二步 **美化图表**

❶ 对图表进行美化，包括设置标签格式、标题格式、网格线格式、调整图例位置等，生成图表效果如下图所示。

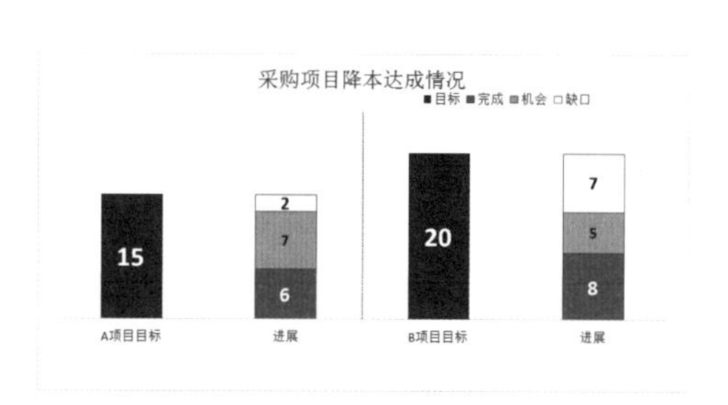

❷ 设置横坐标格式。选中横坐标坐标轴并右击，选择【设置坐标轴格式】选项，在右侧窗格中选择【坐标轴选项】→【纵坐标轴交叉】选项，并设置【分类编号】为“2”，如下图所示。

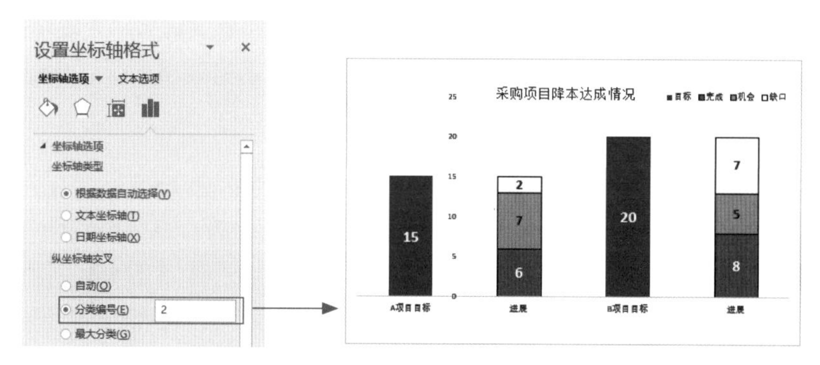

❸ 设置纵坐标轴格式，将标签位置设置为“无”，修改纵坐标线条为虚线。最终效果如下图所示。

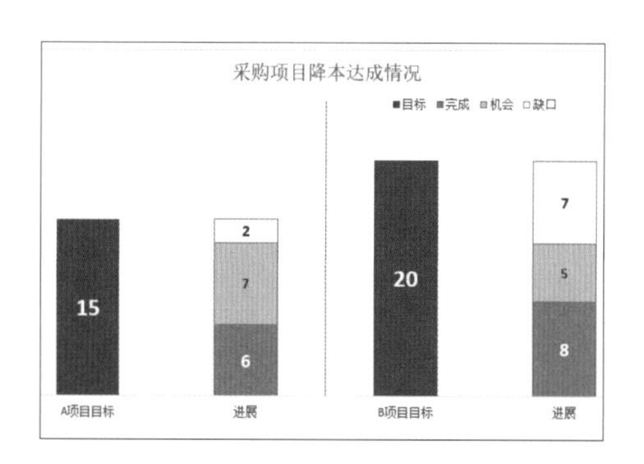

Tips

本案例步体现了一维图谱总结的“由数到图”的选图分析过程，表现出了数据的价值，如下图所示。

理解诉求 → 分析数据相关性 → 选择合适图表 → 制作图表

下面以一个数据相对性案例验证分析过程的正确性。

案例名称	树苗与光照的关系
素材文件	素材 \ch10\10.3.4.xlsx
结果文件	结果 \ch10\10.3.4.xlsx

范例10-12 树苗与光照时间的生长关系

本案例统计树苗生长与光照的关系，打开“素材\ch10\10.3.4.xlsx”文件，选择“树苗生在与光照的关系”工作表，可以看到整理后的数据如下图表格所示。

光照时间单位：h　树苗高度单位：cm

树苗样本	A1号	A2号	A3号	A4号	A5号
光照时间	200	280	320	340	360
最高高度	1.5	3.2	3.5	3.5	3.5
平均高度	1.2	3	3.1	3.2	3.2
最低高度	0.8	2.8	2.9	3	3.1

【理解诉求】

分析5个树苗样本的最高高度、平均高度、最低高度与光照时间的关系。

【分析数据相关性】

需要统计5个树苗样本生长与光照时间的关系，以及对5个树苗样本进行对比，因此应使用四维相对性图表。

【选择合适图表】

从四维相对性图谱中搜索发现可以使用散点图实现。

【制作图表】

在相对性四维图谱中找到该图表案例，如下图所示，按照做图说明即可。

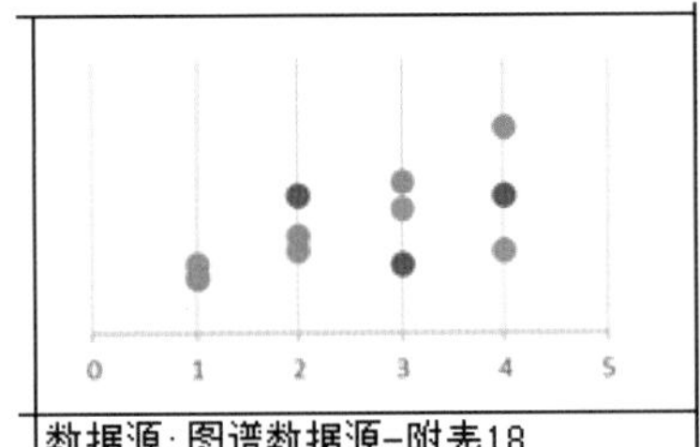

数据源：图谱数据源-附表18
做图说明：选择数据-插入散点图

打开素材文件，选中数据区域任意单元格，选择【插入】→【图表】→【散点图】→【带平滑线和数据标记的散点图】选项，生成散点图，接着对图表进行美化，包括设置标签格式、标题格式、网格线格式等，生成图表的效果如下图所示。

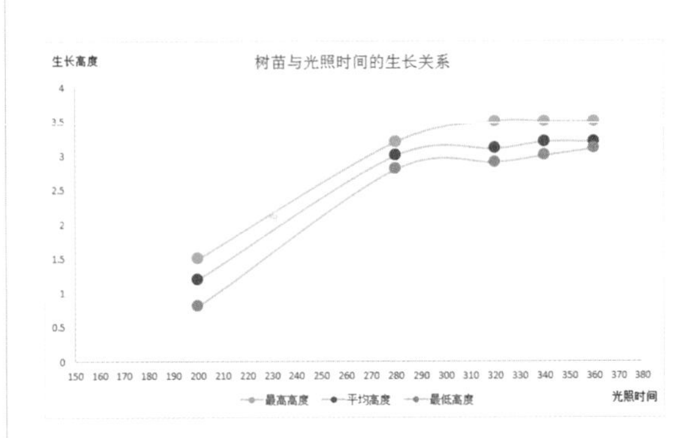

从散点图可以看出最高高度、平均高度和最低高度都与光照呈正相关，随着光照时间越长，最高高度、平均高度和最低高度的增长速度越快。

通过两个四维图谱例子，讲解了从数据相关性和相对性提炼了“由数到图”的思维过程，与一维图谱、二维图谱和三维图谱的分析过程一样，那么多维图谱呢？

10.3.5 多维图谱与解决方案

四维以上的图谱就是多维图谱，其实多维图谱并不复杂，万变不离其宗，多维图谱的基础还是前面介绍的一维至四维图谱，把这些图谱的分析过程和制作步骤都掌握了，就可以化繁为简。具体的解决方案分为如下3类。

（1）参照三维和四维图谱选图，建议灵活应用，尽量避免误区。

（2）可以使用动态图，通过选项按钮与数据关系实现。

（3）通过构建数据源实现多维个性化图表。

概括起来就是通过化繁为简，避免整体杂乱、多色，追求直观、美观、聚焦、有价值的效果。

下面分享3个多维图谱的案例，详细介绍其解决方案。先看第一个多维图谱案例的选图分析过程和制作步骤。

案例名称	车间成本结构对比分析
素材文件	素材 \ch10\10.3.5.xlsx
结果文件	结果 \ch10\10.3.5.xlsx

成 本　**范例10-13 车间成本结构对比分析**

某公司共计4个车间，本案例需要统计各车间的人工成本、制造成本、刀具成本、辅料成本和其他成本占比数据，以分析那个车间占比的成本最高。

【理解诉求】

本案例需要对4个车间的各项成本分别进行统计，包括人工成本、制造成本、刀具成本、辅料成本和其他成本。制作图表的主要诉求如下。

（1）体现出每个车间的各项成本占比。

（2）体现出不同车间之间的占比关系。

（3）要求图表效果简洁、直观。

【收集明细数据】

从公司财务部门获取车间的各项成本费用并计算百分比，整理成汇总数据如右图表格所示。

	1车间	2车间	3车间	4车间
人工成本	25%	21%	33%	39%
制造成本	31%	18%	27%	16%
刀具成本	25%	30%	15%	26%
辅料成本	13%	24%	15%	8%
其他成本	6%	6%	9%	11%

对于本案例的数据，打开“素材\ch10\10.3.5.xlsx”文件，选择“车间成本结构对比分析”工作表，即可看到整理后的数据。

【分析数据相关性】

分析各个车间各项成本占比，表明数据和数据之间是有运算逻辑的，因此使用多维相关性图表。

【选择合适图表】

一维占比分析一般使用饼状分布图实现，

二维乃至多维占比分析建议使用柱形堆积图或条形堆积图实现。

【制作图表】

在相关性四维图谱中找到该案例相关图表，如下图所示，按照做图说明即可制作图表。

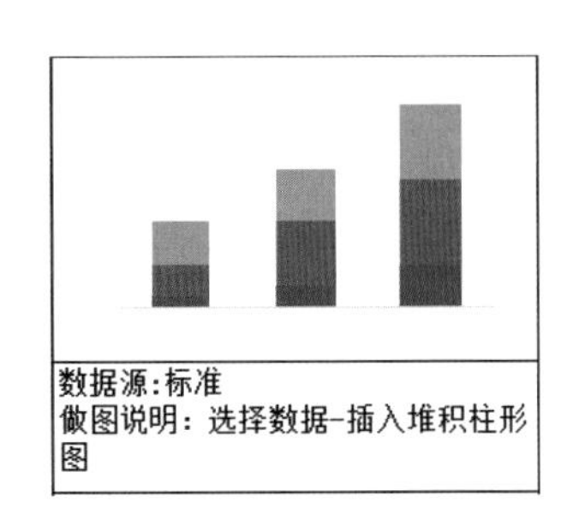

第一步 创建柱形堆积图

❶ 打开素材文件，选中数据区域任意单元格，选择【插入】→【图表】→【插入柱形图】→【堆积柱形图】选项，如下图所示。

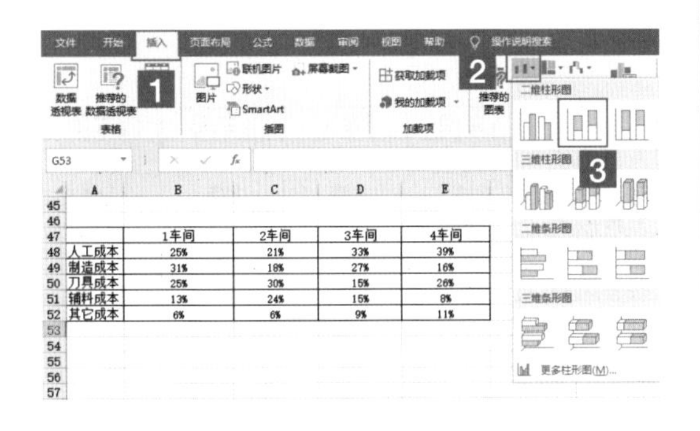

	1车间	2车间	3车间	4车间
人工成本	25%	21%	33%	39%
制造成本	31%	18%	27%	16%
刀具成本	25%	30%	15%	26%
辅料成本	13%	24%	15%	8%
其它成本	6%	6%	9%	11%

❷ 设置完成后，效果如下图所示。

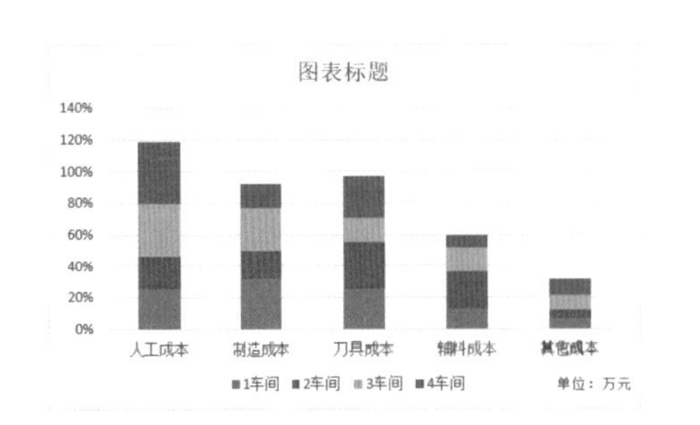

> **Tips** 根据图表的理解诉求，是需要对比各车间的分项成本占比，而第一步生成的图表刚好相反，是各项成本间的各车间占比，很明显不符合图表表达的诉求，可以选择【切换行/列】选项实现转换。

第二步 行/列切换

❶ 选中图表，选择【设计】→【切换行/列】选项，如下图所示。

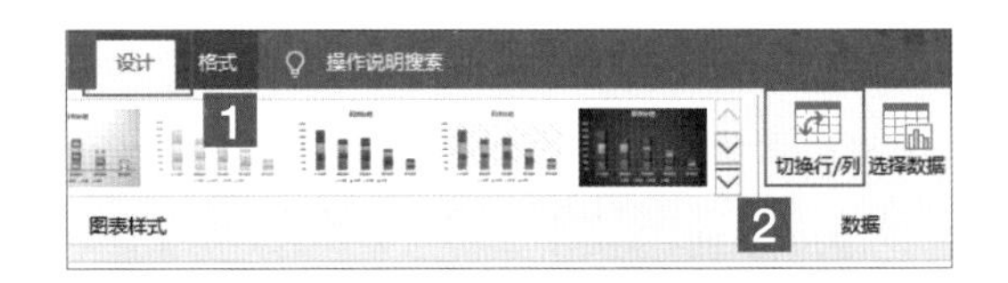

❷ 设置完成后，效果如下图所示。

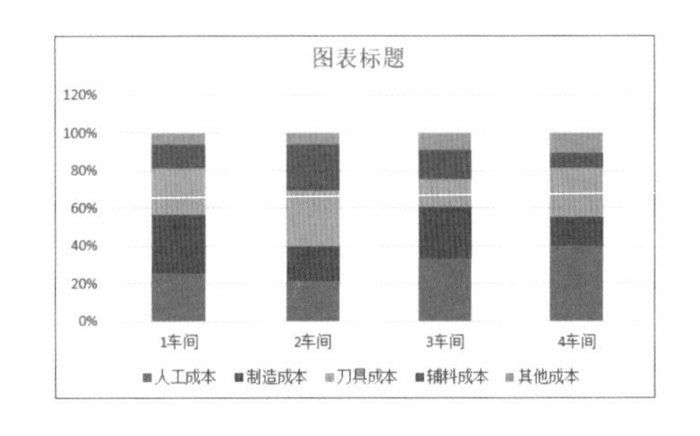

> **Tips** 选中数据系列并右击，在弹出的快捷菜单中选择【选择数据】选项，在弹出来的对话框中选择【切换行/列】选项实现切换。

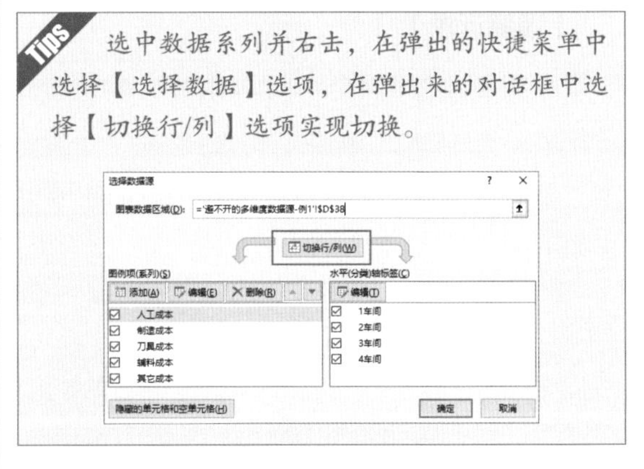

第三步 添加系列线

选中图表，选择【设计】→【快速布局】→【布局8】选项，如下图所示。通过柱形堆积图和系列线可以清楚对比出各车间各项成本之间的关系。

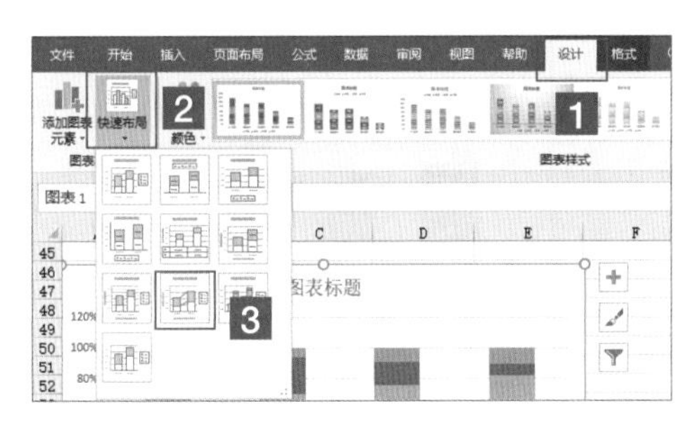

第四步● 设置数据系列格式

选中数据系列并右击，在弹出的快捷菜单中选择【设置数据系列格式】选项，并在右侧窗格中，设置【系列重叠】为“100%”，【间隙宽度】为“75%”，如下图所示。

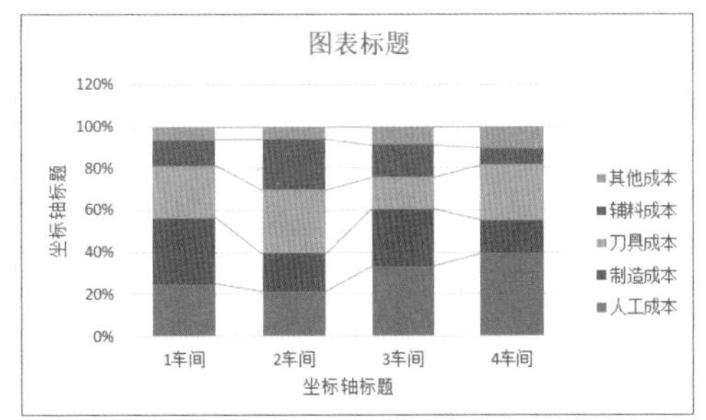

第五步● 图表美化

修改图表标题为“车间成本结构对比表”，添加标签并设置标签格式、去掉网格线、调整图例位置，最终的效果如下图所示。

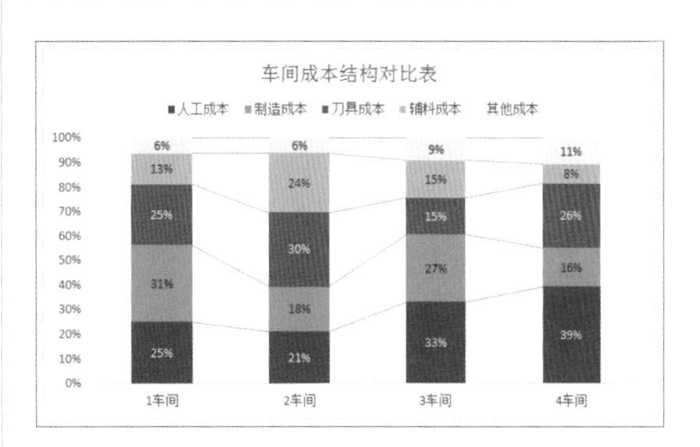

通过该图表可以清晰得出4车间的人工成本占比最多，1车间的制造成本最多，4车间的辅料成本最少。

【图表分析】

从源数据集到最终生成的图表，充分体现了数据的价值。以上步骤从最开始的理解诉求、收集数据、分析数据相关性、参照三维或四维图谱选择合适图表，以及最后的制作步骤，再次印证了“由数到图”的思维过程，如下图所示。

理解诉求 → 分析数据相关性 → 选择合适图表 → 制作图表

下面介绍第二个多维图谱案例的选图分析过程和制作步骤。

案例名称	1~8 月绩效得分的情况
素材文件	素材 \ch10\10.3.5.xlsx
结果文件	结果 \ch10\10.3.5.xlsx

绩 效　范例10-14 1~8月绩效得分情况

本案例需要统计小王、小徐和小李3个人1~8月的绩效得分，通过分析3个人在过去8个月的绩效情况，然后对他们三人进行优秀奖的评比，鼓励其继续努力工作。

【理解诉求】

本案例需要对小王、小徐和小李3个人在1~8月的绩效得分进行统计。制作图表的主要诉求如下所示。

（1）展现3个人各自1~8月绩效得分的走势。

（2）展现3个人同一月份间的对比情况。

（3）要求图表效果简洁、直观。

【收集明细数据】

从公司人力部门获取3个人的绩效得分，整理如下图表格所示。

姓名	1月	2月	3月	4月	5月	6月	7月	8月	9月	10月	11月	12月	年度平均
小王	105	98	77	75	85	90	98	102					91
小徐	108	93	103	101	105	106	108	115					105
小李	111	112	132	116	118	118	125	130					120

对于本案例的数据，打开“素材\ch10\10.3.5.xlsx”文件，选择“1~8月绩效得分情况”工作表，可以看到整理后的数据。

【分析数据相关性】

分析3个人的绩效得分，及与年度平均的对比情况，表明数据和数据之间是没有运算逻辑的，因此应使用多维相对性图表。

【选择合适图表】

根据诉求理解，需要展现3个人在1~8月各自的绩效得分走势及与年度平均的对比情况，建议使用柱线复合图进行展现。

【制作图表】

在相关性四维图谱中找到该图表类似案例，如右上图所示，按照做图说明即可制作出图表。

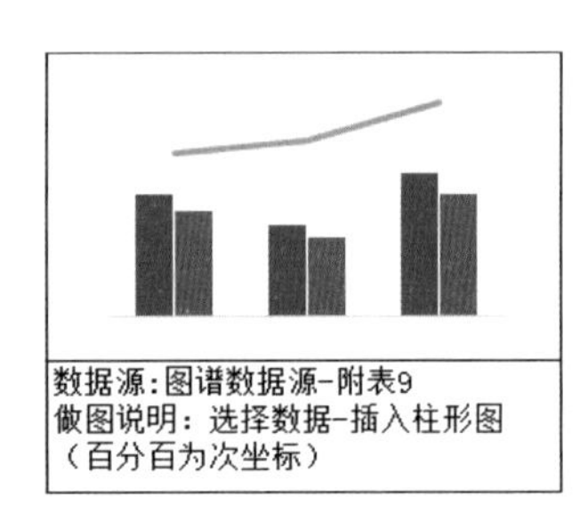

第一步 创建柱线复合图

❶ 打开素材文件，选中数据区域任意单元格，选择【插入】→【图表】→查看【所有图表】选项，如下图所示。

❷ 在弹出的【插入图表】对话框中选择【所有图表】→【组合图】→【簇状柱形图-折线图】选项，具体设置如下图所示。

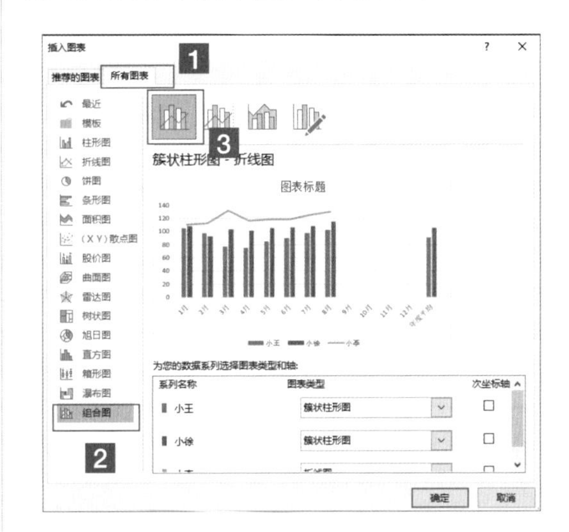

设置完成后，效果如下图所示。

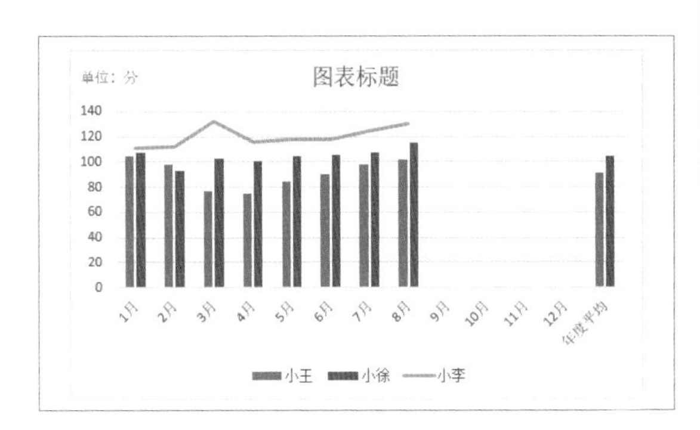

以上图表可看出小王和小徐的绩效得分及与年度平均的对比情况，但是小王和小徐不能直观看到1~8月的绩效得分走势。小李虽然可以看到1~8月绩效得分走势，但缺少和年度平均的对比情况。因此通过套图实现的图表并不符合本案例的诉求。

第二步 构建数据源

为了和年度平均对比，构建数据源时需去掉原来的年度平均值，在记录中新增加3行，同时为了加强对比，构建数据源还增加了标准线，如下图表格所示。

单位：分

姓名	年度平均	1月	2月	3月	4月	5月	6月	7月	8月	9月	10月	11月	12月
小王		105	98	77	75	85	90	98	102				
小徐		108	93	103	101	105	106	108	115				
小李		111	112	132	116	118	118	125	130				
标准线	100	100	100	100	100	100	100	100	100	100	100	100	100
小王	91												
小徐	105												
小李	117												

第三步 创建柱线复合图

选中新构建的数据源数据集，在弹出的【插入图表】对话框中选择【所有图表】→【组合图】→【自定义组合】选项，将前面的小李、小徐、小王和标准线图表类型修改为“折线图”，将后面的小李、小徐和小王的图表类型修改为“簇状柱形图”，具体设置如右上图所示。

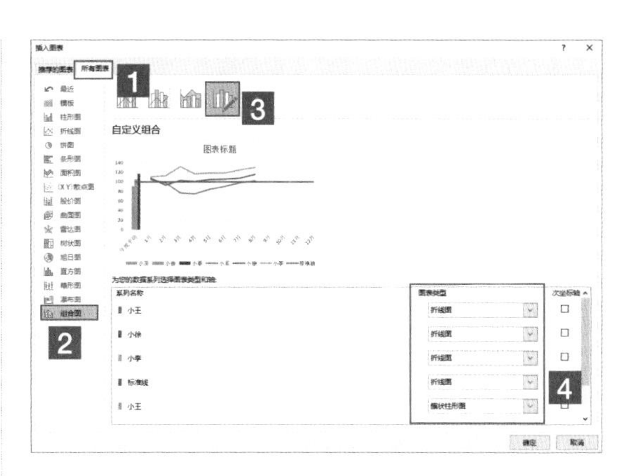

生成图表效果，如下图所示。

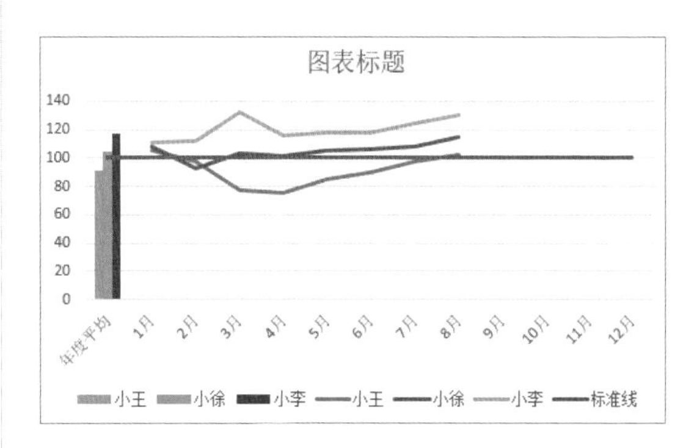

分析该图表既有小王、小徐和小李1~8月绩效得分的走势，也有每个人与年度平均的对比情况，可满足本案例的诉求。

第四步 图表美化

修改图表标题为“1~8月绩效得分情况”，添加标签并设置标签格式、去掉网格线、修改标准线线条为虚线、调整图例位置、设置数据系列格式为“平滑线”。最后在【坐标轴选项】下的【纵坐标轴交叉】选项中设置【分类编号】为“2”，最终的效果如下图所示。

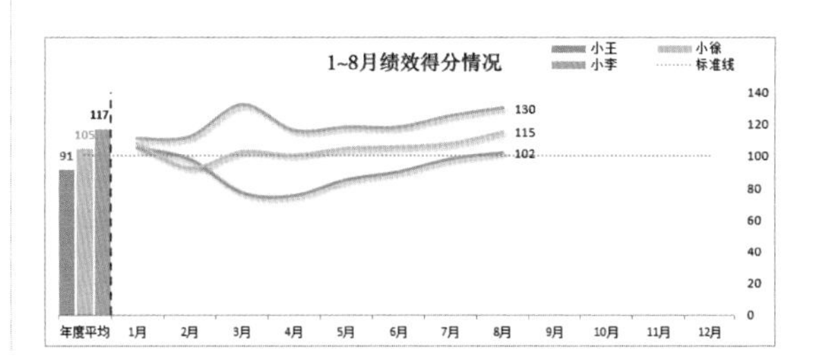

【图表分析】

通过图表显示了小王、小徐和小李3个人年度平均值的比较，以及1~8月的得分走势。在制作图表过程中，发现参照三维、四维图谱满足不了需求，又继续构建数据源生成了个性化图表，最后实现七维数据源生成图表。

下面看第三个多维图谱实现案例的具体实现步骤和注意事项。

案例名称	城镇与农村收入对比
素材文件	素材\ch10\10.3.5.xlsx
结果文件	结果\ch10\10.3.5.xlsx

范例10-15 城镇与农村收入对比

本案例统计2002—2019年全国各省城镇和农村收入对比，希望能通过动态图实现选项按钮与数据的关联展现。

【理解诉求】

本案例需要对2002—2019年全国各省城镇和农村收入进行统计，制作图表的主要诉求如下。

（1）能看到各省某一年的城镇和农村收入对比。

（2）实现根据选项按钮与数据的关联展现。

（3）要求图表效果简洁、直观。

【收集明细数据】

收集全国各省城镇与农村收入的明细数据，如下图所示（部分）。打开“素材\ch10\10.3.5.xlsx”文件，选择“城镇与农村收入对比”工作表，就可以看到整理后的数据。

单位：万元

年份	全国		A省		B省		C省		D省		E省		F省		G省		H省		I省	
	城镇	农村	城镇	农村	城镇	农村	城镇	农村	城镇	农村	城镇	农村	城镇	农村	城镇	农村	城镇	农村	城镇	农村
2002	275	107	244	113	241	81	224	90	233	81	260	88	259	114	266	132	230	124	313	92
2003	324	128	283	132	218	116	239	136	202	84	260	128	256	116	328	154	288	160	336	128
2004	382	153	308	145	304	125	307	148	273	129	331	136	381	176	390	175	346	174	359	168
2005	400	179	326	181	320	144	340	197	316	172	365	174	404	193	418	229	358	206	396	201
2006	428	216	340	216	346	182	362	215	322	173	385	229	415	228	424	277	387	247	420	240
2007	452	248	351	241	361	221	391	244	338	218	409	239	451	253	441	287	398	285	430	288
2008	522	284	399	267	414	271	447	258	373	241	472	314	516	279	535	357	501	358	511	316
2009	591	318	467	302	476	287	514	296	480	263	563	337	588	316	723	439	613	394	598	326
2010	721	339	584	317	574	276	652	317	534	346	681	356	724	352	883	487	728	449	683	359
2011	802	370	634	343	645	301	740	343	595	302	761	369	814	377	982	580	804	501	790	414
2012	944	436	750	391	756	351	860	388	690	321	902	398	1004	412	1271	722	974	637	931	467
2013	1099	481	866	447	941	411	998	413	812	366	1010	457	1194	447	1438	809	1098	701	1079	504
2014	1208	549	950	536	1033	483	1084	431	1014	422	1142	537	1151	531	1546	879	1171	707	1173	544
2015	1360	567	1036	562	1128	454	1188	357	1108	431	1274	502	1372	551	1714	969	1298	737	1350	611
2016	1621	627	1268	615	1298	502	1446	459	1286	471	1499	542	1676	592	2095	1087	1711	849	1580	642
2017	2062	737	1588	696	1566	575	1798	580	1570	557	1951	627	2150	681	2901	1397	2219	1013	2012	762
2018	2797	977	2221	975	2053	707	2438	779	2095	728	2677	936	3110	924	4053	1780	3023	1465	2755	1056
2019	3426	1262	2701	1230	2645	967	3036	1042	2640	986	3213	1209	3759	1140	4977	2373	3708	1965	3411	1372

【分析数据相关性】

分析全国各省城镇和农村收入对比，表明数据和数据之间是没有运算逻辑的，因此应使用多维相对性图表。

【选择合适图表】

根据诉求理解，需要展现2002—2019年全国各省城镇和农村收入的对比情况，建议使用二维柱形图实现。

【制作图表】

在相关性四维图谱中找到该图表的类似案例，如下图所示。

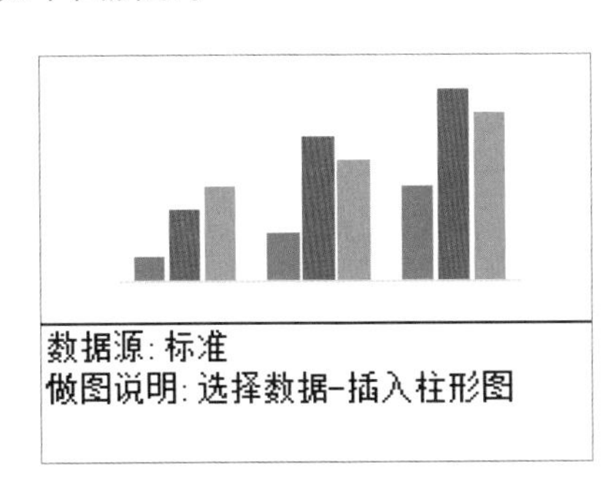

按照做图说明创建图表，输入年份为“2002”时，效果如下图所示。

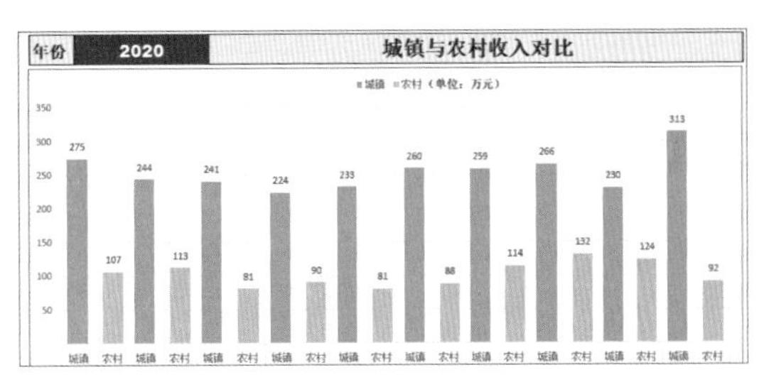

输入年份为“2018”时，效果如下图所示。

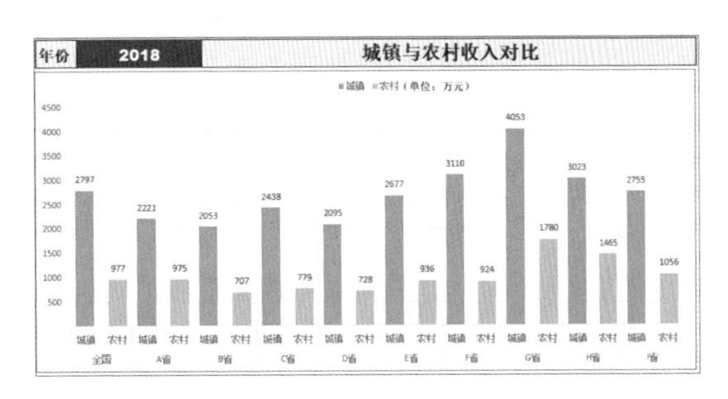

通过动态图表实现了选项按钮与图表的关联展现。怎样用动态图表画出自己想要的图呢？将在动态图的相关章节中进行详细讲解。

10.4 高手点拨

本章介绍了图表制作的难点——如何选图的思维过程。从理解诉求、收集数据、分析数据相关性、参照图谱选择合适的图表，以及最后的制作步骤，体现了“由数到图”的思维过程，具体步骤流程如图下所示。

理解诉求 → 分析数据相关性 → 选择合适图表 → 制作图表

同时强调在开始制作图表前需要对数据集提前准备和构思，数据规范、简化处理、选用次坐标减少数据量差异、数据排序操作，规范化后图表的表现力更直观简洁，有利于做进一步的图表分析。

本章还特别强调对于多维图谱的制作，可以通过3种解决方案进行化繁为简，避免整体杂乱、多色，最终达到直观、美观、聚焦、有价值的效果。

10.5 实战练习

练习 1

打开“素材\ch10\实战练习1.xlsx”文件，根据下图所示的数据集，制作“公司利润表现”对比图。

	手机	电脑	音响	标签4	标签5	标签6
利润率	10%	6%	1%	-2%	-3%	-5%

最终效果如下图所示。

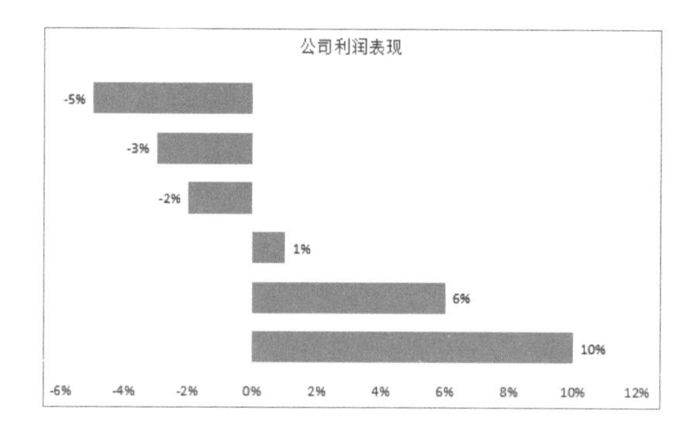

练习 2

打开“素材\ch10\实战练习2.xlsx”文件，根据右上图所示的数据集，制作“销售经理回款表现”的图表。

	经理1	经理2	经理3	经理4	经理5
年度回款	85	60	45	34	22
当月回款	-5	-3	-3	-2	-2

最终效果如下图所示。

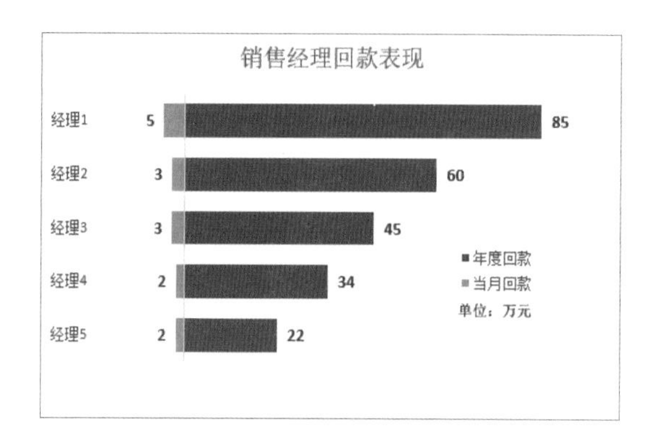

第11章

图表制作核心——构建数据源画出理想的图

小李是某酒店的总经理助理，最近他要向总经理汇报工作的目标完成情况。所涉及的目标、已完成和缺口的数据如下图所示。

单位：万元

目标	完成	缺口
100	60	40

小李根据这份数据使用柱形图做了一份图表，效果如下图所示。

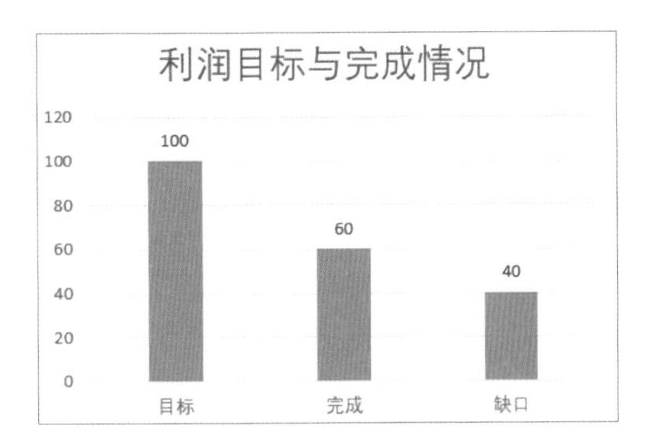

图标创建完，他觉得很不满意，感觉图形不能形象地展示目标和完成情况的对比，不是自己想要的效果。那么出现问题的原因是什么呢？其实图表本身并没有错，问题只是出在小李误把原始数据当成图的数据源这一点上了。

在无法根据原始数据制作出合适图表时，就需要对原始数据进行重新构建，然后再作为图的数据源使用。小李经过学习后，将原始数据进行重新构建如下图所示。

单位：万元

	目标	完成情况
目标	100	
完成		60
缺口		40

根据重新构建后的数据源，使用堆积柱形图制作出的图表如下图所示。在该图表，终于可以一目了然地看出相对于目标的完成情况，以及缺口数字了。

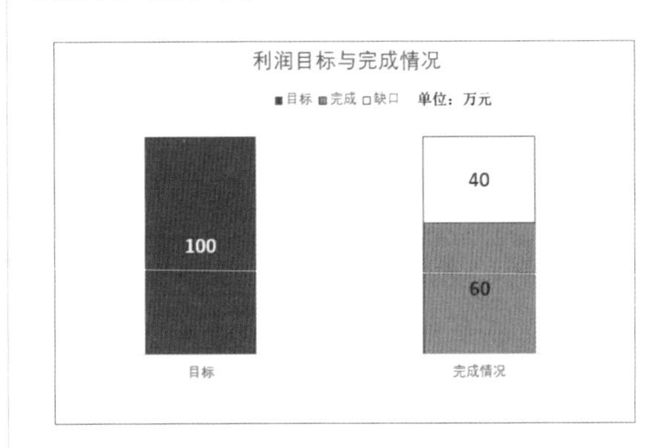

本章案例效果展示：

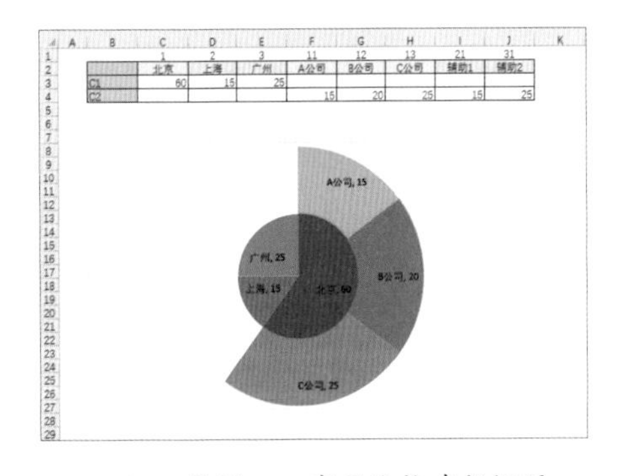

C Do原则——密码法构建数据源

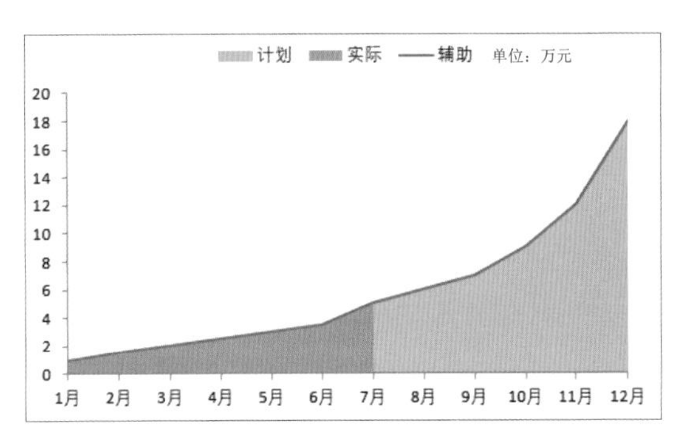

A Do原则——手枪法构建数据源画

11.1 "I CAN Do"原则——独创的图表技能

图表离不开数据。没有合乎逻辑的数据源就制作不出理想的图表。从收集数据到制作出需要的图表，构建数据源是不可或缺的一个环节。那么，如何构建数据源呢？下面将介绍作者独创的图表技能——"I CAN Do"原则（如下图所示）以及具体的使用方法。

I——像一根柱子，代表柱形图、折线图、条形图的绘制。

C——像扇形或圆圈，代表雷达图、圆环图的绘制。

A——像三角形，代表面积图的绘制。

N——表示直线和若干点，代表散点图、气泡图的绘制。

D——表示维度、段、点的首字母，代表柱形图和面积图的维度、圆环图（饼图和圆环图）的龟裂段数，以及散点图和雷达图的点位数。

o——表示留白、无色填充、#N/A和辅助，代表构建数据源和绘制图表的辅助手段，如下图所示。

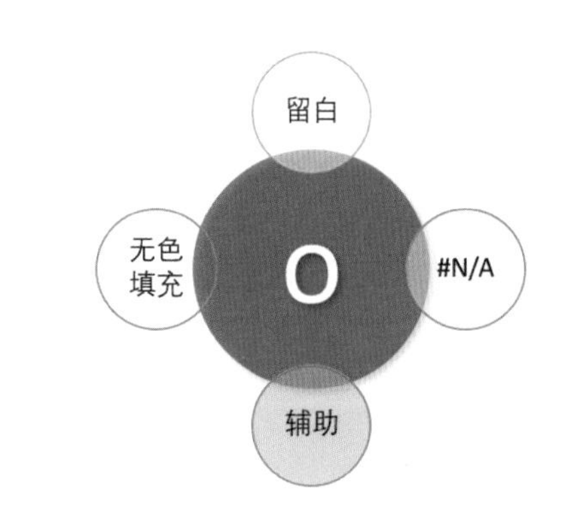

本章将结合案例，着重介绍遵循"I CAN Do"原则的构建数据源方法：手枪法、密码法和XY密码法，如表11-1所示。

表11-1 "I CAN Do"原则说明

原则	适合类型	参考类型	方法
I Do 原则	柱线图	柱形图	手枪法
		折线图	
		条形图	
C Do 原则	环形图	圆环图	密码法
		饼图	
		雷达图	
A Do 原则	面积图	面积图	手枪法
N Do 原则	散点图	散点图	XY 密码法
		气泡图	

11.2 “I Do”原则——柱线复合图的应用

“I Do”原则适用于柱线图（包含柱形图、折线图和条形图）的数据源构建。根据预先构想的图表效果，思考以下4个方面。

（1）横坐标标签。将需要显示的标签依次填入数据源表格的B1、C1、D1、E1等单元格内。

（2）维度（D）。将图表中用到的维度，依次填入数据源表格的A2、A3、A4等单元格内。

（3）高度/数值。将柱形图、折线图和条形图的每个数据系列的数值填入B2:E4等单元格区域内。

（4）辅助（o）。判断是否需要增加辅助数据，如果需要，则添加维度及相应数据。最终判断是否需要对图表进行美化，如下图所示。

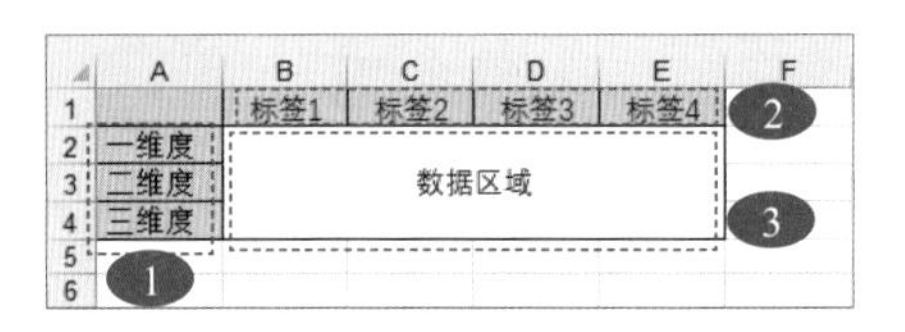

通过对以上4个方面的思考和操作，即可构建出符合柱线图效果的数据源。因其表格的A列和第1行的形状像一把手枪，因而称为“手枪法”，如上图所示。

Tips 下图展示数据源表格的各组成部分和图表各元素的一一对应关系。运“I CAN Do”原则的各方法前，必须熟练掌握这些对应关系。

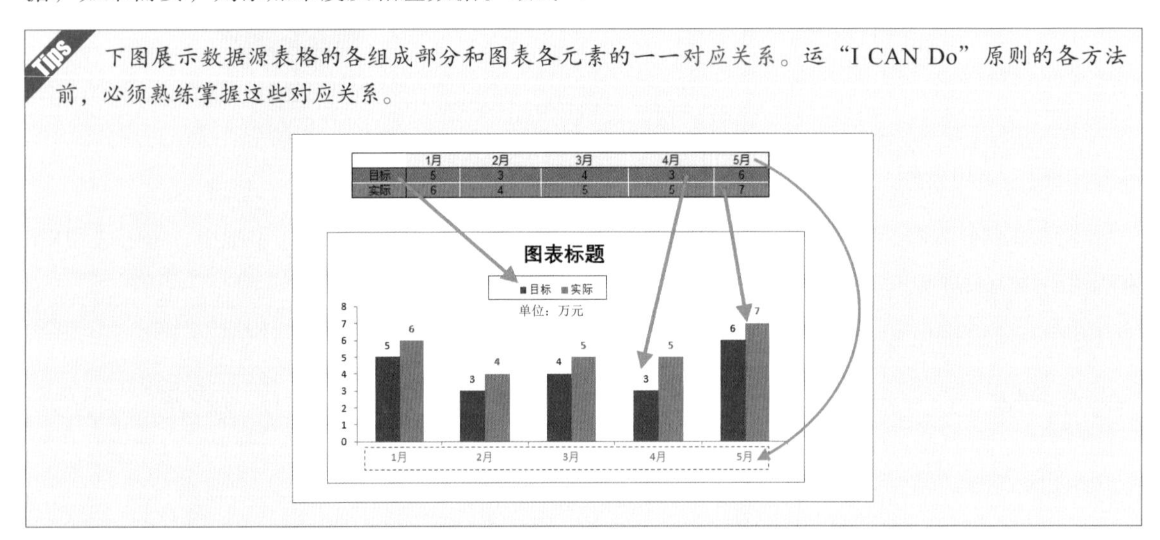

11.2.1 案例1

案例名称	构建产品销量图表
素材文件	素材 \ch11\11.2.1.xlsx
结果文件	结果 \ch11\11.2.1.xlsx

销 售　范例11-1 构建产品销量图表

本案例是某销售公司第一季度的销售情况。介绍使用“手枪法”，遵从“I Do”原则，从预想的图表出发构建图表数据源并制作图表。

思维导图

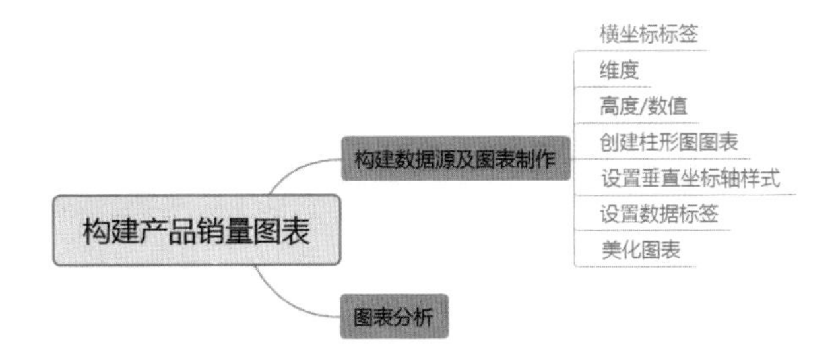

打开“素材\ch11\11.2.1.xlsx”文件，可以看到期望的图表效果如下图所示。这是一个簇状柱形图，展现1~3月的销售数量和季度合计值。

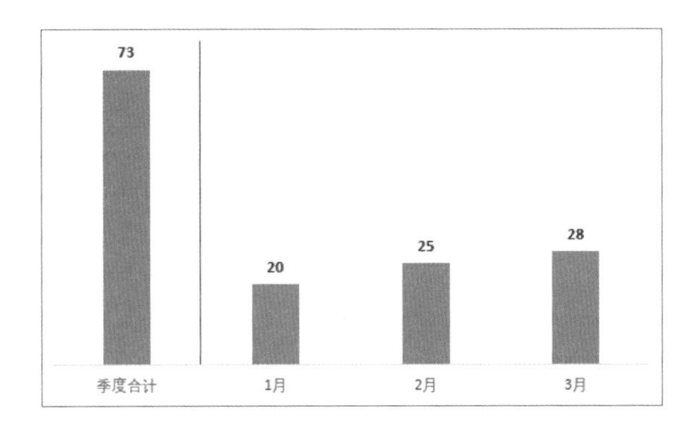

操作步骤

第一步　填写横坐标标签

预想的图表中显示需要4个标签，分别是“季度合计”“1月”“2月”“3月”，将这4个标签填入“手枪法”表格的标签位置，如右图所示。

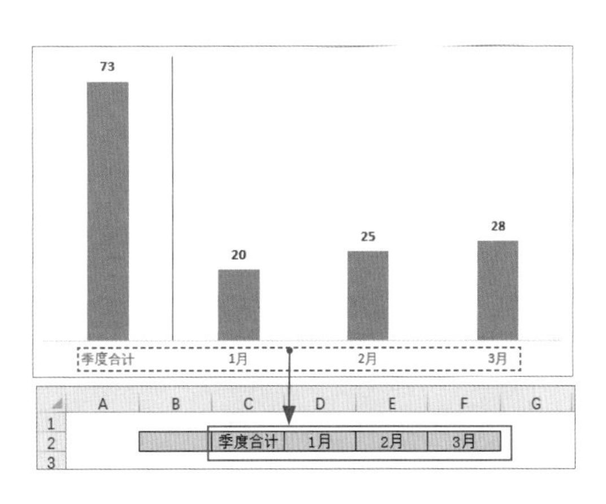

第二步 填写维度

在预想的图表中显示只有一个数据维度，即“销售数量”。将这个维度填入“手枪法”表格中维度的位置，如下图所示。

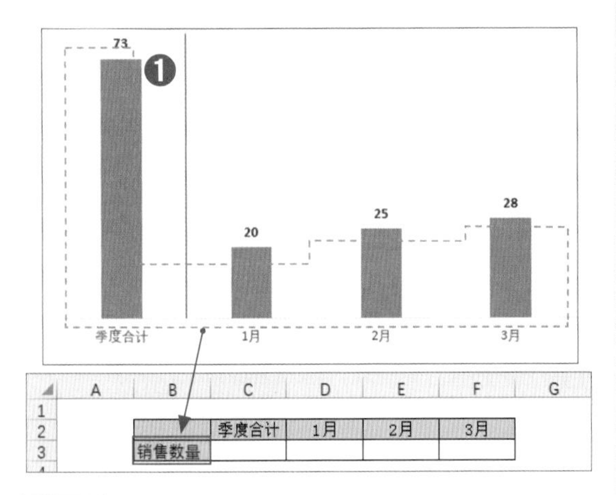

第三步 填写高度/数值

将预想图表中各数据维度的具体数值填入“手枪法”表格数据区域的位置，如下图所示。

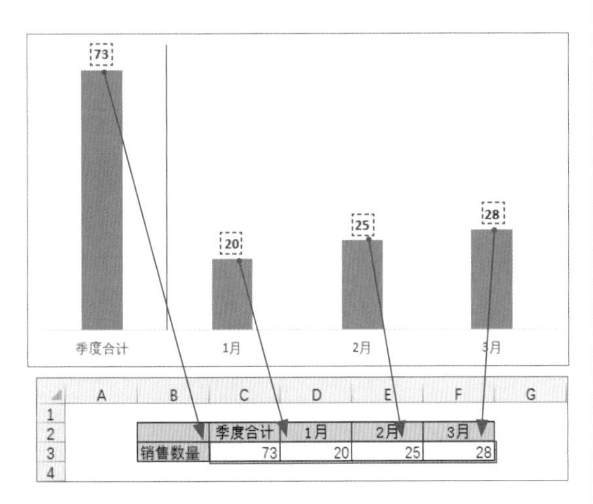

第四步 创建柱形图图表

选中B2:F3单元格区域，选择【插入】→【图表】→【插入柱形图或条形图】→【簇状柱形图】选项。完成簇状柱形图图表的创建，效果如右上图所示。

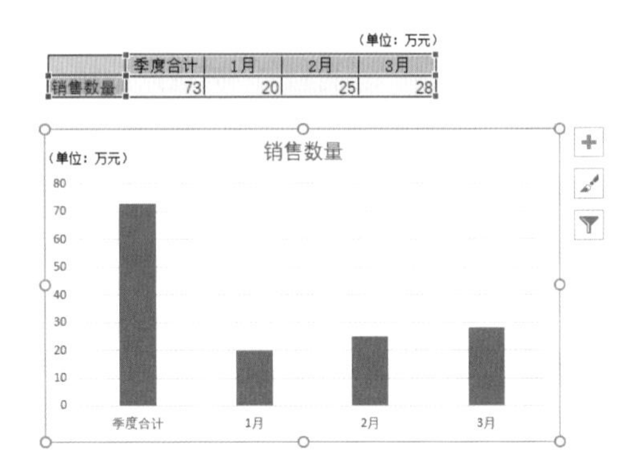

第五步 设置“季度合计”和“1月”数据点之间的分隔线

❶ 选中水平轴坐标并右击，在弹出的快捷菜单中选择【设置坐标轴格式】选项，如下图所示。

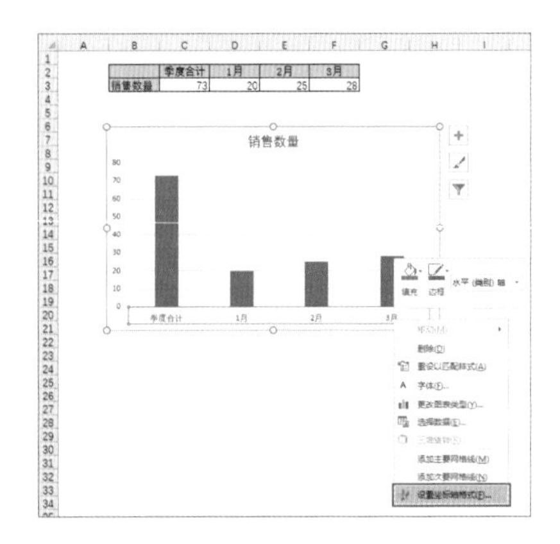

❷ 在【设置坐标轴格式】窗格中，选择【坐标轴选项】→【纵坐标轴交叉】选项，然后选中【分类编号】单选按钮，并在其后的文本框中输入“2”，如下图所示。

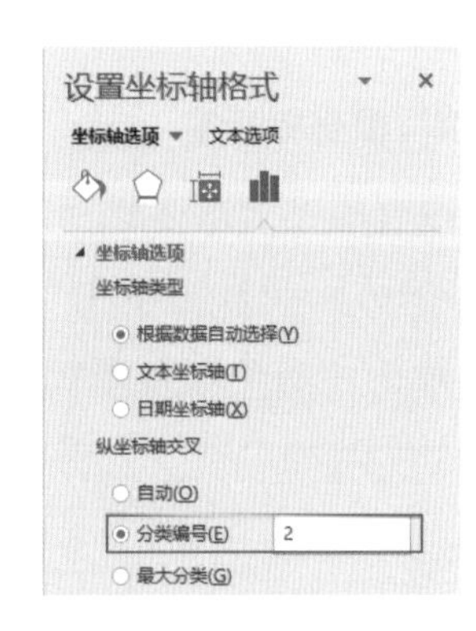

❸ 即可获得垂直坐标轴标签的位置效果，如下图所示。

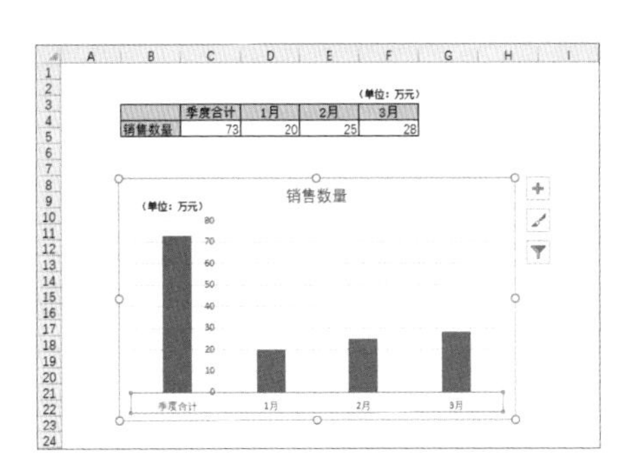

❹ 设置垂直坐标轴样式。选中垂直坐标轴标签，在【设置坐标轴格式】窗格中，选择【坐标轴选项】→【标签】选项，设置【标签位置】下拉列表为“无”，如下图所示。

❺ 在【设置坐标轴格式】窗格中，选择【坐标轴选项】→【线条】选项，然后选中【实线】单选按钮，选择【颜色】下拉选项中的颜色，如下图所示。

❻ 实现垂直坐标轴的预期效果，如右上图所示。

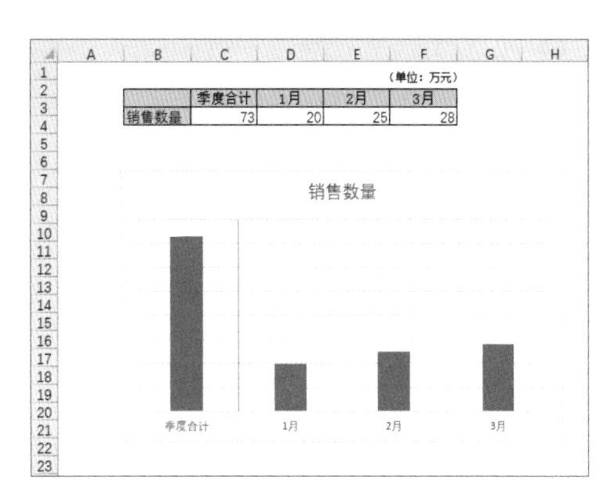

第六步 ● 设置数据标签

选中数据系列并右击，在弹出的快捷菜单中选择【添加数据标签】选项，即可在数据系列上方添加数据标签，如下图所示。

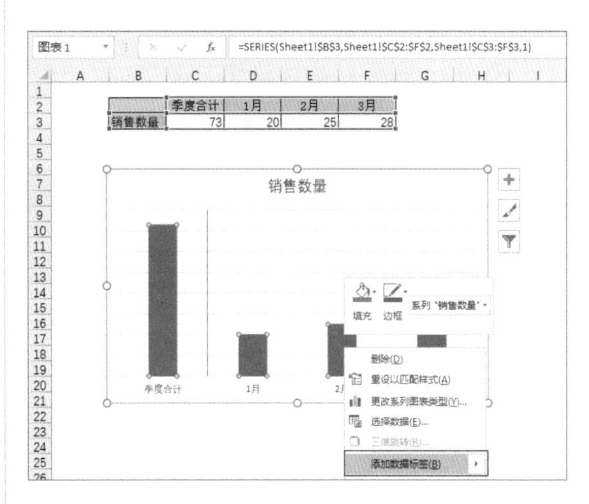

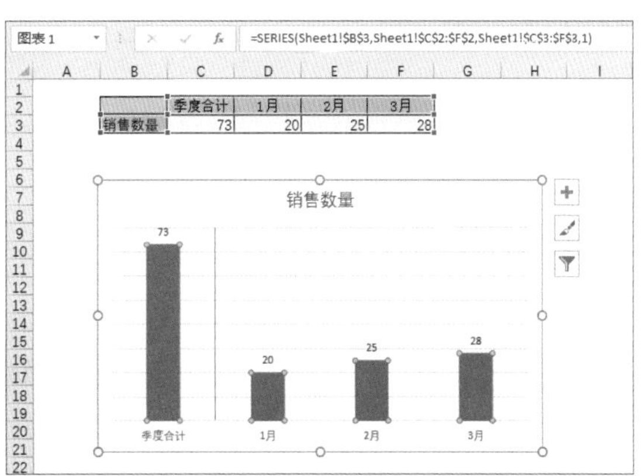

第七步 美化图表

❶ 更改数据系列颜色。选中数据系列，在【设置数据系列格式】窗格中的【填充】选项下选中【纯色填充】单选按钮，在【颜色】下拉选项中选择合适的颜色，如下图所示。

❷ 更改颜色后的柱形图，效果如右上图所示。

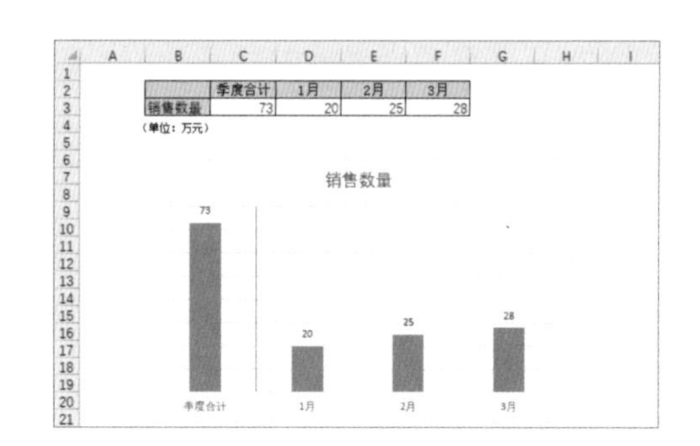

❸ 选中网格线，然后按【Delete】键删除网格线，图表美化后的最终效果如下图所示。

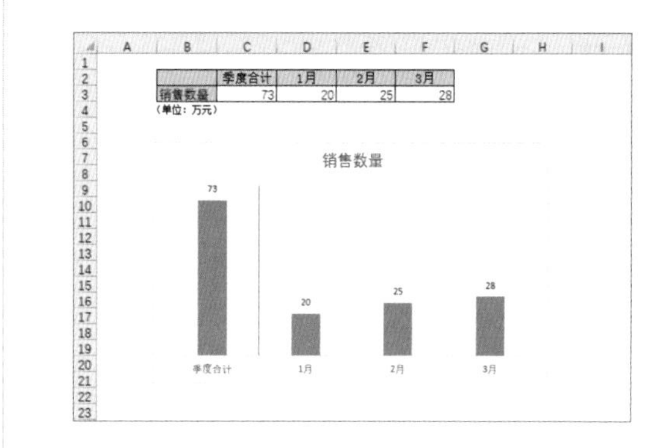

【图表分析】

通过“手枪法”能很快从构想的图表中构建出图表数据源，并绘制完成所需要的图表。

本案例的图表，只用到了一维数据。在学习的过程中，从这样简单的案例入手，更容易理解“手枪法”的方法和步骤。

绘制图表时“季度合计”和“1月”数据点之间的分隔效果，可通过设置水平轴坐标的“分类编号”来实现。

11.2.2 案例2

案例名称	构建产品销量同比图表
素材文件	素材\ch11\11.2.2.xlsx
结果文件	结果\ch11\11.2.2.xlsx

销 售 **范例11-2 构建产品销量同比图表**

本案例是某销售公司2020年1~4月销售数据和2019年同比的情况。讲解使用“手枪法”，遵从

“I Do”原则，从预想的图表出发构建二维数据源并制作图表。

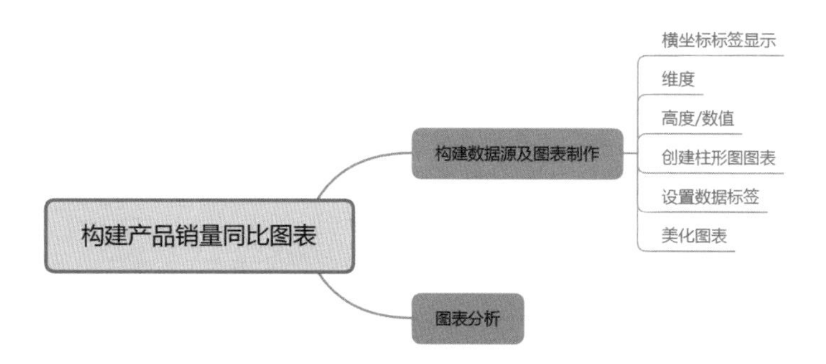

打开“素材\ch11\11.2.2.xlsx”文件，可以看到期望的图表效果如下图所示。这是一个簇状柱形图，展现了2019年和2020年1~4月的销售数量和总计值。

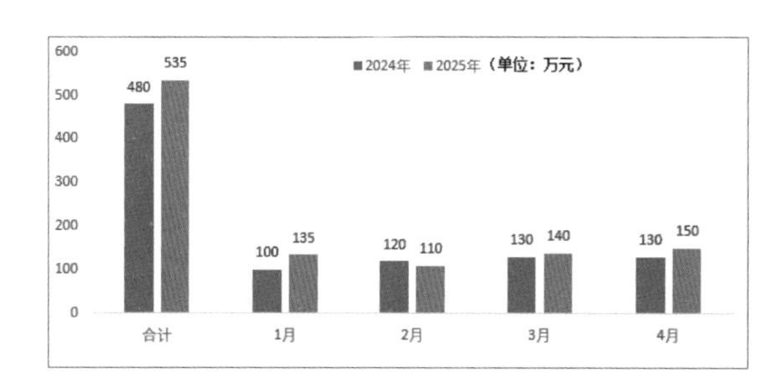

第一步 **填写横坐标标签**

从预想的图表中可发现需要显示5个标签，分别是“合计”“1月”“2月”“3月”“4月”。将这5个标签依次填入“手枪法”表格中的位置，效果如下图所示。

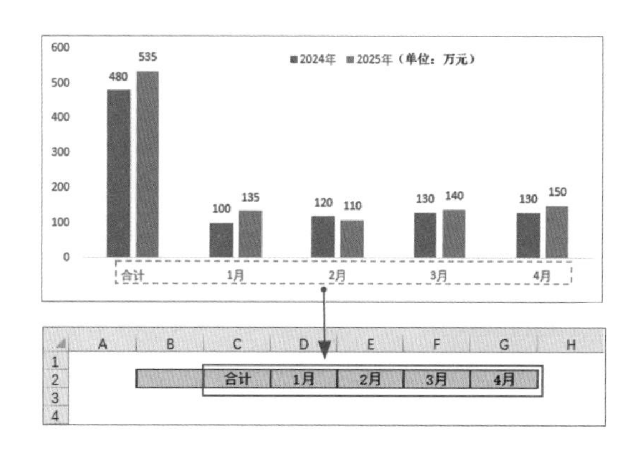

第二步 填写维度

从预想的图表中可发现，存在两个数据维度，即“2019年”和“2020年”。将这两个维度依次填入“手枪法”表格维度的位置，如下图所示。

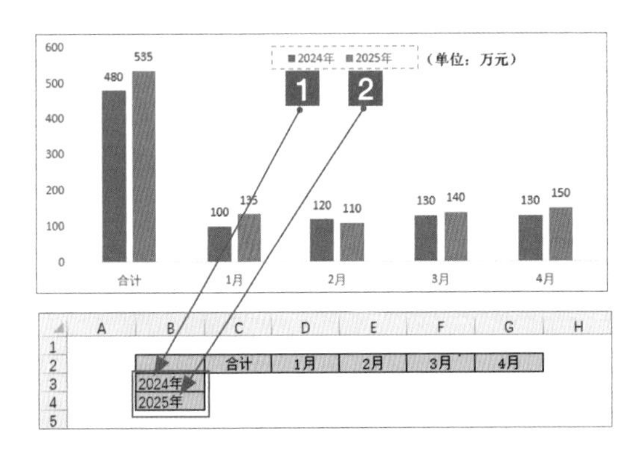

第三步 填写高度/数值

将预想的图表中各数据维度的具体数值填入“手枪法”表格中数据区域的位置，效果如下图所示。

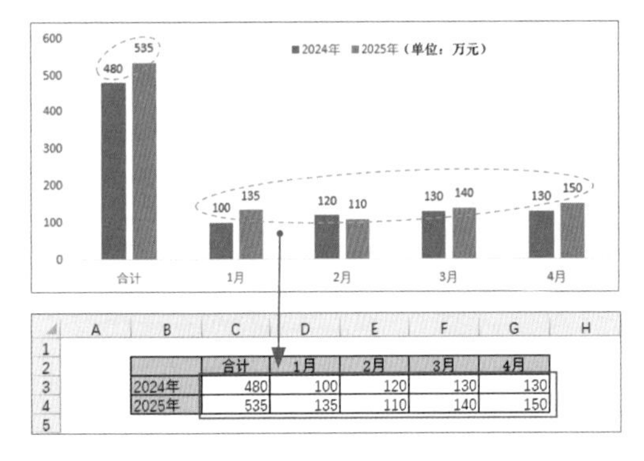

	合计	1月	2月	3月	4月
2024年	480	100	120	130	130
2025年	535	135	110	140	150

第四步 创建柱形图图表

选中B2:G4单元格区域（如下图所示），选择【插入】→【图表】→【插入柱形图或条形图】→【簇状柱形图】选项，完成簇状柱形图图表的创建，效果如右上图所示。

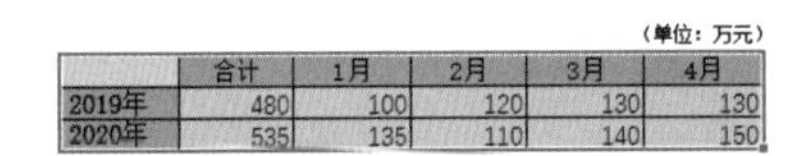

（单位：万元）

	合计	1月	2月	3月	4月
2019年	480	100	120	130	130
2020年	535	135	110	140	150

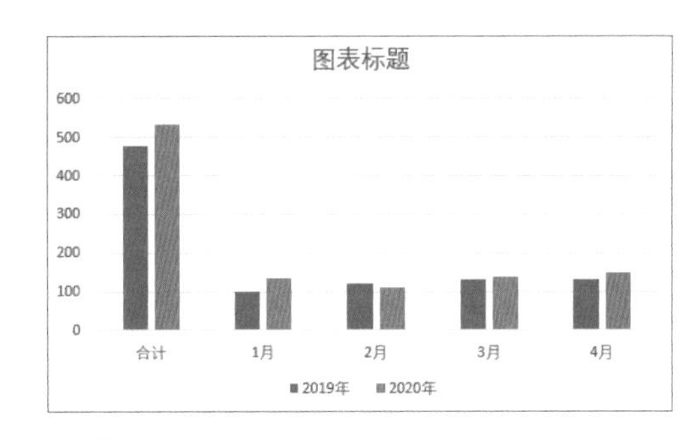

第五步 设置数据标签

分别在两个数据系列上右击，选择【添加数据标签】选项，即可在数据系列上方添加数据标签，效果图如下图所示。

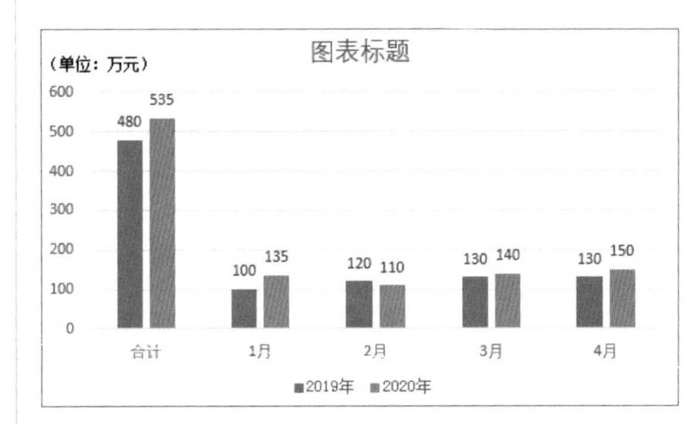

第六步 美化图表

分别选中网格线和图表标题，按【Delete】键，可删除网格线和图表标题。将图例移动到合适位置，即可得到美化后的图表，最终效果如下图所示。

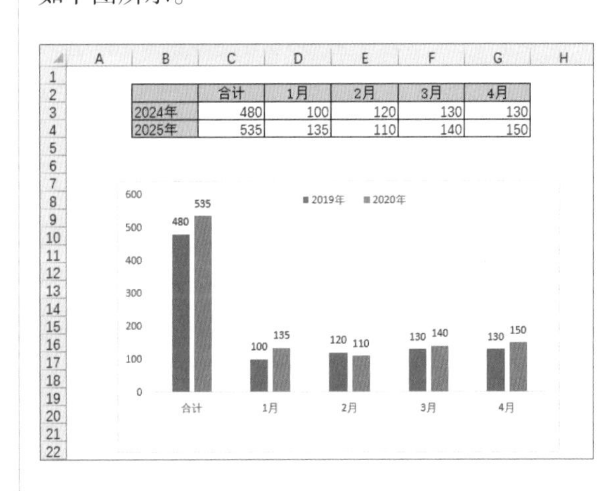

	合计	1月	2月	3月	4月
2024年	480	100	120	130	130
2025年	535	135	110	140	150

【图表分析】

本案例学习了通过“I Do”原则和“手枪法”构建二维数据源的方法。二维数据的对比，通常适合用柱形图图表进行展现。

11.2.3 案例3

案例名称	构建销售目标完成情况的图表
素材文件	素材 \ch11\11.2.3.xlsx
结果文件	结果 \ch11\11.2.3.xlsx

范例11-3 构建销售目标完成情况的图表

本案例是某公司1~4月销售目标的完成情况。介绍使用“手枪法”，遵从“I Do”原则，从预想的图表出发，构建图表数据源并制作图表，以展现实际销售额和目标额的对比情况。

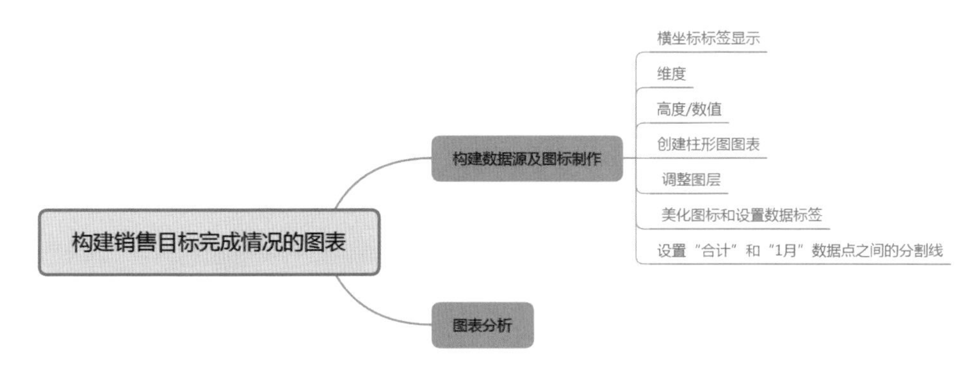

打开“素材\ch11\11.2.3.xlsx”文件，可以看到期望的图表效果如下图所示。这是一个簇状柱形图，展现了1~4月实际销售额和目标额的对比情况，以及合计值的对比情况，效果如下图所示。

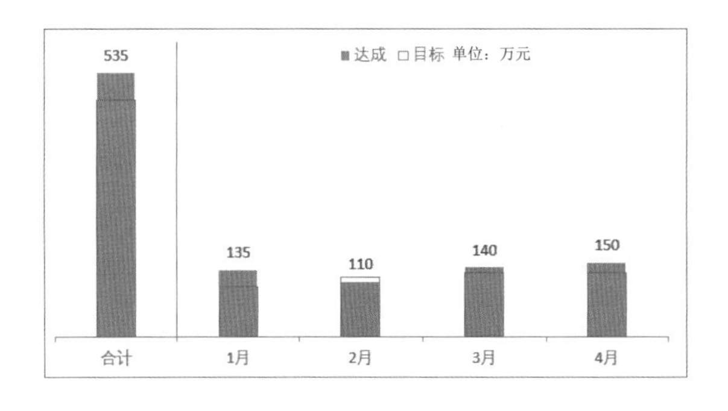

第一步 填写横坐标标签

从预想的图表中发现需要显示5个标签，分别是“合计”“1月”“2月”“3月”“4月”。将这5个标签依次填入“手枪法”表格的标签位置，如下图所示。

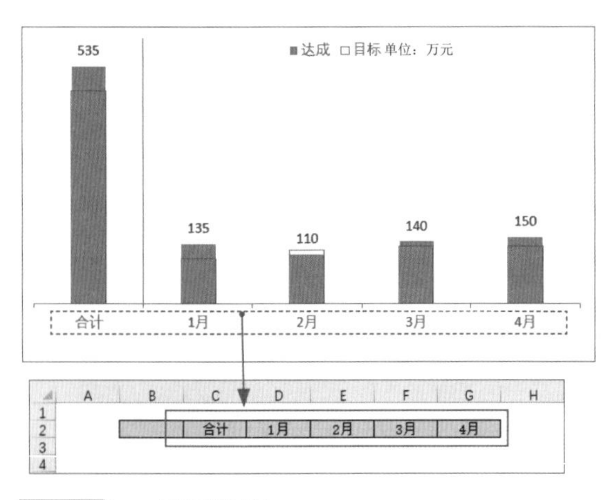

第二步 填写维度

从预想的图表中发现，有两个数据维度，即“达成”和“目标”。将这两个维度依次填入“手枪法”表格中的维度位置，如下图所示。

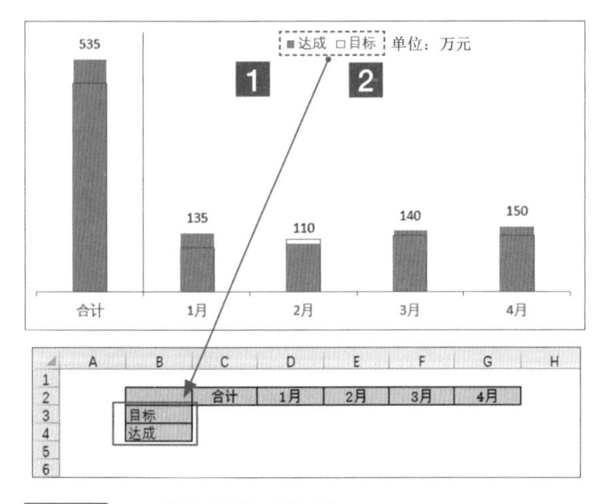

第三步 填写高度/数值

将预想的图表中各数据维度的具体数值填“手枪法”表格中的数据区域，如下图所示。

> **Tips** 预想的图表中不显示“目标”的数据标签，并不表示没有“目标”数据。因此，不要忘记在表格中填写“目标”数据。

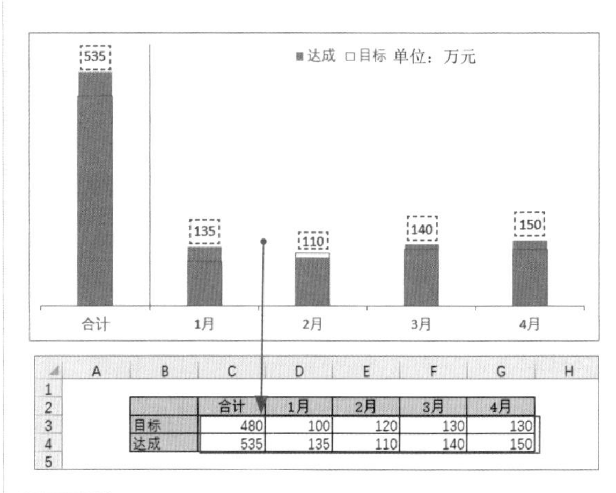

第四步 创建柱形图图表

选中B2:G4单元格区域，选择【插入】→【图表】→【插入柱形图或条形图】→【簇状柱形图】选项，完成簇状柱形图图表的创建，效果如下图所示。

	合计	1月	2月	3月	4月
目标	480	100	120	130	130
达成	535	135	110	140	150

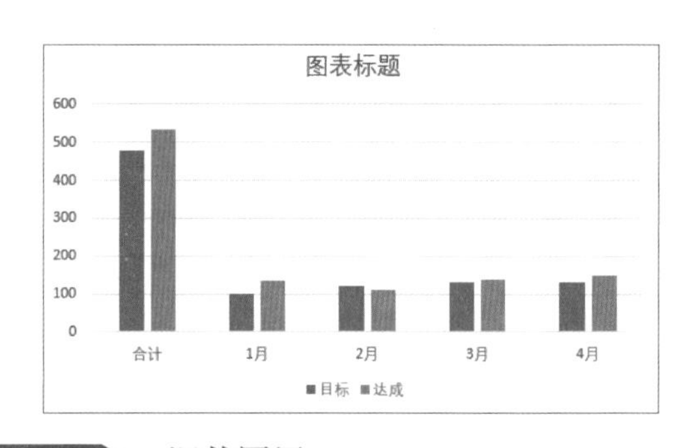

第五步 调整图层

❶ 选中数据系列，在【设置数据系列格式】窗格中的【系列选项】选项下，将【系列重叠】设置为“100%”，如下图所示。

❷ 选中“目标”数据系列，在【设置数据系列格式】窗格中，在【填充】选项下选中【无填充】单选按钮。在【边框】选项下选中【实线】单选按钮。最后，在【颜色】选项中选择合适的颜色，如下图所示。

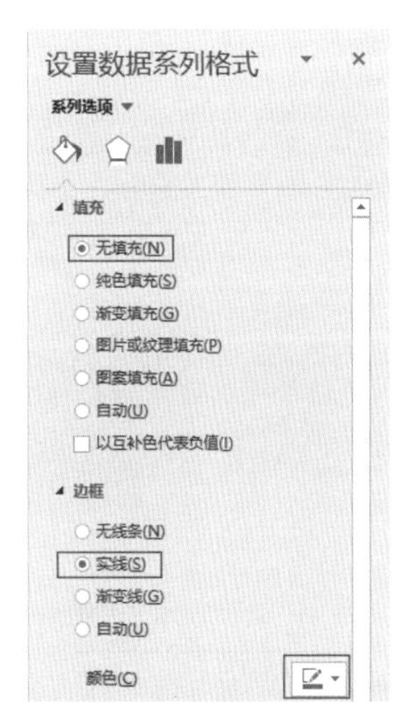

❸ 图表效果如下图所示。此时“目标”数据系列因位于“达成”数据系列下面而被遮挡。

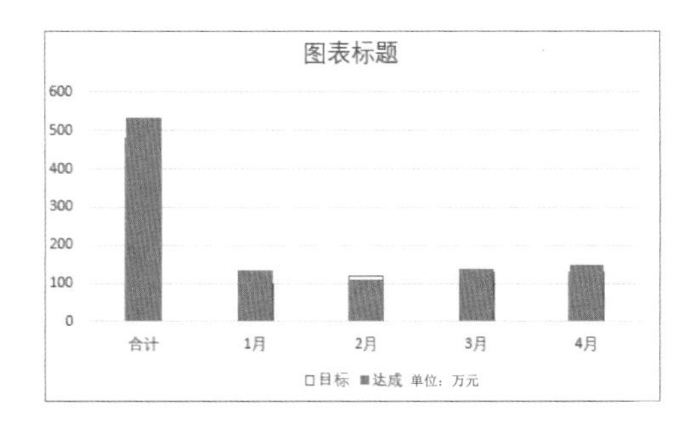

❹ 调整图层上下顺序。在绘图区右击，选择“选择数据”选项，如右上图所示。

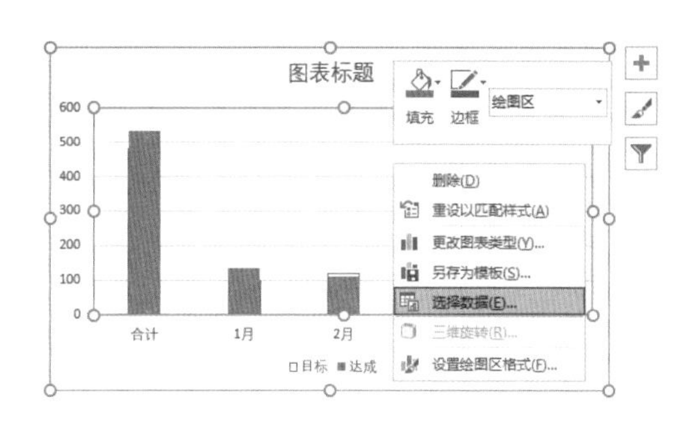

❺ 在弹出的【选择数据源】对话框中，选择【达成】复选框，并单击【▲】按钮。然后单击【确定】按钮。即可得到“目标”数据系列位于“达成”数据系列上面的图表效果，如下图所示。

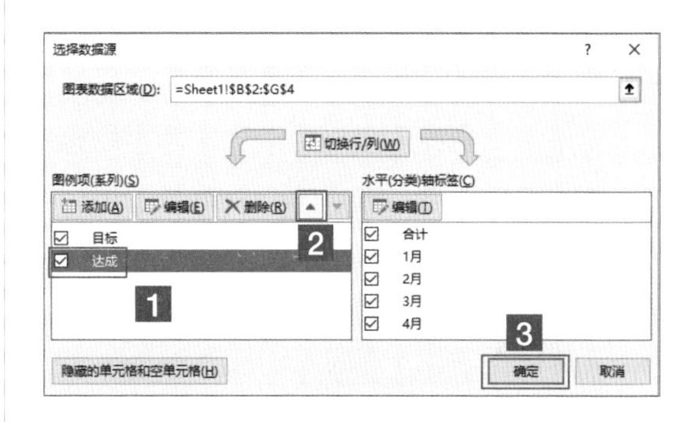

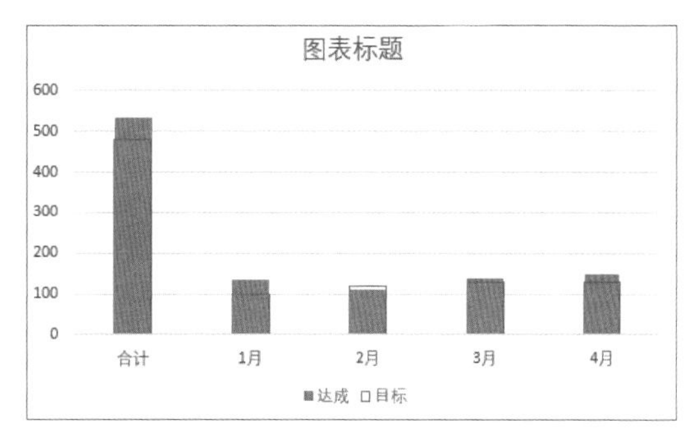

Tips 本步骤使用了“10UP原则”，对同坐标系下的图层进行上下位置的调整，使“目标”数据系列位于“达成”数据系列的上面，以突出达成的情况。

第六步 美化图表和添加数据标签

分别选中图表标题和网格线，按【Delete】

键将其删除；并将图例移动到合适位置；在“达成”数据系列上右击，选择【添加数据标签】选项，得到的图表效果如下图所示。

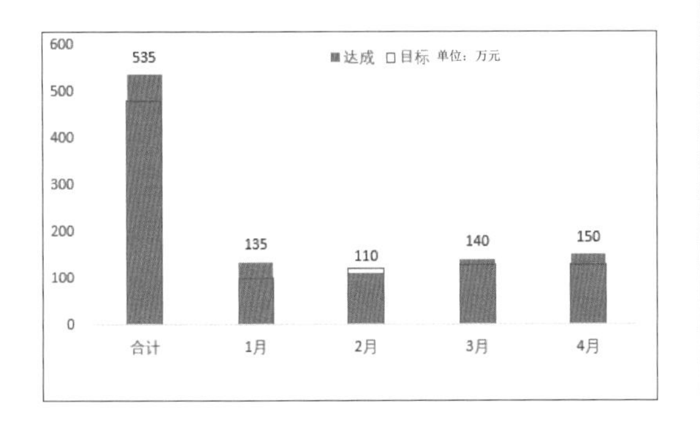

第七步 设置“合计”和“1月”数据点之间的分隔线

❶ 选中水平轴坐标，在【设置坐标轴格式】窗格中，选择【坐标轴选项】→【纵坐标轴交叉】选项，然后选中【分类编号】单选按钮，并在其后的文本框中输入“2”；在【刻度线】下的【主刻度线类型】下拉列表中选择【外部】；在【线条】选项下选中【实线】单选按钮，并在【颜色】选项下选择合适的颜色，如下图所示。

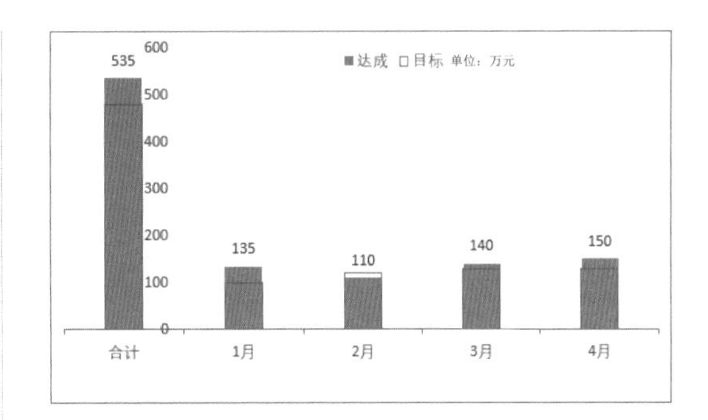

❷ 选中垂直轴坐标，在【设置坐标轴格式】窗格中，选择【坐标轴选项】→【标签】选项，并在【标签位置】下拉列表中选择“无”；然后，在【线条】选项下选中【实线】单选按钮，并在【颜色】选项下选择合适的颜色，如下图所示。

❸ 即可得到数据点之间有分隔效果的图表，最终效果如下图所示。

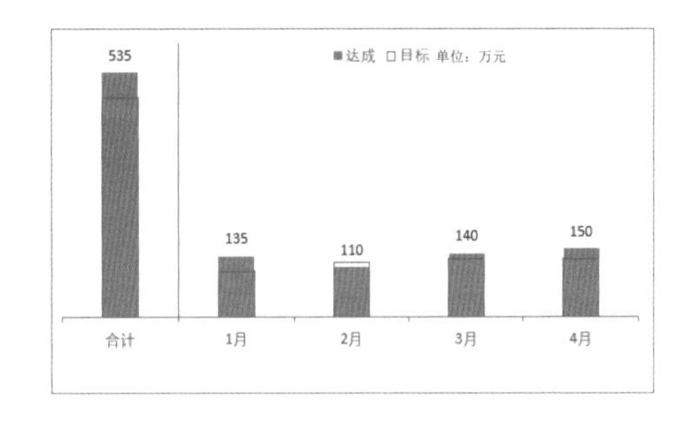

【图表分析】

柱形图中，可通过不同数据系列的重叠来突出现实和目标的对比情况。构建数据源时，不要被图表的变形所迷惑，这样的图表仍然需要使用二维数据。

11.2.4 案例4

案例名称	构建进出口情况的图表
素材文件	素材 \ch11\11.2.4.xlsx
结果文件	结果 \ch11\11.2.4.xlsx

范例11-4 构建进出口情况的图表

本案例是某贸易公司2015—2019年进出口额和缺口的情况。下面介绍使用“手枪法”，遵从“I Do”原则，从预想的图表出发，构建图表数据源并制作图表。

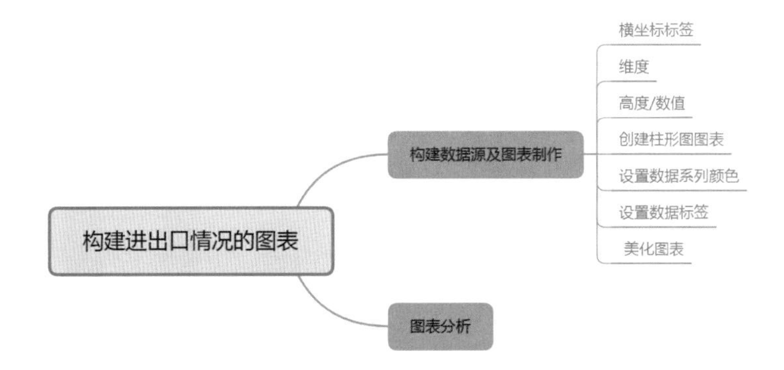

打开“素材\ch11\11.2.4.xlsx”文件，可以看到期望的图表效果如下图所示。这是一个堆积柱形图，展现了每年的进出口额及缺口的情况。

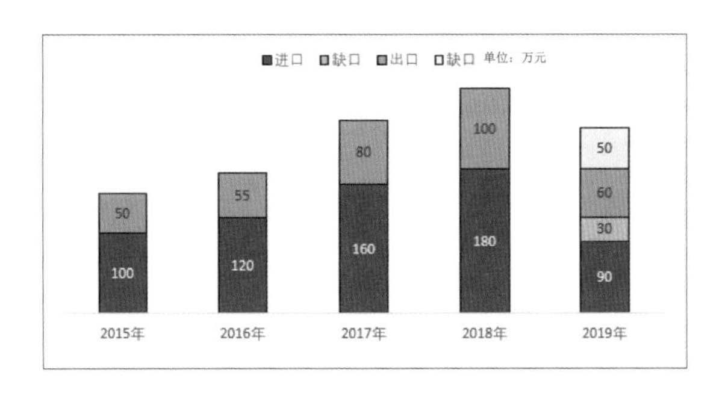

第一步 填写横坐标标签

从预想的图表中可发现需要显示5个标签，即从2015年到2019年。将这5个标签依次填入“手枪法”表格的标签位置，如下图所示。

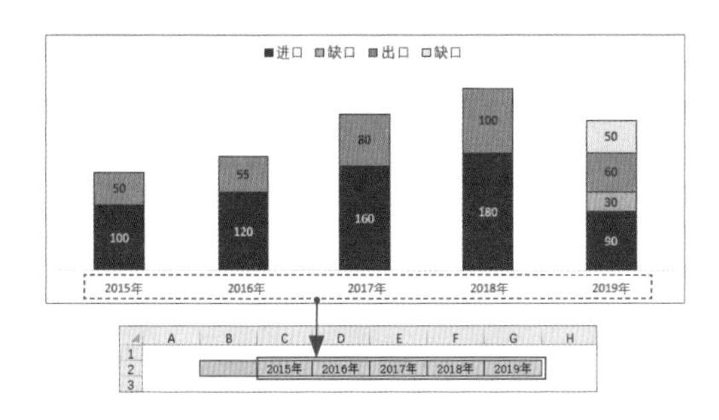

第二步 填写维度

从预想的图中可发现，有4个数据维度，分别是“进口”、进口的“缺口”、“出口”、出口的“缺口”。将这4个维度依次填入“手枪法”表格的维度位置，如下图所示。

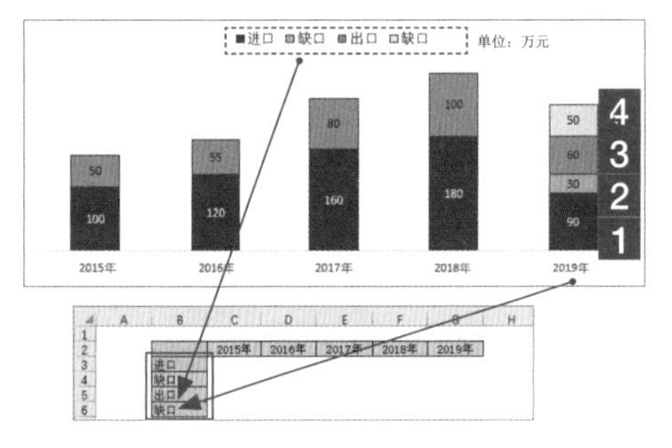

第三步 填写高度/数值

将预想的图表中各数据维度的具体数值填入“手枪法”表格的数据区域位置，如右上图所示。

> Tips 如果某个标签下没有相关维度的数据，则为空白，或者填写“0”。本案例选择空白。

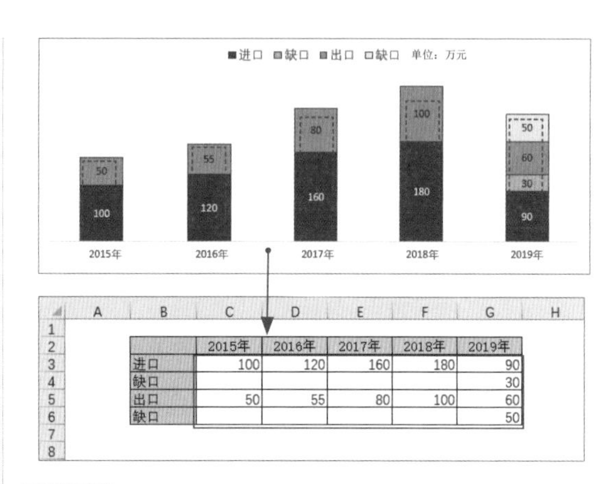

第四步 创建柱形图图表

选中B2:G6单元格区域，选择【插入】→【图表】→【插入柱形图或条形图】→【堆积柱形图】选项，完成堆积柱形图图表的创建，效果如下图所示。

单位：万元

	2015年	2016年	2017年	2018年	2019年
进口	100	120	160	180	90
缺口					30
出口	50	55	80	100	60
缺口					50

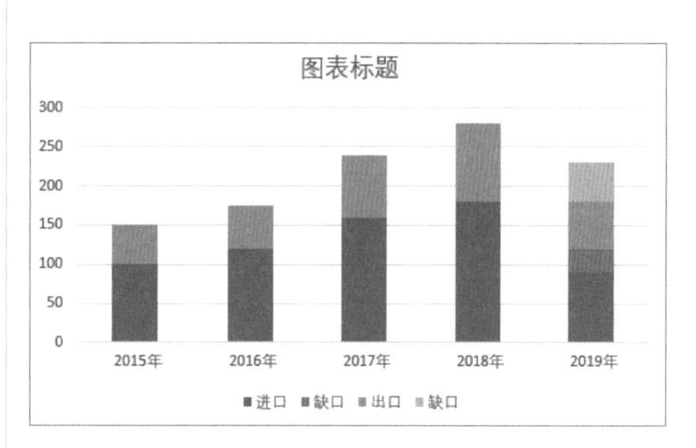

第五步 设置数据系列颜色

依次选中不同数据系列并右击，选择【填充】选项，在弹出的颜色面板中选择合适的颜色；选择【边框】选项，在弹出的颜色面板中选择合适的颜色。完成5个数据系列的设置后，效果如下图所示。

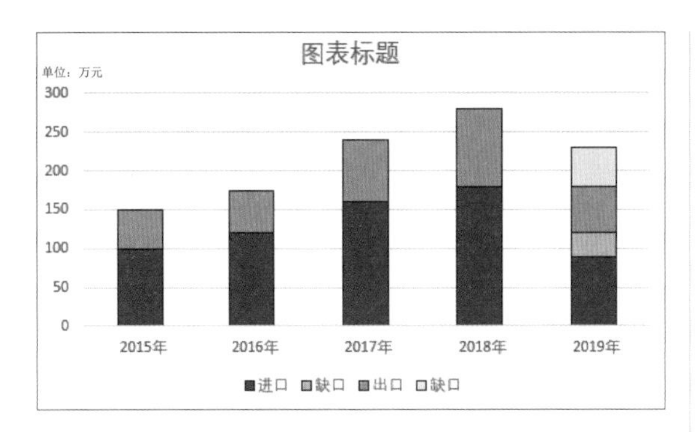

第六步 添加数据标签

依次选中不同数据系列并右击，在弹出的快捷菜单选择【添加数据标签】选项，并根据需要设置数据标签的字体颜色。完成5个数据系列的数据标签设置后，效果如下图所示。

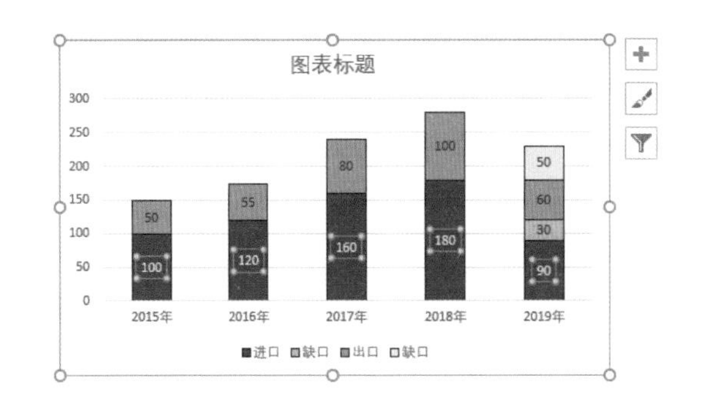

第七步 美化图表

分别选中图表标题、网格线、垂直坐标轴标签后，按【Delete】键将其删除；将图例移动到合适位置，即可得到完成后的图表最终效果，如下图所示。

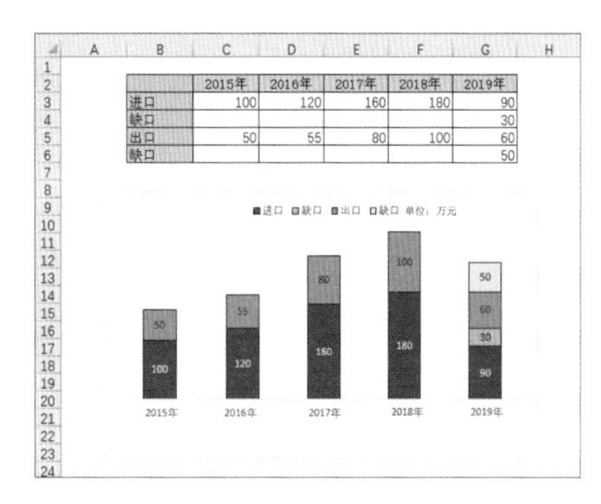

	2015年	2016年	2017年	2018年	2019年
进口	100	120	160	180	90
缺口					30
出口	50	55	80	100	60
缺口					50

【图表分析】

实际工作中，并不是所有标签下的维度都有数据。构建数据源时，可根据实际情况填写。如果没有，则将相应数据设为空白或0即可。如本案例中只有2019年有进出口的缺口数据，其他年份并没有，因此将其他年份的缺口数据源设为空白即可。

11.2.5 案例5

案例名称	构建销售目标完成情况的图表
素材文件	素材 \ch11\11.2.5.xlsx
结果文件	结果 \ch11\11.2.5.xlsx

销 售　范例11-5 构建销售目标完成情况的图表

本案例是某销售部门某月月末的当年销售目标完成情况。下面将介绍使用“手枪法”，遵从“I Do”原则，从预想的图表出发，构建图表数据源并制作图表。

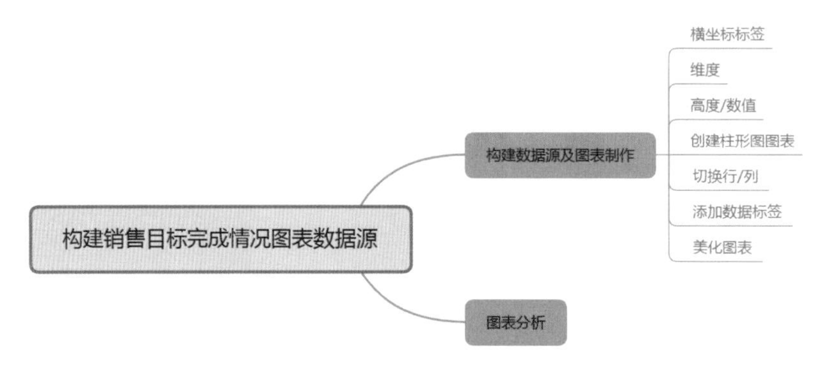

打开“素材\ch11\11.2.5.xlsx”文件，可以看到期望的图表效果如下图所示。这是一个堆积柱形图，即左边显示目标数据，右边显示完成情况，包含完成和缺口两部分。

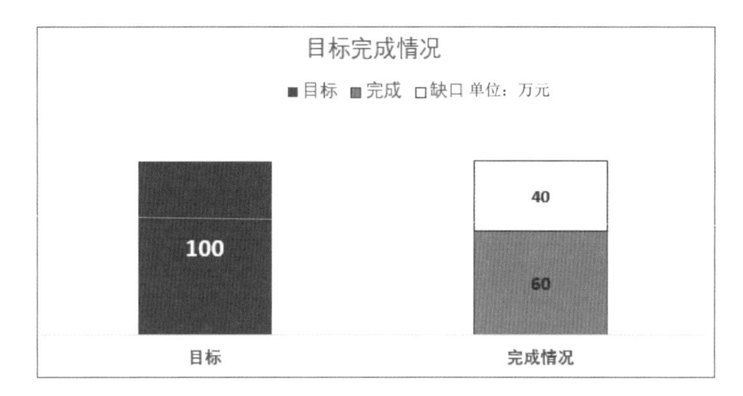

使用“I Do”原则的“手枪法”构建数据源，以及最终制作完成图表，效果如下图所示。

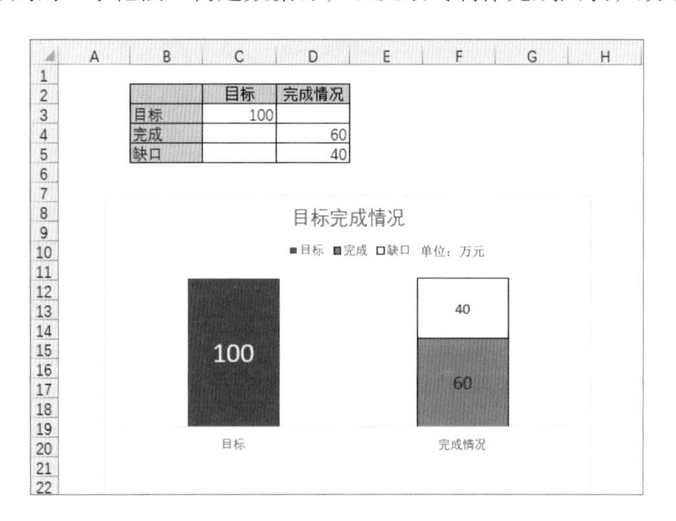

第一步　填写横坐标标签

从预想的图表中可发现需要显示两个标签，即“目标”和“完成情况”。将这两个标签依次填入“手枪法”表格中填写标签的位置，如下图所示。

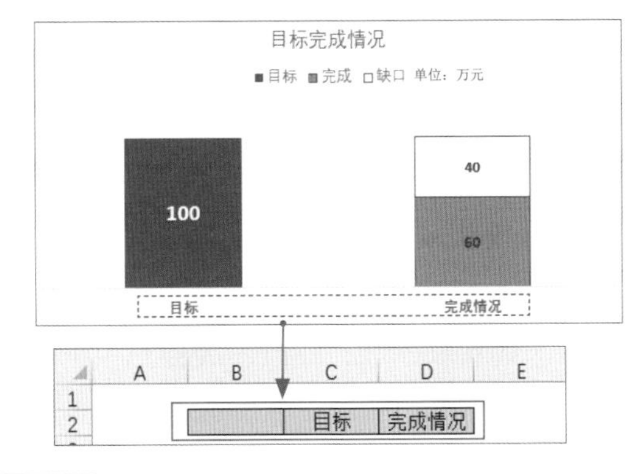

第二步　填写维度

从预想的图表中可发现，有3个数据维度，即“目标”“完成”“缺口”。将这3个维度依次填入“手枪法”表格中填写维度的位置，如下图所示。

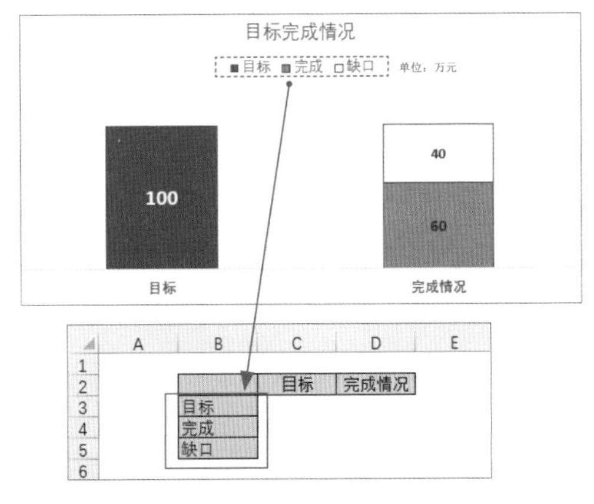

第三步　填写高度/数值

将预想的图表中各数据维度的具体数值填入“手枪法”表格中的数据区域位置。对于没有展示的数据，则设为空白。例如“目标”标签下没有“完成”和“缺口”维度的数据，设为空白即可，如下图所示。

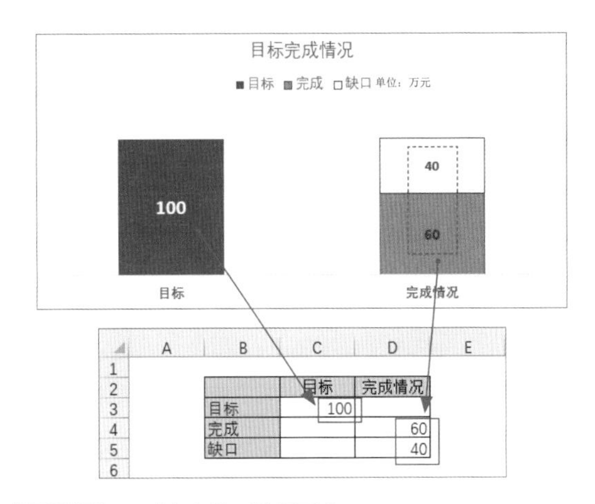

第四步　创建柱形图图表

选中B2:D5单元格区域，选择【插入】→【图表】→【插入柱形图或条形图】→【堆积柱形图】选项，完成堆积柱形图图表的创建，此时，图表中的标签和维度正好和数据源的标签和维度的顺序相反，如下图所示。

单位：万元

	目标	完成情况
目标	100	
完成		60
缺口		40

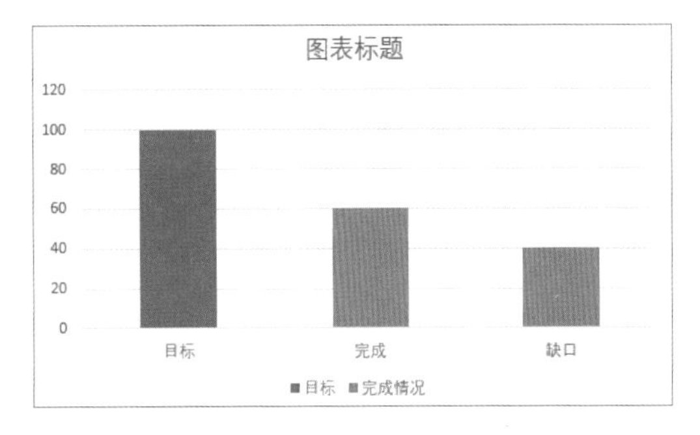

第五步　切换行/列

❶ 在绘图区右击，在弹出的快捷菜单中选择【选择数据源】选项。在弹出的【选择数据

源】对话框中，单击【切换行/列】按钮后，再单击【确定】按钮，如下图所示。

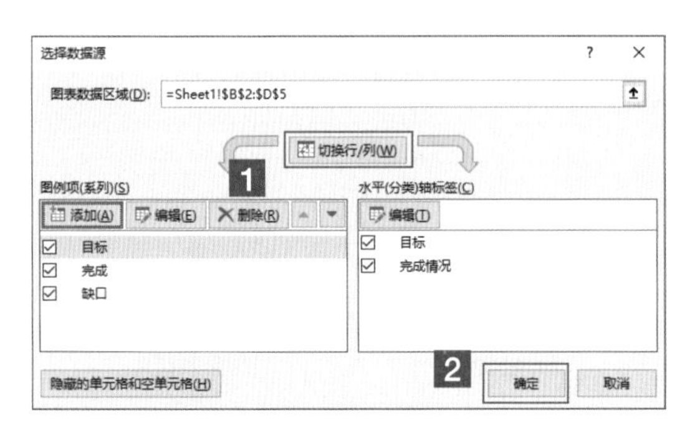

❷ 即可得到预想效果，如下图所示。

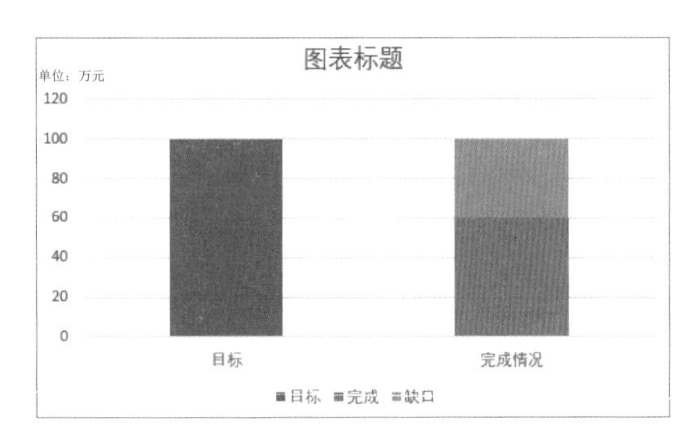

第六步 添加数据标签

选中各数据系列并右击，选择【添加数据标签】选项，根据需要设置数据标签的字体颜色和字号。本案例中，为了凸显目标和已完成的情况，将“目标”和“完成”数据系列的数据标签字体设置得较大，如右上图所示。

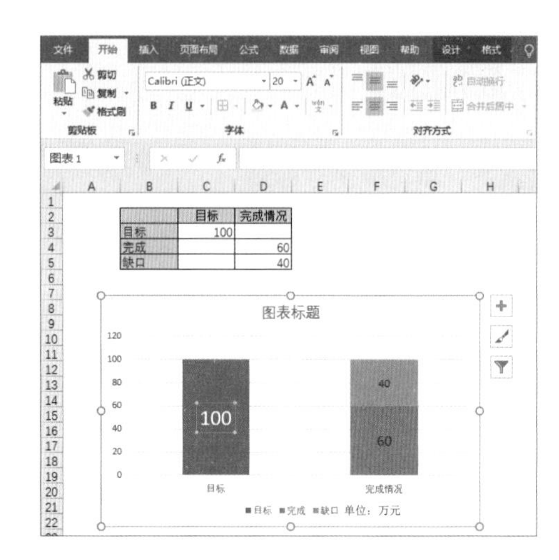

第七步 美化图表

分别设置各数据系列的填充和边框颜色；分别选中垂直坐标轴标签和网格线后，按【Delete】键将其删除；修改图表标题；将图例移动到合适位置，最终得到符合预想效果的图表，如下图所示。

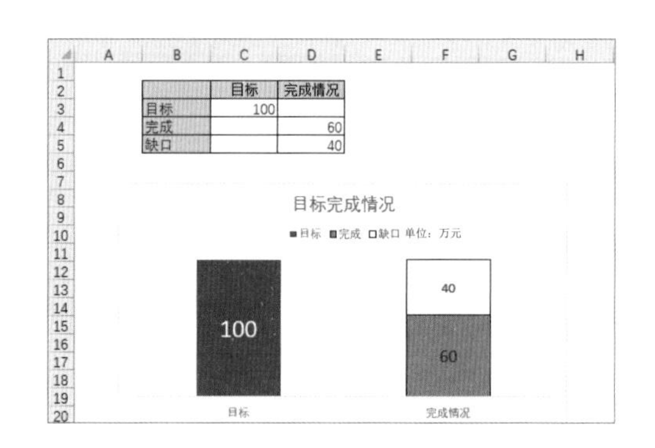

【图表分析】

在图表中展现目标达成情况时，如果从数据着手比较难，则可先构思想要的图表效果，再使用“手枪法”构建数据源就比较容易了。

11.3 “C Do”原则——环形图的应用

“C Do”原则适用于环形图（包含圆环图、饼图）和雷达图的数据源构建。下面介绍环形图的应用方法，根据预先构想的图表效果，思考以下问题。

（1）圈数（C）。圈数有几个则表示有几个数据维度。从内圈到外圈依次填入数据源表格的A4、A5、A6等单元格中。

（2）段数（D）和龟裂。图表中每个圈分成几段，并将每段的名称依次填入数据源表格的B3、C3、D3单元格内。操作时，可先将第1个圈的每段标识密码设为1、2、3等，再将第1个圈和第2个圈的每段依次标识密码为11、12、13等，以及21、22、23等，最后将每个密码对应的名称填入数据源表格中。

（3）段长和数值。将每段数据系列的数值填入B4:G5等相应单元格区域内。需要注意的是，每个圈的各段数值之和应相等；龟裂段的数值之和同被龟裂段的数值应相等。

（4）辅助（o）。判断是否需要增加辅助数据，如果需要，则添加维度及相应数据。最终判断是否需要对图表进行美化。

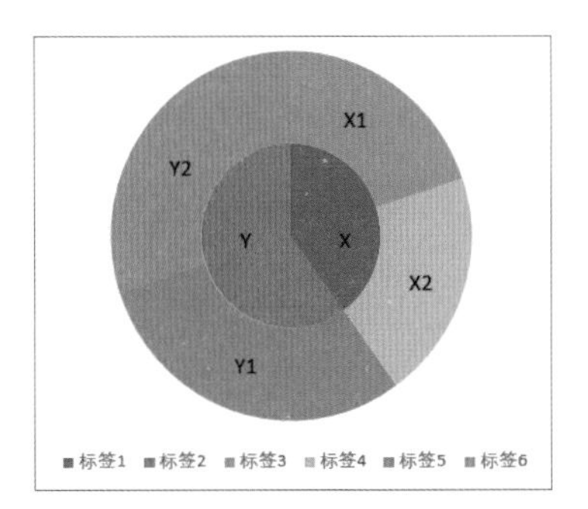

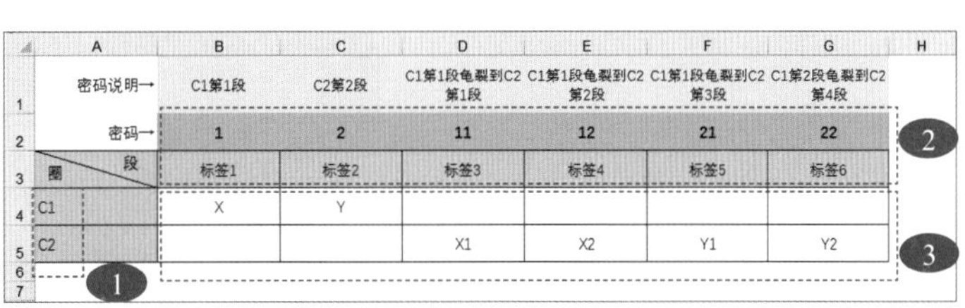

	A	B	C	D	E	F	G	H
1	密码说明→	C1第1段	C2第2段	C1第1段龟裂到C2第1段	C1第1段龟裂到C2第2段	C1第1段龟裂到C2第3段	C1第2段龟裂到C2第4段	
2	密码→	1	2	11	12	21	22	
3	圈 段	标签1	标签2	标签3	标签4	标签5	标签6	
4	C1	X	Y					
5	C2			X1	X2	Y1	Y2	
6								
7								

Tips 使用“密码法”填写数据源表格后，需要验证数据以确保：X+Y=X1+X2+Y1+Y2；X=X1+X2；Y=Y1+Y2。

通过对上面问题的回答和操作，即可构建出符合环形图效果的数据源。因对环形图的每圈、每段及龟裂关系使用的数字标识，仿佛密码一般，因而称为“密码法”。

11.3.1 案例1

案例名称	构建食品销量图表（1）
素材文件	素材\ch11\11.3.1.xlsx
结果文件	结果\ch11\11.3.1.xlsx

范例11-6 构建食品销量图表（1）

本案例是某食品公司各产品销售情况。下面将介绍使用“密码法”，遵从“C Do”原则，从预想的图表出发，构建图表数据源并制作图表。

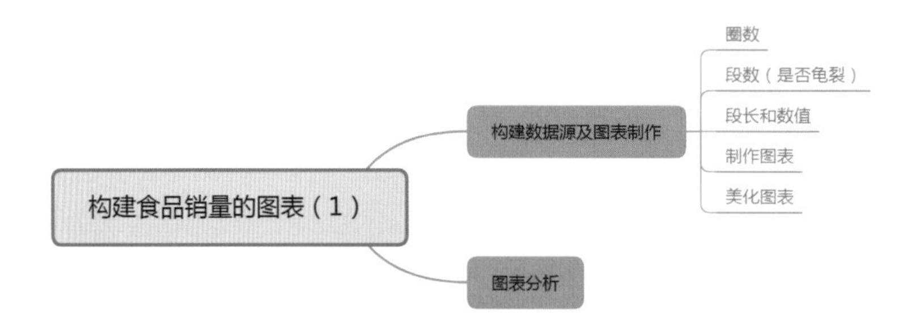

打开“素材\ch11\11.3.1.xlsx”文件，可以看到期望的图表效果如下图所示。这是一个圆环图，展现3种食品的销量情况。

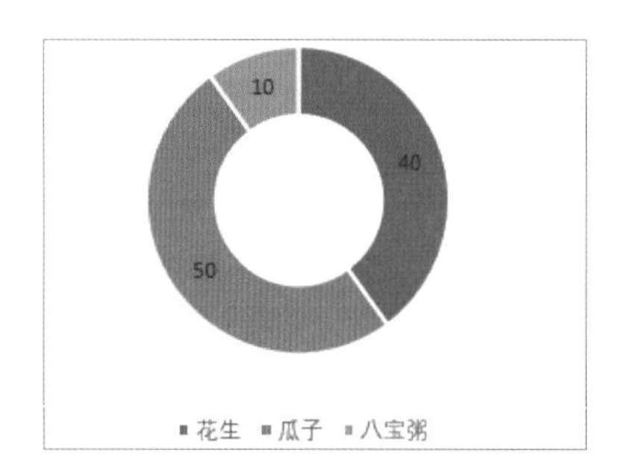

第一步 **填写圈数**

从预想的圆环图中可发现，仅有1个圈，将其填入数据源表格B3单元格内，如下图所示。

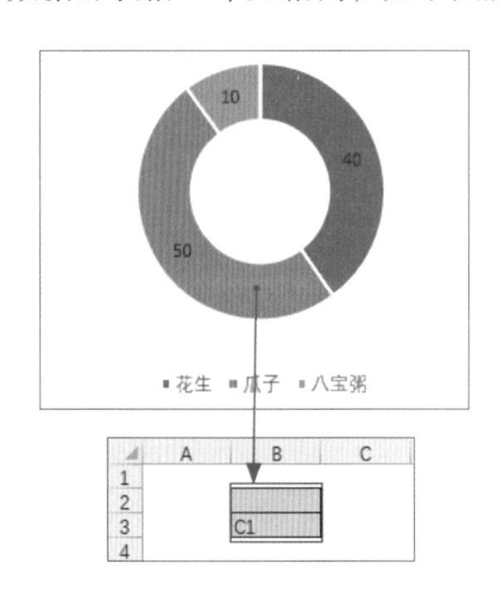

第二步 **填写段数（是否龟裂）**

从预想的圆环图可发现，一共有3段且其对应密码为1、2、3，将其对应名称依次填入数据源表格的C2:E2单元格区域内，如下图所示。

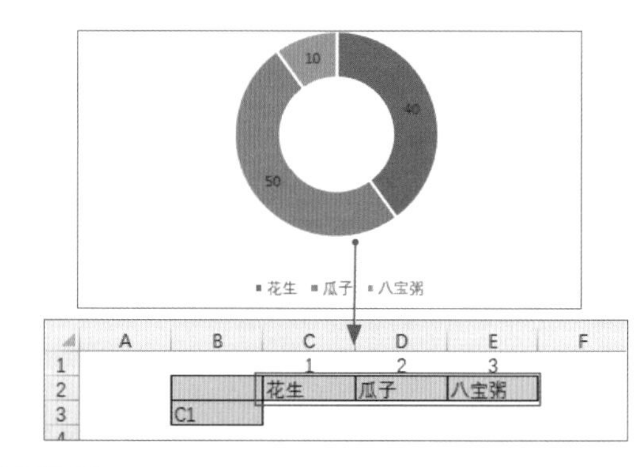

第三步 **段长和数值的填写**

将圆环的每段长度分别填入数据源C3:E3单元格的区域中。至此，完成了数据源的构建，效果如下图所示。

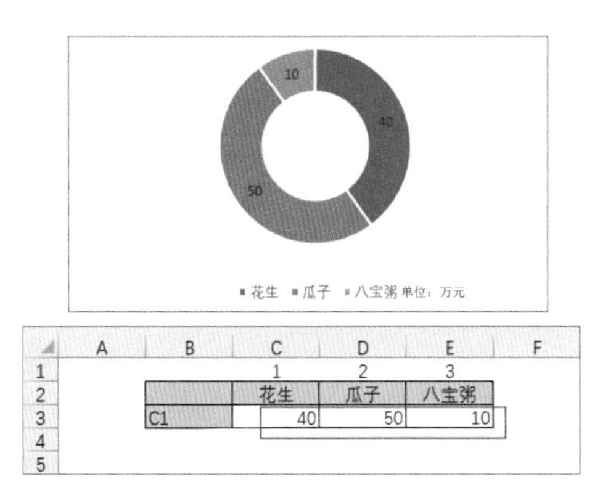

第四步 制作图表

选中B2:E3单元格区域，选择【插入】→【图表】→【插入饼图或圆环图】→【圆环图】选项，即可得到圆环图，如下图所示。

	1	2	3
	花生	瓜子	八宝粥
C1	40	50	10

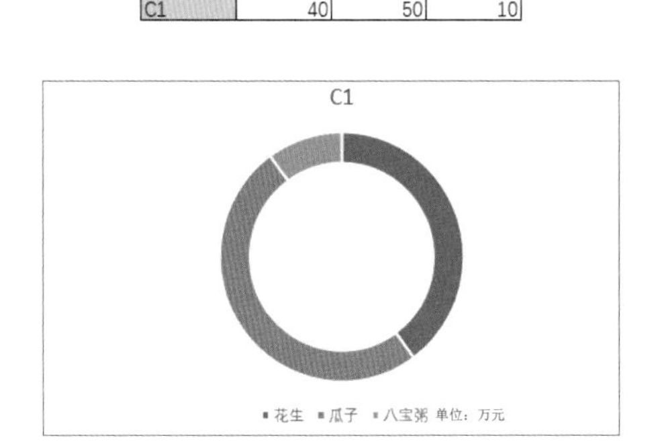

第五步 美化图表

❶ 选中数据系列，在【设置数据系列格式】窗格中选择【系列选项】选项，在【圆环图圆环大小】微调框设置为合适的值，此处为“55%”，如下图所示。

❷ 单击图表标题，按【Delete】键删除；在数据系列上右击，在弹出的快捷菜单中选择【添加数据标签】选项，最终得到图表效果如下图所示。

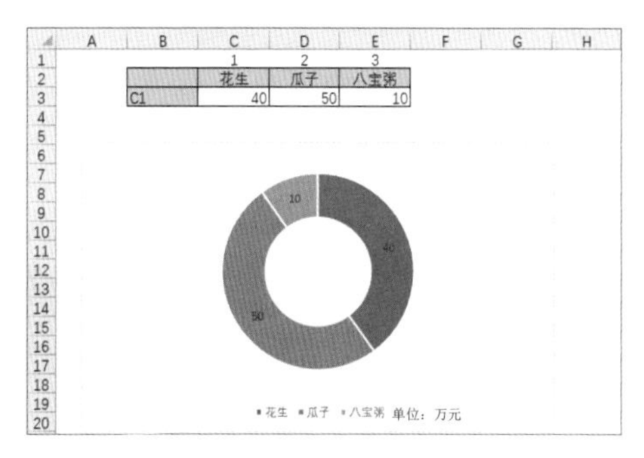

【图表分析】

圆环图的数据源构建，当只有一个圈时，关键在于先要明确将圈分为几段，再应用“密码法”即可轻松完成数据源构建和图表制作。

11.3.2 案例2

案例名称	构建食品销量图表（2）
素材文件	素材 \ch11\11.3.2.xlsx
结果文件	结果 \ch11\11.3.2.xlsx

销 售　范例11-7 构建食品销量图表（2）

本案例是某食品公司各产品的销售情况。下面将介绍如何使用“密码法”，遵从“C Do”原则，从预想的图表出发，构建图表数据源并制作图表。

思维导图

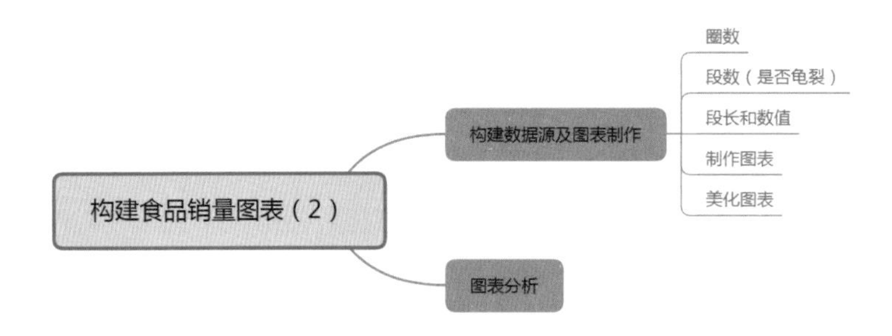

打开“素材\ch11\11.3.2.xlsx”文件，可以看到期望的图表效果如下图所示。这是一个圆环图，展现了销售总计和3种食品的销量情况。

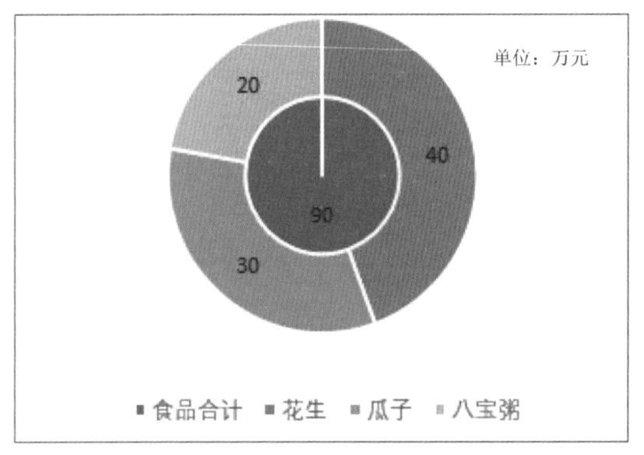

操作步骤

第一步 填写圈数

从预想的圆环图可发现，图表有2个圈，可从内到外依次填入数据源表格B3、B4单元格中，如右图所示。

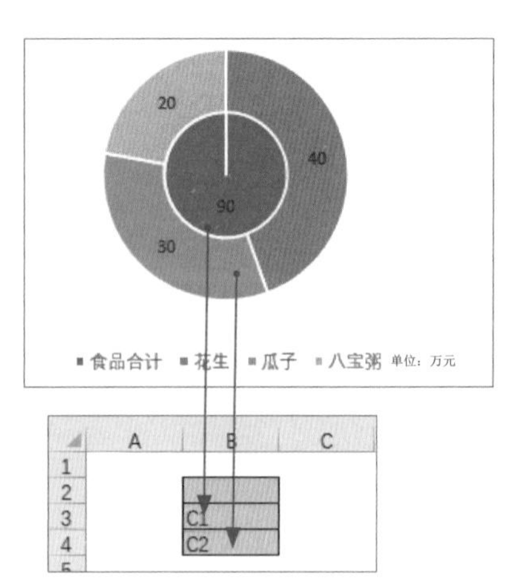

第二步 **段数（是否龟裂）**

从预想的圆环图可发现，内圈C1只有一段，其对应密码为1，由C1龟裂产生外圈C2的三段，其对应密码为11、12、13，将各密码对应的名称依次填入数据源表格C2:F2单元格的区域中，如下图所示。

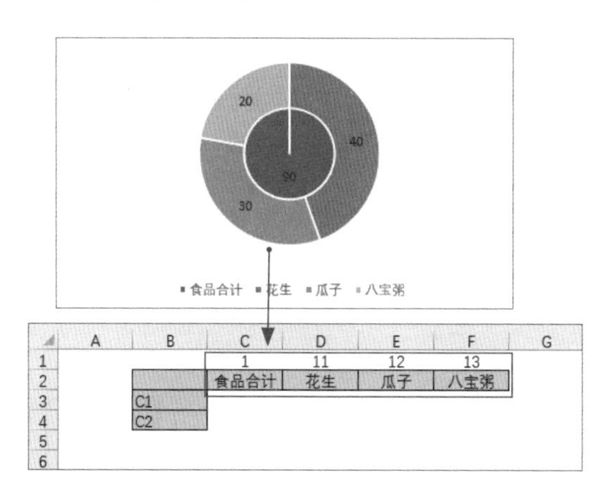

第三步 **段长和数值的填写**

将圆环的每段长度填入数据源C3:F4单元格的区域内。因为由内圈C1龟裂产生外圈C2，所以需要检查内、外圈是否相等，即C3单元格的值=D4:F4单元格区域的值的合计。

至此，完成了数据源的构建，如下图所示。

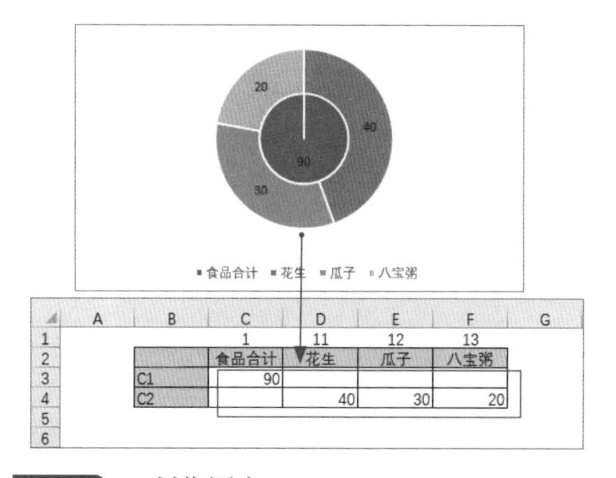

第四步 **制作图表**

选中B2:F4单元格区域，选择【插入】→【图表】→【插入饼图或圆环图】→【圆环图】选项，即可得到圆环图，如下图所示。

	1	11	12	13
	食品合计	花生	瓜子	八宝粥
C1	90			
C2		40	30	20

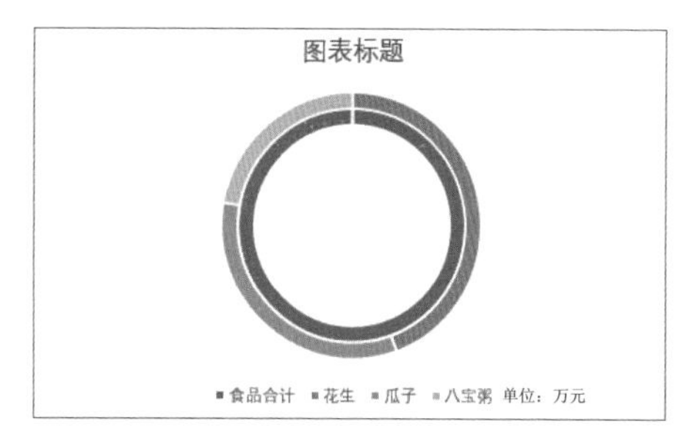

第五步 **美化图表**

❶ 选中数据系列，在【设置数据系列格式】窗格中的【系列选项】选项下将【圆环图圆环大小】微调框设置为合适的值，此处为“0%”，如下图所示。

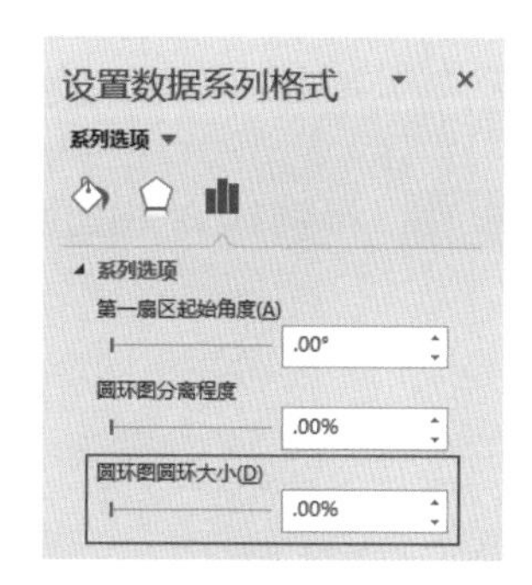

❷ 得到的圆环图效果如下图所示。

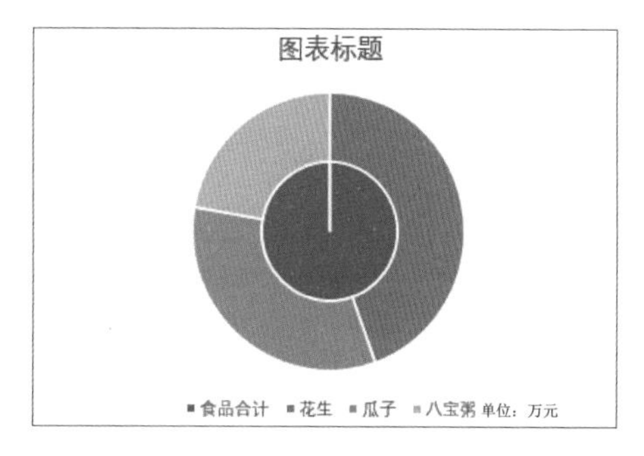

❸ 选中图表标题，按【Delete】键删除；在数据系列上右击，选择【添加数据标签】选项，最终效果如下图所示。

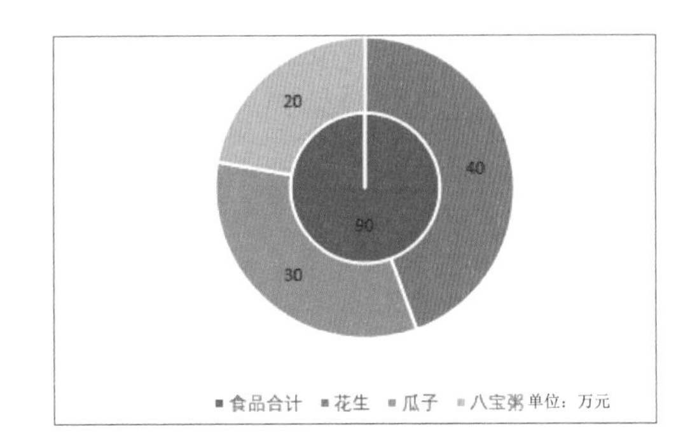

【图表分析】

本案例展示了通过“密码法”构建有内、外圈圆环图的数据源的过程。需要注意检查内圈数值合计和外圈数值合计是否相等。

11.3.3 案例3

案例名称	构建地区销量图表（1）
素材文件	素材\ch11\11.3.3.xlsx
结果文件	结果\ch11\11.3.3.xlsx

销售 范例11-8 构建地区销量图表（1）

本案例是某销售公司在不同地区的销售情况。下面将介绍使用“密码法”，遵从“C Do”原则，从预想的图表出发，构建图表数据源并制作图表。

思维导图

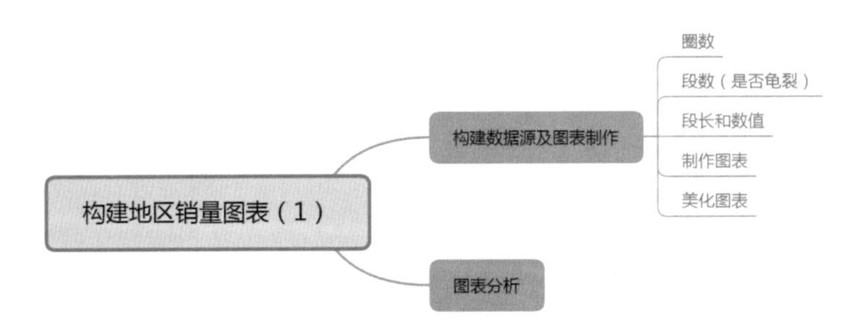

打开“素材\ch11\11.3.3.xlsx”文件，可以看到期望的图表效果如下图所示。这是一个圆环图，展现了不同地区和不同城市的销量情况。

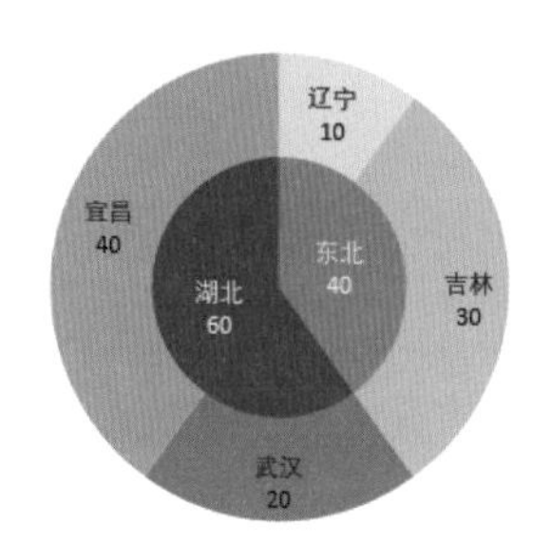

操作步骤

第一步 填写圈数

从预想的圆环图可发现，图表有2个圈，将其对应值依次填入数据源表格B3、B4单元格中。

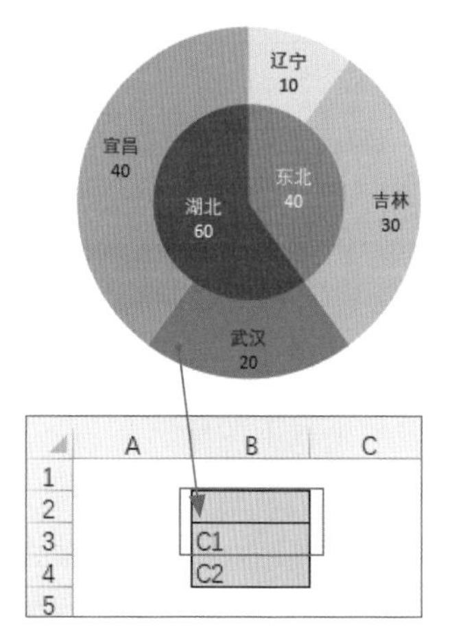

第二步 填写数段（是否龟裂）

从预想的圆环图中，可发现以下几种情况。

❶ 内圈C1有两段：东北、湖北，其对应密码为1、2。

❷ 由东北龟裂产生出外圈C2的两段：辽宁、吉林，其对应密码为11、12。

❸ 由湖北龟裂产生出外圈C2的两段：武汉、宜昌，其对应密码为21、22。

现将各密码对应的名称依次写入数据源表格C2:H2单元格的区域。

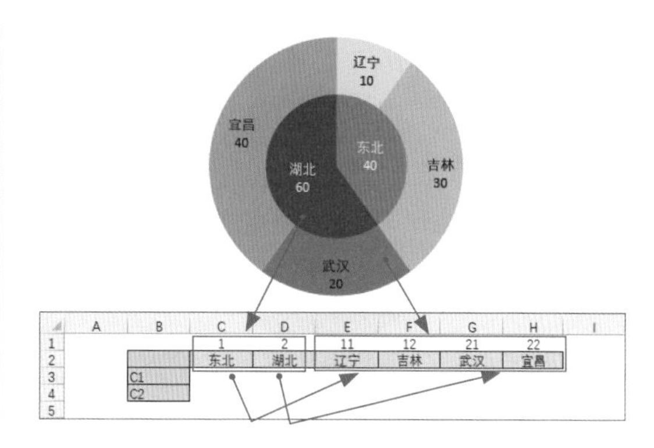

第三步 段长和数值

将圆环的每段长度填入数据源C3:H4单元格的区域内。由于内圈C1龟裂产生了外圈C2，所以需要检查内外圈是否相等，即C3单元格的值=E4:F4单元格区域值的合计；D3单元格的值=G4:H4单元格区域值的合计。

至此，完成数据源的构建，如下图所示。

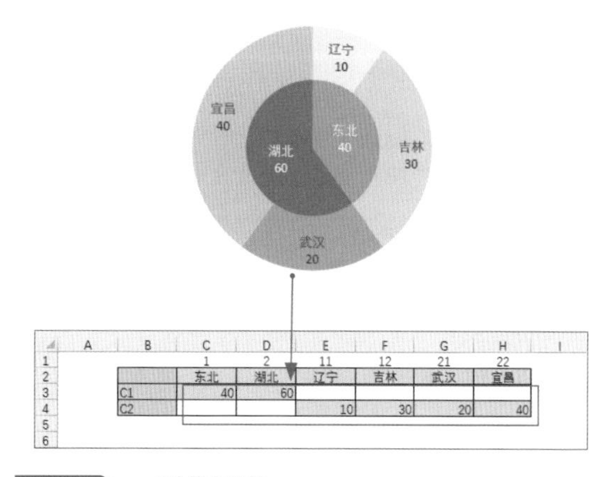

第四步 制作图表

选中B2:H4单元格区域，选择【插入】→【图表】→【插入饼图或圆环图】→【饼图】选项（也可以用圆环图绘制，为了能介绍更多的实现方法，本案例选择使用饼图实现），即可得到图表效果如下图所示。

	1	2	11	12	21
	东北	湖北	辽宁	吉林	武汉
C1	40	60			
C2			10	30	20

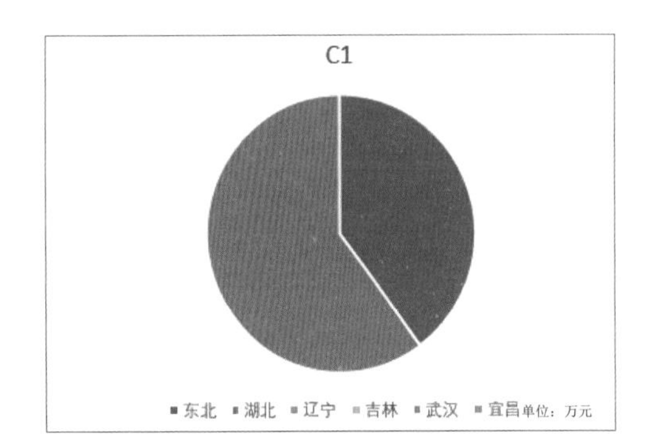

第五步 **美化图表**

❶ 选中数据系列，在【设置数据系列格式】窗格中的【系列选项】选项下，将【饼图分离】微调框设置为合适的值，此处为“80%”。

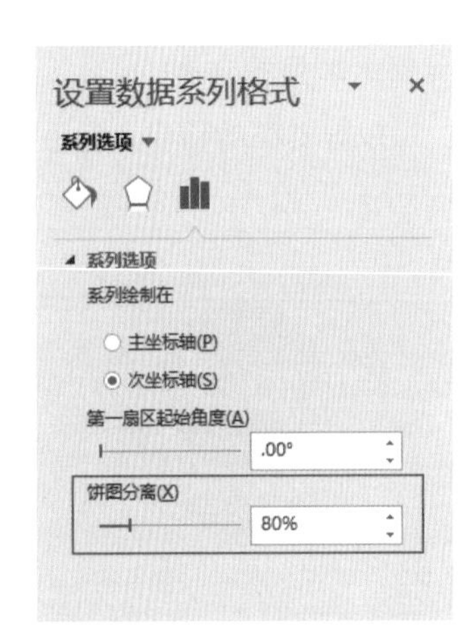

❷ 将分离的扇区拖曳到中心点，得到图表效果如下图所示。

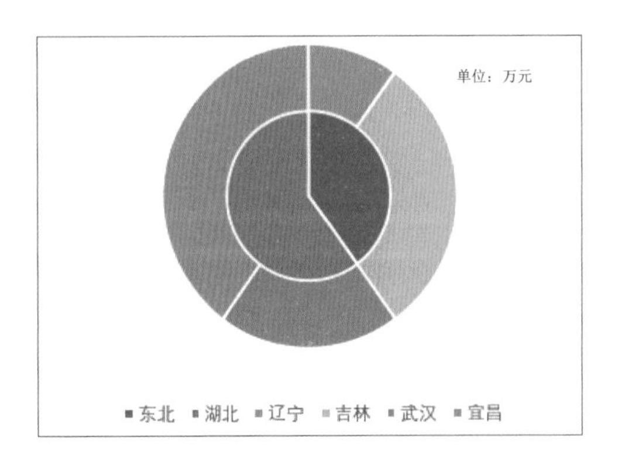

❸ 在数据系列上右击，在弹出的快捷菜单中选择【添加数据标签】选项。选中数据标签，在【设置数据标签格式】窗格中，选中【类别名称】和【值】复选框，并在【分隔符】下拉列表中选择【新文本行】选项。

❹ 分别设置各数据系列的填充和边框颜色；选中图例，并按【Delete】键即可删除。最终得到的图表效果如下图所示。

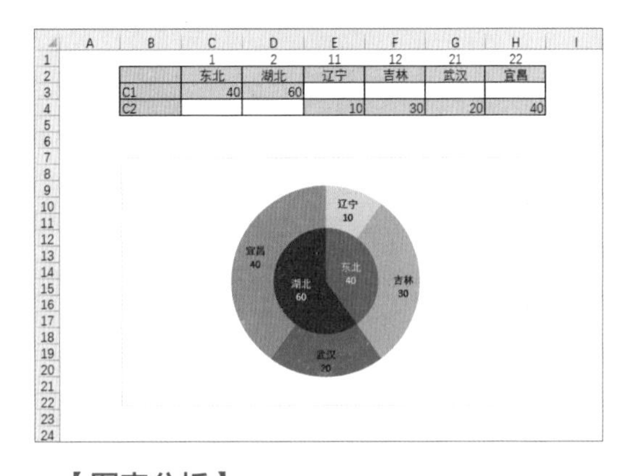

	C	D	E	F	G	H
1	1	2	11	12	21	22
2	东北	湖北	辽宁	吉林	武汉	宜昌
C1	40	60				
C2			10	30	20	40

【图表分析】

圆环图的效果也可以通过饼图来实现。饼图数据源构建的关键同样在于分辨几个圈之间的龟裂关系。

11.3.4 案例4

案例名称	构建地区销量图表（2）
素材文件	素材\ch11\11.3.4.xlsx
结果文件	结果\ch11\11.3.4.xlsx

销 售　**范例11-9 构建地区销量图表（2）**

本案例是某公司各地区和分公司的销售情况。下面将介绍使用“密码法”，遵从“C Do”原则，从预想的图表出发构建图表数据源并制作图表。

思维导图

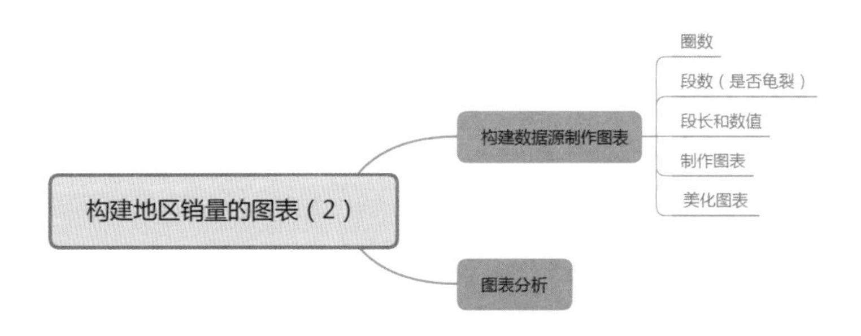

打开“素材\ch11\11.3.4.xlsx”文件，可以看到期望的图表效果如下图所示。这是一个圆环图，展现了地区和分公司的销量情况。

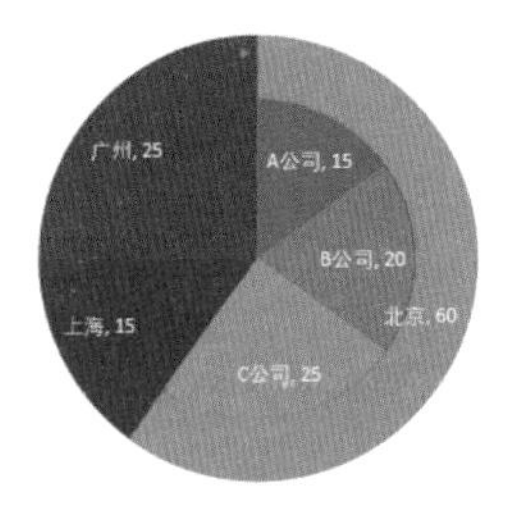

操作步骤

第一步　填写圈数

从预想的圆环图可发现，共有2个圈，将对应值依次填入数据源的表格B3、B4单元格中，如下图所示。

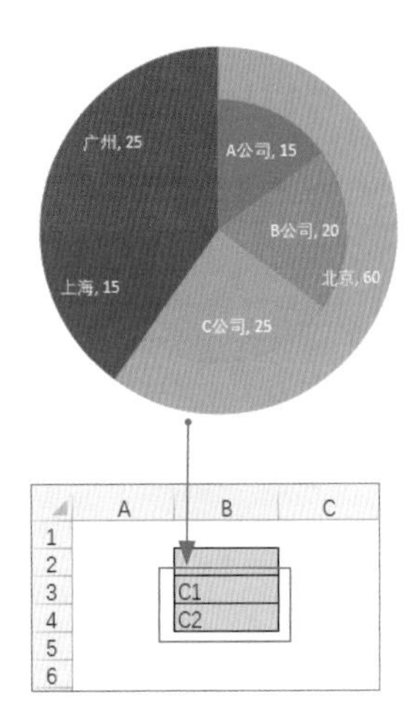

第二步 填写段数（是否龟裂）

从预想的圆环图可发现以下几种情况。

❶ 外圈C2有三段：北京、上海、广州，其对应密码为1、2、3。

❷ 由北京龟裂产生内圈C1的三段：A公司、B公司、C公司，其对应密码为11、12、13。

❸ 由上海龟裂产生内圈C1的一段：上海，对应密码为21。

❹ 由广州龟裂产生内圈C1的一段：广州，对应密码为31。

将各密码对应的名称依次填入数据源表格C2：J2单元格的区域内，如下图所示。

> **Tips** 需要注意的是，本案例是由外圈龟裂到内圈的。

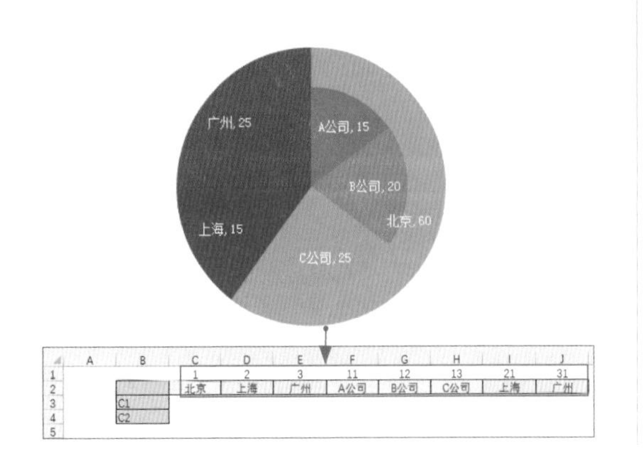

第三步 填写段长和数值

将圆环的每段长度填入数据源C3:J4单元格的区域中。注意检查内、外圈龟裂关系之间的数值是否相等，即C4单元格应等于F3:H3单元格区域之和，D4单元格应等于I3单元格，E4单元格应等于J3单元格。

至此，已完成数据源的构建，如下图所示。

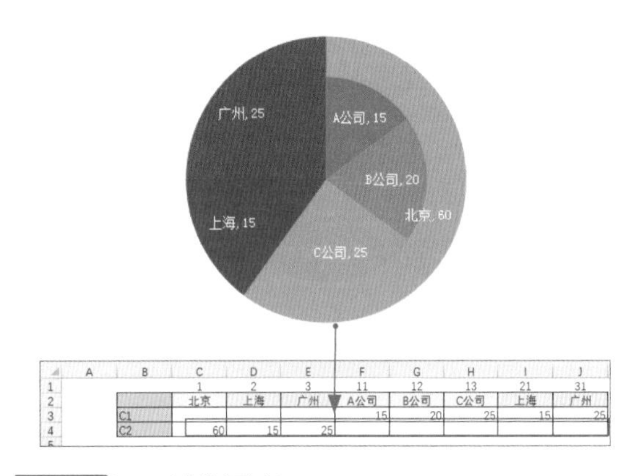

第四步 制作图表

选中B2:J4单元格区域，选择【插入】→【图表】→【插入饼图或圆环图】→【圆环图】选项，效果如下图所示。

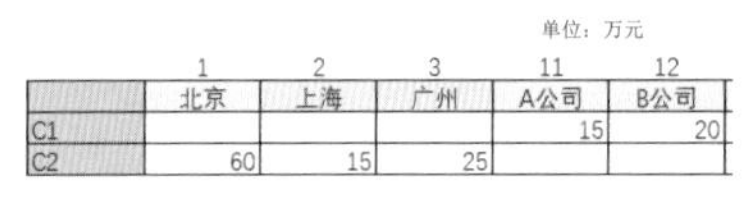

单位：万元

	1	2	3	11	12
	北京	上海	广州	A公司	B公司
C1				15	20
C2	60	15	25		

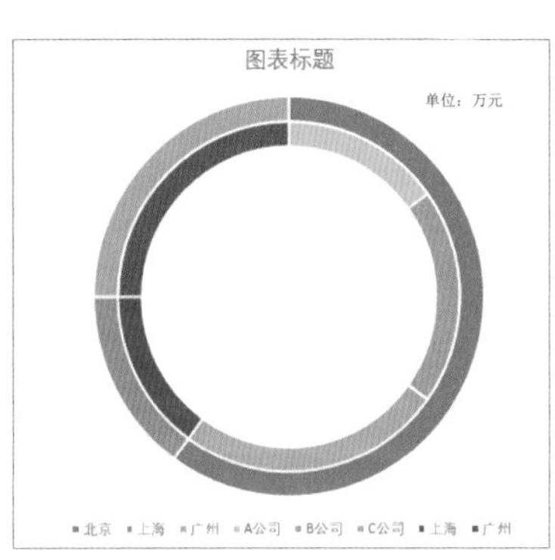

第五步 美化图表

❶ 选中数据系列，在【设置数据系列格式】窗格中，选择【系列选项】选项，并将

【圆环图圆环大小】微调框设置为“0%”，如下图所示。

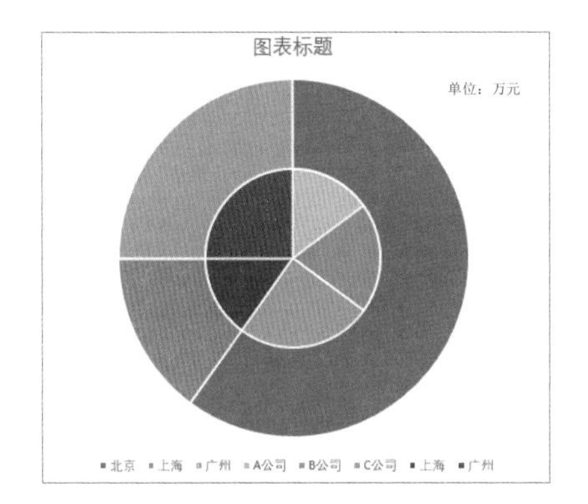

❷ 在各数据系列上右击，在弹出的快捷菜单中选择【添加数据标签】选项，即可添加数据标签。选中数据标签，并在【设置数据标签格式】窗格中，设置数据标签的格式（类别名称和分隔符等），修改数据系列的填充和边框颜色，最终绘制完成的图表和数据源效果，如下图所示。

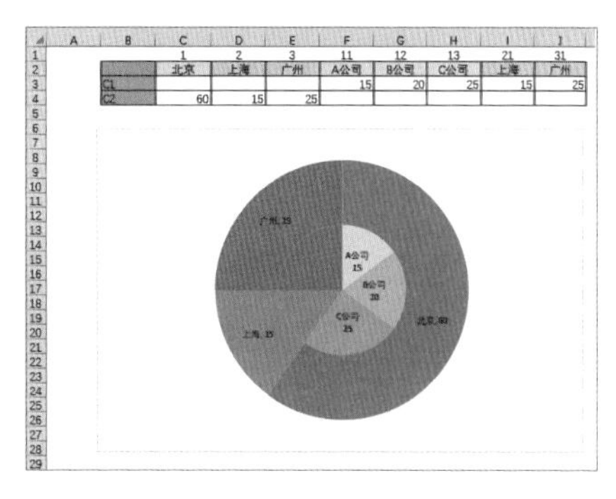

【图表分析】

本案例中，对于数据系列C1（内环）的“上海”和“广州”数据点上的数据标签，可选中数据标签，然后按【Delete】键删除，并将数据系列C1（内环）和数据系列C2（外环）的“上海”和“广州”数据点分别设置成相同颜色，可形成是一个整体的视觉效果。

11.3.5 案例5

案例名称	构建地区销量图表（3）
素材文件	素材 \ch11\11.3.5.xlsx
结果文件	结果 \ch11\11.3.5.xlsx

销售　范例11-10 构建地区销量图表（3）

本案例是某公司各地区和分公司的销售情况。下面将介绍如何使用“密码法”，遵从“C Do”原则，从预想的图表出发，构建图表数据源并制作图表。

思维导图

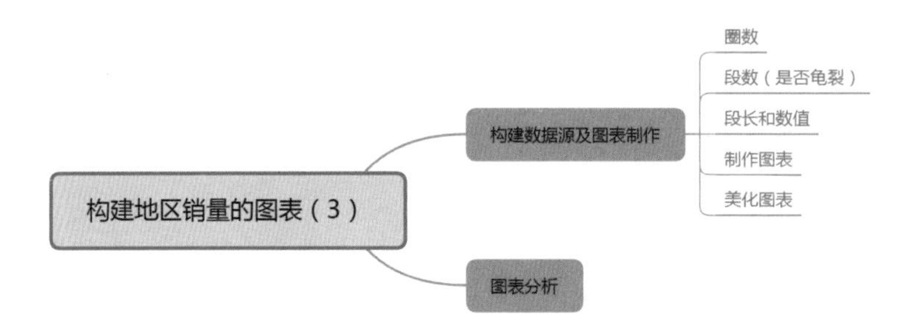

打开“素材\ch11\11.3.5.xlsx”文件，可以看到期望的图表效果如下图所示。这是一个圆环图，展现了各地区和分公司的销量情况。

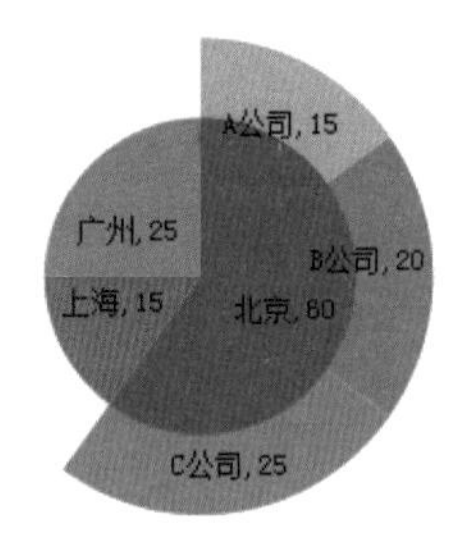

操作步骤

第一步 填写圈数

从预想的圆环图可发现，其共有2个圈，将其依次填入数据源的表格B3、B4单元格中，如下图所示。

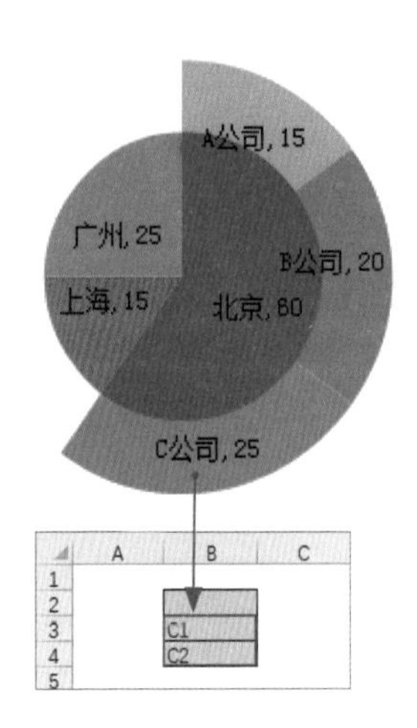

第二步 填写段数（是否龟裂）

从预想的圆环图可发现以下几种情况。

❶ 内圈C1有三段：北京、上海、广州，其对应密码为1、2、3。

❷ 由北京龟裂产生外圈C2的三段：A公司、B公司、C公司，其对应密码为11、12、13。

❸ 由上海龟裂产生外圈C2的一段：辅助1（无色填充），其对应密码为21。

❹ 由广州龟裂产生外圈C2的一段：辅助2（无色填充），其对应密码为31。

将各密码对应的名称依次填入数据源表格C2：J2单元格的区域中，如下图所示。

> **Tips** 需要注意，同案例4不同，本案例是由内圈龟裂到外圈的。

> **Tips** 由于外圈显示效果缺少了一部分，在构建数据源时先要增加辅助数据，然后再设置为无色填充，以达到预想的图表效果。

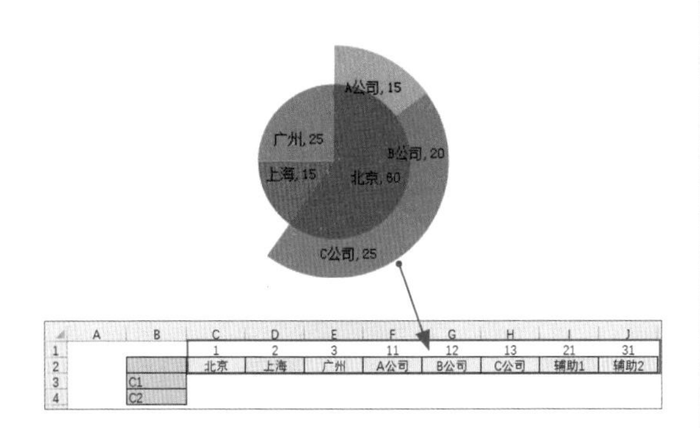

第三步 段长和数值

将圆环的每段长度填入数据源C3:J4单元格的区域中。注意检查内、外圈龟裂关系之间的数值是否相等，即C3单元格应等于F4:H4单元格区域之和，D3单元格等于I4单元格，E3单元格等于J4单元格。

至此，已完成数据源的构建，如下图所示。

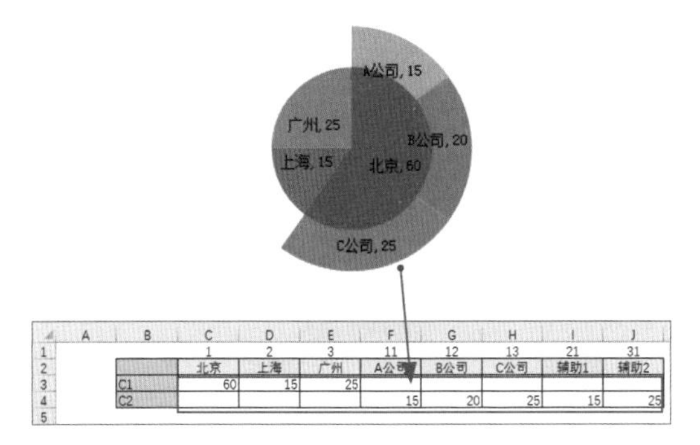

第四步 制作图表

选中B2:J4单元格区域，选择【插入】→【图表】→【插入饼图或圆环图】→【饼图】选项，效果如下图所示。

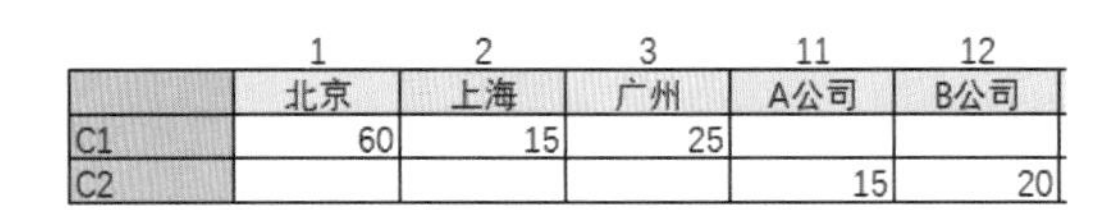

	1	2	3	11	12
	北京	上海	广州	A公司	B公司
C1	60	15	25		
C2				15	20

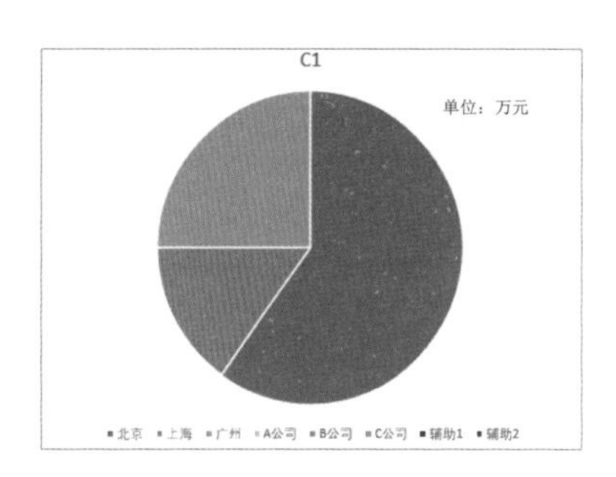

第五步 美化图表

❶ 选中数据系列，在【设置数据系列格式】窗格中，选择【系列选项】→【饼图分离】选项，将其微调框设置为合适的值，此处为“100%”，如下图所示。

❷ 将分离的数据系列扇区拖曳至中心点。即可得到图表效果，如下图所示。

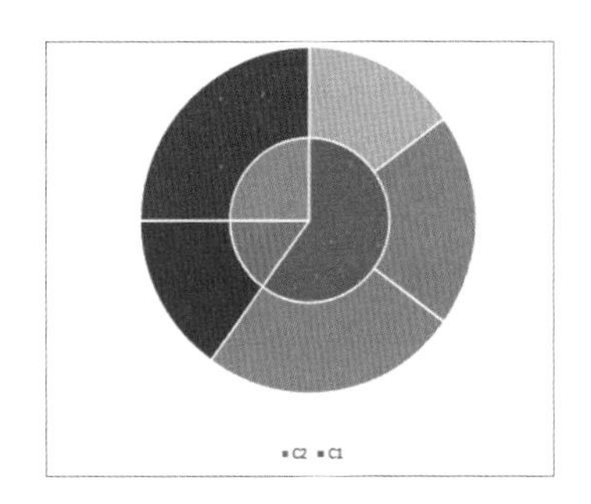

❸ 选中下层的数据系列的“辅助1”和“辅助2”数据点，在【设置数据点格式】窗格中，选中【无填充】单选项。然后，将上下两层数据系列的边框均设置为“无边框”，如下图所示。

❹ 选中数据系列并右击，在弹出的快捷菜单中选择【添加数据标签】选项，在【设置数据标签格式】窗格中，选中【类别名称】和【值】复选项，如下图所示。

❺ 删除下层数据系列“辅助1”和“辅助2”数据点上的数据标签，删除图例。即可得到符合预想效果的图表，如下图所示。

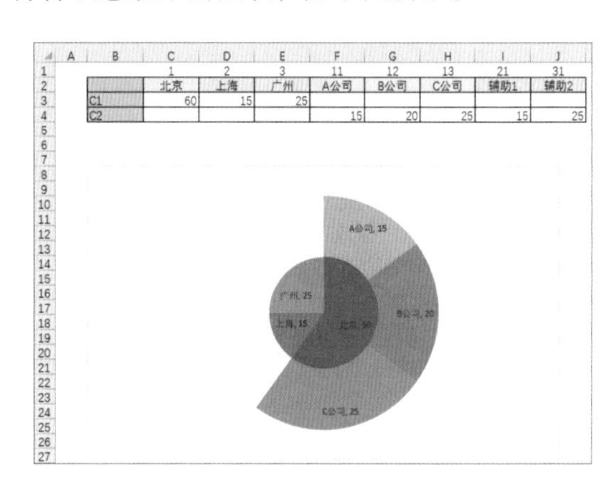

	C	D	E	F	G	H	I	J
	1	2	3	11	12	13	21	31
	北京	上海	广州	A公司	B公司	C公司	辅助1	辅助2
C1	60	15	25					
C2				15	20	25	15	25

【图表分析】

有些环形图显示缺少一块，这可以通过图表的美化设置来完善，但构建数据源时不可以遗漏数据项，一定要确保龟裂的内、外圈的值保持相等。

11.4 “C Do”原则——雷达图的应用

C Do原则适用于环形图（包含圆环图、饼图）和雷达图的数据源构建。下面介绍雷达图的应用方法。根据预先构想的图表效果，思考以下问题。

（1）圈数（C）。有几个圈，则表示有几个数据维度。按从内到外依次填入数据源表格的A4、A5、A6等单元格中。

（2）点数（D）和名称。以雷达图中12点钟指针方向的顶点为起始点，按顺时针方向，将每个顶点的名称依次填入数据源表格的B3:F3等相应单元格区域中。

（3）高度。将每个顶点到中心点的距离（数值）作为“密码”，填入B4:F4等相应单元格区域中。

（4）辅助（o）。判断是否需要增加辅助数据，如果需要，则添加维度及相应数据。判断是否需要对图表进行美化设置。

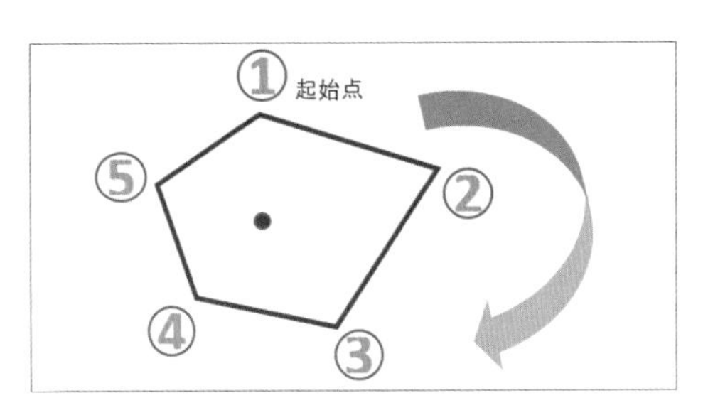

	A	B	C	D	E	F	G
1							
2							
3	点 圈	标签1	标签2	标签3	标签4	标签5	2
4	C1	4	6	4	3	3	3
5	1						

通过对上面问题的回答和操作，即可构建出符合雷达图效果的数据源。因雷达图中每个顶点到中心点的距离仿佛密码一般，因而称为“密码法”。

11.4.1 案例1

案例名称	构建雷达图图表（1）
素材文件	素材 \ch11\11.4.1.xlsx
结果文件	结果 \ch11\11.4.1.xlsx

销 售　范例11-11 构建雷达图图表（1）

本案例将介绍使用“密码法”，遵从“C Do”原则，从预想的图表出发，构建图表数据源并制作雷达图图表。

思维导图

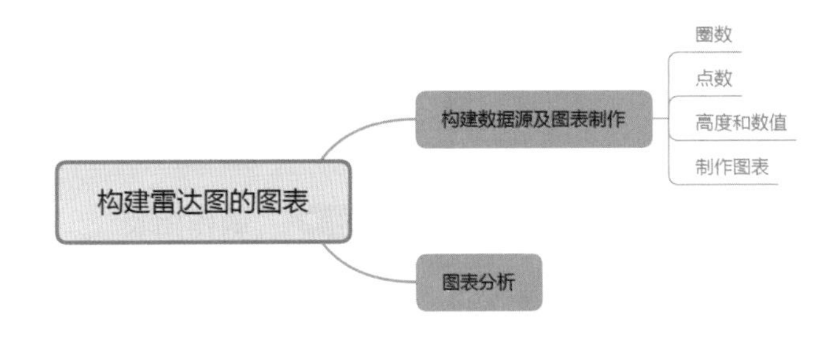

打开“素材\ch11\11.4.1.xlsx”文件，就可以看到期望的图表效果，如下图所示。

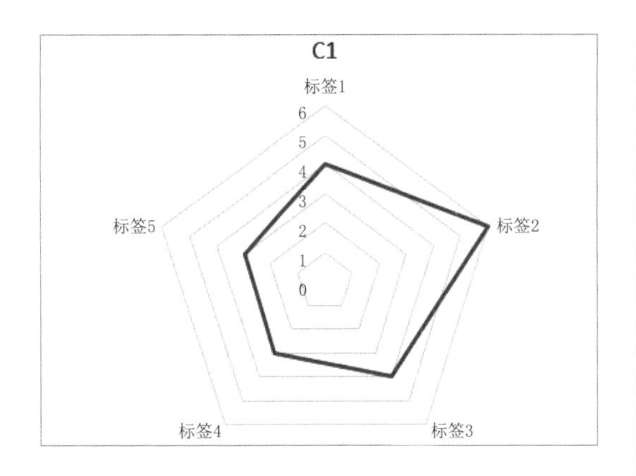

第一步 填写圈数

从预想的雷达图中可发现，只有一个圈，将其填入数据源表格B3单元格中，如下图所示。

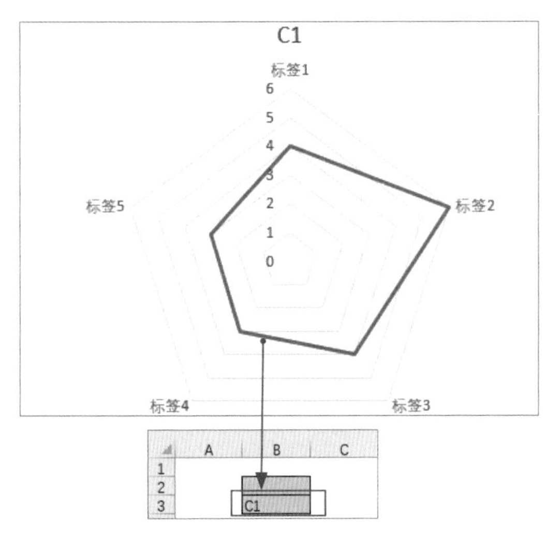

第二步 填写点数

从预想的雷达图可发现，共有5个顶点，将它们对应的名称依次填入数据源表格C2:G2单元格区域中，如右上图所示。

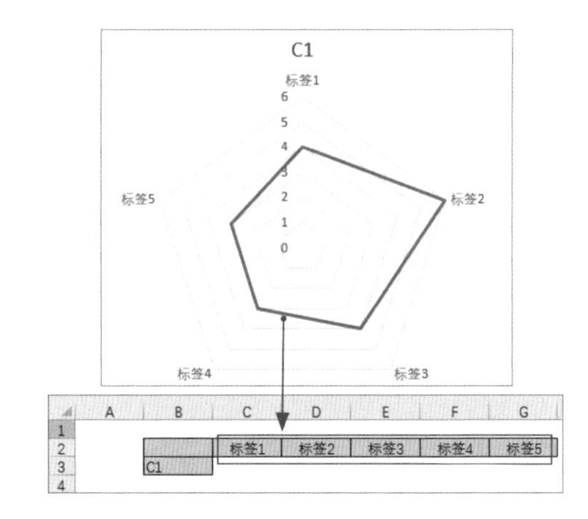

第三步 填写高度和数值

将12点钟指针方向的顶点作为起始点，按顺时针方向，将每个顶点到中心点的距离（数值）作为“密码”填入数据源表格的C3:G3单元格区域中。至此，已完成数据源的构建，如下图所示。

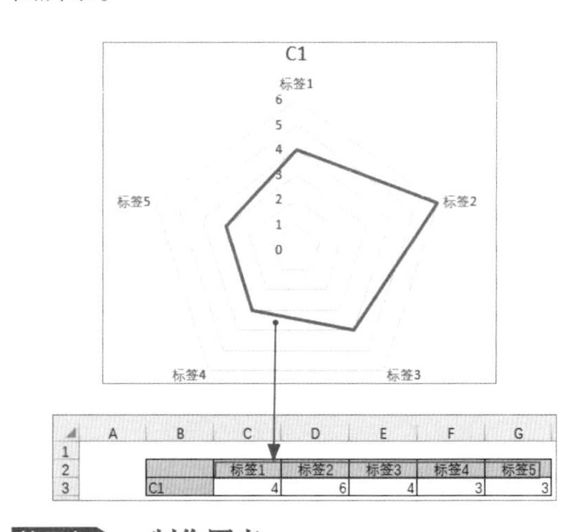

第四步 制作图表

选中B2:G3单元格区域，选择【插入】→【图表】→【查看所有图标】选项，在弹出的【插入图表】对话框中，选择【所有图表】→【雷达图】选项，并单击【确定】按钮，即可得到图表效果如下图所示。

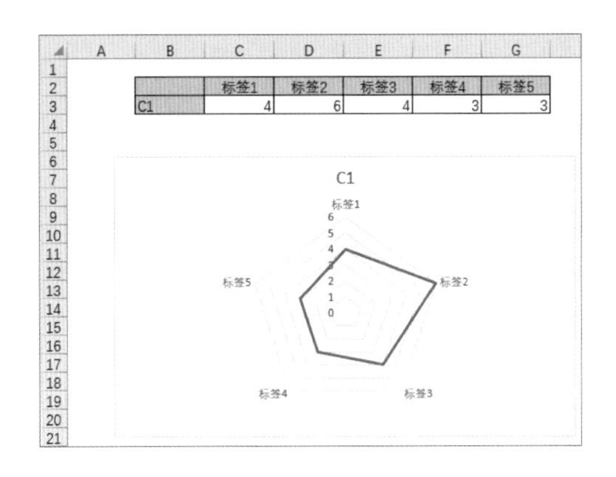

【图表分析】

本案例只有一个维度的数据。主要演示应用“C Do”原则的“密码法”构建雷达图的数据源过程。

11.4.2 案例2

案例名称	构建学生能力的图表
素材文件	素材 \ch11\11.4.2.xlsx
结果文件	结果 \ch11\11.4.2.xlsx

范例11-12 构建学生能力的图表

本案例介绍使用“密码法”，遵从“C Do”原则，从预想的图表出发，构建图表数据源并制作雷达图图表。

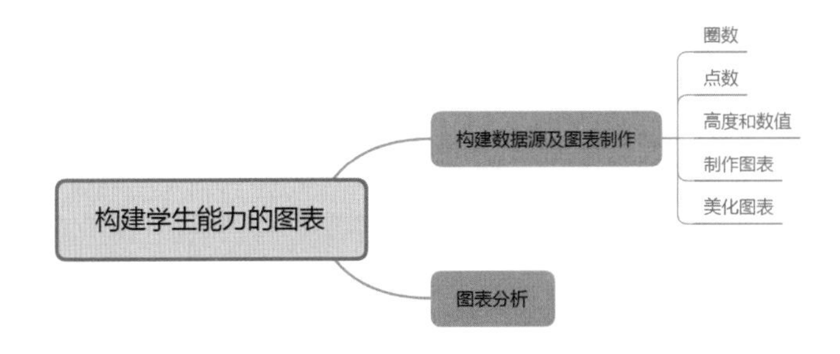

打开“素材\ch11\11.4.2.xlsx”文件，就可以看到期望的图表效果，如下图所示。

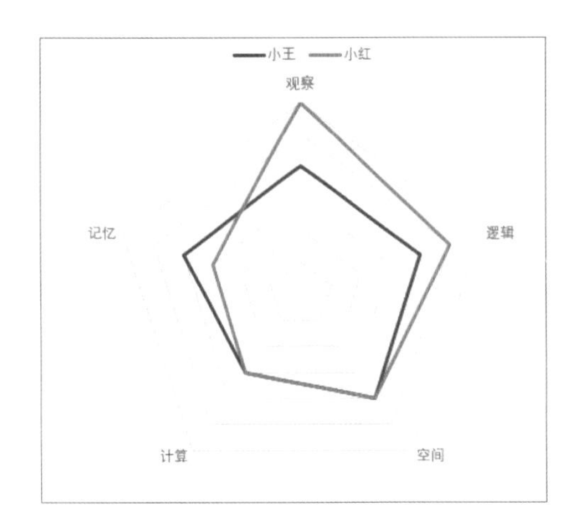

第一步 填写圈数

从预想的雷达图可发现，共有2个圈，将其依次填入数据源表格B3、B4单元格中，如下图所示。

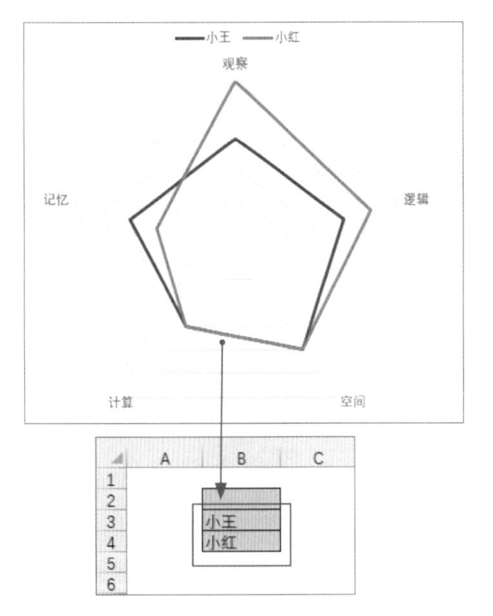

第二步 填写点数

从预想的雷达图可发现，共有5个顶点，将其对应名称依次填入数据源表格C2:G2单元格区域中，如右上图所示。

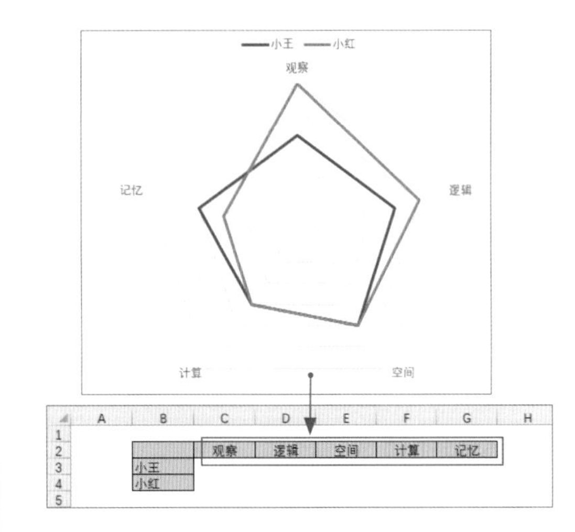

第三步 填写高度和数值

将12点钟指针方向的顶点作为起始点，按顺时针方向，将每个顶点到中心点的距离（数值）作为“密码”填入数据源表格的C3:G4单元格区域中。至此，已完成数据源的构建，如下图所示。

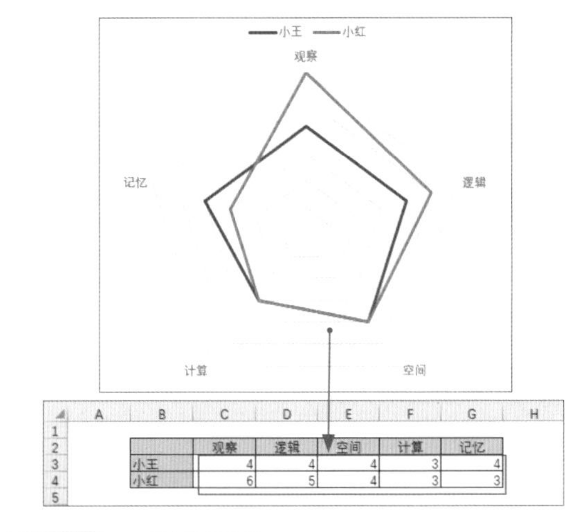

	观察	逻辑	空间	计算	记忆
小王	4	4	4	3	4
小红	6	5	4	3	3

第四步 制作图表

选中B2:G3单元格区域，选择【插入】→【图表】→【查看所有图标】选项，在弹出的【插入图表】对话框中，选择【所有图表】→【雷达图】选项后，单击【确定】按钮。可得到的图表效果如下图所示。

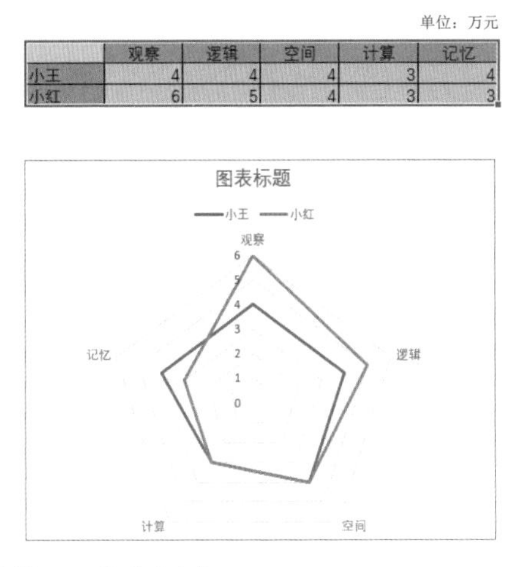

第五步 美化图表

选中数据系列，设置填充颜色；选中坐标轴标签和标题后，按【Delete】键删除。即可得到符合预想效果的图表，如下图所示。

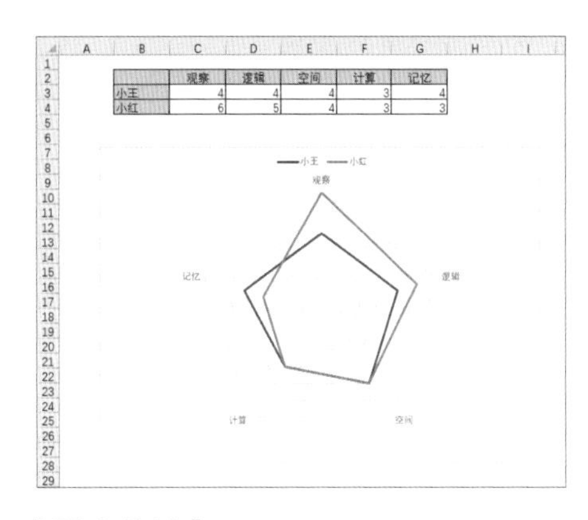

【图表分析】

本案例介绍了构建二维数据雷达图图表的数据源过程。

11.4.3 案例3

案例名称	构建雷达图图表（2）
素材文件	素材 \ch11\11.4.3.xlsx
结果文件	结果 \ch11\11.4.3.xlsx

销 售　范例11-13 构建雷达图图表（2）

本案例介绍使用“密码法”，遵从“C Do”原则，从预想的图表出发，构建图表数据源并制作雷达图图表。

思维导图

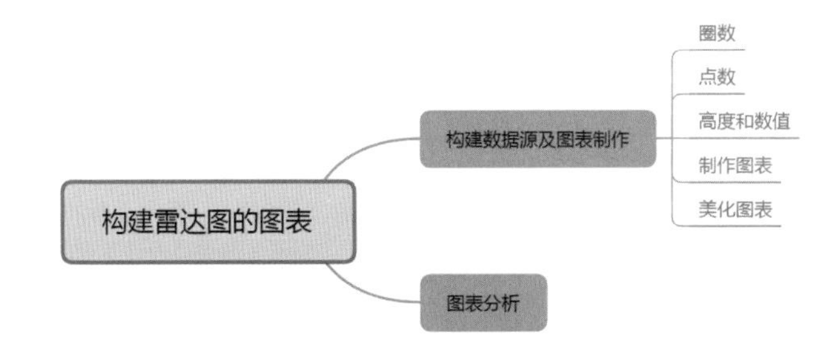

打开“素材\ch11\11.4.3.xlsx”文件，就可以看到期望的图表效果如下图所示。

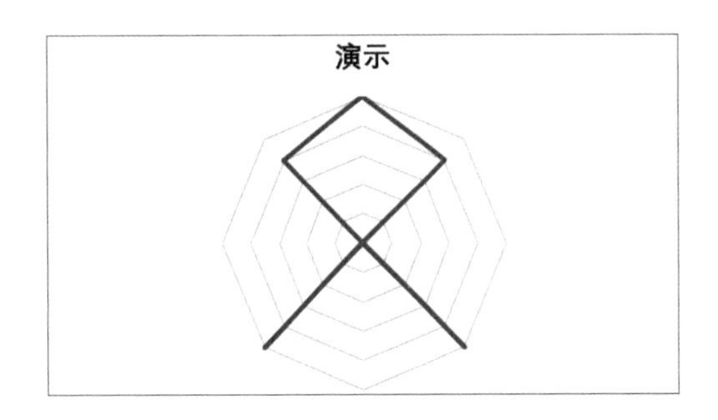

操作步骤

第一步 填写圈数

从预想的雷达图可发现，有一个圈，填写数据源表格B3单元格中，如下图所示。

> Tips 这个图形不是标准的圆环形，这是由于部分顶点位于中心点所导致的。

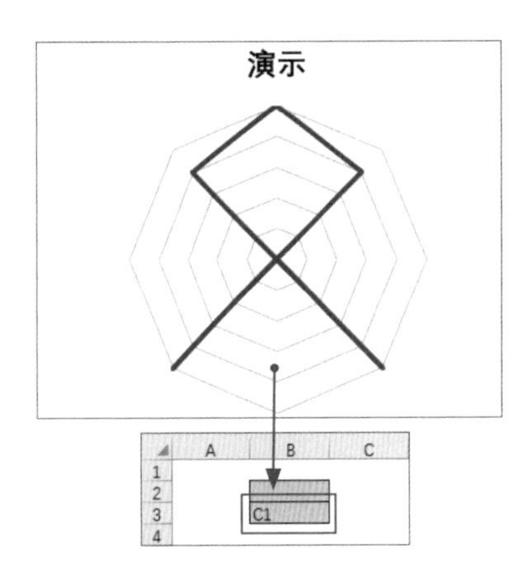

第二步 填写点数

从预想的雷达图可发现，共有8个顶点，将其对应的名称依次填入数据源表格C2:J2单元格区域中，如右上图所示。

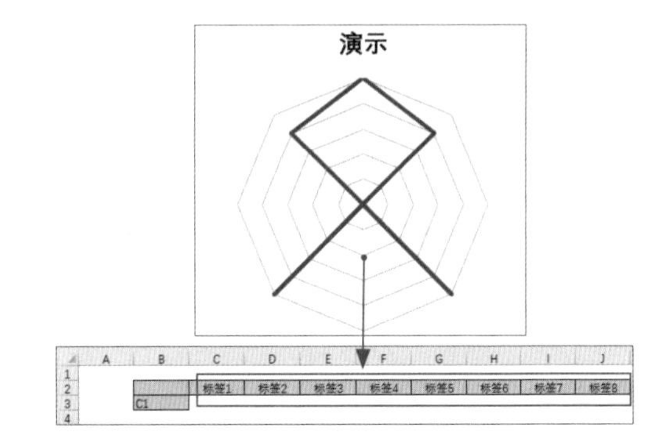

第三步 填写高度

将12点钟指针方向的顶点作为起始点，按顺时针方向，将每个顶点到中心点的距离（数值）作为“密码”填入数据源表格的C3:J3单元格区域中。至此，已完成数据源的构建，如下图所示。

> Tips 注意标签3、标签5、标签7的顶点高度是0。

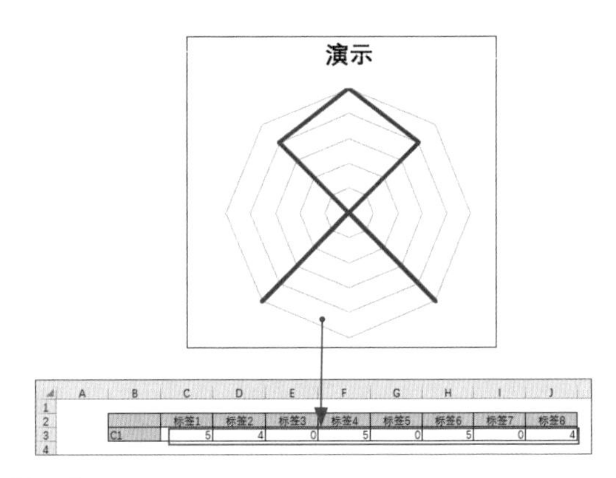

第四步 制作图表

选中择B2:J3单元格区域，选择【插入】→【图表】→【查看所有图标】选项，在弹出的【插入图表】对话框中，选择【所有图表】→【雷达图】选项，单击【确定】按钮。即可得到图表效果，如下图所示。

	标签1	标签2	标签3	标签4	标签5	标签6	标签7	标签8
C1	5	4	0	5	0	5	0	4

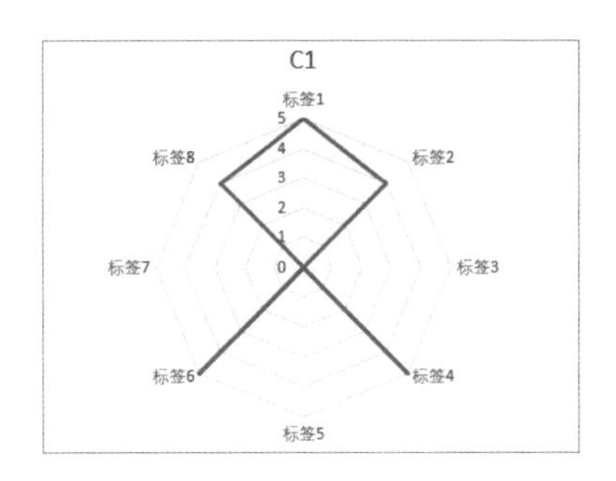

第五步 美化图表

选中数据系列，设置填充颜色；选中分类标签和坐标轴标签后，按【Delete】键删除；修改图表标题内容。即可得到符合预想效果的图表，如右上图所示。

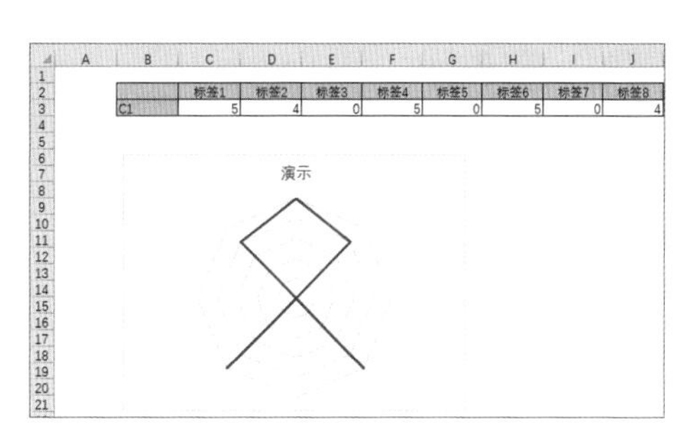

【图表分析】

构建雷达图数据源的关键在于，明确每个顶点到中心点的高度，尤其要注意高度为0的顶点，即位于中心点的顶点。

11.5 “A Do”原则——面积图的应用

A Do原则适用于面积图的数据源构建。根据预先构想的图表效果，思考以下问题。

（1）面数（D）。一个面即一个数据维度。将图表中用到的几个维度，依次填入数据源表格的A2、A3、A4等单元格中。

（2）横坐标的标签名称。将需要显示的标签依次填入数据源表格的B1、C1、D1、E1等单元格中。

（3）高度/数值。将每个数据系列的数值填入B2:E4等相关单元格区域中。

（4）辅助（o）。判断是否需要增加辅助数据，如果需要，则添加维度及相应数据。判断是否需要对图表进行美化设置。如面积图常和折线图组合，这时就需要添加辅助数据来实现折线图。

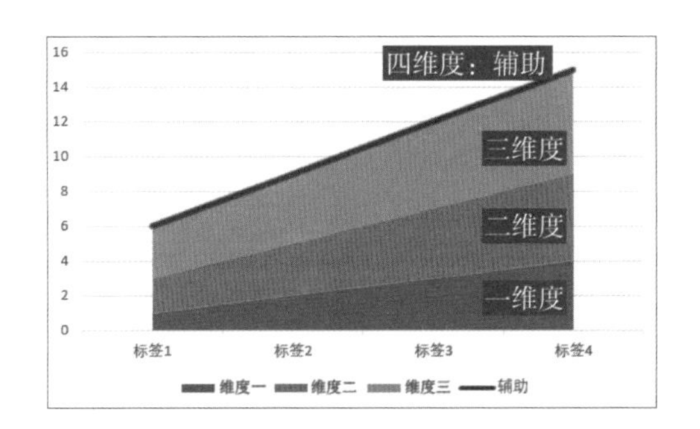

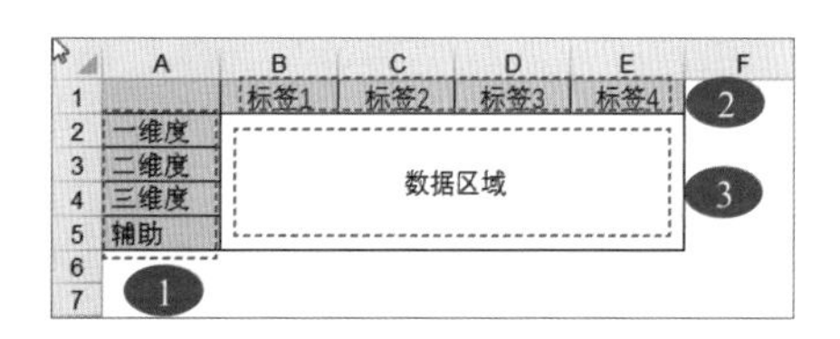

通过对上面问题的回答和操作，即可构建出符合面积图效果的数据源。

11.5.1 案例1

案例名称	构建产品销量图表
素材文件	素材\ch11\11.5.1.xlsx
结果文件	结果\ch11\11.5.1.xlsx

销 售　**范例11-14 构建产品销量图表**

本案例是某销售公司2013—2019年销售额的情况。下面将介绍使用“手枪法”，遵从“N Do”原则，从预想的图表出发，构建图表数据源并制作图表。

思维导图

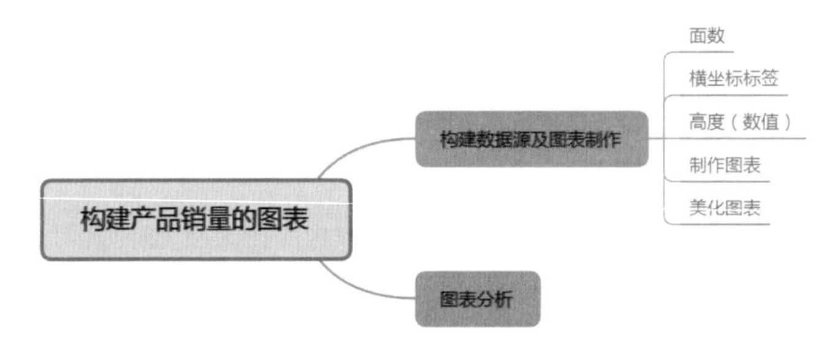

打开“素材\ch11\11.5.1.xlsx”文件，就可以看到期望的图表效果如下图所示。这是一个面积图，用以展现2013—2019年销售额的变化情况。

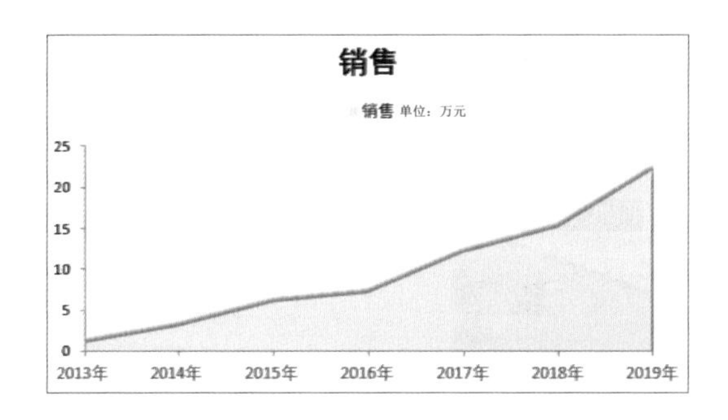

操作步骤

第一步 **填面数**

从预想的面积图可发现，有一个面，填入数据源表格B3单元格中，如下图所示。

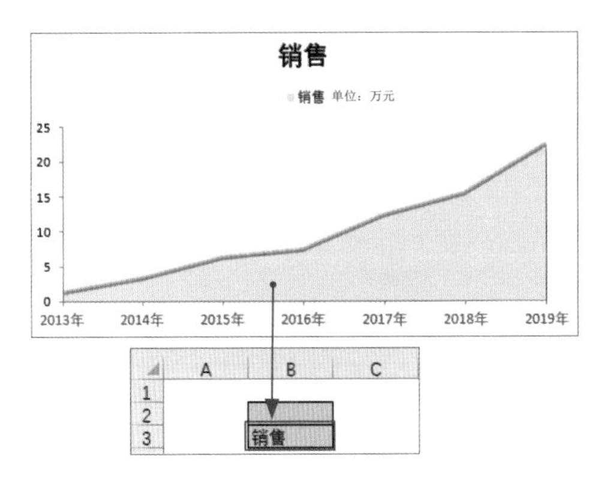

第二步 填写横坐标标签

从预想的图表中可发现，需要显示7个横坐标标签，分别是从2013到2019年。将这7个标签填入“手枪法”表格C2:I2单元格区域中，如下图所示。

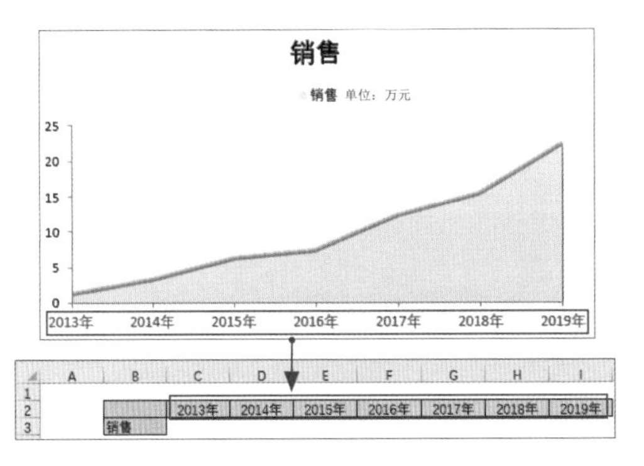

第三步 填写高度（数值）

将每面（数据维度）的每个标签对应的数据填入数据源表格的C3:I3单元格区域中。至此，已完成数据源的构建，如下图所示。

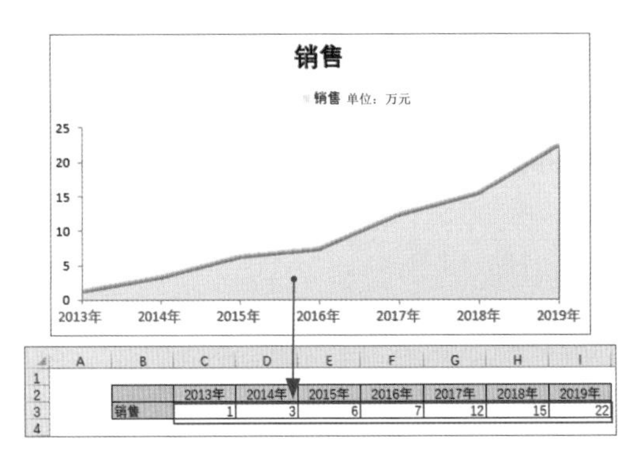

第四步 制作图表

选中B2:I3单元格区域，选择【插入】→【图表】→【查看所有图标】选项，在弹出的【插入图表】对话框中，选择【所有图表】→【面积图】选项后，单击【确定】按钮。即可得到图表效果，如下图所示。

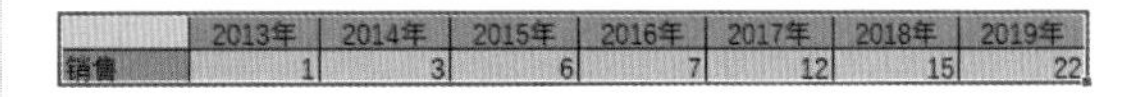

	2013年	2014年	2015年	2016年	2017年	2018年	2019年
销售	1	3	6	7	12	15	22

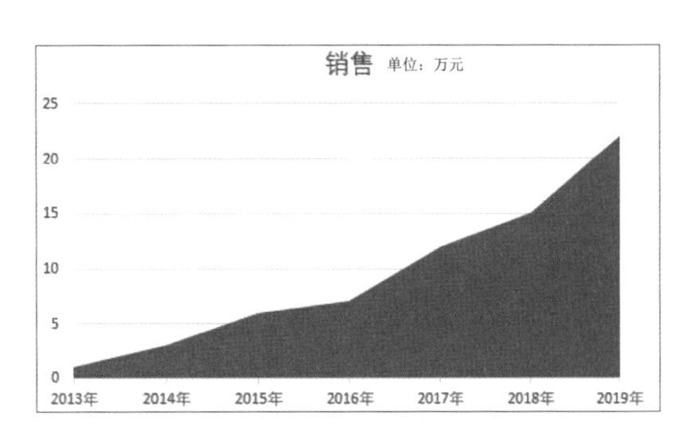

第五步 美化图表

❶ 选中数据系列，在【设置数据系列格式】窗格中，选择【系列选项】→【发光】选项，在【预设】下拉列表中选择适当的样式；将【颜色】设置为黑色，如下图所示。

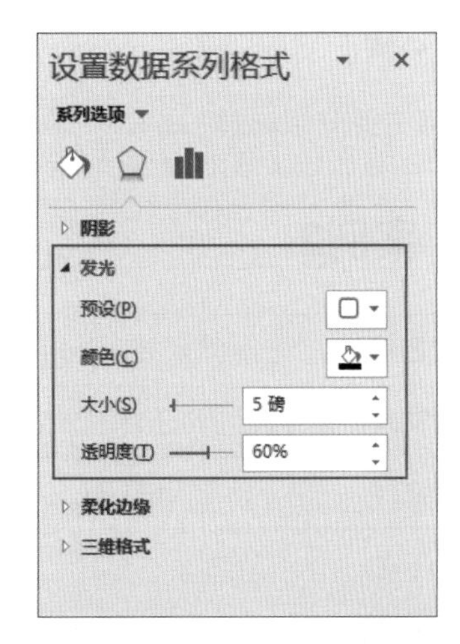

❷ 选中数据系列，在【设置数据系列格式】窗格中，设置“填充”和“边框”的颜色，如下图所示。

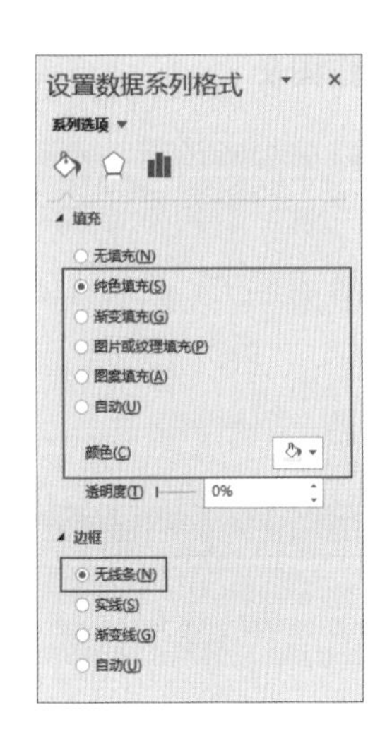

❸ 分别选中水平坐标轴和垂直坐标轴，选择【设置坐标轴格式】选项，在【刻度线】下的【主刻度线类型】下拉列表中选择“外部”，如下图所示。

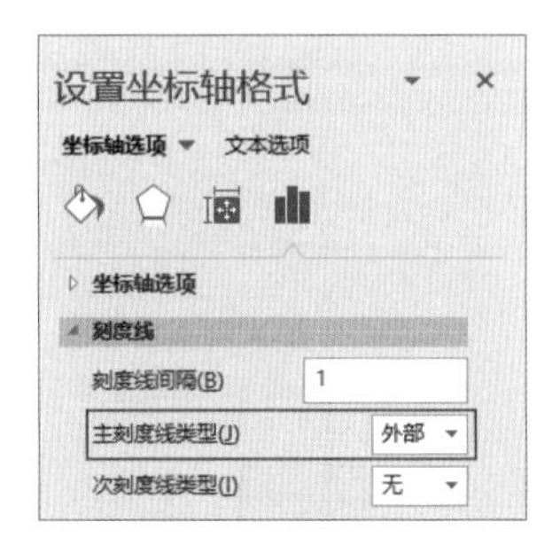

❹ 单击绘图区，选择【图表元素】→【图例】→【顶部】选项，即可添加图例。选中网格线后按【Delete】键删除，即可得到符合预想效果的图表，如下图所示。

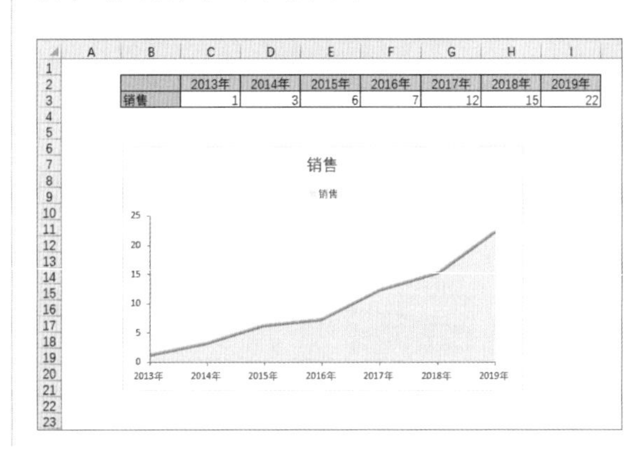

【图表分析】

本案例主要介绍通过“A Do”原则的“手枪法”，构建面积图一维数据源的过程。

11.5.2 案例2

案例名称	构建实际和计划销量对比的图表
素材文件	素材\ch11\11.5.2.xlsx
结果文件	结果\ch11\11.5.2.xlsx

销 售　范例11-15 构建实际和计划销量对比的图表

本案例是某公司全年销售计划和实际销售的情况。下面介绍使用“手枪法”，遵从“N Do”原则，从预想的图表出发，构建图表数据源并制作图表。

思维导图

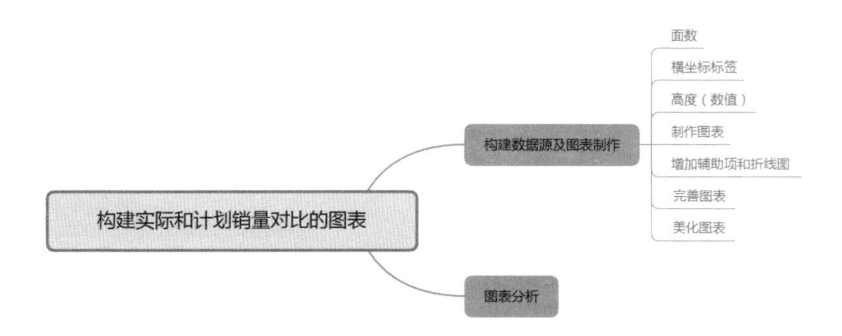

打开“素材\ch11\11.5.2.xlsx”文件，就可以看到期望的图表效果如下图所示。这是一个面积图，以展现全年销售计划和实际销售的情况。

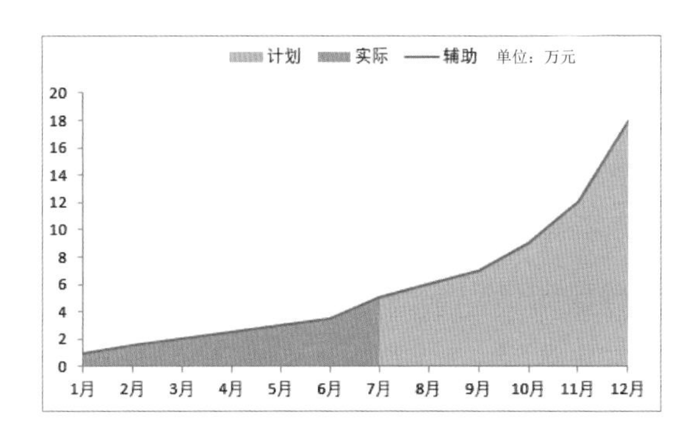

操作步骤

第一步 填写面数

从预想的面积图可发现，有两个面，依次填入数据源表格B3、B4单元格中。

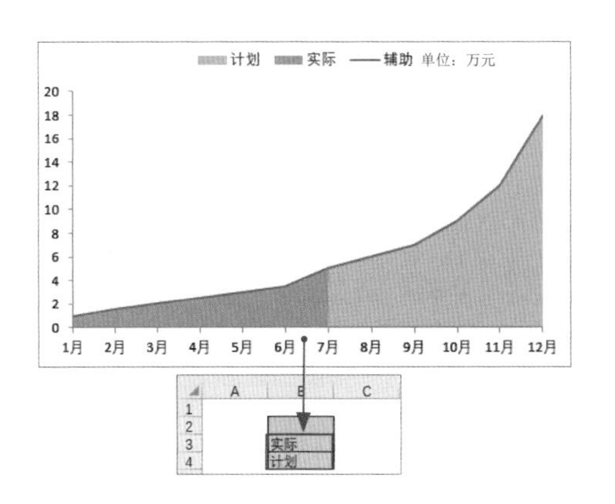

第二步 横坐标标签

从预想的图表中可发现需要显示12个横坐标标签，分别是1～12月。将这12个标签填入“手枪法”表格C2:N2单元格区域中，如下图所示。

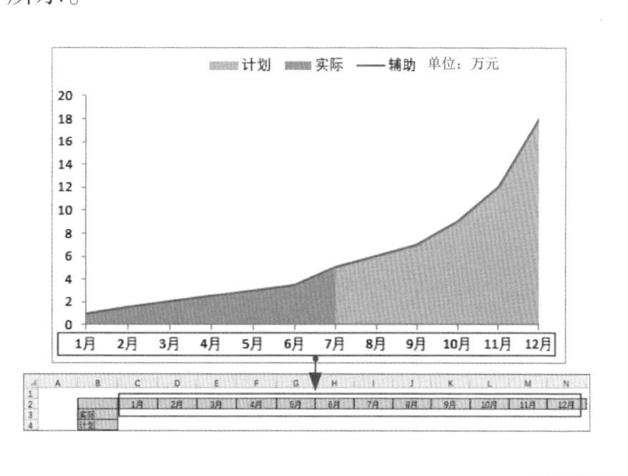

第三步 **高度（数值）**

将每面（数据维度）的每个标签对应的数据填入数据源表格的C3:N4单元格区域中。

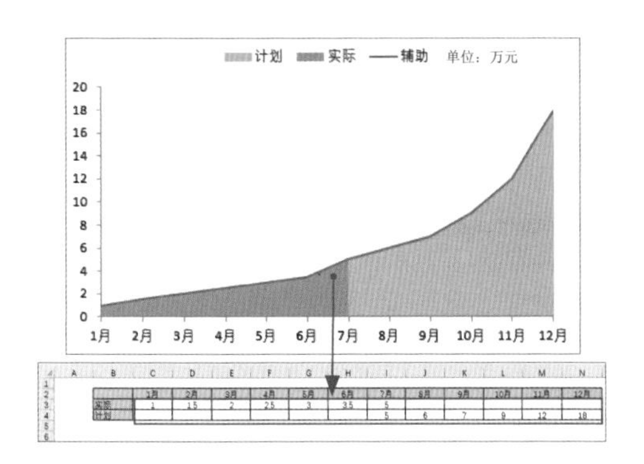

第四步 **制作图表**

选中B2:I3单元格区域，选择【插入】→【图表】→【查看所有图标】选项，在弹出的【插入图表】对话框中，选择【所有图表】→【面积图】选项后，单击【确定】按钮。得到的图表效果如下图所示。

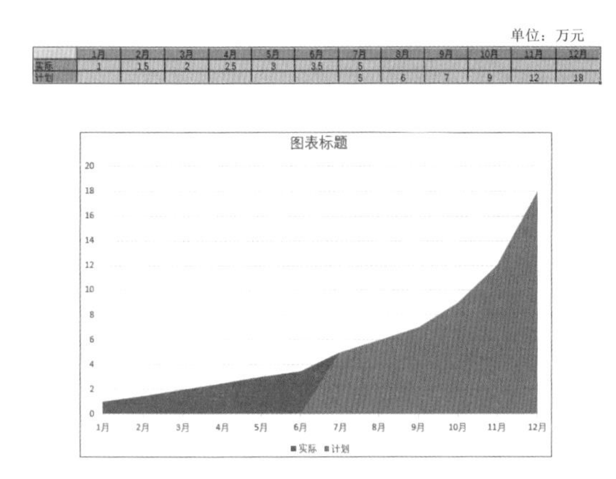

单位：万元

	1月	2月	3月	4月	5月	6月	7月	8月	9月	10月	11月	12月
实际	1	1.5	2	2.5	3	3.5	5					
计划							5	6	7	9	12	18

下图是预想的图表效果。

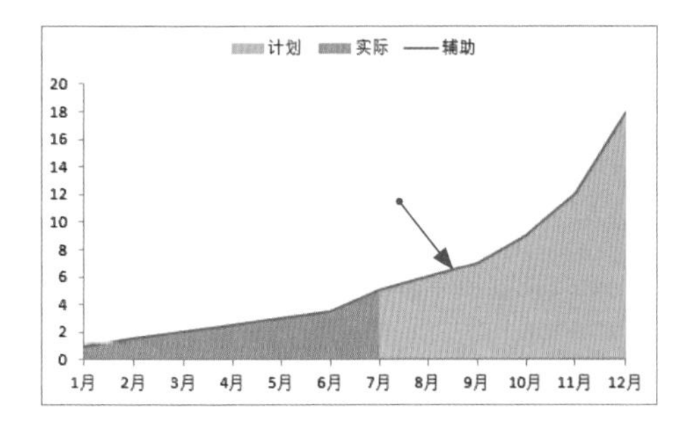

下图是目前为止绘制出的图表，可发现有两点主要差异：缺少一根折线；两个面交接处不是竖直的。下面一步步来解决这些问题。

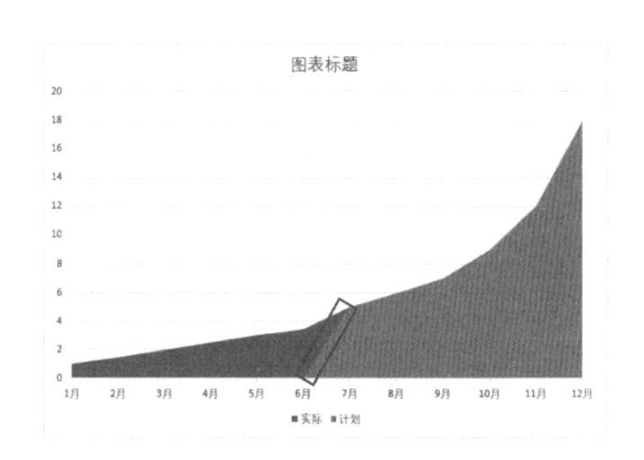

第五步 **增加辅助项和添加折线图**

❶ 在数据源表格中添加辅助项C5：N5，其值为“实际”和“计划”两个维度的最大值。

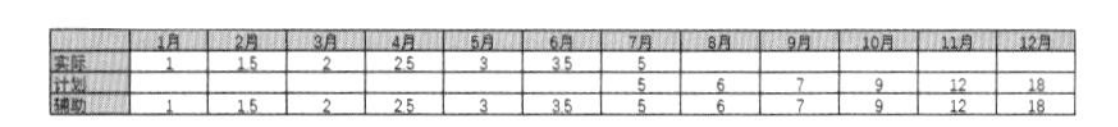

	1月	2月	3月	4月	5月	6月	7月	8月	9月	10月	11月	12月
实际	1	1.5	2	2.5	3	3.5	5					
计划							5	6	7	9	12	18
辅助	1	1.5	2	2.5	3	3.5	5	6	7	9	12	18

❷ 在绘图区右击，在弹出的快捷菜单中选择【选择数据】选项，弹出【选择数据源】对话框，单击【添加】按钮。

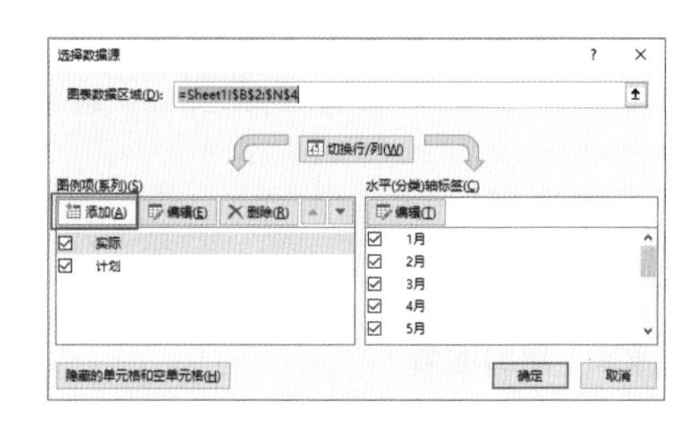

❸ 在弹出的【编辑数据系列】对话框中，在【系列名称】文本框内输入“辅助”，在【系列值】文本框内引用数据源C5:N5单元格区域。单击【确定】按钮。

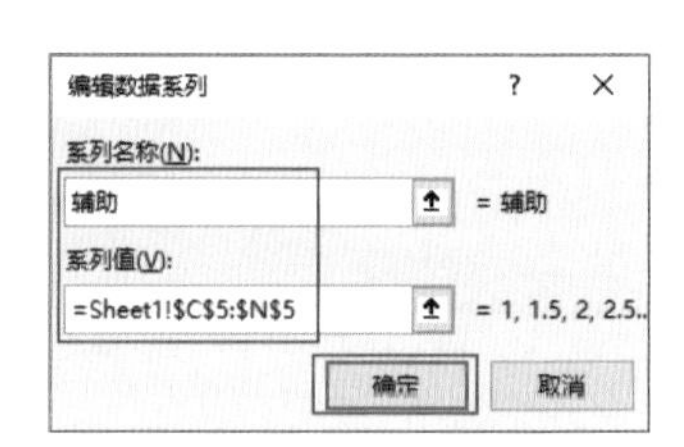

❹ 返回到【选择数据源】对话框，可看到图例项中出现“辅助”。单击【确定】按钮。

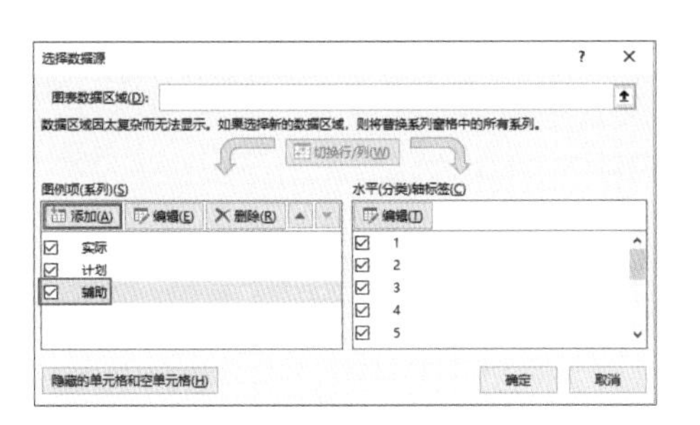

❺ 在“辅助”数据系列上右击，在弹出的快捷菜单中选择【更改系列图表类型】选项，弹出【更改图表类型】对话框，在【辅助】的图表类型下拉列表中选择“折线图”。单击【确定】按钮。

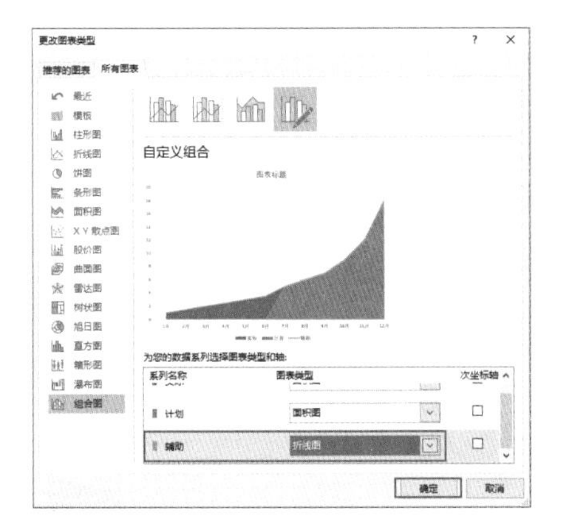

❻ 增加辅助数据后的含有折线图的图表，效果如右上图所示。

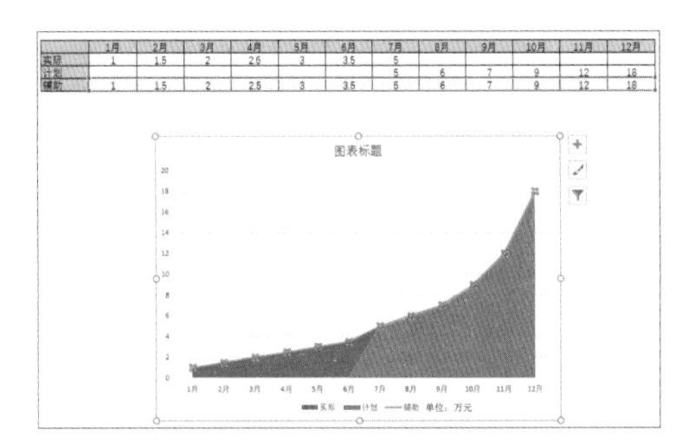

	1月	2月	3月	4月	5月	6月	7月	8月	9月	10月	11月	12月
实际	1	1.5	2	2.5	3	3.5	5					
计划							5	6	7	9	12	18
辅助	1	1.5	2	2.5	3	3.5	5	6	7	9	12	18

第六步●　完善图表

❶ 在绘图区右击，在弹出的快捷菜单中选择【选择数据】选项，弹出【选择数据源】对话框，单击【隐藏的单元格和空单元格】按钮，如下图所示。

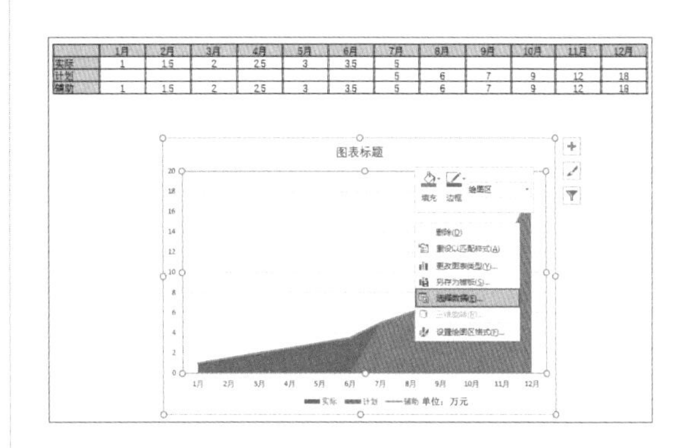

	1月	2月	3月	4月	5月	6月	7月	8月	9月	10月	11月	12月
实际	1	1.5	2	2.5	3	3.5	5					
计划							5	6	7	9	12	18
辅助	1	1.5	2	2.5	3	3.5	5	6	7	9	12	18

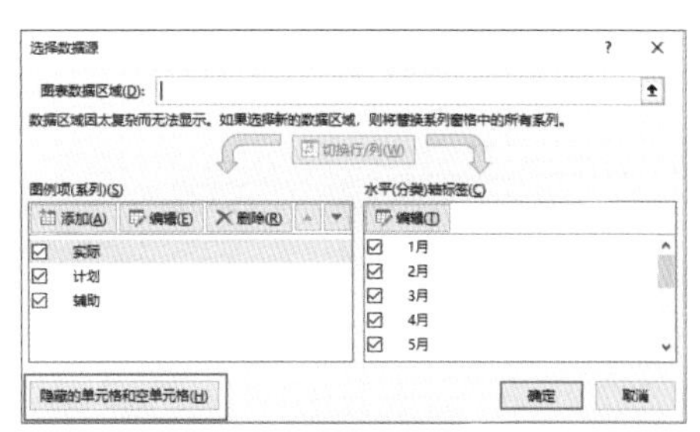

❷ 在弹出的【隐藏和空单元格设置】对话框中，选中【空距】单选按钮后，单击【确定】按钮，如下图所示。

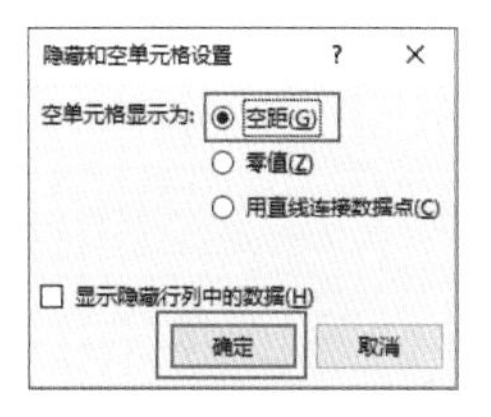

❸ 返回到【选择数据源】对话框，单击【确定】按钮。得到图表效果如下图所示。

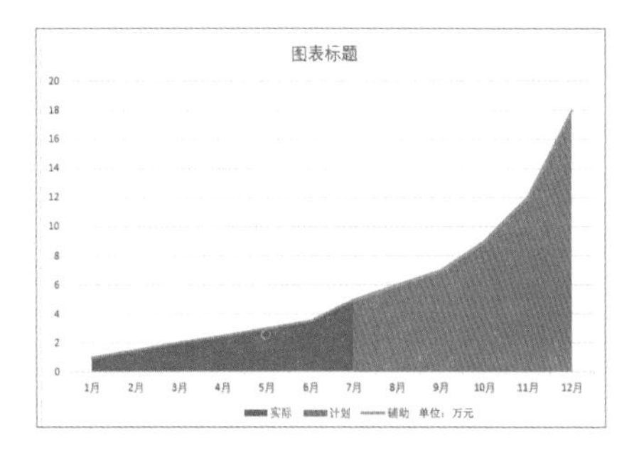

第七步 **美化图表**

❶ 分别选中水平坐标轴和垂直坐标轴，在【设置坐标轴格式】窗格中，选择【坐标轴选项】→【坐标轴位置】选项，并选中【在刻度线上】单选按钮，如下图所示。

❷ 最后，对图表进行适当美化。设置数据系列的填充和边框颜色；将图例移动到合适位置；选中网格线和图表标题后按【Delete】键删除。即可得到符合预想效果的图表，如下图所示。

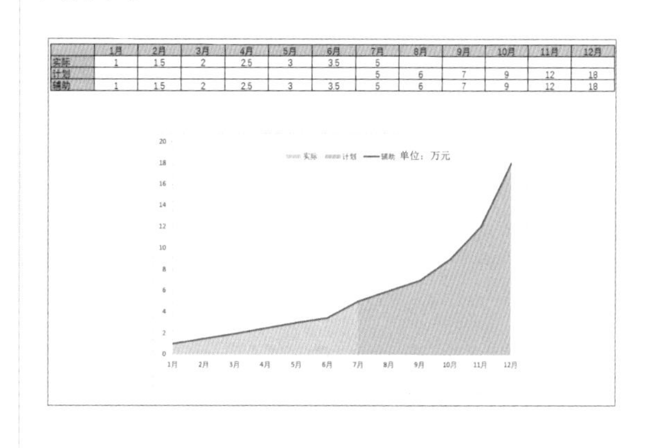

	1月	2月	3月	4月	5月	6月	7月	8月	9月	10月	11月	12月
实际	1	1.5	2	2.5	3	3.5	5					
计划							5	6	7	9	12	18
辅助	1	1.5	2	2.5	3	3.5	5	6	7	9	12	18

【图表分析】

本案例主要介绍通过“A Do”原则的“手枪法”构建面积图二维数据源的过程。需要掌握的内容包括可根据需要增加辅助数据项，给面积图“做加法”变身为组合图表。

11.5.3 案例3

案例名称	构建茶叶各年份销量的图表
素材文件	素材 \ch11\11.5.3.xlsx
结果文件	结果 \ch11\11.5.3.xlsx

范例11-16 构建茶叶各年份销量的图表

本案例是某公司2013—2019年各种茶叶销售额的情况。下面将介绍使用“手枪法”，遵从“N Do”原则，从预想的图表出发，构建图表数据源并制作图表的过程。

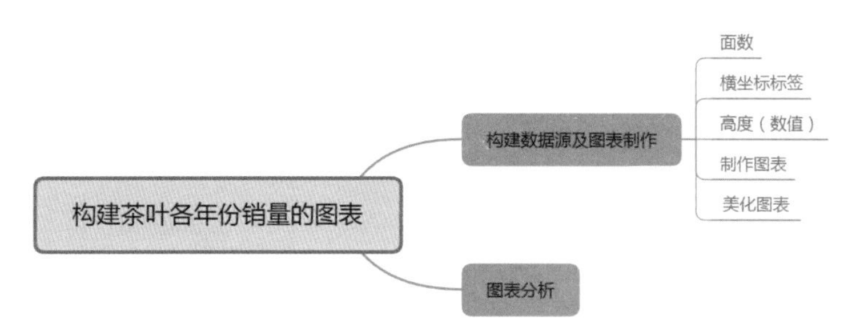

打开“素材\ch11\11.5.3.xlsx”文件，就可以看到期望的图表效果如下图所示。这是一个堆积面积图，以展现了2013—2019年各种茶叶销售额的变化情况。

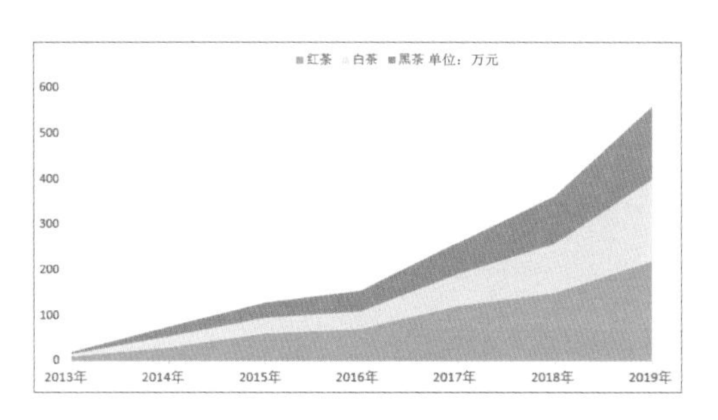

第一步 **填写面数**

从预想的面积图可发现，共有3个面，依次填入数据源表格B3、B4、B5单元格中，如下图所示。

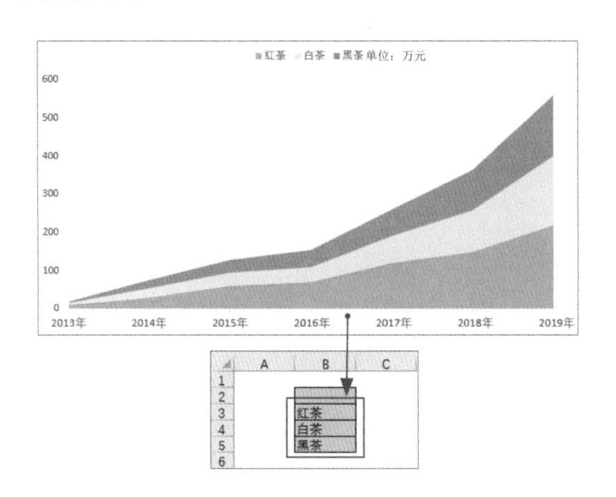

第二步 **填写横坐标标签**

从预想的图表中可发现，需要显示7个横坐标标签，分别是2013—2019年。将这7个标签填入“手枪法”表格C2:I2单元格区域中。

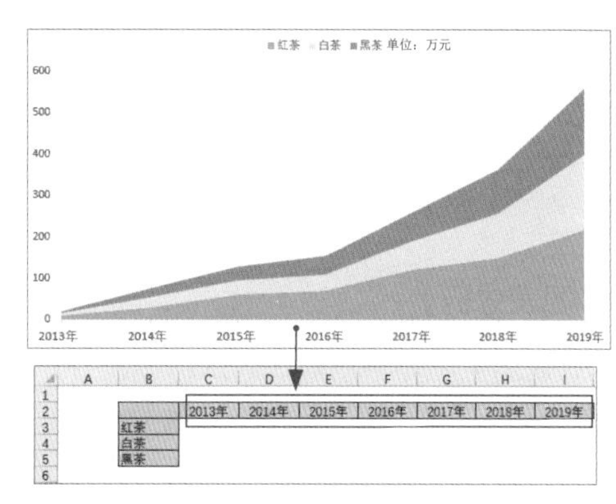

第三步 **填写高度（数值）**

将每面（数据维度）的每个标签对应的数据填入数据源表格的C3:I5单元格区域中。至此，已完成数据源的构建。

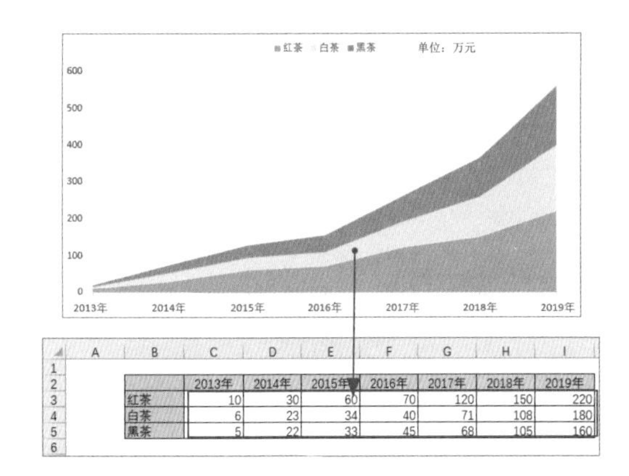

第四步 **制作图表**

选中B2:I5单元格区域，选择【插入】→【图表】→【查看所有图标】选项，在弹出的【插入图表】对话框中，选择【所有图表】→【堆积面积图】选项后，单击【确定】按钮，即可得到图表效果如下图所示。

单位：万元

	2013年	2014年	2015年	2016年	2017年	2018年	2019年
红茶	10	30	60	70	120	150	220
白茶	6	23	34	40	71	108	180
黑茶	5	22	33	45	68	105	160

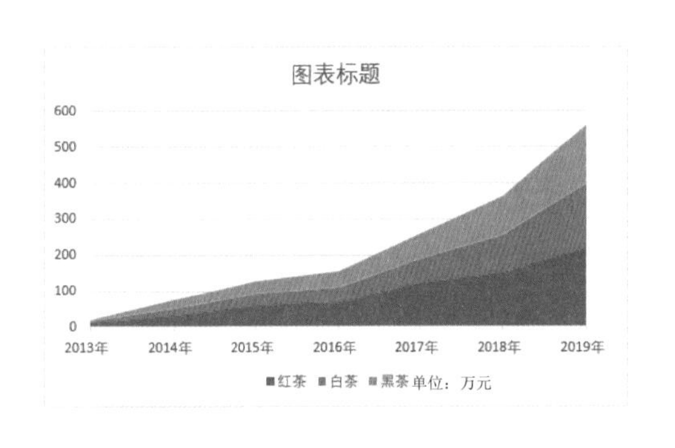

第五步 **美化图表**

❶ 选中垂直坐标轴，在【设置坐标轴格式】窗格中，选择【坐标轴选项】→【边界】选项，在【最大值】文本框内输入“600”，如下图所示。

❷ 选中数据系列，设置填充和边框颜色；选中网格线和标题后按【Delete】键删除；将图例移动到合适位置。即可得到符合预想效果的图表，如下图所示。

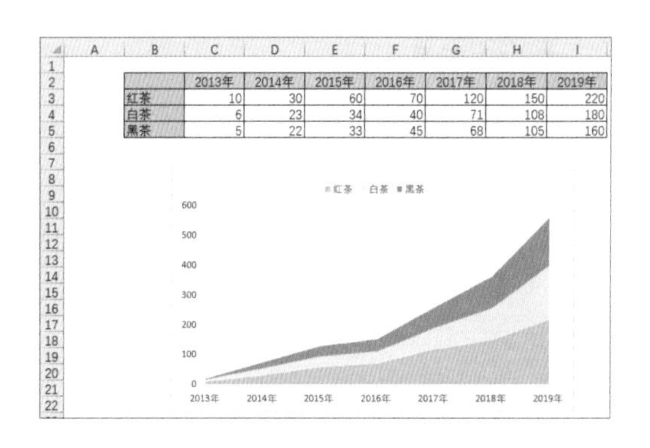

【图表分析】

本案例主要介绍通过“A Do”原则的“手枪法”构建堆积面积图多维数据源的过程。

11.6 “N Do”原则——散点图的应用

“N Do”原则适用于散点图（包含散点图、气泡图）的数据源构建。根据预先构想的图表效果，思考以下问题：

（1）点数和（D）名称。一个点即一个数据维度，将每个点的名称依次填入数据源表格的A2、A3、A4等单元格中。

（2）每个点的X和Y。将每个点（气泡）的X、Y坐标轴值作为"密码"依次填入数据源表格的B2:C3等相应单元格区域中。

（3）点的大小。如果是气泡图，还需要明确每个点（气泡）的大小，依次填入D2、D3、D4等单元格中。如果是散点图，则不需要填写。

（4）辅助（o）。判断是否需要增加辅助数据，如果需要，则添加维度及相应数据。判断是否需要对图表进行美化设置。

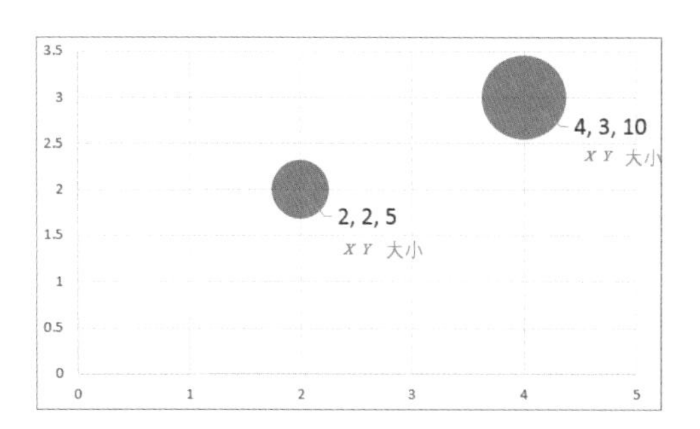

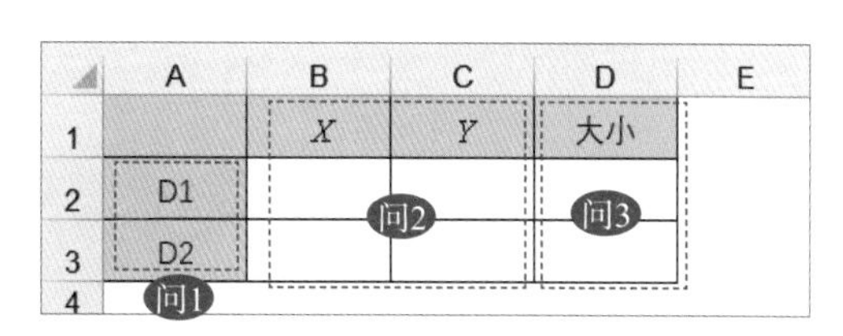

通过对上面问题的回答和操作，即可构建出符合散点图和气泡图效果的数据源。因该方法是根据每个点或气泡的X、Y坐标值来构建数据源的，因而称为"XY密码法"。

"XY密码法"中的X和Y坐标轴值必须成对出现。

11.6.1 案例1

案例名称	构建散点图图表
素材文件	素材 \ch11\11.6.1.xlsx
结果文件	结果 \ch11\11.6.1.xlsx

范例11-17 构建散点图图表

本案例介绍使用"XY密码法"，遵从"N Do"原则，从预想的图表出发，构建散点图图表数据源并制作图表的过程。

思维导图

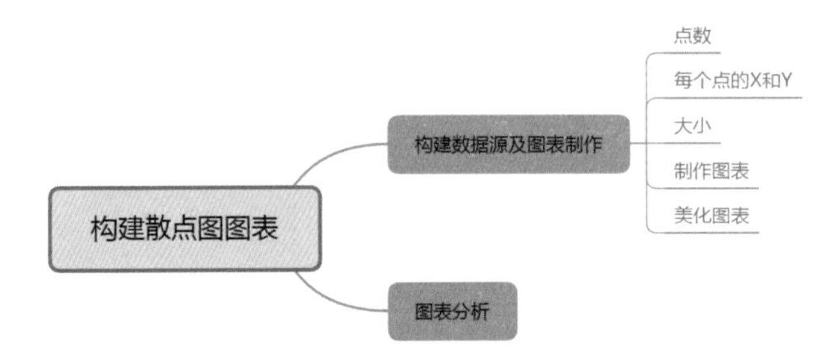

打开“素材\ch11\11.6.1.xlsx”文件，就可以看到期望的图表效果如下图所示。这是一个散点图，共有两个散点。

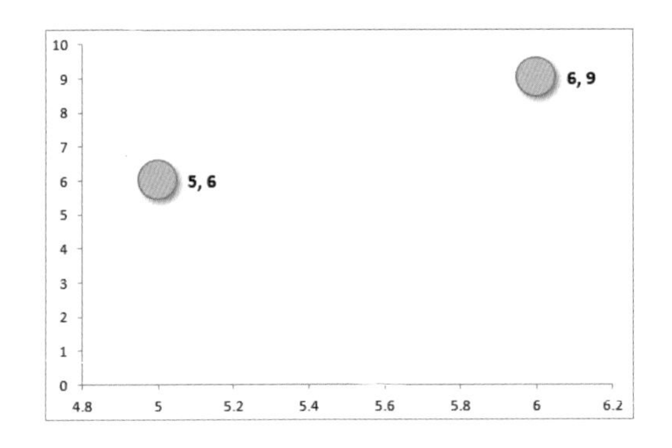

操作步骤

第一步 填写点数

从图中可知有两个点，依次填入数据源表格的B3、B4单元格中，如下图所示。

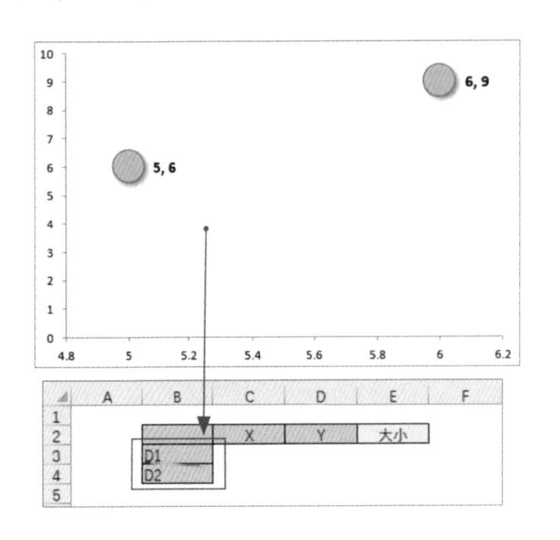

第二步 填写每个点的X和Y

将每个点的X、Y坐标值填入数据源表格中，如下图所示。

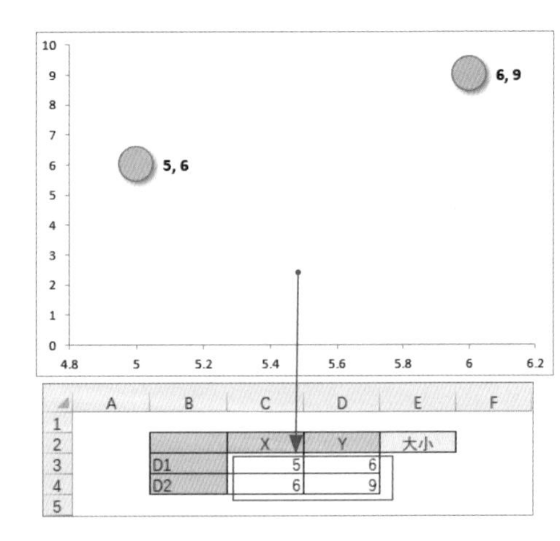

第三步 制作图表

选中C3:D4单元格区域，选择【插入】→

【图表】→【插入散点图或气泡图】→【散点图】选项，即可得到图表效果如下图所示。

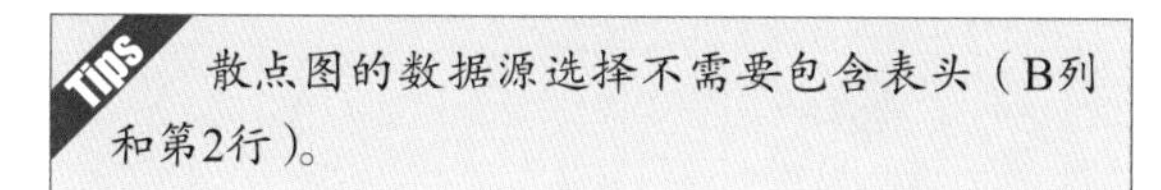
Tips 散点图的数据源选择不需要包含表头（B列和第2行）。

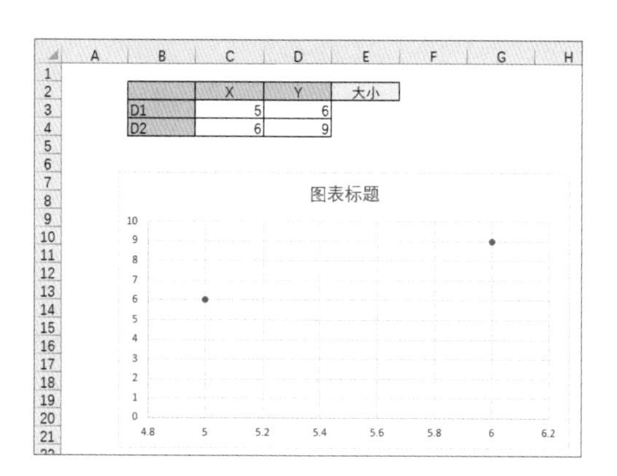

第四步● 美化图表

❶ 选中数据系列，在【设置数据系列格式】窗格中，设置【标记】和【阴影】的格式，如下图所示。

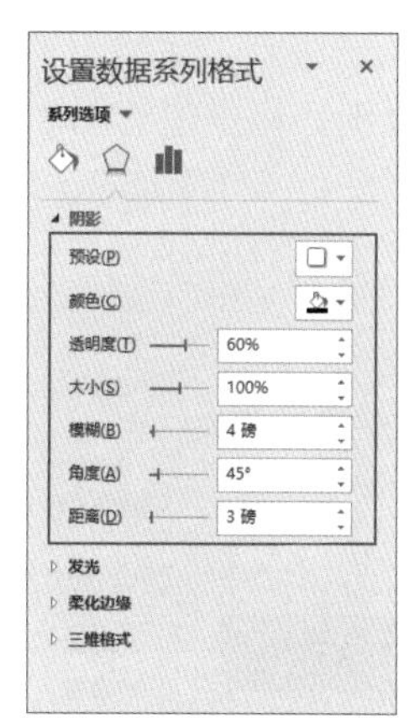

❷ 在数据系列上右击，选择【添加数据标签】选项。然后，单击数据标签，在【设置数据标签格式】窗格中，选择【标签选项】→【标签包含】选项，并选中【X值】和【Y值】复选框。得到图表效果如右上图所示。

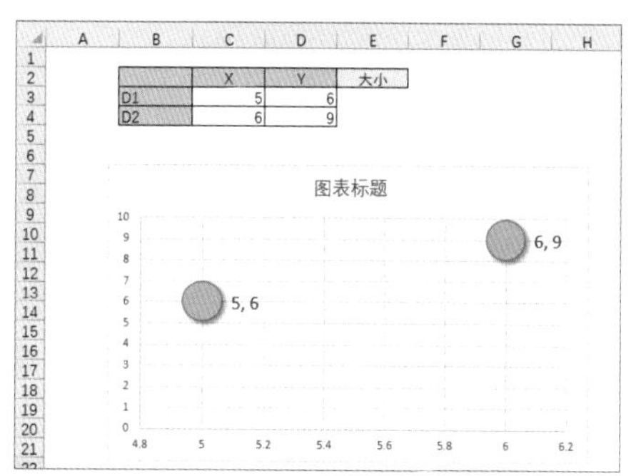

❸ 选中水平坐标轴和垂直坐标轴，在【设置坐标轴格式】窗格中，选择【坐标轴选项】→【刻度线】选项，设置【主刻度线类型】下拉列表为“外部”。

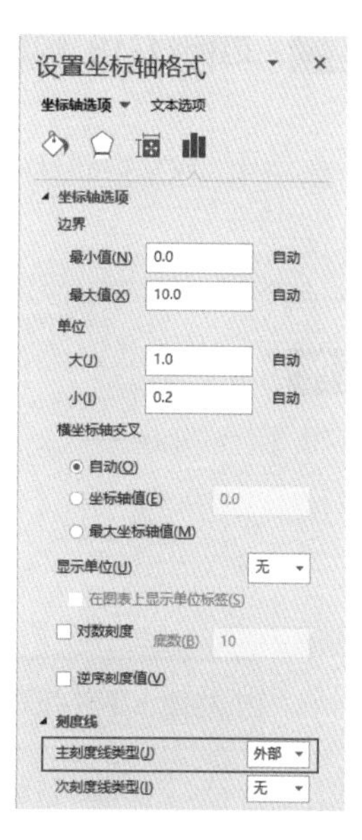

❹最后，选中图表标题和网格线后按【Delete】键删除，即可得到符合预想效果的图表，如下图所示。

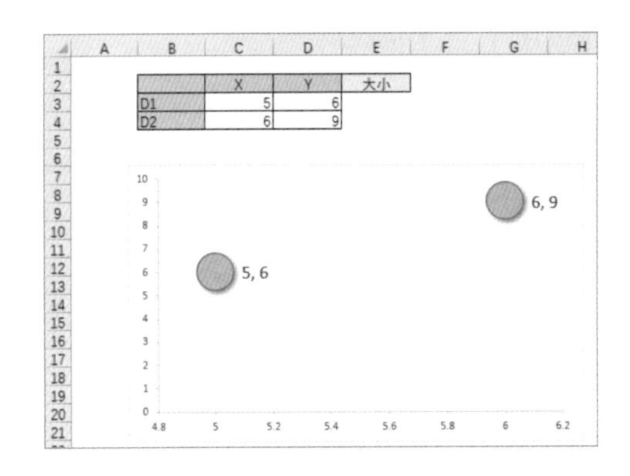

【图表分析】

散点图的数据源构建，只要弄清楚每个点的X、Y坐标值，按照“XY密码法”，很容易就能完成数据源的构建。

11.6.2 案例2

案例名称	构建水平散点图图表
素材文件	素材\ch11\11.6.2.xlsx
结果文件	结果\ch11\11.6.2.xlsx

销售 范例11-18 构建水平散点图图表

本案例介绍使用“XY密码法”，遵从“N Do”原则，从预想的图表出发，构建散点图图表数据源并制作图表。

思维导图

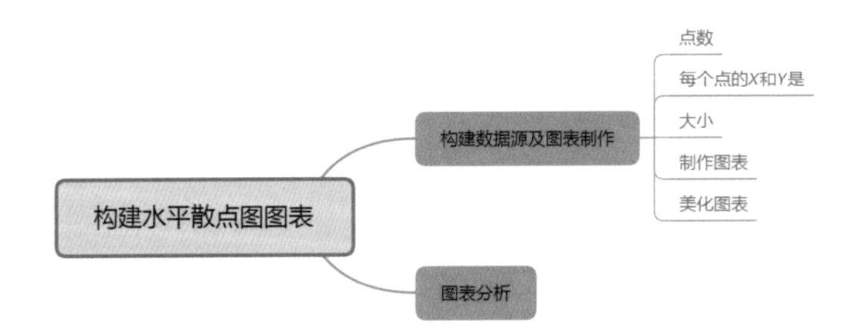

打开“素材\ch11\11.6.2.xlsx”文件，就可以看到期望的图表效果如下图所示。这是一串水平的散点。

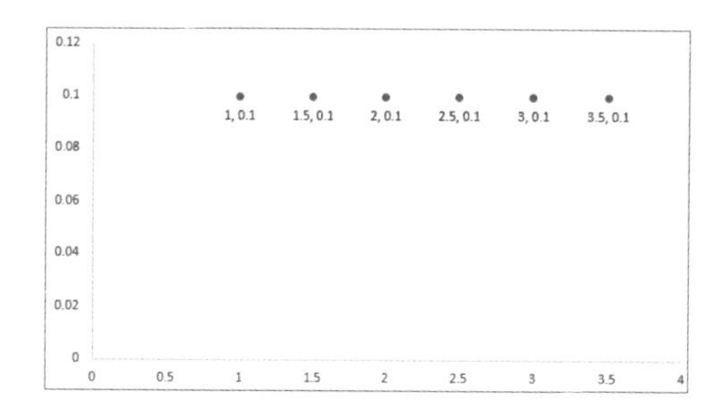

第一步 填写点数

从图中可知共有6个点，依次填入数据源表格的B3:B8单元格区域中，如下图所示。

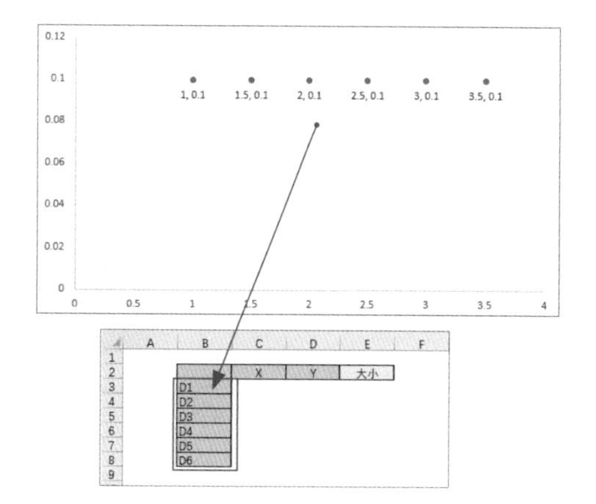

第二步 每个点的X和Y

将每个点的X、Y坐标值填入数据源表格中，如下图所示。

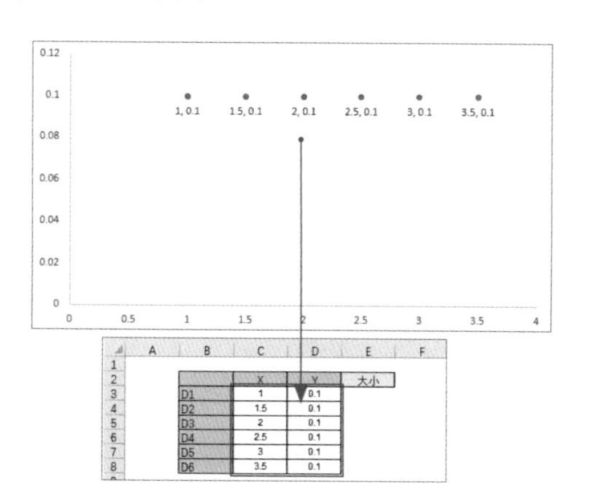

第三步 制作图表

选中C3:D8单元格区域，选择【插入】→【图表】→【插入散点图或气泡图】→【散点图】选项，即可得到图表效果如下图所示。

	X	Y	大小
D1	1	0.1	
D2	1.5	0.1	
D3	2	0.1	
D4	2.5	0.1	
D5	3	0.1	
D6	3.5	0.1	

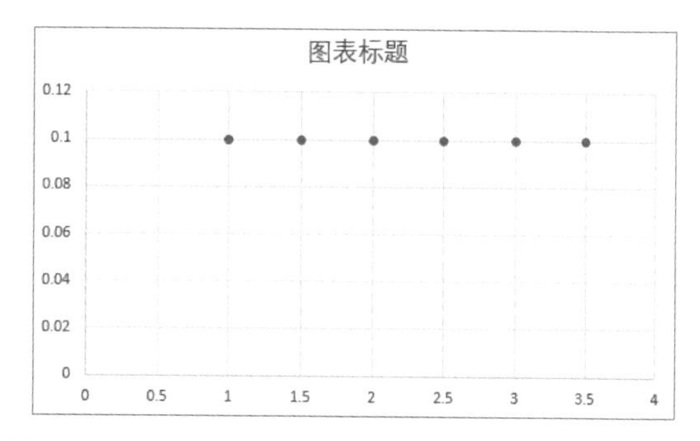

第四步 美化图表

❶ 选中网格线和图表标题，按【Delete】键删除，如下图所示。

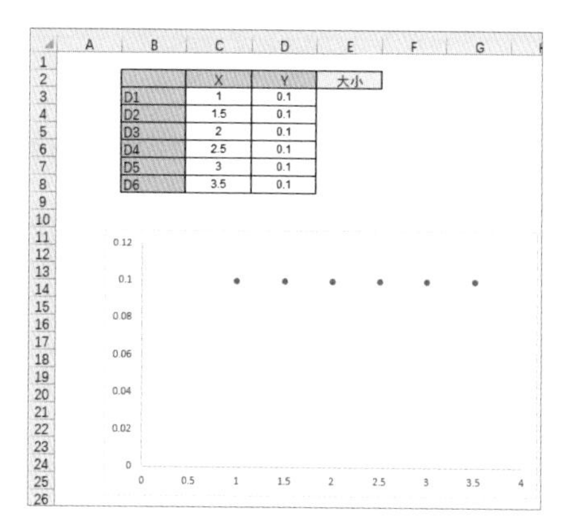

❷ 添加数据标签。在数据系列上右击，在弹出的快捷菜单中选择【添加数据标签】选项。然后，单击数据标签，在【设置数据标签格式】窗格中，选择【标签选项】→【标签包含】选项，并选择【X值】和【Y值】复选框，得到图表效果如下图所示。

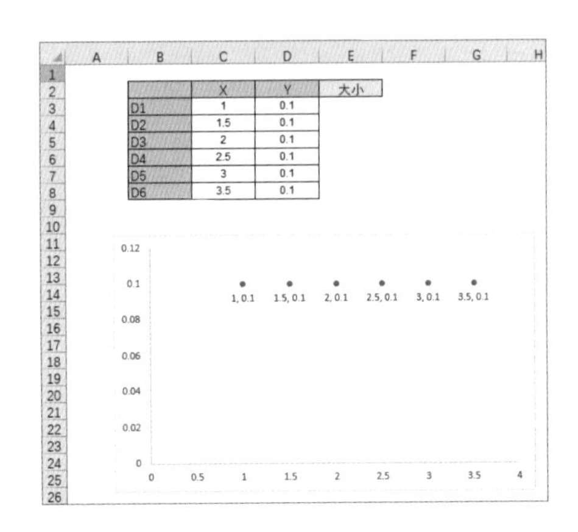

【图表分析】

绘制一行上的散点图时，将它们的Y坐标值设置为相同值即可。

11.6.3 案例3

案例名称	构建三角形图表
素材文件	素材 \ch11\11.6.3.xlsx
结果文件	结果 \ch11\11.6.3.xlsx

销 售 范例11-19 构建三角形图表

本案例介绍使用“XY密码法”，遵从“N Do”原则，从预想的图表出发，构建散点图图表数据源并制作图表。

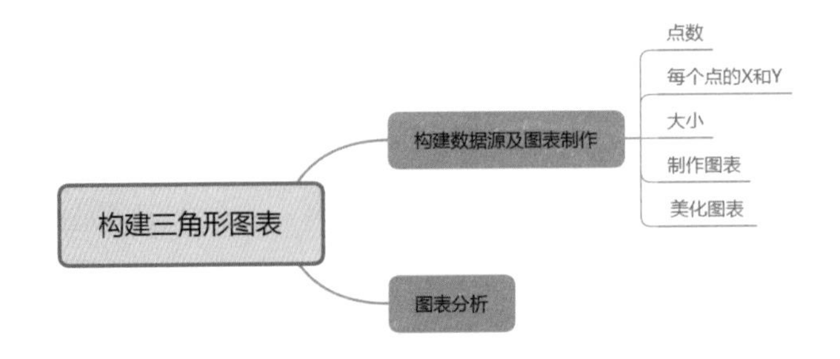

打开“素材\ch11\11.6.3.xlsx”文件，就可以看到期望的图表效果如下图所示。这是一个三角形。

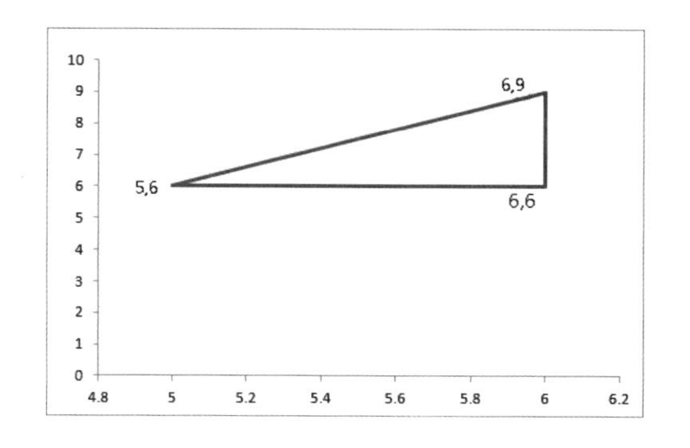

第一步 **填写点数**

从图中可知共有3个点，但为了形成三角形的闭环，需要从第3个点回到第1个点，所以构建数据源时应填写4个点。依次填入数据源表格的B3:B6单元格区域中，如下图所示。

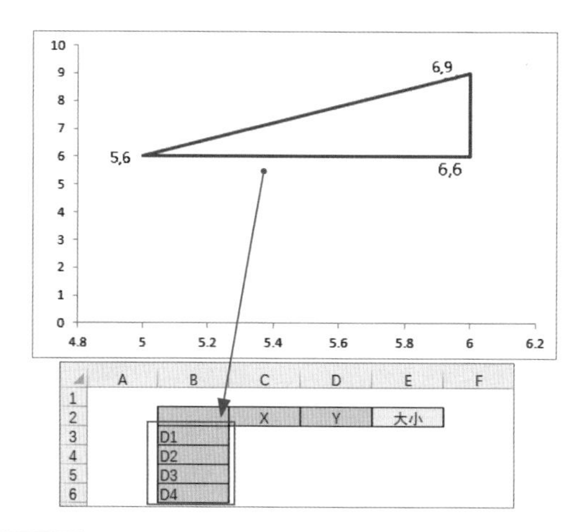

第二步 **填写每个点的X和Y**

将每个点的X、Y坐标值填入数据源表格中，如右上图所示。

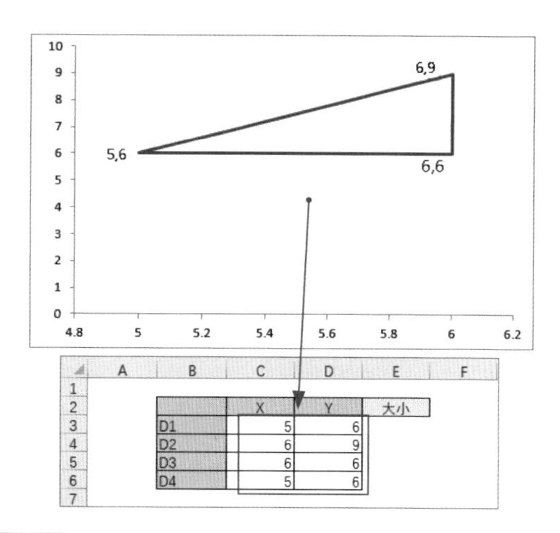

第三步 **制作图表**

选中C3:D6单元格区域，选择【插入】→【图表】→【插入散点图或气泡图】→【带直线的散点图】选项，即可得到图表效果如下图所示。

	X	Y	大小
D1	5	6	
D2	6	9	
D3	6	6	
D4	5	6	

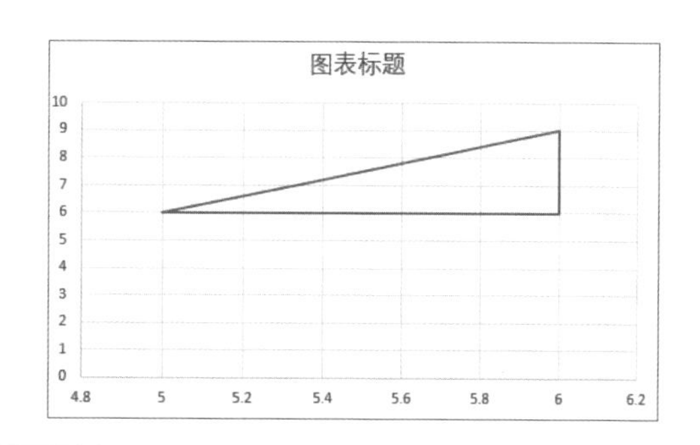

第四步 **美化图表**

❶ 选中数据系列，在【设置数据系列格式】窗格中，设置数据系列的边框颜色，如下图所示。

❷ 选中水平坐标轴和垂直坐标轴，在【设置坐标轴格式】窗格中，选择【坐标轴选项】→【刻度线】选项并设置【主刻度线类型】下拉列表为“外部”，如下图所示。

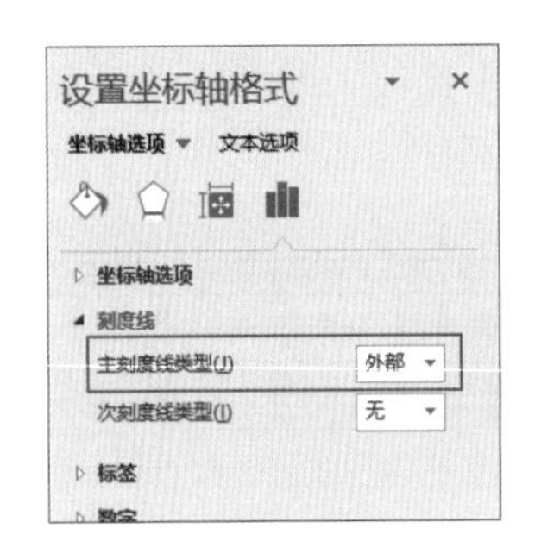

❸ 添加数据标签；选中图表标题和网格线后按【Delete】键删除，即可得到符合预想效果的图表，如下图所示。

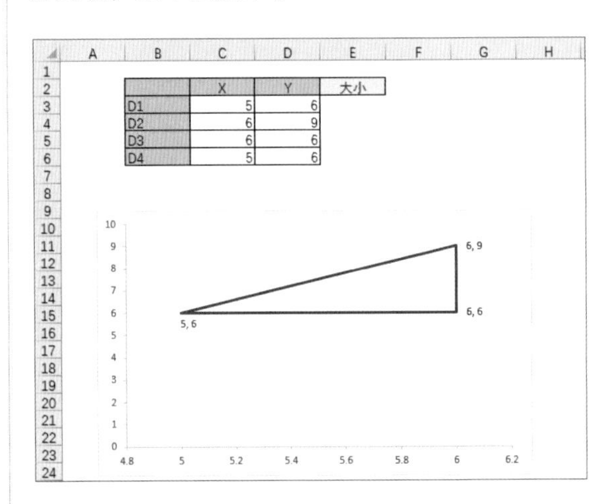

【图表分析】

利用带直线的散点图绘制三角形，注意，数据源中需要有4个点，才可以形成三角形的闭环。

11.6.4 案例4

案例名称	构建拐点图图表
素材文件	素材 \ch11\11.6.4.xlsx
结果文件	结果 \ch11\11.6.4.xlsx

销 售 范例11-20 构建拐点图图表

本案例介绍使用“XY密码法”，遵从“N Do”原则，从预想的图表出发，构建散点图图表数据源并制作图表。

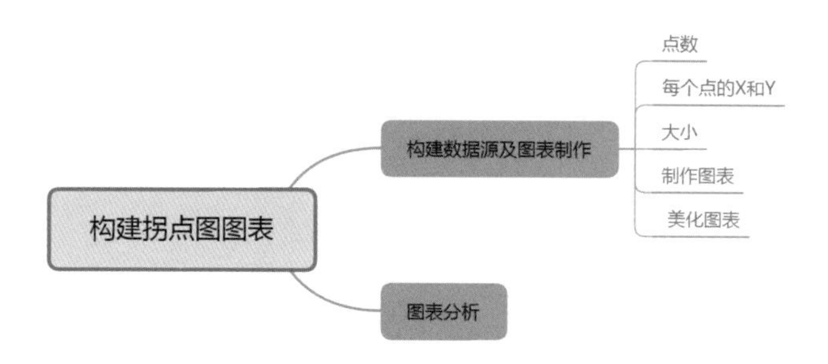

打开“素材\ch11\11.6.4.xlsx”文件，就可以看到期望的图表效果如下图所示。这是一个拐点图。

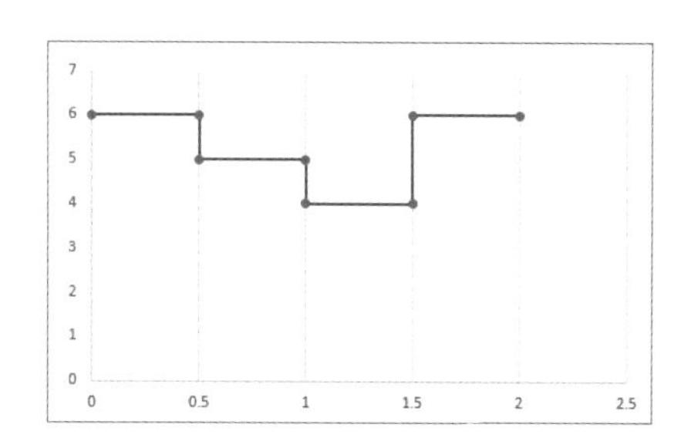

第一步 填写点数

从图中可知共有8个点，依次填入数据源表格的B3:B10单元格区域中，如下图所示。

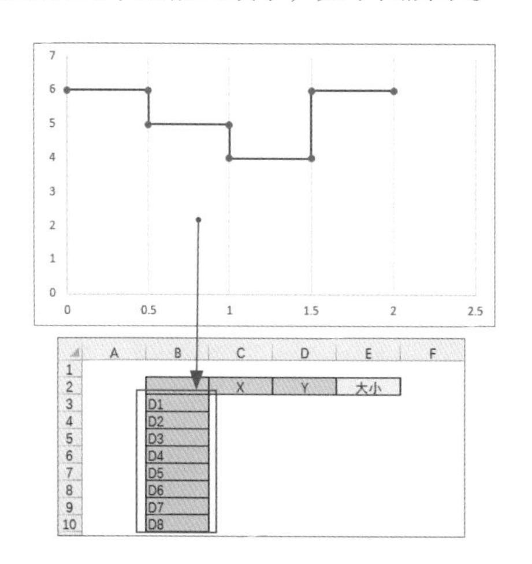

第二步 填写每个点的X和Y

将每个点的X、Y坐标值填入数据源表格中，如下图所示。

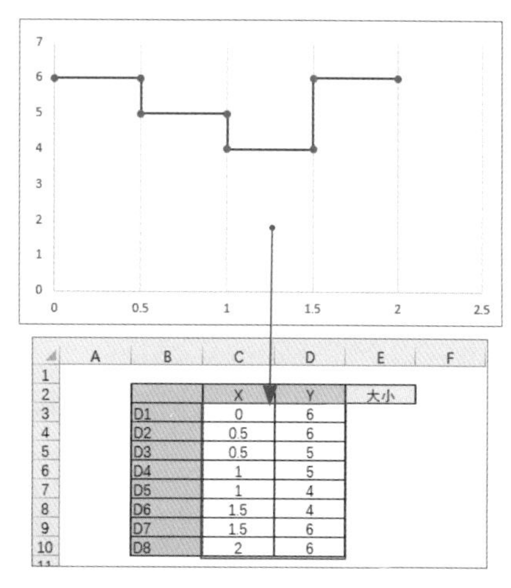

第三步 制作图表

选中C3:D10单元格区域，选择【插入】→

【图表】→【插入散点图或气泡图】→【带直线和数据标记的散点图】选项，即可得到图表效果如下图所示。

	X	Y	大小
D1	0	6	
D2	0.5	6	
D3	0.5	5	
D4	1	5	
D5	1	4	
D6	1.5	4	
D7	1.5	6	
D8	2	6	

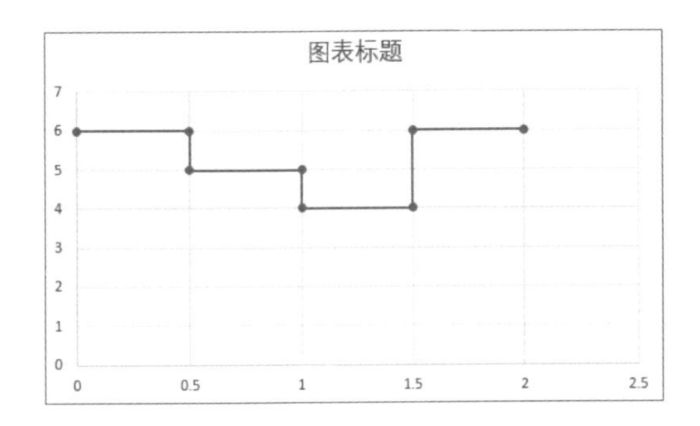

第四步 美化图表

分别设置各数据系列的填充和边框颜色，选中水平网格线和图表标题后，按【Delete】键删除，即可得到符合预想效果的图表，如下图所示。

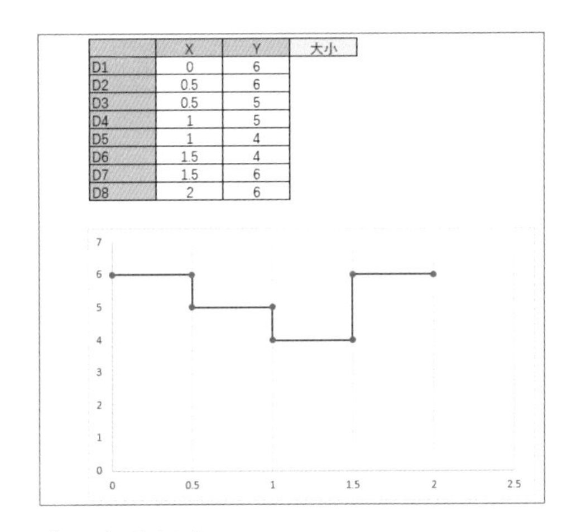

	X	Y	大小
D1	0	6	
D2	0.5	6	
D3	0.5	5	
D4	1	5	
D5	1	4	
D6	1.5	4	
D7	1.5	6	
D8	2	6	

【图表分析】

拐点图的实现，可利用带直线和数据标记的散点图来绘制。数据源的构建方法和散点图数据源构建方法一样，都可通过N Do原则的“XY密码法”实现。

11.6.5 案例5

案例名称	构建气泡图图表
素材文件	素材\ch11\11.6.5.xlsx
结果文件	结果\ch11\11.6.5.xlsx

销 售　范例11-21 构建气泡图图表

本案例介绍使用“XY密码法”，遵从“N Do”原则，从预想的图表出发，构建气泡图图表数据源并制作图表的过程。

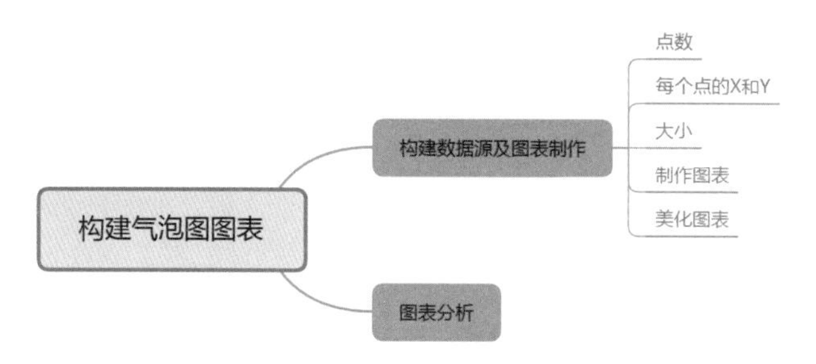

打开“素材\ch11\11.6.5.xlsx”文件，就可以看到期望的图表效果如下图所示。这是一个气泡图。

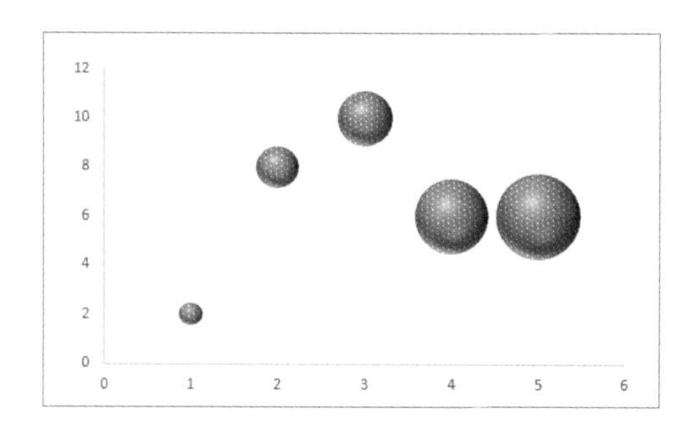

第一步 **填写点数**

从图中可知共有5个气泡，依次填入数据源表格的B3:B7单元格区域中，如下图所示。

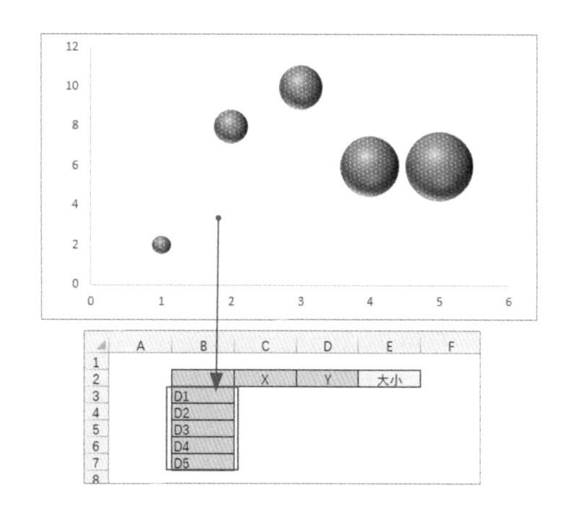

第二步 **填写每个点的X和Y**

将每个气泡的X、Y坐标值填入数据源表格中，如下图所示。

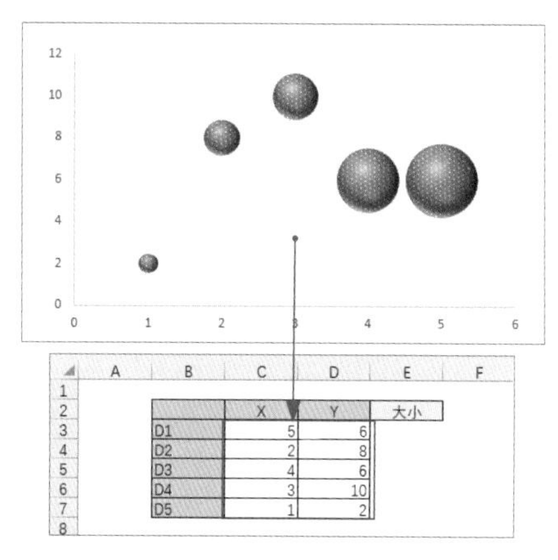

第三步 **填写大小**

将每个气泡的大小数值填入数据源表格的E3:E7单元格区域中，如下图所示。

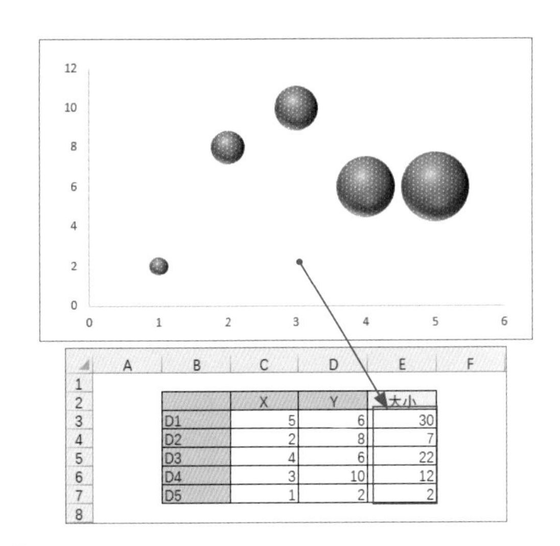

	X	Y	大小
D1	5	6	30
D2	2	8	7
D3	4	6	22
D4	3	10	12
D5	1	2	2

第四步 **制作图表**

选中C3:E7单元格区域，选择【插入】→【图表】→【插入散点图或气泡图】→【三维气泡图】选项，即可得到图表效果如下图所示。

单位：万元

目标	完成	缺口
100	60	40

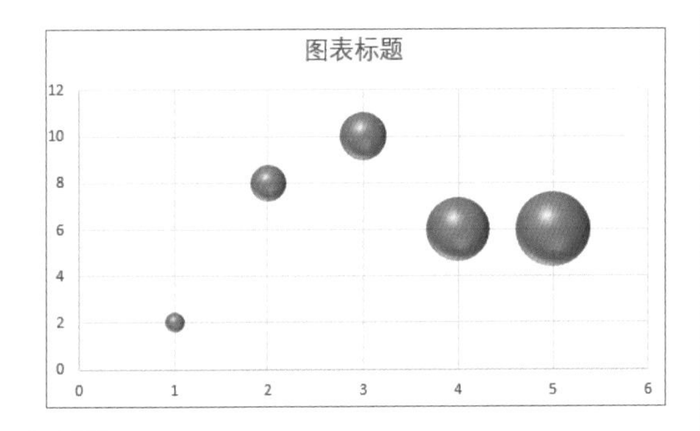

第五步 **美化图表**

❶ 选中数据系列，在【设置数据系列格式】窗格中的【填充】选项下，选中【图案填充】单选按钮，然后选择合适的图案，如右上图所示。

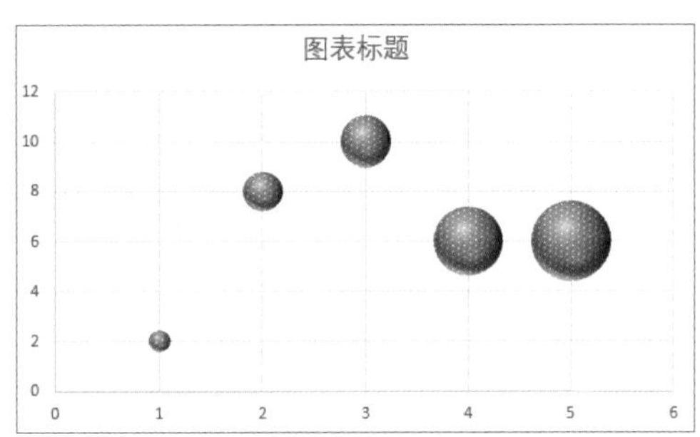

❷ 选中网格线和图表标题后，按【Delete】键删除，即可得到符合预想效果的图表，如下图所示。

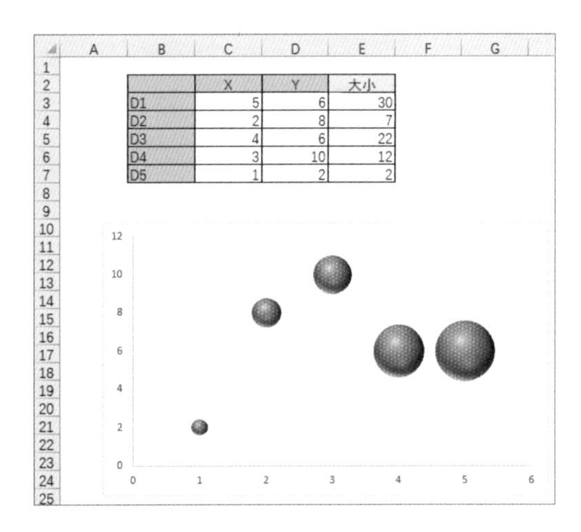

	X	Y	大小
D1	5	6	30
D2	2	8	7
D3	4	6	22
D4	3	10	12
D5	1	2	2

【图表分析】

“XY密码法”同样适用于气泡图的数据源构建。其中，同散点图不一样的地方在于，数据源需要明确每个气泡的大小数值。

11.7 高手点拨

本章结合大量案例，详细介绍了“I CAN Do”原则及使用方法。在理解图表元素和数据源组成部分之间对应关系的基础上，按照手枪法、密码法、XY密码法的4个问答解码，即可轻松构建图表数据源，如表11-2所示。

表11-2“I CAN Do”原则及问答解码

原则	适合类型	参考类型	方法	4 个问答解码
I Do 原则	柱线图	柱形图 折线图 条形图	手枪法	①横坐标标签 ②维度 ③高度（数值） ④辅助
C Do 原则	圈环图	圆环图 饼图 雷达图	密码法	①圈数 ②段数（是否龟裂） ③段长和数值 ④辅助
A Do 原则	面积图	面积图	手枪法	①面数 ②横坐标标签 ③高度（数值） ④辅助
N Do 原则	散点图	散点图 气泡图	XY 密码法	①点数 ②每个点的 X 和 Y ③大小 ④辅助

通过本章内容的学习，熟练掌握I CAN Do原则和适用的图表及具体方法后，可逐步培养绘制图表的思维方式。即便绘制Excel推荐图谱中没有的个性化图表，也能轻松完成。

思考：下面这些图形，你可以画出来吗？

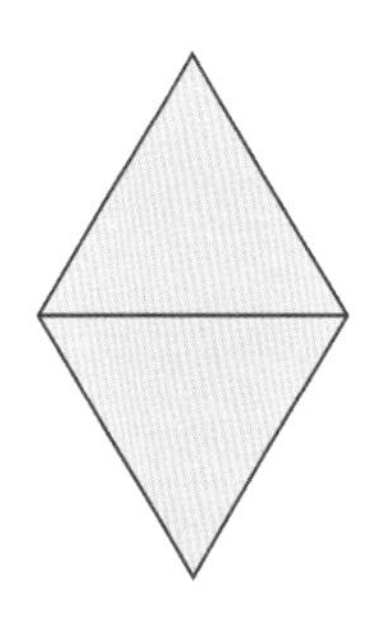

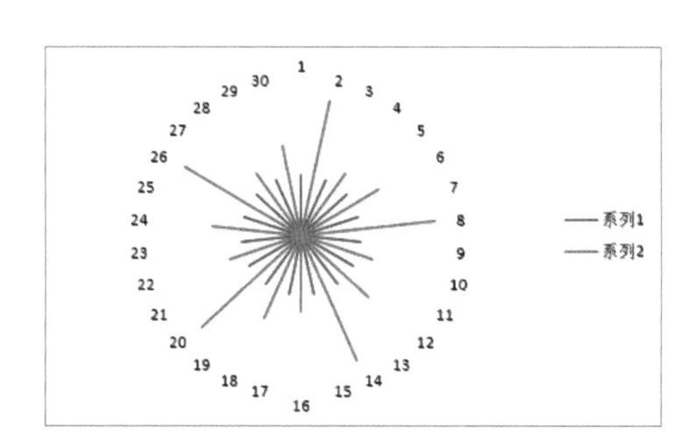

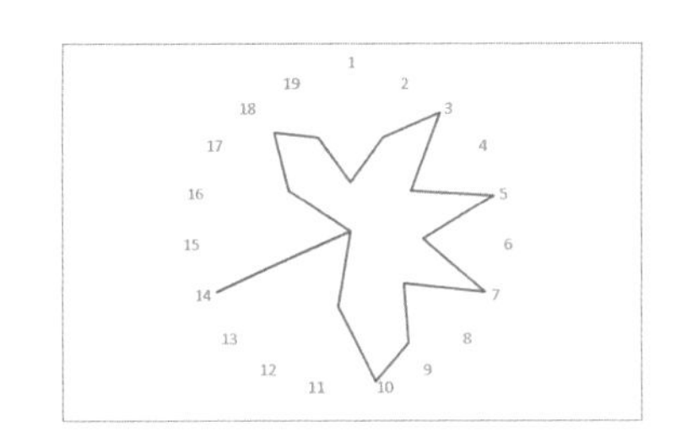

希望通过本章内容的学习，读者朋友们能在玩中学、学中乐、乐中进步，真正掌握图表制作的核心——构建图表数据源并画出想要的图表。

11.8 实战练习

练习1

打开“素材\ch11\实战练习1.xlsx”文件，这是某超市家电销售情况的预想图表效果。家电销售数据分为家庭影院、音响和灯具3类数据，其中，音响 分为功放和低音炮，灯具分为灯座和光源。请结合对“I CAN Do”原则的理解，选择合适的方法，构建图表数据源并绘制图表，如下图所示。

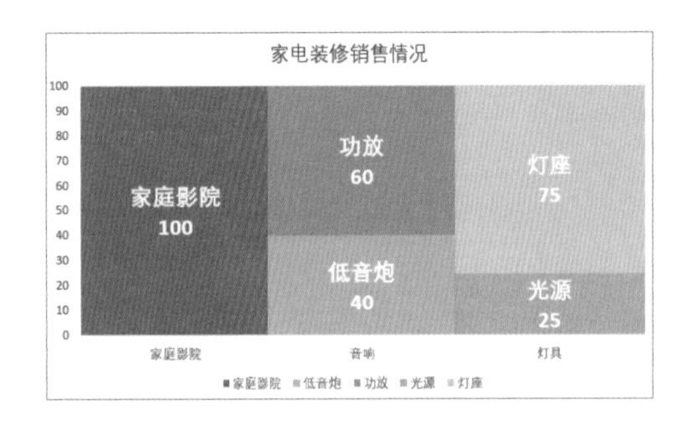

练习2

打开“素材\ch11\实战练习2.xlsx”文件，如下图所示。请结合对“I CAN Do”原则的理解，选择合适的方法，构建图表数据源并绘制图表。

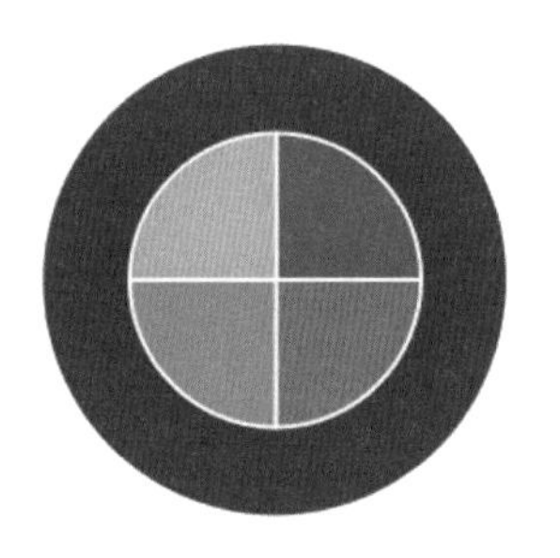

第12章

锦上添花的小技巧

小杨是一家单位的消防专员，主要负责检查消防事故发生率，以及对发生事故的原因分析。下图是小杨整理的数据表格，其中事故发生率为30%，在事故发生中主要原因是A和B。

状态	比例
安全	70%
事故	30%

事故	占比
原因A	10%
原因B	6%
原因C	3%
原因D	2%
原因E	1%

将上图两个表格做成可视化图表，效果如下图所示。

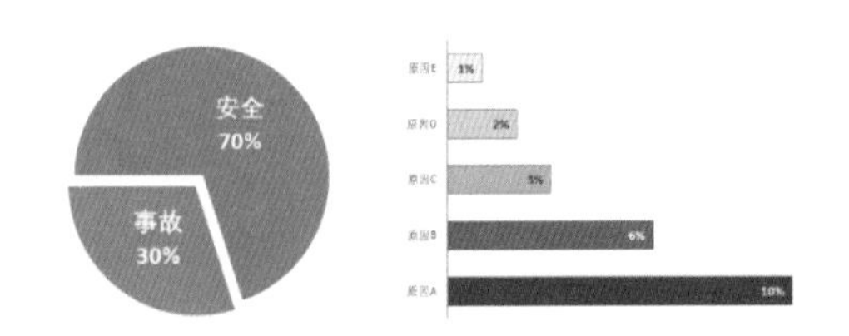

小杨想将两个图形整合到一起，但在Excel中怎么实现呢？

小杨利用业余时间刻苦钻研，很快就找到一个方法即拼接组合。下图是拼接组合的数据表格。

类别	子类	数据
A	A1	5
	A2	6
	A3	4
	A4	7
	A5	6
B	B1	2
	B2	5
	B3	6
	B4	4

A	28
B1	2
B2	5
B3	6
B4	4

对上面数据，拼接组合后的图表如下图所示。

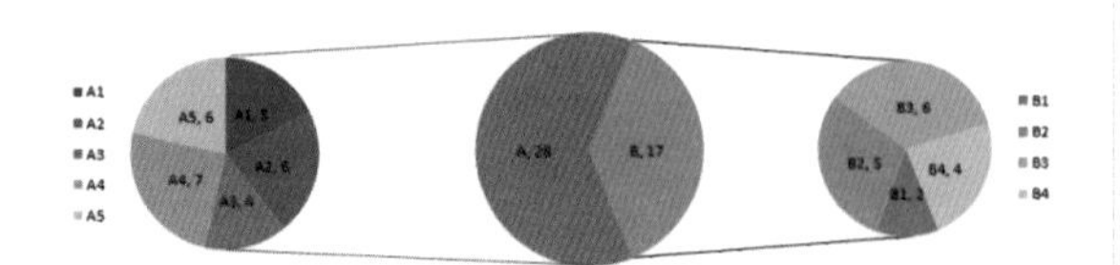

这个图表简直太符合小杨的需求了。通过继续研究发现其实是做了两个图表，一个是子母饼图，一个是某个分项的饼图，然后巧妙地利用直线进行拼接实现的。

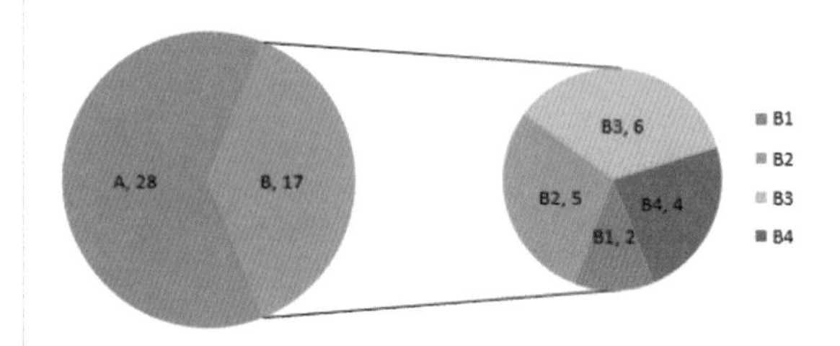

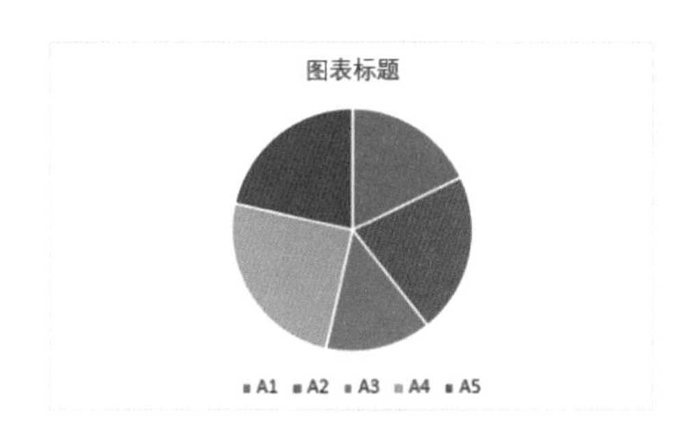

小杨将学到的技巧用到自己的数据上，很快做出了图表效果，如下所示。

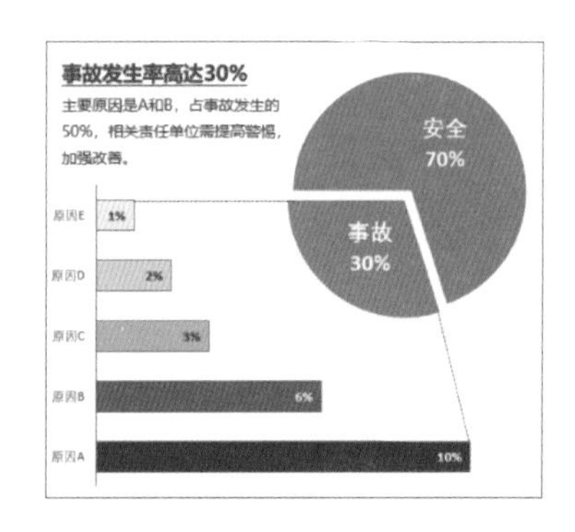

小杨提交了自己的报告，领导表示很满意。在之后的工作总结会议中，领导多次提到了小杨的报告，并表扬了他的创新和开拓精神，同时号召其他员工向小杨学习。当月，小杨不仅获得了厂里的创新奖金，还成为了上级领导身边的“红人”，使其职业发展更顺畅。

12.1 拼接组合也是一种奇思

在Excel中插入饼图时，由于一些数据的百分比较小，将其与其他数据放到同一个饼图中难以体现，这时使用复合饼图就可以提高较小百分比的可读性。同时，在做PPT时，将相关图表在不影响美观的同时，组合到一张图表上，既节省空间，又使得数据相关、直观。但是复合饼图常常只能做两个饼状图，不利于不同类别的数据进行区分对比，因此拼接组合是一种不错的方法。

案例名称	产品库存量的对比
素材文件	素材 \ch12\12.1.xlsx
结果文件	结果 \ch12\12.1.xlsx

范例12-1　产品库存量的对比

某公司生产的A类和B类产品，经过几个月的销售，现需要对产品库存进行统计分析，其中，A类的子类别有5项，B类的子类别有4项，为了将A类和B类放在一起进行对比分析，常需要借助饼图，而复合饼图常常只能做两个饼状图，如下图所示。

类别	子类	数据
A	A1	5
	A2	6
	A3	4
	A4	7
	A5	6
B	B1	2
	B2	5
	B3	6
	B4	4

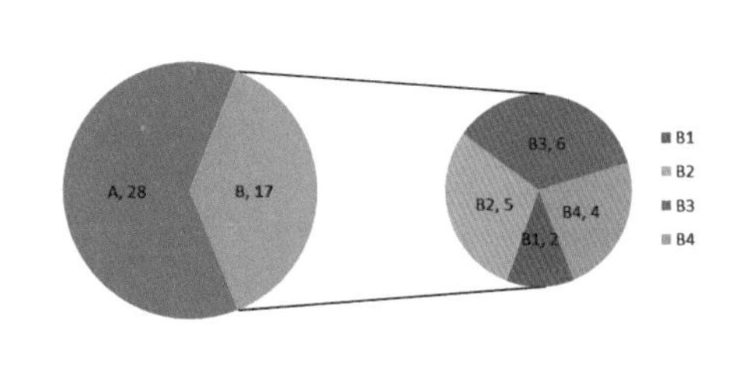

以上图形的对比并没有给出A类中子类的详细数据，也无法与B类的子类数据进行横向对比，为此可以引入图与图的拼接技巧，将两幅饼图进行拼接达到更直观的效果，如下图所示。

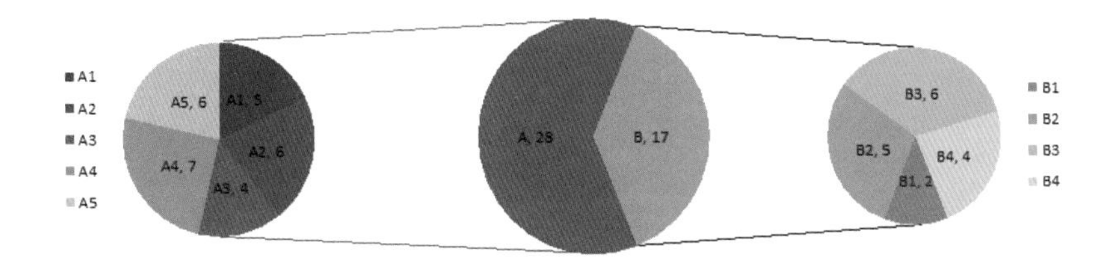

第一步 绘制子母饼图及A类数据饼图

❶ 打开素材文件，将A类数据总和与B类子数据的数据源进行摘取，选中摘取的数据源，选择【插入饼图或圆环图】→【子母饼图】选项，即可插入饼图，双击得到的饼图，在弹出的【设置数据系列格式】窗格中，设置【第二绘图区中的值】为“4”，效果如下图所示。

A	28
B1	2
B2	5
B3	6
B4	4

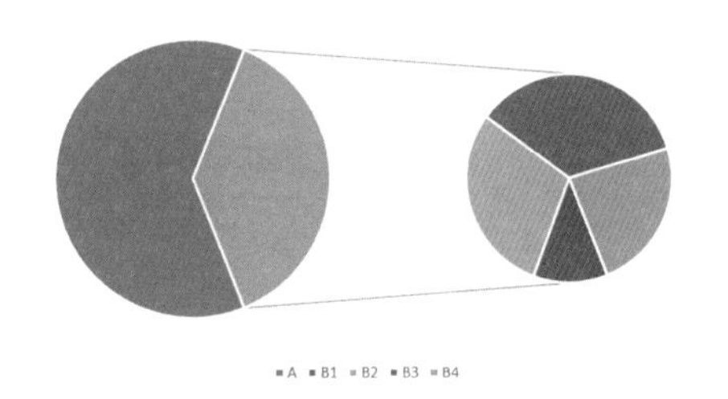

❷ 在绘制的子母饼图上添加数据标签。在【设置数据标签格式】窗格中，选中【类别名称】、【值】和【显示引导线】复选项，并设置【标签位置】为“居中”。

❸ 双击“其他”数据标签，将“其他”改为“B”。选中图例，在【设置图例格式】窗格中，设置【图例位置】为“靠右”，效果如下图所示。

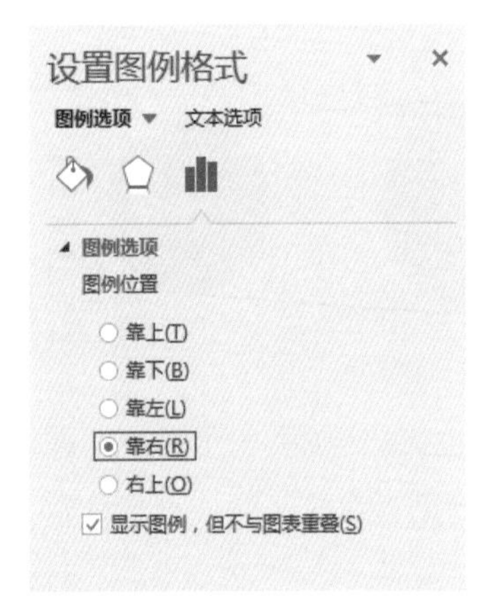

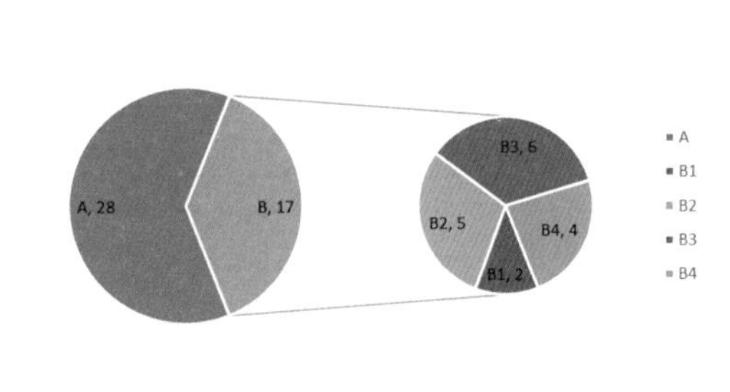

❹ 选中A类中的子类和对应数据的数据源，并插入饼图，效果如下图所示。

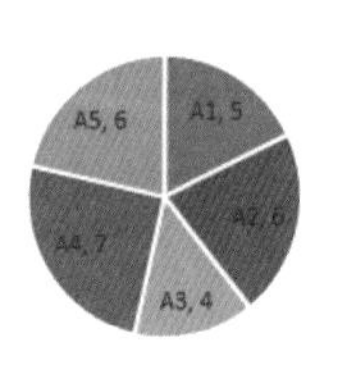

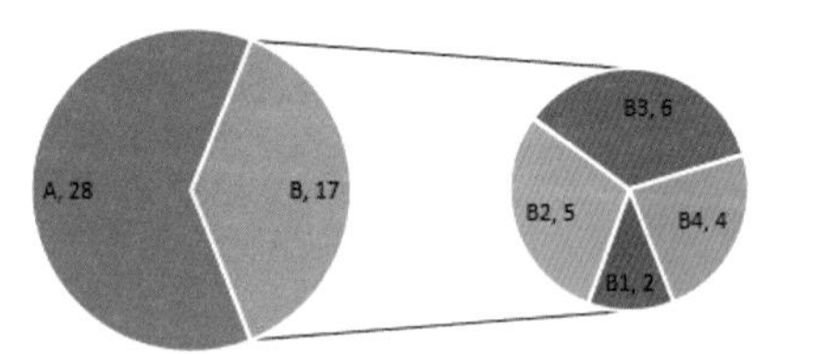

第二步 **完善并美化饼图**

❶ 选择【插入】→【插图】→【形状】→【直线】选项，用黑色线条连接两幅饼图，如下图所示。

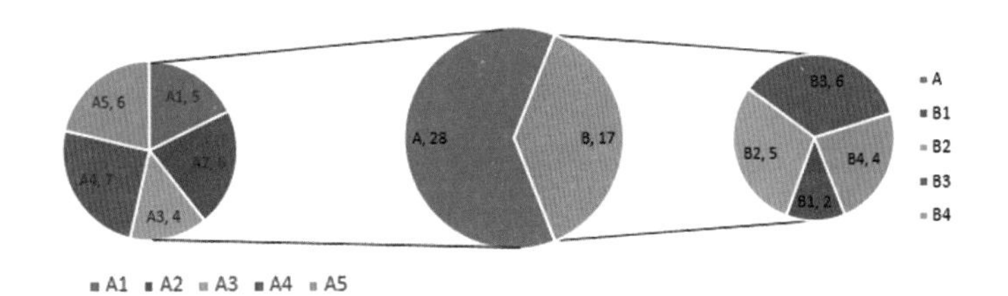

❷ 按【Shift】键，分别选中两幅饼图及直线线条，选择【页面布局】→【排列】→【组合】→【组合】选项，将其拼接组合，再根据需要设置饼图样式即可，最终效果如下图所示。

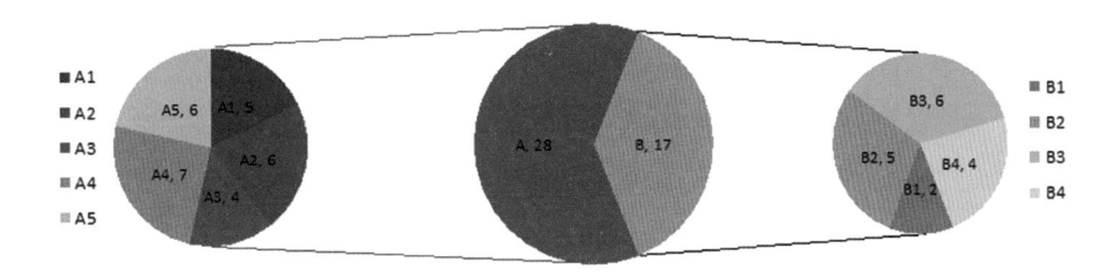

【图表分析】

此种拼接技巧不仅适用于图与图的拼接，也可以是图与线条的拼接，或者是图与表格的拼接。

12.2 此时无色胜有色——巧用无色填充

对产品的销售数据分析，经常会使用饼图和柱形图，但饼图或柱形图过多，又会导致图表效果缺少新颖性，尤其是商务图表要求信息全，且追求创意。此时，可以对半圆饼图或半圆环状图，以及对环形图、堆积图等进行无色填充，以做出想要的效果，如云梯图、瀑布图、甘特图、半圆环状图等都是巧用无色填充实现的效果。

案例名称	季度销售占比分析
素材文件	素材 \ch12\12.2.xlsx
结果文件	结果 \ch12\12.2.xlsx

工 程　范例12-2 项目进度计划表——甘特图

某公司对6个项目的进度进行统计，结果如下图所示，如项目1的开始时间为1月1日，结束时间为1月5日，但是此表不能直观反映每个项目的推进情况，以及具体的天数，针对此种问题可通过甘特图与无色填充技巧的结合来解决。

	开始时间	结束时间
项目 1	1/1	1/5
项目 2	1/5	1/13
项目 3	1/12	1/16
项目 4	1/16	1/19
项目 5	1/22	1/25
项目 6	1/25	1/30

甘特图又称横道图、条状图。它通过条状图显示项目及进度，以及和其他时间相关的系统进展的内在关系，随着时间进展的情况。

甘特图通过活动列表和时间刻度表示出特定项目的顺序与持续时间。一条线条图的横轴表示时间，纵轴表示项目，线条表示期间计划和实际完成情况，可直观表明计划何时进行、进展与要求的对比。便于管理者弄清项目的剩余任务和评估工作进度。

甘特图包含以下3个含义。

❶ 以图形或表格的形式显示活动。

❷ 通用的显示进度的方法。

❸ 构造时含日历天数和持续时间，并不将周末、假期算在进度内。

简单、醒目、便于编制的优点使其在管理中广泛应用。利用甘特图及无色填充技巧对上述案例中存在的问题进行改进，得到效果如右上图所示。

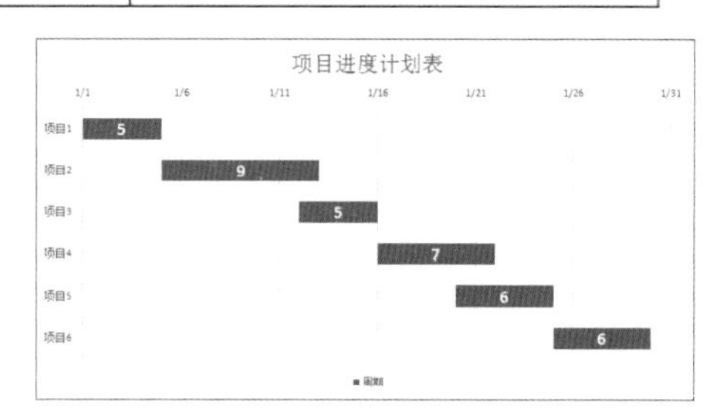

第一步 整理数据

将上述数据表进行整改，添加项目周期，如下图所示。

	开始时间	结束时间	周期	标签
项目1	1/1	1/5	4	5
项目2	1/5	1/13	8	9
项目3	1/12	1/16	4	5
项目4	1/16	1/22	6	7
项目5	1/20	1/25	5	6
项目6	1/25	1/30	5	6

第二步 插入图表

选中数据表中第1、2、4列数据，插入柱形图或者条形图的二维条形图中的堆积条形图，如下图所示。

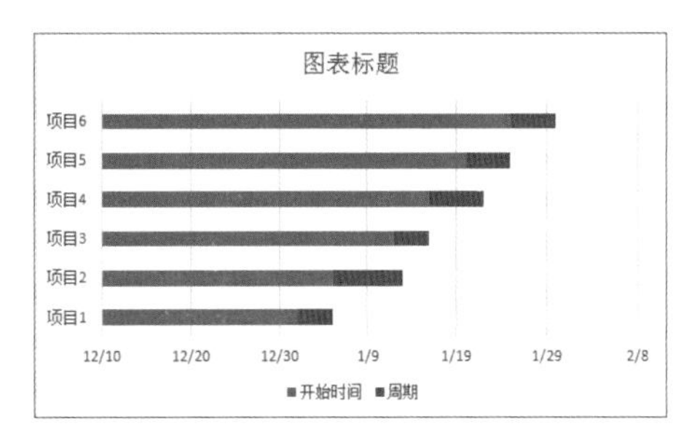

第三步 设置图表

❶ 选中堆积条形图左侧的纵坐标标签，在【设置坐标轴格式】窗格中，选中【逆序类别】复选框，如下图所示。

状态	比例
安全	70%
事故	30%

事故	占比
原因A	10%

❷ 选中堆积条形图中的日期数据标签，设置坐标轴选项的【最小值】为“44562.0”，同时设置“开始时间”数据系列为“无填充”，更改图表名为项目进度表，结果如右上图所示。

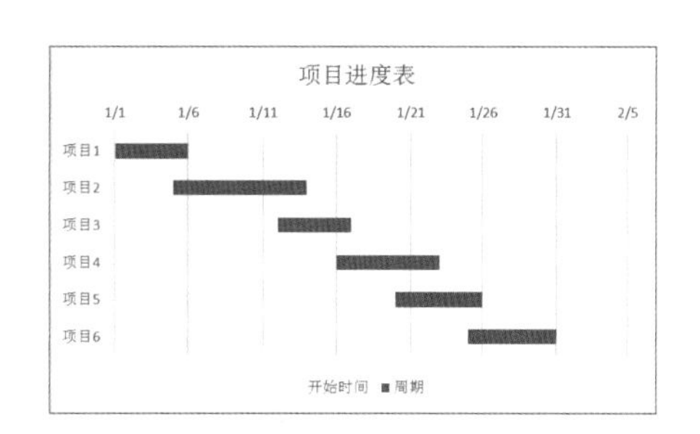

❸ 添加数据标签，并右击，在【设置数据标签格式】窗格中，选中【单元格中的值】复选框，并设置为“选择范围”，选择第5列数据为数据标签中的值，如下图所示。

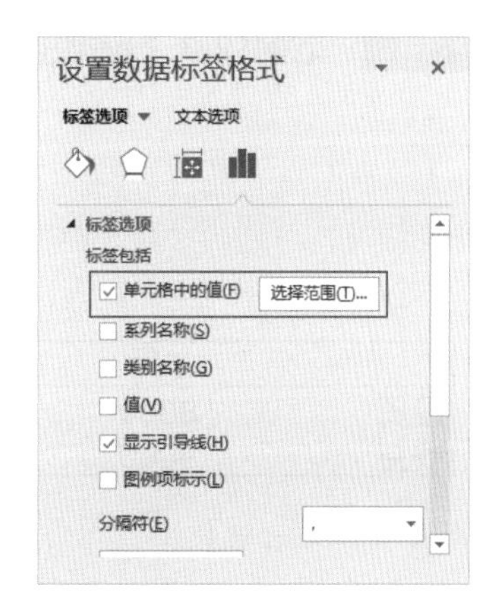

第四步 美化图表

调整数据标签的颜色及图形大小，并删除【开始时间】图例，最终效果如下图所示。

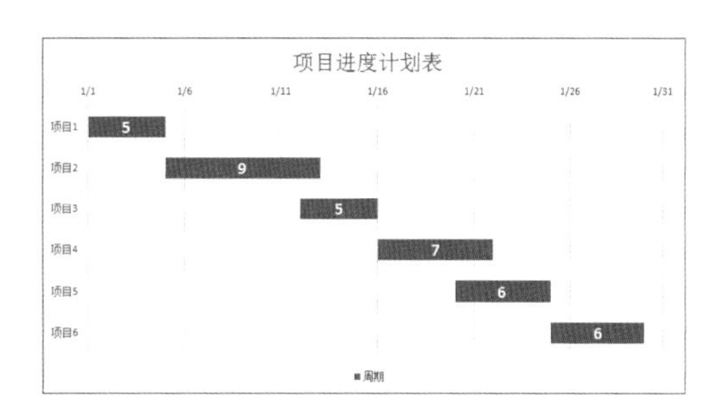

【图表分析】

利用堆积条形图制作的甘特图，适用于工程、项目的进度管理等。

12.3 遮挡也是一门艺术

在做投资收益比分析时，有时按照实际数据源进行做图，对比效果并不明显，因此，可以采用必要的遮挡技巧，使图表效果变得更好。

案例名称	投资收益对比
素材文件	素材 \ch12\12.3.xlsx
结果文件	结果 \ch12\12.3.xlsx

范例12-3 投资收益对比

某公司1~5月的投资和收益数据统计如下图所示，为了进一步对投资和收益数据进行对比分析，明确盈利情况，可通过柱形图进行数据对比。效果图如下图所示。

单位：万元

	1月	2月	3月	4月	5月
投资	8000	6000	9000	8000	8000
收益	9000	7000	9000	7000	10000

但是此图既不能直观看出公司各月的收益情况，也不能反映盈利月份，以及个别月份还未盈利的情况。如果采用遮挡方式就可解决这类问题，效果如下图所示。

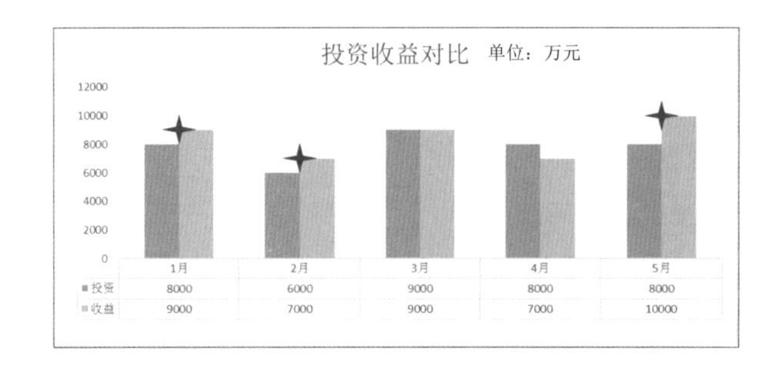

操作步骤

在这里就不详细描述制作图表的步骤了，遮挡的原理就是使用形状进行填充遮挡，填充的颜色应与背景色一致。

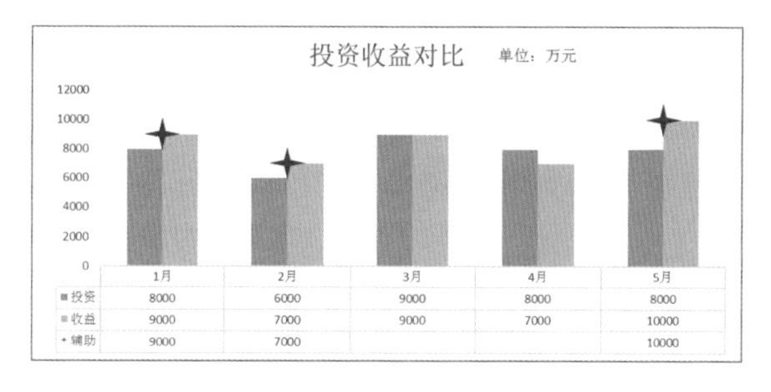

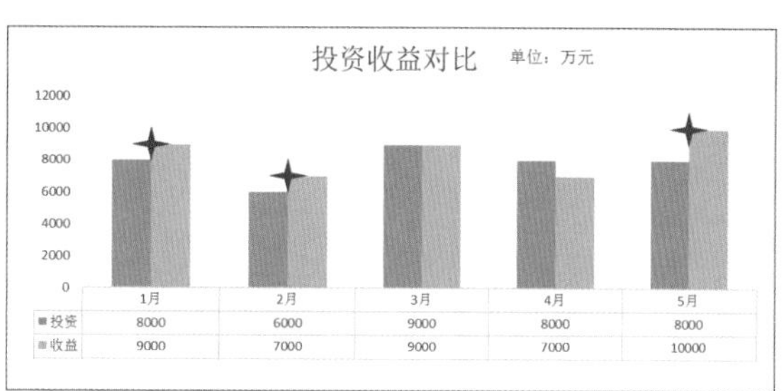

【图表分析】

有不希望被看见的，但在图中又存在的内容，就可以通过遮挡的方式来处理。

12.4 个性化填充让图表更形象

在进行数据统计分析时，Excel中虽提供了各种类型的图形模板，但往往由于使用模板而导致千篇一律的结果，特别是在公司项目的申请报告中，通篇一样的图形会使阅读者产生反感，因此，个性化的填充变得尤为重要，它能让图表看起来更加形象。

案例名称	异形图
素材文件	素材 \ch12\12.4.xlsx
结果文件	结果 \ch12\12.4.xlsx

范例12-4 异形图

工厂里现有工件A与工件B，为了锻造工件的硬度，需将工件进行加温处理，A工件的目标温度为65℃，B工件的目标温度为40℃，现在经过温度传感器检测到工件A与B的当前温度分别为45℃、35℃。为了进一步分析当前温度与目标温度的差异，使其提高可视化程度，员工小李将所测数据进行了统计，结果如下图所示。

工件名称	目标温度（℃）	当前温度（℃）
A	65	45
B	40	35

根据数据表制作柱形图进行观察，效果如下图所示。

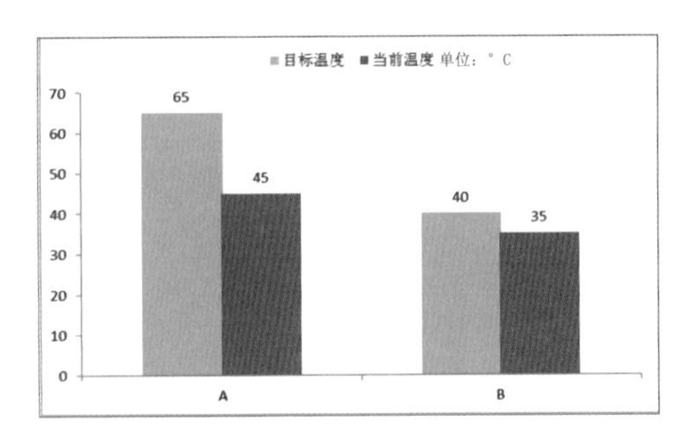

分析上述柱形图，虽能表达出数据差异，但是图形缺少创意及个性化，于是员工小张提出利用异形填充的方法解决上述问题，异形填充法不仅可以表达数据间的差异，提高可视化程度，还能使图形更具有创意及个性化。于是小张制作的异形填充效果如下图所示。

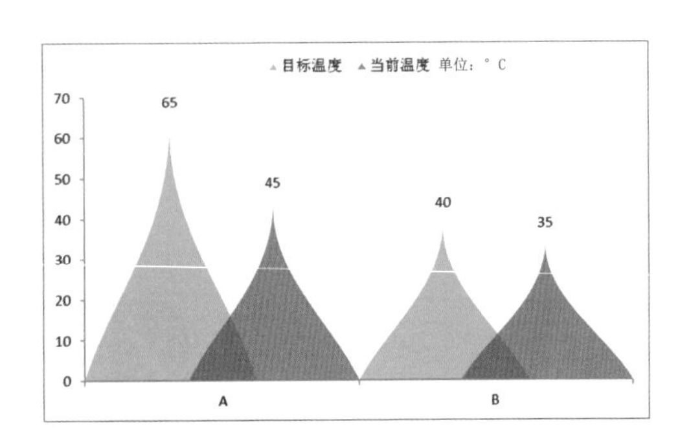

第一步 创建簇状柱形图

选中数据源表格中的数据，插入簇状柱形图，选择数据系列并右击，选择【设置数据系列格式】选项，在【设置数据系列格式】窗格中设置【边框】为“无轮廓”，效果如下图所示。

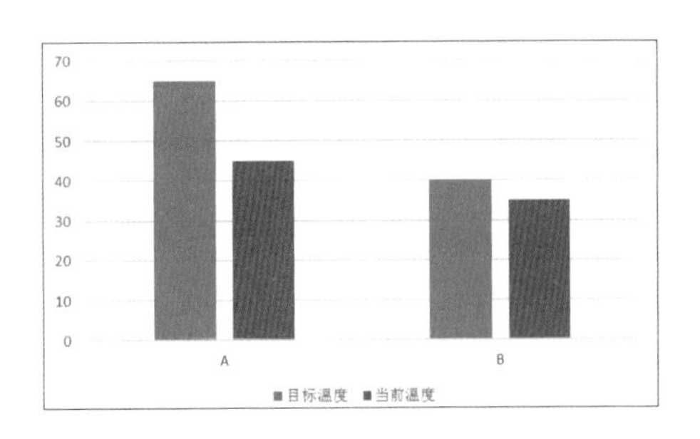

第二步 设置个性化图表效果

❶ 添加数据标签，将【图例位置】设置为“靠上”，复制素材文件中绿色的个性图形，选中“目标温度”数据系列，在【设置数据系列格式】窗格中，选中【填充】中的【图片或纹理填充】单选按钮，并选择【图片源】的【剪贴板】选项，效果如下图所示。

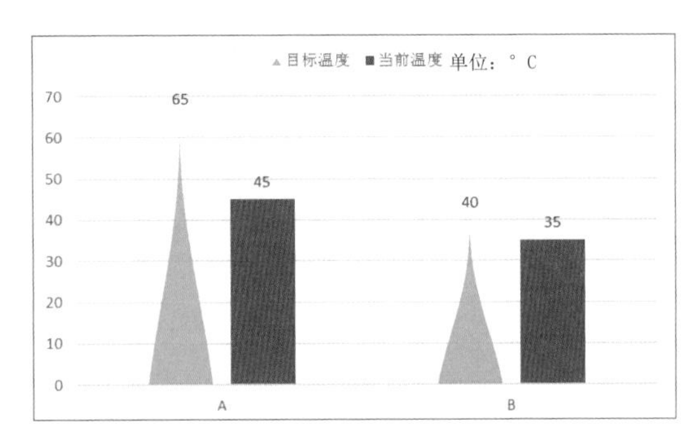

❷ 重复步骤❶的操作，将红色柱形条进行个性图形填充，设置【系列重叠】为“40%”，【间隙宽度】为“0%”，即可完成个性化填充图表的操作，最终效果如下图所示。

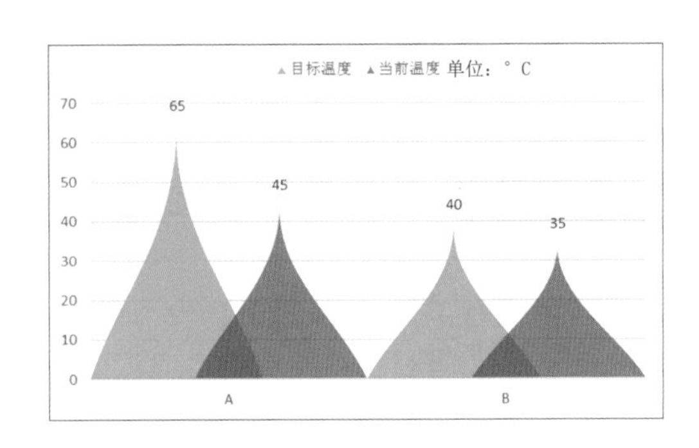

【图表分析】

异形图主要作用是进行数据对比，可在数据维度不多的情况下使用。此外，还可以自定义使用其他的个性化形状。

管 理　拓展案例 部门人数

某公司由于内部改制，需对各个分公司人数进行统计，统计数据如下图表格所示。

公司名称	人数（人）
上海分公司	800
北京分公司	600
广州分公司	400
成都分公司	160
武汉分公司	140
郑州分公司	60

员工小李根据整理后的数据制作出了簇状条形图，如下图所示。

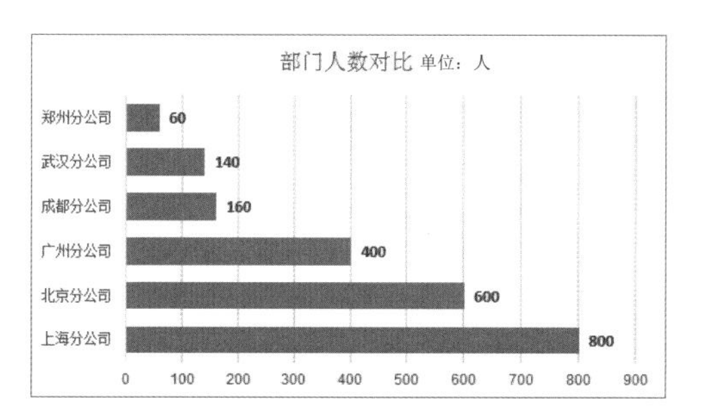

领导看后，觉得普通的柱形图不够形象，也缺乏个性，于是对其进行了改进，利用个性化异形图填充，做出了如下图所示的效果。

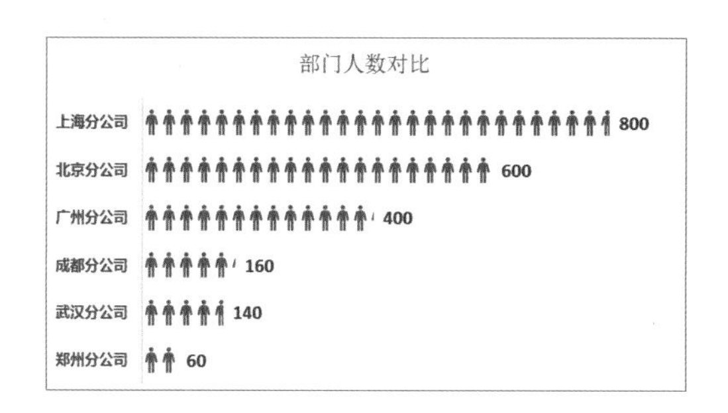

第一步 创建图表

打开素材文件，选中数据表格中的数据，插入簇状条形图，选中【坐标轴选项】的【逆序类别】复选框，添加数据标签，并调整标签位置，效果如下图所示。

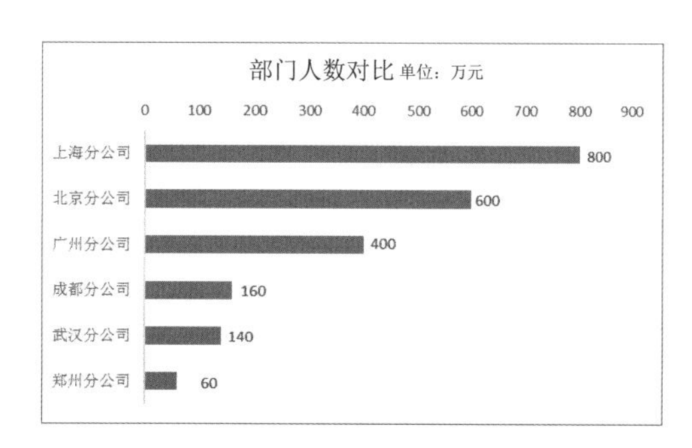

第二步 创建个性化图表效果

❶ 复制素材文件中的个性异形图，选中数据系列，在【设置数据系列格式】窗格中，选中【填充】中的【图片或纹理填充】单选按钮，并选择【图片源】中的【剪贴板】选项。

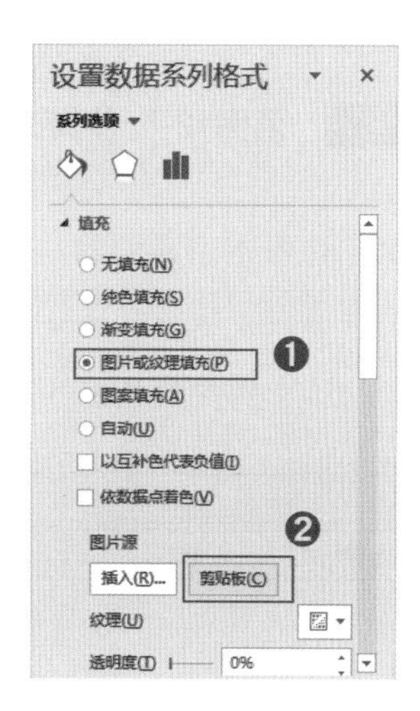

❷ 设置【系列重叠】为“0%”,【间隙宽度】为62%，如下图所示，其最终效果如右图所示。

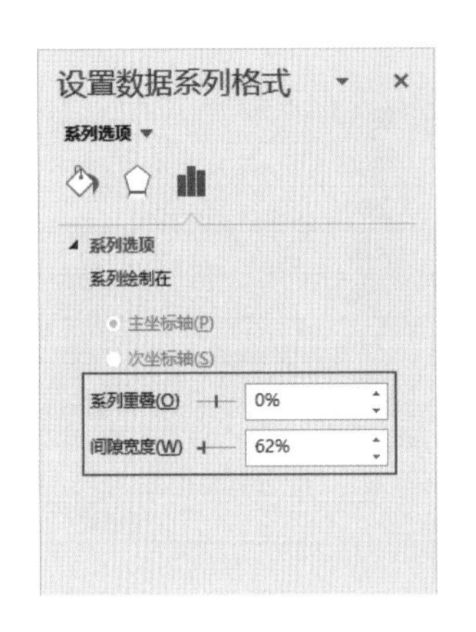

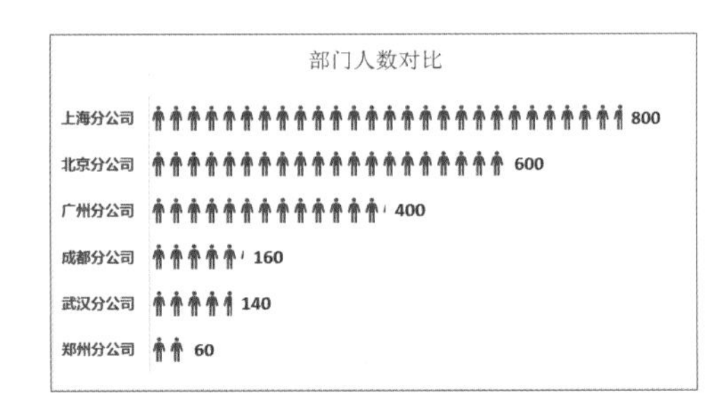

【图表分析】

异形图填充时要注意，在设置【系列重叠】和【间隙宽度】时，不要过于紧密或松散，可根据单击微调按钮逐步调整。

12.5 个性化标签提升图表亲和力

由于Excel中自带的图表统计分析功能都相对较为直接，形象性和亲和力均不够直观，特别是在商务图表的处理上尤为明显。因此，利用个性化的标签来提升图表亲和力是一种较为实用的技巧。

案例名称	旅游交通工具选择
素材文件	素材\ch12\12.5.xlsx
结果文件	结果\ch12\12.5.xlsx

民 生　范例12-5 旅游交通工具选择

某交通部门想对本市人们的日常出行交通工具的选择情况进行调研，特对近一年来的出行交通工具选择情况进行了统计。为了让统计结果更加直观形象，对数据进行了可视化处理，利用柱形图进行表达，具体效果如下图所示。

	轿车	飞机	公交	轮船	摩托
旅游选择	44%	30%	15%	8%	7%

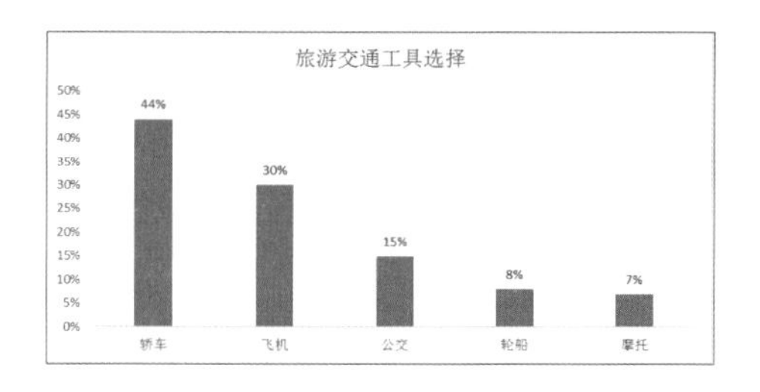

柱形图虽然能够较直观表示本市交通工具选择情况，但图形效果缺乏形象和亲和力，因此，又进行了改进，利用个性化的标签提升图表的亲和力，最终效果如下图所示。

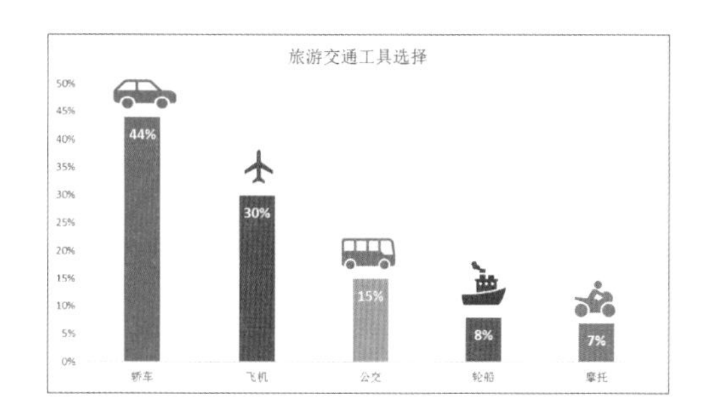

第一步　创建柱形图

❶ 打开素材文件，选中数据源表格，插入柱形图，在数据系列上右击，在弹出的快捷菜单中选择【添加数据标签】选项，添加数据标签后的效果如下图所示。

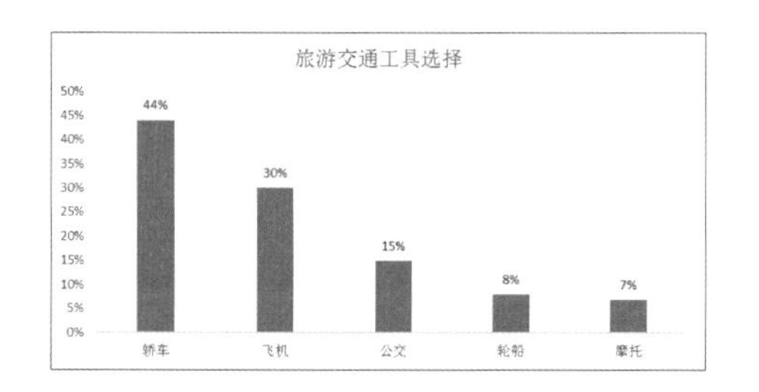

❷ 双击数据标签中的数值，打开【设置数据标签格式】窗格，设置【标签位置】为“数据标签内”，更改其【文本颜色】为“白色”，根据需要调整数据系列的颜色，效果如下图所示。

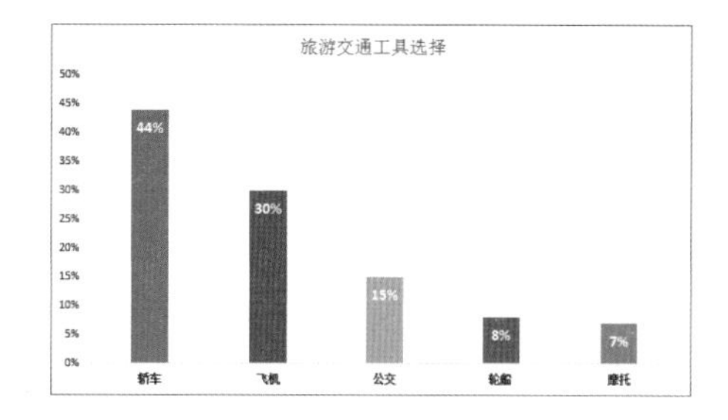

第二步　创建个性化标签

❶ 选择【插入】→【插图】→【图标】选项，打开【插入图标】对话框，选择要插入的交通工具图标，单击【插入】按钮。

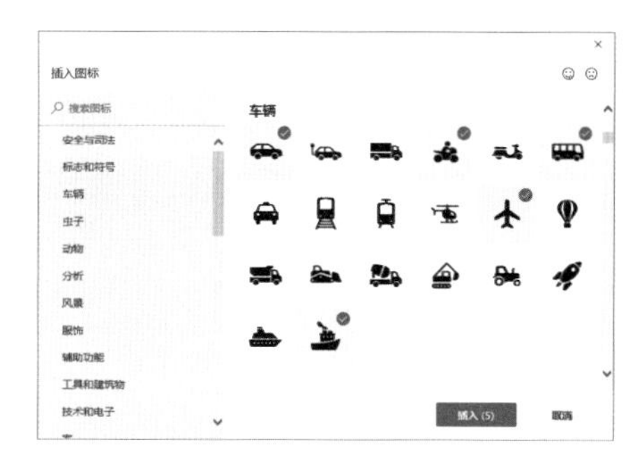

❷ 在对应数据系列上粘贴交通工具图标，调整至合适大小，并更改图标颜色，最终效果如下图所示。

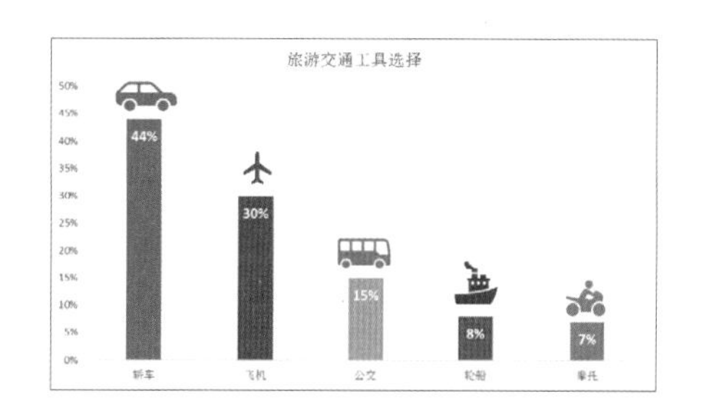

【图表分析】

可以直接在数据标签中用图标填充，然后在【设置数据标签格式】的【文本选项】中，设置数据标签字体的大小、颜色，以及调整文本框上、下、左、右边距。对于商务图表，设置需要醒目，以提升亲和力为主，常使用汽车、苹果、图书、咖啡、企业图表、动物等图标。

拓展案例 索赔率达标

某保险公司今年上半年的索赔率、目标索赔率、预警线数据统计如下图所示。

	1月	2月	3月	4月	5月	6月
索赔率	1.2%	1.3%	0.8%	0.6%	0.9%	1.2%
目标	1.0%	1.0%	1.0%	1.0%	1.0%	1.0%
预警线	1.1%	1.1%	1.1%	1.1%	1.1%	1.1%

为了进一步直观分析上半年的索赔情况，特制作索赔率达标情况柱形统计图，如下图所示。

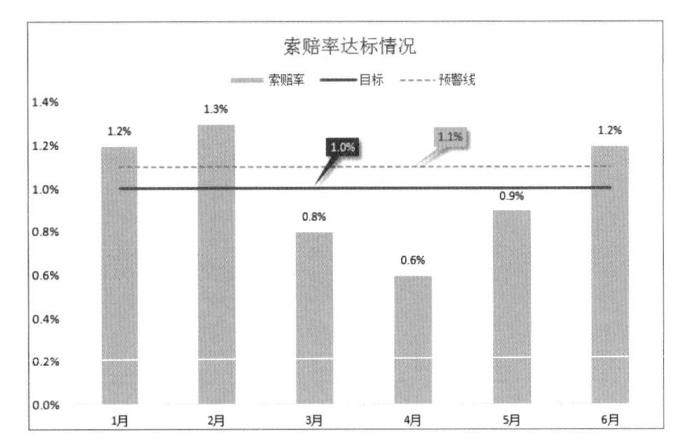

上述索赔率达标情况柱形统计图能够反映索赔率、目标、预警线三者之间的差异，但是上图中由于数据标签过多导致图形较杂乱，不利于直观的阅读分析，于是可利用个性化的标签来提升图表亲和力，其具体操作步骤如下。

第一步 创建图表

❶ 打开素材文件，选中数据源表格，插入簇状柱形图-折线图组合图，并分别设置【目标】、【预警线】栏为“折线图”，单击【确定】按钮，如右图所示。

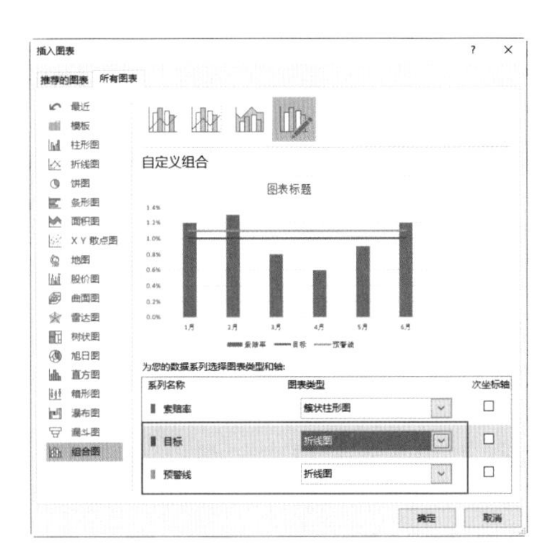

❷ 创建图表后，调整图表位置，更改预

警线的【短划线类型】为“虚线”，效果如下图所示。

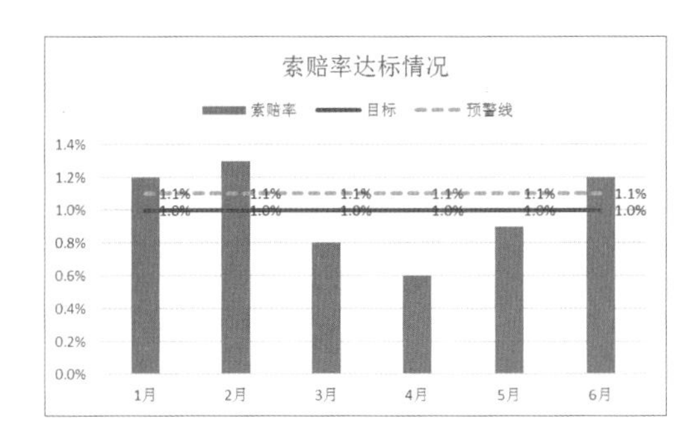

第二步 修改标签

❶ 更改数据系列颜色，并删除折线图系列的数据标签，效果如下图所示。

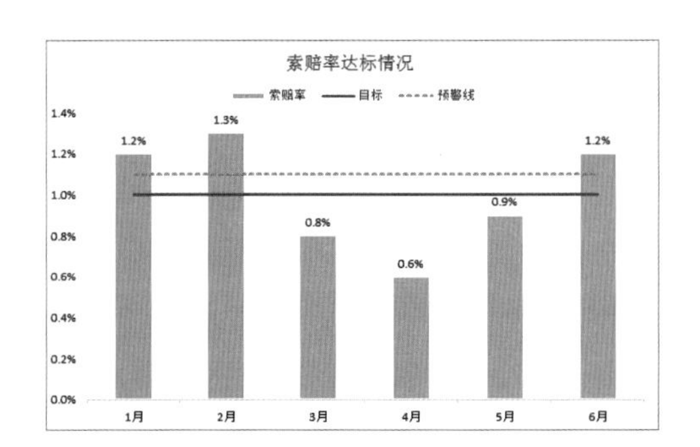

❷ 选中“目标”折线图上的一个数据点并右击，选择【添加数据标签】选项，再次右击数据标签，选择【更改数据标签形状】下的“对话气泡：矩形”选项，如下图所示。

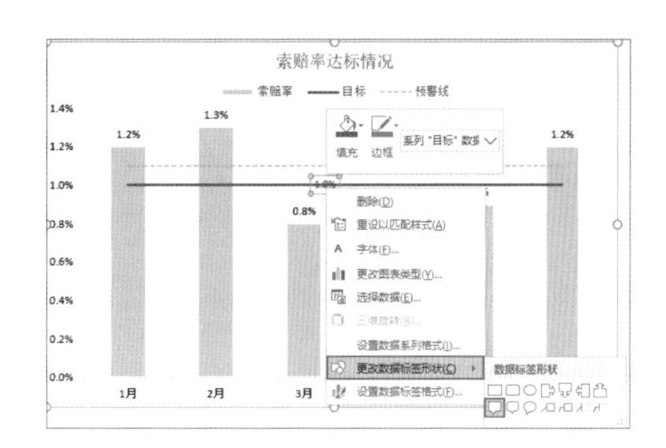

❸ 调整数据标签的位置，并修改填充色，使用同样的方法为“预警线”添加数据标签，最终效果如下图所示。

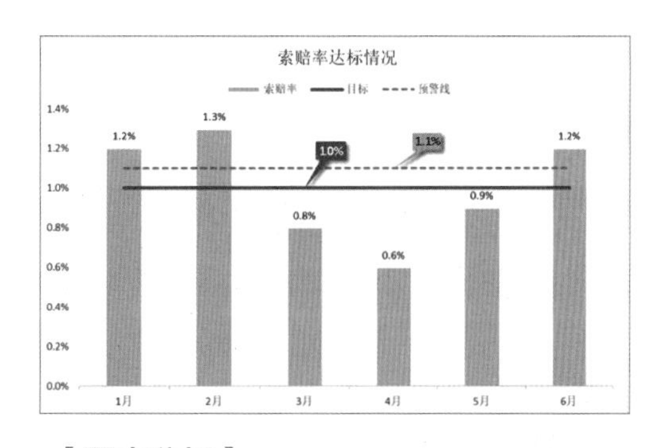

【图表分析】

修改标签的形状、添加Logo、图形填充等，需要根据场景、环境的情况来确定。

12.6 以个性化的背景彰显个性

个性化背景的恰当使用会使文案数据在表达时事半功倍，本节主要讲述个性化背景在真实案例中的用法。

案例名称	能力评价
素材文件	素材 \ch12\12.6.xlsx
结果文件	结果 \ch12\12.6.xlsx

教育　范例12-6 能力评价

某学习评价单位需对学生的各项学习能力进行综合评价，现将学生小李的各项能力进行统计，其具体数据如下图所示。

能力项	分值
观察力	3
空间力	5
推理力	3
创造力	2
计算力	1
记忆力	1

为了更为直观表达各项数据之间的差异，以及各种能力之间的强弱对比，特做出雷达图进行分析，具体效果如下图所示。

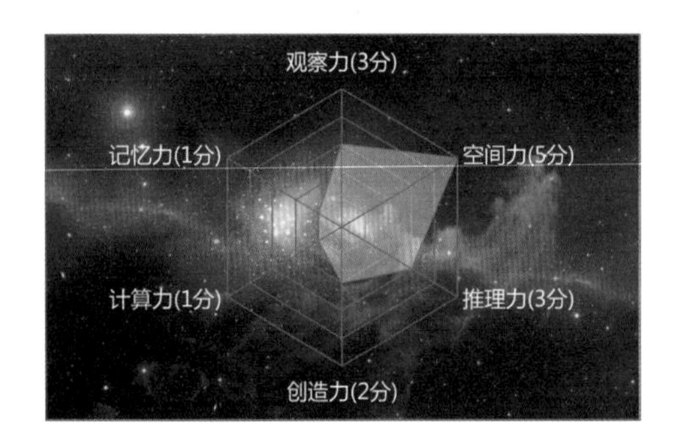

以上雷达图能够直观看出，小李的空间力最强，而推理力与观察力均等，记忆力和计算力均等且为最弱。个性化的背景可以在个性彰显中起到重要作用。

第一步 创建雷达图图表

打开素材文件，选中上述数据源，创建填充雷达图图表，效果如右上图所示。

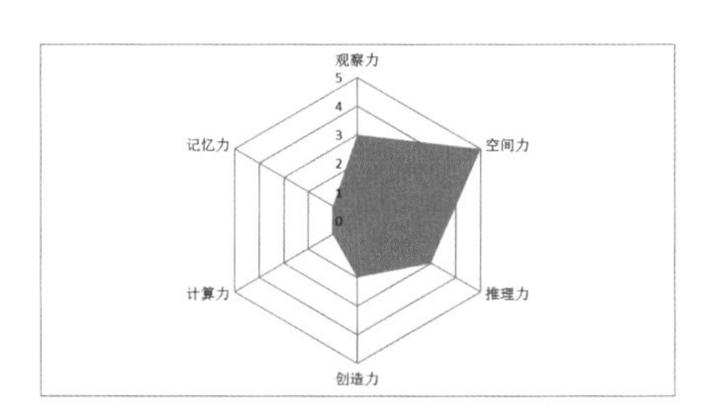

第二步 设置数据标签

❶ 在工作表的H3:H9单元格中输入数据标签，如下图所示。

标签
观察力(3分)
空间力(5分)
推理力(3分)
创造力(2分)
计算力(1分)
记忆力(1分)

❷ 在数据分类标签上右击，选择【选择数据】选项，弹出【选择数据源】对话框，单击【水平（分类）轴标签】中的【编辑】按钮。

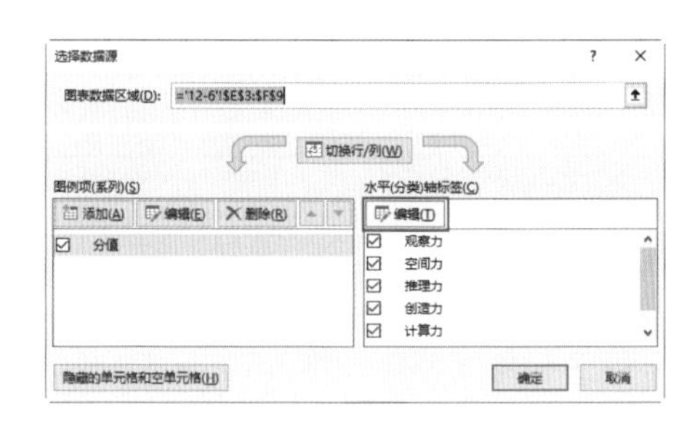

❸ 打开【轴标签】对话框，选中H4:H9单元格区域，单击【确定】按钮如下图所示。

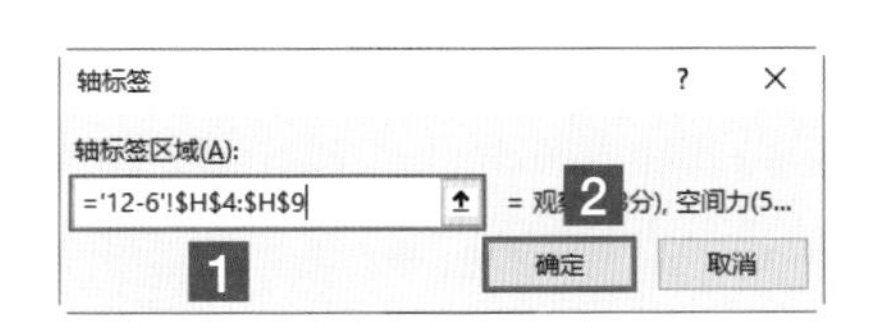

❹ 完成对分类标签轴的设置，效果如下图所示。

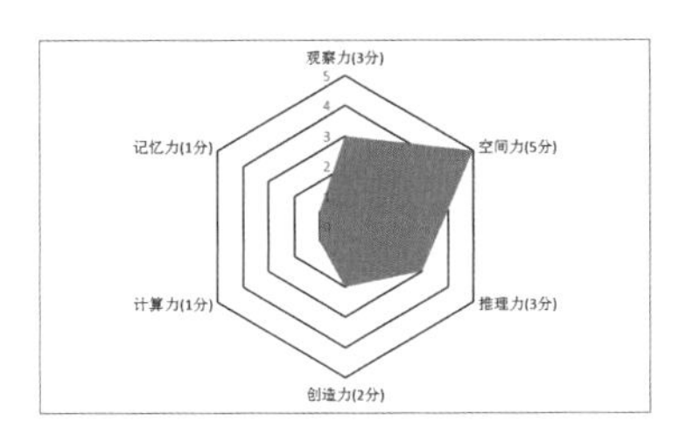

第三步 背景填充

找一张个性化背景图，单击图表，在【设置图表区格式】窗格中，选中【填充】中的【图片或纹理填充】单选按钮，单击【图片源】中的【剪贴板】按钮，并更改图表中的线条颜色，最终效果如下图所示。

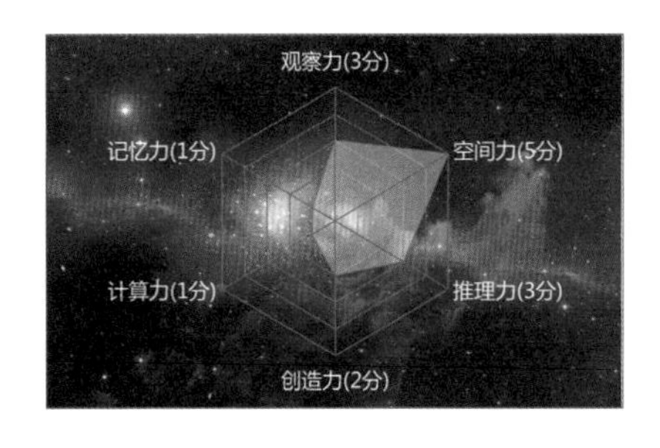

【图表分析】

图片背景可根据图表应用场景、使用环境需要来确定，最终效果要确保图表中的数字清晰。

销 售　拓展案例　供应商评价与选择

某公司为了从以下7家供应商中选出适合自己的供应商，特从各个供应商所能提供商品的品质、价格及产能等角度进行数据统计，统计结果如下图所示。

供应商	品质	价格(元)	产能(吨)
供应商1	3	8	300
供应商2	2	3	800
供应商3	6	4	230
供应商4	2	6	630
供应商5	8	3	1200
供应商6	6	8	600
供应商7	8	9	385

为了能让上述数据较直观展现各个供应商的能力，可以使用气泡图对其进行表示，效果如下图所示。

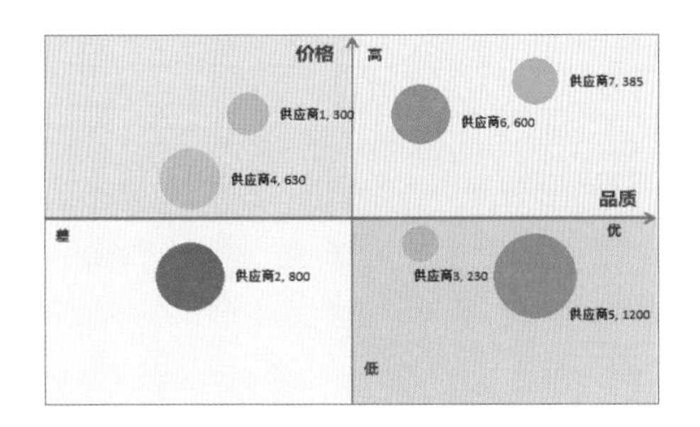

效果图直观明了，其中价格和品质的高低显而易见，特别是进行象限划分后，能够直接找出最优的供应商。

操作步骤

❶ 选中数据源，插入气泡图，添加数据标签，并更改各个气泡颜色，如下图所示。

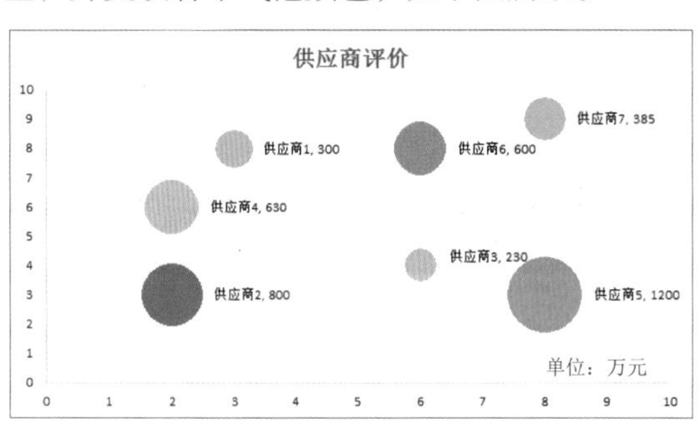

❷ 插入4个矩形形状，调整位置与气泡图图表区对齐，选择4个矩形形状进行组合，复制组合形状，将其填充为图表区背景，最终效果图如下所示。

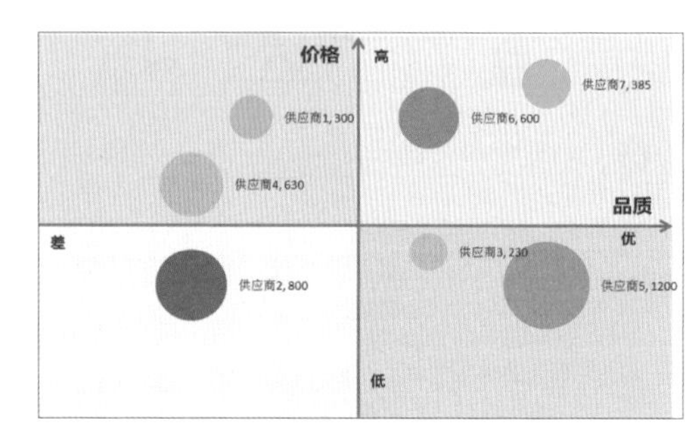

【图表分析】

可以自定义背景图片，提前做好区域规划。本案例还可以用于客户的级别评价、个人综合能力评优、产品销售量与收益贡献等。

12.7 表格内的魅力——微图表

图表作为Excel中重要的数据可视化处理工具，其数据展现力是其他应用所无法比拟的。Excel不仅可以插入普通图表，还可以生成微图表更加直接地反应数据的变化。

12.7.1 条件格式——单元格内多样的微图表

单元格内多样的微图表解决了原数据源中数据单一、不够形象、对比效果差的问题，微图表让数据表格变得更加形象，且对比度高。

案例名称	外贸服装生产商的加工量对比
素材文件	素材 \ch12\12.7.xlsx
结果文件	结果 \ch12\12.7.xlsx

范例12-7 外贸服装生产商的加工量对比

某第三方评价公司现在需要对部分外贸服装生产商的加工量进行评比分析，该公司统计出即将参评的外贸服装生产商的入库数量，具体数据如下图所示。

生产商	入库数量(件)
安科	2353
欣力	1204
天利	939
大祥	1507
金平	157
辰翔	1210
东牧	341
恒通	476

由于表格中的内容全部为数据看起来不够形象直观，为了使上图表格能更为直观地看出各个外贸生产商入库数量的大小情况，可以采用条件格式即单元格内多样的微图表技巧对上述数据源进行改进，改进后的效果如下图所示。

生产商	入库数量(件)
安科	2353
大祥	1507
辰翔	1210
欣力	1204
天利	939
恒通	476
东牧	341
金平	157

改进后的数据表格不仅数据清晰明了，而且各个生产商的入库数量高低一目了然，达到了公司数据分析的要求。

第一步 整理数据

打开素材文件，将源数据按照入库数量降序排序，效果如下图所示。

生产商	入库数量(件)
安科	2353
大祥	1507
辰翔	1210
欣力	1204
天利	939
恒通	476
东牧	341
金平	157

第二步 创建微图表

❶ 选中数据源的D3:D10单元格区域，选择【开始】→【样式】→【条件格式】→【数据条】→【红色数据条】选项。

❷ 执行上步操作后，即可看到添加条件格式后的效果，如下图所示。

生产商	入库数量(件)
安科	2353
大祥	1507
辰翔	1210
欣力	1204
天利	939
恒通	476
东牧	341
金平	157

第三步 使用条件格式编辑微图表

❶ 选中D3:D10单元格区域，选择【开始】→【样式】→【条件格式】→【管理规则】选项，打开【条件格式规则管理器】对话框，单击【编辑规则】按钮，如下图所示。

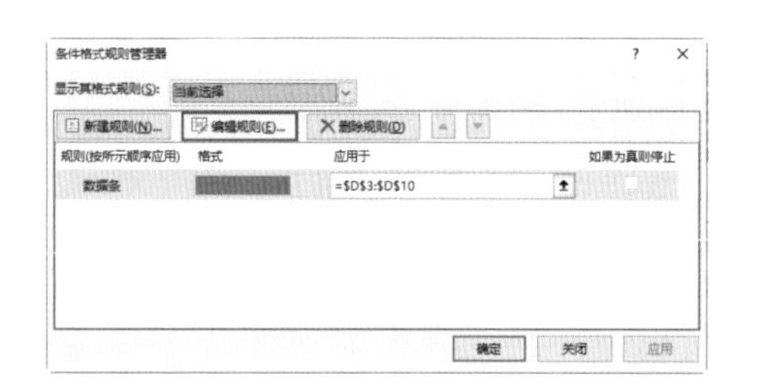

❷ 弹出【编辑格式规则】对话框，在【类型】区域设置【最小值】为“数字”，【最大值】为“数字”，在【值】区域设置【最小值】为“0”，【最大值】为“4000”，单击【确定】按钮，如下图所示。

❸ 执行上述操作后即可看到使用条件格式制作出的微图表效果，如下图所示。

生产商	入库数量（件）
安科	2353
大祥	1507
辰翔	1210
欣力	1204
天利	939
恒通	476
东牧	341
金平	157

【图表分析】

快速地应用数据透视或排序进行数据单元格可视化时，可以选择实心或渐变，或自定义。

生产 拓展案例 每天产量晴雨表

某公司对本季度前5周内每天的产量进行了统计，具体数据如下图所示。由于表格中全部为数据，导致统计结果不形象且找不出问题点。

单位：吨

	星期1	星期2	星期3	星期4	星期5	星期6	星期7
第1周	99	118	87	86	88	102	98
第2周	111	81	87	95	110	98	98
第3周	103	117	95	86	92	113	112
第4周	114	117	120	103	87	105	105
第5周	111	96	108	86	99	83	104

针对以上问题提出了利用条件格式中的色阶，即用颜色进行数据区分，以快速找出问题点。

利用条件格式中的色阶来解决上述问题的具体步骤如下。选中数据，选择【开始】→【样式】→【条件格式】→【色阶】→【红-白-绿色阶】选项，最终得到的效果如下图所示。

	星期1	星期2	星期3	星期4	星期5	星期6	星期7
第1周	99	118	87	86	88	102	98
第2周	111	81	87	95	110	98	98
第3周	103	117	95	86	92	113	112
第4周	114	117	120	103	87	105	105
第5周	111	96	108	86	99	83	104

【图表分析】

快速地应用数据透视或排序进行数据单元格可视化时，可以选择颜色差异或同色系浓淡差异，或自定义。

销 售　拓展案例　业绩对比

某公司对去年和今年各区域代理的销售额进行了统计，得到如下统计表。此表虽能够得到近两年销售额的增长情况，但是数据不够直观明了，不能形象地表达正负项与持平。

单位：吨

区域	去年	今年	同比
A1 区域	213	231	8%
A2 区域	225	226	0%
A3 区域	233	228	-2%
A4 区域	209	220	5%
A5 区域	204	206	1%
A6 区域	229	209	-9%

针对以上问题，可以使用条件格式中的图标集来解决。

使用条件格式中的图标集的具体步骤如下。

选中“同比”一列的数据源，然后选择【开始】→【样式】→【条件格式】→【图标集】→【三向箭头】选项，得到的图表效果如下图所示。

	去年(吨)	今年(吨)	同比
A1区域	213	231	8%
A2区域	225	226	0%
A3区域	233	228	-2%
A4区域	209	220	5%
A5区域	204	206	1%
A6区域	229	209	-9%

【图表分析】

可根据场景自行调整方向、形状、标记、等级等。

12.7.2 迷你图——从单元格里看趋势

公司的销售部门在进行月销量统计时往往会先统计出数据源表格，虽然此表格能够看出各个月的销售量，但无法分析各个月的增长变化趋势，使阅读分析时费时费力，效率不高。因此，在单元格内创建迷你图不仅无须另外做图，而且对比明显，走势清晰，是一种较好的解决办法。

案例名称	房地产财务分析
素材文件	素材 \ch12\12.8.xlsx
结果文件	结果 \ch12\12.8.xlsx

范例12-8 房地产财务分析

某房地产公司预对第一季度各类户型销售量及毛利情况进行数据分析，具体统计结果如下图所示。

单位：套

销售				
户型	1月	2月	3月	4月
别墅	8	12	6	22
联排	12	16	8	32
小院	7	12	4	12
洋房	9	11	12	5

毛利				
户型	1月	2月	3月	4月
别墅	1	1.5	1	1.6
联排	0.5	-0.3	-0.6	1
小院	1	0.5	0.8	0.7
洋房	2	3	2	4

以上销售与毛利数据虽然比较完善，但销售不能直观表达变化趋势，毛利也不能直观表达正负关系。员工小李针对以上问题提出利用迷你图进行解决。

第一步 为销售表创建迷你图

❶ 选中要创建迷你图的单元格，选择【插入】→【迷你图】→【折线】选项，如下图所示。

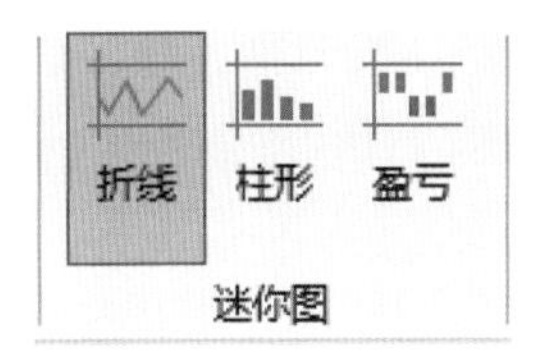

❷ 在弹出的【创建迷你图】对话框中，设置【数据范围】为C5：F5，即别墅1~4月的所有销售数据，单击【确定】按钮，如下图所示。

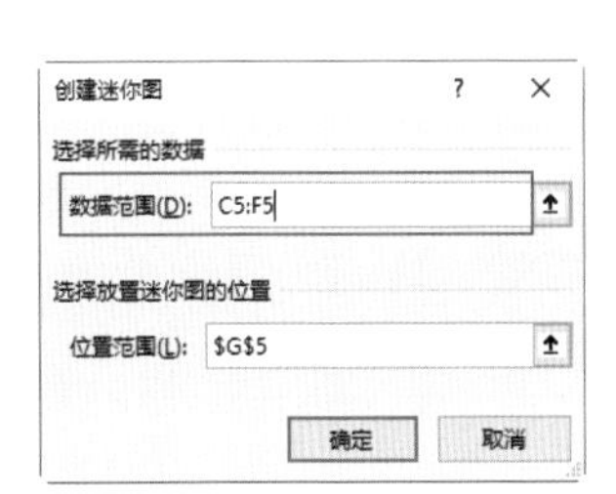

❸ 完成别墅迷你图的创建后，向下填充至洋房所在行，最终效果如右上图所示。

	销售				单位：套
户型	1月	2月	3月	4月	迷你图
别墅	8	12	6	22	
联排	12	16	8	32	
小院	7	12	4	12	
洋房	9	11	12	5	

第二步 为毛利表创建迷你图

使用同样的方法，选择【盈亏】选项，为毛利表创建迷你图，最终效果如下图所示。

	毛利				单位：套
户型	1月	2月	3月	4月	迷你图
别墅	1	1.5	1	1.6	
联排	0.5	-0.3	-0.6	1	
小院	1	0.5	0.8	0.7	
洋房	2	3	2	4	

【图表分析】

数据不多时，可从明细中看到趋势；数据多时，可直观看到收益正负情况，都不需要大动干戈做图，直接使用迷你图即可。

12.7.3 REPT函数——制作个性化微图表

REPT函数是Office办公软件Excel中的一种函数，其作用是可以按照定义的次数重复显示文本，相当于复制文本。

1. REPT函数的含义

REPT函数表示一次性输入多个重复的相同符号。

2. REPT函数的语法格式

REPT函数的语法格式如下。

```
=REPT（text，number_times)
=REPT函数格式（“符号”，位数）
```

其中，参数text表示重复出现的文本，参数number_times表示文本重复出现的次数。

案例名称	REPT 函数销售对比
素材文件	素材 \ch12\12.9.xlsx
结果文件	结果 \ch12\12.9.xlsx

销 售　**范例12-9 REPT函数销售对比**

某公司A、B、C、D等4种商品本月的销售数量统计如下图所示，该图表格虽一一列出了4种商品的销售数量，但表格统计往往不够直观，因此，表格内的个性化微图表技巧就显得尤为重要。

名称	数量
A	10
B	20
C	50
D	120

这里采用REPT函数制作个性化微图表，得到的效果如下图所示。

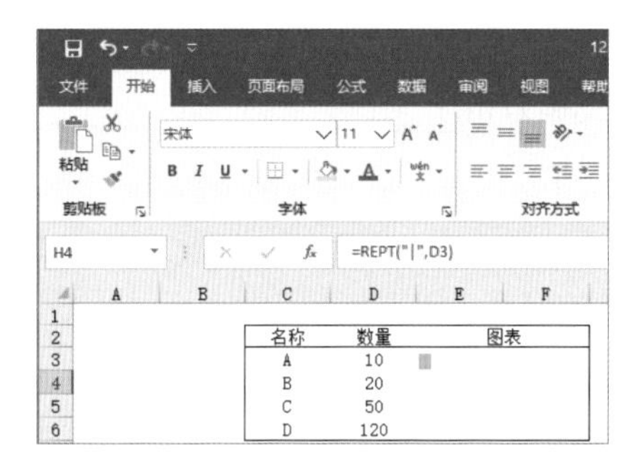

操作步骤

❶ 打开素材文件，选中E3单元格，输入公式“=REPT(“|” ,D3)”，按【Enter】键，设置E3单元格【字体】为“playbill”，【字号】为“11”，【字体颜色】为“黄色”，效果如下图所示。

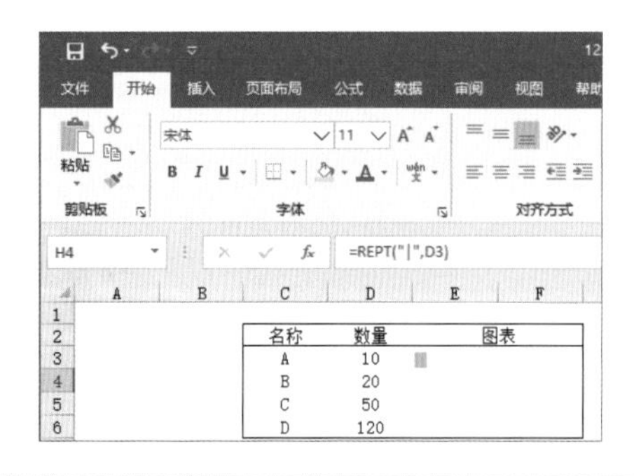

> **Tips** 公式“=REPT(“|” ,D3)”表示重复显示商品数量，即10个竖线。

❷ 填充至E6单元格，更改E5单元格颜色为“黑色”，即可看到使用REPT函数制作的图表效果，如下图所示。

名称	数量(吨)	图表
A	10	
B	20	
C	50	
D	120	

> **Tips** 使用REPT函数制作的图表，可以更改字号、字体大小、字体颜色，以及设置加粗、斜体、添加下划线等，使用不同的字体，显示效果会有差别。如下图所示为使用“Wide Latin”字体制作的图表效果。

名称	数量(吨)	图表
A	2	‖
B	6	||||||
C	8	||||||||
D	12	||||||||||||

【拓展案例】

此外，还可以更换符号，如五角星、正方形、圆形、三角形、数字等符号，使得图表更加个性化。还可以调整图像的位置，如靠左、靠右、居中等，如下图所示。

名称	数量(吨)	图表
A	3	★★★
B	5	★★★★★
C	4	★★★★
D	6	★★★★★★

名称	数量(吨)	图表
A	100	
B	65	
C	50	
D	30	

【图表分析】

通过设置字体、斜体字、下划线等，可以表现出不同的效果，还可以换符号，如五角星、正方形、圆形、三角形、数字等。总之，通过改变字体、符号、位置等可实现不同的效果。

12.8 高手点拨

本章锦上添花的小技巧是对Excel图表应用的进一步提升，特别适合公司生产、销售、管理等领域。

拼接技巧不仅适用于图与图的拼接，也可以是图与线条的拼接，或者是图与表格的拼接；对环形图、堆积图等应用无色填充，可做出想要的效果。当然也适用其他的图形，如云梯图、瀑布图、甘特图、半圆环状图等。

凡是不希望被看见，但在图中又存在的内容，可以通过遮挡的方式来处理。

个性化的填充能让图表看起来更加形象，标签也可以单独用图标填充，然后通过字体大小与属性，调整上下左右边距，使其看起来更形象。

在Excel生成微图表时，能更直接反应数据的变化。

12.9 实战练习

练习 1

打开“素材\ch12\实战练习1.xlsx”文件，将饼图进行二级拆分，按要求得到下图所示结果。

状态	比例
安全	70%
事故	30%

事故	占比
原因 A	10%
原因 B	6%
原因 C	3%
原因 D	2%
原因 E	1%

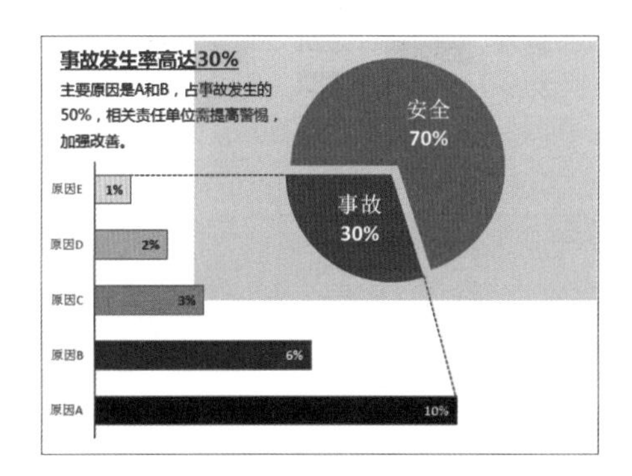

练习 2

打开“素材\ch12\实战练习2.xlsx”文件，某服装销售公司对本月的各类服装销售情况进行了统计，具体数据如下图所示，试利用异形填充技巧制作出个性化柱形图进行对比分析。

类 别	服装销售数（单位：件）
长袖 T 恤	800
短袖 T 恤	600
连衣裙	400
长裤	160
长裙	140

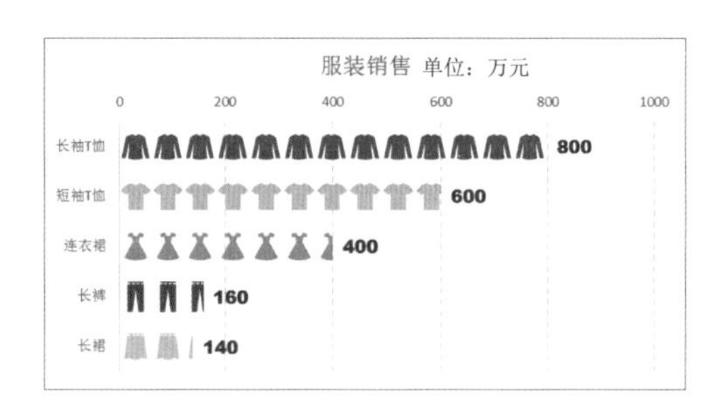

练习 3

打开“素材\ch12\实战练习3.xlsx”文件，某校计算机专业今年入校的新生中男女生人数统计如下表所示。利用微图表技巧做出更为直观的各班男女生人数对比图，你能做出来吗？

班级	男生人数（单位：个）	女生人数（单位：个）
一班	10	10
二班	20	20
三班	45	55
四班	30	30

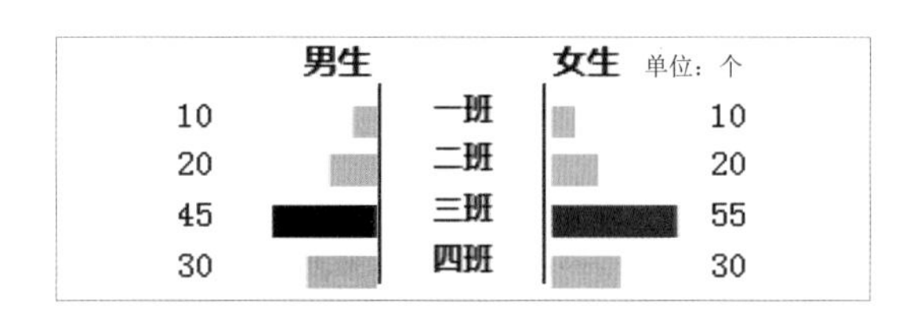

第13章

常见问题及规避技巧

小程毕业后在一家店做服装销售工作。这几年服装店老板凭着自己敏锐的时尚感和亲和力，服装生意蒸蒸日上，于是想在另一条街再开一家分店开拓市场。为了准确定位，他要求来店的顾客从视觉、听觉、触觉、味觉和嗅觉5个方面对服装进行评价，对做出的好评进行一次统计调查活动。小程将调查结果数据收集上来，并整理成下图所示的数据表格。

项目	人数(人)
视觉	28661
听觉	600
触觉	360
味觉	280
嗅觉	240

小程将表格报告上去后，老板看后皱起了眉头。小程担心是自己数据没有整理正确和完整，于是再三检查，确保数据都正确且也没有遗漏。小程不知道怎么办才好，于是向正在某家互联网公司任职的哥哥请教。哥哥看了小程的数据表格后，给小程支了个招：“你啊，在表格前面添加一个图表。图表看起来更直观，老板一定会更喜欢。表格里的数据附在后面就可以了。”

小程听完，恍然大悟。她马上就用柱形图制作了图表，效果如下图所示。

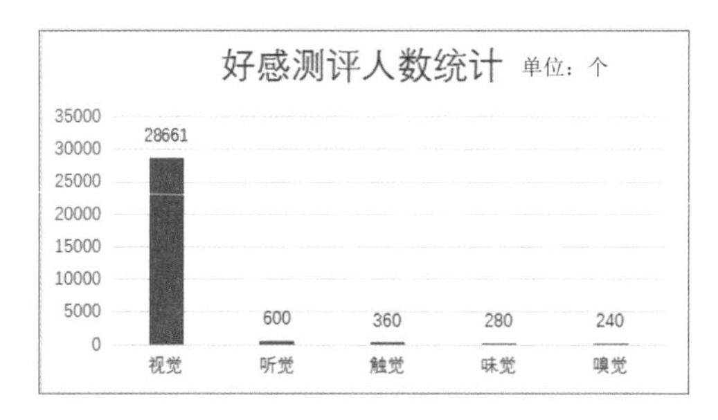

可是这样的图表数据量级差异较大，味觉和嗅觉的好评人数“快要看不见了”。这样的表格交给老板的话，肯定会被退回来的。怎么办呢？小程只好又找到自己的哥哥。哥哥告诉她：“你这数据量级差异太大，可以使用替代的方法减少差异!”听到“替代”两个字，小程立马来了灵感，做出了下图所示的图表。

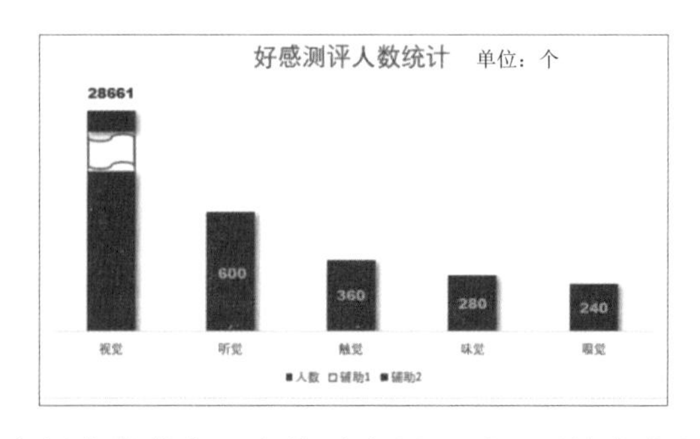

这份报告交上去后，老板非常满意，夸奖了小程，而且还答应小程让她去做新店的店长，负责整个店的销售管理工作。

13.1 如何避免标签过长

在制作图表的过程中，有时会遇到数据标签过长的情况，本节就来介绍如何避免标签过长的操作。

13.1.1 避免条形图标签文字过长

插入的条形图的文字太长就会显示不完整，虽然可以采用简称（缩短名称）的方法让它显示出来，但有时需要把公司的整体状况进行展示时，如果只采用简称打出来就不太合适了。那怎么办呢？下面就来介绍如何避免条形图中标签过长的方法。

案例名称	不同公司年销数量的对比
素材文件	素材 \ch13\13.1.1xlsx
结果文件	结果 \ch13\13.1.1xlsx

范例13-1　不同公司年销数量的对比

对下面左图所示的表格，记录了不同汽车有限公司销售同一品牌汽车一年的销量，年底需要对这几家公司的销售整体情况做一个对比分析，可以借助条形图进行比较，如下图所示。

名称	年销售量（万元）
上海金众汽车有限公司	70271
北京萌田汽车有限公司	45473
湖北亚飞汽车有限公司	31655
陕西科农汽车有限公司	25427
美国云泽客车股份有限公司亚太区总部	16006
苏州天玉客车股份有限公司	15151
山东大海客车有限公司	12554
海亚客车股份有限公司	12517
四川宏科汽车有限公司	8858

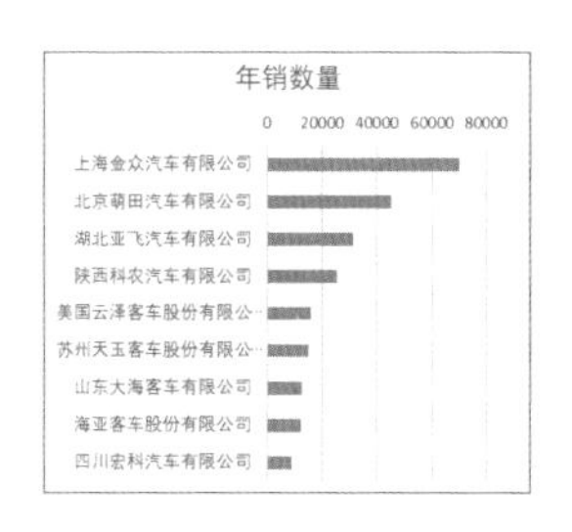

由上图可以看到，“美国云泽客运股份有限公司亚太区总部”这个公司名称在表格中显示不完整，它后边还有很长的一段内容是看不见的。对一个企业来说，老总看见这么一个表达的形式，会认为不够尊重他的企业。这时可以通过增加辅助列做标签的方法避免这类问题。

第一步　修改数据

修改原始表格，在原始数据右侧添加新的系列作为辅助列，修改后的表格如下图所示。

名称	年销数量（万元）	辅助列
上海金众汽车有限公司	70271	70271
北京萌田汽车有限公司	45473	45473
湖北亚飞汽车有限公司	31655	31655
陕西科农汽车有限公司	25427	25427
美国云泽客车股份有限公司亚太区总部	16006	16006
苏州天玉客车股份有限公司	15151	15151
山东大海客车有限公司	12554	12554
海亚客车股份有限公司	12517	12517
四川宏科汽车有限公司	8858	8858

第二步 创建图表

选中修改后的表格，插入条形图，效果如下图所示。

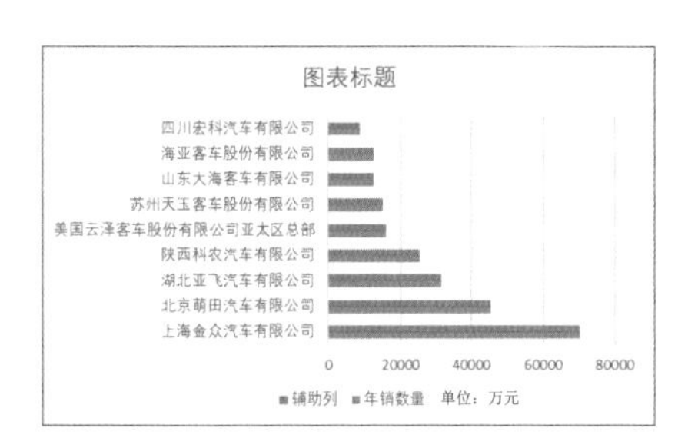

第三步 设置图表

❶ 右击垂直坐标轴，在弹出的快捷菜单中选择【设置坐标轴格式】选项，然后在【设置坐标轴格式】窗格中选择【坐标轴选项】选项，并选中【逆序类别】复选框，如下图所示。

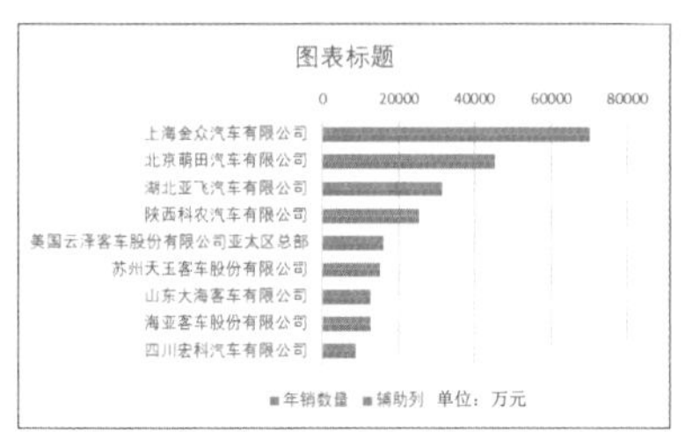

❷ 分别选中坐标轴、图例等项将其删除，得到需要的效果如下图所示。

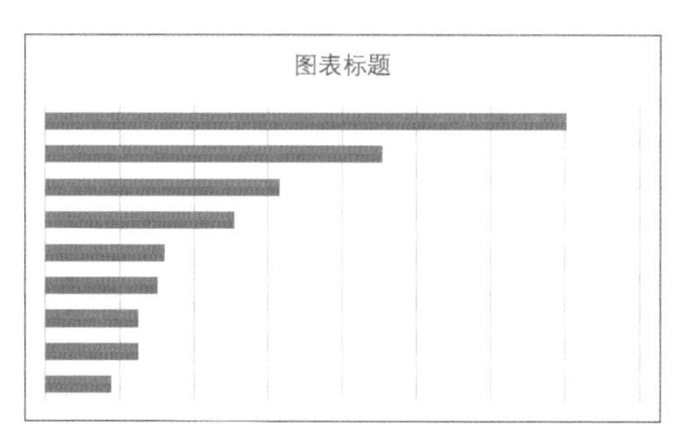

❸ 选中蓝色条形图并右击，在弹出的下拉菜单中选择【添加数据标签】→【添加数据标签】选项，如下图所示。

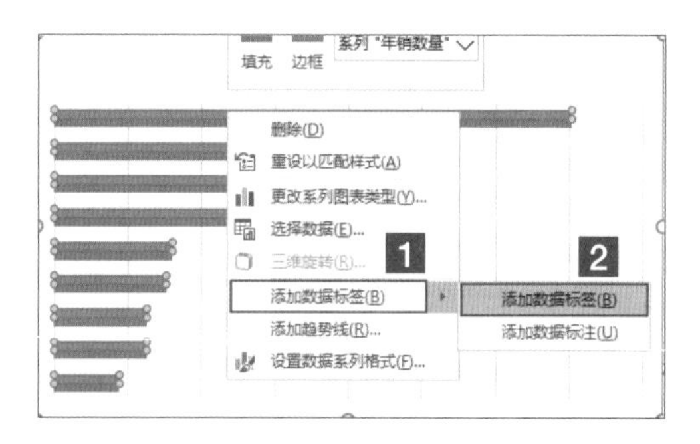

❹ 添加数据标签后的效果，如下图所示。

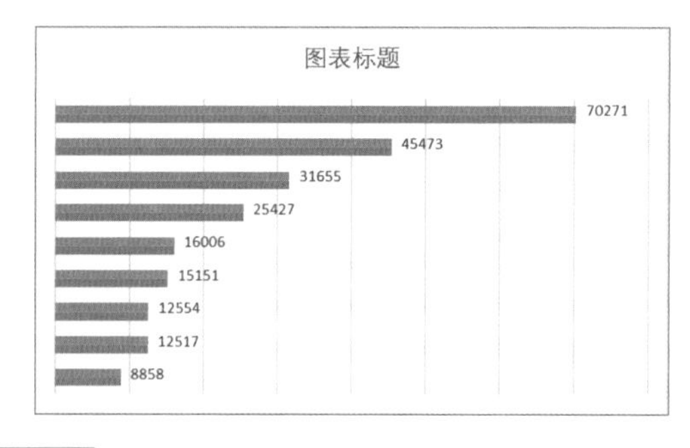

第四步 设置数据标签

❶ 选中数据标签，在【设置数据标签格式】窗格中，在【标签选项】下取消选中【值】复选框，并选中【类别名称】复选框，在【标签位置】区域选中【轴内侧】复选框。在【大小】选项卡中取消选中【形状中的文字自动换行】复选框，如下图所示。

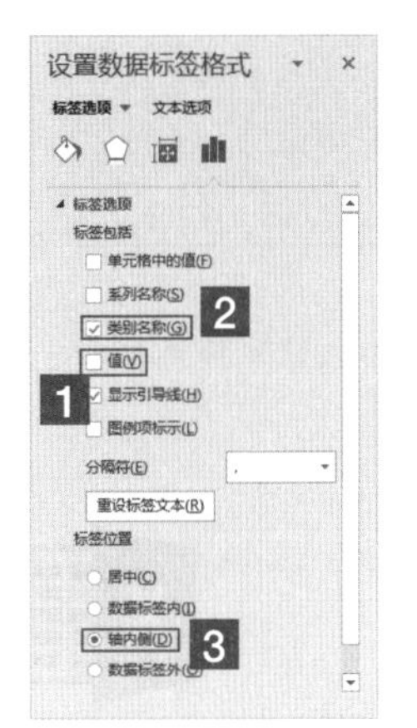

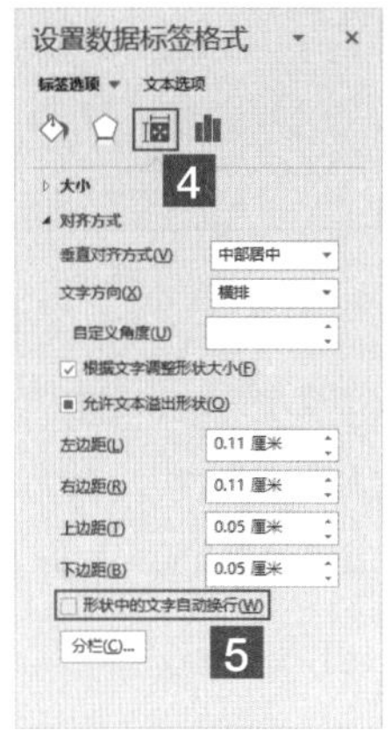

❷ 更改格式后的效果如下图所示。

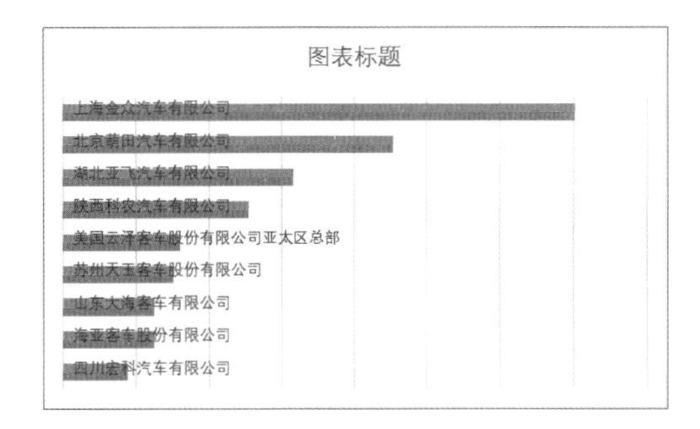

❸ 选中蓝色数据系列，在【设置数据系列格式】对话框中的【填充】选项下选中【无填充】单选按钮，【边框】为“无线条”，并在【设置数据系列格式】对话框的【系列选项】选项中，调整合适的【系列重叠】和【间隙宽度】，如下图所示。

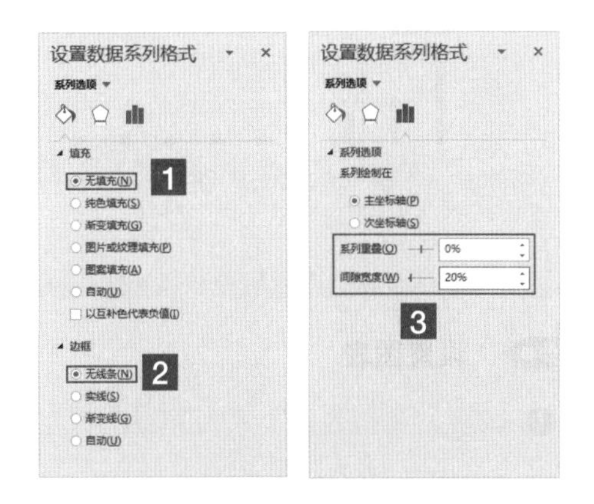

❹ 设置后的效果如右上图所示。

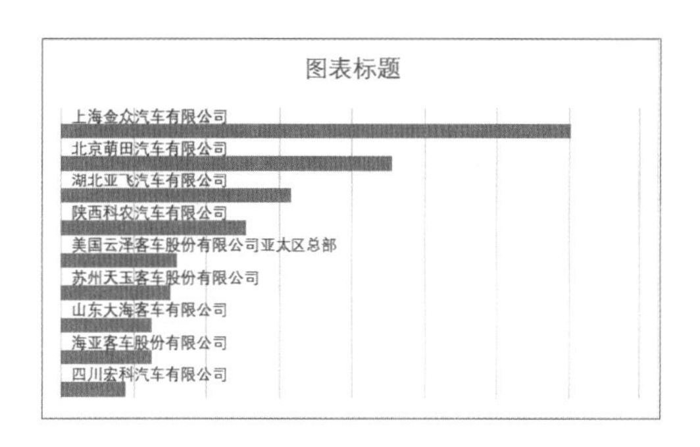

❺ 选择黄色数据系列，为其添加数据标签，并设置【标签位置】为“数据标签内”。

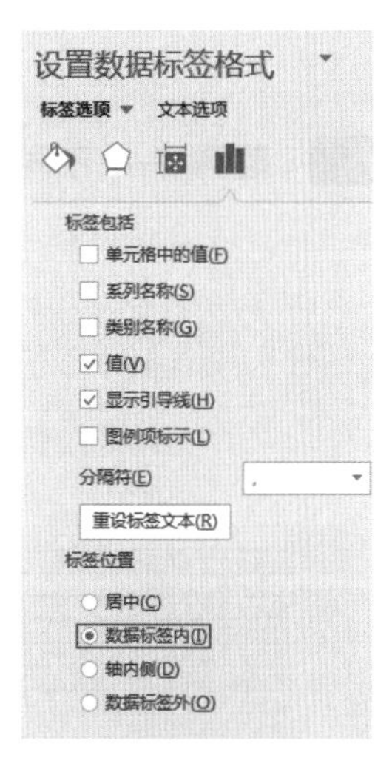

❻ 更改数据标签字体的字号和颜色，并删除网格线，制作完成的效果如下图所示。

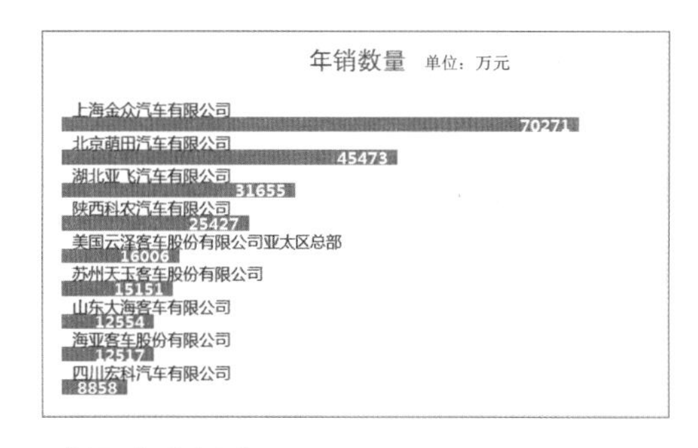

【图表分析】

如果条形图文字过长，在要求不严格的情况下，可根据需要在原条形图中调整字体的大小，但通过添加辅助列的方法绘制条形图会显得更加专业。有时为了凸显某个公司，可以将其标签的颜色和条形图的颜色更改为其他颜色并对应一致。

13.1.2 避免柱形图文字过长

前面介绍的是条形图标签文字过长问题，是横向的一种布局，如果当柱形图标签文字过长时，也可以通过增加辅助列，利用多层标签实现换行的方法来避免这个问题出现。

案例名称	不同公司年销数量的对比
素材文件	素材 \ch13\13.1.2.xlsx
结果文件	结果 \ch13\13.1.2.xlsx

范例13-2 不同公司年销数量的对比

如果用如下左图所示的表格画一个柱形图，会出现横轴标签是斜的情况，这是默认的一种状态，如果对这种状态没有要求，整个布局也是可以的。但如果放置图表的空间不大，在放置图表的过程中需要对图表进行缩放，就会导致图表标签显示不完整，如下右图所示。

名称	年销售量（万元）
上海金众汽车有限公司	70271
北京萌田汽车有限公司	45473
湖北亚飞汽车有限公司	31655
陕西科农汽车有限公司	25427
美国云泽客车股份有限公司亚太区总部	16006
苏州天玉客车股份有限公司	15151
山东大海客车有限公司	12554
海亚客车股份有限公司	12517
四川宏科汽车有限公司	8858

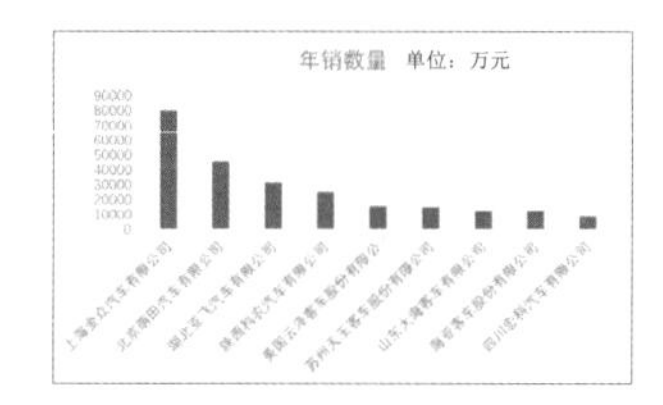

第一步 修改数据

修改数据表，增加空白数据列（橙色部分为增加的数据列），变形后的表格如下图所示。

名称		年销数量（万元）
上海金众汽车有限公司		80271
北京萌田汽车有限公司		45473
湖北亚飞汽车有限公司		31655
陕西科农汽车有限公司		25427
美国云泽客车股份有限公司亚太区总部		16006
苏州天玉客车股份有限公司		15151
山东大海客车有限公司		12554
海亚客车股份有限公司		12517
四川宏科汽车有限公司		9287

第二步 插入图表

选中修改后的所有表格内容，并插入簇状柱形图，效果如下图所示。

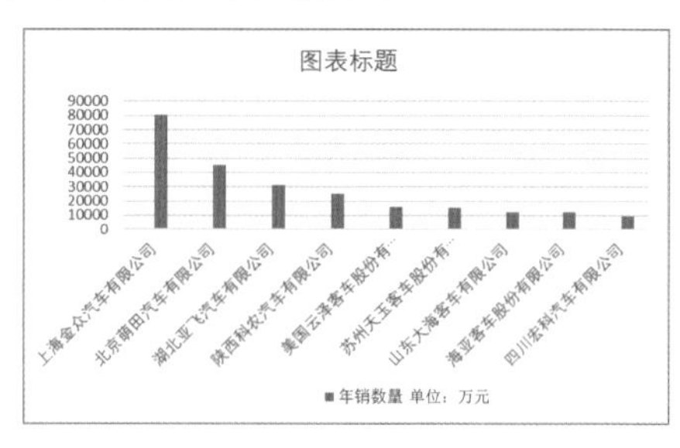

第三步 设置图表

❶ 选中“年销数量”系列并右击，在弹出的快捷菜单中选择【选择数据】选项，如下图所示

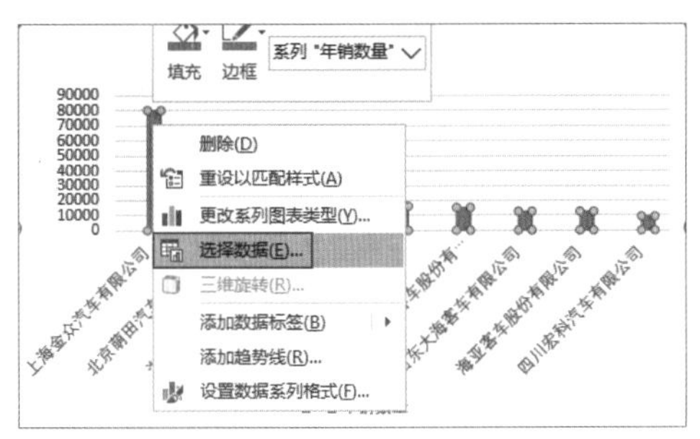
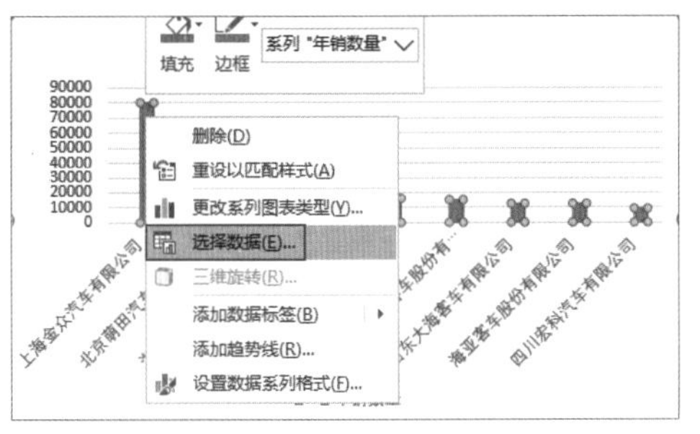

❷ 弹出【选择数据源】对话框，单击【水平（分类）轴标签】下的【编辑】按钮。

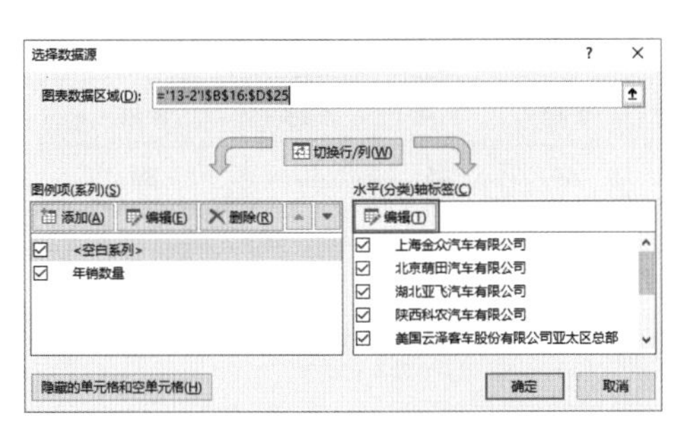

❸ 在弹出的对话框中，选中原标题列及辅助列作为轴标签区域，单击【确定】按钮，如下图所示。

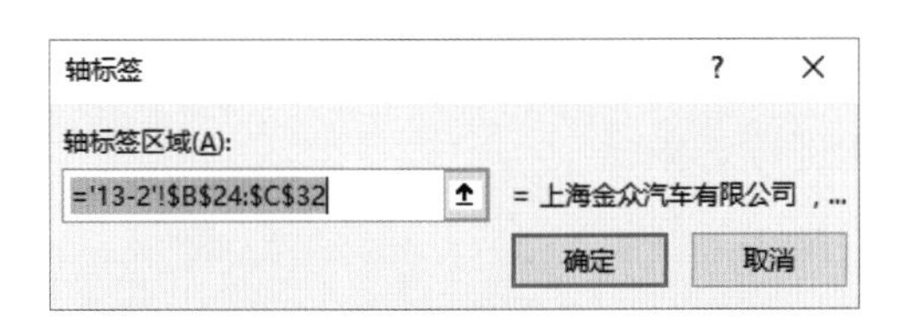

❹ 得到的柱形图效果如下图所示。

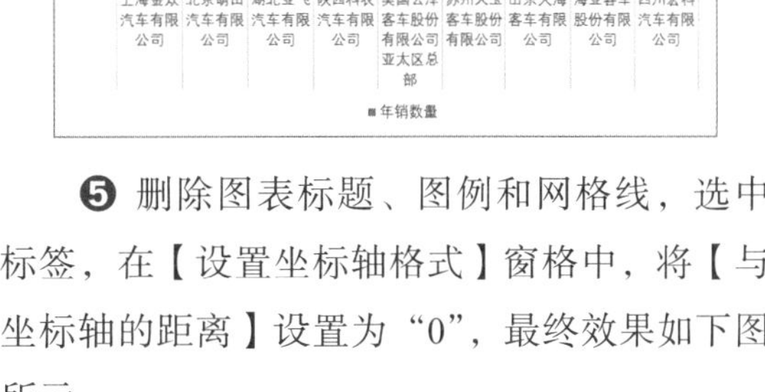

❺ 删除图表标题、图例和网格线，选中标签，在【设置坐标轴格式】窗格中，将【与坐标轴的距离】设置为"0"，最终效果如下图所示。

标签
标签间隔
自动(U)
与坐标轴的距离(D) 0
标签位置(L) 轴旁
多层分类标签(M)

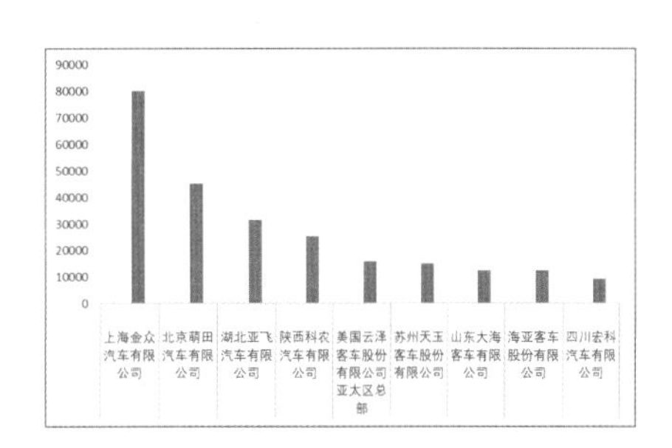

【图表分析】

在多层标签里，还可以应用字体方向旋转、自定义角度等方式来实现。

13.2 折断线图怎么画

在使用折线图进行图形化展示时，通常情况下由表格得到的折线图是连续的，但有时需要将折线图断开进行展示，如在做公司质量管控方面的汇报时，通常以季度来划分，这时就需要绘制折断线图。

案例名称	某设备每季度故障次数对比	
素材文件	素材 \ch13\13.2.xlsx	
结果文件	结果 \ch13\13.2.xlsx	

范例13-3 某设备每季度故障次数对比

某公司新生产一种设备，经过几个月的试用并记录其故障次数，如下图表格所示。现需要对这几个月的故障情况进行分析，通过数据表得到的折线图，如下图折线图所示。

	1月	2月	3月	4月	5月	6月	7月	8月	9月
故障次数	57	54	59	58	48	49	45	40	39

由上图表格得到的折线图是一种连续的状态，如果需要按季度对该设备故障率状况做一个汇报，就可以通过折断线图来实现，还可以加一个面积图进行完善。

第一步 修改数据

修改原表格如下图所示，在不同季度中间添加空列。

	1月	2月	3月		4月	5月	6月		7月	8月	9月
故障次数（次）	57	54	59		58	48	49		45	40	39

第二步 创建折线图图表

选中表格的所有数据创建折线图，效果如下图所示。

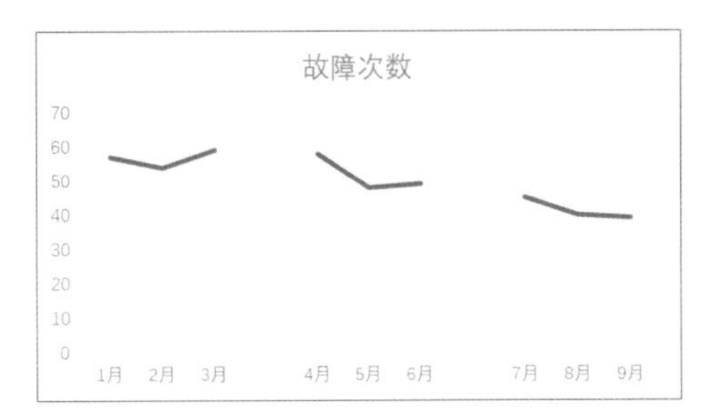

第三步 **设置图表**

❶ 选择创建的折线图系列，按【Ctrl+C】快捷键复制图表，然后按【Ctrl+V】快捷键粘贴，将复制后的折线图更改为面积图，效果如下图所示。

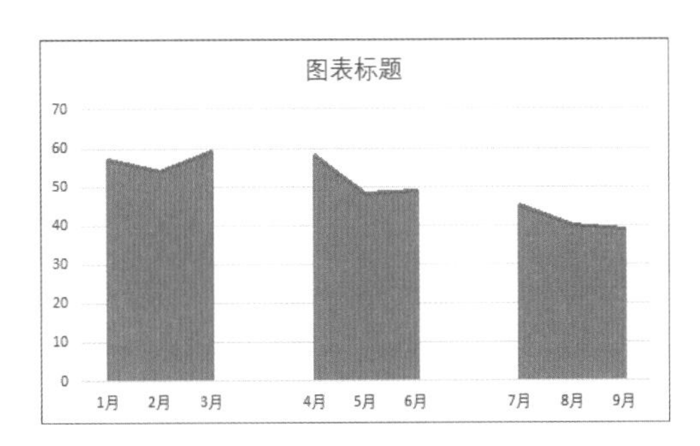

❷ 调整折线图和面积图颜色，如下图所示。

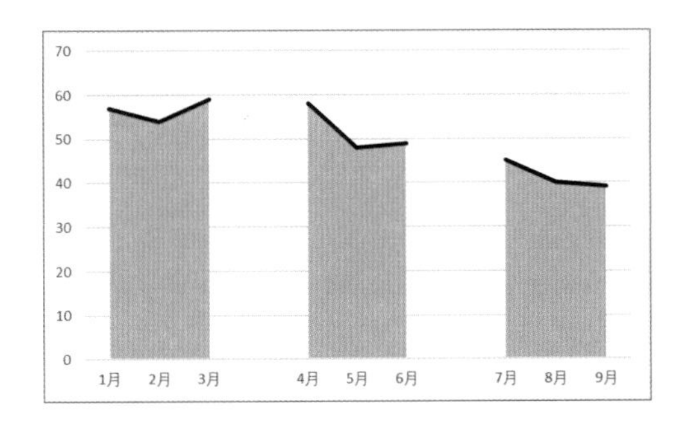

❸ 选中折线图并添加数据标签，然后选中添加的数据标签并右击，在弹出的下拉菜单中选择【设置数据标签格式】选项，弹出【设置数据标签格式】窗格，在【标签选项】下的【标签位置】选项下选中【靠上】单选按钮，如右上图所示。

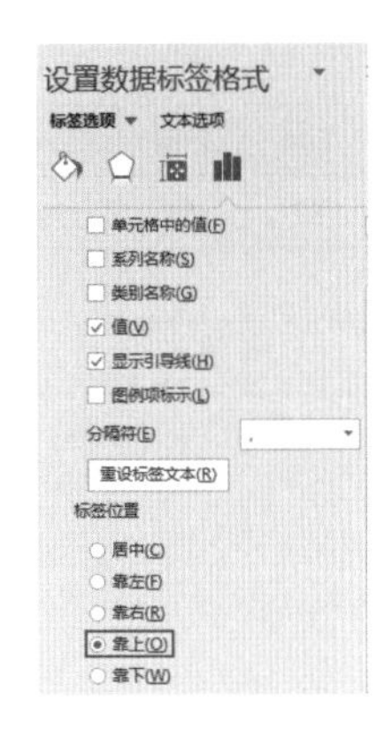

❹ 添加图表标题、调整标签和坐标字体的颜色，最终效果如下图所示。

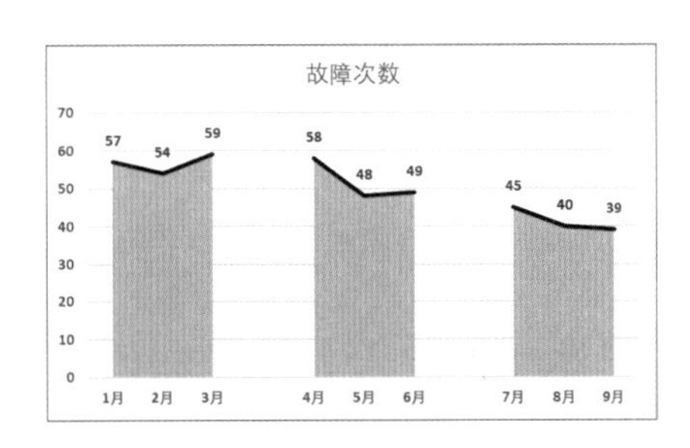

Tips 如果需要线段连起来，则可在源数据表中空白列的故障次数单元格中输入“=NA()”，效果如下图所示。

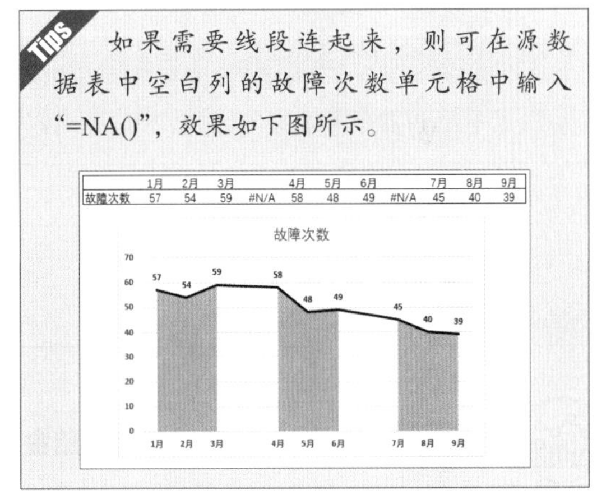

	1月	2月	3月		4月	5月	6月		7月	8月	9月
故障次数	57	54	59	#N/A	58	48	49	#N/A	45	40	39

【案例拓展】

在上面的折线图中，显示的线条颜色是一样的，这是因为这几条折线在同一个维度里，如果需要线条显示不同的颜色，可以改变数据源的表格结构，然后通过改变【填充与线条】选项中的线条【颜色】选项来实现，更改数据结构后的效果如下图所示。

单位：次

	1月	2月	3月		4月	5月	6月		7月	8月	9月
1季度	57	54	59								
2季度					58	48	49				
3季度									45	40	39

更改数据结构后，插入折线图，就可以得到显示不同颜色的折断图，如下图所示。

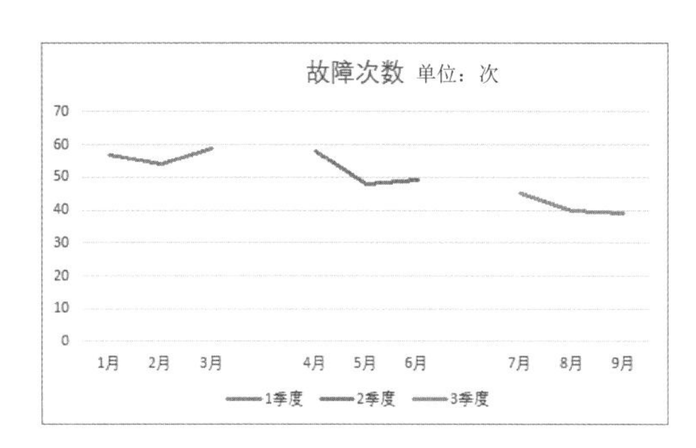

13.3 数据点少如何制作圆滑的过渡线

制作折线图时，折线通常是有棱角的。当数据量大时，折线图可以以平滑的形式展示出来，容易做出平滑过渡的趋势。但数据少时，可以通过调整平滑线的方式制作一个圆滑的过渡线。

案例名称	索赔率与索赔金额的对比
素材文件	素材\ch13\13.3.xlsx
结果文件	结果\ch13\13.3.xlsx

范例13-4 索赔率与索赔金额的对比

如下图所示，这是某个保险公司近半年的索赔率和索赔金额数据表。

	1月	2月	3月	4月	5月	6月
索赔率	1%	3%	7%	3%	2%	1%
索赔金额（万元）	100	200	600	420	120	100

现在需要根据此表格绘制索赔率的正态分布图，如下图所示。

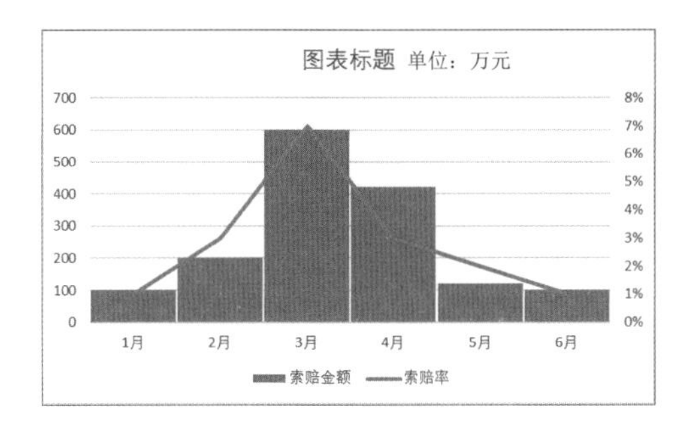

由上图可以看到，由于表格数据量稀少，绘制的折线图没有平滑过渡，为了实现这种平滑过渡的趋势，可以通过调整平滑线的方式制作一个圆滑的过渡线。

第一步 创建图表

❶ 打开素材文件，选中表格，选择【插入】→【图表】→【查看所有图表】选项，打开【插入图表】对话框，选择【组合图】选项，在右侧设置【索赔率】为“折线图”，并选中【次坐标轴】复选框，设置【索赔金额】为“簇状柱形图”，单击【确定】按钮，如下图所示。

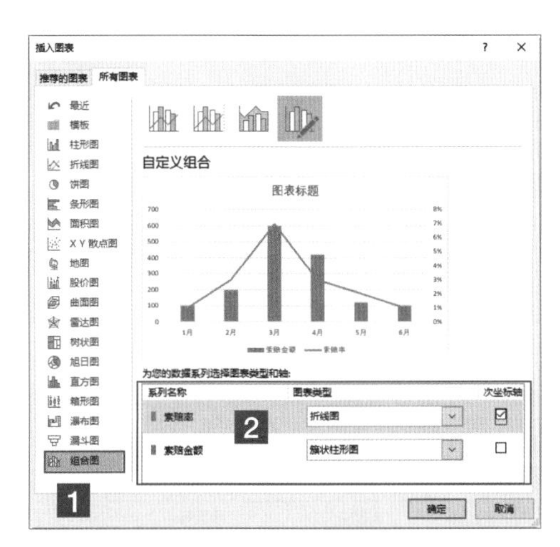

❷ 创建的组合图图表效果如右上图所示。

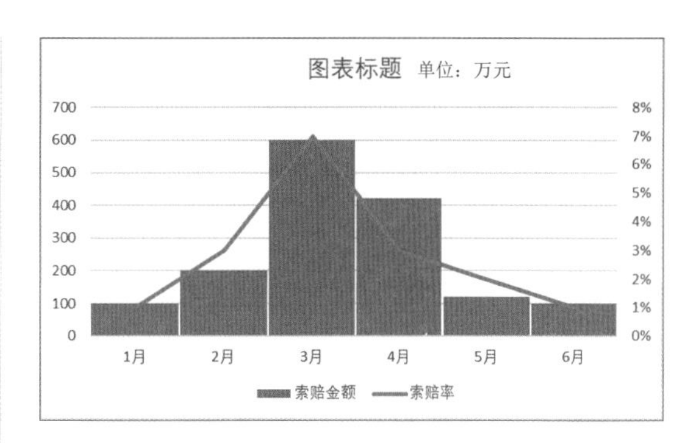

第二步 设置图表

❶ 选中左侧的坐标轴标签，打开【设置坐标轴格式】窗格，选择【坐标轴选项】→【边界】选项，并设置【最大值】改为“900”，如下图所示。

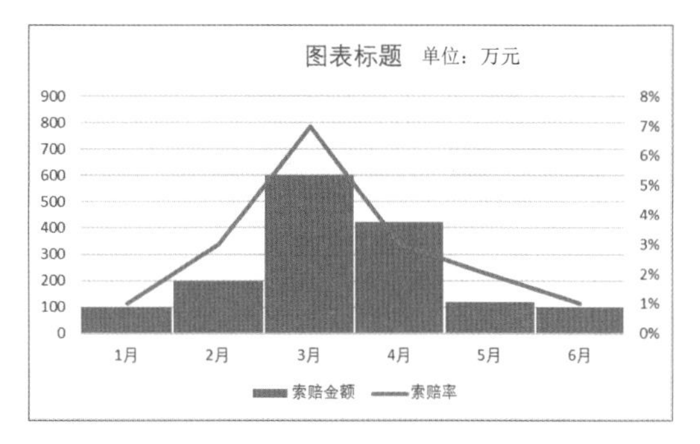

❷ 选中“索赔率”折线数据系列，在【设置数据系列格式】窗格中的【填充与线条】下选中【平滑线】复选框，如下图所示。

❸ 设置图表标题，完成图表的制作，最终效果如右图所示。

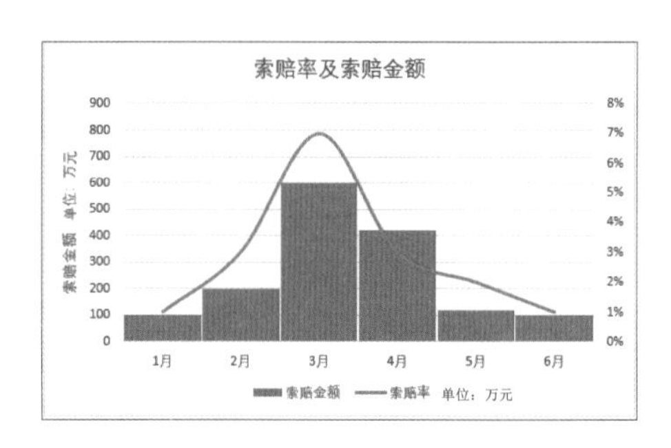

【图表分析】

在数据信息较少时，如果需要让图表有一个圆滑的过渡状态，即需要看到趋势的情况下，可以通过设置平滑线达到目的。

13.4 如何快速套用自定义模板

创建图表时，默认情况下用户只能使用系统内置的模板，但如果对当前的图表样式非常满意，想快速画一个风格一模一样的图表，通常会通过复制图表、移动表格的形式达到目的，但这样做的结果是会改变图形的颜色，不能保持原有风格，如果需要重新调整和修改，效率又会降低，这种情况下可通过自定义模板实现。

案例名称	利润额与利润率的对比
素材文件	素材 \ch13\13.4.xlsx
结果文件	结果 \ch13\13.4.xlsx

销 售　范例13-5 利润额与利润率的对比

某个公司根据近半年销售的利润额和利润率数据，绘制出了利润率与利润额的对比图，如下图所示。

	1月	2月	3月	4月	5月	6月
利润额	200	204	185	168	195	176
利润率	5.0%	5.5%	4.5%	3.0%	4.8%	3.6%

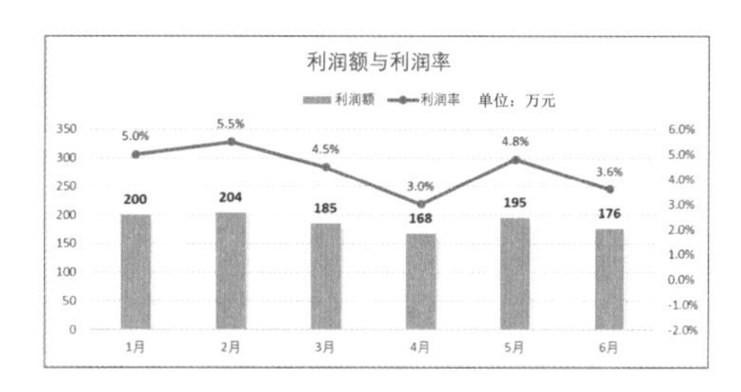

现在需要对下图数据快速绘制一个和上图风格一样的图，为此引入自定义模板的方法，先将想要的图表样式保存为模板，然后在创建新的图表时，选择该模板，即可将该样式、布局等直接应用在新图表中。

	1月	2月	3月	4月	5月	6月	7月	8月	9月
利润额（万元）	200	204	185	168	195	176	185	192	176
利润率	5.0%	5.5%	4.5%	3.0%	4.8%	3.6%	4.5%	4.8%	3.6%

第一步 创建图表

❶ 打开素材文件，选中图表并右击，选择【另存为模板】选项，如下图所示。

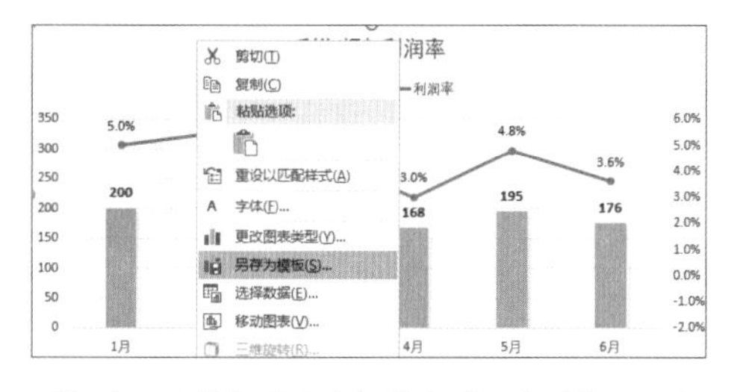

❷ 打开【保存图表模板】对话框，设置文件名，将【保存类型】设为“图表模板文件”，单击【保存】按钮，如下图所示。

第二步 套用模板

❶ 选中C24:L26单元格数据，选择【插入】→【图表】→【查看所有图表】选项，打开【插入图表】对话框，选择【模板】选项，在右侧选中刚才保存的模板，单击【确定】按钮，如下图所示。

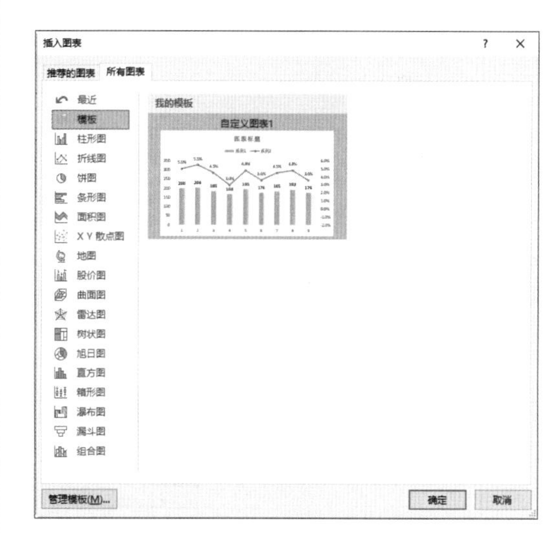

❷ 即可使用自定义模板创建的图表，效果如下图所示。

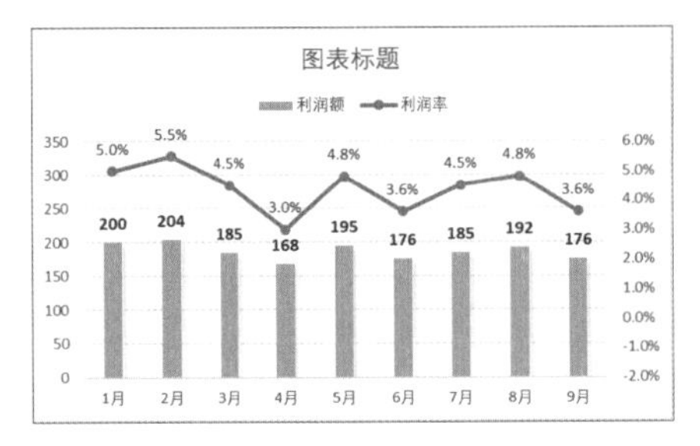

❸ 选中图表标题，修改为“利润额与利润率 单位：万元”，最终效果如下图所示。

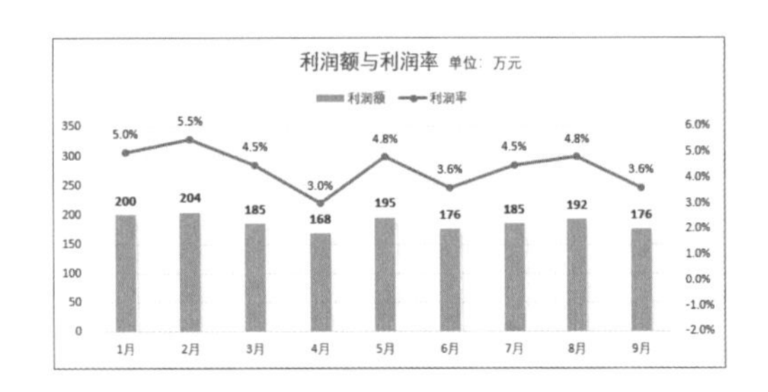

【图表分析】

对于一些常用模板，可以用自定义的形式将其保存起来，便于以后快速画出自己想要的图表，可提高工作效率。在做出的图中可能会存在有变化的地方，可以适当进行一些修改。

13.5 插入的形状怎样与图表一起移动

制作图表后，有时会在图表中插入形状并录入文本，但当移动图表时会发现图表与文本不能一起移动，或者绘制的形状发生了变化，还需要重新调整布局。这类问题可以用复制粘贴的方法解决。

案例名称	产品销量对比
素材文件	素材 \ch13\13.5.xlsx
结果文件	结果 \ch13\13.5.xlsx

销 售 **范例13-6 产品销量对比**

如下图所示为制作完成的饼图图表，在图表上方绘制了一个文本框，并添加了一段文字说明，在图例区域添加了一个浅黄色的矩形填充形状。

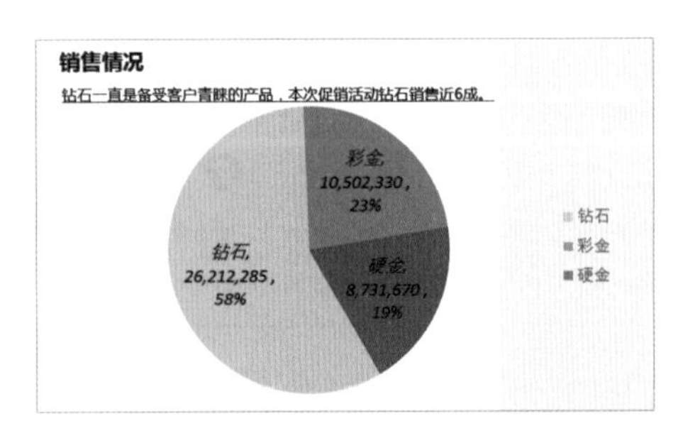

此时，移动图表后，会发现文本和矩形形状的位置并不会随图表一起移动。

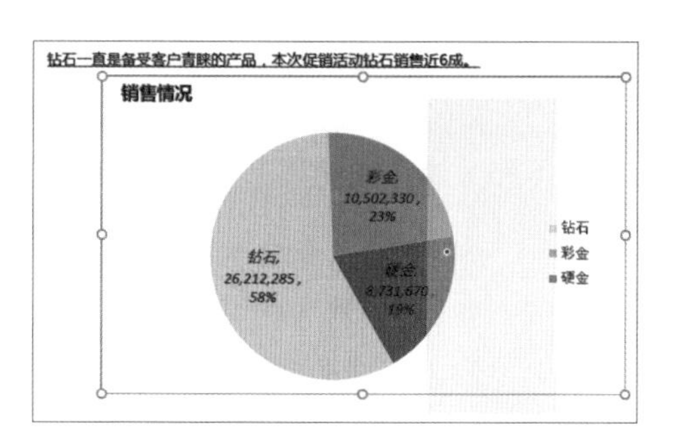

可以将文本、矩形框粘贴到图表区和饼图图表作为一个整体即可。

❶ 打开素材文件，选中文本框并按【Ctrl+C】快捷键复制，再次选中图表，按【Ctrl+V】快捷键粘贴，然后移动文本到合适的位置即可，如下图所示。

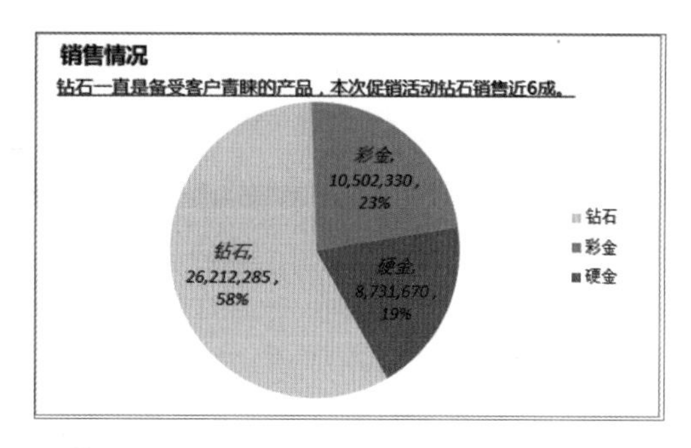

❷ 然后将矩形框复制并粘贴到图表区，最终效果如下图所示。

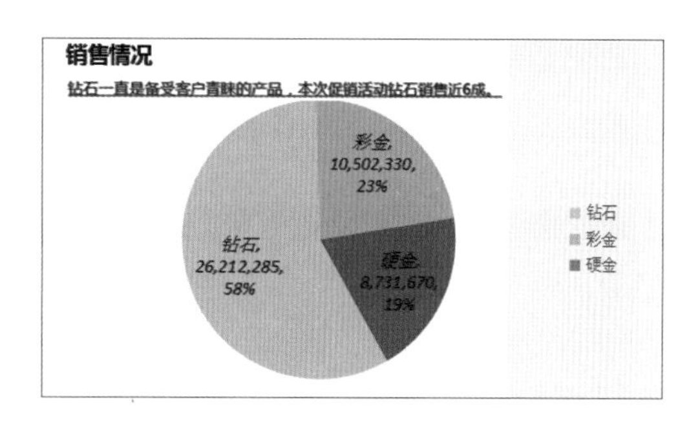

【图表分析】

这种方法可以根据需要对图表做些文字描述。生活中在为一些数据做详细介绍时，配上图片和文字讲解效果就会显得清晰明了，以减少图表信息不全产生的曲解。

13.6 为什么隐藏数据时图表就没有了

制作图表后，如果不希望原始数据被他人看到，可以将工作表数据隐藏。但在Excel中隐藏数据也会隐藏图表，这是不希望看到的情况。尤其是在建模型或者做系统时，需要把图和表分开，可通过设置【显示隐藏行列中的数据】选项来实现。

案例名称	某医院各科室收入利润率的对比
素材文件	素材 \ch13\13.6.xlsx
结果文件	结果 \ch13\13.6.xlsx

医疗　范例13-7 某医院各科室收入利润率的对比

根据某医院各个科室近一年的收入及利润率的数据制作了一个对比图图表，如下图所示。

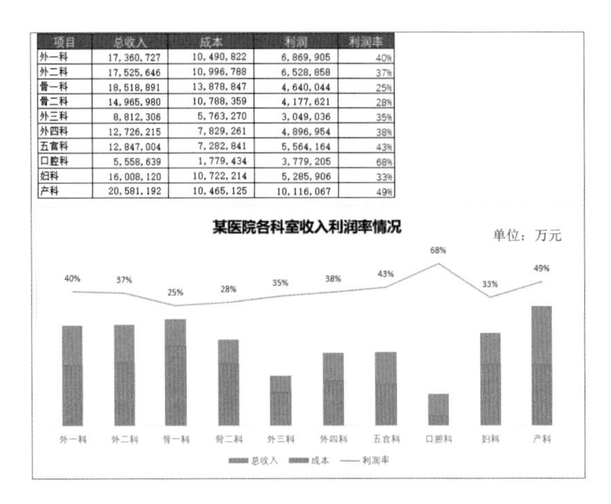

项目	总收入	成本	利润	利润率
外一科	17,360,727	10,490,822	6,869,905	40%
外二科	17,525,646	10,996,788	6,528,858	37%
骨一科	18,518,891	13,878,847	4,640,044	25%
骨二科	14,965,980	10,788,359	4,177,621	28%
外三科	8,812,306	5,763,270	3,049,036	35%
外四科	12,726,215	7,829,261	4,896,954	38%
五官科	12,847,004	7,282,841	5,564,164	43%
口腔科	5,558,639	1,779,434	3,779,205	68%
妇科	16,008,120	10,722,214	5,285,906	33%
产科	20,581,192	10,465,125	10,116,067	49%

现在需要把源数据隐藏起来，选中源数据所在的D:H列，并隐藏单元格列后，会看到图表也被隐藏，如下图所示。

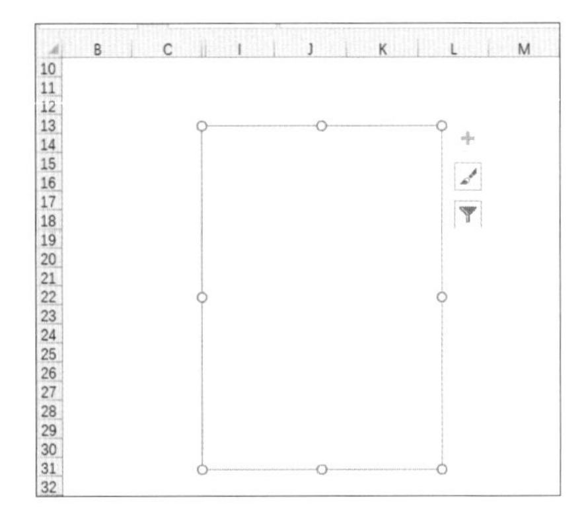

目前要求图和表分开，也就是说需要这个数据表格做隐藏时，创建的图表仍然可以看到。这时可以选中该图表，通过设置【选择数据】选项来实现图和表分开。

操作步骤

❶ 选中图表并右击，在弹出的快捷菜单中选择【选择数据】选项，如右图所示。

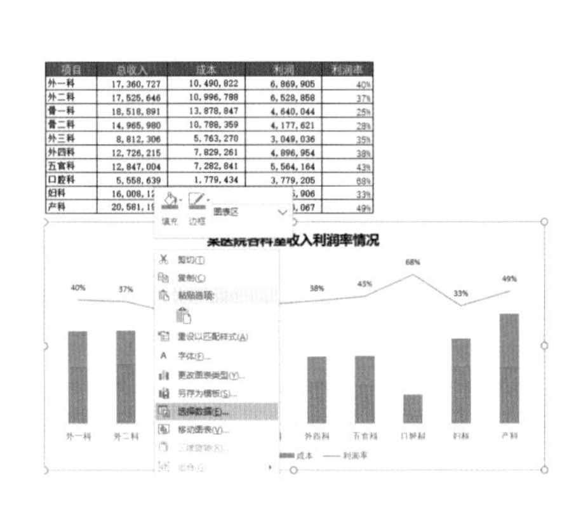

❷ 弹出【选择数据源】对话框，单击【隐藏的单元格和空单元格】按钮，如下图所示。

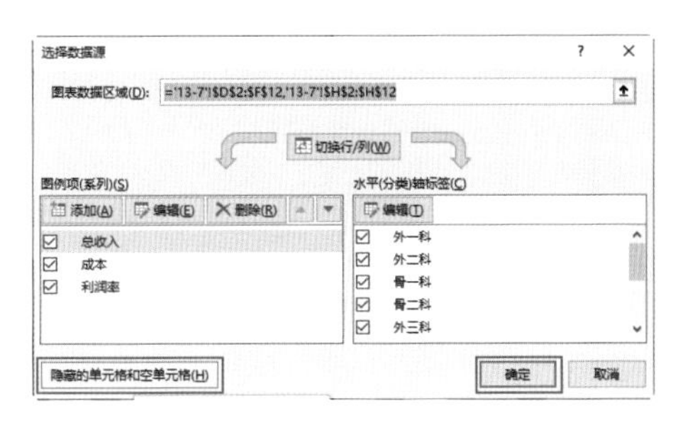

❸ 弹出【隐藏和空单元格设置】对话框，选中【显示隐藏行列中的数据】复选框，单击【确定】按钮。如下图所示。

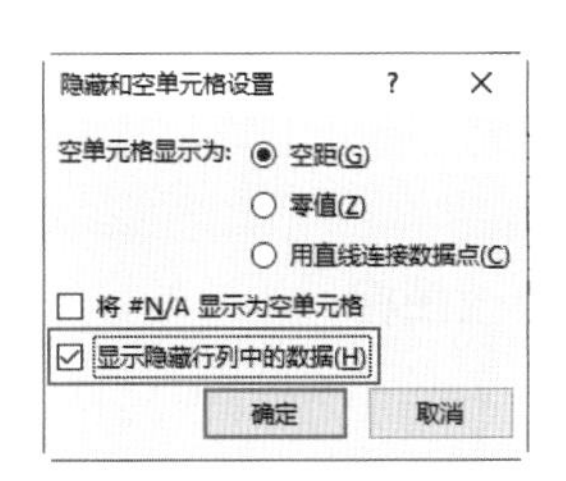

❹ 选中表格数据所在列并隐藏，如下图所示，这时会发现图表没有再消失。

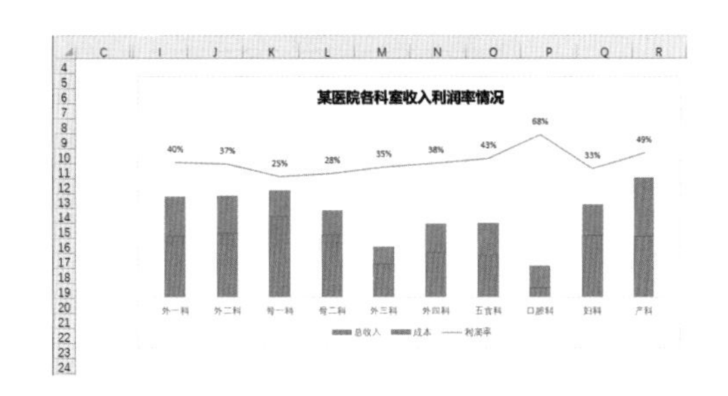

> **Tips** 如果隐藏数据后，发现图表变形，这时可以先将图表移动至不会被隐藏的列上，再隐藏数据列。

【图表分析】

在用辅助列做图的时候，也可以将辅助列的数据进行隐藏，让看数据的人只看到有效数据，例如，辅助列中含有#N/A等数据，在做图时不想看到它，就可以单独对该列进行隐藏。

13.7 数量级别差异大该怎样协调

当一组数据中存在一个值特别大，其他值特别小的情况时，如果直接做柱形图，就会出现图形中只体现了最大值，而无法体现与其他值的大小关系，导致整个图形的不协调。这时使用截断柱形图是个不错的选择。

案例名称	好感测评人数对比
素材文件	素材 \ch13\13.7.xlsx
结果文件	结果 \ch13\13.7.xlsx

 **民　生**　**范例13-8　好感测评人数对比**

如下左图所示是一个好感测评人数的统计表格。由表格可以看到，视觉好感人数非常多，直接由表格绘制的柱形图如下右图所示。

项目	人数（个）
视觉	28661
听觉	600
触觉	360
味觉	280
嗅觉	240

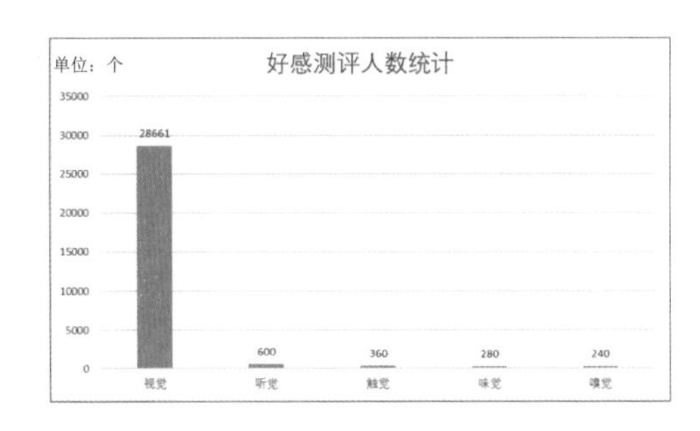

由图可以看到，除了视觉，其他柱形几乎不显示，分布很不均匀，感觉怪怪的，这时可以制作截断柱形图，让整个图形看起来协调，如下图所示。

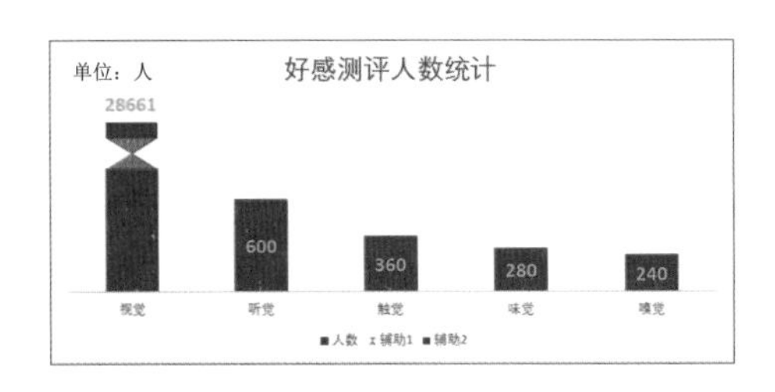

第一步 修改数据

打开素材文件，在源数据右侧增加两列辅助列，变形后的表格如下图所示。

项目	人数	辅助1	辅助2
视觉	800	200	100
听觉	600		
触觉	360		
味觉	280		
嗅觉	240		

单位：个

真实数据
28661
600
360
280
240

第二步 插入图表

选中变形后左侧的表格，插入堆积柱形图图表，如下图所示。

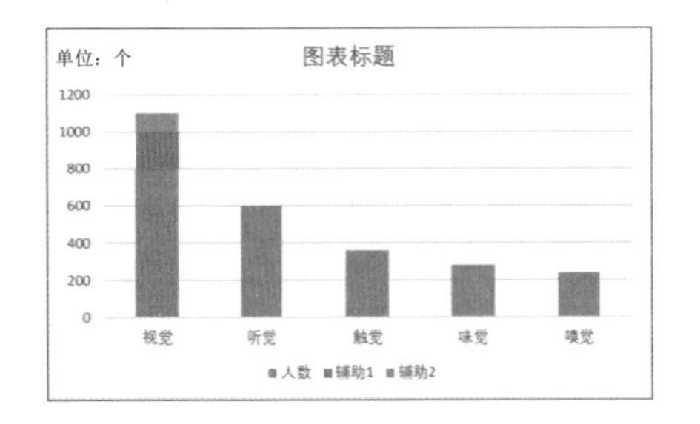

第三步 修改图标

❶ 选择【插入】→【插图】→【形状】→【流程图：对照】选项，绘制“⧗”形状，将其作为截断标志，然后选中截断图标志，更改标识图形的填充颜色，并复制该标志，如下图所示。

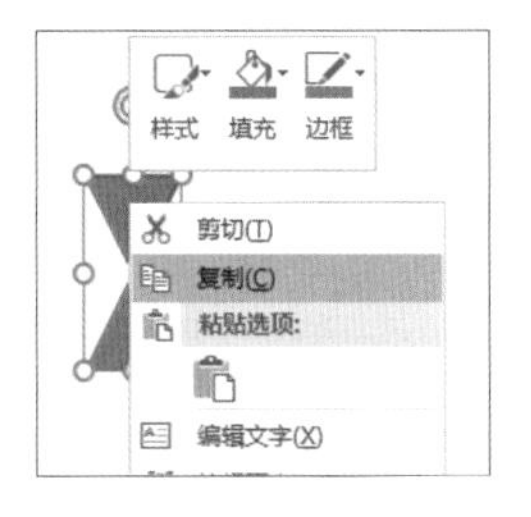

❷ 选择图表中“辅助1”数据系列，将复制的标志粘贴至数据系列中，如下图所示。

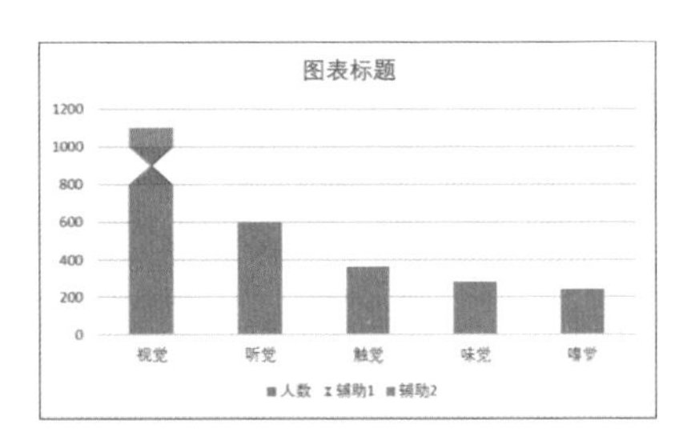

❸ 删除网格线、标签，并修改标题，调整字体字号，效果如下图所示。

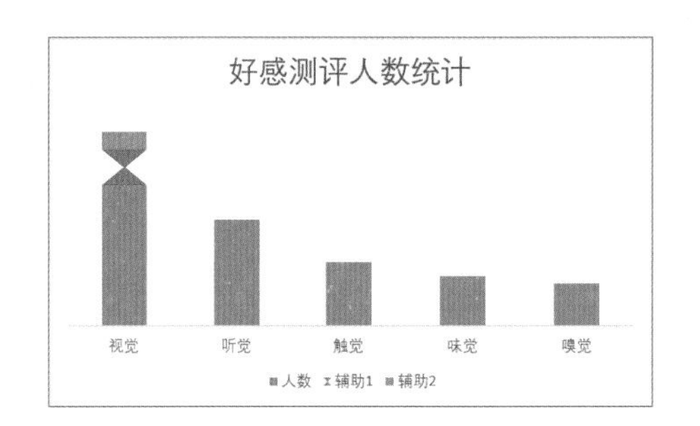

❹ 选中柱形图，添加并选中数据标签，在【设置数据标签格式】窗格中的标签选项下取消选中【值】复选框，同时选中【单元格中的值】复选框，如下图所示。

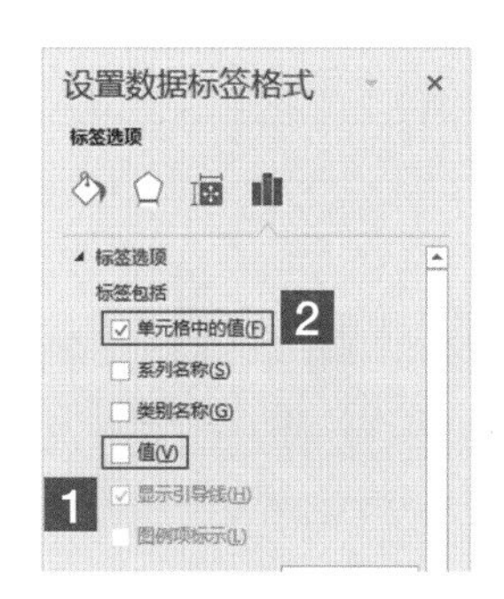

❺ 弹出【数据标签区域】对话框，选中“真实数据”列，单击【确定】按钮，如下图所示。

真实数据
28661
600
360
280
240

数据标签区域
选择数据标签区域
='13-8'!$F$13:$F$17
确定　取消

❻ 选中数据标签，更改标签样式，并将“视觉”数据标签拖曳到柱形图上方，效果如下图所示。

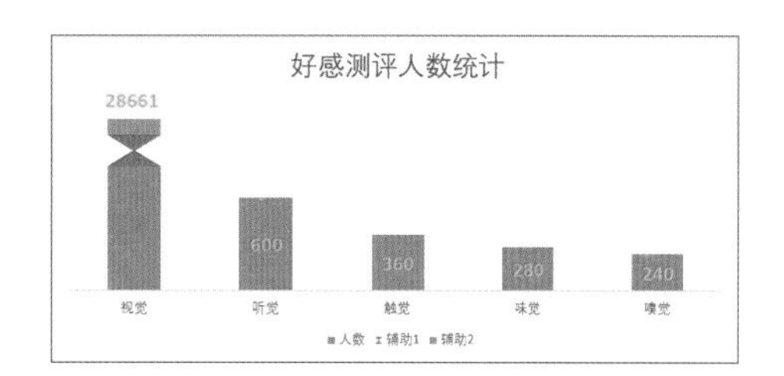

❼ 选中柱形图，并依次更改柱形图填充颜色。最终效果如下图所示。

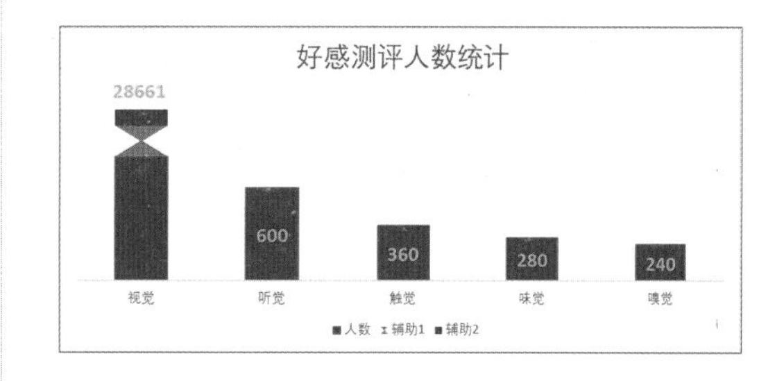

【图表分析】

这个功能虽然简单，但在工作场合非常实用，凡是数量差极大的都可以通过这种变通的方式来做柱形图，以提高展示效果。

13.8 高手点拨

本章介绍的常见问题，在办公中会常遇到掌握了介绍的规避方法会极大程度地提高工作效率。对于部分横轴标签过长的问题，有时只需重新设置横轴文本倾斜角度、修正图表长度，无需添加辅助列就可完整显示横轴文本。在表格中插入空白单元格，可通过生成折线图的方式生成折断线图，相反，如果以零值代表空白单元格，可将线折断图变为连续的折线图。制作圆滑过渡线的方法不仅适用于折线图，也可应用于其他类型的图，如散点图等。快速套用自定义模板可提高工作效率，但当采用默认路径时，通常会遇到找不到自定义模板的情况，此时可通过打开资源管理器粘贴路径的办法解决。插入的形状跟着图表一起移动还可以通过组合的方法实现。数量级别差距大的数据源除了使用截断柱形图的技巧解决，还有一种技巧，那就是子母复合饼图。

13.9 实战练习

练习1

打开“素材\ch13\实战练习1.xlsx”文件，某个产品在5个分公司中近半年的销售量如下图所示，现需要对这5个公司的销量进行对比，员工小王制作柱形图进行对比，但发现柱形图的横轴标签太长，请试用添加辅助列的技巧解决该问题。

名称	销量（万元）
郑州合众建筑责任有限公司	220
上海凯莱普斯特建筑工程责任有限公司	200
四川宏科建筑责任有限公司	145
西安泽林建筑工程股份有限公司	280
南京东方建筑有限公司	123

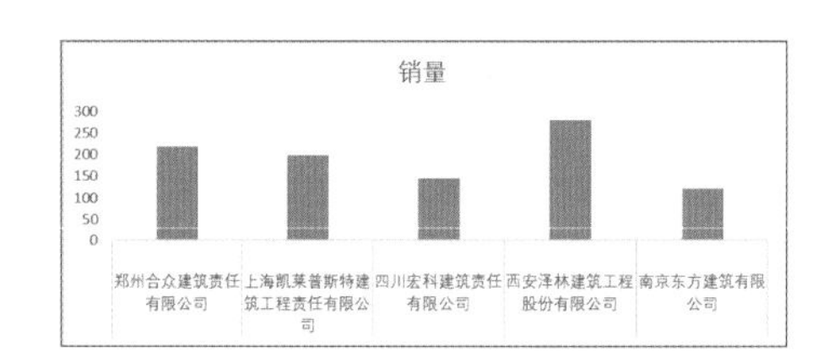

练习2

打开“素材\ch13\实战练习2.xlsx”文件，某化妆品公司对某个品牌化妆品近半年的销售情况进行了统计，具体数据如下左图所示，试利用制作圆滑过渡线的技巧，将折线图变为平滑的曲线，并进行对比分析，如下右图所示。

月份	销量(万元)
1月	308
2月	187
3月	130
4月	300
5月	179
6月	30

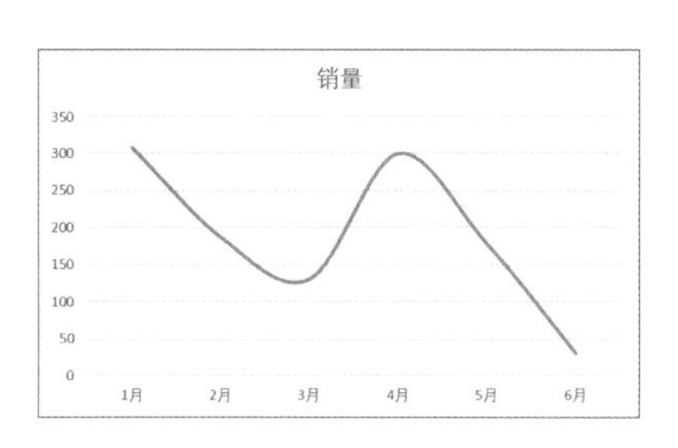

第14章

5步法教你绘制高级图表

老贾是山东某公司的人事经理，负责公司的人员级别和薪酬结构的管理。最近，他整理了一份级别和薪酬结构数据，数据如下图表格所示。

单位：万元

	员工	班长	科长	部长	副总	总经理
年薪上线	8	10	12	22	30	45
年薪下线	5	7	8	14	18	25
平均	6.5	8.5	10	18	24	35

老贾很爱琢磨，他发现上面的表格无法直观看出薪酬和职位的对比情况。经过思考后，他找到了一个能够准确表达数据含义的图表。老贾使用堆积柱形图完善了薪酬与职位对比的报告，效果如下图所示。

单位：万元

项目	员工	班长	科长	部长	副总	总经理
年薪上线	8	10	12	22	30	45
年薪下线	5	7	8	14	18	25
平均	6.5	8.5	10	18	24	35
标签	9	12	14	25	33	47.5

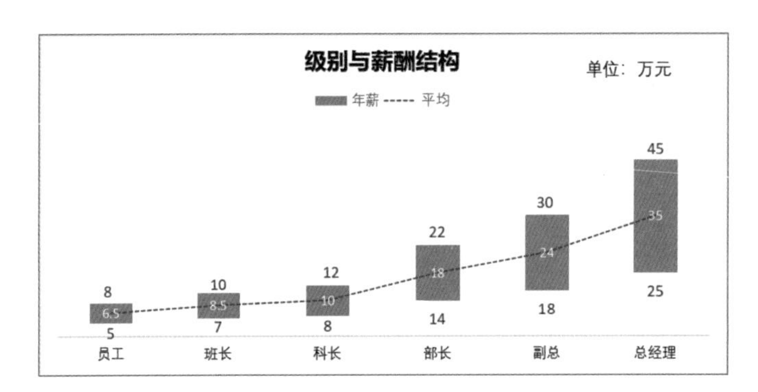

该图表数据准确、逻辑清晰、简洁直观，这样的报告在所有项目的报告中脱颖而出。即便是要求严格的领导看到后也很满意，于是要求其他项目也按老贾这个模板来做。

本章案例效果展示：

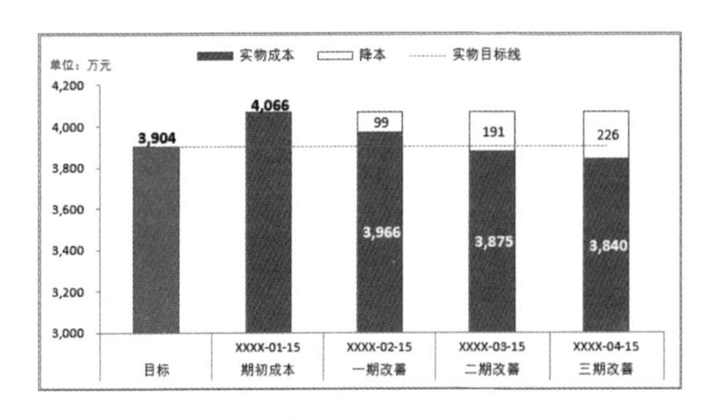

看得见的进展

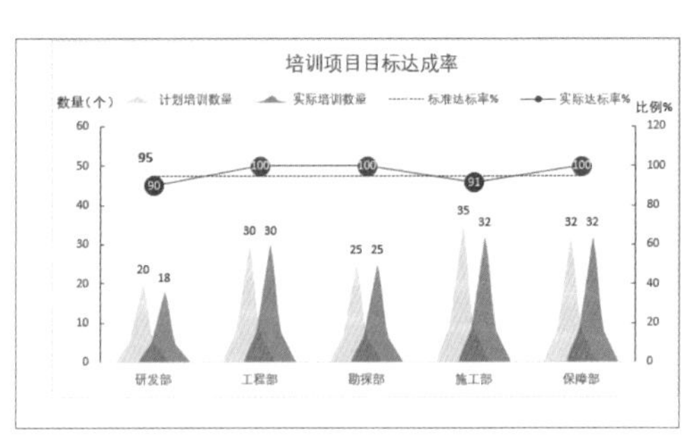

清晰的完成率

 案例1 看得见的进展

在制作项目类图表时，通常会涉及目标、项目进展等数据，这些数据种类多，如果能直接通过图表体现，将会极大提高数据的可读性。下面就介绍如何通过5步法来制作图表。

案例名称	看得见的进展	
素材文件	素材 \ch14\14.1.xlsx	
结果文件	结果 \ch14\14.1.xlsx	

【构思图表样式】

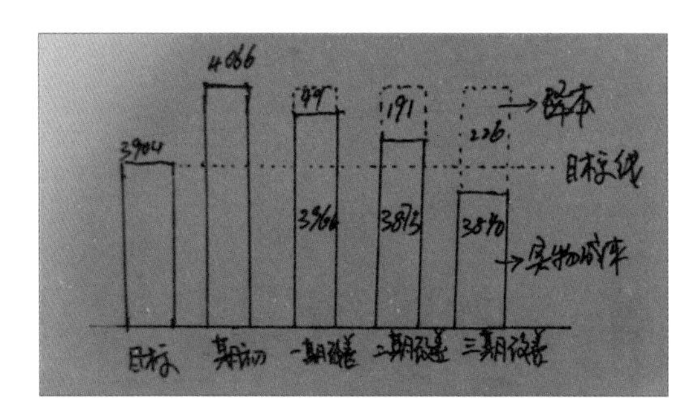

【确定呈现方式和坐标系】

❶ 图形：堆积柱形图+折线图。

❷ 维度：无填充数据系列、目标折线、填充数据系列，共3个维度。

❸ 坐标系：一个坐标系。

【构建数据源】

构建数据源前的数据如下图表格所示。

单位：万元

项 目	目 标	期初成本	一期改善	二期改善	三期改善
		XXXX-01-15	XXXX-02-15	XXXX-03-15	XXXX-04-15
实物成本	3904	4066	3966	3875	3840

根据确定的呈现方式构建数据源，“降本”是无填充数据系列，“实物目标线”为折线系列。构建数据源后效果如下图表格所示。

单位：万元

项目	目标	期初成本	一期改善	二期改善	三期改善
		XXXX-01-15	XXXX-02-15	XXXX-03-15	XXXX-04-15
实物成本	3904	4066	3966	3875	3840
降本			99	191	226
实物目标线	3904	3904	3904	3904	3904

【绘制目标图表】

❶ 打开素材文件，选择修改后的数据源，插入堆积柱形图，效果如下图所示。

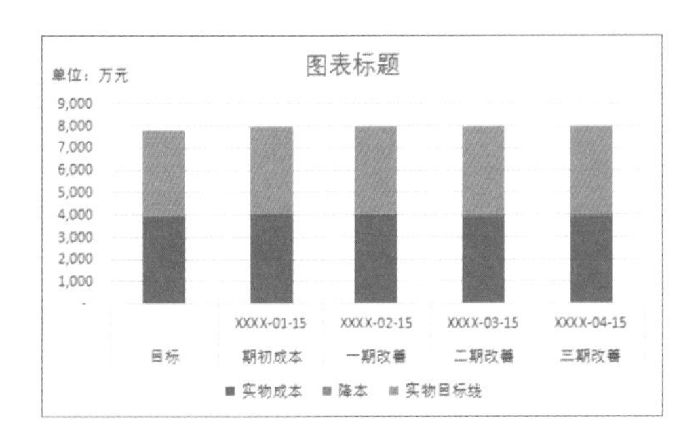

❷ 选中“实物目标线”数据系列，并将其更改为折线图，效果如下图所示。

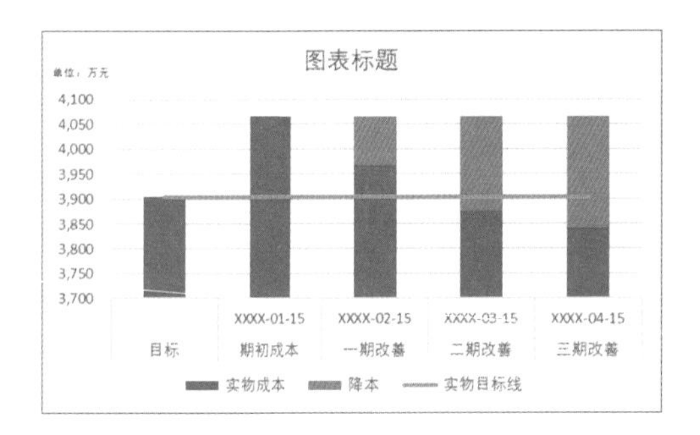

❸ 将图例显示在靠上的位置，并删除网格线，效果如下图所示。

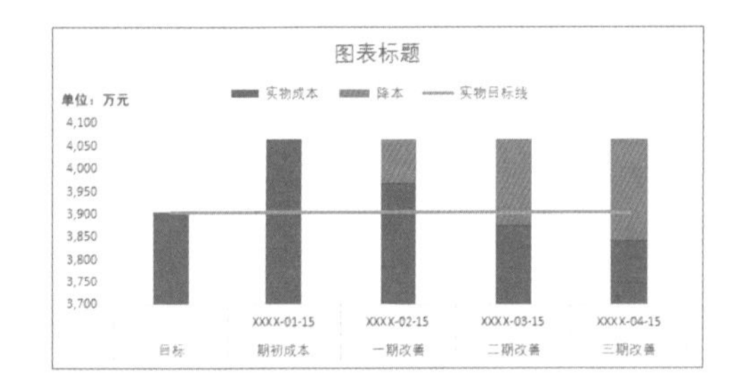

❹ 选中堆积柱形图中橙色的“降本”数据系列，在【设置数据系列格式】窗格中，设置【填充】为“无填充”,【边框】为“实线”，并设置【线条颜色】为“黑色”，如右上图所示。

❺ 选择堆积柱形图中蓝色的“实物成本”数据系列，在【设置数据系列格式】窗格中，设置【填充】为“纯色填充”,【颜色】为“深红”,【边框】为“实线”，并设置【线条颜色】为“黑色”，如下图所示。

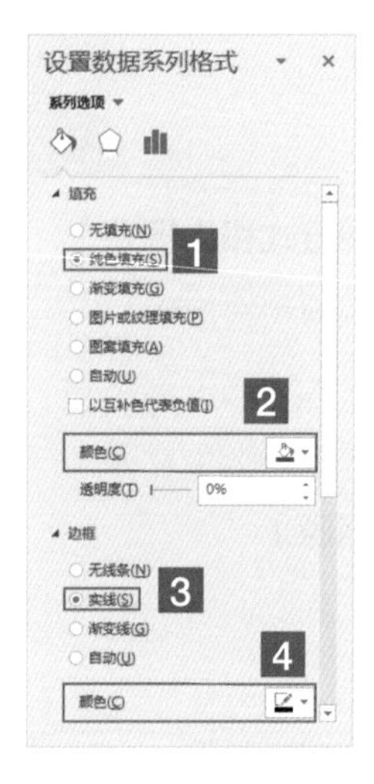

❻ 设置完成后，堆积柱形图效果如下图所示。

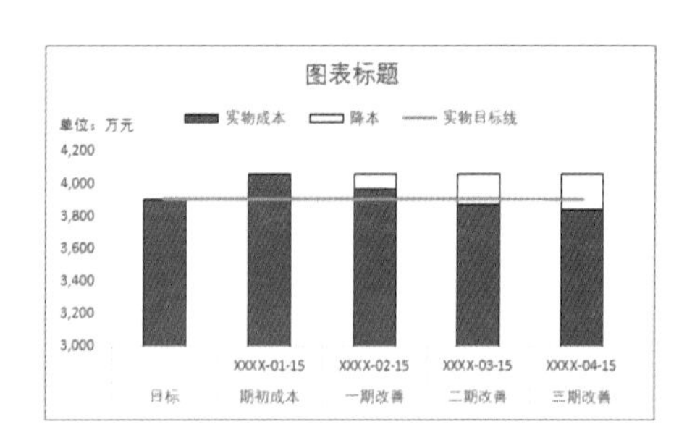

❼ 选中纵坐标轴，在【设置坐标轴格式】窗格中，设置边界【最小值】为“3000”，【最大值】为“4200”，如下图所示。

❽ 选中目标线系列，在【设置数据系列格式】窗格中，设置线条的【宽度】为“1磅”，【短划线类型】为“方点”，设置后效果如下图所示。

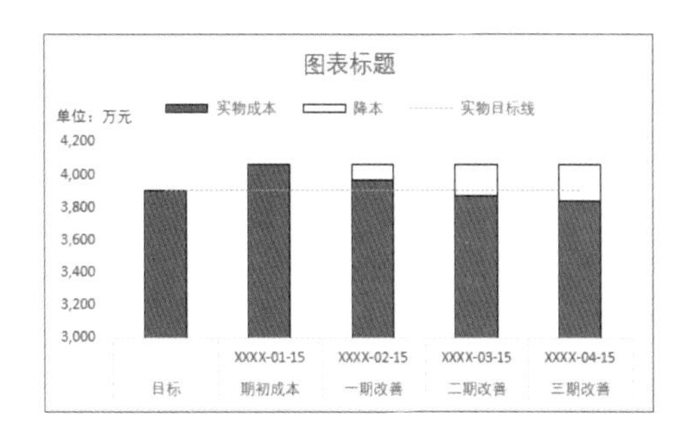

❾ 设置图表标题的名称为“降本进展情况”，效果如下图所示。

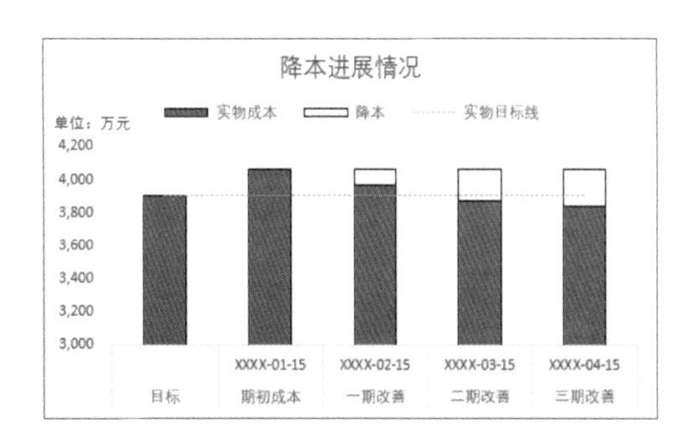

❿ 分别为“实物成本”和“降本”数据系列添加数据标签，并根据需要更改数据标签的颜色，然后将“目标”和“期初成本”的数据标签移动至数据系列上方，最终效果如下图所示。

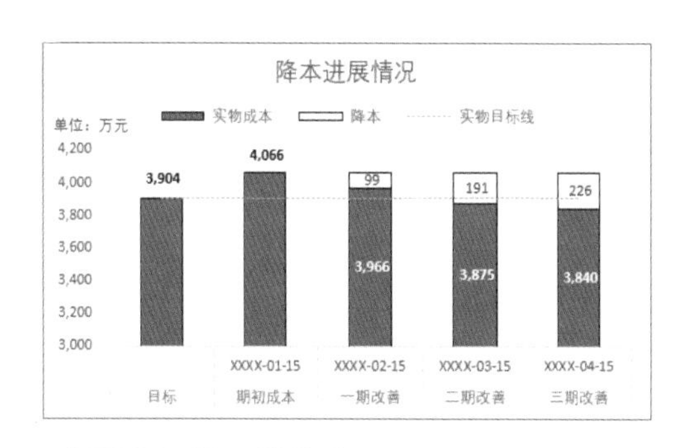

【图表调整和美化】

如果对图表的制作效果不满意，还可以继续美化和调整图表，如设置填充背景的颜色，改变坐标轴、图例及文本的颜色，改变堆积柱形图的颜色等，这里不再赘述，最终效果如下图所示。

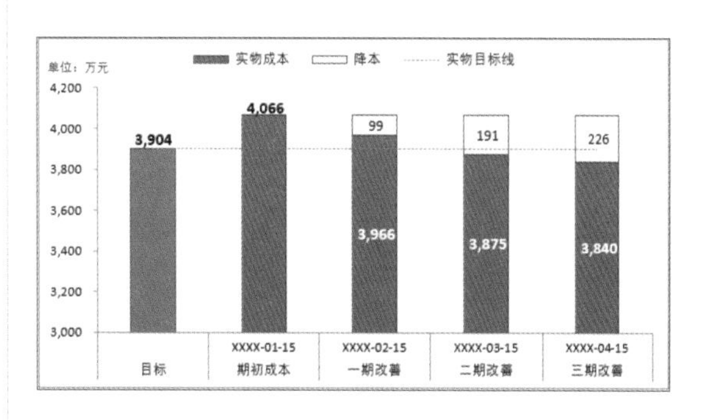

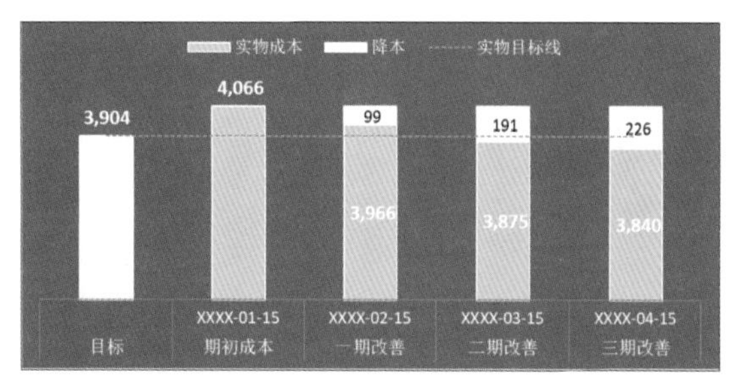

14.2 案例2 清晰的完成率

在做图时，如果需要展示出计划是多少、实际是多少，以及完成率是多少等情况，可以通过柱线组合图实现，本节通过异形柱线组合图来制作目标达成率图表。

案例名称	清晰的完成率
素材文件	素材 \ch14\14.2.xlsx
结果文件	结果 \ch14\14.2.xlsx

【构思图表样式】

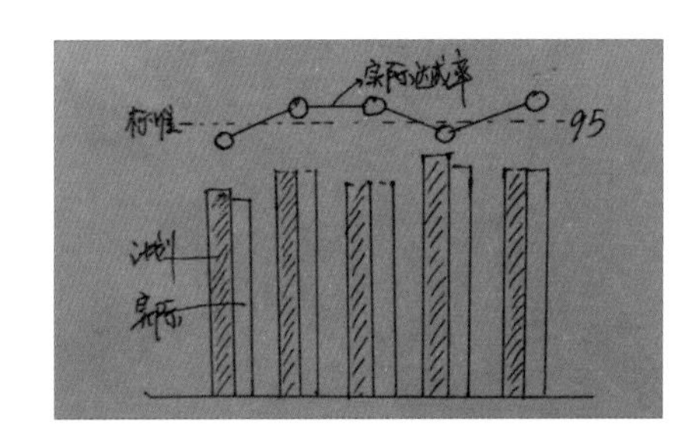

【确定呈现方式和坐标系】

❶ 图形：柱形图+折线图。

❷ 维度：包含实际、计划、标准、达成率，共4个维度。

❸ 坐标系：主坐标+次坐标。

【构建数据源】

本例构建的数据源表格如下图所示。

单位：个

项目	研发部	工程部	勘探部	施工部	保障部
计划培训数量	20	30	25	35	32
实际培训数量	18	30	25	32	32
标准达标率%	95	95	95	95	95
实际达标率%	90	100	100	91	100

【绘制目标图表】

❶ 打开素材文件，选中数据源数据，选择【插入】→【图表】→【查看所有图表】选项，打开【插入图表】对话框，选择【组合图】选项，在右侧【自定义组合】区域设置“计划培训数量”的【图表类型】为“簇状柱形图”，“实际培训数量”的【图表类型】为“簇状柱形图”；“标准达标率%”的【图标类型】为“折线图”，并选中【次坐标轴】复选框；“实际达标率%”的【图标类型】为“带数据标记的折线图”，并选中【次坐标轴】复选框。单击【确定】按钮，如下图所示。

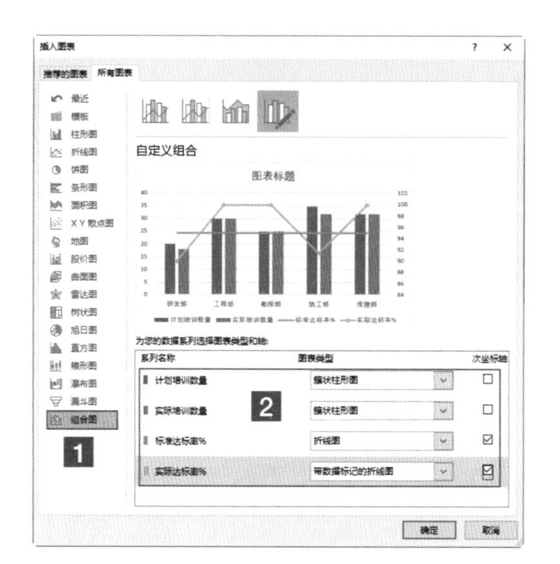

❷ 完成组合图表的创建，效果如下图所示。

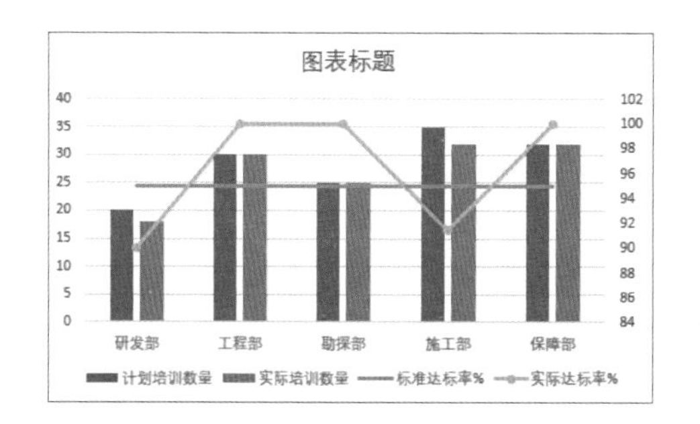

❸ 选中左侧的主纵坐标轴，在【设置坐标轴格式】窗格中，选择【坐标轴选项】→【边界】选项，并设置【最小值】为“0”，【最大值】为“60”，如下图所示。

❹ 选中右侧的次纵坐标轴，在【设置坐标轴格式】窗格中，选择【坐标轴选项】→【边界】选项，并设置【最小值】为“0”，【最大值】为“120”，如下图所示。

❺ 删除图表中的网格线，并输入图表名称为“培训项目目标达成率”，设置后的图表效果如下图所示。

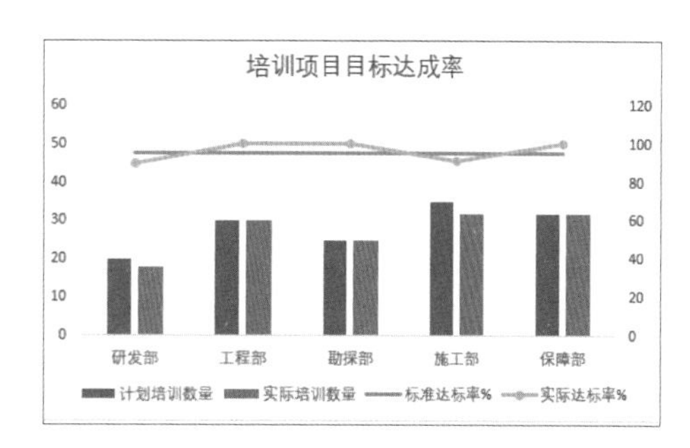

❻ 选中“实际达标率%”数据系列，在【设置数据系列格式】窗格中，选择【线条】→【线条】选项，并选中【实线】单选按钮，设置【颜色】为“深蓝色”，【宽度】为“1磅”，如下图所示。

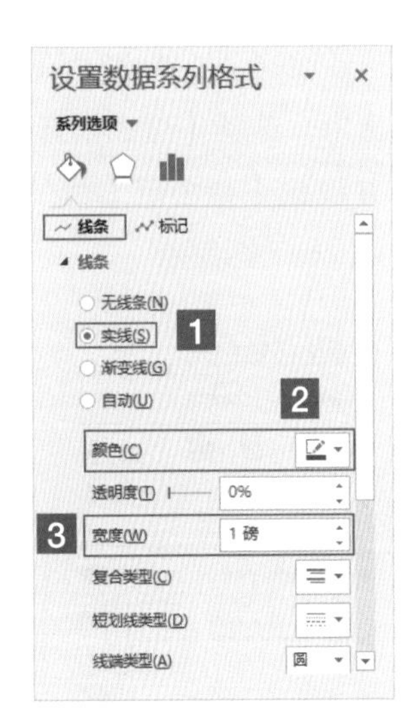

❼ 在【标记】的【标记选项】下选中【内置】单选按钮，设置【类型】为“圆点”，【大小】为“14”；在【填充】下选中【纯色填充】单选按钮，设置【颜色】为“深蓝色”；在【边框】下选中【无线条】单选按钮，如下图所示。

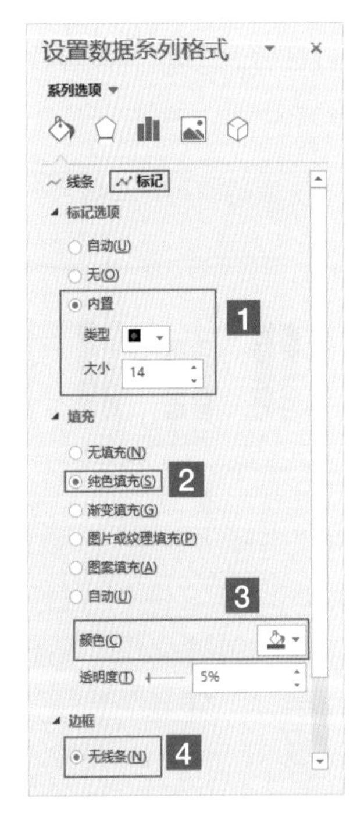

❽ 更改实际达标率中未达标的折线点（第一个折线点和第四个折线点）填充的【颜色】为“深红色”，之后添加数据标签，设置【标签位置】为“居中”，【字体颜色】为“白色”，效果如下图所示。

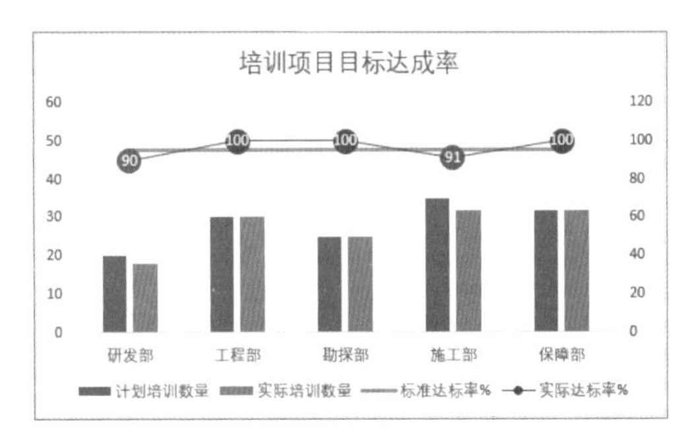

❾ 选择“标准达标率%”数据系列，在【设置数据系列格式】窗格中，在【线条】选项下选中【实线】单选按钮，设置【颜色】为“红色”，【宽度】为“1磅”，【短划线类型】为“方点”短划线，如下图所示。

❿ 设置完成后，效果如下图所示。

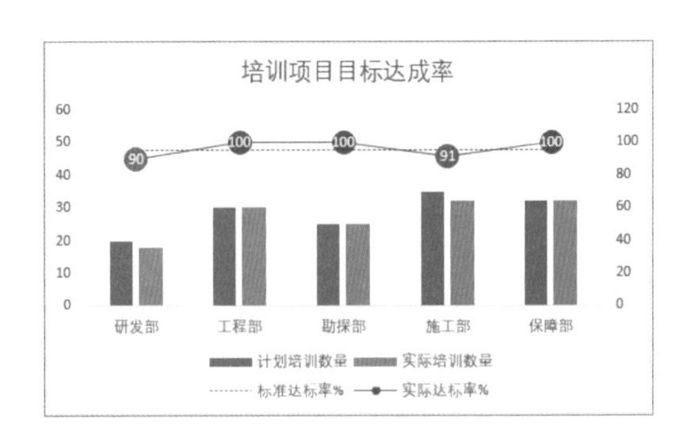

【图表调整和美化】

❶ 绘制填充图形，可根据需要绘制不同的形状，在素材文件中已经给出了绘制后的形状，绘制过程这里不再赘述，绘制后的图表效果如下图所示。

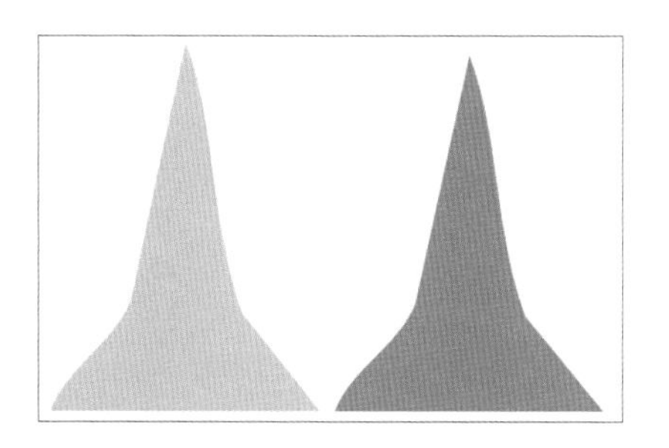

Tips 这里绘制的为等腰三角形形状，并通过调整形状、设置填充颜色等操作得出最终图形。

❷ 用灰色形状替换“计划培训数量”数据系列，用红色形状替换“实际培训数量”数据系列，效果如右上图所示。

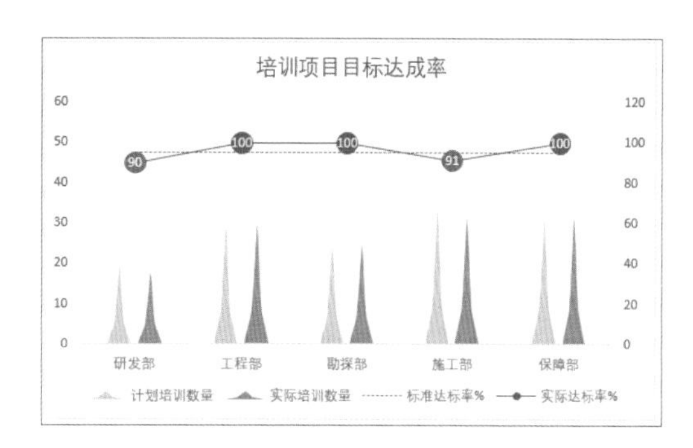

❸ 选择自定义的数据系列，在【设置数据系列格式】窗格中，设置【系列重叠】为“70%”，【间隙宽度】为“52%”，最终效果如下图所示。

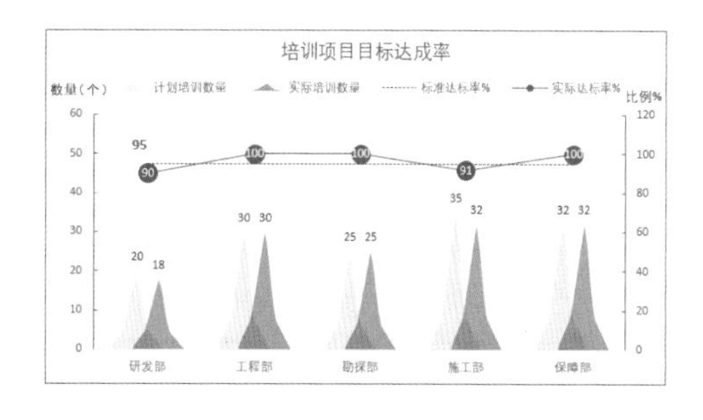

14.3 案例3　薪酬与职位成正比

在工作中经常会遇到成正比关系的图表，如薪酬与职位、销售额与提成等，这类图表制作成云梯图的效果会更加形象。

案例名称	薪酬与职位成正比
素材文件	素材 \ch14\14.3.xlsx
结果文件	结果 \ch14\14.3.xlsx

【构思图表样式】

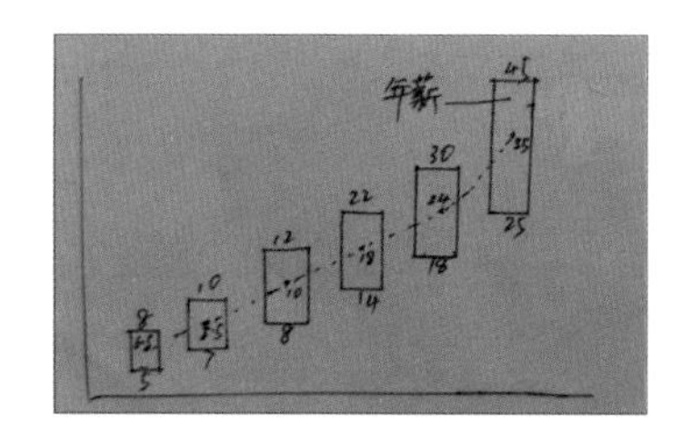

【确定呈现方式和坐标系】

❶ 图形：堆积柱形图。

❷ 维度：看不见的柱子、看得见的柱子及折线，共3个维度。

❸ 坐标系：一个坐标系。

【构建数据源】

本案例的原始数据如下图表格所示。

单位：万元

	员工	班长	科长	部长	副总	总经理
年薪上线	8	10	12	22	30	45
年薪下线	5	7	8	14	18	25
平均	6.5	8.5	10	18	24	35

修改建议：当不太确定是否还要增加维度时候，可先用原始数据画图，然后在画图的过程中出现问题时再增加。这里先增加了标签维度。修改后数据源如下图表格所示。

单位：万元

项目	员工	班长	科长	部长	副总	总经理
年薪上线	8	10	12	22	30	45
年薪下线	5	7	8	14	18	25
平均	6.5	8.5	10	18	24	35
标签	9	12	14	25	33	47.5

【绘制目标图表】

❶ 打开素材文件，选中修改后的数据前4行，创建“堆积柱形图+折线图”组合图图表，设置如下图所示。

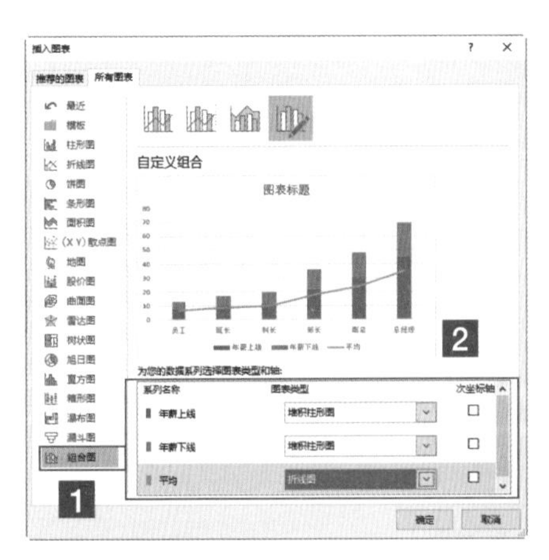

❷ 创建的图表如右上图所示。

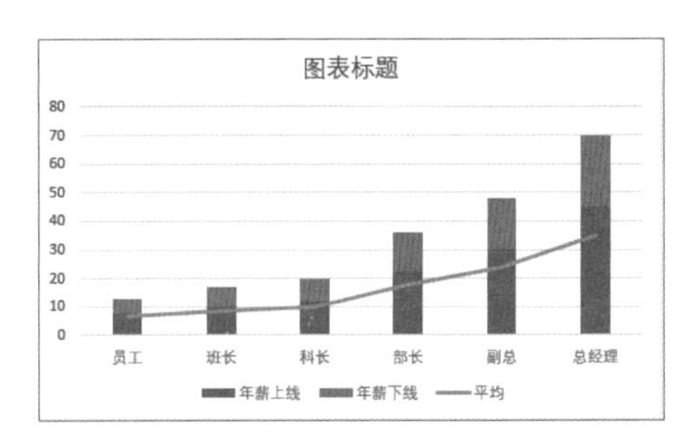

❸ 选中图表，选择【设计】→【数据】→【选择数据】选项，打开【选择数据源】对话框，在【图例项】区域选中【年薪上线】复选框，单击【下移】按钮，将年薪上线与年薪下线的柱形图位置调换，单击【确定】按钮，如下图所示。

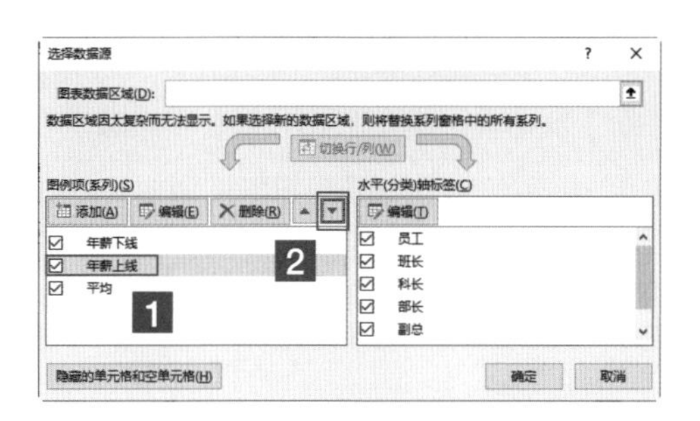

❹ 选中“年薪下线”数据系列，设置【形状填充】为“无填充”，并添加数据标签，设置【标签位置】为“数据标签内”，设置完成，效果如下图所示。

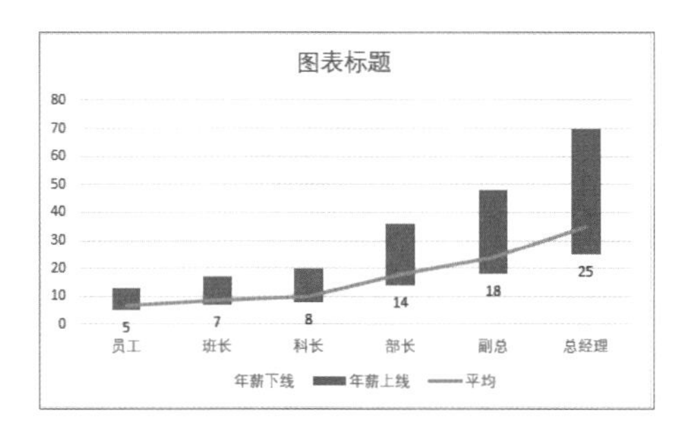

❺ 选中“年薪上线”数据系列，设置【填充颜色】为“橙色”，并添加数据标签，将年薪上线的数据移至柱形图的上方，如下图所示。

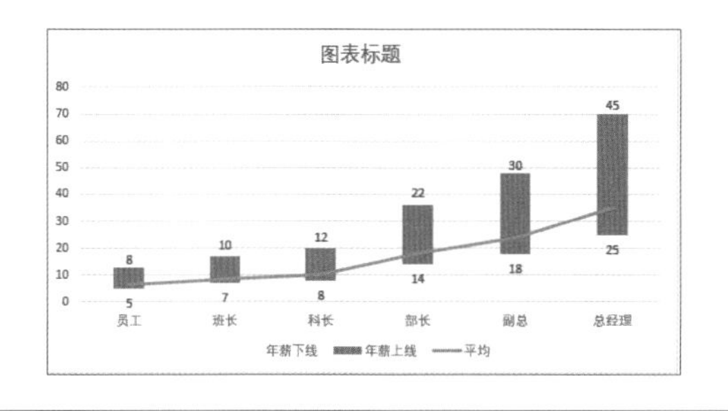

> **Tips** 此时会发现折线并不是在“年薪上线”数据系列中间的位置，这是因为该折线的值是年薪上线和年薪下线的平均值，如果需要将其调整至“年薪上线”数据系列中间的位置，可以使用“标签的数值=年薪下线+年薪上线/2”来计算。

❻ 在源数据表的第5行已经计算出了标签值，选中平均折线数据系列，选择【设计】→【数据】→【选择数据】选项，打开【选择数据源】对话框，选中【平均】复选框，单击【编辑】按钮，如下图所示。

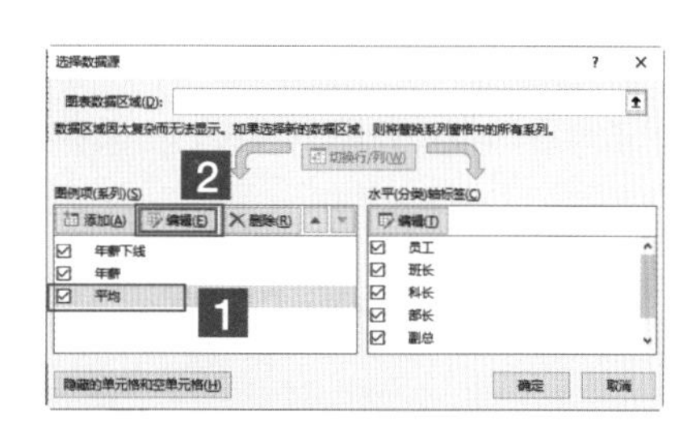

❼ 打开【编辑数据系列】对话框，更改【平均】图例项的【系列值】为源数据表的第5行数据，如下图所示。

编辑数据系列　?　×

=案例3!$F$17:$K$17

项目	员工	班长	科长	部长	副总	总经理
年薪上线	8	10	12	22	30	45
年薪下线	5	7	8	14	18	25
平均	6.5	8.5	10	18	24	35
标签	9	12	14	25	33	47.5

❽ 为平均数据系列添加数据标签，设置数据标签的【标签位置】为“居中”，更改【字体颜色】为“白色”，效果如下图所示。

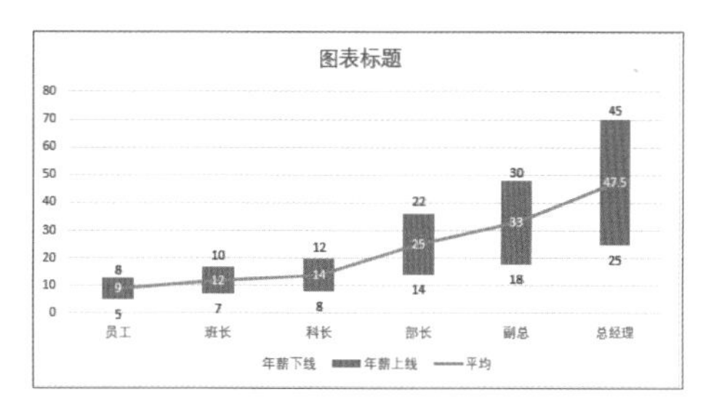

❾ 选中“平均数据”系列，设置【线条】为“实线”，【颜色】为“深红色”，【宽度】为“1磅”，【短划线类型】为“方点”，效果如下图所示。

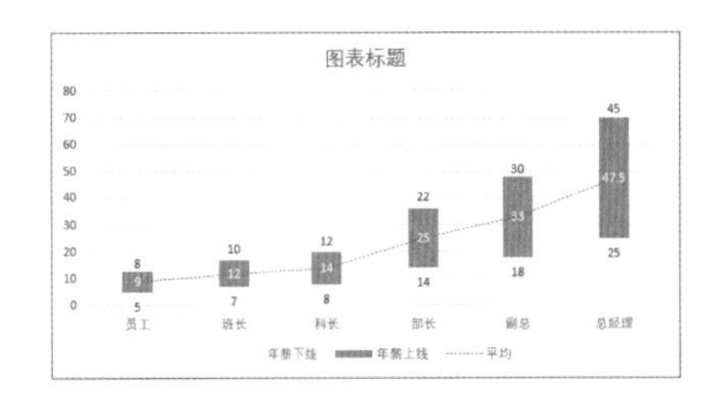

⑩ 将“图表标题”改为“级别与薪酬结构”，至此，就完成了图表绘制，效果如下图所示。

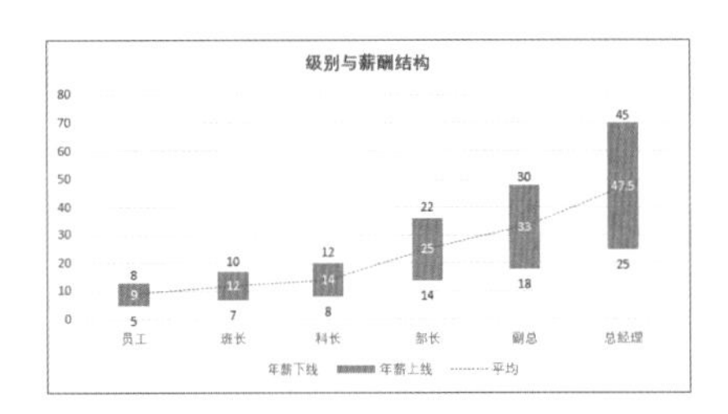

【图表调整和美化】

❶ 设置网络线的【线条颜色】为“无线条”，将【图例位置】设置为“靠上”，删除“年薪下线”图例，效果如下图所示。

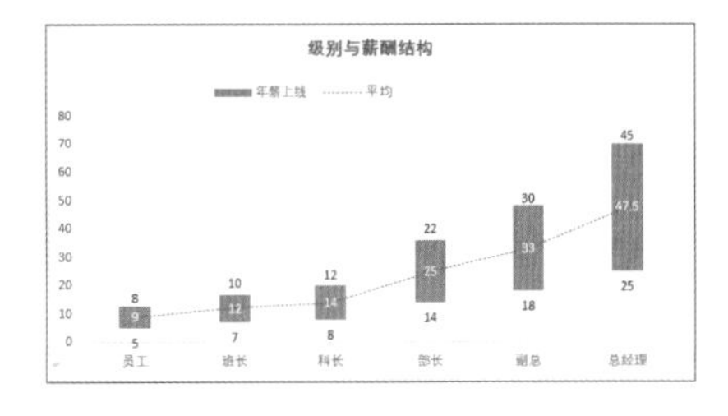

❷ 选中整个图例并右击，选择【选择数据】选项，在【选择数据源】对话框中选择【年薪上线】复选框，单击【编辑】按钮，如下图所示。

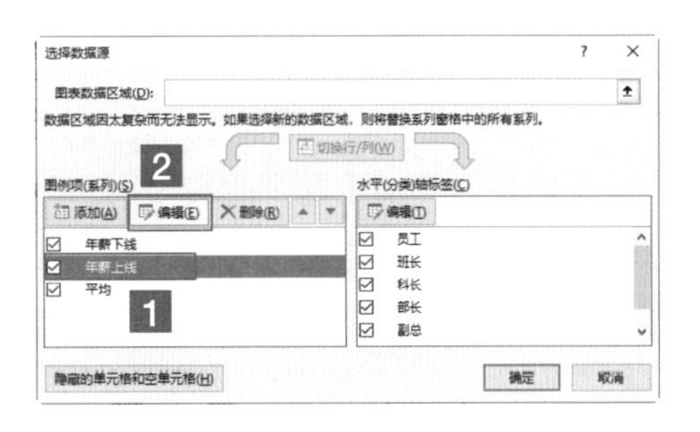

❸ 弹出【编辑数据系列】对话框，在【系列名称】文本框中将“年薪上线”修改为“年薪”，单击【确定】按钮，如下图所示。

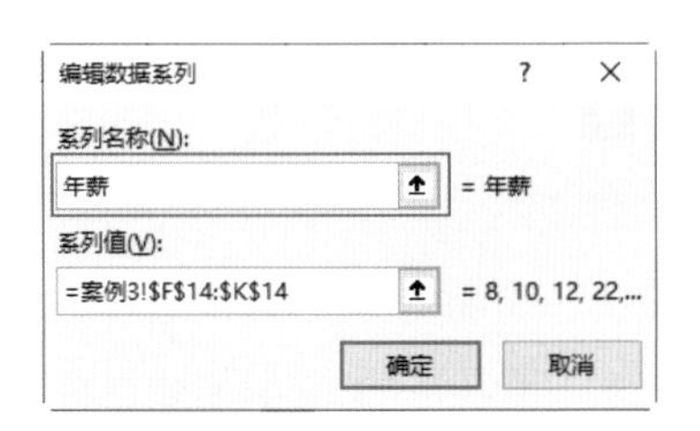

❹ 选中左侧坐标轴，在【设置坐标轴格式】窗格中，设置【标签位置】为“无”，如下图所示。

❺ 设置后的图表效果如下图所示。

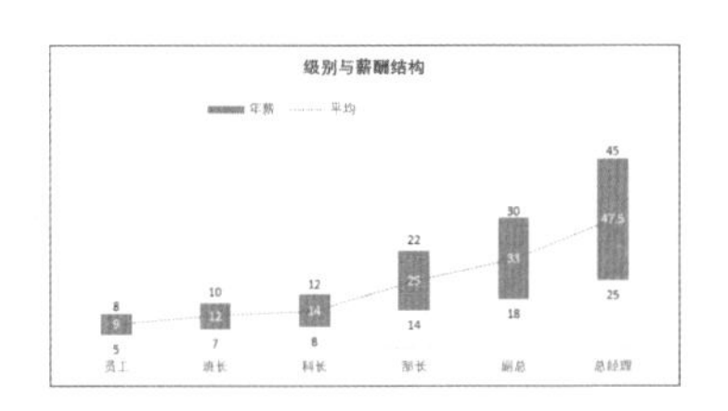

❻ 在图表的右上方单击插入矩形形状，输入文字“单位：万元”，设置【字体颜色】为“黑色”，【形状填充】为“无填充”，【形状轮廓】为“无轮廓”，完成图表的制作，最终效果如下图所示。

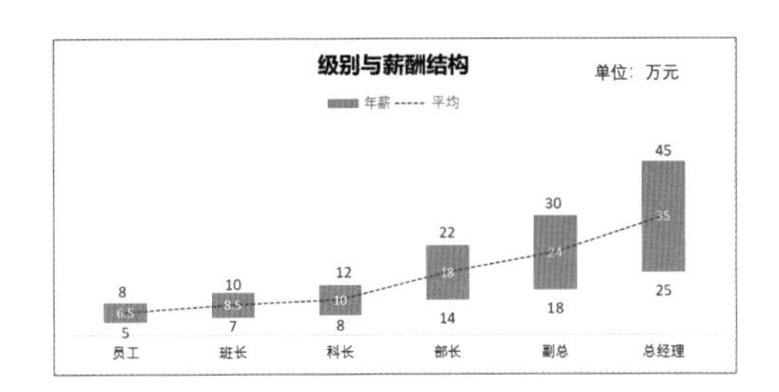

14.4 案例4　倒挂的条形图组合图

通常情况下图表是以正向思维展示数据的，但对于一些特殊的数据，如钻井深度等，可以采用逆向思维，制作出倒挂的条形图。

案例名称	倒挂的条形图组合图
素材文件	素材 \ch14\14.4.xlsx
结果文件	结果 \ch14\14.4.xlsx

【构思图表样式】

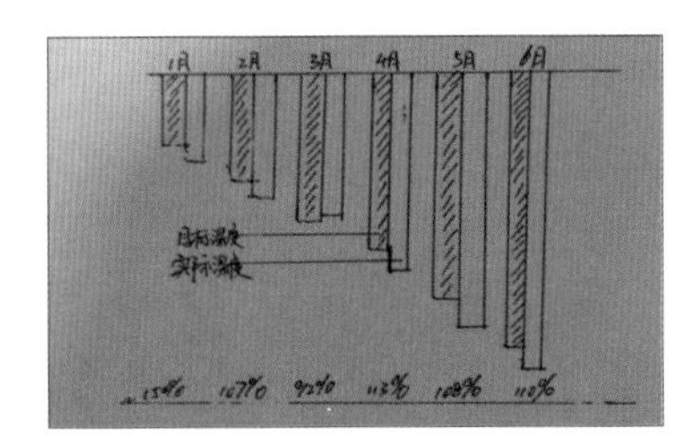

【确定呈现方式和坐标系】

❶ 图形：柱形图+次坐标+逆序类别。

❷ 维度：目标深度、实际深度、完成率，共3个维度。

❸ 坐标系：主坐标系及次坐标系。

【构建数据源】

对于钻井深度进展源数据，不需要重新构建数据源。数据源如下图表格所示。

单位：千米

	1 月	2 月	3 月	4 月	5 月	6 月
目标深度	-100	-300	-600	-800	-1200	-1500
实际深度	-150	-320	-550	-900	-1300	-1650
完成率	150%	107%	92%	113%	108%	110%

【绘制目标图表】

第一步 设置坐标轴及图表标题

❶ 打开素材文件，创建簇状柱形图图表，效果如下图所示。

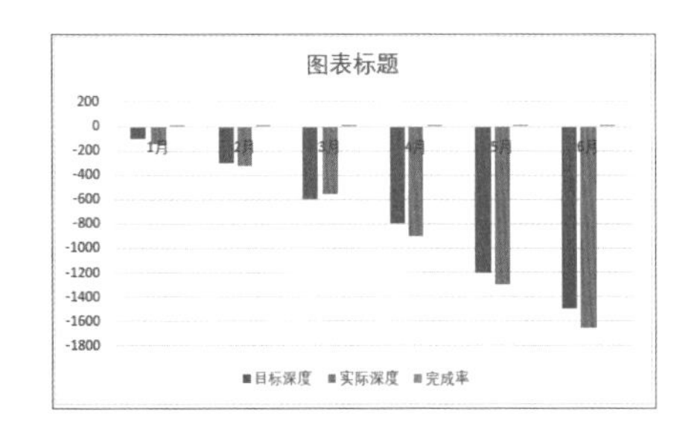

❷ 双击水平轴，在【设置坐标轴格式】窗格中，设置【标签位置】为“高”，效果如下图所示。

❸ 选中“完成率”数据系列，并添加数据标签，设置【线条】为“无线条”，并将其放置在次坐标轴，如下图所示。

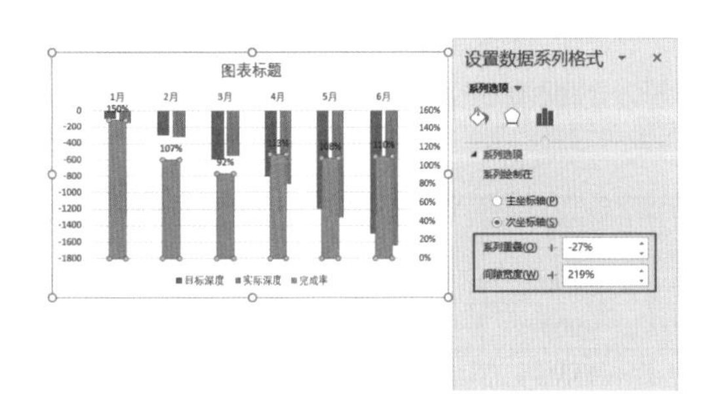

❹ 选中数据标签，设置【标签位置】为“轴内侧”，【填充】为“深蓝色纯色填充”，字体颜色为白色。设置“完成率”数据系列的【填充】效果如下图所示。

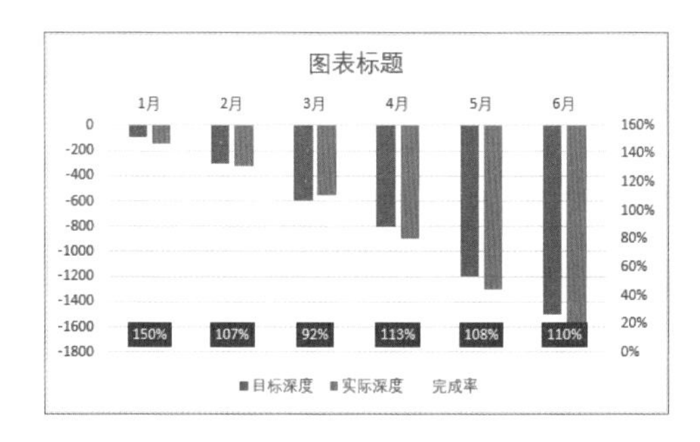

❺ 选中主纵坐标轴，设置【边界】的【最小值】为“-2000”，效果如下图所示。

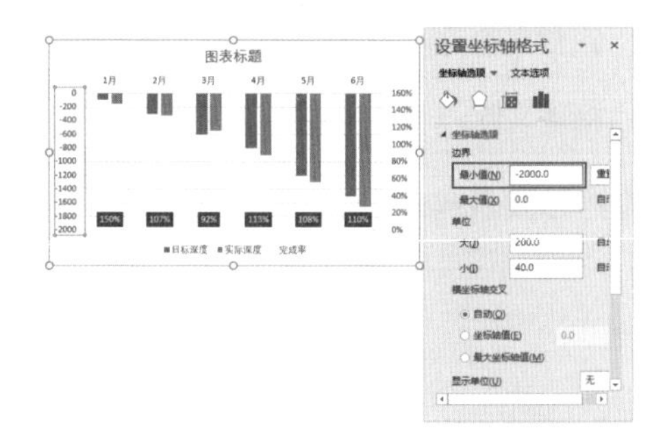

❻ 将“图表标题”改为“钻井深度月度进展”，并设置网格线的【线条】为“无线条”，效果如下图所示。

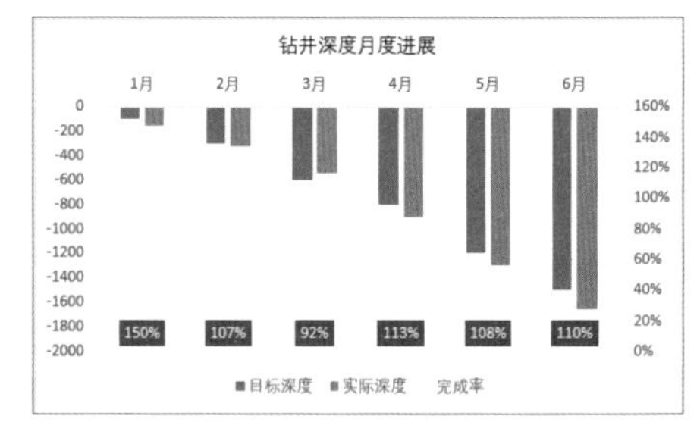

第二步 设置数据系列格式

❶ 选中“目标深度”数据系列，设置【图案填充】为“瓦形”，【边框颜色】为“黑色”，如下图所示。

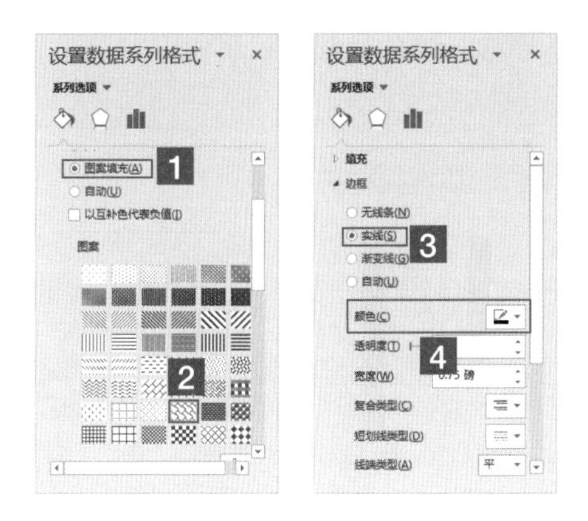

❷ 为“目标深度”数据系列添加阴影效果，并设置【系列重叠】为“-17%”，【间隙宽度】为“119%”，如下图所示。

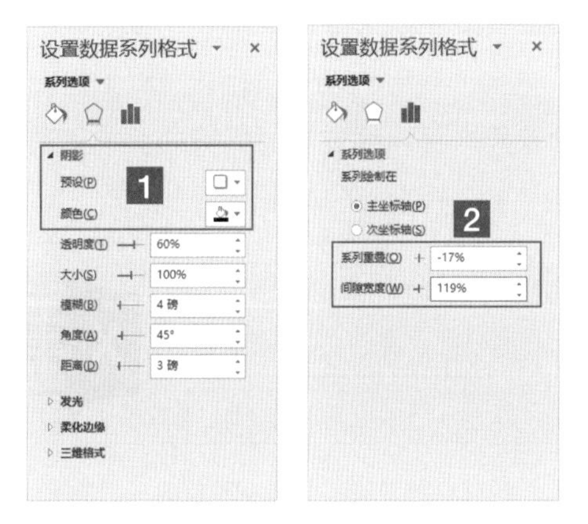

❸ 为“目标深度”数据系列添加数据标签，效果如下图所示。

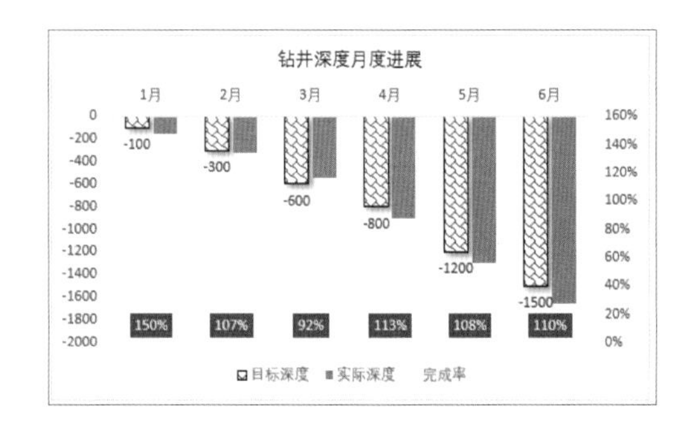

❹ 选择“实际深度”数据系列，设置【填充颜色】为“深蓝色”，添加阴影效果及数据标签，效果如右上图所示。

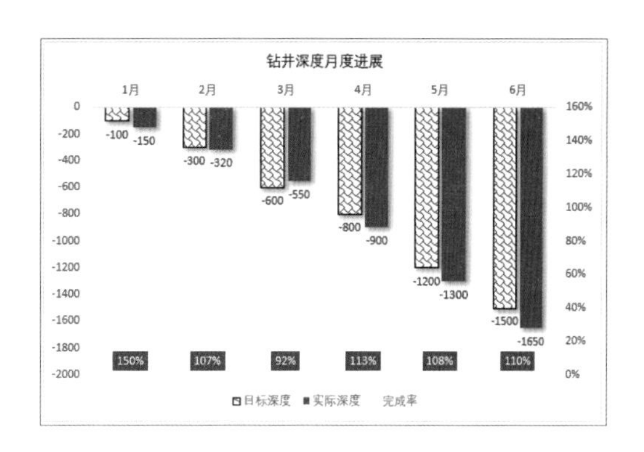

❺ 在图表下方添加一条直线，效果如下图所示。

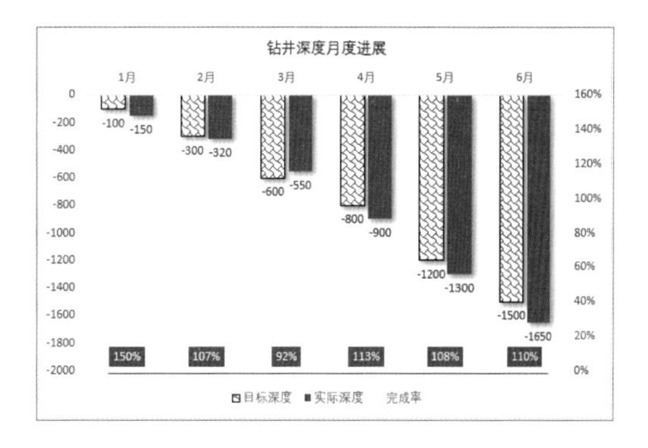

❻ 设置【图例位置】为“靠上”，并删除“完成率”图例，同时设置主、次坐标轴的坐标轴的【标签位置】为“无”，效果如下图所示。

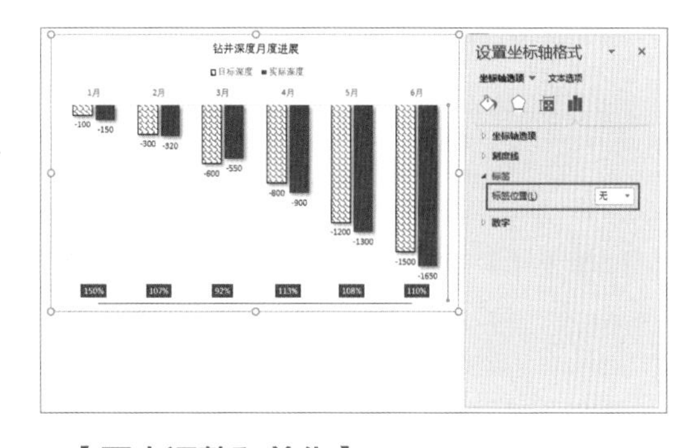

【图表调整和美化】

在图表中插入矩形形状，设置【形状填充】为“蓝色”，【形状轮廓】为“无轮廓”，输入相应的文本内容，并设置【字体颜色】为“白色”，复制矩形形状并粘贴至图表中，移至图表下方，输入相应的文本内容，并适当调整图表，完成美化图表的操作，最终效果如下图所示。

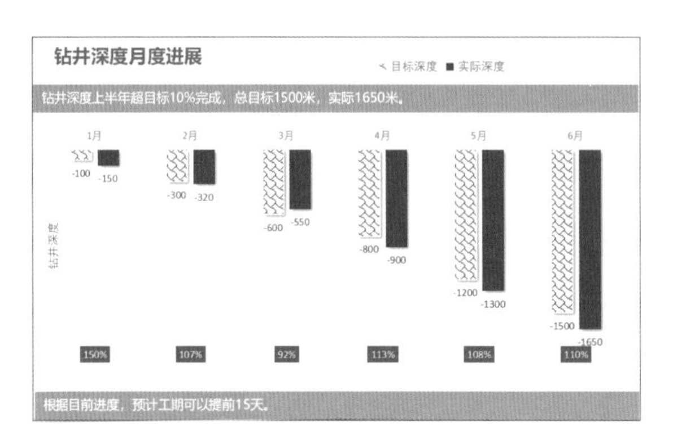

14.5 案例5 小标签大意义

在柱形图中如果要查看两个相邻数据系列之间值的差异，可以通过添加标签的形式呈现一个小标签，让数据更直观。

案例名称	小标签大意义
素材文件	素材 \ch14\14.5.xlsx
结果文件	结果 \ch14\14.5.xlsx

【构思图表样式】

原材料的价格走势图表样式如下图所示。

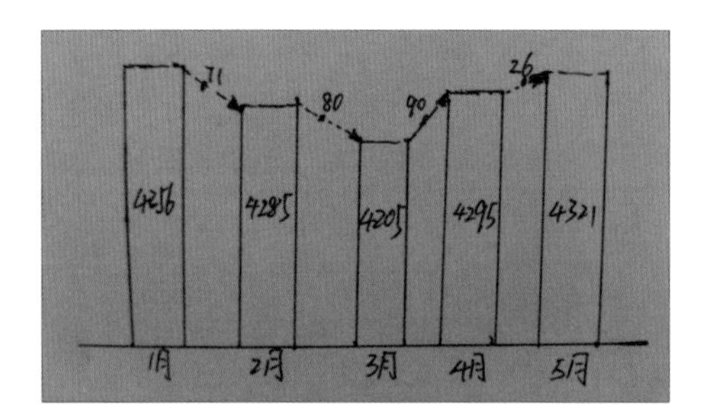

【确定呈现方式和坐标系】

❶ 图表：堆积柱形图（系列线）+散点图。

❷ 维度：柱形系列、散点系列，共2个维度。

❸ 坐标系：主坐标系+次坐标系。

【构建数据源】

构建数据源前，数据如下图表格所示。

单位：元

日期	1月	2月	3月	4月	5月
40MnBH	4356	4285	4205	4295	4321
环比		-71	-80	90	26

构建数据源后，数据源如下图表格所示。

日期	40MnBH
1 月	4356
2 月	4285
3 月	4205
4 月	4295
5 月	4321

散点图数据源及标签如下图表格所示。

辅助 X	辅助 Y	标签
1	4321	71
2	4245	80
3	4250	90
4	4308	26

【绘制目标图表】

第一步 设置布局

❶ 打开素材文件，选择构建后的数据源，创建堆积柱形图，效果如下图所示。

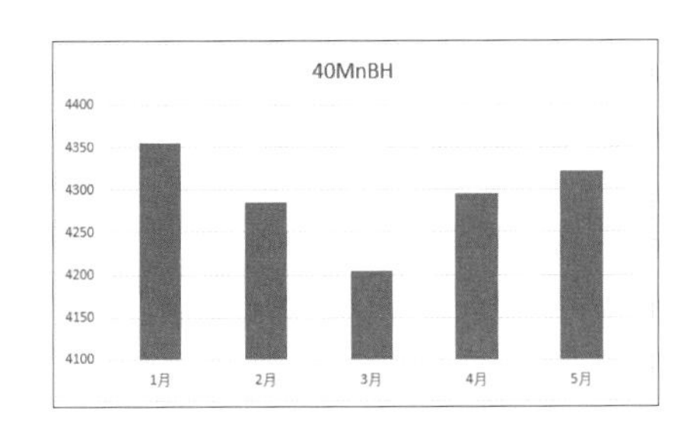

❷ 选择【设计】→【快速布局】→【布局8】选项，为创建的图表添加系列线，效果如右上图所示。

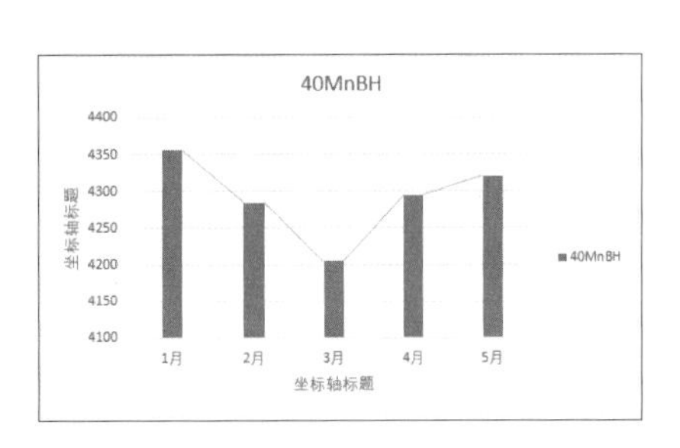

❸ 删除网格线及坐标轴标题，为数据系列添加数据标签，设置字体颜色为白色。设置数据系列的【填充】为"纯色填充"，【颜色】为"深蓝色"，设置【间隙宽度】为"190%"，效果如下图所示。

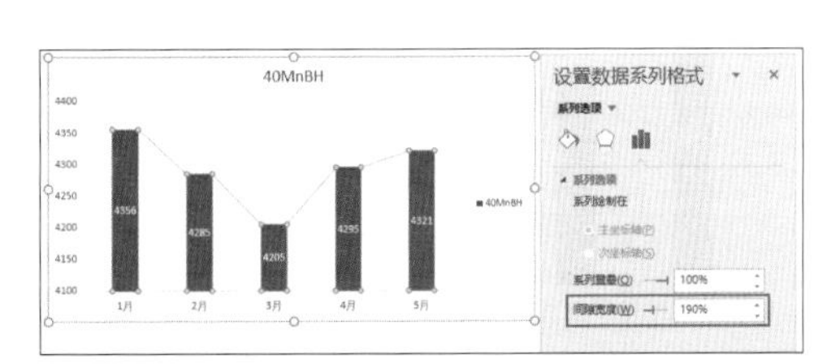

❹ 选择系列线，在【设置系列线格式】窗格中，设置【开始箭头类型】为“→”,【短划线类型】为“方点”，效果如下图所示。

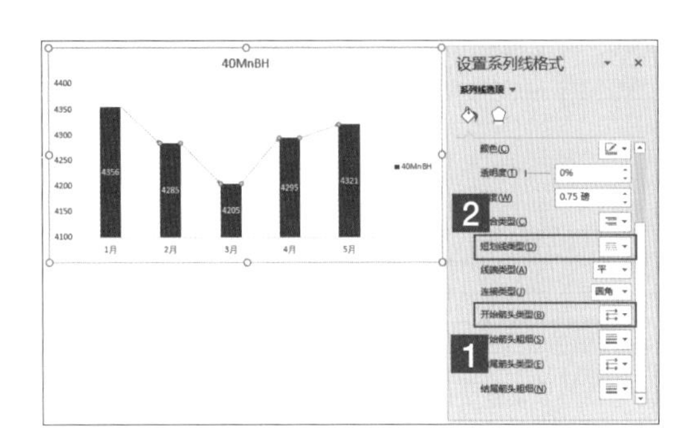

❺ 复制散点图数据源表格中“辅助X”列下方的数字为“1”。选择图表，按【Ctrl+V】快捷键粘贴，效果如下图所示。

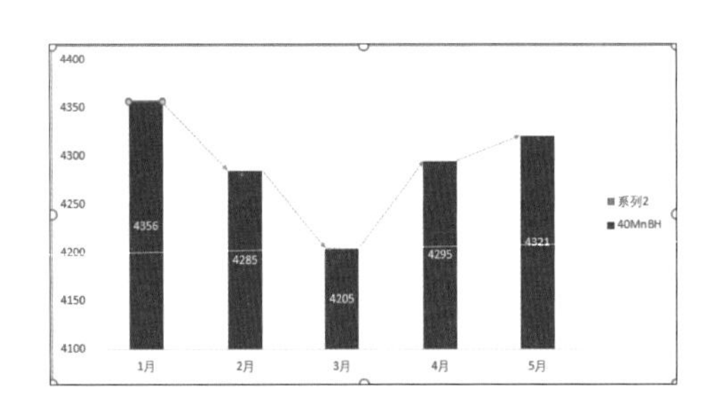

> **Tips** “辅助X”列中的“1”、“2”、“3”和“4”作为横坐标，分别对应1~5月中间的空位，“辅助Y”列的值则是横坐标X对应的具体值。

❻ 选择“系列2”，将其图表类型更改为散点图，效果如下图所示。

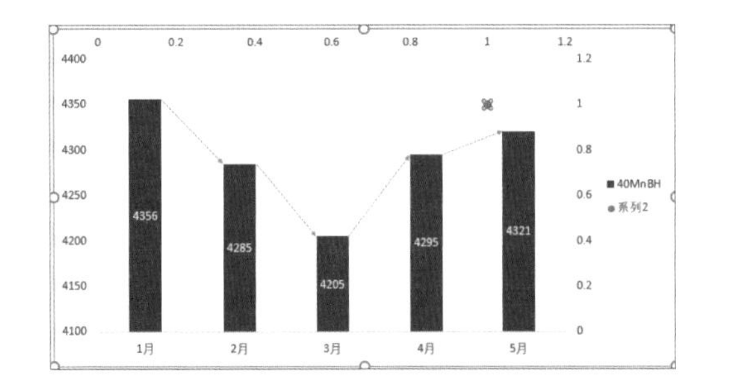

❼ 选择“系列2”，选择【设计】→【数据】→【选择数据】选项，打开【选择数据源】对话框，在【图例项】列表中选择“系列2”，单击【编辑】按钮，如下图所示。

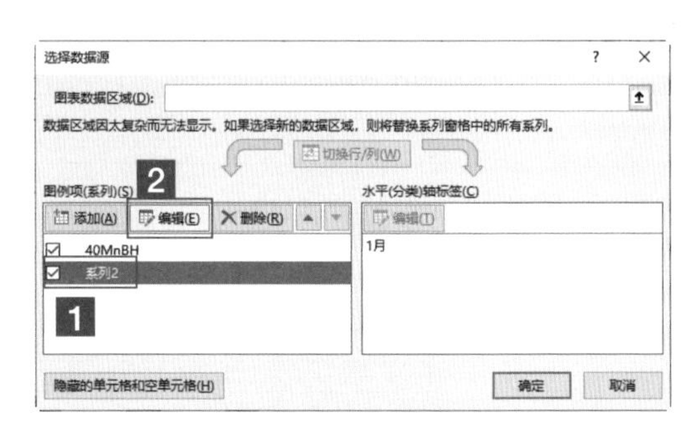

❽ 弹出【编辑数据系列】对话框，设置【X轴系列值】为散点图数据源中“辅助X”列的4行数据，设置【Y轴系列值】为散点图数据源中“辅助Y”列的4行数据，设置【系列名称】为“标签”，单击【确定】按钮，如下图所示。

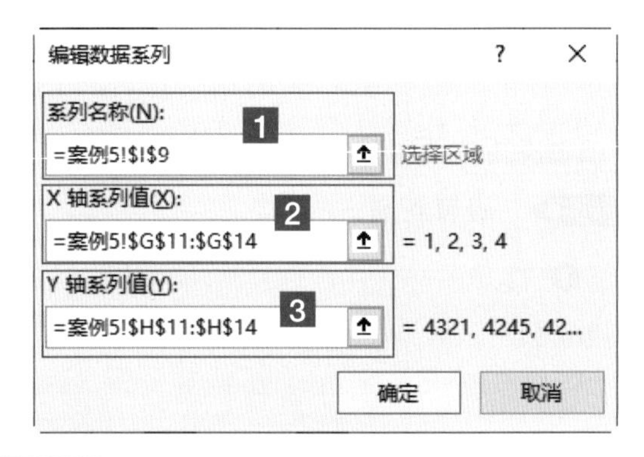

第二步 设置坐标轴

❶ 即可看到添加并设置后的散点图，然而散点图并没有对应到1~5月中的位置，需要修改坐标轴，如下图所示。

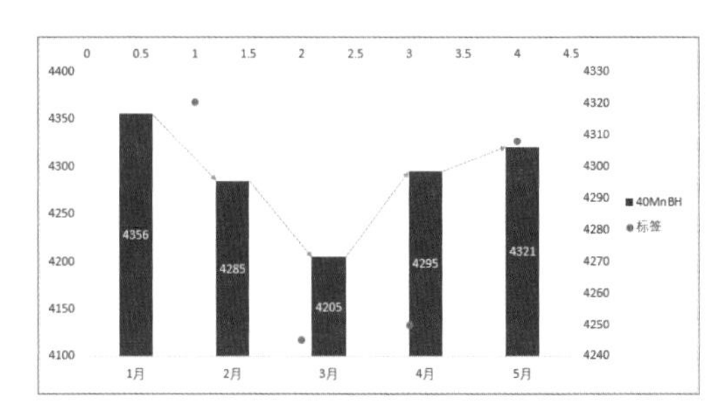

❷ 选中次纵坐标轴，设置【边界】的【最

小值】为“4100”,【最大值】为“4400”，如下图所示。

❸ 选择最上方横坐标轴，设置【边界】的【最小值】为“0”,【最大值】为“5”，如下图所示。

❹ 设置后的图表效果，如下图所示。

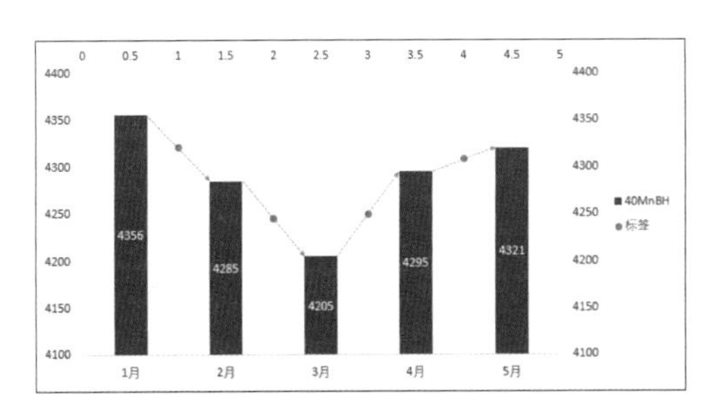

❺ 为散点图添加数据标签，并选择添加的数据标签，在【设置数据标签格式】窗格中，选中【单元格中的值】复选框，如下图所示。

❻ 弹出【数据标签区域】对话框，选择散点图数据源中的第3列数据，单击【确定】按钮，如下图所示。

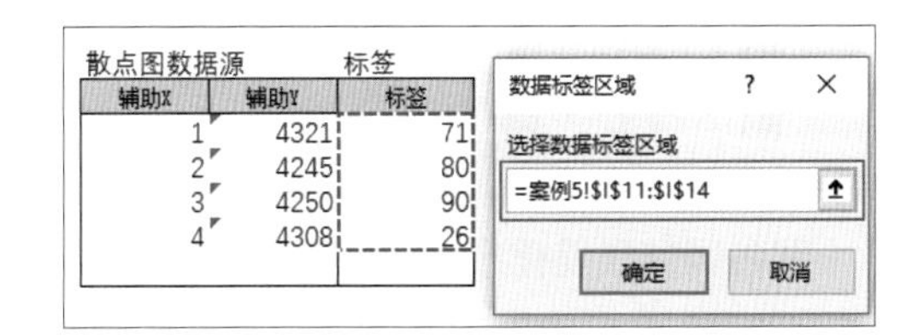

❼ 在【设置数据标签格式】窗格中，取消选中【Y值】复选框，并在【标签位置】中选中【靠上】单选按钮，如下图所示。

❽ 选中散点图的数据标签，为其添加数据标注，如下图所示。

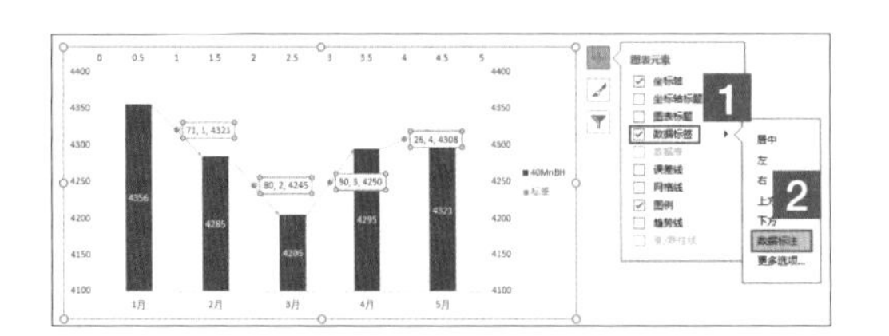

❾ 在【设置数据标签格式】窗格中，再次取消选中【X值】和【Y值】复选框，并设置【标签位置】为“靠上”，之后为数据标签添加阴影效果，图表效果如下图所示。至此，图表的轮廓就已经完成了。

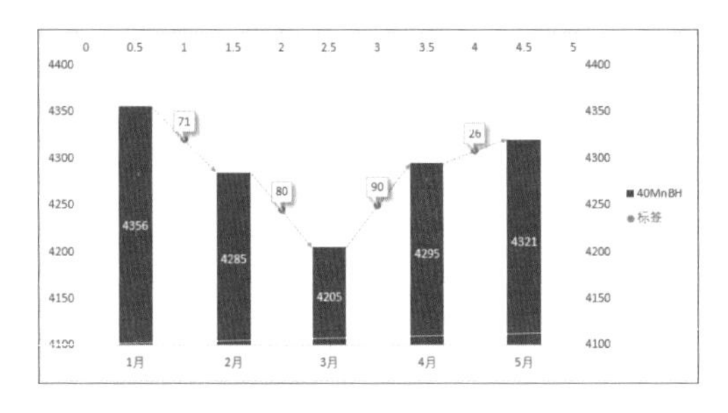

【图表调整和美化】

❶ 将所有坐标轴的【边框】设置为“无线条”，并设置【主刻度线类型】、【次刻度线类型】和【标签位置】均设置为“无”，如下图所示。

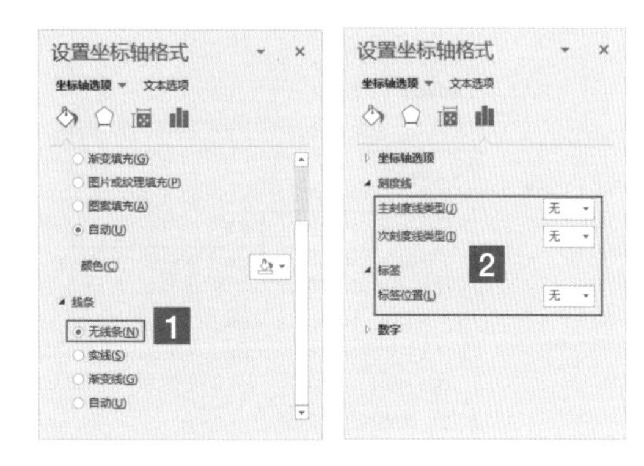

❷ 在图表上方添加标题，并输入图表名称“40MnBH材料走势图”，设置【字体颜色】为“深蓝色”，效果如下图所示。

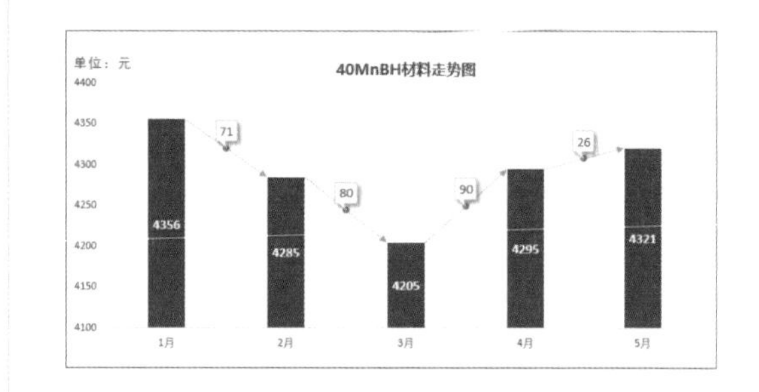

14.6 案例6 看见缺口心里慌

一个项目分为采购、研发、制造等多个部门，每个部门都提供有不同的降本指标，在推进项目的过程中，需要监控哪些已经完成、哪些正在推进、缺口有多少等，所以在制作图表时需要清晰看出不同指标的实际情况。

案例名称	看见缺口心里慌
素材文件	素材 \ch14\14.6.xlsx
结果文件	结果 \ch14\14.6.xlsx

【构思图表样式】

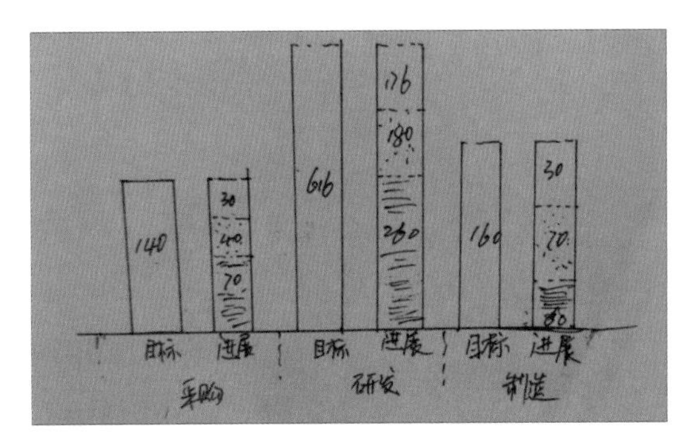

【确定呈现方式和坐标系】

❶ 图表：堆积柱形图。

❷ 维度：共有4个维度。

❸ 坐标系：双层坐标。

【构建数据源】

构建数据源之前，数据如下图表格所示。

单位：万元

项目	采购	研发	制造
目标	140	616	160
已达成	70	260	60
推进中	40	180	70

构建数据源后，柱形图数据如下图表格所示。

单位：万元

	采购		研发		制造	
	目标	进展	目标	进展	目标	进展
目标	140		616		160	
已达成		70		260		60
推进中		40		180		70
缺口		30		176		30

构建数据源后，散点图数据源及标签如下图表格所示。

单位：万元

辅助 X	辅助 Y	标签
2.5	110	79%
4.5	440	71%
6.5	130	81%

【绘制目标图表】

❶ 打开素材文件，选择修改后的数据源，插入堆积柱形图图表，效果如下图所示。

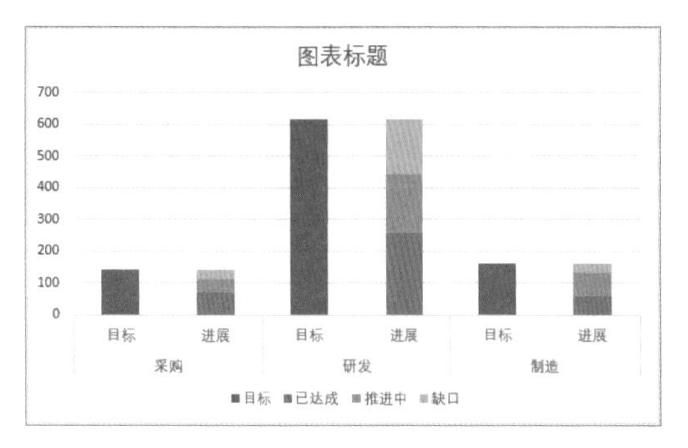

❷ 将网格线的【线条】设置为“无线条”，设置“目标”数据系列的【填充】为“深蓝色”，“已达成”数据系列的【填充】为“浅绿色”，“推进中”数据系列的【填充】为“白色”，并分别添加“深蓝色”边框线，效果如下图所示。

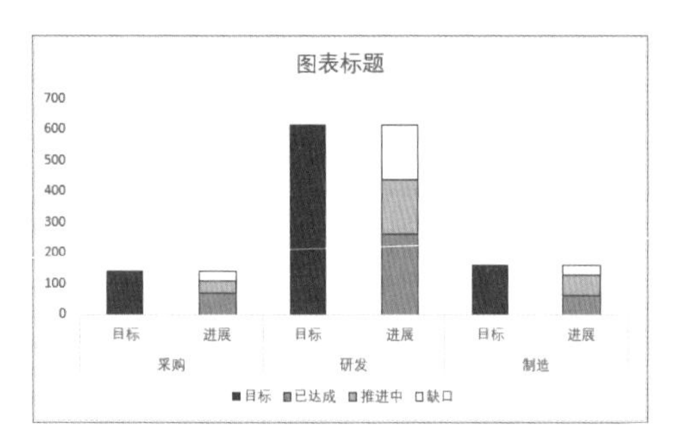

❸ 输入图标名称“PSD项目改善进展报告”，设置图例【位置】为“靠上”，并将其拖曳至右上角的位置，效果如下图所示。

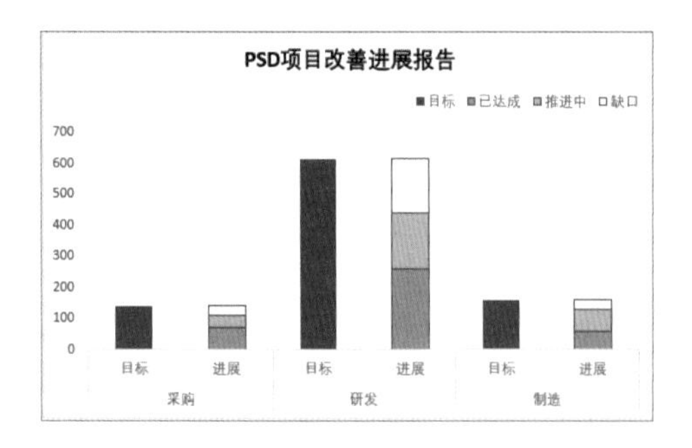

❹ 依次为各个数据系列添加数据标签，并把“目标”数据系列的数据标签颜色更改为“白色”且加粗，效果如右上图所示。

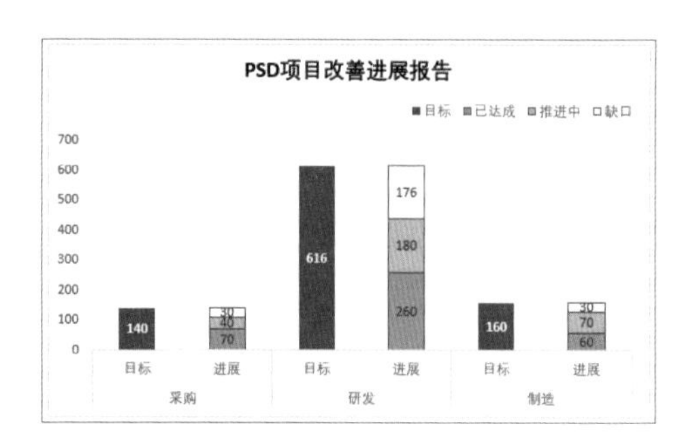

【图表调整和美化】

第一步 添加标签

❶ 在图表的空白处右击，在弹出的快捷菜单中选择【选择数据】选项，打开【选择数据源】对话框，选择【图例项（案例）】区域的【添加】选项，如下图所示。

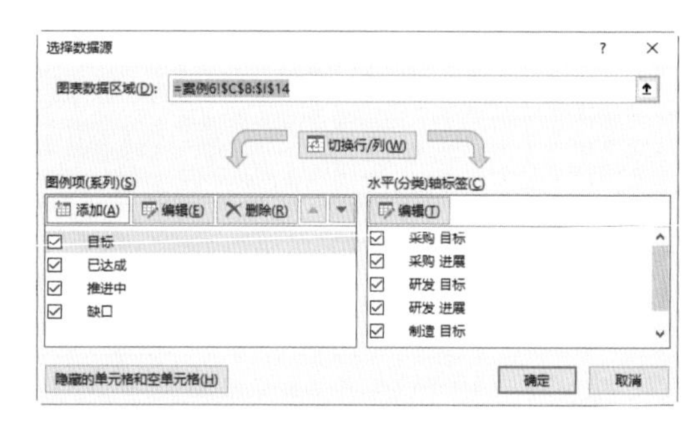

❷ 打开【编辑数据系列】对话框，设置【系列名称】为“标签”，【系列值】为散点图数据源区域任意数值，单击【确定】按钮，如下图所示。

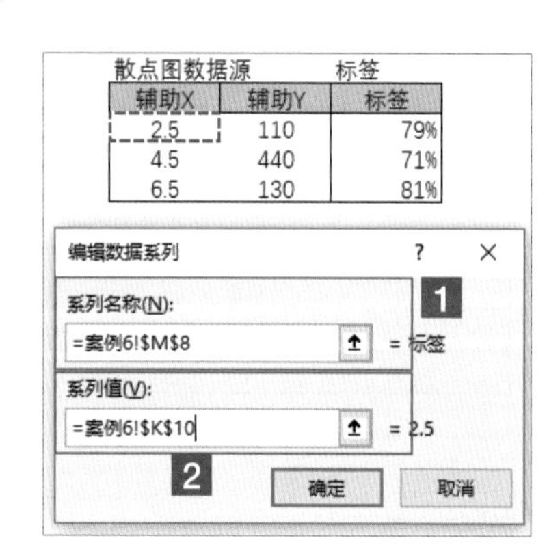

辅助X	辅助Y	标签
2.5	110	79%
4.5	440	71%
6.5	130	81%

❸ 选中新添加的“标签”数据系列，更改其【图表类型】为“散点图”，效果如下图所示。

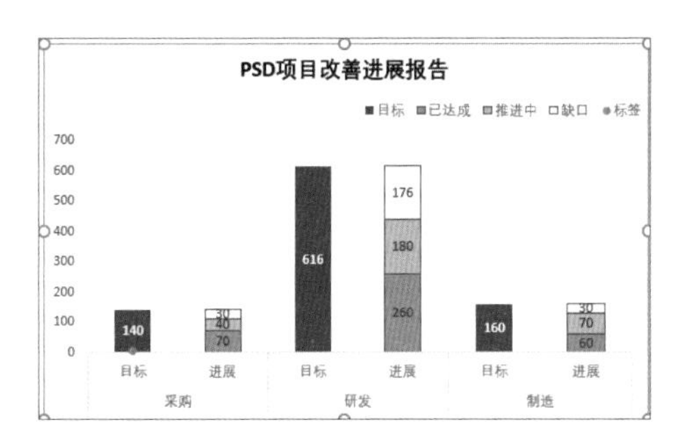

❹ 选中“标签”数据系列，打开【编辑数据系列】对话框，在【图例项】区域选择【标签】选项，单击【编辑】按钮，如下图所示。

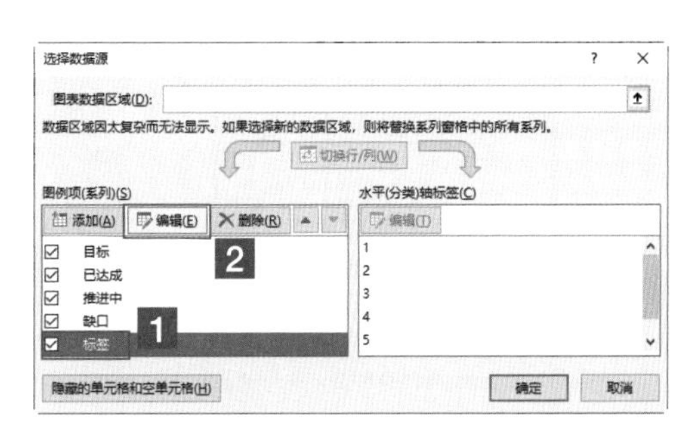

❺ 在【编辑数据系列】对话框中，设置【X轴系列值】为散点图数据源中“辅助X”列的值，设置【Y轴系列值】为散点图数据源中“辅助Y”列的值，单击【确定】按钮，如下图所示。

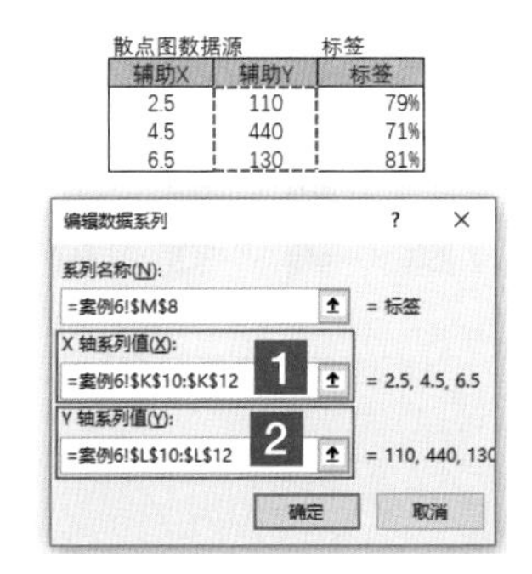

散点图数据源		标签
辅助X	辅助Y	标签
2.5	110	79%
4.5	440	71%
6.5	130	81%

❻ 完成散点图的绘制，效果如右上图所示。

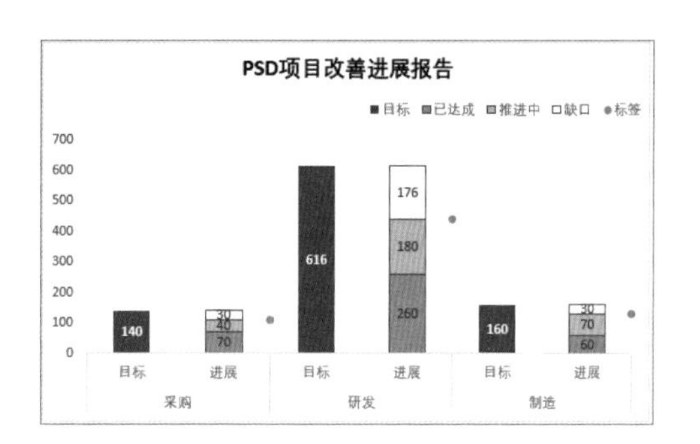

❼ 选择“标签”散点数据系列，添加【误差线】图表元素，如下图所示。

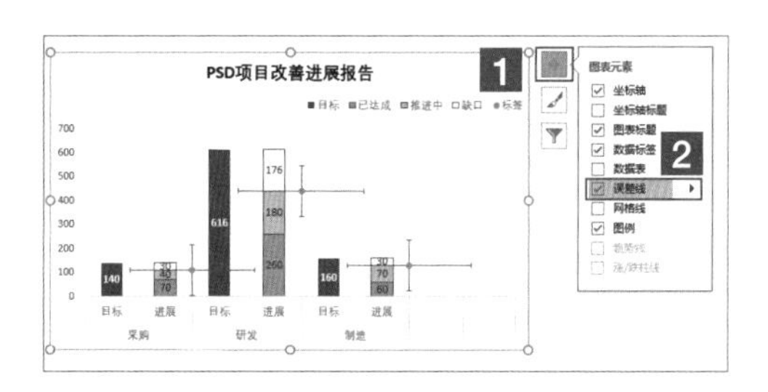

❽ 选中垂直误差线，在【设置错误栏格式】窗格的【误差量】区域选中【固定值】单选项，设置值为“0”，如下图所示。

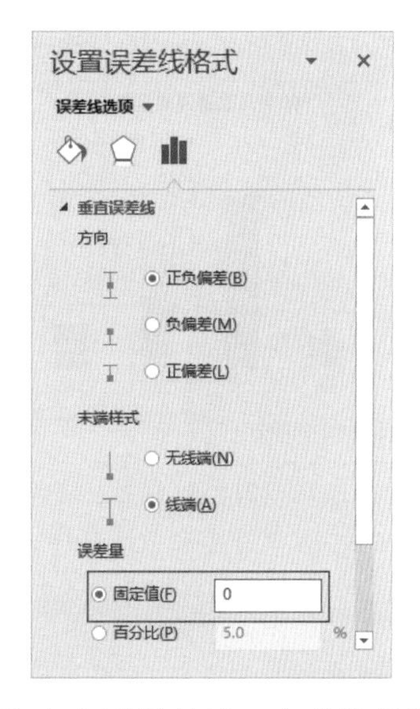

❾ 选中水平误差线，在【设置错误栏格式】窗格中，设置【方向】为“负偏差”，【末端样式】为“无线端”，【误差量】为“固定值”，其值为“0.5”，效果如下图所示。

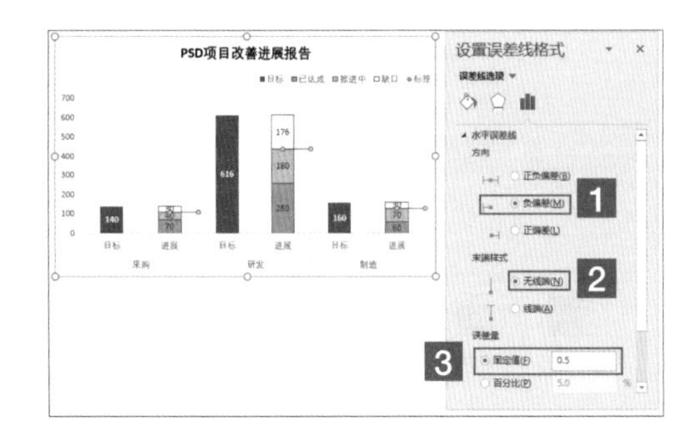

第二步 设置坐标轴

❶ 绘制倒立的三角形形状，设置【形状填充】为“橙色”,【形状轮廓】为“无轮廓”，并复制该形状，如下图所示。

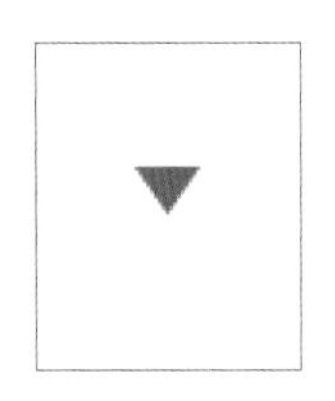

❷ 选择散点图系列，按【Ctrl+V】快捷键将复制的倒三角形状粘贴至散点图中，效果如下图所示。

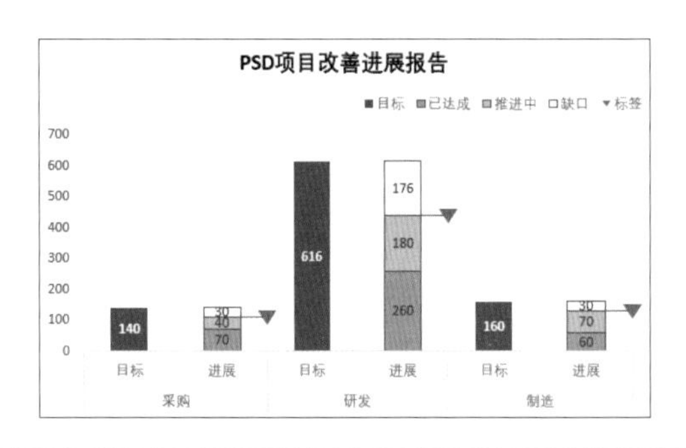

> **Tips** 如果粘贴后，倒三角形形状较小，可以在【设置数据系列格式】窗格中【标记选项】下调整其大小。

❸ 选择倒立三角形数据系列，为其添加数据标签。选择数据标签，将其位置设置为“靠上”。选中【单元格中的值】复选框，如下图所示。

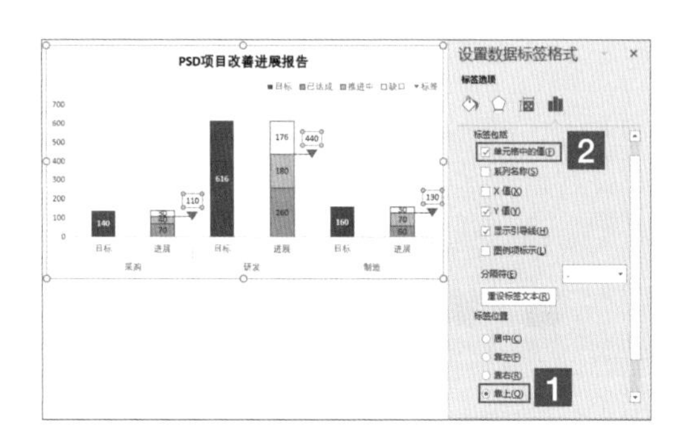

❹ 打开【数据标签区域】对话框，选中散点图数据源数据区域第3列的值，单击【确定】按钮，如下图所示。

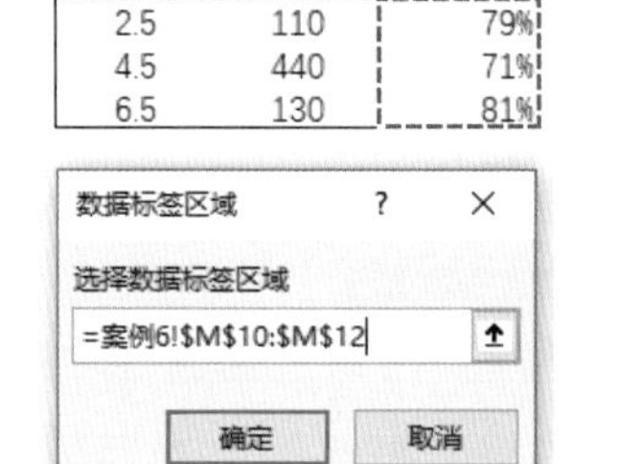

散点图数据源　　　　标签　单位：万元

辅助X	辅助Y	标签
2.5	110	79%
4.5	440	71%
6.5	130	81%

❺ 设置数据标签的颜色并加粗显示，最终效果如下图所示。

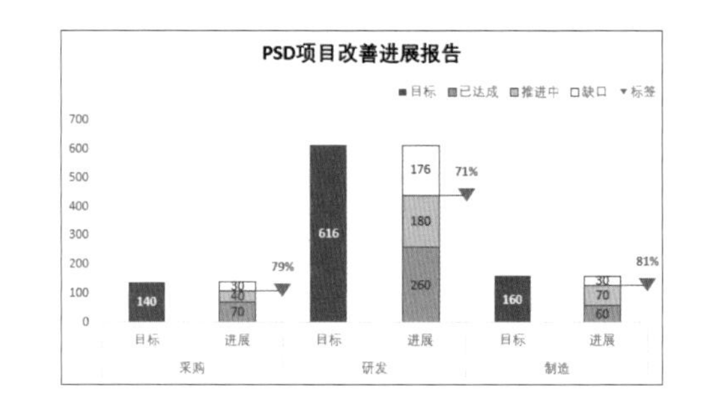

14.7 高手点拨

在制作高级图表时，需要注意绕开以下几方面的误区。

❶ 绘图区长宽比例。

❷ 坐标轴刻度的强调效果。

❸ 慎重选择图表类型。

❹ 使用恰当的坐标轴。

❺ 让图表提供完整信息。

❻ 处理过长的分类标签。

❼ 理顺数据标志。

❽ 字体应用及色彩搭配。

14.8 实战练习

构建数据源之前如下图所示。

项目	目标	期初成绩	一模成绩	二模成绩	三模成绩
		XXXX-09-25	XXXX-10-25	XXXX-11-25	XXXX-12-25
分数（分）	94	65	73	81	86

构建数据源之后如下图所示。

项目	目标	期初成绩	一模成绩	二模成绩	三模成绩
		XXXX-09-25	XXXX-10-25	XXXX-11-25	XXXX-12-25
分数（分）	94	65	73	81	86
增分（分）			8	16	21
成绩目标线	94	94	94	94	94

最终效果如下图所示。

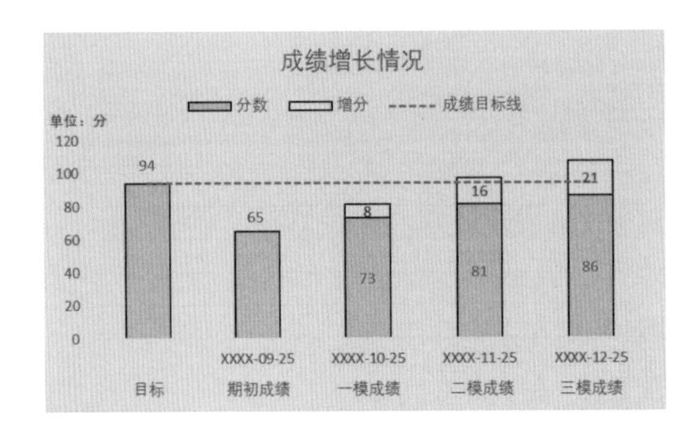

练习 2

薪酬与工龄成正比构建之前的数据源如下图表格所示。

单位：千元

项目	1 年工龄	2 年工龄	3 年工龄	4 年工龄	5 年工龄	6 年工龄
月薪上线	3	5	6	7	8	9
月薪下线	1	3	4	5	6	7
平均	2	4	5	6	7	8

建议：当不太确定是否还要增加维度时，在画的过程中出现问题后再增加。先用原始数据画图，构建数据源如下图表格所示。

单位：千元

项目	1 年工龄	2 年工龄	3 年工龄	4 年工龄	5 年工龄	6 年工龄
月薪上线	3	5	6	7	8	9
月薪下线	1	3	4	5	6	7
平均	2	4	5	6	7	8
标签	2.5	5.5	7	8.5	10	11.5

最终效果如下图所示。

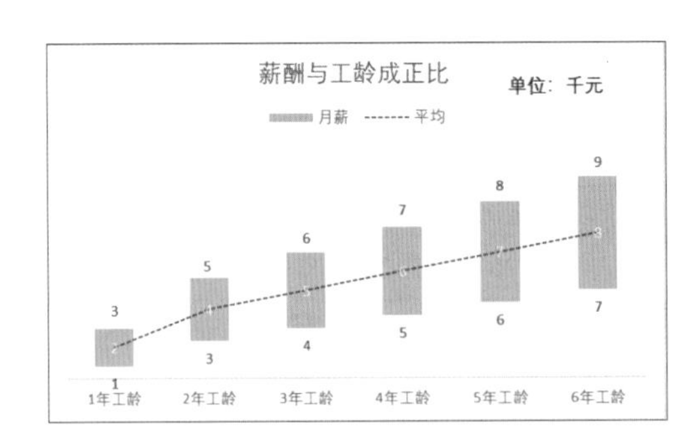